U1002239

绿色建筑施工与管理

(2023)

湖南省土木建筑学会 组织编写
陈 浩 主 编
张明亮 副主编

中国建材工业出版社
·北京·

图书在版编目（CIP）数据

绿色建筑施工与管理.2023／湖南省土木建筑学会组织编写；陈浩主编.—北京：中国建材工业出版社，2024.1

ISBN 978-7-5160-3960-1

Ⅰ.①绿… Ⅱ.①湖… ②陈… Ⅲ.①生态建筑-施工管理-文集 Ⅳ.①TU18-53

中国国家版本馆 CIP 数据核字（2023）第 251649 号

绿色建筑施工与管理（2023）
LÜSE JIANZHU SHIGONG YU GUANLI（2023）
湖南省土木建筑学会　组织编写
陈　浩　主　编
张明亮　副主编

出版发行：中国建材工业出版社
地　　址：北京市海淀区三里河路 11 号
邮　　编：100831
经　　销：全国各地新华书店
印　　刷：北京雁林吉兆印刷有限公司
开　　本：787mm×1092mm　1/16
印　　张：29.5
字　　数：760 千字
版　　次：2024 年 1 月第 1 版
印　　次：2024 年 1 月第 1 次
定　　价：168.00 元

本社网址：www.jccbs.com，微信公众号：zgjcgycbs

编　委　会

前　言

党的二十大报告强调，“以城市群、都市圈为依托构建大中小城市协调发展格局，推进以县城为重要载体的城镇化建设。坚持人民城市人民建、人民城市为人民，提高城市规划、建设、治理水平，加快转变超大特大城市发展方式，实施城市更新行动，加强城市基础设施建设，打造宜居、韧性、智慧城市”。

近年来，湖南省土木建筑学会以“绿色、低碳、智能”为主旋律，以“文不按古，匠心独妙”的初心推动工程技术创新发展，在开展学术交流和学会自身建设等方面做了大量工作，全面履行了行业协会职能，充分发挥了协会桥梁纽带作用。

2023 年 3 月，湖南省土木建筑学会施工专业学术委员会与湖南建设投资集团、湖南博弘工程设计咨询有限公司联合，在湖南宾馆成功主办低碳建筑设计、评价与实践学术论坛，多位专家学者围绕会议主题带来精彩的专题报告。吴启旺对论坛的召开表示祝贺，并传达湖南省人民政府办公厅印发的《关于推动城乡建设绿色发展的实施意见》。该意见要求，到 2035 年，城乡建设全面实现绿色发展，碳减排水平快速提升，城市和乡村品质全面提升，人居环境更加美好，城乡建设领域治理体系和治理能力基本实现现代化。

2023 年 11 月，湖南省土木建筑学会施工专业学术委员会 70 周年学术交流会在湖南长沙召开。近 50 家成员单位的总工程师、行业专家及工程技术骨干 130 余人到会，交流行业创新成果，分享工程建设经验，以技术创新为全省建筑业高质量发展赋能。易继红代表湖南省住房和城乡建设厅对施工专业学术委员会成立 70 周年表示诚挚的祝贺，希望施工专业学术委员会继续把握行业趋势，弘扬工匠精神，不断凝聚土木工程界施工技术力量，创新工程技术进步，引领工程科技发展，为社会、行业和企业提供优质服务，培养建筑施工技术领军人才，发挥行业协会桥梁作用，提高工程技术创新水平，为全省建造模式转型升级，为工程技术革新换代，为行业高质量发展贡献智慧力量、树立成功典范。

本书系湖南省土木建筑学会施工专业学术委员会 2023 年学术年会暨学术交流会的优秀论文成果，经省内著名专家、教授及学者认真评审，优选 79 篇论文汇集而成。全书分为四篇：

第 1 篇　综述、理论与应用

第 2 篇　地基基础与处理

第 3 篇　绿色建造与 BM 技术

第 4 篇　建筑经济与工程项目管理

湖南作为全国的建筑业大省，正在朝着建筑业强省不断奋发努力，这离不开一代又一代土木人的坚持和耕耘，但时代在不断发展和进步，新的时代更是给传统土木工程行业提出了更高、更新的要求，这对我们来说，既是压力、又是机遇。施工专业学术委员会将携手成员单位继续把握行业趋势，弘扬工匠精神，秉承“人才为先、科技为先、责任为先”的发展理念，不断凝聚土木工程施工技术力量，创新工程技术进步，引领工程科技发展，为社会、行业和企业提供优质服务，培养建筑施工技术领军人才，发挥行业协会桥梁作用，提高工程技术创新水平，为湖南省建筑行业高质量发展、为建造模式转型升级、为建筑技术革新换代，贡献智慧力量、树立成功典范，为实现“三高四新”美好蓝图、建设现代化新湖南贡献更大力量。

主编

2023 年 12 月

目　　录

第1篇　综述、理论与应用

第 2 篇　地基基础与处理

第 3 篇　绿色建造与 BIM 技术

第 4 篇　建筑经济与工程项目管理

第 1 篇

综述、理论与应用

压模混凝土防水屋面全覆盖施工技术

徐艺鹏

湖南建工集团有限公司　湖南长沙　410015

摘　要： 压模混凝土防水屋面全覆盖施工技术是一种全新的屋面装饰技术，屋面刚性层采用分仓法的混凝土浇筑工艺，抗放结合，不易开裂；混凝土泛水保护层阳角处嵌入铜条一体成型，经久耐用。彩色强化料以特制的矿物骨料与耐磨的胶凝材料为主要成分，用于新浇筑的混凝土表面，渗透进入混凝土内与混凝土形成整体，用模具在其表面压出纹路，具有耐压、耐磨、防滑的效果。

关键词： 压模混凝土；全覆盖；阳角铜条；施工技术

传统的上人屋面为了满足美观的要求，一般采用地砖铺贴的装饰及保护方式，这种施工虽然可以满足实际使用的需要，但其灰缝过多，施工效率较低，使用性能、稳定性相对较差，同时易破损及空鼓，造成日常养护成本相对较高。因此针对这一现状，需要开发一种全新的屋面美化施工工艺，以满足实际使用的需要。

目前，装饰混凝土的发展速度较为迅速，这种施工工艺采用的是表面处理技术，在混凝土基层面上进行着色强化处理，并用模具印压纹路，能在普通混凝土上创造出类似天然石料、木材等效果。其优点是施工快捷、一次成型、不易褪色、耐磨防滑、绿色环保，且色彩和纹理方面有广泛的选择性，可以根据建筑物的风格任意进行调配，作为屋面装饰层视觉效果强，并且可实现在屋面泛水、天沟、设备基座、烟道、排气管、落水管、过桥等部位全覆盖。

施工前用BIM技术事先做好排板工作，针对较小的住宅屋面，参照中国象棋棋盘纹路，在棋盘分格部位进行混凝土分仓处理，与分格缝有效结合；针对较大的商业楼屋面，可划分为压模屋面区、种植屋面区、铺装屋面区，丰富屋面的整体布局。因此，本技术有利于创精品工程。

1　工程概况

建工·象山国际一期二和三区工程项目，位于湖南省长沙市岳麓区含浦大道与象嘴路交会处，由5栋高层住宅组成，总建筑面积为12.5万m^2，总造价为5.2亿元。为达到创优要求，各栋屋面均采用压模混凝土防水屋面全覆盖施工技术。该屋面安全可靠，观赏性强，具有较好的推广效果。

2　工艺原理

表面刚性保护层采用分仓法浇筑，减少混凝土由于受温度影响造成伸缩变形的现象，裂缝控制效果显著。

进行压模混凝土施工，增加刚性保护层混凝土密实度，减少收缩，通过在其表面撒布强化料并收光，增加混凝土表面的硬度及光泽，提高表面观感效果，同时增强刚性保护层防水性能。

在天沟、泛水、设备基座处混凝土保护层浇筑过程中，阳角处嵌入T形铜条，一体成型，边角不易破损，耐久性强（图1、图2）。

图1　泛水处保护层阳角圆头T形铜条

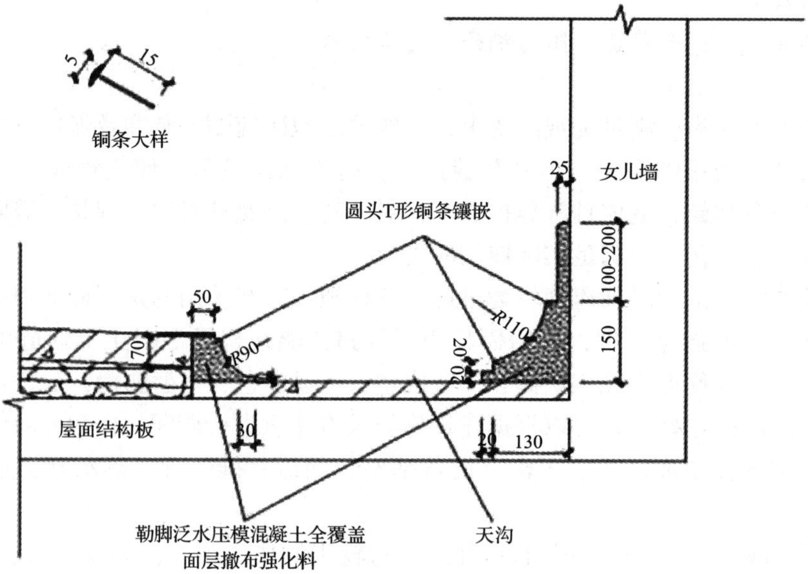

图2　泛水处保护层剖面图

3　施工工艺流程

3.1　工艺流程

基底处理→分仓法浇筑刚性保护层→撒布强化料及收光→撒布脱模粉→用模具压印面层→成品保护→冲洗面层→涂刷保护剂→分仓缝封闭→屋面细部构造刚性保护层浇筑。

3.2　操作要点

3.2.1　基底处理

按设计图纸要求进行屋面防水层、保温层施工，其上铺贴丙纶布隔离层。

3.2.2　分仓法浇筑刚性保护层

丙纶布上用槽钢进行分仓处理（图3），每个仓位面积应小于4m×4m，仓内满布钢筋网片并设置好垫块，采用分仓法浇筑混凝土刚性保护层。待刚性保护层初凝前，由施工人员采用长杆抹刀对混凝土表面进行提浆。提浆的作用是将彩色强化料与混凝土完整结合，收光过程中若出现较大的骨料（石块）浮在表面应拣出。

(a)

(b)

图 3　用槽钢进行分仓处理

3.2.3　撒布强化料及收光

当收光完成后，混凝土表面水分基本蒸发，但仍保持湿润状态时，即可撒布彩色强化料。用量为 5kg/m^2。

第一次撒布彩色强化料应按分仓面积确定用量，人工将大约 2/3 用量的彩色强化料均匀地撒布在混凝土表面上，当艺术地坪强化料吸收混凝土中的水分而均匀变暗后，开始用长杆抹刀进行收光。此阶段应注意不宜搓抹过度，否则可能出现色差或暴露出混凝土本色。边缝角落处用抹刀进行精细收光（图 4）。

图 4　混凝土浇筑并收光

第二次撒布剩余的 1/3 强化料。第二次撒布主要是对露出混凝土本色的部位进行补料，此时彩色强化料同样会吸收水分而变暗，待表面强化料均匀湿润后，用抹刀进行二次收光。两次撒料的目的是保证强化料的覆盖面及渗透结合的均匀程度。

3.2.4　撒布脱模粉

撒布压模混凝土彩色脱模粉，撒布的时候也应掌握好时机和均匀度。撒布脱模粉在准备压模时进行，由于该材料是轻质粉末，所以撒布的时候应该避开大风，并顺风撒布。脱模粉的用量为 0.2kg/m^2。

3.2.5　用磨具压印面层

混凝土初凝时，使用压印模具对面层进行纹理处理。压印模具应配套使用，首先确定好纹理的分布方向，选好第一块模具放置的位置和角度，然后将其他的模具依次紧贴第一块模具放置。人工压模过程中，注意压纹深度一致和模具放置的准确性。取模后需要检查压过的地方，并进行适当的修补处理。

3.2.6　成品保护

纹理压印完成后应立即封闭施工现场，避免无关人员误入作业区，破坏新完成的压模混凝土。

3.2.7　冲洗面层

对刚性保护层封闭 2~3d 后进行冲洗。冲洗时不必将脱模粉全部冲洗干净，表面需留有 20%左右的脱模粉用于更好地浸染面层，压模混凝土就会有颜色渐变效果。

3.2.8　涂刷保护剂

彩色艺术地面完全干燥后，用辊筒在其表面涂刷规定用量的保护剂，用量为 0.3kg/m^2，对地面进行颜色封闭和光泽处理，可使其呈现天然石材般逼真的视觉效果。

3.2.9　分仓缝封闭

刚性保护层仓与仓之间间隔浇筑，宜留 10mm 宽分仓缝，用油膏进行封堵，做防水处理（图 5）。

图 5　分仓缝封闭

3.2.10　屋面细部构造刚性保护层浇筑（图 6~图 14）

屋面刚性保护层混凝土压模工艺完成后，需进行泛水、天沟、设备基座、烟道、排气管、落水管接水斗、过桥的刚性层浇筑。泛水、天沟、设备基座的刚性层浇筑过程中，需满布钢丝网并压入混凝土表面，阳角部位嵌入截面尺寸为 5mm 宽、15mm 高的 T 形铜条，沿泛水、天沟方向通长嵌入，和混凝土一体成型。刚性层表面采用压模混凝土的施工工艺，表面撒布强化料并收光，增加强度，成型后混凝土质量棱角分明，不易破损，耐久性强。

其他细部构造做法：排气管管身采用压模混凝土全覆盖；落水管接水斗可设计造型，采用压模混凝土工艺现场制作或采用纯铜定制；过桥用压模混凝土工艺现场浇筑。

图 6　屋面泛水保护层阳角嵌入 T 形铜条

图 7　屋面泛水刚性保护层效果图

图 8　屋面天沟刚性保护层浇筑

图 9　屋面设备基座刚性保护层浇筑

图 10　屋面设备基座刚性保护层浇筑效果图

图 11　屋面烟道泛水刚性保护层浇筑效果图

图12　屋面排气管刚性保护层浇筑效果图

图13　屋面落水管接水斗效果图

图14　屋面过桥浇筑效果图

4　材料与设备

4.1　主要材料（表1）

表1　主要材料表

材料	参数要求	材料说明
强化料	用量 $5kg/m^2$	为一种粉状，是预防紫外线及耐风雨的强化剂，专门用于现浇混凝土表层进行上色和强化的即用型干撒化学建材。强化料在混凝土初凝前撒布，其材料中包含的测试水泥、特殊及坚硬耐磨硅、石英骨料、优良稳定抗碱及耐晒的无机颜料，以及其他用以完善混凝土表层性能的组成部分，其与混凝土表层形成整体，保证了色彩的持久
脱模粉	用量 $0.2kg/m^2$	为一种无色或有色的防水粉质材料，它在压模模具和强化料之间形成隔潮层，以便于压模模具脱模。为一种干撒材料，在压模前撒于强化料表面。彩色脱模粉含氧化铁成分，通过撒布脱模粉的多少，使之与强化粉发生化学反应，从而产生古典的视觉效果
保护剂	用量 $0.3kg/m^2$	溶剂型混凝土密封剂是为满足深层渗透需要而专门配置的丙烯酸树脂。它可以透过脱模粉及强化料，到达混凝土表层，从而与混凝土表面形成整体，并产生保护层。它形成的保护层具有防水、高抗碱、防酸、防紫外线，同时提高表面耐磨、耐污及抗滑性能，这也是压模混凝土易于清洗的机理所在
T形铜条	宽5mm 高15mm	圆头T形铜条阳角保护条
沥青油膏	—	用于分仓缝的封堵

4.2 主要机具设备（表 2）

表 2 主要机具设备表

名称	机具设备说明
长杆抹刀	用于混凝土整体提浆收面
抹刀	用于混凝土细部收面
专用捣棒	用来压印模具，使其受力均匀，保障压印效果
辊筒	用来涂刷保护剂
模具	模具由硅橡胶材料组成，专门用于压制纹理，可选图案丰富。每套模具由六个硬模及一个软模组成，软模主要用于边角的施工

5 质量控制

5.1 滑动支座现浇板式楼梯施工须遵守的主要规范

《混凝土结构工程施工质量验收规范》(GB 50204—2015)；

《混凝土结构工程施工规范》(GB 50666—2011)。

5.2 滑动支座楼梯施工质量控制标准

（1）施工应按规定要求进行，待铺筑的强化料、脱模粉应按铺筑方向、顺序堆放及使用，各种专业施工工具及成型模具也应处于良好的工作状态。

（2）施工时的气候对施工质量有很大程度的影响，施工应避开雨、雪、大风及冰冻的天气，昼夜温差大的地方晚上也应禁止施工。

（3）应尽量避免同其他的施工作业队伍交叉施工，必要时应对施工现场采取封闭措施。

（4）混凝土保护层的施工要根据施工图纸及设计要求进行，混凝土的厚度必须保持一致，混凝土厚度必须大于 50mm，强度宜为 C25 或 C20。

（5）混凝土每天（按 10h）施工面积必须控制在 $200m^2$/班，否则将影响施工质量。

（6）混凝土面层一定要达到良好的平整度，并且做好排水坡度。

（7）强化料在运输途中可能结块，撒布前需打散强化料。

（8）等待混凝土面层表面的游离水分散后，才能使用强化料并以撒布的方式均匀地覆盖住混凝土的表层，用量为 $5kg/m^2$。

（9）强化料的撒布必须分两遍进行，第一遍撒布约 2/3 的量，第二遍约撒布 1/3 的量。每次撒布，必须用抹刀光滑地使强化料吃进并且覆盖住整个混凝土表层，必须等待强化料充分湿润后才能使用长杆抹刀。

（10）撒布强化料时，不要过分铲抹混凝土表层，这样会导致表面出水并减弱色彩。禁止在撒布了强化料的混凝土的面层上洒水，这样会导致颜色的不一致。

（11）在第二遍强化料撒布并抹平收光结束后，脱模粉必须立即均匀地撒布在用长杆抹刀抹平后的混凝土表层，用量为 $0.2kg/m^2$。撒布脱模粉后，方可使用成型模具。

（12）待强化料和脱模粉结合在一起但又未完全凝固前，即可以使用模具进行压印成型。要事先确定模具排列及摆放的位置及方向，确保图案的整体性。将第一块成型模沿着放样图案参照线铺设，并将其垂直压进混凝土内。施工者可以使用专用捣棒把成型模垂直地压进施工面内，以更好使模具均匀受力。施工者需掌握压模的时间，太湿或太干的混凝土表面都会影响最后的图案及效果。

（13）模具之间必须排列紧凑以防双缝的出现，起模后必须检查压过的地方并进行适当的修补处理。

（14）依照参照线压模之后，迅速取出模具并按顺序压完所有混凝土的表层。如果施工时遇到有靠墙、边角或其他不规则处，可以使用边角模（软模），但使用时要注意与整体图案的一致与协调。

（15）模具可以重复使用，但必须备有足够数量的模具（一般一套 4~6 块），以提高施工效率。

（16）混凝土面层强度达到设计强度的 70%后（大多数天气是施工压模后的第三天），就可清洗地面，冲洗时不要将脱模粉全部冲掉，可以保留 30%左右混凝土表层的脱模粉。冲洗的工作应由专人负责，掌握合理的冲洗时间和水的压力。

（17）混凝土表层全部干燥后，需涂刷或喷涂第二遍保护剂，两遍交错方向涂刷，以保证涂刷均匀。

（18）屋面交付使用前需做好成品保护工作。

6　安全控制

（1）施工时应注意防止机具伤人事故。

（2）凡有严重心脏病、高血压、神经衰弱症等不适于高处作业者不能进行屋面工程施工。

（3）杂物、工具等应集中下运，不能随意乱掷，进出作业面走专用安全通道。

（4）施工时按规定穿戴劳动保护、防护用品，按屋面施工规程作业不得违章。所有进入防水施工现场人员，一律穿软底鞋，严禁穿硬底鞋进入防水施工现场。

7　效益分析

（1）压模混凝土屋面装饰层相较于地砖装饰层，减少了铺贴的工艺，节省了工序，缩短了工期。压模混凝土屋面造价较低，相较于地砖装饰层节约成本约 22%，适合大面积使用。

（2）彩色压模混凝土技术产品极大地丰富和提高了建筑的表现力，中国具有五千年的历史文化，有大量宝贵的文化遗产，彩色压模技术可以通过其独特的工艺手法将这些具有中国特色的文化遗产反映在地面铺装中，有效提升工程档次，适合应用于创优工程。

8　结语

压模混凝土防水屋面全覆盖施工技术装饰性强，质量可靠，特别适用于创精品工程的项目使用，适合全面推广。

参考文献

［1］中华人民共和国住房和城乡建设部．混凝土结构工程施工质量验收规范：GB 50204—2015［S］．北京：中国建筑工业出版社，2015.

［2］中华人民共和国住房和城乡建设部．混凝土结构工程施工规范：GB 50666—2011［S］．北京：中国建筑工业出版社，2012.

高速公路匝道路基沉降加固方法研究应用

郑学宗　郭　昕

湖南建工集团有限公司　长沙　410015

摘　要：某高速公路互通 C 匝道因赶工期，路基填筑完即进行了底基层和面层施工，通车后不久发生了较为明显的沉陷。通过对沉陷区观测并发现，引发该问题的主要原因是未完全按施工图对路基进行处置且用于沉降稳定的时间较短。综合考虑了匝道现状、工期长短、处置效果等因素，确定使用钢花管注浆对路基进行加固处置；注浆后现场试验和跟踪观测等结果显示：路基稳定性提高，加固效果达到预期。

关键词：均匀沉降；路基沉陷；加固处置；花管注浆

1　前言

引发路基沉陷的原因较多，不少工程案例显示：若路基处置效果不佳且地基原有承载力较差极易引发路基沉陷，继而影响路面的使用效果及其周边建筑物的安全稳定。注浆、换填、桩基础复合地基处理等措施都是常见的解决方案，应用时间较长且工艺成熟。

王宝泉等在肇花高速软土地基施工中研究了水泥复合桩地基的沉降和孔压规律，为软基处置提供了参考；李刚等对旧路改造项目中新旧路基差异沉降处置中指出，不同路基弹性模量对路基顶面差异沉降影响较小、提高地基土的压缩模量可有效降低新旧路基的不均匀沉降，并给出了参考数据；谢杰辉等对滨海高速公路沉降研究发现，路面累积沉降量或水平累积侧向位移达到一定数值时，路面易产生反射裂缝而影响道路使用寿命；华俊锋等研究了复合路基工后沉降早期检测方法，提出了相关评价指标，有效地解决了在过程检测中结果符合要求但后期仍有较大沉降的问题；花岗岩地区河谷相软土路基处置中，换填和水泥搅拌桩都能使路基沉降满足规范要求，但处置效果与软土层厚度有关，吉鹏翔等对上述两种方法的效果进行了分析比较。

综上所述，路基不均匀沉降对道路使用性能和使用寿命都有明显影响，处置措施较多且应用成熟，具体工程中采用何种方案主要视现场情况、经济效益等方面而定。

2　工程概况

某高速公路互通 C 匝道 CK0 + 414. 224 ~ CK0 + 447. 274 段路基软土层底埋深为 33. 0m，原地面以下 2. 3m 厚素填土，30. 9m 厚的灰黑色饱和软塑淤泥，下卧层为强风化泥质粉砂岩。原设计采用管桩地基+堆载预压处理，管桩桩径 300mm，桩长为 34m，其中，CK0+414. 224 ~ CK0+437. 274 路段管桩间距为 2. 4m，CK0+437. 274 ~ CK0+447. 274 路段管桩间距为 2. 5m，本路段路基填方较低（4. 0~4. 7m）；软基处理中垫层厚度为 0. 6m，设置 2 层土工格栅。于 2016 年 1 月开始进行软基处理、5 月开始路基填筑，9 月即完成路面施工，由于赶工期未按设计要求进行堆载预压处理。

该路段通车后不久桥头路面即出现了开裂现象，截止到 2017 年 3 月初，路基挡土墙就已发生明显沉降，严重处下沉约 10cm；同时路基外侧有明显移动（约为 5cm），墙身也有明显开裂，具体如图 1 所示。

由于该路段桥头跳车现象明显，对行车安全造成了不良影响；路面开裂后降雨极易沿裂缝进入路基内部，造成路基含水率增大，从而降低路基的承载能力。

图 1　C 匝道路基沉陷区现场踏勘情况

3　沉陷区沉降监测及成因分析

3.1　监测措施及分析

2017 年 3 月 5 日，对病害路段开始沉降观测：观测断面为 CK0+405，在左、右幅路肩及路基中心位置各埋设沉降板 1 个；在 CK0+415 右侧坡脚埋设测斜管进行深部水平位移观察，监控整体滑移情况。通过监测，得到各关系图如图 2~图 4 所示。

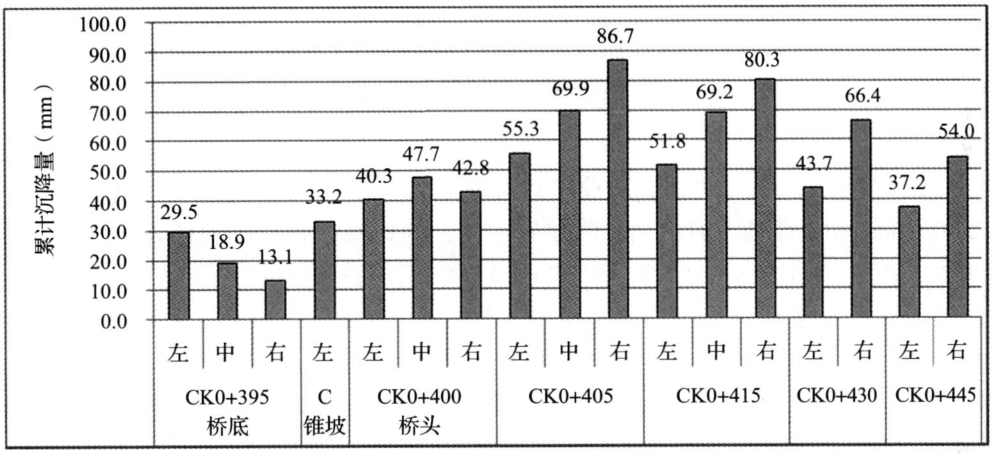

图 2　C 匝道各测点累计沉降柱状图（累计 111d）

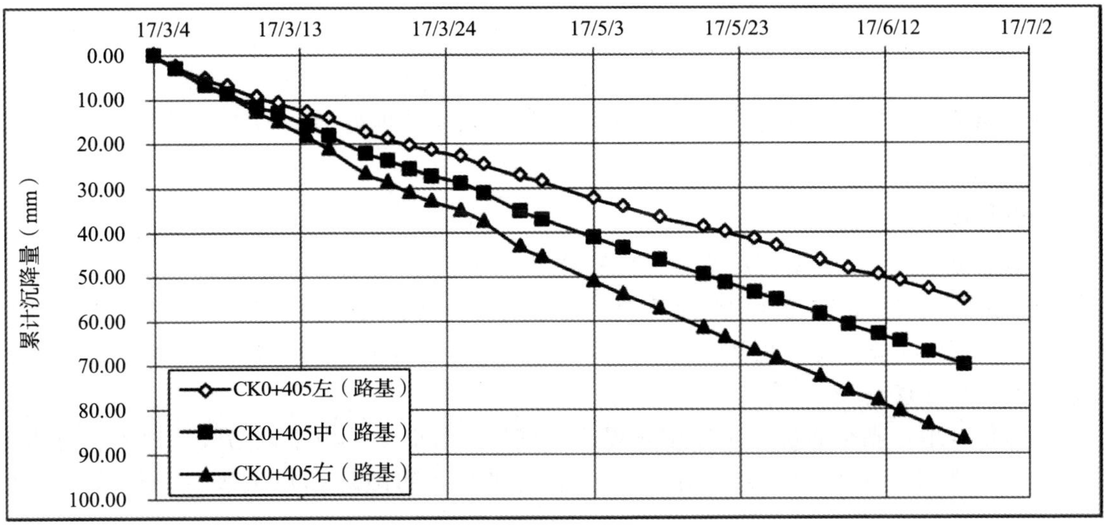

图 3　C 匝道代表断面 CK0+405 各测点沉降发展曲线图

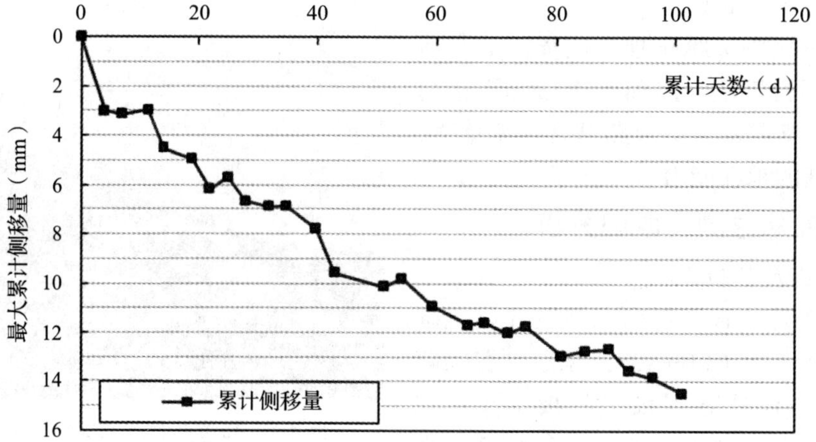

图 4　C 匝道侧向位移发展曲线图

由上述图表中监测数据显示：

（1）观测期内（111d）该段路基累计沉降量为 86. 7mm，而桥头工后沉降规范限值仅为 100mm，图 3 显示该沉降曲线还未收敛，沉降量仍在持续增大，可推定该路段的工后沉降会超出控制值。

（2）桥头路基（CK0+400）沉降速率约为 0. 5mm/d，桥底锥坡段（CK0+395）沉降速率 0. 12~0. 36mm/d；路基左右两侧沉降差异明显，CK0+405 和 CK0+415 断面右侧沉降明显大于左侧，差值达 3cm 左右，CK0+430 和 CK0+445 断面右侧沉降也比左侧沉降大 2cm。

（3）图 2、图 3 表明，墙脚位置的深部水平位移仍在增大，还未稳定但速率较小；最大位移处约为地面向下约 12m 位置，监测期该点的累计侧向水平位移约为 15mm。

因此可知：桥头路基处完工后沉降速率仍较大且未趋于稳定，极易加剧桥头跳车等病害；沥青路面产生裂缝的概率也大增，对该道路的安全运营和养护均造成了不利影响。

3. 2　路基沉陷原因分析

综合现场情况、监测数据等分析，造成该路段路基沉陷、挡墙开裂的主要原因有：

（1）原设计方案为堆载预压+管桩，由于工期所限未进行堆载预压，路基强度未达预期。

（2）基底软土较厚，未给予足够的沉降时间且未作其他处理，整体承载力较差，挡墙地基和周边路基发生了不均匀沉降而引发挡墙开裂。

4　方案分析及确定

在本项目中，备选方案有注浆和管桩复合地基两种。

由于钻孔注浆存在洗孔会引起路基含水量增大而导致水灰比变化、扩散半径小等问题且开放交通所需时间长；而钢花管注浆则可以较好地弥补了以上缺陷，且工艺成熟，故本项目拟采用钢花管注浆。

管桩复合地基则是通过挤密作用来提升路基的承载能力。由于该路段已通车，封闭交通会对通行造成较大影响，且该方案对底基层和路面的破坏面更大、造价较注浆方案更高。

综合考虑，本项目使用钢花管注浆方法对沉陷处路基进行加固。

钢花管注浆拟考虑采用以下两个具体方案：

方案一：在确定范围内进行钢花管竖向注浆，不在路基处水平注浆，在已发生开裂的挡墙外部再增设反压护道以防挡墙继续开裂；为降低反压护道施工对路基产生扰动，反压护道基底采用管桩复合地基进行处置。

方案二：除在确定范围内进行钢花管竖向注浆外，对该区域的地基和路基填土部分开孔后进行水平注浆。该方法可以将泥浆置换出来，注入的水泥浆凝固后与打入的钢花管可形成微型桩，如此既可提高路基承载力，又能通过路堤填土层内的桩侧摩阻力来承担一部分土体荷载，从而使加固后的沉降量减小，加速路基稳定。同时，对挡墙采用 C30 钢筋混凝土外包，并在挡土墙外增设反压护道，防止挡土墙继续发生倾斜。

由于前期施工存在一定的缺陷，仅靠竖直孔注浆难以完全解决，且钻孔时也容易对深层软基造成扰动；同时水平注浆也对匝道无明显影响，综合分析考虑使用方案二进行实施。

在方案二施工时，采用反压护道进行处置，同时对挡墙进行加固，并在 C 匝道 12 号桥台锥坡靠高速公路侧增设一个水平位移观测点。

5　加固处置方案设计及施工质量控制要点

5.1　方案设计

处置范围：对沉陷路基采用钢花管注浆进行处理，处理宽度为右路肩至路中线。钢花管注浆长度为路面下 20cm 至进入持力层 1.0m。经过现场勘察，确定处置范围为 CK0+390～CK0+450。

具体方案设计：

（1）钢花管处置方案设计

①注浆孔间距：注浆孔呈矩形布置，横向间距 1.2m，纵向间距 2.4m（原管桩桩位处不设置钢花管）；挡墙下设 2 排钢花管，纵向间距为 2m，布置图如图 5 所示。

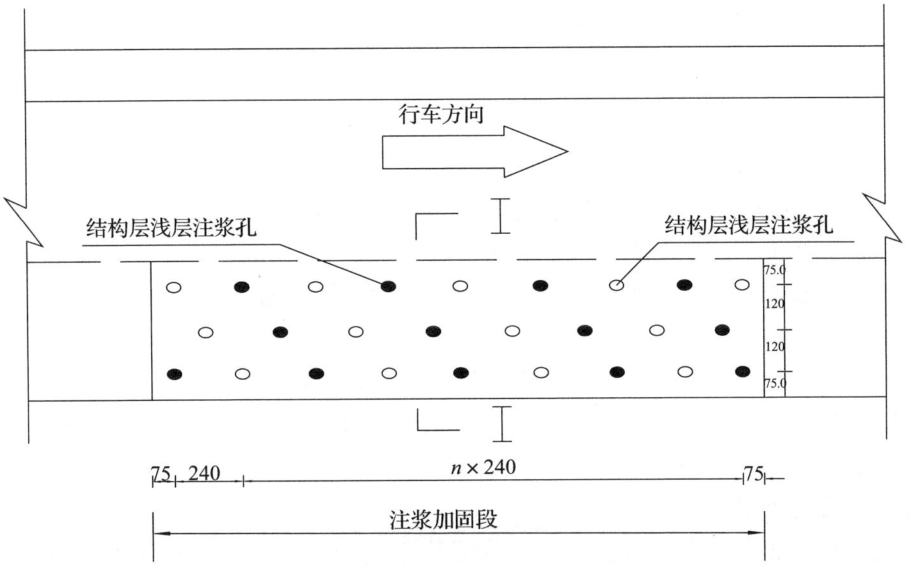

（a）注浆平面布置图

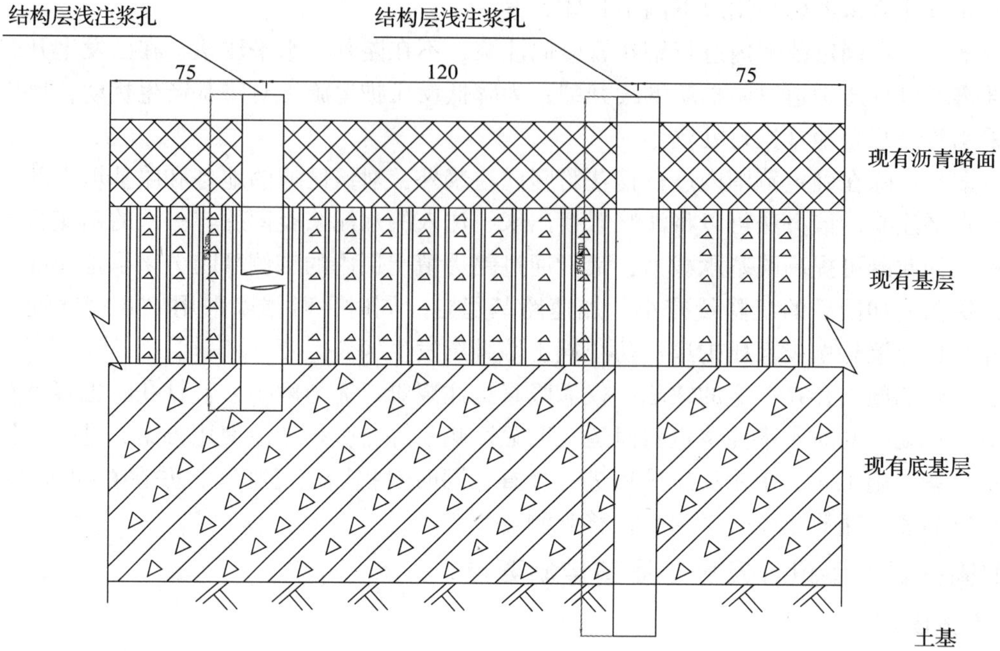

（b）注浆立面平置图

图 5　注浆处置平面、立面示意图

②注浆孔开孔直径 127mm，垂直度偏差不大于 1%；

③钢花管孔底进入持力层不小于 1.0m；

④钢花管采用公称直径ϕ89mm、壁厚 4mm 的无缝钢管；每隔 50cm 开 1 个直径不小于 8mm 的出浆孔，每个开孔段设 8 个孔，分 4 个截面，截面间距 3.5cm，每个截面错开 45°；

⑤注浆的水泥用量暂定 160kg/m；

⑥注浆水泥采用 42.5R 硅酸盐水泥，注浆水灰比暂定为 0.8：1；

⑦在正式注浆前需进行现场试验以确定注浆时间、注浆压力和注浆量等施工参数，试验注浆孔不小于 3 个。

（2）挡墙外包混凝土处置方案设计：

挡墙外包所用混凝土等级为 C30，厚度设定为 0.3m，内设直径 10mm 的纵横钢筋网，钢筋等级为 HRB400（下同），纵横方向间距为 200mm；外包混凝土由垂直于墙面的植筋固定，植筋直径为 16mm，纵横间距为 250mm，植筋深度为 200mm。

（3）处置效果检测

施工完成后，在施工区域进行重型动力触探试验。注浆总长度 60m，选取加固路段的四等分点作为具有代表性的典型测试点，桩号分别为 CK0+405、CK0+420 和 CK0+435，深度定为 5m，抽检数量应为总灌浆孔数的 0.5%且总数不小于 3 点。

5.2　施工过程注意要点

（1）注浆从下而上逐段进行；压力从管底往上逐渐减小并根据试桩情况适当调整；起始压力为 0.5~1.0MPa，中间过程压力为 0.3~0.8MPa，最终稳定压力为 1.0MPa。

（2）判定单孔注浆是否完成。主要依据有：注浆量、注浆压力是否达到（超过）设计值；注浆孔周围是否发现跑浆现象；若发生明显的跑浆现象，无论此刻注浆压力是否达到设计值均应立即停止注浆，未解决好该问题之前不再对该点注浆。

（3）施工过程要严控注浆压力，以防压力过大对加固区域产生较大的侧向压力而导致路基的稳定性降低。

（4）平面施工顺序为：先土路肩、后硬路肩、再路面，平面应跳两孔施工。

（5）要加强对该区域附近主线路基和桥涵、挡墙等固定结构物的监控，施工期及完成施工后 2 月内频率可适当加密。

6　处置效果评价

6.1　加固后现场测定结果评价

本路段难以封闭交通过久进行相关检测评价，主要采取重型动力触探试验对注浆区域进行处置效果评价，同时在相应位置抽芯进行比对。若结果基本相符且能表明加固效果较好则不再进行其他检测，若不能说明问题，则考虑使用探地雷达、瑞雷波等较为先进的无损检测手段。

（1）重型动力触探试验

注浆处置前后施工区域土体重型动力触探结果对比表见表 1。

表 1　处置区域注浆前后重力触探试验检测结果对比表

深度（m）	测试点					
	CK0+405		CK0+420		CK0+435	
	加固前	加固后	加固前	加固后	加固前	加固后
2.5~3.5	8	19	9	26	9	27
5.5~6.5	10	22	12	27	11	20
8.5~9	12	28	14	32	14	36
10~11	9	20	11	25	8	20

表 1 结果显示：3 个测试点处置前后测定值变化明显，加固后各点数值是加固前的 1.5~2.5 倍；说明通过注浆处理，路基土体承载力提高明显。

（2）加固区域钻孔取芯检验

从上述 3 个点位处取芯，岩芯情况显示，在 2~4m、8~10m 土体中含有大量的水泥块，与表 1 中的结果基本吻合，说明浆液已较好地填充至土体中。

上述检测情况显示注浆加固效果较好，暂不采取其他检测手段进行评定，仅后期加强监测，以位移数据来进行综合评价。

6.2　跟踪观测结果评价

在处置过的挡墙部位新增水平位移监测点以判定措施是否有效。观测点设定在 C 匝道 12 号桥台锥坡靠高速公路侧处（CK0+430，记为 A1），位于挡墙上部平台；该位置较为固定且视野通透，适合长期监测。

施工结束后半年内监测频率 1 次/周，半年后 1 次/月；处置前后各月份的水平位移监测数据见表 2，所得关系曲线如图 6、图 7 所示。

表 2　A1 点水平位移监测数据统计表

测量时间	本月测值（mm）		累计变化量（mm）		当月变化速率（mm/d）		测量时间	本月测值（mm）		累计变化量（mm）		当月变化速率（mm/d）	
	X	*Y*	*X*	*Y*	*X*	*Y*		*X*	*Y*	*X*	*Y*	*X*	*Y*
2018. 04	4	3	4	3	0. 133	0. 100	2019. 01	4	3	56	33	0. 133	0. 100
2018. 05	11	5	15	8	0. 367	0. 167	2019. 02	−4	8	52	41	−0. 133	0. 267
2018. 06	9	6	24	14	0. 300	0. 200	2019. 03	−5	6	47	47	−0. 167	0. 200
2018. 07	7	2	31	16	0. 233	0. 067	2019. 04	2	4	49	51	0. 067	0. 133
2018. 08	5	−8	36	8	0. 167	−0. 267	2019. 05	1	2	50	53	0. 033	0. 067
2018. 09	−5	12	31	20	−0. 167	0. 400	2019. 06	0	0	50	53	0. 000	0. 000
2018. 10	12	8	43	28	0. 400	0. 267	2019. 07	2	0	52	53	0. 067	0. 000
2018. 11	6	7	49	35	0. 200	0. 233	2019. 08	0	1	52	54	0. 000	0. 033
2018. 12	3	−5	52	30	0. 100	−0. 167							

说明：*X* 轴位移为正，是指挡墙向外侧发生位移；为负，是指向内侧；*Y* 轴位移为正，是指向下发生沉降。

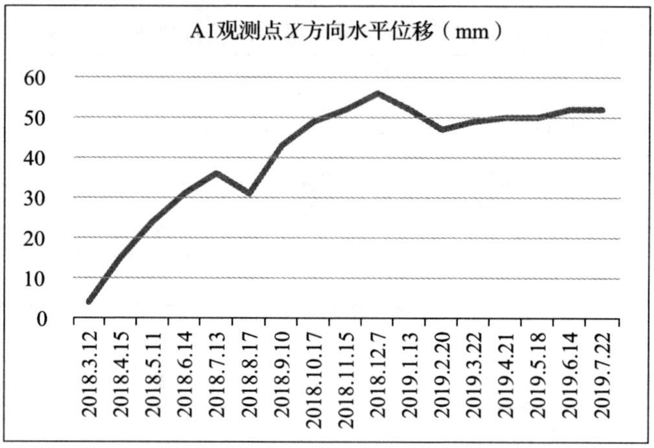

图 6　A1 点 *X* 方向时间–位移关系曲线

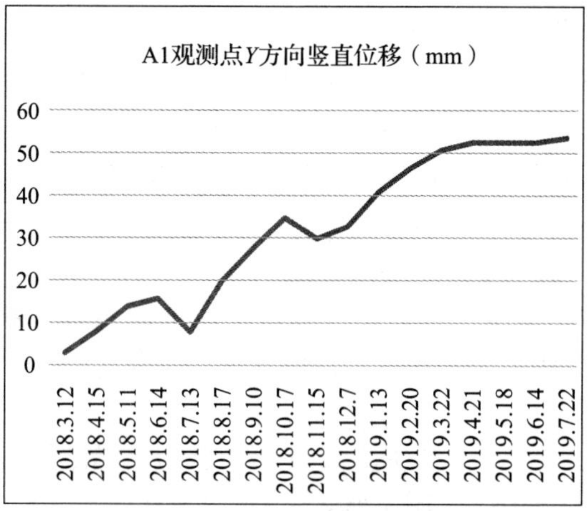

图 7　A1 观测点 *Y* 方向时间–位移关系曲线

表 2 数据中有部分月份累积位移量为负值，原因有：①观测时因行车导致视线受阻，存在一定误差；②仪器架设受到通行车辆的影响，监测数据存在波动，但总体趋势仍符合观测实际。在处置完成半年内，挡墙水平位移变化量仅为 3mm，趋于稳定；竖直位移（沉降）趋于稳定所需时间更长，但也已稳定。综上分析，注浆处置效果较好且施工过程未对高速公路通行造成明显影响。

7　结语

针对某高速公路互通 C 匝道出现路基沉陷、挡墙开裂的问题，本文进行了原因分析、加固方案比选以及后续处置效果评价，得到以下几点结论：

（1）加固处置初选方案为钢花管注浆和复合管桩地基处置两种，综合考虑封闭交通时长、对现有路面破坏情况、经济效益和工程效果等因素，最终确定钢花管注浆作为加固处置措施。

（2）采用钢花管横、竖向结合的注浆方式且在挡墙外包混凝土来对已出现裂缝的桥头挡墙进行加固；对注浆压力体施工参数也提出了参考值及施工过程注意要点。

（3）现场重型动力触探试验和观测数据结果显示：加固路段动力触探试验结果较处置前有明显提升且芯样浆液分布结果与测试数据增强区域基本吻合；观测点位移速率逐步减小，已趋于稳定；所采用的加固方案可行，处置效果达到预期。

参考文献

[1]　王宝泉，张亚楠．软土地区水泥土搅拌桩路基沉降特性分析［J］．公路，2021（08）：107-114.

[2]　李刚，郭艳玲．高速公路改扩建新旧路基差异沉降影响因素分析［J］．公路交通科技，2021，38（07）：22-28.

[3]　谢杰辉，牛富俊，彭智育，等．滨海高速公路软基变形规律及沉降预测应用［J］．华南理工大学学报（自然科学版），2021，49（04）：97-107.

[4]　华俊锋，郭亮，余红军，等．长余高速公路路基差异沉降与处置措施研究［J］．公路，2021，66（01）：370-374.

[5]　古鹏翔，刘先林，骆俊晖，等．花岗岩地区河谷相软土路基处置与沉降变形特性［J］．安全与环境工程，2020，27（02）：149-154，161.

[6]　林有贵，周德存，易强，等．路面基层注浆加固质量评价的无损检测方法应用研究［J］．西部交通科技，2021（02）：8-11，184.

独柱墩桥梁防倾覆加固装置研究设计

蔡　敏　刘筱钰　王曾光

湖南建工集团有限公司　长沙　410000

摘　要：在我国桥梁建设中，独柱墩桥梁结构具有美化外观、占用空间小、视野开阔等优点，曾被广泛运用于城市立交桥、高速互通匝道桥等工程中。对于独柱墩结构，桥梁在横向往往处于单支点受力状态，梁的抗扭能力较弱，在偏载、超载情况下，极易发生箱梁梁体横向侧翻、整体倾覆事故，可能造成重大的生命财产损失。为解决独柱墩桥梁易倾覆的缺点，本文旨在设计一种防倾覆加固装置，加固后将横向单点支撑调整为三点支撑，从而提高桥梁梁体的抗倾覆能力，确保独柱墩桥梁安全。此加固装置结构受力合理，且构造简单，加固现场组装方便。

关键词：独柱墩；桥梁；防倾覆；加固

1　前言

在我国桥梁建设中，独柱墩桥梁结构具有美化外观、占用空间小、视野开阔等优点，其上部结构往往为箱梁结构。对于独柱墩结构，箱梁结构在独柱墩上横向处于单支点受力状态，梁的抗扭能力较弱，在偏载加上超载情况下，极易发生箱梁梁体横向侧翻、整体倾覆，可能造成重大的生命财产损失，尤其是曲线梁桥。2019 年 10 月 10 日 18:10 左右，江苏省无锡市锡山区 312 国道上海方向 K135 处、锡港路上跨桥出现桥面侧翻；2021 年 12 月 18 日，湖北省鄂州市境内的沪渝高速沪渝向转大广高速匝道桥发生桥梁侧翻。为了解决独柱墩桥梁带来的安全隐患，学者围绕独柱桥墩加固技术展开了大量研究，以提高独柱墩桥梁结构的抗倾覆能力。魏洋等提出了一种独柱墩桥梁对称嵌拉支架加固结构，稳定支架的竖直杆的底端支撑连接于嵌固支撑，锚固拉杆穿过独柱墩的截面沿着横桥向对拉固定稳定支架的竖直杆，该支撑加固结构底端需对独柱墩进行植筋嵌入，上部通过独柱墩进行对拉，对既有独柱墩的整体结构易产生破坏；钱昊等提出了一种独柱墩桥梁侧向斜撑加固结构，该加固技术为单纯增加斜撑加固，整体受力和稳定性提升效果不显著。

本文拟设计一种独柱墩桥梁防倾覆加固装置，该装置在桥梁梁体承受偏心荷载时，通过 L 形挂件和抱箍共同受力提供侧向支撑力，从而提高桥梁梁体的抗倾覆能力，确保独柱墩桥梁安全，且该结构构造简单、现场组装、施工方便、经济安全。

2　独柱墩桥梁主要破坏形式

近些年来，桥梁倾覆事故屡有发生，造成了严重的人员伤亡、经济损失和社会影响。在发生倾覆事故的桥梁中，独柱墩且横向单支点结构占有相当的比例。独柱墩桥梁的破坏形式多样，主要分为以下四类：

（1）在偏心荷载、超载的作用下，箱梁发生扭转变形，和支座的合力作用点不断变化，逐渐向偏载一侧移动，当该作用点达到支座附近时，梁体到达倾覆临界值，继续施加偏载，箱梁倾覆。

（2）不同的桥墩对应的支座承担的扭转力矩也不同，当力矩过大时，桥梁支座被挤压变形，易出现偏位，导致梁体脱空。荷载继续增加时，扭转力矩增加，没有了支座的支承作用，脱空的梁体出现脱落，发生倾覆。

（3）梁体自重及车辆荷载竖向分力为支座支承承担，但其斜向分力由支座摩阻力承担，随着荷载的增加，支座摩阻力达到极限值，再继续施加荷载，支座破坏，梁体发生侧向滑移。

（4）桥墩偏心受压，柱体偏心破坏，在荷载作用下，桥梁倾覆过程中，桥墩受力不均匀，处于偏心受压状态，导致墩柱局部承载能力不足，墩柱易整体失稳破坏。

3　独柱墩桥梁抗倾覆稳定性影响因素分析

3.1　曲线半径

在车辆偏载、超载荷载作用下，曲线半径不会对独柱墩支座反力产生明显的影响，对桥台支座的反力影响较为显著。独柱墩桥梁曲线半径越大，其上箱梁的弯扭耦合效应越大，导致箱梁受力后内外侧挠度差异变大，外侧挠度明显大于内侧，此时独柱墩桥梁所受偏心荷载作用效果增强，更易在偏心荷载作用下发生倾覆。

3.2　支座布置

合理的桥梁支座布置能够有效提升桥梁的稳定性能。单支座独柱墩桥梁的横向抗倾覆稳定性效果较差；双支座独柱墩桥梁在独柱墩顶部尺寸较小时，其支座横向间距较小，抗倾覆稳定性相对较差。

3.3　边中跨长度比

大量研究表明，多跨独柱墩桥梁的抗倾覆性能随着边中跨长度比减小而降低。

4　独柱墩桥梁防倾覆加固装置设计

4.1　组装构件

独柱墩桥梁防倾覆加固装置由如下钢结构构件组成，如图 1 所示。包括 L 形挂杆、支撑斜杆、支撑竖杆、新增支座、第一横杆、第二横杆、第一斜杆、第二斜杆、第三斜杆，耳板、抱箍、法兰和螺栓。钢结构构件在工厂标准化加工生产，运抵施工现场安装，通过螺栓连接成整体（图 1）。

4.2　独柱墩加固方法

（1）2 根 L 形挂杆一端挂在独柱墩顶端两侧，两侧分别为弯桥弧线的内侧和外侧，L 形挂杆外侧设置有三个耳板。

（2）支撑斜杆下端与 L 形挂杆通过耳板用高强螺栓固定连接，上端与支撑竖杆通过法兰固定连接，内侧设置有耳板。支撑竖杆上端设置有新增支座，内侧设置有两个耳板。支撑斜杆、支撑竖杆均为设置有注浆孔、溢浆孔的密封空心钢管，内部填充微膨胀高强填充料。

（3）第一横杆一端与支撑竖杆通过耳板用高强螺栓固定连接，另一端与 L 形挂杆通过耳板用高强螺栓固定连接；第二横杆一端与支撑竖杆通过耳板用高强螺栓固定连接，另一端与 L 形挂杆通过耳板用高强螺栓固定连接。

（4）第一斜杆一端与耳板用高强螺栓固定连接，另一端与耳板用高强螺栓固定连接；第二斜杆一端与耳板用高强螺栓固定连接，另一端与耳板用高强螺栓固定连接；第三斜杆一端与耳板用高强螺栓固定连接，另一端与耳板用高强螺栓固定连接。

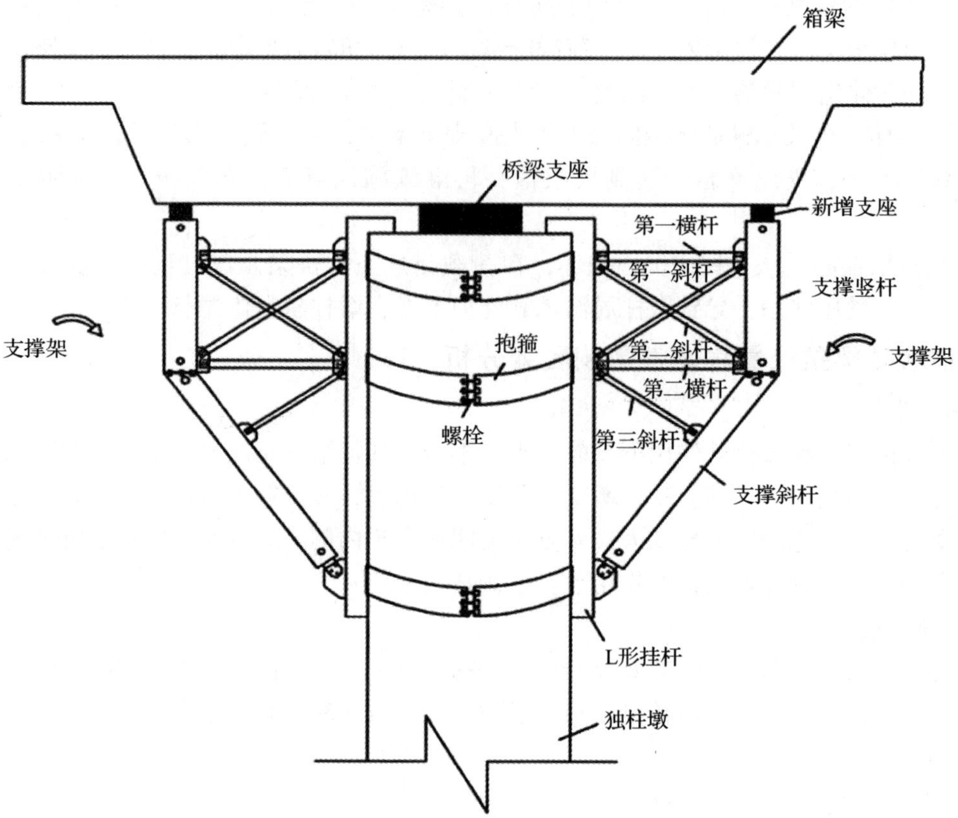

图 1　独柱墩桥梁防倾覆加固装置结构示意图

（5）抱箍一共设置 3 个，所述抱箍为开口环形，通过高强螺栓连接，抱箍与 L 形挂杆内侧焊接连接，L 形挂件和抱箍共同受力。

（6）在各构件安装连接完成后，在支撑斜杆、支撑竖杆的注浆孔注入微膨胀高强填充料，直到溢浆孔溢出部分填充料。

4.3　抗倾覆效果分析

桥面应力通过新增支座传递到 L 形挂杆上，再传递到独柱墩的顶端。该钢结构加固装置，需能承担桥面倾覆时产生的竖向压力而不发生失效，确保桥面不发生倾覆。该钢结构加固装置，通过高强螺栓加装在独柱墩的外表面，无须对桥墩和桥面进行破坏安装，对桥墩的质量影响很小；整个加固装置结构简单，加工组装施工简便，钢结构的强度与刚度较大，能承担较大的倾覆荷载，且总体造价低。

5　结语

本文设计的独柱墩桥梁的防倾覆加固装置包括 L 形挂杆、三个抱箍与支撑杆件。挂杆挂在独柱墩顶，能避免对独柱墩的结构进行破坏；L 形挂件和抱箍共同受力，加固后将横向单点支撑调整为横向三点支撑，能有效提高独柱墩桥梁的抗倾覆性能。加固支撑架结构为上部桁架下部斜撑，结构受力合理，有利于提高桥梁整体受压能力。支撑架部件构造简单，易于标准化生产，现场通过螺栓连接，操作简单，施工效率高，经济效益良好。

参考文献

[1] 湖南建工集团有限公司．一种独柱墩桥梁防倾覆加固装置：中国，CN216445821U [P]. 2022-05-06.
[2] 魏洋，缪坤廷，程勋煜，等．一种独柱墩桥梁对称嵌拉支架加固结构：中国，CN212223639U [P]. 2020-12-25.
[3] 魏洋，钱昊，朱超，等．一种独柱墩桥梁侧向斜撑加固结构：中国，CN212223642U [P]. 2020-12-25.
[4] 胡祥森，郑可卿，余茂峰．某高速公路独柱墩桥梁抗倾覆加固设计研究 [J]. 工程建设与设计，2022 (15)：91-95.
[5] 任炜．基于抗倾覆加固方式的独柱墩桥梁地震反应分析 [D]. 合肥：安徽建筑大学，2022.
[6] 陈勇，杨培伟．独柱墩桥梁抗倾覆加固改造技术 [J]. 施工技术，2021，50 (08)：84-88.
[7] 王大伟．独柱墩防倾覆设计方案研究 [J]. 公路交通科技（应用技术版），2016，12 (02)：173-174.
[8] 雷晓鸣，雷电军．独柱墩桥梁防倾覆设计探讨 [J]. 建设科技，2013 (15)：91-92.

浅谈新型预埋式外架连墙件的应用研究

任　鼎　龙　艳　刘筱钰

湖南建工集团有限公司　长沙　410004

摘　要：针对现有建筑施工过程中建筑外架连墙件的做法存在各种不足，通过引用一种新型预埋式外架连墙件，经施工现场实际使用、比对效果、经济分析，利用该技术能有效减少传统外架连墙件使用时带来的砌体施工留洞、外墙渗水等质量问题，无须后期明火切割拆卸，降低防火风险，同时连墙件安拆方便、可重复使用、绿色环保，有利于工程施工进度和成本节约。

关键词：预埋式；外架连墙件；减少质量问题；安拆方便；重复使用；绿色环保

1　引言

在建筑施工过程中，当进行主体结构、外墙粉刷、装饰等施工时，需搭设外防护脚手架，为确保架体安全，架体必须与主体结构连接，即通过连墙件。目前常用于扣件式钢管脚手架的连墙件做法有：预埋钢管方法、后锚固方法、箍柱法。其中预埋钢管方法是最为常用的连墙件做法，但成本高、拆卸麻烦，并且对砌体的后留洞口进行后期封堵，有渗水隐患。后锚固方法钻孔很麻烦，通常采用 2 颗膨胀锚栓，承载力不高，易松动，不可承受低周反复荷载，施工要求高，并且施工完成后，锚栓也报废，无法重复使用，造成成本提高。如采用化学锚栓，清孔麻烦，施工要求高，成本较高，拆除时，明火切割有火灾隐患。箍柱法所需要的材料多，经济性差，存在墙体补洞工序，存在渗水隐患，且柱子模板拆除后安装，滞后于施工进度，存在安全隐患。

为进一步总结和推广应用高层建筑脚手架新型连墙件，特对中高层建筑脚手架预埋式外架连墙件应用进行总结。本文设计的新型外架连墙件安拆方便，有效提高了外架安拆效率，无须后期明火切割拆卸，降低防火风险；材料经济耐用、力学性能好、可重复利用、绿色环保；有效提高了工程质量，无须考虑后续砌体施工留洞，避免了外墙洞口渗水的质量问题，提高了砌体施工质量。

2　工艺原理

采用将预制好的塑料预埋件（内含螺母），在混凝土浇筑前通过小螺杆（配有蝶形螺母）安装在结构梁或墙外侧模板上，待侧面模板拆除后，通过钢制双头螺杆将特制连墙钢管（内焊有圆形大螺母）与已预埋好的塑料预埋件中的螺母连接，再将连墙钢管与脚手架立杆扣件连接，即为连墙件（图 1）。

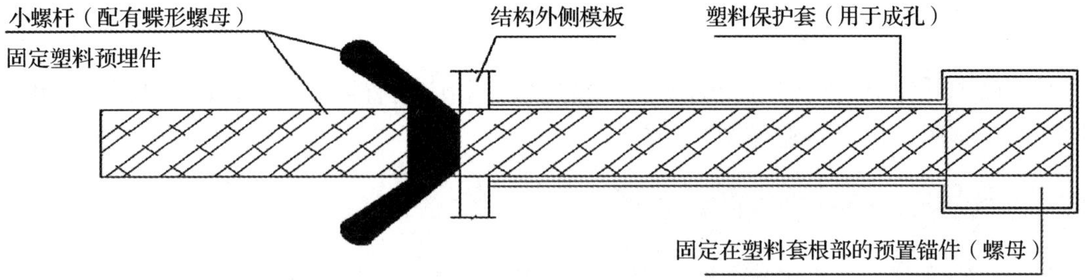

（a）工艺原理示意图一——预埋件

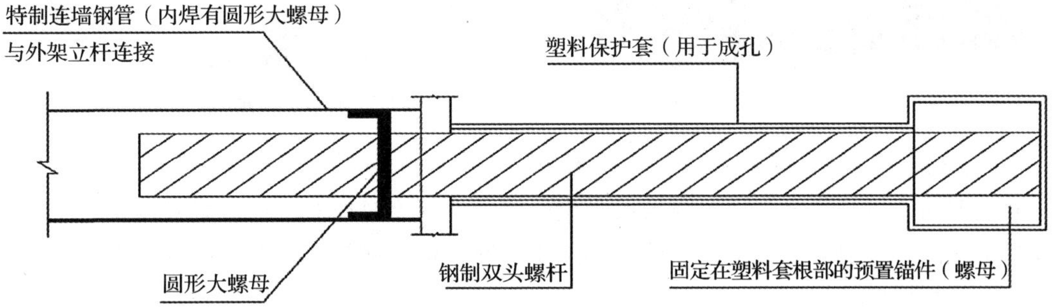

（b）工艺原理示意图二——连墙件连接

图 1　工艺原理示意图

3　施工工艺流程及操作要点

3.1　施工工艺流程（图 2）

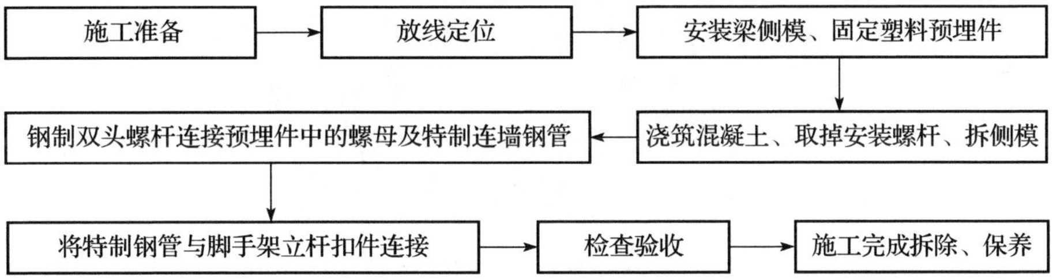

图 2　施工工艺流程图

3.2　操作要点

3.2.1　施工准备

（1）熟悉图纸，编制脚手架专项施工方案，绘制脚手架平面布置图、连墙件平面、立面布置图，确定连墙件形式。

（2）准备所需的钢管、扣件等脚手架相关材料，并对材料按《建筑施工扣件式钢管脚手架安全技术规范》（JGJ 130—2011）等规范进行把关。

（3）对施工班组、施工管理人员进行施工技术交底，使参与施工人员掌握连墙件施工工艺和要求。

3.2.2　放线定位

根据连墙件立面、平面布置图确定连墙件位置，确保连墙件拉结点在主立杆位置，并在相应位置做好标记。

3.2.3　安装梁侧模、固定塑料预埋件

梁钢筋绑扎完成后，固定梁侧模前，在连墙件相应位置固定 115mm 长塑料预埋件。预埋件应固定牢固、位置准确（图 3、图 4）。

图 3　固定塑料预埋件，端部含方形螺母

图 4　小螺杆（配有蝶形螺母）固定塑料预埋件

3.2.4　浇筑混凝土、取掉安装螺杆、拆侧模

梁板钢筋模板验收合格后，浇筑混凝土。浇筑混凝土时应对预埋件做好保护，禁止振动棒碰到预埋件。当混凝土强度达到侧模拆除条件时，拆除侧模，并对预埋件孔做好保护，禁止杂物封堵预埋件孔。

3.2.5　钢制双头螺杆连接预埋件

钢制双头螺杆连接预埋件中的螺母及特制连墙钢管将 M14mm×140mm 钢制双头螺杆一头连接塑料预埋件中的螺母拧紧，另一头（外露约 35cm）连接特制连墙钢管（内焊有圆形大螺母），要求双头螺杆与两端螺母应旋紧，不得有空余的螺纹（图 5）。

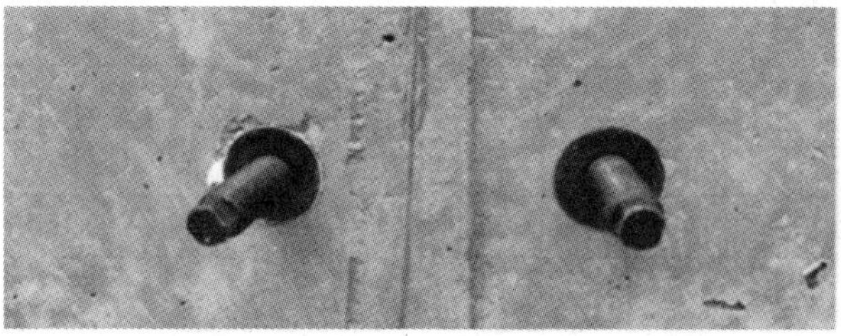

图 5　已与钢管焊好的锚栓与预埋件（螺母）连接、固定

3.2.6　将特制钢管与脚手架立杆扣件连接

用扣件将特制钢管与脚手架立杆相连。扣件螺栓拧紧力矩应在 40~65N · m 之间。

3.2.7　检查验收

（1）检查连墙件数量、做法是否与方案相符。

（2）检查双头螺杆与锚件是否紧固（螺杆做拉拔试验，满足方案受力要求，受拉设计荷载值 19.0kN）。

（3）检查钢管与脚手架立杆扣件是否紧固。

3.2.8　施工完成拆除、保养

（1）连墙件必须随脚手架逐层拆除，严禁先将连墙件整层或数层拆除后再拆脚手架；分段拆除高差不应大于两步，如高差大于两步，应增设连墙件加固。

（2）当脚手架拆至下部最后一根长立杆的高度时，应先在适当位置搭设临时抛撑加固后，再拆除连墙件。

（3）当脚手架采取分段、分立面拆除时，对不拆除的脚手架两端，应先按规定设置连墙件和横向斜撑加固。

（4）各构配件严禁抛至地面。运至地面的构配件及时检查、整修与保养，并按品种、规格码堆存放。

（5）妥善保管锚栓和连墙杆件至仓库，待其他部位外架需要时再重复使用。

4　材料与设备（表 1）

表 1　主要材料、设备名称与规格

序号	材料名称	规格	序号	设备、机具名称	规格
1	连墙拉结钢管（内焊有圆形螺母）	ϕ48mm×3.0mm	6	铁锤	—
2	扣件	十字	7	扳手	—
3	预埋安装用小螺杆（配蝶形螺母）	M8mm×210mm	8	扭矩扳手	—
4	连墙拉结塑料预埋件（含方形螺母）	115mm，与小螺杆配套	9	钢卷尺	5m
5	连墙拉结用双头螺杆	M14mm×140mm	10	电钻	—

5　工程应用

（1）“1251”工程

“1251”工程位于长沙县雷公岭路与石塘路交会处，该工程为框架剪力墙结构。开工日期为 2016 年 11 月 28 日，竣工日期 2019 年 10 月 16 日。建筑面积 47538m^2（图 6）。本工程从 2 层至 23 层均采用悬挑脚手架防护，外防护面积大。

（2）建工 · 象山国际二期

建工 · 象山国际二期 C3、C5、C8 栋及部分地下室工程位于长沙 · 岳麓区含浦大道与象嘴路交会处西南角，剪力墙结构，开工日期为 2020 年 2 月，计划竣工日期 2023 年 5 月，建筑面积 134482m^2（图 7）。本工程整体地下室均采用落地式脚手架防护。

以上项目外脚手架均应用了此技术，有效提高了工作效率、节约了成本、提高了工程质量，得到了各方一致好评。

图 6　“1251”工程效果图

图 7　建工 · 象山国际二期效果

6　结语

本文设计的新型预埋件外架连墙件主要适用于低层、多层及高层建筑扣件式钢管脚手架连墙件，通过工程实践应用总结发现，该连墙件具有以下优势：

（1）相比于传统外架连墙件，该连墙件单根可节约 47 元。传统外架连墙件考虑架管租赁费、人工安装费、外墙堵洞人工和材料费，成本约为 92 元；新型连墙件仅需人工安装费、材料费，成本 45 元。

（2）该技术施工过程中安拆方便，施工进度快，工效高、降低了人工消耗。

（3）该技术社会效益突出，采用本技术无须砌体施工留洞、不需要洞口封堵，节约材料和人工，避免了外墙洞口渗水等质量问题，无须后期明火切割拆卸，降低了防火风险。

（4）该连墙件可工厂化生产、可重复使用，节省了人力物力，安装牢固可靠，安全有保障，同时绿色环保，响应了国家环境保护、节能、资源节约的号召。经过使用取得良好的效果，推广应用前景广阔。

参考文献

［1］湖南拯卫建设科技有限公司，中南大学．一种多用途连墙件：中国，CN2014206086548［P］．2015-03-04.

［2］中华人民共和国住房和城乡建设部．建筑施工安全检查标准：JGJ 59—2011［S］．北京：中国建筑工业出版社，2012.

［3］中华人民共和国住房和城乡建设部．建筑施工高处作业安全技术规范：JGJ 80—2016［S］．北京：中国建筑工业出版社，2016.

［4］中华人民共和国住房和城乡建设部．建筑施工扣件式钢管脚手架安全技术规范：JGJ 130—2011［S］．北京：中国建筑工业出版社，2011.

新环境下建筑施工技术的创新途径

全修宇

湖南建工集团有限公司　长沙　410008

摘　要：时代的进步推动建筑行业的发展。当前，国民经济快速增长，城市人口持续增多，建筑行业发展迅猛。与此同时，国民认知水平的提升促进了建筑行业的多元化发展，建筑项目类型不断增加，建筑规模逐渐扩大，建筑行业内部竞争愈发激烈。在此背景下，建筑企业若想于行业中立足，则必须在施工技术上有所创新，提升建筑工程质量、保证施工安全、提升施工效率，并满足人们关注品质、环保、健康、审美等各方面需求，才能够促进企业的永续发展。本文结合以往的工作经验，对建筑施工技术的创新途径进行分析。

关键词：新环境；建筑施工；新技术

1　引言

自改革开放以来，建筑工程行业高速发展，并成为支撑国家经济建设的基础、促进国民经济增长的核心。近年来，市场经济深度变革，社会环境发生变化，亦为建筑行业的发展带来冲击。时代在创新中谋求发展，建筑行业需要结合时代的发展趋势，对施工技术做出优化与创新，才能够满足时代的发展需求，并始终站在促进国家经济发展的前列。然而，就目前而言，我国建筑行业在创新之路上还存在诸多问题，若不能够及时地调整与解决，将会限制与阻碍行业前行的脚步。鉴于此，业内人士需对时局做出深入的分析与研究，并积极探寻施工技术创新的途径，帮助建筑行业获得新的发展机遇。

2　建筑施工技术创新的意义

2.1　推动社会生产力的进步

社会生产力是推动社会发展的核心动力，对国家及民族的发展有着十分重要的意义。自中华人民共和国成立以来，建筑行业快速发展，为人们的生活提供着最基础的保障，并为国家的经济发展提供了重要的支撑。此过程中，建筑施工技术也不断更新与进步，新技术不断涌现在建筑行业当中。然而，近年来，我国的经济水平持续增长，综合国力不断增强，科学技术水平已处于世界先进行列，尽管建筑行业也在快速地发展，仍无法满足社会发展的动力需求。同时，部分建筑企业仍然沉浸在以往的成果当中，并没有意识到创新技术的重要性，使得企业的发展停滞不前，社会生产力难以进步。鉴于此，建筑企业唯有把握时代的发展趋势，积极做出施工技术上的创新，并应用于实践当中，才能够促进企业的发展，并推动社会生产力的进步。

2.2　满足社会经济发展需要

当前，我国正处于全面发展的重要时期，各个行业与领域都在积极地进行创新与发展，并取得了十分理想的成果。这意味着，传统的生产和生活方式，已经无法满足人们日益增长的物质文化需求，即将被时代所淘汰。而建筑行业作为国家经济的命脉，以及人们生活的基本保障，积极地开发新兴技术已经成为时代发展对行业的要求。客观来说，我国的现代化建筑技术起步较晚，相对于其他领域而言，在国际上并没有占据一定的优势，而国家的全面发展离不开建筑行业的支撑，同时，就我国的发展形势来说，国家在未来必将实现更高水平的发展，就这一点来看，建筑行业也必须积极进行技术创新，淘汰落后的技术和体制，才能够紧紧跟上时代发展的脚步，发挥建筑行业的重要价值，始终作为国家发展的基石，屹立在时代的舞台当中。

2.3 促进建筑工程行业发展

近年来，在国家政策的支持下，各城市积极开展现代化建设，城市人口数量不断增加，面对较大的人口压力，建筑工程项目也在不断地增多，同时，也吸引到更多资本的关注，城市中的建筑工程企业不断增多，几乎已经呈现饱和的状态，业内竞争也越发激烈。与此同时，城市居民的认知水平不断提升，在物质生活得到满足时，有了更多的精神层面追求，在选择房屋建筑时，不但会考虑价格、位置等因素，还会考虑到建筑的功能性、房屋是否生态环保，甚至小区中是否有足够的绿化区域等。同时，社会环境的变化使得人们的审美水平也在提升，对房屋建筑的结构、外观也有了更高的要求。这些因素在一定程度上推动了建筑行业内部的竞争，纵观各建筑企业发展情况，其业内竞争已经到达白热化状态。技术是企业的核心竞争力，这一点毋庸置疑，在新环境当中，施工技术的创新可以说是企业生存的根本，而创新能力与效果则决定着企业是否能够于竞争当中脱颖而出，得到进一步的发展。建筑企业需以人才培养、技术引进等方式，力争能够以更低的成本创造更高的品质，或是可以理解为，只有创新，企业才能够有未来。

3 当前建筑技术存在的问题

3.1 缺乏创新意识

思想是行动的根本，也是行动的指引。若想实现施工技术的创新，建筑企业就必须具备良好的创新意识，唯有对这一工作给予认可，才能将其运用到行动中。但是，就目前来看，我国很多建筑企业都不具备创新的意识。主要原因在于，多数建筑企业都有着一定的发展历史，并曾经取得过十分理想的成绩，这就使得企业中的领导层和工作人员"安于现状"，认为只需按部就班地完成工作，便能够获得经济效益。但是，面对新环境，不进步便等于后退，若不能够跟随时代的脚步，就必然会被时代所淘汰，而很多建筑企业并没有意识到问题的严重性，创新意识的不足是阻碍建筑企业发展的首要因素。

3.2 污染问题严重

房屋建筑工程施工时会使用大量的施工材料，施工设备也较多，对能源的消耗极大，这意味着，建筑项目在施工时会对周边的环境造成影响。例如，在建设时使用大型的机器设备会造成噪声污染，产生的废水会污染周围的土壤，而在使用混凝土等材料时会产生大量的粉尘污染（图 1），另外，设备在使用时会消耗大量的能源，建设的过程会产生大量的建设垃圾等，由此可以看出，建设工程项目对环境的影响十分严重。近年来，随着市场环境的变化，建设工程的规模越来越大，结构也越来越复杂，而环境污染问题也更加严重。城市中的建设工程项目很多都处于城区，若环境污染问题得不到控制，则会对周边的居民造成严重的影响，不但使得人们的生活品质有所下降，还很可能会引发居民与建筑企业的矛盾，不利于房屋建筑项目的开展，这也是施工技术亟待创新的主要原因之一。

图 1　建筑工地扬尘污染

3.3　安全隐患较多

建筑施工存在着安全的特殊性。一直以来，安全问题都是建筑施工当中的重点。在建筑施工当中，很容易出现一些安全事故，主要原因在于，建设工程涉及高空作业，又需要对很多大型的设备进行使用，其需要大量地使用电能，这些建设工程的施工存在着一定的风险性。通过具体的分析，笔者认为，建筑工程中的安全隐患主要有以下几点：

首先，在施工过程中，工作人员没有严格地按照规章制度开展工作，比如，没有在施工现场建立安全防护体系等。

其次，施工人员的安全意识十分淡薄。事实上，多数安全事故的发生都是由于没有对安全问题加以重视而引起，施工人员意识不到安全的重要性，无法有效地对安全事故进行规避，这也是产生安全事故的原因。

最后，很多建筑单位为追求眼前的经济效益，不顾其他地压缩工程成本，使用一些不合格的材料和设备，从而引发安全事故。

3.4　管理模式欠佳

建筑工程由众多的施工环节组成，尤其是新时期的建设项目，施工内容更为繁杂，需要各个施工环节之间相互配合、相互协调。这意味着，施工管理将会在建筑施工当中发挥着重要的作用，管理部门通过对项目进行整体的布局和规划，并做好协调和管理工作，建筑施工在开展时才不会杂乱无章。但是，现实中的实际情况是，很多建筑企业对施工管理不够重视，很多管理工作都只浮于表面，或是只派出管理人员对施工进度进行监管。部分建筑企业认为，施工管理只是为了使施工人员能够按时完成工作，让项目顺利竣工，便算是完成任务。而事实是，这样落后的管理方式会使施工技术存在着严重的不足，很多施工环节都无法达标，最终影响建筑工程的质量，甚至整个施工系统都会出现问题。施工管理是施工技术创新的根本保证，企业若想实现转型和发展，就必须正确对待这一问题。

4　新环境下建筑施工技术创新途径

4.1　企业需提升创新意识

若想对施工技术做出创新，企业就必须将创新贯穿于企业文化当中，在企业当中营造创新的氛围，从领导层到工作人员，都需要具备创新的思想。首先，企业领导必须强化自身思想建设，将施工技术创新能力与企业的发展建立联系，敢于突破、大胆改革，走在时代的前端，才能够于时代的浪潮当中为企业谋生机。其次，领导层要发挥主导作用，大力在企业中宣传施工技术创新，具体可采用学习、培训等方式，将相关的成功案例在企业中展示，使所有员工对技术创新建立正确的认知。最后，企业要将施工技术创新与员工的个人发展建立联系，可采取相应的鼓励和奖励机制，激发员工的创新动力，使创新精神在企业中发扬。

4.2 节能环保技术的创新

针对当前建筑施工环境污染严重的现象，企业在施工技术创新的道路上，要重点考虑到节能、环保问题。当前，绿色施工技术作为一种迎合时代发展的新兴技术，受到部分建筑企业的追捧，其不但能够减少建筑施工对周边环境的污染，还能最大限度地节约能源，高度符合国家可持续发展战略目标要求，也将是建筑行业未来的发展方向。对此，建筑企业要积极地采用绿色施工技术，具体而言，需采用生态、环保的建筑材料，并在施工当中加强对太阳能、风能、光能等自然能源的应用。同时，可建立循环用水系统，减少对周边环境的破坏，节能能源，减少建筑垃圾污染。另外，建筑企业还需要控制对大型设备的使用时间，避免噪声对周边的居民造成影响。总之，要采取一切可行手段，做好对绿色施工技术的推广。

4.3 各项施工技术的创新

建筑施工技术是房屋建筑项目的主体，一项工程的建成，需要由各项施工技术支撑。通过分析能够看出，在当前的房建工程中，很多施工技术已经出现明显的不足，无法符合新时代的发展，对房屋建筑的质量、安全、进度等各项因素都造成了一定程度的影响。对此，建筑企业需要对各项施工技术均做出创新，具体方式如下：

4.3.1 混凝土施工技术的创新

混凝土施工技术是建筑工程中最常见的一种技术，但是，在以往的建筑施工中，常常会出现混凝土裂缝的现象，影响着施工的质量，有时还会发生返工的情况，为建筑企业带来经济损失。对此，建筑企业可对混凝土的配比、浇筑方式进行创新，并使用预应力混凝土施工技术，提升混凝土施工质量。

4.3.2 施工测量技术的创新

众所周知，测量技术贯穿于整个建筑工程当中，一项房屋建筑项目，从设计到施工，都离不开测量技术的支撑，若测量结果不够准确，将直接影响建筑的质量。此前，各建筑企业通常使用人工测量技术开展工作，但是，由于测量工作量较大，或工作人员的个人因素，常常会发生测量结果不够准确的现象，对此，建筑企业可选择 GPS 等信息技术手段进行施工测量，提高测量数据的可靠性，从而保证建筑施工的质量。

4.3.3 建筑节能技术的创新

除需在工程建设阶段要采取节能技术，还需要考虑到建筑在使用时的节能情况。当前，能源短缺问题成为社会的焦点，而在时代的推动下，绿色生活也成为人们追求的目标。因此，建筑企业在施工时，务必要从用户生活需要的角度出发，对施工技术做出创新。比如，要对外墙保温技术进行创新，提高房屋的保温性能，这样便能够减少用户对能源的使用。门窗节能也不能忽视，需要提升门窗设计与施工的隔热性、封闭性，满足节能需求。另外，还有地面节能技术、水电节能技术等，都要积极地应用于新时期的建筑施工中。

4.4 施工管理技术的创新

施工管理是建筑施工当中的重要环节，于新环境下，施工管理工作不只要对施工的进度及施工人员进行管理，还需要对施工的各项文件、材料、人员、设备、技术等各个方面进行管理。当前，建筑工程项目的规模在不断地增大，施工管理工作十分复杂，若不能做好上述各个方面的管理，并做好各施工环节之间的协调工作，建筑施工将很难顺利开展。近年来，信息技术快速发展，并被广泛地应用于各个领域当中，皆取得了十分理想的成果，建筑企业也应当积极地引进先进的设备和技术手段，做施工管理技术创新。比如，时下比较火热的 BIM 技术和 VR 技术，不但能够使施工流程更加清晰，还能够对各项施工问题进行预先模拟，管理人员可根据所呈现的数据和结果开展施工管理工作，从根本上提升建筑施工的安全性和可靠性，也会使得工程项目在规范、有序的状态下进行，提升施工质量的同时，也提高了施工效率，为建筑企业创造经济收益。

4.5　创新人才的培养工作

新时期的市场竞争就是人才的竞争。建筑企业若想实施创新并取得理想的发展成果，就必须重视人才培养工作。首先，企业要积极吸纳掌握新技术的青年人才，使其为企业带来新的生机，并带动整个企业向新的方向发展。其次，企业要注重内部人才的培养工作，积极地组织人才进行进修和学习，到发展较快的企业中学习新型的施工技术，并将其带回到本企业当中。最后，企业要建立强大的施工管理团队，并在团队中树立创新的理念，提高施工技术创新的效率。

5　结语

综上所述，施工技术是建筑工程的重要组成，是建筑企业的核心竞争力。现阶段，建筑行业机遇与挑战并存，若想牢牢把握时代赐予的机会，各建筑企业需具备良好的创新意识，积极引进先进的设备和技术，对各项施工技术做出优化与创新，增强企业的竞争实力，争取更多的发展机遇，实现经济效益与社会效益齐头并进，在帮助建筑企业实现战略发展目标的同时，将整个建筑行业推向新的发展高度，为国家的全面发展贡献力量。

参考文献

[1] 刘小龙 . 张树森 . 林奇峰 . 新环境下关于房屋建筑施工技术的创新与应用的途径研究分析 [J]. 住宅与房地产，2020，568 (09)：199-199.

[2] 蔡飞翔 . 肖瑶 . 姚志强 . 新环境下房屋施工建筑施工技术的创新途径——建筑工程行业的创新与发展 [J]. 建筑工程技术与设计，2018，000 (031)：1592. 1593.

[3] 米彦龙，肖思远，张书军 . 探究新环境下我国建筑工程中房屋施工建筑施工技术的创新途径 [J]. 建筑工程技术与设计，2019，000 (018)：2881.

[4] 黄德炜 . 付亚玲 . 浅述新环境下房屋施工建筑施工技术的创新途径之建筑行业的创新发展分析 [J]. 中文科技期刊数据库（全文版）工程技术：2019. 00. 00140-00140.

[5] 夏红旺 . 吕峰 . 新时期背景下——探讨新环境下房屋建筑施工技术的创新途径 [J]. 中文科技期刊数据库（文摘版）工程技术，2021 (7)：2. 00032. 00032.

[6] 沃恩惠 . 齐悦 . 杜晓辉 . 新环境下房屋施工建筑施工技术的创新途径运用 [J]. 建筑工程技术与设计，20196，000 (008)：2084-2084.

[7] 唐胜全 . 胡可欣 . 张元 . 建筑施工新技术的发展——试析新环境下房屋建筑施工技术的创新途径 [J]. 建筑技术研究，2019，002 (006)：P. 185-186.

[8] 邓东明 . 刘涛 . 马佳佳 . 试论关于新环境下房屋建筑施工技术的创新途径的分析研究报告 [J]. 建筑工程技术与设计，2016，000 (010)：2138.

房屋建筑绿色施工技术应用研究

阳　前

湖南建工集团有限公司　长沙　410008

摘　要：在众多行业之中，建筑领域是能耗最为严重的，虽然其关系着社会发展与国计民生，但是在可持续理念深化落实的背景下，建筑领域的运作方式也应进行创新与改变，应顺应持续发展的要求，积极进行资源保护与绿色环保工作，优化工作方式。房屋建筑工程的整体质量与空间舒适性，与群众的实际生活息息相关，对此，在施工进程中，必须积极引进绿色技术，通过生态化手段与措施，提升工程环保性，切实保障施工建设的生态性特点，为人们创设一个更加安全健康的建筑空间，将绿色意识与建筑施工相互融合，确保建筑工程更加符合生态学与城市发展要求，实现工程高质高效。

关键词：绿色建筑；房屋建筑；绿色技术

1　引言

资源紧缺与环境的恶化，对整个社会与广大群众的实际生活都造成了严重威胁与影响，对此，社会各个领域都必须行动起来，顺应可持续发展理念，强化环保力度。对于建筑行业来说，必须担负起节约资源的保护环境的重任，认识到当前时期建筑施工所导致的影响，积极引进绿色化手段，将绿色环保与施工作业相互结合。因此，在房建施工中，工作人员必须大力引进与使用各类全新技术，发挥出清洁能源的效用，提高整个房建工程绿色化与生态化水平，为建筑使用者提供一个更加安全舒适的环境。而纵观实际情况可以发现，一部分工作人员并没有认识到绿色技术的重要意义，在实际的施工进程中，也频发缺陷与不足，影响了房建环保性优势的发挥，对此，必须改善理念，强化绿色技术应用力度，保障建筑工程质量。

2　绿色技术概述

所谓绿色技术，简而言之就是将房建施工资源的高质高效利用为核心目标，同时以生态环境保护、房建施工高效进行为基础理念，在房建项目开展中积极探寻资源利用率最大化以及建筑高效施工的全新渠道。绿色技术并不是一种具有独立性的技术手段，而是应该将以往所用的技术方案与资源高效利用理念相互融合，为房建施工的可持续发展注入源源不竭的动力。详细来说，就是在房建施工进程中，经由节水、节能等技术的使用，来尽可能减少施工作业中各项资源的应用量，从而降低房建施工对周边环境带来的不良影响。绿色技术的使用，不但应该合理规划施工方案，还应该做好材料、设施、工艺技术等多个方面的规划设计与协调，切实提升房建整体环保性与施工质量。

3　房屋建筑绿色施工技术

3.1　节地技术

在房建施工中，若想达成对工程用地的有效保护，那么首先就应该全面掌握工程用地的整体范畴，并对于不相同的土地类别设定与其适配的保护举措。房建工程用地主要涵盖临时性设施用地、建设用地、生活用地等，精细化分类以后可以归纳为建材堆场、临时厂房、作业棚、住宿环境等。严格控制各种施工场地，科学优化施工建设区域以及生活区域的设计，重视场地调控，做好土地保护，这样才可以从绿色生态的角度达成对资源的保护。

3. 1. 1　减少临时用地

首先，应该科学减少不必要的临时用地。工程建设场地应严格把控临时性用地的数量与范围。临时性施工环节主要包含道路、临时构筑物等，道路依据实际应用的功能与特点，可以划分为主道路以及辅道路两种。前者贯穿于整个房建工程现场，辅道路则属于主道路的分支，抑或是已经具备的道路通向房建施工现场构筑物内部的道路。为了符合房建施工标准而临时性修筑的道路，应该依据运输量、实际距离、地形情况、车辆信息等多种要素来修建，以此满足高效迅速地供应生活物资以及房建施工所需要的机械设备、材料等需要。

从节地的方面来分析，在规划房建工程总平面的过程中，首先应该实现合理高效，整个施工场地应该尽可能地借助原本存在的构筑物、道路与管道线路等满足工程建设标准。办公区域的布设应该贴近工程场地抑或是设计在工程场地出入口，尽量设计在施工场地下落半径以及有高压线的风险范围以外。如若无法规避，应该配备齐全的防护措施，确保安全。对于生活区而言，应该统筹规划，尽可能将其布设在工程场地以外，科学布局，在满足施工安全、消防要求、卫生健康等多个方面要求的基础上，实现施工服务的目标。

其次，对于工程场地而言，在符合建设标准以及技术可行的基础上，应该积极引进并使用新技术、新材料，尽量不应用陈旧落后的施工手段，从而规避对土地资源造成影响与耗费。对于临时用地的保护则应该依据工程建设实际情况，科学规划施工工艺，如创新深基坑方案，应该依据边坡情况、基坑填料、排水渠尺寸等进行比对选择，择优选定工程方案，降低土方挖掘以及回填的工作量，最大化避免对土地造成的影响，保护自然环境。

最后，应该依据房建施工场地指定的复垦方案，来确定相应的建设场地、取土点、取土形式，尽可能依据当地的地质情况、水利特点、水文信息等，避免大范围统一取土，并将取用、弃土、优化等工作相互融合，如若条件允许，应该尽量使用满足技术要求的工业废料与废渣进行填筑处理，降低取土对土地造成的影响。

3. 1. 2　保护资源与土地复耕

在房建施工完毕后，应该依据谁破坏、谁修复的理念，经由用地企业展开复耕处理，恢复原本的地质环境。

首先，应对临时用地区域环境中存有的废渣与建筑垃圾等展开全面清洁，植树种草，恢复原本土地的绿化。

其次，对于临时用房、料场等环境来说，若占用了耕地，那么在应用硬化的前期阶段，应该使用相应的隔离举措将混凝土与耕地展开隔离处理，便于后续复耕。

最后，应尽可能利用并保护建设环境中原本的绿色植被，如若施工时间较长，则应该依据图纸中永久绿化的标准，科学规划场地，新建绿化，规避后续对土地资源的耗费。

3. 2　节水技术

节约用水主要可以从两个方面着眼，一是生产用水，二是生活用水。

3.2.1　强化节水设备应用

首先，可以设计专用洗车池。在房建施工场地布置一个专门的洗车点，其主要涵盖了蓄水池、冲洗池等部分，经由基坑周围布设的排水管，将降水井中抽取出来的水源排放到蓄水池之中，通过水压来有效地对运土车等展开冲洗。冲洗完毕的废水通过规划好的线路流至沉淀池中，经过一定时间的沉淀处理后，再流入到蓄水池中，用作其他用途。

其次，可以设计喷淋系统。将降雨、施工进程中所抽取的水源统一保存至水箱之中，之后将这些水资源应用在扬尘处理、混凝土养护等工作中，高效利用水资源。

最后，可以进行雨水回收利用。所谓雨水回收，就是在房建施工进程中，将天然雨水收集储存以后，经由沉淀等一系列处理，统一保存起来，之后将其应用在绿化、洗车中，处理完毕的水还可以被使用在构造养护等方面，实现了水资源的高效利用。

在房建工程场地临时修建的道路两侧规划引水道以及沉淀池，池中的水源排放到蓄水池中，蓄水池的规模可以依据实际工程建设要求与工程规模确定，如若工程投放应用以后依旧具备雨水回收功能，那么就需要将临时性的水源回收系统与设计相结合，降低资金投放。

3.2.2　创新节水技术

首先，优化混凝土养护方式。在以往的工程建设中，对混凝土的养护方式大多为反复浇水，此种技术不但耗费了大量的水资源，并且水源在混凝土材料的表层停留时间也十分短，养护效果较差。在绿色技术与节能环保的号召下，应该改良养护方式，笔者建议在水管末端安装阀门以及喷头，通过喷淋的形式替代以往的反复浇水，这样不但提高了用水效率，还可以确保喷淋范围大，有效地保护了水资源，实现了节约用水的目标。

其次，优化砌筑施工。以住宅为实例分析，应尽可能应用大开间的灵活性隔断构造，应用纤维压型板或是空心板等，以此来降低砖石材料使用量，减少湿作业频率，这样不但可以降低整个建筑的自重，还可以大幅节约水资源。以石膏砌块为例，应用这一材料，如若砌筑 $1000m^2$ 墙面，那么可以节约 2t 水，砌筑完毕后不需要抹灰，这也避免了耗水量大的抹灰环节，将以往的湿作业转变为干作业，提升了节水能效。

最后，应该优化砂浆拌和方式。以往的工程施工中，所应用的砂浆材料都是在工程场地直接搅拌制作，这就使其收缩性大、抵抗渗透能力差、容易剥落，是建筑墙面开裂、倒塌等事故产生的关键因素。同时现场制浆还会造成资源的大量耗费，在节水技术下，可以应用预拌砂浆的形式，经由专门厂家制作，有专业的设备和精准的计算，在全方位确保砂浆质量的基础上，也节约了水资源。

3.3　节能技术

房建节能作为绿色施工的重要组成，是有效处理资源与后续发展之间的一项举措，如若要想达到资源节约与减少消耗的目标，那么就必须在根源上解决环境问题。在实际的房建工程中，节能技术的应用可以从以下几个方面着手。

3.3.1　大力应用新型技术

首先，应该合理应用太阳能技术。光伏发电技术的原理，简单来说就是太阳能组件在阳光的持续照射下产生了一定的直流电流，之后经由智能化控制设备为蓄电池进行充电处理，再通过蓄电池为负载进行电能供给。光伏技术的组成与运转原理如图 1 所示。

太阳能技术与以往所应用的燃油、燃煤等技术对比来看，其设备在初始时期所需资金较

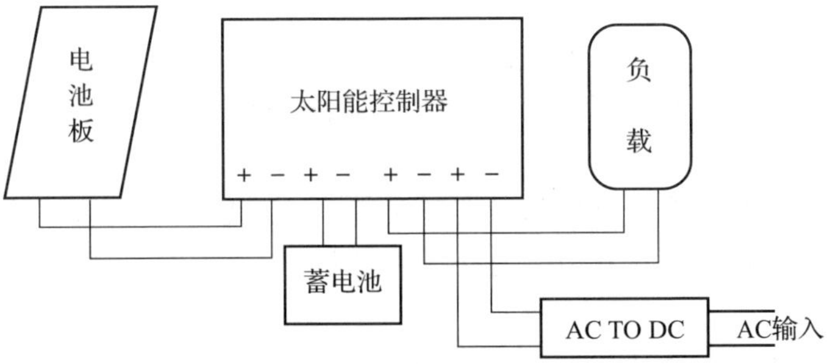

图 1　太阳能光伏发电系统原理图

多，但是设备整体应用寿命较长，可以达到其他设备的两倍到三倍。其具备发电稳定、高效等优势，可将其应用在房建施工中。

其次，应该合理使用液体燃料。房建工程中所应用的醇基燃料大多是以甲醇为主，或者添加一定的工业乙醇，混合配备的醇基燃料。因为甲醇的整体热值较小，燃料耗费量是柴油的两倍以上。但是因为醇基燃料可以全部燃烧殆尽，再配备效率良好的施工设施，可以使其热效率提升，甲醇燃料耗费量与柴油对比来看，可以达到柴油的 1.5 倍。因此，在绿色燃料中，这一燃料凭借其排放少、来源广等优点被工作人员认同。

3.3.2　施工节能

（1）用电系统

纵观房建工程场地实际情况可以发现，临时用电是能源耗费的主要部分，对此，笔者建议可以使用 TN—S 供电系统，通过放射性的电能供给，在多条主干线的输送下，将电能传输到各个区域，之后在每一个供电区域之中再次展开分级，通过放射状或是树干形的方式，组成配电网络，并在配电柜以及二级配电箱的位置展开重复接地。为了实现安全与省电的目标，工作人员可以在工程场地使用统一输出分路供电的方式，有利于节能。

（2）节约用电管理措施

对于房建工程场地而言，应该分别规划生产作业、实际生活、日常办公等多个环节的电能应用指标，依据总包、分包计划的相关内容，对分包施工企业的电能使用情况严格把控，或是通过安装电表来进行计量管理，定时做好计量、计算、比对研究，第一时间总结出方案，切实提高节电成效。

严格把控管理工作者的办公环境用电情况，严格规定只有在冬天室外温度为 -10℃ 以下、夏天室外温度 32℃ 以上才可以使用空调进行取暖或者制冷，并规定好空调的设定温度，如冬天只能设定在 20℃ 以下，夏天只能设定在 26℃ 以上，各个办公室必须做到人走灯灭，电脑在使用完以后也应该立刻关闭。

设定巡检体系，指派专门的工作人员不定时地检查施工场地临时用电的线路与设施，杜绝私自拉线、接线的情况，第一时间拆除已经停止使用的设备或相应线路。

合理规划采暖、风扇等设备的部位与数量，科学规划应用时长，有效达成分时期分阶段应用的目标，将节电作为核心原则。杜绝长明灯情况，夜晚施工中，对于照明器具的应用应指派专门的工作人员展开管理，做到人走灯灭。

对于大规模设备来说，应该在设备上安装电表，以此实现随时随地监控电的应用情况，如若产生能源耗费异常的问题，必须立刻进行处理，第一时间对不使用的设施拉闸断电，避免产生设施闲置空转的情况。

施工组织应该科学有效，尽可能在白天进行生产工作，提升作业质量，降低夜晚施工的频次和时间，或者不进行夜晚施工，避免耗费电能的情况，达到节电的目标。

3.4　节材技术

绿色节材技术以及材料合理利用越发受到关注，这也是推动建筑领域持续发展的高效举措，在实际的房建施工中，可以从以下几个方面节材。

3.4.1　提升废料利用率

房建施工中，建设企业应该规划一系列完备全面的材料存储与领用管控体系，切实达成定额、限额取料，规避产生超领超用的状况，把控材料的应用与耗费。除了管控体系的规划与落实以外，对废弃材料的回收以及再利用，应该设定细致的可回收清单，以此规避工作人员认识不到位造成材料随意耗费无法再利用的情况出现。最后，应该在建设场地规划专门的回收点，统一保存清单中的废料，并指派相应工作人员及时清理，设计废料应用计划，为后续工作奠定基础，切实提高材料利用率。

3.4.2　合理采购

施工作业进程中，材料的购买是实现节材目标的核心与重点，工作人员应该依据材料周转时长、材料储存状况等多方面要素，科学规划材料购买计划，规避买入过多导致材料积压与浪费。强化材料入库储存、发配料等过程中的管理，降低非实体性的消耗，科学规划材料的购买、入场时间与批次，降低库存。

采购应该尽可能选取新型材料，提升材料应用性能，以此实现节材的目标。如购买一些定型的脚手板、脚手架等临时设施，不但可以反复利用，还可以降低拆卸过程中造成的损耗，提高利用效率。

使用全新型的模板技术，如购置钢框的胶合板、铝模板等，最大限度地提升周转次数，有效减少施工作业对模板的耗费，也降低了对林木资源的消耗，避免生态环境受到污染。推广应用商品混凝土以及预拌砂浆，降低资源浪费。

使用非木制品的全新材料，或是人造板，以此来替代木质材料。对于房建工程中的屋面、外墙等构造使用耐久性优异的材料，施工确保密闭性与防水性，降低材料耗费，应该使用耐用、拆卸便捷的机具，模板应该以节约自然资源为核心，笔者建议使用外墙保温板来替代混凝土板的技术。

4　结语

综上所述，在房建施工进程中使用绿色技术，需要工作人员认识到新兴技术的关键作用，并形成绿色化思维，将绿色环保技术与房建施工相互结合，通过新理念、新思想、新认知，提高房建施工成效，确保房建施工中各类资源的科学应用，为房建工程高质高效完工奠定基础。现阶段，一部分工作人员还没有意识到绿色技术的价值，导致房建施工质量受到影响。在新时代背景下，必须大力引进绿色技术，以此推进我国建筑领域不断发展。

参考文献

［1］　朱文喜，戴金妃，陈赟．建筑企业绿色施工技术创新动态演化模型及其仿真研究［J/OL］．长沙理工大学学报（自然科学版）：1-10［2023-03-22］．8003.

［2］　刘海燕．绿色节能施工技术在建筑施工中的应用——以滕州市善国盛景（怡园）建设工程项目为例

［J］. 砖瓦，2023，037（03）：136-138.
［3］程立新．关于绿色施工概念下的建筑工程施工研究［J］. 城市建设理论研究（电子版），2023，020（07）：62-64.
［4］朱建斌，谢青生，张方平，等．绿色节能施工技术在房屋建筑工程中的应用研究［J］. 中国建筑装饰装修，2023（04）：78-80.
［5］周品，李茜，薛冰，等．电力工程绿色节能施工管理技术的应用分析［J］. 电站系统工程，2023，39（02）：71-72.
［6］胡跃亮，冯涛，贾飞，等．胶西北西岭超大型金矿区绿色勘察技术［J］. 中国矿业，2023，32（02）：69-76.
［7］陈思羽．绿色建筑中节能环保施工技术的应用研究［J］. 城市建设理论研究（电子版），2023（05）：74-76.

全钢导座式附着升降脚手架在大层高超高层建筑超限工况下的创新应用

钟　婷

湖南建工集团有限公司　长沙　410015

摘　要：爬架是一种新型外脚手架体系，具有简洁、整齐、美观、安全及可回收重复利用的优点，在高层及超高层建筑中得到广泛应用。本文结合实际工程案例，阐述爬架架体高度超过20m、悬臂高度超过6m时升降脚手架的施工工艺、多重措施、架体搭设、受力验算，探索研究保证架体安全使用，使附着式升降脚手架适用于大层高、超高层建筑，以供业内同行参考借鉴。

关键词：大层高；超高层；用三备一；斜拉杆刚性拉结；自动均衡；自动荷载控制；全智能化

1　引言

一般超高层建筑大多地处城市繁华地段，随着现场施工高度越来越高，高空防护安全、外立面美观都是施工重点，脚手架工程也因此越来越受重视。为了改变传统脚手架无法满足超高层建筑的使用需求，脚手架技术不断改进，推出了附着式升降脚手架，目前国内高层、超高层建筑层高一般为3~4.5m，部分建筑层高超过5m。本文结合岳阳友阿国际商业广场二期Ⅱ（A）栋项目施工实例，在全钢导座式附着升降脚手架超限工况下，对架体加强设计、升级控制系统进行详细论述，以期为相关工程提供参考。

2　工程概况

该项目位于岳阳市岳阳楼区，北邻巴陵中路，西侧接城东路，南为南辅路，东侧为邮电巷，距离洞庭湖直线距离不到1.5km，中间无障碍物，按相关规范粗糙度划分为A类，为最高级别。项目拟建建筑面积105361m^2，实际建筑面积111823m^2；建筑层数为地下4层+LG层，地上41层+4层避难层，最高点高度为255m，为超高层建筑；结构形式为框架+核心筒结构。屋面层结构高度为248.9m，楼层标准层层高为5.6m，适合升降式脚手架，爬架提升系统可以满足高空安全防护，全钢外框可以满足现场施工的美观需求。

3　施工工艺、受力分析及验算

3.1　附着式升降脚手架施工工艺

本项目采用CF-18型全钢附着式升降脚手架，主要组成部分有架体结构、附着支承结构、防倾覆防坠落装置、升降机构、荷载同步控制系统等。该项目架体设置52个机位，1~25个机位为第一片，防护项目塔楼东施工段，26~52个机位为第二片，防护项目塔楼西施工段，随东西施工段作业分两片提升；架体从第七层（标高36.8m）开始组装，架体顶部提升防护至屋面（标高248.9m）后停止提升，待主体结构施工完成后，架体高空解体拆除。架高24.53m，架体宽度0.65m；架体设置12道走道板，步高1.99~2.04m；设置2道翻板。爬架外立面见图 1，主框架安装如图 2 所示，架体机位示意图如图 3 所示。

图 1　爬架外立面

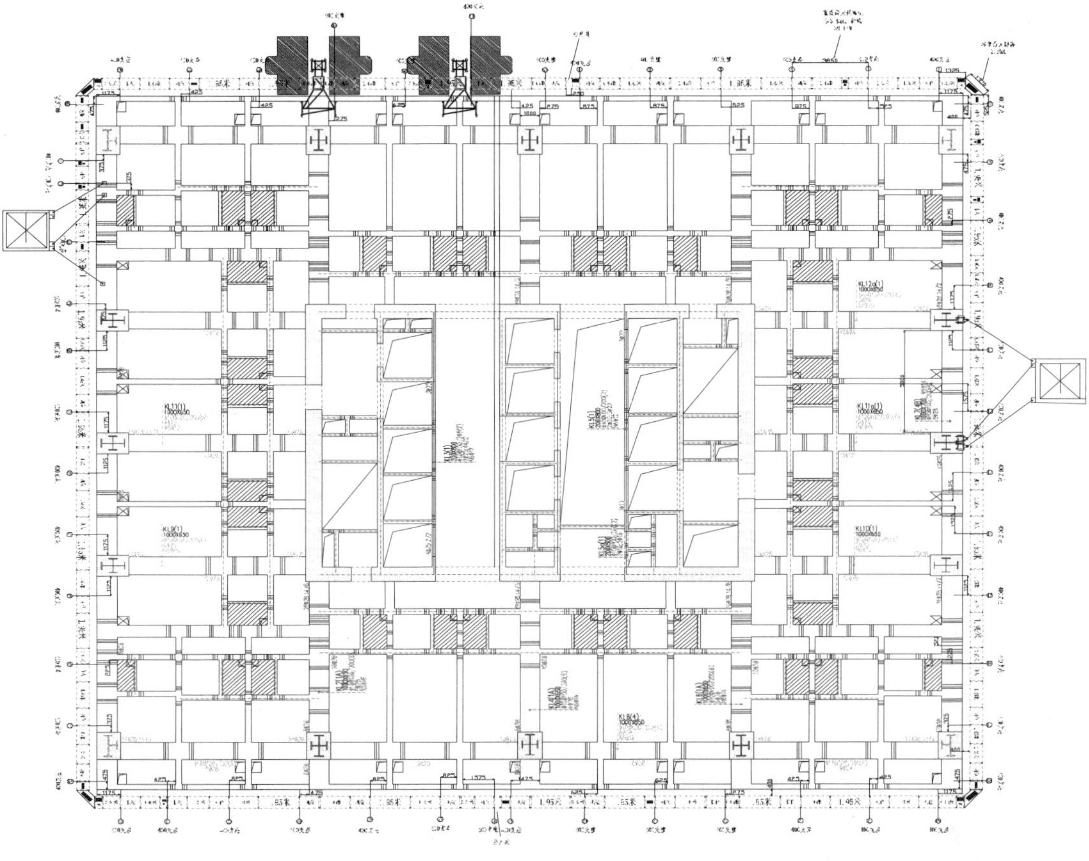

图 2　主框架安装图

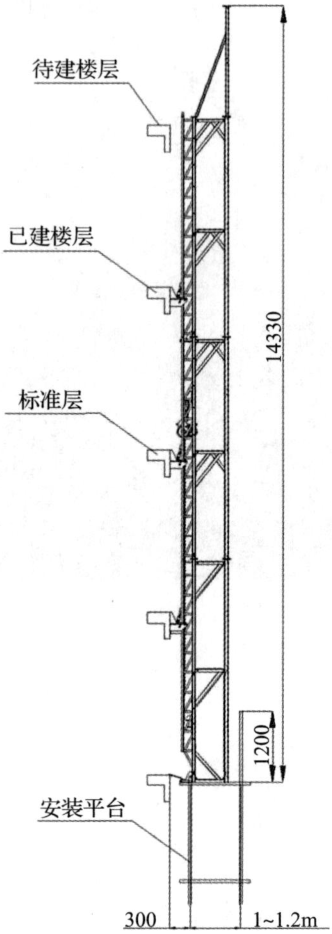

图 3　架体机位示意图

附着式升降脚手架搭设和使用过程中的工艺参数指标见表 1。

表 1　主要工艺参数

工艺	参数
架体宽度、高度	0. 65m、24. 53m（规范为不超过 20m）
架体竖向悬臂高度	7. 73m（规范为不得大于 6m）
架体走道板布置	布置 12 道走道板
架体步高、架体距墙距离	2. 04m、250mm
架体翻板布置	设置在架体第 1 步、第 4 步、第 9 步
机位最大支承跨度	直线最大跨度 3. 85m，折线转角外侧最大 3. 2m
架体端口悬挑长度	最大水平悬挑 1. 0m
单机位架体自重	2. 0~3. 0t
允许施工荷载	3 层同时施工允许荷载 $2kN/m^2$ 2 层同时施工允许荷载 $3kN/m^2$

续表

工艺	参数
附着式升降脚手架升降时间	1.5~2h/(栋·层)
提升机功率、额定吨位	500W、10t
每次升降层数、提升速度	1层、120mm/min
每个机位附墙支座数量	3个
提升升降支座	独立附墙支座，与导向装置和防坠装置分离
防坠装置、防坠距离	每个附墙固定支座都安装有防坠器、≤80mm
防倾装置	每个附墙支座均安装有与导轨连接的防倾装置
附墙支座与建筑物连接方式	采用强度8.8级、公称直径T32穿墙螺杆，螺杆锚固方式采用双螺母或者单螺母加弹簧垫圈
架体功能	上升阶段：主体施工防护，不下降

安装流程：施工准备→搭设安装平台并作水平调整→安装脚手板→组装底层框架→吊装底层框架并调试→加连墙件及斜拉杆→安装附着支撑→安装中部框架→安装中部脚踏板、立杆及防护网板→各层加拉结连墙件及斜拉杆→敷设电源线→安装提升系统→安装控制系统→完善防护→整体调试验收（进入运行阶段）。

提升流程：进行安全技术交底→检查最下层主体结构的临边防护措施→全面检查爬升机构、架体及障碍→安装电动葫芦并调试预紧→安装电控并调试预警→解除最上层架体与主体结构拉结→解除断片处架体外侧安全立网→提升架体快到位时拆除底部附着支撑→提升架体一个楼层高→安装卸荷支撑→对上部架体进行拉结→封闭断片处架体外侧安全立网→将底部附着支撑周转到最上层→结构施工一层→混凝土强度达到C20→安装上部附着支撑→进行提升前的检查→准备进入下一次提升循环。

拆除顺序：架体顶部外层防护安全网架→顶部斜拉杆→顶部外立杆→中部脚手板→可拆的立杆、框架→可拆的附墙支座、网板→重复上述步骤，逐步逐层向下拆除架体至底部框架。

3.2　多重加强及防护措施

针对本项目为大层高、超高层建筑，悬臂高度超过6m，架体高度超过20m的超规范使用工况，在架体结构上采取了相应的加强措施：

（1）附着式升降脚手架必须在最顶层附墙支座安装完毕以后方可提升。

（2）主框架内立杆型号由□50mm×50mm×3mm（边长×边长×厚度）调整为□50mm×50mm×4mm（边长×边长×厚度），材质由Q235B调整为Q345B。

（3）导轨横撑、导轨斜撑、防坠挡杆型号由ϕ25mm圆钢调整为ϕ30mm圆钢，材质由Q235B调整为Q345B。

（4）导轨型号由□40mm×40mm×3.5mm（边长×边长×厚度）调整为□40mm×40mm×5mm（边长×边长×厚度），材质由Q235B调整为Q345B。

（5）导轨底部防坠挡杆由ϕ25圆钢调整为□33mm×33mm（边长×边长）钢棒，材质由Q235B调整为Q345B。

（6）上吊架与立杆连接处由 4 个螺栓增加为 6 个螺栓。

（7）下吊架与立杆连接由 3 个螺栓增加为 7 个螺栓，下吊架长度由 0.9m 加长到 1.6m，下吊架型号由□50mm×50mm×3mm（边长×边长×厚度）调整为□50×50×4（mm）。

（8）上、下吊架材质均由 Q235B 调整为 Q345B。

（9）导轨斜撑由 720mm 设置一个调整为 360mm 设置一个。

提升后，架体悬臂高度将达到 6m 以上，为减少架体悬臂高度带来的危险，增加架体稳定性，采用附墙支座“用三备一”+刚性拉结两重措施控制架体悬臂端变形位移。

用三备一：架体提升前，有四道附墙支座与主体结构连接，当作业层混凝土强度达到 20MPa 后，做好架体最下层主体结构的临边防护措施，安装顶层附着支撑，解除底层附墙支座，随后方可进行架体提升。架体现场爬升过程中须确保有至少三道以上附墙支座。架体提升附墙支座“用三备一”，如图 4 所示。

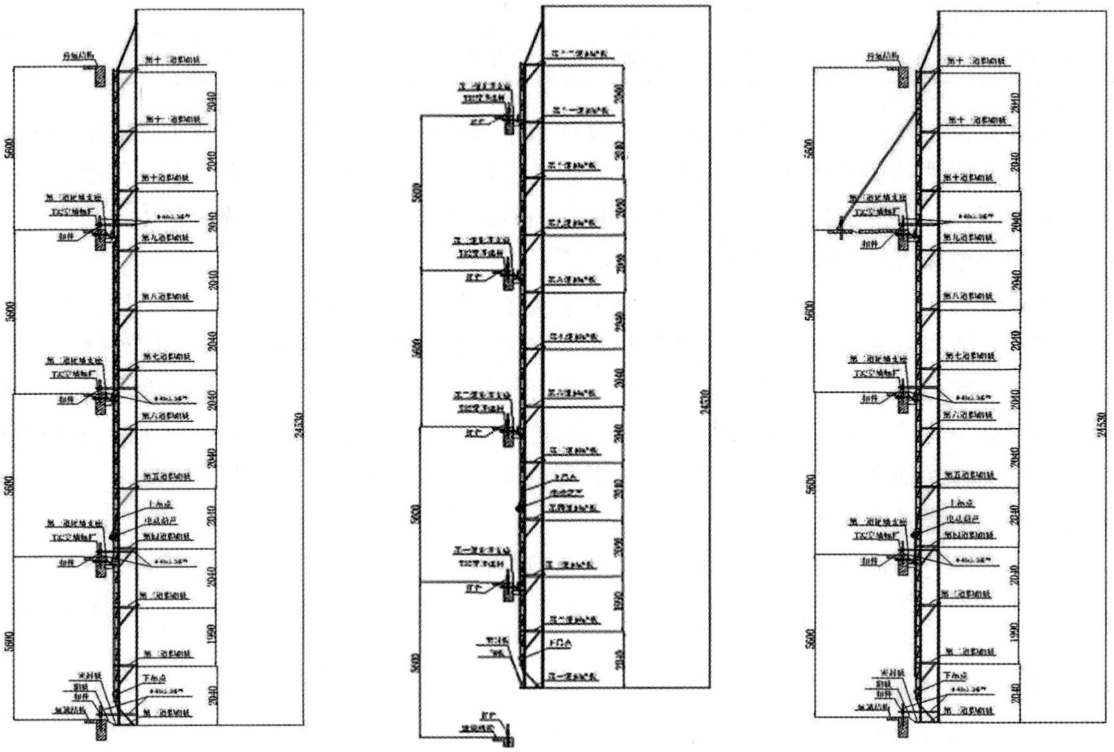

提升前　　　　提升中　　　　提升后

图 4　附墙支座“用三备一”工作原理示意图

刚性拉结：用ϕ48mm×3.0mm 的钢管和扣件对架体进行刚性连接，一根插入架体导轨两竖杆中，前端用两钢管扣件扣住，再在导轨外侧用钢管扣件扣住，使其固定在导轨中，另一根预埋在建筑楼层，两根钢管同样使用钢管扣件扣住，在尾侧再用扣件进行加固锁紧，以免脱离出来。斜拉杆拉结在导轨和楼板面，每间隔一个机位安装一根，可以有效增强架体的稳定性，如图 5 所示。

项目位于岳阳市岳阳楼区，距离洞庭湖直线距离不到 1.5km，中间无障碍物，按相关规范粗糙度划分为 A 类，为最高级别。临湖风荷载较大，采用全自动同步控制系统（含遥控）、多

（a）施工现场刚性拉杆

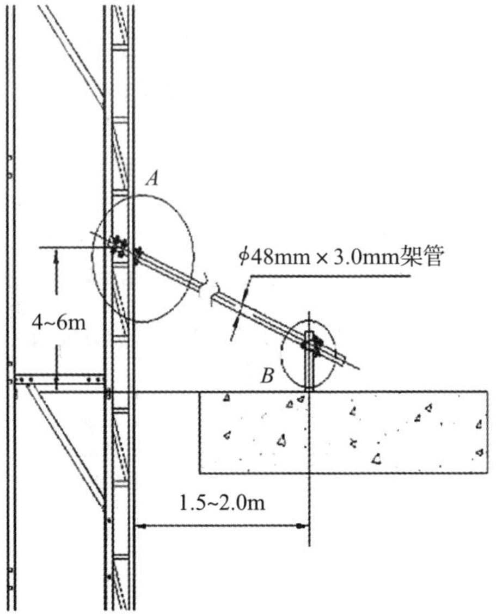

（b）刚性拉杆示意图

图 5　刚性拉结

重设置的摆针防坠落装置等，可以有效监控实时荷载，使架体始终处于安全状态，有效防坠，保证了架体安全，提高了安全性能，同时施工维护更简便，具有广泛的推广和应用价值。

全自动同步控制系统：采用电脑对升降过程自动进行实时安全监控，发现异常自动停机报警，提高了升降架的安全度。架体提升过程运用了智能超（欠）载报警停机控制系统。由中央电脑集中对各机位进行监控，各机位数据实时传到电脑界面上。当实际荷载值超过设定值 15%时，系统将自动报警，显示超载机位；当实际荷载值超过设定值 30%时，系统将自动停机，强行停止架体上下运动，待问题解决后，方可正常升降，从而保证架体在安全的荷载范围内运行。电控采用无线控制，便于操作，也便于提升状态的查看，如图 6 所示。

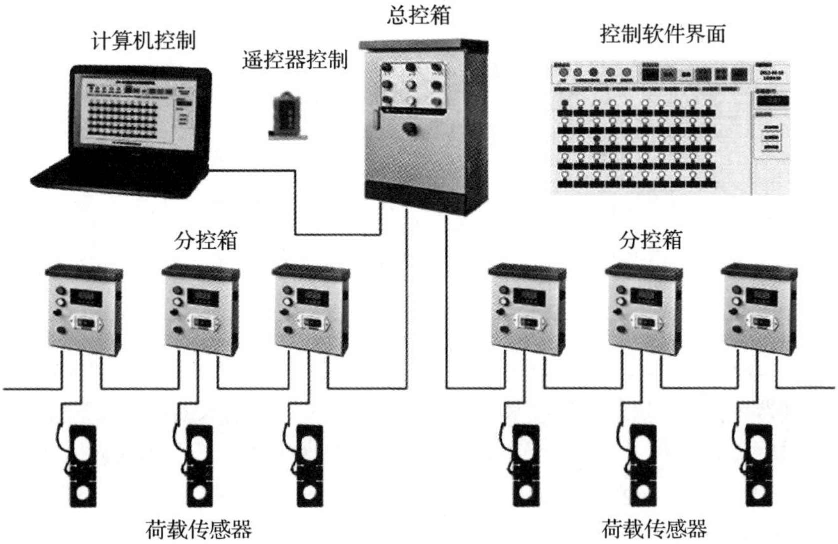

图 6　JSJ-GL 型爬架智能控制系统示意图

多重防坠：防坠装置连接在附着支撑下方，可调式卸荷限位，附着支撑在架体平台提升过程中始终搭靠在轨道防坠挡杆上。一旦因异常出现架体下坠，则顶撑可即时顶住导轨，起到防下坠的功能。该附着支撑在架体使用工况时可起到卸荷作用，在提升工况时可起到防坠作用。

3.3 受力分析及验算

3.3.1 附着式升降脚手架的计算参数

该项目架体各构件所选用的材料及规格见表 2。

表 2 附着导轨升降脚手架架体各构件所选用的材料及规格表

编号	构件	规格（mm）	材质
1	主框架外立杆	□50×50×4.0	Q345
2	主框架内立杆	□50×50×4.0	Q345
3	主框架横撑	□50×50×3.0	Q345
4	主框架斜撑	□40×40×3.5	Q345
5	导轨	□40×40×5.0	Q345
6	导轨横撑	ϕ30	Q345
7	导轨斜撑	ϕ30	Q345
8	导轨防坠挡杆	ϕ30	Q345
9	副框架外立杆	□50×50×3.0	Q235
10	副框架内立杆	□50×50×3.0	Q235
11	副框架横撑	□50×50×3.0	Q235
12	副框架斜撑	□40×40×3.5	Q235
13	副框架 M 撑	[5.0	Q235
14	横向大横杆	∟50×4.0	Q235
15	横向小横杆	∟30×3.0	Q235
16	纵向大横杆	□50×30×3.0	Q235
17	水平支撑桁架斜腹杆	ϕ48×3.5	Q235
18	脚手板钢板	550×1.8	Q235
19	防护网杆件	□20×20×1.8	Q235
20	防护网折叠件	∟22×3.0	Q235
21	电葫芦上吊架杆件	□50×50×3.0	Q345
22	电葫芦下吊架杆件	□50×50×4.0	Q345

3.3.2 悬挑梁受力验算

悬挑水平钢梁按照带悬臂的连续梁计算，长 13650m，宽 650mm，高 8000mm。架体直接安装在 10 根 16 号工字钢上，工字钢排距 1500mm，架体离墙距 400mm，架体外立面离墙体 1150mm。采用 Midas/Gen2019 有限元软件建立 10 个单元悬挑梁有限元模型进行计算。经计算，悬挑梁应力、整体稳定性、拉绳的受力及强度验算结果均符合规范要求。悬挑梁应力图如图 10 所示。

图 7　10 个单元悬挑梁应力图

3.3.3　卸料平台受力验算

根据《自爬式卸料平台施工方案》及建筑物层高，卸料平台在两根导轨沿竖向高度分别在 0.66m、6.26m 和 11.86m 设置三排附墙支座，采用 Midas/Gen2019 有限元软件建立有限元模型，最大跨度 2.0m。各连接部位按要求区分刚性连接和铰接连接后进行模拟计算，验算结果均符合规范要求。变形三维图、应力图如图 8、图 9 所示。

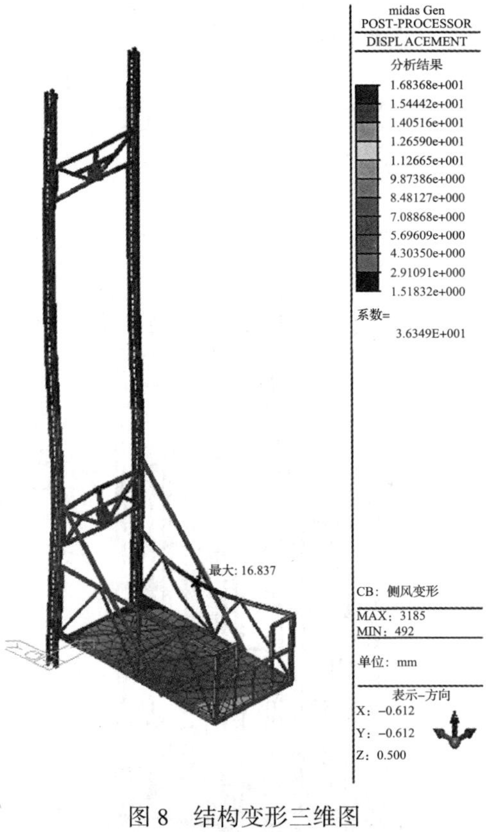

图 8　结构变形三维图

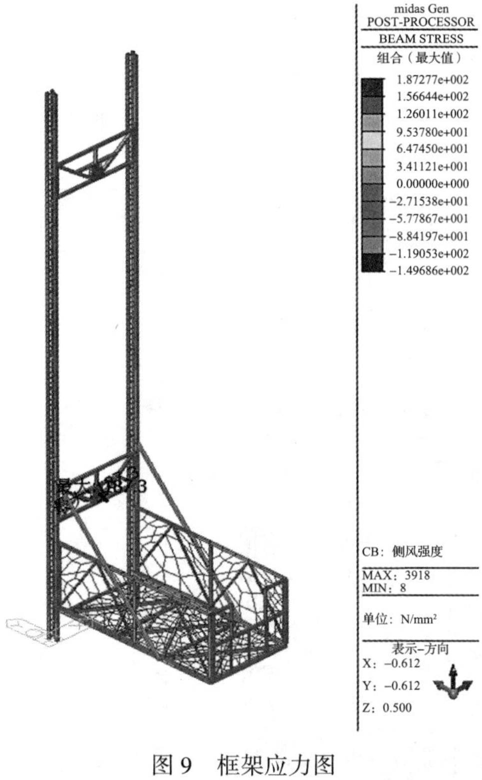

图 9　框架应力图

3.3.4　脚手架架体提升工况下受力验算

根据项目部《CF-18 全钢型附着式升降脚手架安全专项施工方案》，采用 Midas/Gen2014 有限元软件建立 4 机位 3 跨有限元模型，最大跨度 3.85m。框架各部分按要求分别采用梁单元、板单元、桁架单元，各连接部位按要求区分刚性连接、铰接连接后进行模拟计算，验算结果均符合规范要求。各工况正负风压下的结构三维变形图如图 10、图 11 所示。

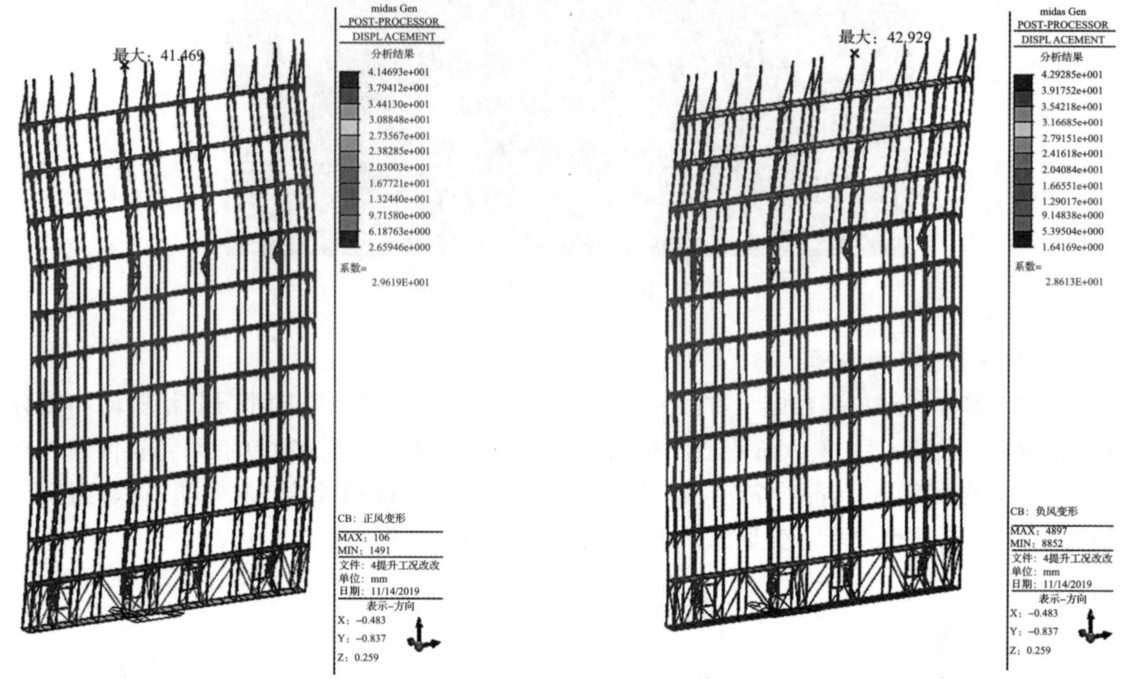

（a）正风压作用下　　　　（b）负风压作用下

图 10　提升工况下架体结构变形三维图

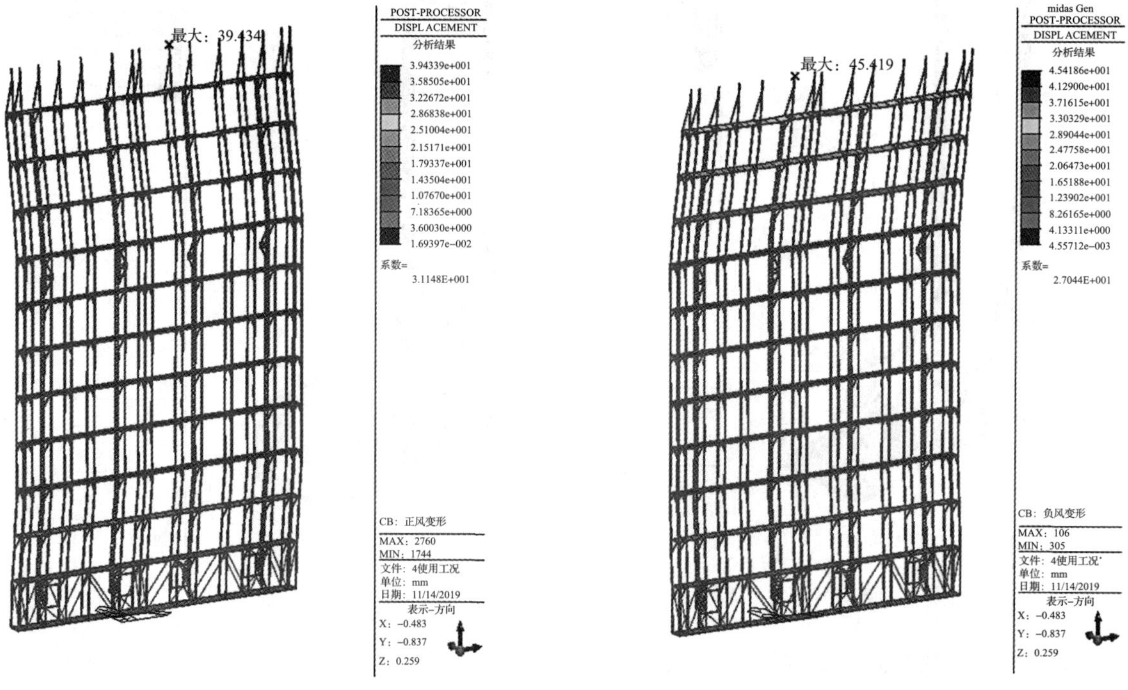

（a）正风压作用下　　　　（b）负风压作用下

图 11　使用工况下架体结构变形三维图

4　结语

项目建成后与 B、C、D、E、F 栋组成集商业、酒店、办公、娱乐于一体的超高层城市综合体，为岳阳繁华市中心地标性建筑。本文对项目采取的附墙支座“用三备一”、刚性拉结、全自动同步控制系统、多重设置的摆针防坠落装置等多重加强措施进行了介绍，保证了架体安全，施工维护简便，构件模块式生产，提高了工效，施工项目整体形象更加简洁、规整、美观，提升了现场文明施工水平，可以为架体高度、悬臂高度超限的同类工程提供一定参考。

参考文献

[1] 阚子义．附着式升降脚手架在超高层建筑施工中的应用［J］．城市住宅，2019，（26）：195-196，198.
[2] 张毅，袁勇．超高层建筑附着式升降脚手架的计算分析［J］．建筑施工，2000，（6）：36-37.
[3] 周启明．超高层建筑附着式升降脚手架拆除施工技术［J］．工程建设，2022，（10）：57-61.
[4] 刘浩宇，耿涛．250m 以下超高层建筑结构施工中的单元式整体提升集成平台与附着式升降脚手架综合体系设计关键技术［J］．工程建设，2022，（44）：2623-2626.

狭窄变形缝处可穿插脱卸重复使用组合整体模板体系施工技术

谭丽花　李勤学　唐金云

湖南省第四工程有限公司　长沙　410119

摘　要：采用4mm厚钢板与直径20mmQ345级钢筋进行双面焊接形成钢筋网龙骨组合模板体系，该体系中与钢模板固定焊接的龙骨，竖向间距200mm，横向间距400mm，并按400mm（水平）×400mm（竖直）的间距在钢模板上钻不小于预埋PVC套管直径大小的预留孔洞，为穿墙PVC套管及焊接锚环对拉螺杆使用，紧固时采用可穿插脱卸的焊接锚环对拉螺杆，在横排锚环内穿插可自由活动高强度钢筋作为横向龙骨，与一侧焊接固定的横向钢筋龙骨组成双横向龙骨共同受力。在钢模板背面顶部距两侧边缘500mm处焊接U形直径18mm圆钢吊环，方便在安全受力条件下塔式起重机进行垂直整体提升。

关键词：定型钢模板；单侧紧固；整体提升；锚环螺杆；狭小变形缝

随着我国城市的不断扩展，越来越多的高层建筑拔地而起，在高层建筑中为避免建筑不均匀沉降，减少混凝土裂缝、荷载变形等问题，通常设有变形缝，变形缝宽一般为200mm左右，因此变形缝两侧结构同时施工时，内侧模板无法加固，给工人支设模板带来了很大的困难，常规施工方法操作性不强，所以确保变形缝剪力墙模板的制作、安装、加固施工质量是关键所在。变形缝模板工程质量通病有剪力墙截面尺寸、垂直度无法保证，接缝处漏浆严重、变形缝观感差。传统做法不能重复使用，不符合可持续发展的理念，高层建筑的变形缝施工方面既要低成本，又要确保在施工过程中不受空间狭小的环境影响，操作工艺简单，且变形缝两侧墙体的外观质量要美观。王春彩等通过狭小变形缝混凝土墙模板单边加固及施工技术分析，解决了变形缝因空间狭小操作困难的问题，同时节约成本、施工效率高、混凝土质量好；蓝家订通过自制混凝土墙变形缝模板单边固定式加固体系施工技术，成功避免了变形缝因空间狭小带来的施工操作困难，采用“整拼整装”吊装技术，并在墙体内侧模板处完成模板的加固及拆除；丁红恩等对双重剪力墙间变形缝内定型化整体提升钢模板的应用与分析，确保多单元建筑结构的同时施工，提高了工程施工进度，缩短了施工工期，节约了施工成本。

1　施工工艺流程及操作要点

1.1　工艺流程

组合模板制作→外剪力墙钢筋绑扎→变形缝一侧组合钢模体系就位→放置混凝土撑块→外侧模板合模→预留套管定位及锚环紧固→侧向节点加固处理→浇筑混凝土→一次拆除钢筋，锚环螺杆，再吊运模板。

1.2　操作要点

1.2.1　施工技术准备

熟悉设计图纸，根据规范、标准和相关规定的要求，及操作中应注意的关键问题，了解模板体系节点加固工艺技术关键节点施工要求，做好施工前技术交底工作。

1.2.2　组合模板体系安全性试算

（1）在加工前采用品茗安全软件按施工方案计算 4mm 厚钢模板的抗弯强度、抗剪强度；挠度验算 $v<V$（最大变形）均需满足受力要求。

（2）Q345 级直径 20mm 圆钢作主次龙骨，竖向间距 200mm，横向间距 400mm 组合钢筋网，对其强度、挠度、支座反力等受力状态进行验算，均需满足要求。龙骨受力验算时可采圆钢直径为 20mm、壁厚为 9.99mm 进行取值，其截面惯性矩、抵抗矩满足规范要求（图 1、图 2）。

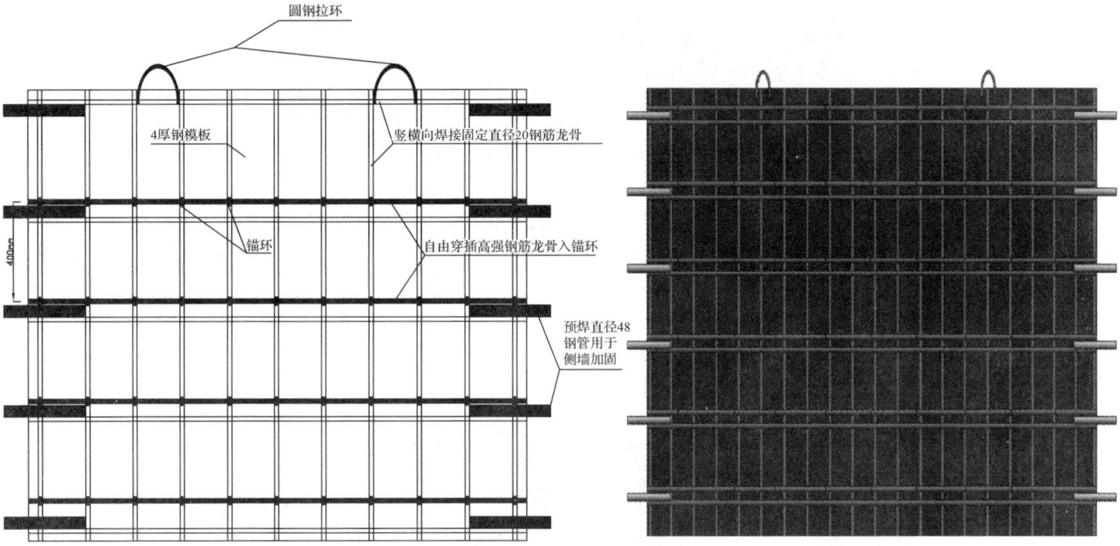

图 1　组合模板立面及 BIM 图形

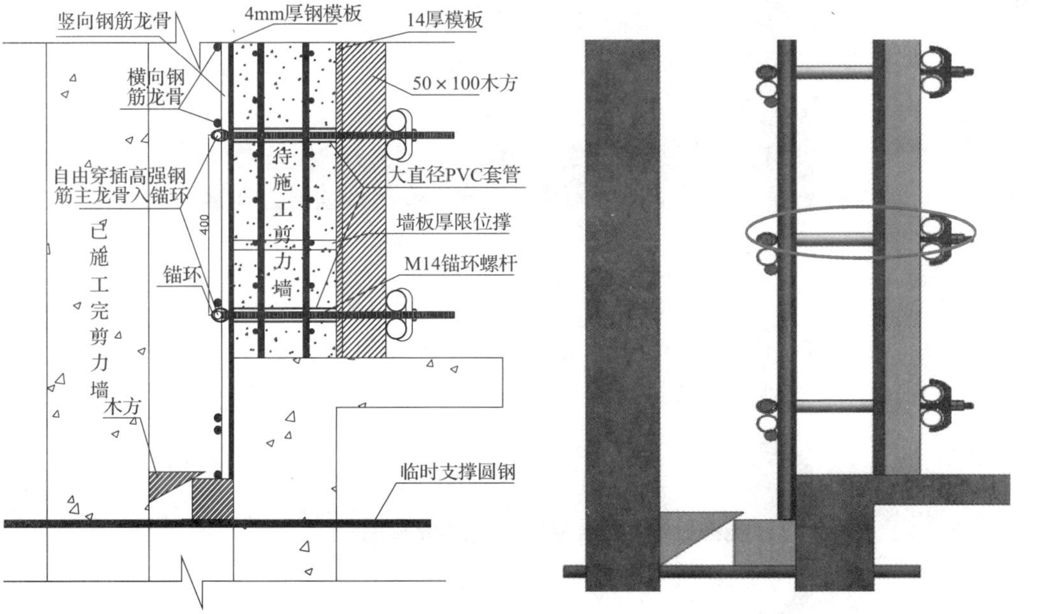

图 2　组合模板侧立面及 BIM 图形

1.2.3　组合模板制作

（1）根据剪力墙截面尺寸对 Q235 级 4mm 厚钢板进行整体裁剪及开孔加工，开孔竖横向间距为 400mm×400mm，圆孔直径为 28mm，为穿墙预焊锚环螺杆及 PVC 套管使用（图 3）。

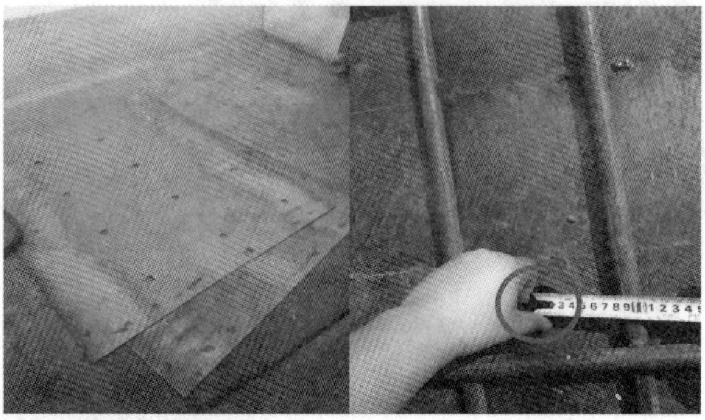

图 3　4mm 厚钢板开孔加工

（2）采用 Q345 级直径 20mm 圆钢作主次龙骨，在面板上按竖向 200mm、横向 400mm 间距布置龙骨，圆钢龙骨与钢板连接采用电阻点焊焊接方式，先焊接竖向龙骨与面板进行固定，由中向两侧均匀点焊布置；再由中向两侧焊接横向龙骨，其工艺关键点在于控制面板与龙骨、竖横向龙骨焊接点的均匀性，使其焊接过程中面板内力变化均匀，焊接成品不发生翘曲变形（图 4）。

图 4　竖横向圆钢龙骨焊接

（3）在常规 M14mm 对拉螺杆材料一端采用预制锚环与其焊接连接，锚环外径 20mm，焊接长度 50mm，锚杆长度按强厚配比，满足施工要求即可（图 5）。

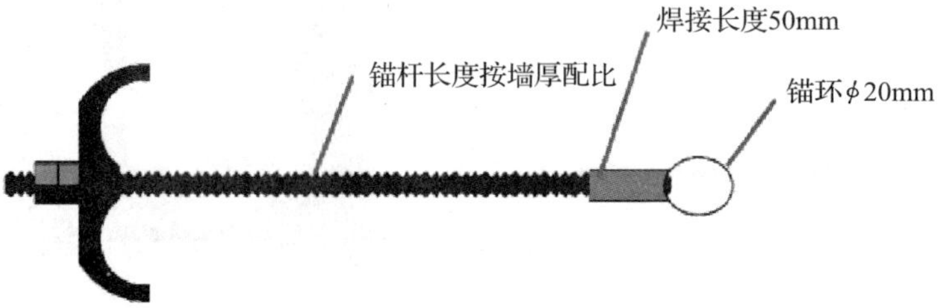

图 5　预制锚环螺杆图

（4）在钢模板顶部距两侧边缘 500mm 处焊接 U 形直径 18mm 圆钢吊环，采用双面焊接方式，U 形钢吊环高度为 250mm，与钢板焊接长度 100mm，外露长度 150mm，用于与塔式起重机配合安装、拆模（图 6）。

1.2.4　侧组合钢模体系安装

（1）模板安装前，确保变形缝两侧墙柱钢筋隐蔽验收工作完成。依照放样的墙脚控制线对内侧模板进行初步临时就位，临时就位以将水平钢管龙骨间焊接出的纵向钢筋与塔式起重机钢丝绳进行连接，提升、就位、安装过程以塔式起重机整体提升安装为主（图 7）。内侧模板临时就位后，在外侧用钢管等杆件进行临时固定，待外侧模板就位进行整体模板体系紧固时拆除。

图 6　焊接圆钢吊环图

图 7　模板提升就位图

（2）通过对框架梁内预埋 HRB400 级 14mm 钢筋，伸出外墙长 100mm，低于楼层 50mm，其上放置 40mm×90mm 方木，外侧定型整体钢模板临时就位安装，选择在本层变形缝处框架梁或下层剪力墙上预埋钢筋，在两侧钢筋上放置柔性方木垫块，方木与变形缝空隙内塞三角木块进行卡固，用于整体钢模板的临时就位安装。

图 8　侧组合钢模体系临时固定图

1.2.5 预留套管定位及锚环紧固

（1）墙体钢筋绑扎、模板内撑块放置、外侧模板安装均为传统施工工艺，按施工方案实施即可。

（2）在靠伸缩缝一侧预制钢模板临时就位及外侧模板安装调整完成后，在模板体系中插入直径 28mmPVC 套管，将加工制作的 M14mm 预制焊接锚环螺杆从套管内穿过，在靠伸缩缝一侧将 20mm 圆钢筋插入相应的横排锚环内，形成横向双排龙骨体系，山形卡扣一端与外模采用传统固定工序与外模钢管进行紧固形成整体模板体系（图 9、图 10）。

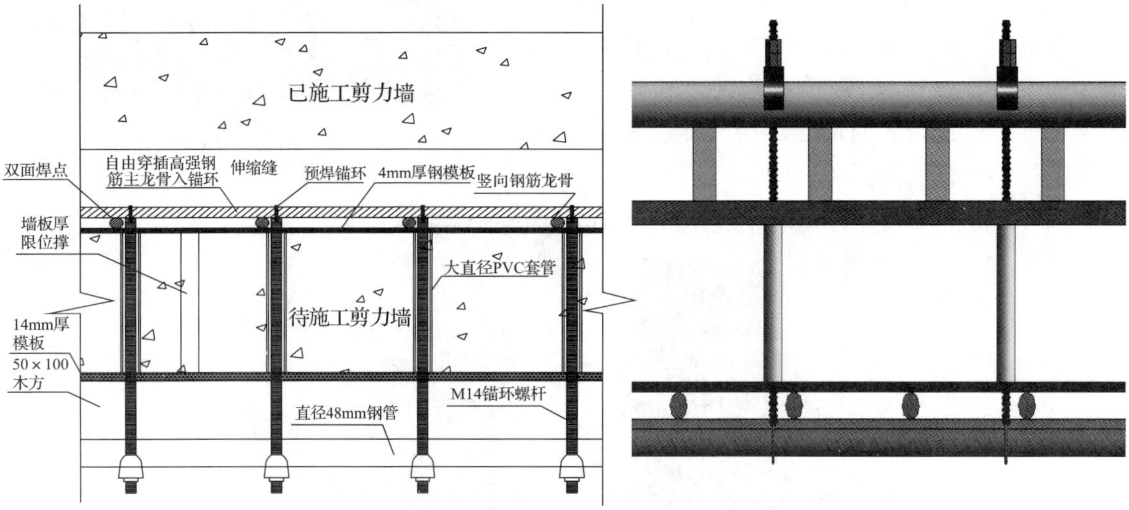

图 9　整体模板加固俯视图及 BIM 图形

模板就位 → 穿入直径28mmPVC套管 → M14mm预焊锚环螺杆从套管内穿过 → 20mm圆钢筋插入相应横排锚环 → 直径20mm圆钢筋活动龙骨就位

图 10　安装就位流程图

1.2.6 模板工程验收

模板及其支架必须具有足够的强度、刚度和稳定性。支架的牢固与否，直接关系到安全问题。必须引起足够的重视，其支撑部分还必须有足够的支承面积。模板工程施工完毕后，应做好预检工程记录，并经监理工程师验收合格后方可进入混凝土施工工序。

1.2.7　混凝土施工

混凝土施工前，清理好模板内垃圾，清理干净钢模板与混凝土接触表面并涂隔离剂，用水充分湿润木模板后开始浇筑，混凝土浇筑过程中，一次浇筑厚度高度不宜过高；振捣过程中，应依据振捣棒的长度和振动作用有效半径，有次序分层振捣，振捣移动距离400mm左右，为加强上、下层混凝土结合，振捣棒插入下层已振捣混凝土深度应不小于50mm，并严格控制振捣时间，一般在20s左右，防漏振、过振。振捣过程不要碰到模板，同时应该避开限位条，杜绝因破坏限位条导致的构件截面尺寸偏差。

1.2.8　模板拆除与提升

（1）模板侧模拆除应符合《混凝土结构工程施工质量验收规范》（GB 50204—2015）相关要求，外侧模板拆除后，在符合相关要求的前提下可作为上层循环使用。本施工技术模板体系拆模过程中可能出现事前为防止漏浆进入套管而使套管长出混凝土墙面现象，导致后期底排套管端头阻碍模板提升，所以螺杆穿墙套管选用软质PVC材料，使模板在松动时有一定水平向移动量，在提升过程中不产生过大阻力。

（2）为确保塔式起重机在拆模提升大模板过程中不会遇到不明过载现象的发生，本技术要求在事前模板安装过程中在每分段大模板底部预留一个宽100mm、高150mm的孔洞，在提升遇到阻力时用于伸入撬棍协助拆模。拆模及提升示意简图如图11所示。

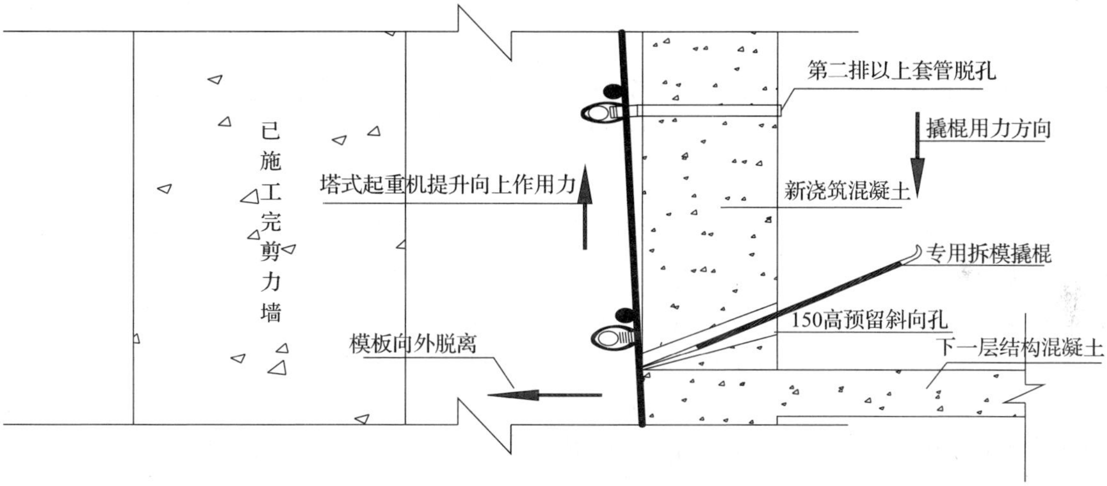

图11　支模体系拆除及提升办法示意图

（3）由于有一边结构先施工，从而该上部脚手架覆盖于吊装位置上空，可能造成塔式起重机不能垂直提升模板，所以施工过程中必须满足塔式起重机作业“十不吊”之中的“斜方向不吊”的安全施工原则，制作一根一定长度的专用接长吊索，模板提升时一端挂于塔式起重机钩中，另一端穿过上空脚手架内侧空挡进行垂直起吊提升。模板提升后将脚手架进行封闭处理，确保安全。

2　质量安全注意事项

（1）变形缝模板施工大样图应根据设计要求进行绘制，并经技术负责人审核通过方可进行施工。

（2）安装模板前应检查预埋件、拉结筋、预留洞的位置、尺寸、规格、数量及固定情况，注意与安装协调，封模板前保证墙内管线预埋完毕。安装模板前应将模板内的垃圾杂物清除、冲洗浮灰。

（3）大模板加工应在混凝土迎面一边让出企口，有效控制混凝土漏浆，确保质量。

（4）将穿墙软质 PVC 套管端头直接伸出混凝土面板，防止少量漏浆进入套管。

（5）梁上预留孔洞采用比原梁设计混凝土高一等级的细石混凝土或灌浆料填充。

（6）模板在每一次使用前，均应全面检查表面光洁度，不允许有残存的混凝土余浆，并喷刷一层无色的脱膜剂或清机油。

（7）做好模板预检工程记录，经监理工程师验收合格后方可进入混凝土施工工序。

（8）浇筑混凝土时要有专人跟踪看护模板工程，不得出现漏浆现象。

（9）为了能在无作业面的情况下，确保作业人员的安全，提升过程以塔式起重机提升为主，作业人员为辅。

（10）为了确保提升过程中的模板整体性，焊接纵向钢筋，保证提升过程中模板整体受力而不易绕曲变形。

（11）制作出一根一定长度的专用接长吊索，模板提升时一端挂于塔式起重机钩中，另一端穿过上空脚手架内侧空挡进行垂直起吊提升。模板提升后将脚手架进行封闭处理，确保安全。

（12）定型模板体系安装、拆除、提升过程中必须由信号工专人指挥，严格遵守“十不吊”原则，保证塔式起重机垂直受力。

（13）严格执行国家及行业颁布的安全法规，建立和健全安全保证体系，建立完善的安全生产检查、考核评比、安全经济奖罚制度，并做好组织协调工作。

3 结语

通过实施狭窄变形缝处可穿插脱卸重复使用组合整体模板体系施工技术，解决了项目工程中在狭窄变形缝内侧模板安拆的施工难题，可以在短时间内完成模板的安装及拆除，大大提高了施工效率，模板的重复使用减少了建筑废料的产生，并降低了对资源的消耗，保护了环境，符合低碳施工相关政策要求。施工过程中对工期、经济效益、质量、安全各项指标都达到了预期目标，最大限度地节约了资源，观感质量方面大幅度提升，为项目后期结构评优打下了坚实基础。安全施工更是可控，投入成本大大降低。在进度方面，也是大幅度缩短了施工时间，各项效益明显。

参考文献

[1] 王春彩．狭小变形缝混凝土墙模板单边加固及施工技术分析［J］．江西建材，2016，(4)：110，112.

[2] 蓝家订．混凝土墙变形缝模板单边固定式加固体系施工技术［J］．城市建筑，2015，(30)：127-128.

[3] 丁红恩．双重剪力墙间变形缝内定型化整体提升钢模板的应用与分析［J］．建筑工程技术与设计，2018，(21)：121-122.

外墙免抹灰施工技术的探讨

黄学龙

湖南省第一工程有限公司　长沙　410011

摘　要：外墙抹灰层脱落现象近年来时有发生，造成一些不必要的损失，存在较高的安全风险，随着建筑施工技术的不断进步，外墙抹灰已从传统的水泥砂浆抹灰逐渐过渡到外墙免抹灰的施工工艺，减少了使用过程中脱落的风险。外墙免抹灰施工技术与传统的外墙抹灰施工工艺相比，具有安全、节约、先进等优势。现对外墙免抹灰的施工技术进行探讨，以促进外墙免抹灰施工技术的应用。

关键词：外墙免抹灰；关键控制点；铝模；爬架

外墙水泥砂浆抹灰为传统的施工工艺，采用该种工艺的建筑在经过长期使用后，外墙抹灰层脱落事件频发，特别是外墙结构为混凝土剪力墙的建筑物，在使用一段时间后更加容易脱落，对人身和财产安全造成一定的威胁。在抹灰施工作业过程中，需要大量使用建筑砂浆，增加施工周期与成本，并对环境造成一定的影响。基于以上的原因，业界对外墙抹灰施工技术不断进行创新，创造出先进的外墙免抹灰施工技术。

1　外墙免抹灰的基础条件

外墙要达到免抹灰的要求，需要满足一定的基础条件。第一，外墙采用免抹灰施工工艺时，一般外墙为全混凝土外墙，外墙不采用砌体或者砌体占比极少，已达到免抹灰的效果。第二，对主体结构的垂直度与平整要求较高，其垂直度与平整度要求满足一般抹灰的允许偏差值（普通抹灰垂直度 4mm，平整度 4mm），高于主体混凝土结构“垂 8 平 8”的要求。第三，外墙不留或尽量少留预留洞口，减少后期堵洞渗水风险，必须预留洞口时，封堵时须采用微膨胀混凝土进行封堵。第四，窗洞口按设计预埋附框或预留企口压槽，减少窗洞口收边收口造成的质量问题，同时按要求预设滴水线。

2　与外墙免抹灰配合的施工工艺

基于外墙免抹灰所需的基础条件，要达到外墙免抹灰的效果，需要有相应的施工工艺与之配合，目前建筑业一般采用的都是铝模+全钢爬架+外墙免抹灰施工工艺。在达到外墙免抹灰施工工艺要求的同时，也可以实现全工序穿插施工，实现项目管理水平的提升。这种施工工艺是近年大力推广的一种新型的施工方法。

在采取外墙免抹灰施工工艺时，可以实现外窗预埋附框或预留压槽、外墙腻子跟随等施工工艺，条件满足的情况下阳台栏杆一同跟随。当外墙采取免抹灰时，室内同时会采用薄砌薄抹等施工工艺。

2.1　铝模系统

铝模系统是外墙免抹灰最重要的配套施工工艺，外墙免抹灰一般都是采取全混凝土外墙，在模板系统选择时，优先选择铝合金模板，铝模刚度大、稳定性好、承载力高、不易变形、成型尺寸准确，杜绝了木模拼缝不严、漏浆、胀模等现象，有利于外墙免抹灰施工的开展。因铝模质量轻、易于安装与转运等特点，而被广泛采用，同时铝模周转次数高，周转快，铝模系统采用快拆支撑体系，一栋建筑标准层只需一套模板即可，在高层建筑中可以减少模板成本的投入。

在确定采取外墙免抹灰施工工艺后，首先需对施工图进行全混凝土外墙+铝合金模板深化设计，如施工图外墙有砌体部分，将施工图中外墙砌体部分优化成混凝土结构，为了不改变原结构的受力状态，优化为混凝土结构的外墙墙体与原结构混凝土墙体之间设置拉缝。

深化设计还要考虑的就是门窗洞口及滴水线等，因后期外墙不抹灰，滴水线等需提前做出，窗洞收口抹灰，所以只能在铝模深化设计时予以考虑，如图1所示。

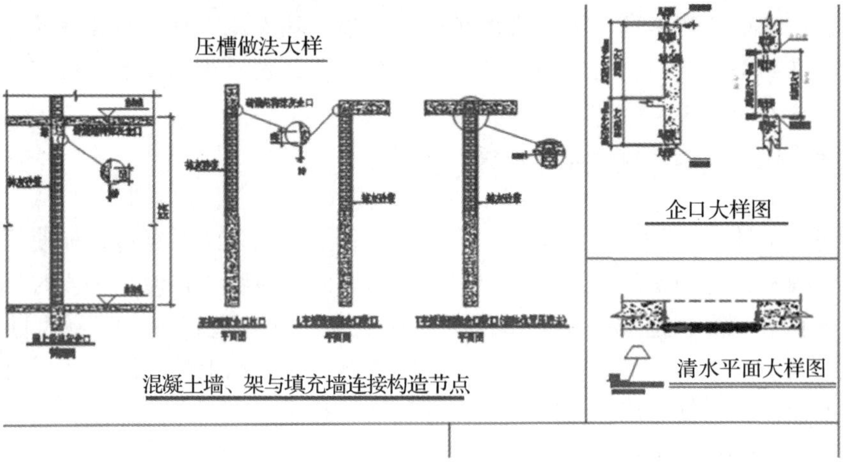

图1　压槽做法大样

2.2　全钢爬架体系

在考虑采用外墙免抹灰施工工艺时，除了采用铝模系统，同时需要考虑外脚手架的选择。采取外墙免抹灰施工工艺时，外脚手架优先采用全钢爬架。爬架具有其他类型外脚手架不可比拟的优势，能与铝模施工工艺很好地配合施工，使外墙能达到免抹灰的施工基础条件。施工图见图2。

采取全钢爬架，在安全方面明显优于钢管脚手架；在施工工艺上也具有无法比拟的优势。采取全钢爬架时，除了每个机位有两个螺栓孔外，没有钢管架那样大量的连墙杆洞与悬挑工字钢的穿墙洞。爬架机位的螺杆洞只有ϕ40mm，在爬架提升时，同时采取堵漏王或微膨胀砂浆进行封堵，在外墙腻子施工之前，有效地避免了钢管脚手架连墙杆洞及挑架洞后期需要封堵的问题，避免了外墙免抹灰时外墙存在施工缝或因连墙杆封堵不严而造成外墙渗水的问题。

图2　全钢爬架施工图

采取全钢爬架时，一般施工工序都可全插穿进行，如外墙腻子是随爬架提升而逐层完成的，节省了后期吊篮施工的时间。

外墙免抹灰时，全钢爬架可以采取空中解体工艺，在爬架爬升至顶，所有的外墙作业施工完毕后，在空中进行爬架拆解，无须向下落至地面，节省爬升费用与缩短施工周期。

2.3　门窗附框或压槽

在施工图设计时，一般铝合金外窗都会考虑附框，附框是门窗干法安装的主要配套件，能够进一步规范门窗洞口尺寸，提高门窗安装的效率与质量，取消了窗框塞缝这道工序，从根本上解决了门窗框四周渗水的现象。

铝模需将附框一同考虑进行深化设计。浇筑外墙混凝土时，附框即安装到位，在外墙腻子及涂料施工时，即可直接施工附框边，避免了门窗后期收口这道工序。

2.4　外墙免抹灰时全穿插施工工序

外墙免抹灰施工工艺具有传统施工工艺不可比的优势，部分工序是可以穿插进行的，以达到节约工期和降低施工成本的要求，同时也能提高工地标准化的标准，提升安全文明形象。全穿插施工见图3。

2.4.1　阳台栏杆

采取铝模+全钢爬架+外墙免抹灰施工工艺，因无外墙砌体，阳台栏杆可以提前进行安装，在爬架提升前，即可将爬架最底一层的阳台栏杆等安装到位，爬架提升后无须另外再做临边防护。

因外墙免抹灰，阳台栏杆穿插进行施工时，在可以大量减少楼层临边安全防护的同时，无须担心因外墙抹灰造成的阳台栏杆损坏与污染。

图3　外墙免抹灰全穿插施工

2.4.2　外墙腻子跟随

外墙免抹灰施工时，外墙腻子是直接施工在主体混凝土结构面上的，在主体施工完毕即可进行外墙腻子施工。

在实际操作中，外墙腻子可随着爬架的爬升而逐层完成，在爬架提升前，将爬架最底一层外墙腻子施工完毕，然后进行提升。爬架高度一般为四层半，上面三层高度的外墙不急着进行外墙腻子施工，以保证外墙混凝土的养护时间。

在进行外墙腻子施工时，阴阳角部位需挂线保证顺直，一般在爬架全高范围内的外墙阴阳角挂通线，以保证爬架提升后阴阳角顺直。

2.4.3　薄砌薄抹灰施工工艺

在采取外墙免抹灰施工时，内墙也会同时考虑免抹灰，以及内墙薄砌薄抹施工工艺。薄砌薄抹施工在主体结构施工至一定楼层后即可穿插进行。

薄砌薄抹灰减少了现场砂浆搅拌等湿作业，因具有施工现场文明、节约材料、砌体质量及观感好等优势，而逐步被接受与采用。

内墙采取薄砌薄抹时，砌体与主体结构交接处，在铝模深化时应留有砌筑企口，以保证抹灰面与主体结构的搭接，抹灰完成后其完成面与主体结构墙面平齐，以达到混凝土墙面免抹灰的施工工艺效果。

3　外墙免抹灰的关键控制点

在采取外墙免抹灰时，需要控制以下几个关键点，才能达到免抹灰的外观效果：

3.1 外墙“垂平”、阴阳角顺直

外墙最直观的立面效果就是外墙的平整度与阴阳角的顺直，根据《建筑装饰装修工程质量验收标准》(GB 50210—2018) 规定，普通一般抹灰的标准为垂直度4mm，平整度4mm。外墙采用免抹灰时，则要求主体结构的垂直度达到普通抹灰验收标准。这一要求将铝模安装的验收标准从“垂 8 平 8” 提高“垂 4 平 4”，并在混浇筑过程中跟踪检测，预控外墙垂直度与平整度不超过允许值。

3.2 层间错台

外墙免抹灰时，外墙铝模不得出现层间错台。当外墙铝模出现层间错台后，不管是采取水泥砂浆修补还是采取剔凿的方式，均难以达到“垂 4 平 4” 的标准，达不到免抹灰的效果，同时临时修补的水泥砂浆在后期容易空鼓、起壳、脱落。当采取外墙免抹灰施工工艺时，在主体施工期间要求严格控制铝模安装质量，防止层间错台。

层间错台主要是由于放线误差、K 板松动错位等原因引起，在施工过程中，要求严格控制放线尺寸的准确性，每次楼层放线后要全数检查所放之线，特别是检查主控制线到各外墙边线的尺寸是否准确，因为其直接关系到外墙是否错台。在外墙铝模安装时，严格控制 K 板安装质量，K 板螺丝不得漏装与少装，K 板与墙面模板之间销钉销片不得漏装与少装，并层层拉通线检查 K 板的平直度，以保证不出现层间错台。

3.3 钢筋保护层

钢筋保护层是采用外墙免抹灰施工技术时一个比较关键的控制点，钢筋保护层不足时直接影响建筑物的后期使用及其寿命，因此要采取有效的措施，严格控制外剪力墙钢筋保护层，防止钢筋保护层不足。

采取外墙免抹灰施工的建筑物，其外墙结构混凝土直接受外界温差变化影响，在使用过程中，不够厚度的钢筋保护层在热胀冷缩等温度应力的作用下，容易爆裂剥落，而使钢筋暴露在空气中，引起钢筋锈蚀，致使外墙面有钢筋的锈迹难以清除，并减少建筑物的使用寿命。

钢筋保护层控制是一个比较容易忽视的内容，一般设计中，墙、板等钢筋保护层厚度为15mm，剪力墙钢筋设计为ϕ8mm，在施工过程中很容易造成钢筋保护层不足的现象。

在项目的实际操作中，因剪力墙钢筋较小，为保证剪力墙钢筋保护层的厚度，特别是外墙外侧，保护层垫块按@ 600 的间距进行控制，以防浇筑混凝土时钢筋被混凝土挤到模板边，出现保护层不足的现象。保护层垫块采用的是加厚的塑料垫块，不会因挤压而变形。

3.4 蜂窝麻面

蜂窝麻面一般是由混凝土振捣时未振捣到位引起的，导致其内部松散，存在一定的孔隙。在雨天，蜂窝麻面的部位，其孔隙内会进水并且无法排出，从而引起墙面渗漏或墙面潮湿，长时间会引起墙面起霉。因此在采用外墙免抹灰施工技术时，要求严格控制混凝土的浇捣质量，特别是外墙，不得出现蜂窝麻面现象。

4 外墙免抹灰的效益分析

4.1 经济效益

采取外墙免抹灰施工技术时，因减少外墙抹灰层，具有一定的经济效益。在进行外墙全混凝土深化时，当深化的外墙砌体占比小于 52%时，节省的外墙抹灰费用则大于优化墙体的费用，节省工程成本。如外墙本身施工图设计为全混凝土时，则可节省全部的外墙抹灰

成本。

在确定外墙免抹灰时，外架采取的是爬架体系，施工期间能够节省外脚手架的使用时间，爬架空中解体后即可拆除，由塔式起重机等进行垂直运输，节省使用周期及费用等。

根据建工融城名著一期采用的外墙免抹灰施工工艺与传统的施工工艺对比分析，以 A6、A7 栋为例，总共 26 层，2 层及以下为非标层，其结果见表 1。费用对照见表 2。

表 1　外墙免抹灰与传统抹灰施工工艺成本对照

项目	铝模+全钢爬架+外墙免抹灰		传统外墙抹灰+钢管脚手架	
	工程量	合价（元）	工程量	合价（元）
外墙多孔砖			15.442m^3	10867.15
钢筋 6/8mm	1.107t	8913.08	0.147t	1183.58
15mm 厚水泥砂浆			315.03m^2	14636.29
5mm 厚聚合物砂浆			315.03m^2	6666.03
混凝土窗台 C25			0.438m^3	317.31
构造柱			0.82m^3	599.67
二次模板			15.76m^2	1022.67
外墙满挂钢丝网			136m^2	2189.60
内侧抹灰			91.19m^2	3397.74
优化新增混凝土	14.92（C45）	10940.24	14.92	
优化新增铝模	165.62m^2	10747.08	165.62	
墙面打磨	315.03m^2	3307.82	315.03	
单层合计		33908.22		40880.04

表 2　外墙免抹灰与传统抹灰措施费用对照

项目	铝模+全钢爬架+外墙免抹灰			传统外墙抹灰+钢管脚手架		
	工程量	单价	合价（元）	工程量	单价	合价（元）
塔式起重机租赁	10 个月	31000	310000	14 个月	31000	434000
钢管脚手架				19290.34	54	1041678.36
悬挑架洞口封堵				640	50	32000
全钢爬架（空中解体）	19290.34	41	790903.94			
合计			1100903.94			1507678.36

4.2　其他效益

采取外墙免抹灰施工工艺的建筑，在后期交付使用后，避免因外墙抹灰开裂、脱落而伤人的风险；因无外墙砌体，减少外墙开裂渗漏风险，减少了后期维修成本，具有良好的社会效益。

传统的外墙抹灰施工技术在施工时，需要采用大量的砂浆，会造成材料的消耗与施工环境的污染。外墙免抹灰施工工艺因免除了外墙抹灰这道传统的施工工艺，有效地减少了环境污染，节约了施工材料，对绿色施工具有良好的促进作用。

采取外墙免抹灰施工工艺时，因节省了外墙抹灰这道工序，同时爬架拆除、塔式起重机拆除得以提前，有效地缩短了施工周期，使得工程得以提前交付。

5 结语

综上所述，随着施工观念与施工技术的不断革新，促使建筑工程行业进入全新的发展时期，外墙免抹灰施工工艺适应了现在建筑施工发展需要，并有利于节能、节材、保护环境等绿色施工，从而逐渐取代了传统的施工工艺。

循环荷载下微生物加固软土的动力性能研究

赵　强

湖南省第一工程有限公司　长沙　410011

摘　要： 为利用微生物诱导碳酸钙沉淀（MICP）技术加强淤泥质软土的抗软化特性，改善土体的动力性能，通过动三轴试验，系统探究了循环荷载作用下，动应力改变对淤泥重塑土和微生物加固软土的应力-应变滞回曲线、累积应变、孔压比的影响，并结合软化指数和土样微观结构的变化探究 MICP 加固软土的抗软化性能。结果表明，MICP 技术能显著加强软土的抗软化特性，经微生物作用后的软土，结构更加稳定，经循环荷载作用后应力-应变滞回曲线变化较小，累积应变和孔隙水压力增长较慢，软化指数和微观结构更加稳定，微生物加固软土的相关研究为软土地基加固处理提供了一个全新的技术手段。

关键词： 微生物诱导碳酸钙沉淀技术（MICP）；动应力比；孔压比；动三轴试验；抗软化性能

我国沿海地区淤泥软土分布广泛，长三角地区、珠三角地区以及其他江浙沪、广东、福建等地分布着大量软土，天然软土具有含水率高、承载力差、渗透性差、强度低等主要特点，软土地基的加固问题已成为全世界工程建设的难题。微生物诱导碳酸钙沉淀技术（Microbially Induced Carbonate Precipitation，MICP）是一种新型且高效的土体加固方式，微生物在新陈代谢过程产生的脲酶，脲酶能够催化尿素分解，产生氨气和二氧化碳，氨气遇水产生铵根离子，部分二氧化碳溶于水产生碳酸根离子，铵根离子使得溶液 pH 升高，加速碳酸根离子与钙离子结合生成碳酸钙晶体，碳酸钙晶体能作为胶结键填充在土体孔隙中增强土体结构的稳定性，改善土体的物理性能与动力特性。刘汉龙等利用 MICP 胶结南海钙质砂，通过动三轴试验和扫描电镜 SEM 试验，研究了不同动应力下和不同胶结程度的 MICP 胶结钙质砂的动强度、孔压、变形和有效应力路径的变化规律以及 MICP 胶结作用的微观机理。试验结果表明，MICP 胶结后的钙质砂抗变形性能明显提高，动剪应力比也明显增大，MICP 作用使得钙质砂的抗液化性能得到了有效提高。程晓辉、麻强等通过标准动三轴试验和振动台试验研究微生物灌浆加固液化砂土的抗液化性能和动力性能。试验发现，微生物灌浆技术有效提高了液化砂土和模型地基的抗液化性能，减小了地基对振动波的放大效应。FENG K 等采用四种胶结水平和三种有效围压水平（100kPa、200kPa 和 400kPa），系统研究了 MICP 胶结砂的动力学响应。试验结果表明，在设定的有效围压下，随着方解石含量的增加，砂土的刚度、峰值抗剪强度均增加，而膨胀变形则随着有效围压的增加而被抑制。然而当前 MICP 技术多用于处理砂土等粗粒土，对于孔隙率较小的细颗粒土尤其是滨海软土的研究相对较少。

本文通过动三轴试验，系统分析了循环荷载作用过程中微生物加固土的应力-应变滞回曲线、累积应变、孔压比和软化指数等动力性能参数随循环周数的变化规律，并结合循环荷载作用后的微观结构，全面探讨了 MICP 技术对软土抗软化性能的影响。

1 试验材料与试验方案

1.1 试验材料

本试验是笔者在汕头学习后参加当地工程项目实习期间进行的，所以本试验土样均用汕头地区的淤泥质软土制成。将软土放在105℃的烘干箱中烘48h后碾碎，过2.0mm孔径细筛，成细粉状，进行后续试验。其主要的物理参数见表1。

表1 重塑软土基本物理参数

含水率（%）	密度（g/cm^3）	塑性指数	液性指数	黏聚力（kPa）	内摩擦角（°）	压缩模量（MPa）
50	1.60	22.5	1.84	16.28	8.40	2.50

1.2 试验用菌及营养液

本试验所用微生物为巴氏芽孢杆菌（CGMCC 1.3687），购自于中国普通微生物菌种保藏管理中心，巴氏芽孢杆菌适宜在pH为8.0的碱性环境中生存，能在极其恶劣的环境下保持高脲酶活性，且对人体无害，诱导碳酸钙沉积的效果也很理想，所以本文选用其来完成微生物试验。在120℃的灭菌锅高温灭菌25min，待冷却至30℃以下，将细菌于无菌操作台接种至液体培养基中。在30℃，150r/min的恒温摇床中培养36h取出并测量其OD_{600}（菌液浓度）后使用，胶结液为氯化钙和尿素的等摩尔混合液（表2）。

表2 培养基成分

成分	含量	
蛋白胨	20.0	g/L
牛肉浸膏	10.0	g/L
尿素	10.0	g/L
氯化钠	1.0	g/L
去离子水	1.0	L

1.3 试样制备

试验组的制作如下：由于天然状态下的汕头软土的含水率在50%左右，按照50%的含水率计算所需的水量，菌液和营养液按1∶1的比例等体积替换所需的水量，然后加入到过筛后的土中，将拌和均匀的土装入不锈钢三瓣模具，为防止土样黏在模具上，装入土样之前在模具的内侧涂上一层凡士林，模具的上、下侧都用滤纸和透水石密封好，采用拌和法能够确保菌液和营养液充分接触，更好地促进碳酸钙的生成。随后放进温度为25℃、湿度为90%的恒温恒湿箱养护。

1.4 试验仪器

本次试验所用仪器为DDS-70型微机控制电磁激振式振动三轴仪和数字化钨灯丝分析型扫描电镜（SEM）。三轴仪由电控、测量、控制系统和激振台组成。通过气体压力对试验土样施加轴向压力，通过水压施加围压，电控系统将电信号转换为轴向激振力，通过活塞作用到土样上，测量系统记录试验过程中的各项数据，微机系统再对生成的数据进行处理。

1.5 试验方案

本次动三轴试验循环荷载的波形定为正弦波，振动频率设置为1Hz，固结围压设置为100kPa。土样的动应力比（*CSR*）定义为循环荷载作用下动荷载幅值（即动应力）与围压之比，分别设置 10kPa、20kPa、30kPa、40kPa、50kPa 的轴压，对重塑土和菌液浓度 OD_{600} 为 0.6 与 OD_{600} 为 1.2 的微生物加固土进行动三轴试验。试验方案见表 3。

$$CSR = \frac{\sigma_d}{\sigma_C} \tag{1}$$

式中，σ_d 为循环荷载幅（动应力），kPa；σ_C 为试样所受有效围压，kPa。

表 3 试验方案

土样类型	围压 σ_C(kPa)	动应力 σ_d(kPa)	动应力比 σ_d/σ_C	菌液浓度（OD_{600}）
	100	10	0.1	
	100	20	0.2	
重塑土（微生物加固土）	100	30	0.3	0、0.6、1.2
	100	40	0.4	
	100	50	0.5	

2 试验结果与分析

2.1 土样滞回曲线发展规律

三组土样都按照动应力比依次为 0.1，0.2，0.3，0.4，0.5 的顺序进行加载，选定试样破坏和未破坏的两个动应力比值，采用内插法确定各组土样的临界动应力比，图 1~图 3 分别为重塑土和两类微生物加固土的应力-应变滞回曲线。分析图片可以得出以下结论：

（1）土样的轴向应变会随着动应力的增大而不断增大。当动应力比较小时，土样在循环荷载作用下应变较小，不足 0.5%，如图 1（a）、图 2（a）、图 3（a）所示，当动应力较小时，三种土样的应力-应变滞回曲线都呈梭形，随着荷载循环周数的增加，滞回曲线右移，但是形状与大小变化不明显。说明在较小的动应力循环作用下，土样未发生明显变化，结构不会受到严重影响与破坏。

（2）当动应力增大到一定值时，土样逐渐产生软化变形现象，结构逐渐破坏，随着荷载循环周数的增加，应力-应变滞回曲线的大小和形状都产生了变化，从梭形逐步变为反“S”形。

（3）当动应力继续增加时，土样被迅速破坏。从图 1（c）、图 2（c）、图 3（c）可以看出，经过循环荷载短暂作用，土样就会产生很大的轴向应变，结构严重变形。当动应力比

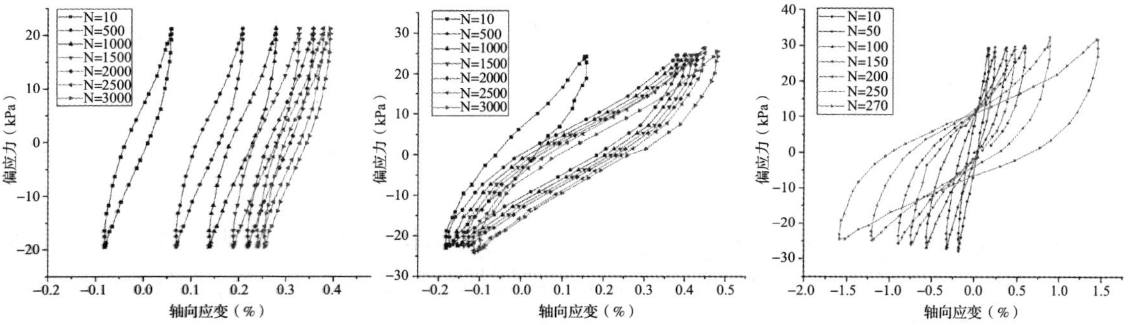

（a）CSR=0.2 （b）CSR=0.25 （c）CSR=0.3

图 1 重塑土的应力-应变曲线

为 0.3 时，重塑土被迅速破坏，而微生物加固土样，破坏过程明显延后，OD_{600} 为 0.6 的微生物加固土直到动应力比为 0.4 时才被明显破坏，而 OD_{600} 为 1.2 的微生物加固土，直到动应力比为 4.5 时才被明显破坏。因此，MICP 作用能有效增强软土的抗软化变形能力，并且菌液浓度越高土样抗软化变形能力越强。

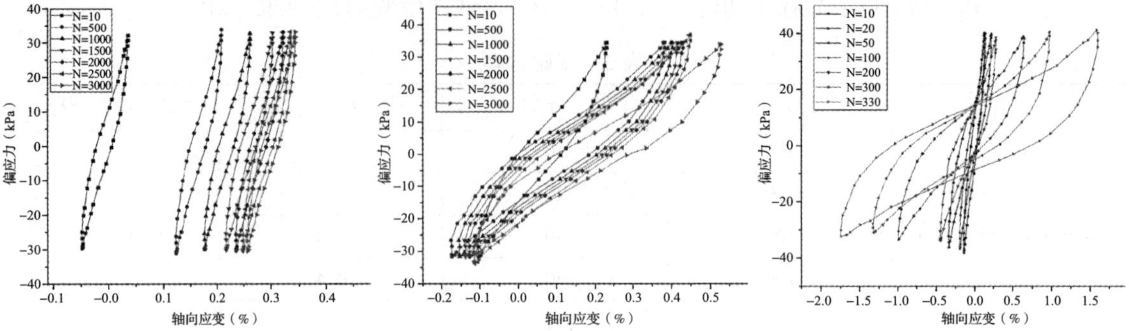

（a）CSR=0.3　（b）CSR=0.35　（c）CSR=0.4

图 2　OD_{600} 为 0.6 的微生物加固土的应力应变曲线

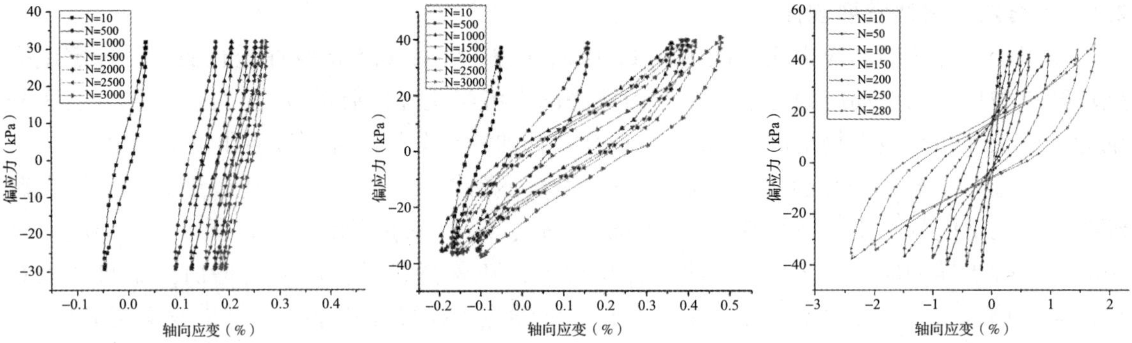

（a）CSR=0.3　（b）CSR=0.4　（c）CSR=0.45

图 3　OD_{600} 为 1.2 的微生物加固土的应力应变曲线

2.2　累计应变发展规律

图 4（a）~图 4（c）分别是围压 100kPa 下，重塑土、OD_{600} 为 0.6、OD_{600} 为 1.2 的微生物加固土在不同动应力比下的累积应变曲线，分析可得如下结论：

（1）由图 4（a）~图 4（c）可以看出，当动应力较小时，土样的累积应变变化速率较慢。在 100kPa 固结围压下，重塑土在动应力比低于 0.26 时，微生物加固土分别在动应力比低于 0.3 和 0.4 时，土样的累积应变较小，一般低于 5%，土样结构没有明显变化。

（2）随着动应力比的增大，土样的累积应变速率越来越快，当动应力比增大到 0.3 时，重塑土的累积应变经过 1000 多次循环荷载作用后超过了 5%，土样结构被严重破坏。当动应力比增大到 0.27 时，OD_{600} 为 0.6 的微生物加固土经过循环荷载的上千次的作用后也达到了累积破坏标准。而 OD_{600} 为 1.2 的微生物加固土，一直到动应力比增大到 0.33 时才被严重破坏，累积应变值超过 5%。可以看出，土样的破坏都有一个临界值，未达到这个值时，土样累积应变增长缓慢，结构未有明显变化。

（3）当动应力比继续增大，土样的累积应变迅速加快。当动应力比为 0.3 时，重塑土经历百次循环荷载作用后应变就达到破坏标准，微生物加固土在经过较大动应力比的循环荷载作用时，也迅速达到了应变破坏标准。由此证明，一旦超过土样的临界破坏值，土样的累积应变就将迅速加快。经过 MICP 作用过的土样，临界破坏值明显延后，土样的抗软化累积变形能力得到增强。

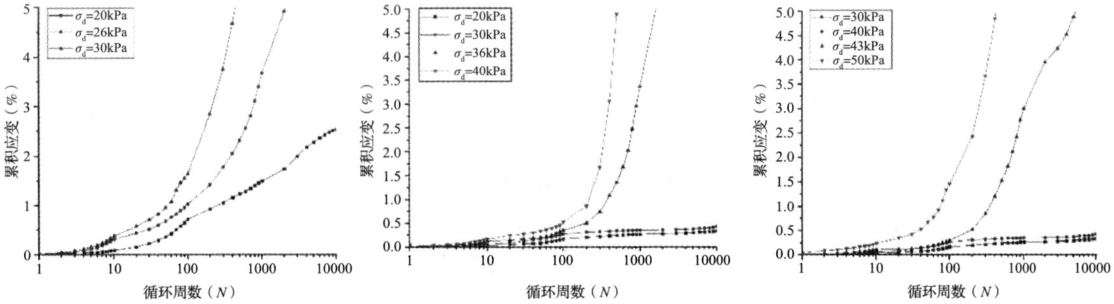

（a）重塑土　（b）OD_{600}为0.6的微生物加固土　（c）OD_{600}为1.2的微生物加固土

图 4　各土样累积应变曲线

2.3　孔压发展规律

图 5（a）~图 5（c）是 100kPa 围压下，重塑土和两类微生物加固土在不同动应力比下的孔压比与循环周数关系曲线，分析图片可得以下结论：

（1）由图 5（a）~图 5（c）可知，当动应力比较小即 $CSR=0.1$ 和 $CSR=0.2$ 时，重塑土和两类微生物加固土都未破坏，孔压比在前 2000 次循环荷载作用下增长显著，而后增长平缓且稳定在 0.5 以下。微生物加固土在相同的围压和动应力比下，孔压比的累积增长值始终比重塑土小。在 $CSR=0.1$ 时，重塑土最终稳定后的孔压比为 0.24，微生物加固土稳定后的孔压比分别为 0.18 和 0.16。在动应力比较小时，MICP 作用能延缓土样孔压的快速增长。

（2）当动应力比逐渐增大时，孔压增长也逐渐加快。当动应力比达到 0.25 时，重塑土在经过 1500 多次的循环荷载作用后，孔压比超过 1.0，土样破坏。继续增加动应力比，重塑土孔压比经过更少次循环荷载作用后就迅速达到 1.0，所以重塑土的孔压破坏临界动应力比为 0.25，两类微生物加固土的临界应力比分别为 0.35 和 0.45，这个值和之前累积应变方面得出的结论相差不大。

（3）在不同围压下，微生物加固土的临界破坏值相对于重塑土都明显延后，即微生物加固土能承受更大的循环荷载作用而结构未破坏，MICP 作用能延缓软土孔压的快速增长，从而减小土样的变形与强度衰减，增强土样的抗软化性能。

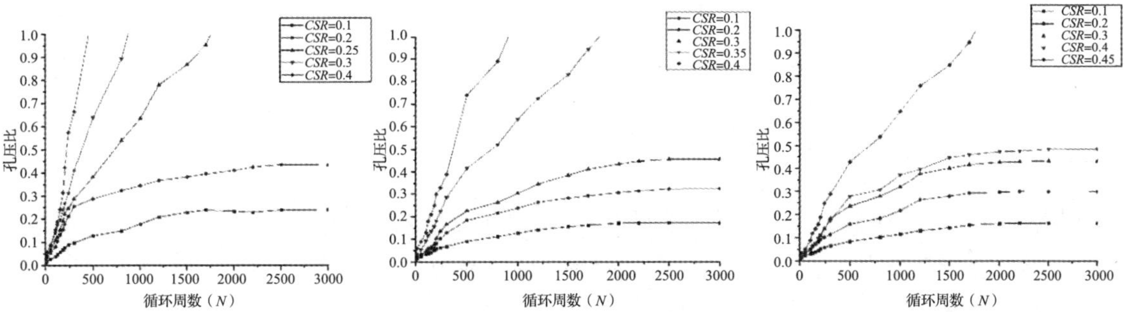

（a）重塑土　（b）OD_{600}为0.6的微生物加固土　（c）OD_{600}为1.2的微生物加固土

图 5　各土样孔压比变化曲线

2.4　软化指数发展规律

软化指数是判断土体抗软化性能的重要指标，最早由 Idriess 提出，在 Idriess 对软化指数 δ 的定义基础上，考虑到本试验加载方式为应力控制，本文采用王军定义的软化指数 δ 公式：

$$\frac{G_{\mathrm{SN}}}{G_{\mathrm{SI}}}=\frac{\dfrac{q_{\max}-q_{\min}}{\varepsilon_{N,\max}-\varepsilon_{N,\min}}}{\dfrac{q_{\max}-q_{\min}}{\varepsilon_{1,\max}-\varepsilon_{1,\min}}}=\frac{\dfrac{2\sigma_{\mathrm{d}}}{\varepsilon_{N,\max}-\varepsilon_{N,\min}}}{\dfrac{2\sigma_{\mathrm{d}}}{\varepsilon_{1,\max}-\varepsilon_{1,\min}}}=\frac{\varepsilon_{1,\max}-\varepsilon_{1,\min}}{\varepsilon_{N,\max}-\varepsilon_{N,\min}} \tag{2}$$

式中　$q_{\max}$、$q_{\min}$——每次循环中的最大和最小偏应力；

$\varepsilon_{1\max}$、$\varepsilon_{1\mathrm{mim}}$——第一次循环中最大和最小轴应变；

$\varepsilon_{N,\max}$、$\varepsilon_{N,\min}$——第 N 次循环中最大和最小轴应变。

通过比较不同动应力下微生物加固土和重塑土软化指数的变化情况，来分析 MICP 加固作用对软土抗软化性质的影响。

图 6（a）~图 6（c）是重塑土和两类微生物加固土在不同动应力下软化指数与循环周数的关系曲线，分析以下图片，可以得出以下结论：

（1）由图 6（a）~图 6（c）可以看出，对于同一土样，随着动应力比的增加，曲线位置不断下移，在同一动应力比下，随着循环周数的增加，软化指数呈下降趋势。当动应力比较小时，各土样的软化指数在经过一段时间的衰减后逐渐稳定。重塑土在动应力比为 0.1 时经过 500 次左右的循环就稳定在 0.8 左右，此后不会大幅衰减。两类微生物加固土在较小的动应力比下软化指数最终也趋于稳定，且加固土的软化指数衰减程度要低于重塑土。

（2）以图 6（c）为例，在较小的动应力比下，曲线发展比较平缓，最终趋于稳定。当动应力比逐渐增大，例如动应力比增加到 0.4 时，曲线在初期发展比较平稳，随着循环周数的增加，对应的软化指数缓慢下降；当循环周数继续增加，曲线突然变陡，软化指数下降速率增加，说明土体产生了明显的软化现象。但是最终软化指数还是趋于稳定并没有继续减小，说明在该围压和动应力比下，土样结构还没有严重破损。

（3）当动应力比较大时，各土样的软化指数在经过前期的平稳下降后迅速衰减，最终趋近于 0，说明土样的强度模量也大幅衰减，土样被严重破坏。当动应力比为 0.25 时，重塑土就出现了这种情况，而微生物加固土在动应力比分别增加到 0.35 和 0.45 时才有明显的软化指数衰减破坏情况，说明 MICP 加固作用能有效降低土样的软化现象，提高软土的抗软化性能。

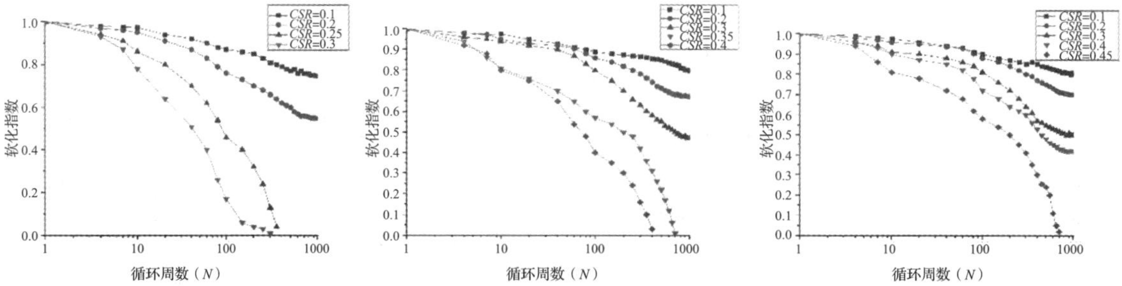

（a）重塑土　（b）OD_{600}为0.6的微生物加固土　（c）OD_{600}为1.2的微生物加固土

图 6　各土样软化指数变化曲线

2.5　微观结构变化

图 7～图 9 为土样通过扫描电镜试验（SEM）得到的微观结构图，图 7 为未经循环荷载作用过的重塑土和微生物加固土的微观结构，图 8、图 9 分别为经过 5kPa 和 20kPa 动应力循环作用 1000 周后的各土样的微观结构，分析以下图片可得出结论：

（1）由图 7（a）可以看出，重塑软土的土颗粒分布松散，颗粒间有较大的间隙，由图 7（b）和 7（c）可以看出，微生物加固土的表面覆盖上了一层分布不均匀的碳酸钙晶体，这些碳酸钙晶体使土颗粒联结在一起，减小了土颗粒间的孔隙，使得土体更为紧密，增强了软土的力学性能，OD_{600} 为 1.2 的微生物加固土表面的碳酸钙晶体明显比 OD_{600} 为 0.6 的微生物加固土多。

（2）循环荷载作用后，各土样表面裂缝增多，孔洞变大。对比图 8（a）～图 8（c）可以发现，经过动应力为 5kPa 的循环荷载作用 1000 周后，重塑土表面孔隙密集且直径大多在 2μm 以上，而微生物加固土表面的孔隙更少且孔隙直径大多不超过 2μm，OD_{600} 为 1.2 的微生物加固土表面孔隙最少且孔隙直径最小，其表面的碳酸钙晶体分布较为集中，土体的整体性较好。

（3）对比图 9（a）～图 9（c）可以发现，随着动应力的增大，各土样表面的孔隙也都增多并变大。重塑土表面孔隙最多且最大，大部分孔隙直径超过了 4μm，OD_{600} 为 0.6 的微生物加固土表面孔隙的直径大多在 3～4μm，OD_{600} 为 1.2 的微生物加固土表面孔隙直径最小，大多不超过 3μm。由此可见，MICP 对软土的抗软化加固效果并没有随着动应力的增大而衰弱。

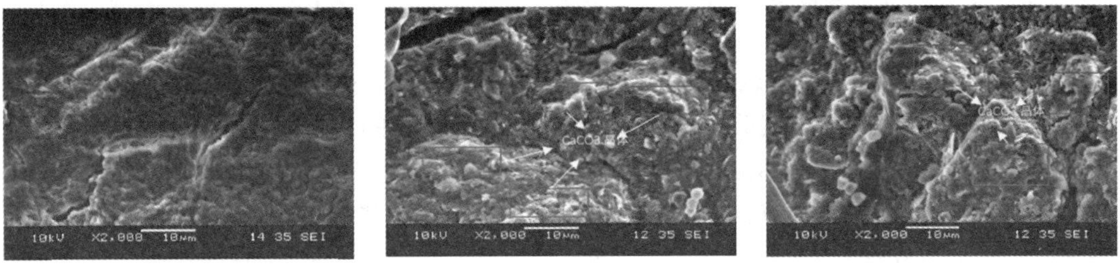

（a）重塑土　　（b）OD_{600}=0.6　　（c）OD_{600}=1.2

图 7　未经循环荷载作用的各土样微观结构

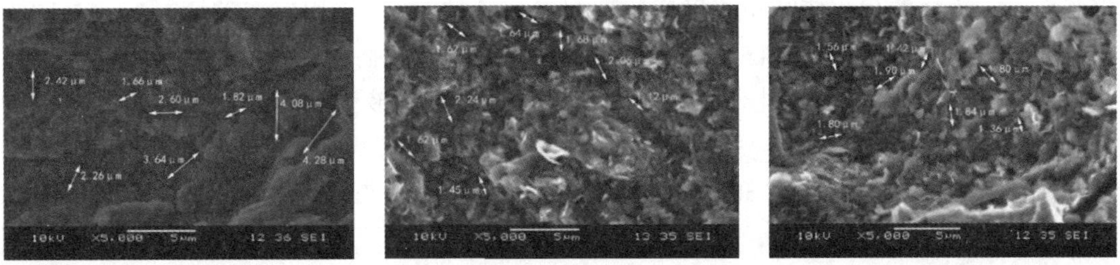

（a）重塑土　　（b）OD_{600}=0.6　　（c）OD_{600}=1.2

图 8　经 5kPa 动应力循环作用 1000 周后各土样微观结构

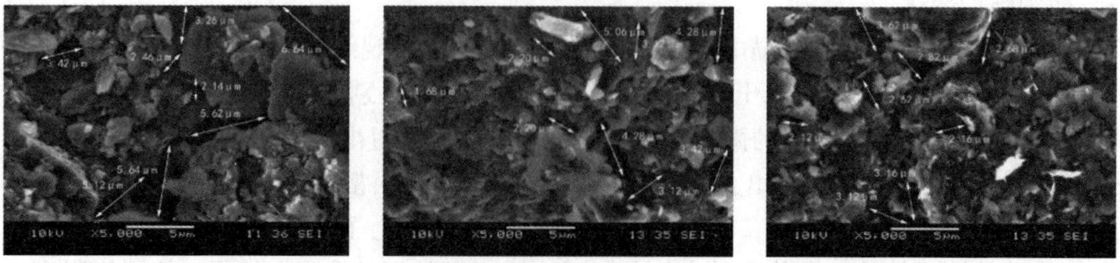

（a）重塑土　（b）OD_{600}=0.6　（c）OD_{600}=1.2

图 9　经 20kPa 动应力循环作用 1000 周后各土样微观结构

3　应用前景

MICP 技术有诸多优良特性，越来越多的专家与学者投入到 MICP 技术的研究中来，MICP 技术逐渐进入快速发展阶段并且已经在改良土体的动力学性能、改良土体的物理力学性能、重金属治理、混凝土材料修复、古建筑与古文物修复等多个领域取得成果。

我国仍然处于中高速建设时期，土地资源却非常有限，天然软土具有很多不良特性，经地震荷载作用后，极易软化变形，对地层上的建筑物造成二次损伤。通过 MICP 技术加固软土地基，改善软土的力学特性并提高软土抗软化性能以实现大规模软土资源化利用，对我国工程建设具有重要意义。相比传统加固方式，MICP 技术有许多优势，比如能耗低、环境友好、对人体无害、反应简单且产量可控等。将 MICP 技术应用于软土地基加固与软土抗软化性能研究将会为我国的基础建设做出重大贡献。

4　结语

本文将 MICP 技术运用到改善软土的动力特性当中，通过对淤泥重塑软土和不同浓度的微生物加固软土的动三轴试验，分析了微生物加固软土的应力-应变滞回曲线、累积应变、孔压比和软化指数受循环荷载的影响，并结合其微观结构的变化，证明了 MICP 技术加强土体抗软化性能的可行性，为软土地基加固提供了新方法、新思路，得到以下结论：

（1）通过动三轴试验，研究了循环荷载的动应力改变对微生物加固土的应力-应变滞回曲线、累积应变、孔压比的影响，并结合软化指数的变化，得出土样在不同加载条件下都有一个临界破坏值，一旦超过这个临界阈值，在循环荷载短暂作用下，各土样的滞回曲线将迅速膨胀变大，土样的累积应变也将迅速达到拐点，超过 5%的累积应变破坏标准，土样的孔压比和软化指数也将迅速达到破坏标准，而微生物加固土的临界破坏值相对于重塑土明显延后，应力-应变以及孔压抗软化性质明显好于重塑土，且菌液浓度越高，土样的抗软化特性越好。

（2）通过扫描电镜试验（SEM）得出，经 MICP 作用后的软土表面生成了大量碳酸钙晶体，在循环荷载的反复作用下，重塑土和微生物加固土表面产生了许多裂缝与孔隙，随着动应力的增大，各土样表面的孔隙不断增多和变大，但是微生物加固土表面的孔隙更少且孔隙直径更小。说明随着循环周数的增加和动应力的增大，MICP 对软土的抗软化变形加固效果没有衰弱。

参考文献

[1] 陈颖平．循环荷载作用下结构性软粘土特性的试验研究［D］．杭州：浙江大学，2007.

[2] DEJONG J T，FRITZGES M B，NÜSSLEIN K. Microbially induced cementation to control sand response to undrained shear［J］．Journal of Geotechnical & Geoenvironmental Engineering，2006，132（11）：1381-1392.

[3] 刘汉龙，肖鹏，肖杨，等．MICP 胶结钙质砂动力特性试验研究［J］．岩土工程学报，2018，40（01）：38-45.

[4] 程晓辉，麻强，杨钻，等．微生物灌浆加固液化砂土地基的动力反应研究［J］．岩土工程学报，2013，35（08）：1486-1495.

[5] FENG K，MONTOYA B M. Influence of confinement and cementation level on the behavior of microbial-induced calcite precipitated sands under monotonic drained loading［J］．Journal of Geotechnical and Geoenvironmental Engineering，2016，142（1）：04015057.

[6] 彭劼，温智力，刘志明，等．微生物诱导碳酸钙沉积加固有机质黏土的试验研究［J］．岩土工程学报，2019，41（04）：733-740.

[7] 张光建．长期水平循环荷载下大直径桩的累积位移分析［D］．杭州：浙江大学，2013.

[8] 王军，蔡袅强．循环荷载作用下饱和软黏土应变累积模型研究［J］．岩石力学与工程学报，2008，27（2）：331-338.

浅谈干熄焦氮气循环系统的调试

熊 恕 张 力

湖南省工业设备安装有限公司 长沙 410007

摘 要：干熄焦装置具有节能效益高、工艺先进、环保等特点，近年来，随着环保监管日益严格，以及国内企业自主研发能力提升，我国干熄焦装置数量逐渐增加，干熄能力稳步提升。干熄焦氮气循环系统由于系统庞大，气密性试验等调试工作需进行较长时间。基于此，本文针对该系统的调试技术按流程进行了较详细的阐述，希望能给同行带来一定的参考作用。

关键词：干熄焦；气密性试验；调试

1 概述

干熄焦氮气循环系统包括：循环风机及其电机、风机入口挡板、干熄炉入口挡板、风机自动润滑装置及整个循环气体通道和附属的各个调节阀等设备。对氮气循环系统的调试，应先进行氮气循环系统气密性试验。试验合格后对各单体设备进行单机调试，在确认各单体设备运行稳定可靠后再进行氮气循环系统设备的联动调试。要检查所有设备是否达到设计要求，运行顺序是否安全可靠，特别要确认循环风机的联锁条件是否达到设计要求并安全可靠。

2 气密性试验

2.1 气密性试验的目的

氮气循环系统气密性试验主要是检查干熄炉、锅炉、一次除尘器、二次除尘器、热管换热器及循环气体管路的气密性，并采取措施使整个氮气循环系统的泄漏率降至最低，既可节约循环气体的消耗，又可控制空气的漏入，同时还能保证干熄焦设备及操作人员的安全。

2.2 气密性试验前应具备的条件

（1）设备安装方面

确认干熄炉、锅炉、一次除尘器、二次除尘器、热管换热器、循环风机及循环气体管路等已构成封闭回路；各设备、管道的保温层暂不施工，以便于查漏补漏；确认锅炉各吊顶管、各集箱、各穿过膜式水冷壁（锅炉炉墙）的管道与锅炉间的连接密封已完成；干熄炉水封槽与干熄炉壳体间密封已完成；一次除尘器顶部紧急放散装置可暂不安装但要密封；确认各设备内部杂物已清理干净，各人孔已全部封闭。

（2）需要采取的临时措施

干熄焦氮气循环系统中有些部位没有密封措施，气密性试验前需进行临时密封。干熄炉炉顶放散管上的阀门为调节阀，阀前需临时加装盲板；干熄炉空气导入口的法兰处需临时加堵盲板；干熄炉底部平板闸门关闭，并在闸板与壳体间封上玻璃胶密封；一次除尘器顶部紧急放散口处加临时盲板；锅炉底部出口部位两个防爆门及二次除尘器顶部两个防爆门设计开启压力不高，需加重物压住；一次除尘器与二次除尘器底部格式排灰阀前加堵盲板；烘炉人孔、环形烟道调节栓应安装堵板，使整个系统密封。

干熄炉炉顶水封槽采取如图1所示的临时措施：用钢板焊制一块临时盖板，倒扣于水封槽中；临时盖板与水封槽间用黄泥塞满密封；为防止临时盖板松动，其上可加压重物或用钢丝绳拴住。

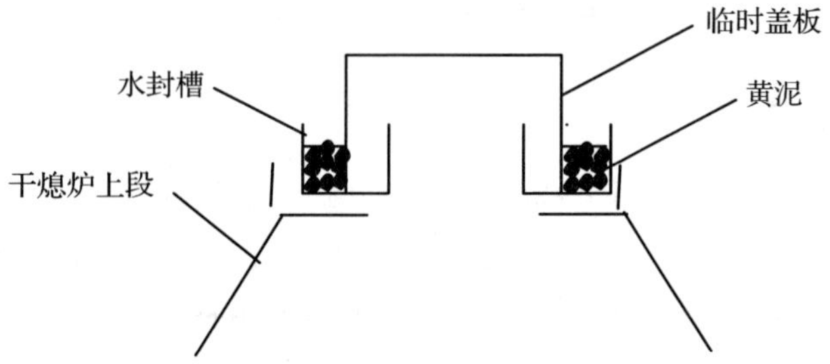

图 1　干熄炉炉顶水封槽临时密封措施

（3）试验及检查器具准备

气密性试验前应准备鼓风用的空压机或其他风源；准备测压用的 U 形压力计；准备试漏用的喷雾器、肥皂水和记号笔等。

2.3　气密性试验方法

（1）检漏法

检漏法是往氮气循环系统内鼓入空气，在氮气循环系统各设备表面焊缝、法兰面处喷涂肥皂水查漏。最终以设备没有明显的肥皂泡或漏点来判定气密性试验合格。

检漏时的风源可采取空压机鼓风或循环风机鼓风。采用空压机鼓风需敷设一条临时风管；采用循环风机鼓风需将循环风机入口挡板关闭，将循环风机壳体两侧人孔打开作为进风口，往氮气循环系统内鼓风，以保证氮气循环系统各部位为正压。

（2）保压法

保压法是往氮气循环系统内鼓入空气，以系统在一定时间内将压降控制在一定范围来判定气密性试验合格。

保压法采用空压机往系统内鼓入压缩空气。当系统内达到一定压力后，组织人员喷肥皂水检漏，并做好标记，漏点统计达一定程度后，停风并组织人员处理。处理完毕后继续送风检漏，直至漏点基本处理完毕。然后再往系统内鼓风，当压力达到一定值时，关闭送风阀门，按保压法进行气密性试验。若试验不合格，则继续送风检漏，对漏点处理后再试验，直至合格为止。

氮气循环系统气密性试验流程如图 2 所示。

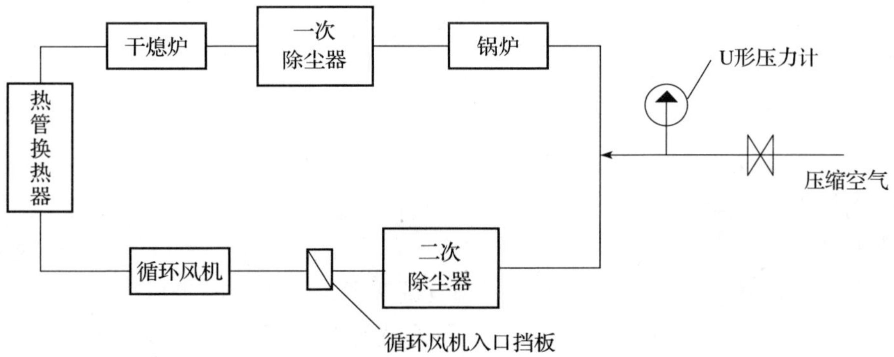

图 2　氮气循环系统气密性试验流程

3 氮气循环系统各调节阀单机调试

3.1 调试的目的

检查氮气循环系统各调节阀是否达到设计要求，是否能正常使用。

3.2 调试的基本方法

（1）调试前的注意事项

确认各气动或电动调节阀的固定螺栓无松动；确认电气配线施工完毕并清理好现场。

确认仪表用压缩空气或 N_2（氮气）已到位，其压力和流量要达到设计要求；确认环形烟道上部各进气调节栓能正常打开、关闭；确认炉顶放散阀、紧急放散阀的水封槽已进水，而且液位达到规定的高度。

（2）调试项目

①调节炉顶放散阀和紧急放散阀。

②调节预存段压力调节阀、旁通流量调节阀和环形烟道空气导入阀。

4 循环风机的单机调试

4.1 调试的目的

循环风机单机调试的主要目的是检查并确认循环风机及其运行状况达到设计要求，循环风机及其电机的轴承振动、温度的自动监控装置是否达到设计要求并安全可靠。

4.2 调试的基本方法

（1）调试前的注意事项

确认电机与风机的联轴器已断开，风机启动联锁条件已解除；确认风机及其电机的外保护层和电气配线等施工完毕；确认各检修用人孔及各取样口都已关闭；确认风机入口挡板的运行准备已完毕；确认轴承振动监视装置及轴承温度计的警报设定完毕（风机侧和电机侧振动监视的上限及上上限、风机轴承和电机轴承以及电机线圈温度警报的上限及上上限）；确认轴封用氮气已充入，氮气压力达到设计要求（一般应在 6000Pa 以上）。

（2）调试项目

①电机单机调试。

②循环风机运行时的调试。

5 氮气循环系统联动调试

5.1 调试的目的

氮气循环系统联动调试的主要目的：检查该系统各设备在现场手动和中央自动两种操作方式下是否能正常运行，并且能达到设定好的循环风量。

5.2 调试的基本方法

（1）调试前的注意事项

确认氮气循环系统各单体设备已调试完毕；确认循环风机各启动联锁条件解除；确认气体通道内部无异物。

（2）调试项目

将氮气循环系统各设备的动力电源和控制电源接通，干熄炉中央风道及环形风道入口挡板开度均开至 50%。各设备手动、自动位置开关选择自动状态。启动循环风机冷却油泵，打开循环风机轴封氮气阀，将循环风机入口挡板全关。确认上述操作均能顺利进行。

在中控室 EI 系统计算机画面上启动循环风机，慢慢将风机入口挡板全开，调整循环风机的转速。逐步将循环风机的转速调至最大，确认再循环风机转速逐步增大的同时，循环风量亦逐步增大，直至达到最大的循环风量。

依次调节炉顶放散阀、紧急放散阀、预存段压力调节阀、旁通流量调节阀以及空气导入阀，确认各阀门调节灵活，现场开度与中控室计算机画面显示一致。

在计算机程序上模拟调试循环风机的各个联锁条件与循环风机的关系，确认循环风机运行的各个联锁条件达到设计要求并安全可靠。在实际状态下测试循环风机运行的联锁条件，确认各联锁条件达到设计要求并安全可靠。

6　结语

国内外干熄焦工程建设市场前景广阔，目前国内最大的干熄焦装置处理能力已达到 260t/h。干熄焦氮气循环系统的调试质量，对整个干熄焦系统的运行与效益起着至关重要的作用。本成果在干熄焦项目中可借鉴、可复制，值得大力推广应用。

参考文献

[1]　罗时政，乔继军．干熄焦技术问答［M］．北京：冶金工业出版社，2010.

[2]　中华人民共和国住房和城乡建设部．焦化机械设备安装规范：GB 50967—2014［S］．北京：中国计划出版社，2014.

[3]　中华人民共和国住房和城乡建设部．焦化机械设备安装验收规范：GB 50390—2017［S］．北京：中国计划出版社，2017.

漏电保护开关越级跳闸的原因分析及应对措施

向彦豪

湖南省工业设备安装有限公司　长沙　410015

摘　要： 在施工临时电系统中，两级漏电保护开关经常发生越级跳闸的情况，为了进行防范，进行了相关研究。首先，介绍了施工临时用电系统的相关理论知识和漏电保护开关的相关理论知识；其次，以临时电系统的结构形式及漏电保护开关的原理分析了漏电保护开关越级跳闸的主要原因；最后，以自己的经验从线路设计和硬件选型两个维度阐述了切实可行的解决措施。研究结果表明，本文提出的相关措施能够有效避免施工临时电系统中漏电保护开关越级跳闸情况的发生，提高了施工现场的本质安全性和电力稳定性。

关键词： 漏电保护开关；越级跳闸；施工临时电；漏电不动作时间

在施工临时电系统中，为了保证用电的安全性，《施工现场临时用电安全技术规范》（JGJ 46—2005）将施工临时电系统设置两级漏电保护开关定义为强制性执行条款。现实中，大家也都参照执行，但因为未从根本上弄明白漏电保护开关的配置技巧，造成漏电保护开关经常性出现越级跳闸，停电区域被扩大化，用电安全无法得到保障。

1　相关理论知识的介绍

1.1　临时电的相关介绍

（1）临时电的定义

临时电是指在建筑工地、活动现场等需要临时用电的场所中所采用的一种电力供应方式。它的优点在于能够快速满足用电需求，同时可以根据需要随时增减电力容量。本文讨论的临时电，主要是指建筑施工临时电。

（2）建筑施工临时电的优点

①能够根据建筑施工的实际用电需求，进行快速部署，电力接入的等待时间较少；

②电力容量可以灵活控制，在一定范围内的扩容或减小电力负荷简单方便；

③不受环境约束，临时电系统的用电设备移动性较强，能够在远离固定电源的地方快速实现用电部署；

④便捷移动，临时电设备可随时拆除，不用考虑遗留电力设备或者建筑物的问题，部署成本相对较低。

1.2　临时电系统漏电保护开关介绍

（1）漏电的概念

在正常的电路系统中，电流从开关流入电气设备，电流在电气设备内部做完功后，返回开关，在这个过程中，初始从开关流出的电流与最后流入开关的电流是相等的，并形成了一个完整的闭环回路。当部分电流未按预计路径流动，电流流入了本不该流入的地方，则称之为漏电。比如人体触电时，就是电流流入了人体，此时就发生了漏电。漏电会导致人体出现疼痛、肌肉抽搐、呼吸困难等症状，甚至危及生命。

(2) 漏电保护开关的作用及原理

漏电保护开关的主要作用是检测电路中是否存在漏电现象，若发现漏电时，及时跳闸切断电路，保护人身安全和电气设备的安全。其工作原理是，通过测量电气回路中流入电流和流出电流的差异来判断是否漏电。正常情况下，电路中的电流应该是平衡的，即流入的电流等于流出的电流。但是，如果电路中发生漏电，电流就会流向接地或其他不应通电的部分。导致流入电流与流出电流有差异，电流流入与流出的差异量称之为漏电电流，即剩余电流。漏电保护开关一旦检测到剩余电流超过预设的限值，就会迅速跳闸，切断电路，保护人体安全和设备安全。

2 漏电保护开关越级跳闸情况的介绍

2.1 漏电保护开关越级跳闸概念

当末端电气设备发生漏电时，开关箱中漏电保护开关触发保护动作，末端断路器跳闸。在这个过程中，总配电箱中的漏电保护开关检测到了该漏电情况，也同时触发了保护动作，总配电箱中的分支开关跳闸，该回路下的全部用电设备停电，这种末端漏电保护开关与总配电箱中的漏电保护开关一同跳闸的情况被称之为越级跳闸。

2.2 临时电系统中漏电保护开关的配置要求

根据《施工现场临时用电安全技术规范》(JGJ 46—2005) 相关要求，在临时电系统中漏电保护开关应满足的主要要求如下：

(1) 总配电箱内应装设漏电保护开关 (JGJ 46—2005 第 8.2.2 条)；

(2) 开关箱必须装设漏电保护开关 (JGJ 46—2005 第 8.2.5 条)；

(3) 开关箱中漏电保护器的额定漏电动作电流不应大于 30mA，额定漏电动作时间不应大于 0.15 (JGJ 46—2005 第 8.2.10 条)

(4) 总配电箱中漏电保护器的额定漏电动作电流应大于 30mA，额定漏电动作时间应大于 0.1s，但其额定漏电动作电流与额定漏电动作时间的乘积不应大于 30mA · s (JGJ 46—2005 第 8.2.11 条)。

以上内容即是临时用电系统两级保护的意思。

2.3 两级漏电保护的意义

按照规范的要求，两级漏电保护开关在动作电流与动作时间两个重要参数上做了梯级适配，理论上，当开关箱漏电保护开关下游末端用电设备及线路发生漏电故障，开关箱内的末端漏电保护开关保护限值小，优先跳闸，总配电箱内的漏电保护开关保护限值大，未发生动作，处于后备跳闸保护状态。当开关箱漏电保护开关上游用电设备或线路发生漏电故障时，开关箱漏电保护开关处于下游，无法检测到上游设备的漏电故障，不发生动作。总配电箱内的漏电保护开关检测到漏电故障，触发跳闸。这样的两级漏电保护，既有效地保护了终端用电安全，又保护了线路用电安全。因此在规范中被定义为强制性执行条款。

3 漏电保护开关越级跳闸的原因分析

漏电保护开关在工作时出现越级跳闸的情况，主要是两大类，一类是常规的原因，一类是技术原因，详细内容如下：

3.1 常规原因

(1) 漏电保护开关本身的故障原因。漏电保护开关因为外部碰撞或者老化等原因，导致内部元件卡壳或松动，整体灵敏度降低，无法按照设计进行动作，从而发生越级跳闸的情况。

（2）电线接触不良或绝缘损坏的原因：电流最终流向大地是漏电保护开关的工作基础，当末端用电设备接地不良，上游漏电保护又处于正常状态时，亦会发生越级跳闸的情况。

3.2 技术原因

（1）累计漏电量超过限值的原因。在电力系统中，任何一个正常使用的电气设备都存在漏电电流，漏电电流的大小与环境恶劣程度息息相关。在我们讨论的临时用电系统中，漏电保护开关的布置如图 1 所示。

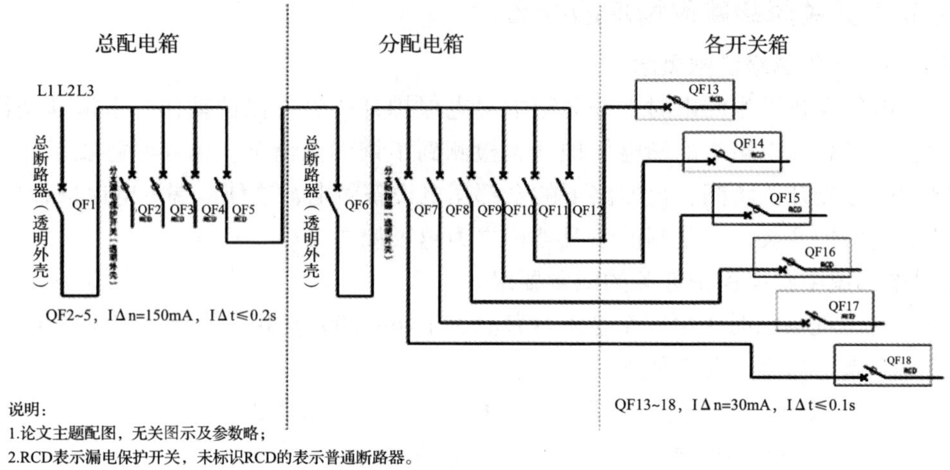

图 1　漏电保护开关布置

从图 1 中可以看出，总配电箱分支漏电保护开关下游连有 6 个末端漏电保护开关。当遭遇阴雨天气、空气潮湿、用电设备绝缘下降，QF13～QF18 漏电保护开关每个回路发生 25mA 的自然漏电电流，未触发各自开关的漏电保护动作值，但此时总配电箱分支漏电保护开关 QF5 处的累计漏电电流为 25mA×6＝150mA，刚好满足动作限制，QF5 越级跳闸。这个 150mA 的漏电电流称之为电网漏电电流，专业公式表示 $I_o=150\text{mA}$。即恶劣环境下的电网最大漏电电流值。

（2）瞬态过电流引发误动作。电力系统中，电动机启动的瞬间，需要克服静摩擦力和其他阻力，此时电源端会产生一个很大的瞬时过电流，这种瞬时过电流可能会通过电动机的绝缘材料或接线产生微小的漏电流。这种漏电流虽然很小，但叠加电网漏电电流后将可能瞬间达到上级开关的动作值，造成上、下级漏电保护开关同时跳闸。

3.3 产品选型搭配不恰当

漏电保护开关的重要参数如下：

（1）额定剩余动作电流，$I(\Delta n)$

漏电保护开关预设定的一个漏电动作值，一旦线路中的漏电电流大于这个限值时，漏电保护开关动作，电路断开。

（2）漏电动作时间，$I(\Delta t)$

漏电动作时间是指漏电保护器在检测到电路中发生漏电时，从发生漏电到切断电路的时间。

（3）漏电不动作时间，$I(\Delta t_n)$

漏电不动作时间是指漏电保护器在检测到电路中发生 2 倍额定剩余动作电流时（$2I\Delta n$），极限不跳闸时间。

在施工临时用电系统中，终端产品大多数只印刷有额定剩余动作电流和漏电动作时间这两个参数，如图 2 所示，造成大家在产品选型时仅参考了上述两个参数。

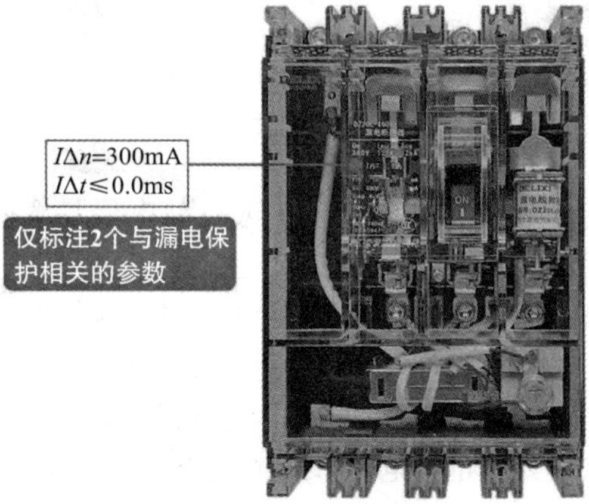

图 2　国产品牌常规产品漏电保护参数标注

比如，某工地，终端设备开关箱选用的漏电保护开关参数为，$I(\Delta n)=30\text{mA}$，$I(\Delta t)\leqslant 0.1\text{s}$。总配电箱分支漏电保护开关参数为 $I(\Delta n)=150\text{mA}$，$I(\Delta t)\leqslant 0.2\text{s}$。表面上看，两个参数有极差，但实际使用时，总是发生漏电保护开关越级跳闸的情况。主要原因是，工地施工环境复杂，操作人员文化水平较低，安全用电知识匮乏。这些人在日常使用电动工具时，存在违章操作，比如强行拖电缆，一闸多用，不按规定使用标准插头等，在这样的情况下一旦发生漏电，漏电电流瞬间峰值达几百毫安（显著特征，有明显的火花），两个漏电保护开关满足动作条件，随即终端设备开关箱内漏电保护开关在 0.1s 内完成跳闸，总配电箱分支漏电保护开关在 0.2s 内跳闸。

4　越级跳闸的预防措施

施工临时电系统中的漏电保护开关越级跳闸时，会造成停电范围大面积增加，严重影响安全生产。比如，末端电动机漏电，却造成了整个工地的塔式起重机突然断电。其中的安全事故隐患大大增加，为了避免漏电保护开关越级跳闸的发生，我们可以采取以下预防措施：

4.1　加强漏电保护开关及用电设备的维护和检修

为减小电网最大漏电电流值，电气设备在正式接入电网之前，应进行全面的绝缘检查，对绝缘值明显异常的电气设备应该拒绝接入电网。在日常使用过程中，应加强日常维护，防止电网最大漏电电流变大，特别是在环境较为潮湿的场所。

4.2　加强人员安全教育

在使用漏电保护开关的过程中，应加强临时电操作人员的安全教育，让临时电操作人员了解漏电保护开关的特点，能够区分 3P 漏电保护开关及 3P+N 漏电保护开关，如图 3 所示，避免因误操作等原因导致漏电保护开关越级跳闸。

4.3　选用合适的漏电保护开关

理解额定剩余动作电流 $I(\Delta n)$、漏电动作时间 $I(\Delta t)$、漏电不动作时间 $I(\Delta t_n)$ 这三个

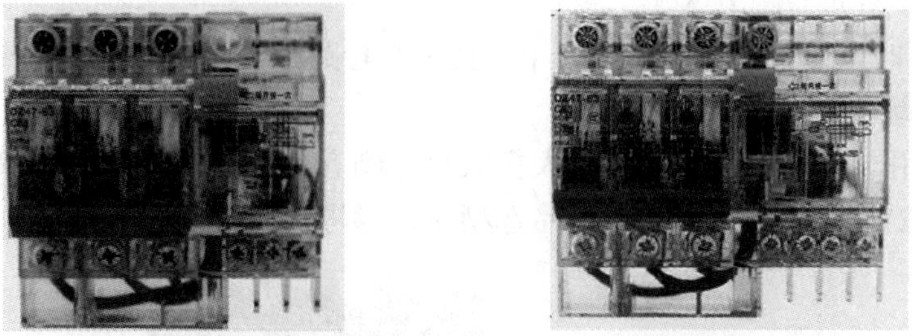

（a）3P漏电保护开关　　（b）3P+N漏电保护开关

图3　不同漏电保护开关外型对比

重要参数的意义。根据施耐德公司的研究，在进行漏电保护开关选型时，应该遵循以下原则：

（1）上级漏电保护开关的额定动作电流要大于下级漏电保护开关动作电流的3倍；

（2）上级漏电保护开关的不动作时间应大于下级漏电保护开关的动作时间。

结合到施工临时电系统中，假如末端回路的电网最大漏电电流值为5mA，分支回路电网最大漏电电流值为20mA，为防止漏电保护开关越级跳闸，其具体的选型参考为：

末端：$I(\Delta t_n)=30\text{mA}$，$I(\Delta t)\leqslant 0.1\text{s}$（末端选型时，漏电不动作时间 $I(\Delta t_n)$ 不重要）；

上级：$I(\Delta t_n)=100\text{mA}$，$I(\Delta t)\leqslant 0.3\text{s}$，$I(\Delta t_n)=0.2\text{s}$。

4.4　优化配电系统设计

在配电系统设计阶段，有意识地区分重要电源及普通电源。例如，在施工临时电系统中，将塔式起重机、载人电梯等重要设备单独设置为一个独立回路，该回路不再接入其他任何用电设备。

5　结语

本研究系统地分析了施工临时电系统漏电保护开关越级跳闸的原因，并提出了有效的应对措施。这些研究成果对于提高施工临时电系统的安全性具有重要意义，可为工程建设提供技术支持和保障。

一种余热锅炉烟道内管屏模块快速组装方法探讨

毛卫忠

湖南省工业设备安装有限公司　长沙　410019

摘　要： 针对燃机配套余热锅炉烟道有限空间内受热面管屏模块安装难度大等问题，设计开发了一套滑移装置，即在余热锅炉烟道内安装 2 根导轨，在每根导轨上各安装 1 个滚轮装置，再将管屏模块吊挂在滚轮装置的吊耳上，安全、有序吊装推送至管屏的安装位置进行就位安装。结果表明，利用该滑移装置既解决了有限空间的吊装、运输问题，又能防止管屏变形；既保证了施工安全，提高了施工效率，又缩短了工期、降低了成本。

关键词： 锅炉烟道；吊挂滑移装置；管屏模块；变形；快速组装

“煤改气”联合循环发电是国家绿色发展的重点工程之一，在“煤改气”联合循环发电工程中燃机配套余热锅炉烟道内受热面管屏模块安装是整个工程的难点、重点之一。因受余热锅炉烟道空间限制，烟道内管屏模块如果采用传统的施工工艺安装，安全隐患大、施工效率低、质量也得不到保证。本文结合 6F. 03/80MW 型燃机配套余热锅炉烟道内受热面管屏模块快速组装施工经验，主要介绍如何防止大型管屏在卸车、运输及吊装过程中变形和如何在有限空间内快速安装就位，并确保工程质量的一种施工方法。

1　施工工艺流程

施工工艺流程图如图 1 所示。

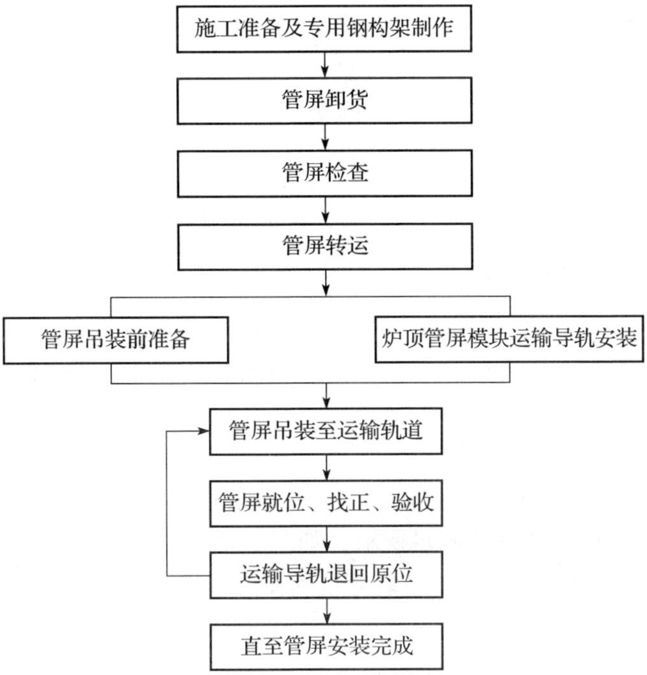

图 1　施工工艺流程图

2　施工方法及要求

本次燃机配套余热锅炉主要用于从 6F. 03 燃机排气中回收热量，产生高、低压蒸汽；锅炉受热面管屏模块采用全悬吊结构，以保证运行时所有受热面管屏模块受热后可以向下自由膨胀；管屏模块均安装在由左、右、上、下护板组成的水平烟道内，在烟道有限空间内安装较长、较宽、较重受热面管屏模块施工难度大，质量要求高。受热面管屏模块在烟道内布置如图 2 所示。

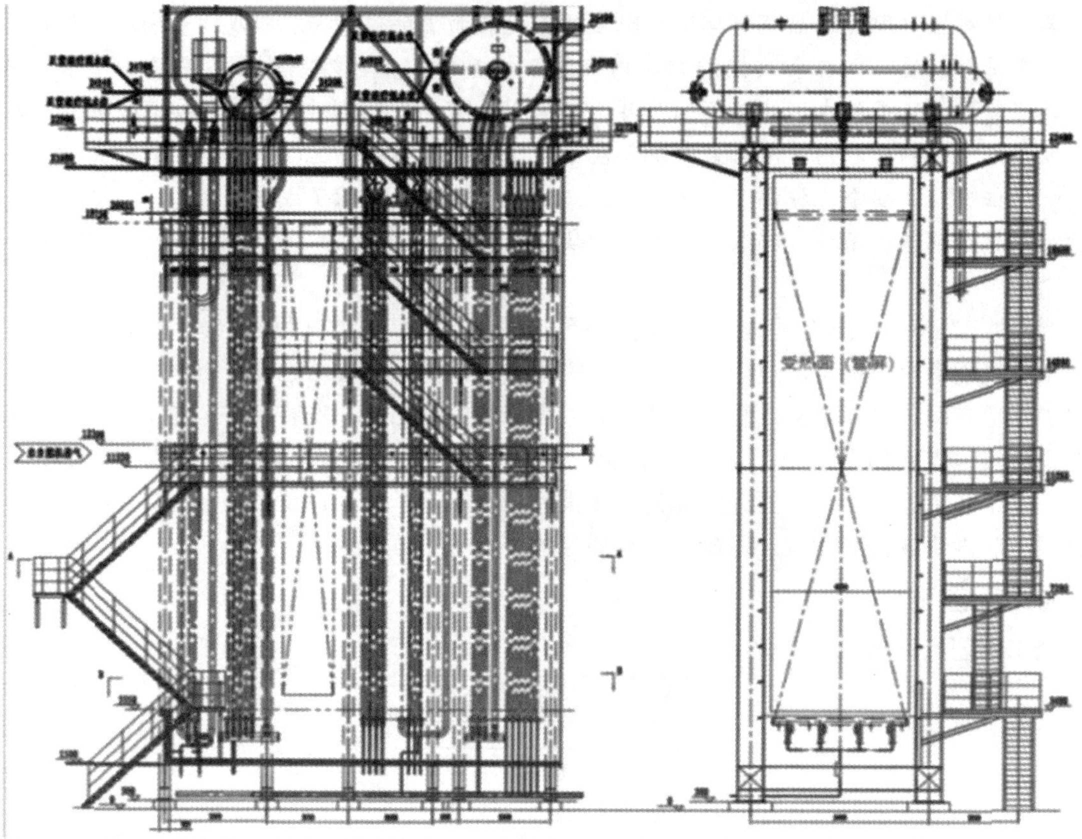

图 2　受热面管屏模块布置图

2. 1　专用钢构架制作

（1）管屏模块垂直高度约 17. 5m，宽度约 4. 12m，单管屏模块质量均在 12000kg 以上，由于管屏模块较长、较宽、较重，在卸车、二次转运、吊装过程中很容易因弯曲挠度过大而使管子承受过大应力产生弯曲变形等问题，对管屏模块带来损伤，影响安装质量和运行安全。

（2）为防止模块变形，自制了一套管屏模块卸车、运输、吊装专用的钢构架，钢构架尺寸基本与管屏模块一致，强度能满足要求，如图 3 所示。

（3）利用钢构架来卸车、转运、吊装等能有效解决管屏模块的弯曲变形问题，保证管屏的安装质量。

图 3　钢构架制作

2.2　管屏模块的卸车、运输

（1）管屏模块在卸车、转运过程中应平放，需合理利用管屏临时吊耳进行装卸、转运。

（2）管屏模块组件较长、较宽、较重、刚性差，吊装时必须利用自制钢构架增加管屏模块刚性，采用多吊点吊装，不能使管屏模块弯曲挠度过大而使管子承受过大应力，产生变形而损伤管屏模块，影响安装质量和运行安全，如图 4 所示。

（3）吊装过程中严禁使用撬棍等插入管端，避免损坏管子。

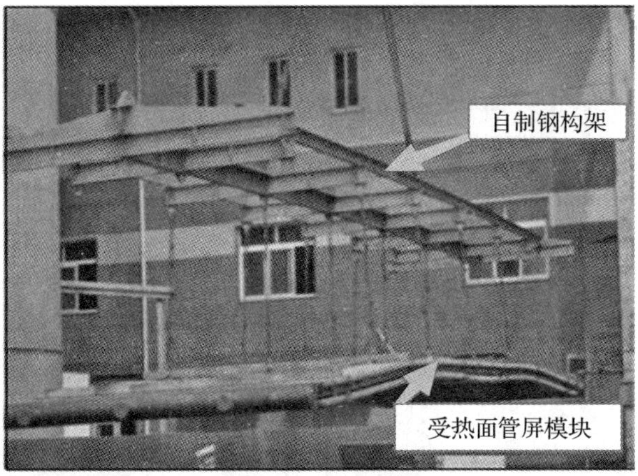

图 4　管屏模块多点屏吊卸车、转运

2.3　管屏模块滑移装置安装

（1）根据施工现场的实际情况，燃机配套余热锅炉卧式烟道内壁尺寸为 19.5m（高）×4.22m（宽），而管屏模块尺寸为 17.5m（高）×4.12m（宽），如果采用常规方法施工，吊装空间严重不足，在管屏模块吊装过程中很容易与烟道壁发生碰撞，造成设备损伤甚至发生安全事故。

（2）根据现场情况计算，在大板梁底下平行安装两根型号为 400mm×200mm×10mm 通长工字钢作为滑移轨道，两根工字钢间距与管屏上集箱两吊耳间距一致（都为 2.64m），如图 5（a）所示。

（3）在两根工字钢导轨上各安装一个滚轮装置（带滚轮的小车），用于安全、快速地将管屏模块在余热锅炉烟道内水平滑移至安装位置，如图 5（b）所示。

（a）轨道装置

（b）滚轮装置

图 5　管屏模块滑移装置（轨道、滚轮装置）

2.4　管屏模块吊装前准备

（1）在管屏模块吊装之前，先将管屏模块转运至吊装位置附近的吊装专用钢构架上，并在自制钢构架的 4 个角上各满焊 1 个 25mm 厚的吊耳，用于后面吊装用，如图 6（a）所示。

（2）在管屏模块头部找出 4 个均匀点，用 4 根ϕ 20mm×1m 的钢丝绳和 4 个 6.5t 卡环将管屏模块与吊装专用钢构架捆绑连接，形成一个整体，这可有效防止管屏模块在吊装时因弯曲挠度过大而产生的变形，保证管屏模块安装质量，如图 6（b）所示。

（3）所有管屏在安装前均需进行外观检查，对有缺陷的管屏在地面进行处理，并进行管屏集箱内异物检查，严禁焊接残渣等异物掉入管屏内。

（4）安装管屏前应反复确认管屏安装方向，防止安装反向；每片管屏的管夹处均焊有临时起吊使用的吊耳，在管屏吊装前需将临时吊耳割掉，并把根部磨平，以免管屏模块间干涉。

（5）在管屏模块吊装前，做好书面安全技术交底和施工技术交底工作，并对相关人员进行教育、培训，确保吊装工作安全、有序、高效进行。

（a）自制钢构架

（b）钢丝绳、卡环与钢构架捆绑连接

图 6　管屏模块与钢构架连接

2.5　管屏模块吊装

（1）根据施工现场的实际情况及管屏模块结构，管屏模块吊装需采用 2 台吊车抬吊，根据管屏质量，选择 50t 汽车吊作为主吊车，25t 汽车吊配合抬吊遛尾，如图 7（a）所示。

（2）主吊 50t 汽车吊选用 4 个吊点，2 个位于管屏上自带的正式吊耳（穿吊杆用），间距为 2.64m；另 2 个吊耳为事先满焊在专用钢构架的角上，对称分布；25t 汽车吊则选择专用钢构架另一端角上的两个吊耳为吊装点。

（3）吊装时 2 台吊车同时配合，待管屏模块垂直于地面时，50t 主吊受力，25t 吊车松钩取绳，随后用 50t 汽车吊将管屏模块缓慢吊装至滑移轨道附近，并将方向调好，使管屏上正式吊耳与导轨大致对齐，如图 7（b）所示。

（a）2台吊车抬吊　　（b）50t吊车吊装至滑移轨道

图 7　管屏模块吊装

（4）待管屏模块吊装至靠近滑移导轨时，使管屏模块保持不动，随后施工人员系好安全带，将管屏上正式吊耳与焊在导轨滑轮小车下方的吊耳用卡环连接起来，解除原 4 根将管屏与专用钢构架稳固用的钢丝绳，完成对接，如图 8 所示。

（a）管屏吊装至导轨位置并与滑轮固定　　（b）管屏与滑轮固定并与钢构架脱开

图 8　管屏模块与滚轮装置对接

2.6 管屏模块水平滑移、就位、找正及验收

（1）将与滚轮装置联结好的管屏模块，用导轨、滚轮装置小车运送至安装位置。

（2）再利用 2 个 10t 手动葫芦将管屏模块提升就位，连接正式吊杆，脱开滚轮装置小车，完成找正工作后进行验收。

（3）待上一组管屏就位验收合格后，退回导轨小车，进行下一组管屏吊装，反复执行直至全部管屏吊装、滑移、就位、找正、验收等工作完成。

（4）管屏模块安装质量要求见表 1。

表 1　管屏模块安装验收允许偏差

序号	检查项目名称	允许偏差（单位 mm）	备注
1	水平度偏差	≤3	
2	标高偏差	±5	
3	纵横中心线与炉中心距离偏差	±5	
4	模块膨胀间隙	符合设计技术文件要求	
5	吊挂装置	符合图纸设计要求	

3　结语

快速组装施工方法在“煤改气”项目燃机配套余热锅炉受热面管屏模块安装施工应用中，安全、优质、高效，取得良好的经济与社会效益；与传统施工方法相比，本施工方法有效防止了较长、较宽、较重模块在卸车、转运和吊装过程中发生变形，解决了有限空间内重大型部件的吊装难题，大幅缩短了施工周期，降低了安全风险和施工成本，应用前景广泛。

参考文献

［1］国家能源局. 电力建设施工质量验收规程 第 2 部分：锅炉机组：DL/T 5210. 2—2018［S］. 北京：中国电力出版社，2018.

［2］国家能源局. 电力建设施工技术规范 第 2 部分：锅炉机组：DL 5190. 2—2019［S］. 北京：中国电力出版社，2020.

［3］任国强 . 工厂化预制与模块化施工管理［J］. 油气田地面工程，2016，35（7）：84-85.

［4］白金梁 . 双机抬吊法在电力建设大件吊装中应用［J］. 建筑机械化，2015，(05)：67.

基于虚幻引擎二次开发的查询导航系统及其应用

刘　维　周　超　张　彬　曾治国　周　意

湖南省第二工程有限公司　长沙　410000

摘　要： 目前，触控电脑一体机和查询导航系统在各大商场得到了广泛应用，为顾客查询和快速定位目标店铺提供了极大便利。本文以开源软件虚幻引擎为基础作二次开发，为公司办公楼和项目部实现部室信息查询和位置导航功能，同时为拥有自主版权以及能适应不同需求的查询导航系统提供开发依据。

关键词： 虚幻引擎；查询导航；C++；软件系统；BIM

随着信息技术的飞速发展，人们在日常生活中时刻都接触着拥有各种功能的软件系统。如位于商场触控电子屏幕中的查询导航系统，如图1所示。它为顾客提供了便利的查询和导航服务，省去了寻找或询问商场服务人员的时间，并能通过精准的可视化导航路线为顾客定位目标地点，避免了口头表述带来的不确定性。若将此功能系统应用在公司总部大楼和建设工程项目部，为外来办事人员提供各部室位置以及相应人员所在部室信息，并指引到达目标位置，为其节省相关询问时间，从而提高了办事效率。

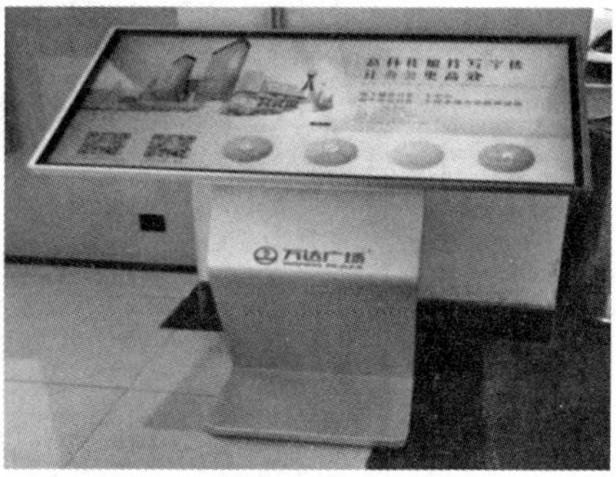

图1　商场查询导航触控一体机

目前，市面上此类查询导航系统基本上应用于商场，其功能并不能完全匹配办公楼及工程项目部的需求。因此，开发一个满足二者功能需求的查询导航系统是非常必要的。在开发查询系统时，从代码开始到系统应用需花费较多时间和成本，并需要强大的软件开发团队。而在建筑类公司往往不具备相应条件，那么如何在较小的综合成本条件下开发出一款适用的查询导航系统？通过“虚幻引擎文档”可知，虚幻引擎软件拥有强大的功能模块和开源特性，它完全可以满足在其基础上进行查询导航系统二次开发的需求。

1　虚幻引擎功能模块分析与目标实现

虚幻引擎最开始是作为一款游戏引擎发布的，在其不断的更新迭代中，其功能模块越发全面和强大，特别是在2022年下半年发布的虚幻引擎5，颠覆了CG领域的传统工作流程，同时也在工程建筑、影视制作、虚拟直播和智慧城市等诸多领域得到应用。

在查询导航系统实际开发过程中，可利用其强大的功能模块来满足对公司总部办公大楼和各个工程项目部的信息查询和导航需求。

1.1　Nanite（虚拟几何体）功能模块分析与开发

在虚幻引擎出现之前，在模型优化方面。常规的优化流程为：①制作高多边形数的高精度模型和贴图→②删减多边形数以符合游戏性能对于模型多边形数的限制→③制作法线贴图，以一种伪造的手法来还原部分模型细节→④最终制作出低多边形数的模型。例如通过②

③两个步骤，可以将三角面模型数量从 400 万个降至 5000 个左右，并且两者画面效果仅仅有着很小的差异。但这样的流程通常需要耗费大量的人力和时间，这是计算机渲染能力不足导致的。而虚幻引擎 5 的 Nanite 使用了全新的方法来存储和渲染网格体数据，导入的三维模型可以得到更快的渲染，运行过程中占用的内存和磁盘空间也更少，同时免去了上述繁杂的②③步骤，缩短了工作流程，极大地提高了模型优化效率。另外，虚幻引擎 5 在表现精细模型外观效果时，可避免实时渲染过程中因面数过高而造成的画面卡顿现象，相较市面上绝大多数类似软件，它在模型渲染策略上具有非常大的优势。

由此，在查询导航系统开发过程中可直接采用 BIM 模型作为该系统的场景模型，将 BIM 模型作为静态网格体导入虚幻引擎中，并在编辑器中对所有网格体启用 Nanite 功能，从图 2 可知，可使 BIM 模型高面导致的帧速率从 21 左右提升至 47 左右，从而提高了 BIM 模型的利用率，也省去了重新使用其他 DCC 软件建模的过程。

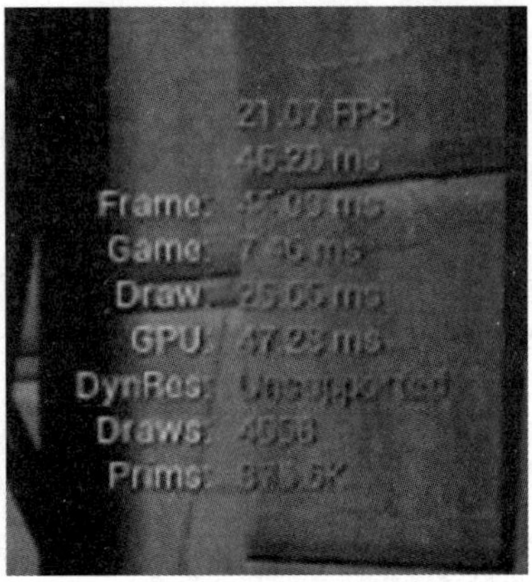

（a）优化前的性能参数

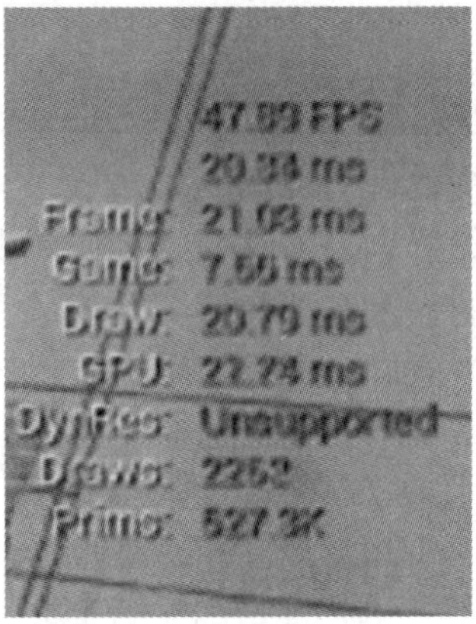

（b）优化后的性能参数

图 2　Nanite 开启前后的帧速率对比

1.2　Lumen（全局光照）功能模块分析与开发

实时全局光照（Real-time GI）一直是计算机图形学最难处理的部分。多年来，业界也提出多种方法来解决这个问题。目前，常用的方法是通过利用某些假设来约束问题域，比如静态几何，粗糙的场景表示或者追踪粗糙探针，以及在两者之间进行插值照明。在 SIGGRAPH 2022 上，Krzyszt of Narkowicz 和团队讲述了他们构建 Lumen 系统，利用软件进行光线追踪，它提供了一种可能性，那便是可以使用各种各样的追踪结构，比如三角形、距离场（distance fields）、面元（surfels），或者高度场（heightfields），无须 GPU 提供强大的光线追踪算力支持，减轻了对硬件的依赖。另外，Lumen 系统可用于缩放或支持有大量重叠实例的场景，实现了统一照明，并获得 Cook 般照明质量，使其在不同的三维场景中都能拥有最接近现实的视觉表现能力。

根据上述 Lumen 功能模块的特点，在实际开发过程中，可利用其优势解决因动态光源过多不得不启用 Draw Distance 优化性能而造成远景光线不足的问题。在夜晚场景中的车流光源、道路光源和楼宇窗、LED 灯带的灯光投射在场景模型上的质量得到提高，配合自身开发的实时动态天气系统，使不同季节和天气下的场景光接近最真实的效果。

但有一点是值得注意的，尽管有 Lumen 帮我们优化了大部分因灯光造成的性能受损问题，但动态光源依旧是影响运行帧速率的重要因素，过度地增加动态光源会导致 GPU 的负担过重，因此如何在开发过程中达到性能和画面质量的平衡依旧是需要不断试验的。在此，分享一点在开发时的灯光优化经验，即尽量避免动态光影响范围发生重叠，对于场景小角落光线不足问题，可采用静态光源进行灯光贴图的烘托来解决，且烘托时应提前对模型进行灯光贴图展开。

1.3　Navigation（导航网格体）功能模块分析与开发

在导航路线绘制方面，引擎拥有 Navigation System 模块，如图 3 所示，可以帮助我们快速生成导航网格，并可以自定义设置不同类型的行走点。另外，虚幻引擎还提供了一个名为“Nav Modifier Component”的组件，可以修改导航网格的行走属性，这有利于复杂地图的制作，搭配 AI 行为树使用，可以完美规划出到达目的地的行走路线。

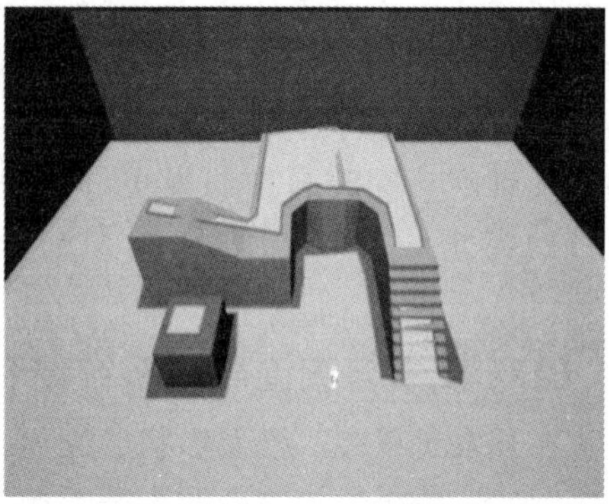

图 3　Navigation 寻路网格

在实际开发时，先为墙体设置碰撞网格体（使导航线自动避开墙体），然后使用 Nav Mesh Bounds-Volume 覆盖 BIM 模型各楼层的楼板，告知系统可行走的范围。当模型存在楼梯时，有一定概率会出现穿模现象，此时可以选择 Recast Nav Mesh-Default Actor，在 Display 小节把 Draw Offset 设置成 50 或大于 0 的值。如果存在多余的覆盖空间，可以使用 Navigation Modifier Volumes，Navigation Proxy Links 修改寻路 Mesh。随后在 AI 行为树中设置起点和终点变量，并将这两个变量结合 C++逻辑程序，使输入框输入或屏幕点击部室名称时可以快速定位目的地坐标，并成功绘制从入口处到相应部室的路线。在这个过程中，有一定概率出现 AI 与模型卡住的问题，可以使用引擎中的避让算法 Reciprocal Velocity Obstacles（RVO）和 Detour Crowd 来解决。

其中 RVO 可计算相邻的 Agent 的速度来避免碰撞，该系统会查找相邻的 Agent，并且在一个 time step 中认为 Agent 都是常量速度，从而匹配最佳速度。虚幻引擎实现的 RVO 优化，包括减少帧率的影响、避免常量路径的重新计算以及潜在的碰撞问题。RVO 没有使用 Navigation Mesh 来避让，因此它可以与 Navigation 分开使用，该系统包含在 Character Movement Component 里面。

Detour Crowd Manager 系统处理避让的方式，是通过使用自适应的 ROV 进行采样，进一步计算出粗略的、偏移的并朝 Agent 方向的速度采样，相对于传统 RVO 手动处理避让方式有明显的提升。同时，该系统还采用了可见性和拓扑路径的方式进一步改进避让。另一方面，该系统包含在 Detour Crowd AI Controller 类里面，可以给任意的 Pawn 类使用。

1.4　UKismet Text Library（函数库）开发及应用

在数据处理方面，虚幻引擎不仅允许开发人员使用原生的 C++函数库，同时拥有自带的算法库，从而使开发人员灵活地处理存储的数据，免去了各类算法从无到有实现的过程，提高了程序的鲁棒性，并极大程度上缩短了工作流程。

针对上述函数库的特点，在开发过程中，可利用函数库中的文件操作类函数，将部门和人员信息分类储存在本地，通过虚幻引擎的 Save Game 和 Load Game 函数随时调取和修改存储，从而达到与用户界面进行数据传递的目的。

1.5 UMG 编辑系统开发与应用

在用户界面方面，虚幻引擎 UMG 编辑系统如图 4 所示，使开发人员无须使用第三方 UI 界面编辑软件便能实现用户界面的设计，并使前后端数据联通。

图 4　根据 UMG 模块设计的登录界面

在开发过程中，可以选择蓝图可视化编程和 C++编程两种方式实现后台数据的交互，大大降低了开发用户界面和数据贯通的门槛。因此利用虚幻引擎二次开发查询导航系统极大地降低了软件的开发难度，同时自主研发可针对不同项目的需求设置不同类别的查询导航系统。

2　BIM 技术与查询导航系统结合应用

在开发过程中，模型形状、位置、外观等十分重要，它将影响查询和规划导航路线的精度，因此三维场景模型来源十分重要。为此，开发时不再使用 DCC 软件重新建立模型，而是选择直接将 BIM 参数化模型导入使用，其优势在于能充分体现出常规建模方式所达不到的精度。现如今，随着 BIM 技术在工程项目上的全面覆盖，项目上一般都拥有自身的 BIM 三维模型，利用已有的 BIM 模型能减少项目导航查询系统开发时间，同时提高了 BIM 模型的利用率。

3　成本控制与量产实现

在产品研发成功后，如何实现产品快速、低成本量产是一个难点。因虚幻引擎的底层代码是由 C++编写，由此可利用 C++面向对象编程的性质将经常需要变动的部分单独作为一类对象分离出来，并结合三维模型本就属于引擎静态网格体的特点，使软件系统的整体大框架固定。在后续针对不同项目场景的生产过程中，只需单独替换场景模型和部分位置目标点坐标便可实现快速生产。另外，将位置目标点设置成前端可修改，使不具有编程基础的 BIM 技术人员也能自主替换模型和修改导航目标点，极大地提高了开发生产效率，降低了软件系统维护成本。

4　结语

目前，随着信息技术的不断发展，在各行各业的应用也越来越普遍。工程建设行业作为一个劳动密集型产业，在信息技术发展方面存在一定的滞后性。如何将信息技术与 BIM 技术相结合为建筑工程项目服务已然成为了现阶段许多建筑类公司研究的重点。本文以虚幻引擎为基础并结合 BIM 技术，成功开发了查询导航系统，为 BIM 和信息技术相结合在工程建筑行业发展提供了一个方向，同时证明了 BIM 技术在软件系统开发方面的可能性。

虚幻引擎作为一款强大的游戏引擎，天生具备渲染、用户交互和网络数据传输特性，在智慧城市领域的优秀表现也足以证明它的价值。虚幻引擎为建设行业实现工程运维系统和智慧工地系统等自主开发提供了巨大可能性。

超高位钢-混凝土拱连廊整体同步提升施工技术

向宗幸[1,2]　孙志勇[1]　王俊杰[1]　李　至[1]

1. 湖南省第三工程有限公司　湘潭　411100；2. 中南大学土木工程学院　长沙　410000

摘　要：随着我国建筑业的发展，人们不断将新颖的设计理念和科学技术应用到建筑设计中，从而使其在提高建筑结构功能的同时，也符合现代化建筑中的个性化设计的特点，其中超高层建筑中双子塔+高空钢-混凝土拱连廊结构所组合成的门式建筑在工程实践中受到人们的青睐。因此，超高位钢-混凝土拱连廊整体同步提升技术将在超高层门式建筑中得到大量的应用，以满足人们对新颖的建筑设计的需要。

关键词：超高位；钢-混凝土拱；连廊；同步提升；门式建筑

随着我国建筑业的发展，超高层建筑中双子塔+高空连廊结构所组合成的门式建筑在提高建筑结构功能的同时，也符合建筑个性化设计和智能化建造的要求。超高位钢-混凝土拱连廊整体同步提升技术在超高层门式建筑中得到大量的应用，以满足人们对新颖的建筑设计的需要。

该技术在我公司担任施工总承包的佛山珑门广场四期（南海之门）项目上得以实施。该建筑高度约为 142m，塔楼顶部 40 层、41 层由 45.6m 跨的中空连廊连接。共两层，层高均为 4.5m，连廊宽度共 32.25m。连廊结构为带拉杆的钢-混凝土拱，拱脚支承于两塔楼的框架柱上，拱拉杆采用矩形钢管，且钢管伸至塔楼内一跨。

由于钢-混凝土拱连廊结构跨度大，整体自重 1310t，安装高度超过 100m。如采用传统的搭设支架高空拼接安装施工方法难以保证连廊质量，且传统施工工艺难度大、危险性较大。经多方案比较，决定采用超高位钢-混凝土拱连廊整体同步提升技术。该钢-混凝土拱连廊拼装、提升、安装均取得了很好的施工效果。与传统施工技术相比，进一步确保了连廊的质量和施工安全，降低了施工成本，极大地缩短了施工工期。该施工技术成功完成了佛山珑门广场四期（南海之门）项目的安装，并使项目实现了省级新技术应用示范工地的立项和省级安全文明标准化工地创建，同时本施工技术作为项目施工重点技术进行了推广，申报了多项专利，获得国内多项技能竞赛成果奖项，该课题获得了湖南省建筑业协会国内领先的成果评价，具备一定的先进性。

1　技术特点

（1）利用了 BIM 技术、有限元分析软件，对超高位钢-混凝土拱连廊在各种荷载作用下进行垂直吊装的工况进行分析和提前演示，模拟施工过程中的各种工况下所产生的应力及应变工况，提前制定控制措施预先控制。

（2）钢-混凝土拱连廊主要的拼装、焊接、油漆以及钢拱梁内混凝土浇筑等工作均在地面完成，避免了高空散件拼装，提高了施工安全可靠性。

（3）采用同步控制技术对钢-混凝土拱结构单元进行整体同步提升，将高空作业量降至最少。通过同步控制缆风绳系统，增强了钢-混凝土拱结构整体提升的稳定性和安全性。

（4）该液压提升系统采用钢绞绳作为索具，穿心式千斤顶为提升设备，通过扩展组合提升设备，提高起重能力。提升系统的锚具有反向运动自锁功能，能够长时间可靠地锁定在提升过程中的任何位置。提升过程中加速度极小，对提升单元、牛腿及支座产生的附加动荷载很小。

（5）采用电脑控制，设备自动化程度高，操作方便灵活。现场无须搭架作业，大部分高空作业转换成地面作业，然后，钢-混凝土拱结构整体同步提升，大大节约了劳动力、降低了现场劳动强度。

2 适用范围

适用于在两支座间提升大吨位单元，特别适用于门式建筑中的两塔楼之门的大跨度钢-混凝土拱结构连廊整体吊装施工。

3 工艺原理

在空中钢-混凝土拱连廊正下方的地面上搭设拼装平台，将钢构件预先在搭设好的拼装平台上拼装为整体提升单元。拼装钢平台的支撑钢柱设置在地下一层工程柱对应的位置，平台钢柱底板同工程柱截面。同时利用两座塔楼的顶部 39～41 层两侧预埋钢骨柱作为支座，设置上提升吊点（即提升平台），在对应位置的提升单元的下弦杆设下吊点，并采用加固杆件对下弦杆吊点和钢-混凝土拱梁进行加固，使提升单元在提升过程中，由提升支座、牛腿和钢-混凝土拱梁承受主要荷载。然后，在提升牛腿上安装穿心式液压提升器，由计算机同步系统控制提升器将整个提升单元提升到设计标高。再进行对口处的杆件焊接及嵌补段的安装和混凝土浇筑，最后拆除临时加固杆件并卸载液压同步提升系统，完成钢-混凝土拱连廊超高位整体同步的提升安装工作。

4 施工工艺流程及操作要点

4.1 工艺流程

施工准备→工况分析→钢结构运输与拼装（含拱内混凝土浇筑）→吊点提升设备安装→同步提升→高空焊接→结构卸载→验收。

4.2 操作要点

4.2.1 施工准备

（1）提升方案设计。施工前先编制好详细的钢-混凝土拱连廊吊装施工方案，经专家论证通过后，报监理工程师和甲方审批。

（2）吊点深化设计。根据钢-混凝土拱连廊对塔楼的受力分析和施工过程中产生的荷载，与设计院共同对吊点位置的牛腿进行深化设计，以保证施工安全和便于施工。

（3）施工场地准备。两塔楼主体结构体系已施工至屋面，并且高空钢-混凝土拱连廊的吊点牛腿已经随主体混凝土结构施工完毕。同时将塔楼主体混凝土养护到一定强度，形成提升吊点周边稳定的结构体系。

（4）地面拼装平台准备。按设计院校核的拼装平台搭设方案，使钢-混凝土拱连廊基本在一个平面内拼装，便于连廊起拱值的控制。

测量放样。复测塔楼的轴线和标高，在吊点牛腿上放样出吊点位置。

4.2.2 工况分析

（1）钢-混凝土拱结构建模。建立超高位钢-混凝土拱连廊整体同步提升工况分析模型

(图 1)，并进行相关计算。

图 1　南海之门项目空中连廊整体轴测图

（2）钢-混凝土拱连廊同步提升工况分析。采用 BIM 建模技术、有限元分析软件和结构计算软件 Mindas 分析和计算钢-混凝土拱连廊结构在吊装过程中各工况的受力情况，包括计算被提升结构及支承结构的应力、变形等受力状况。根据软件计算结果可知，钢混凝土拱连廊结构在提升施工过程中，最大应力比为 0.33，满足规范要求。结构最大变形为 11mm，(图 2) 其提升点间距约为 41360mm，变形为跨度的 1/3760，满足规范 1/400 的要求。连廊结构跨中最大下挠约 10.5mm<46800/400=117mm，杆件最大应力比约 0.45<0.9，（图 3）可以满足要求。

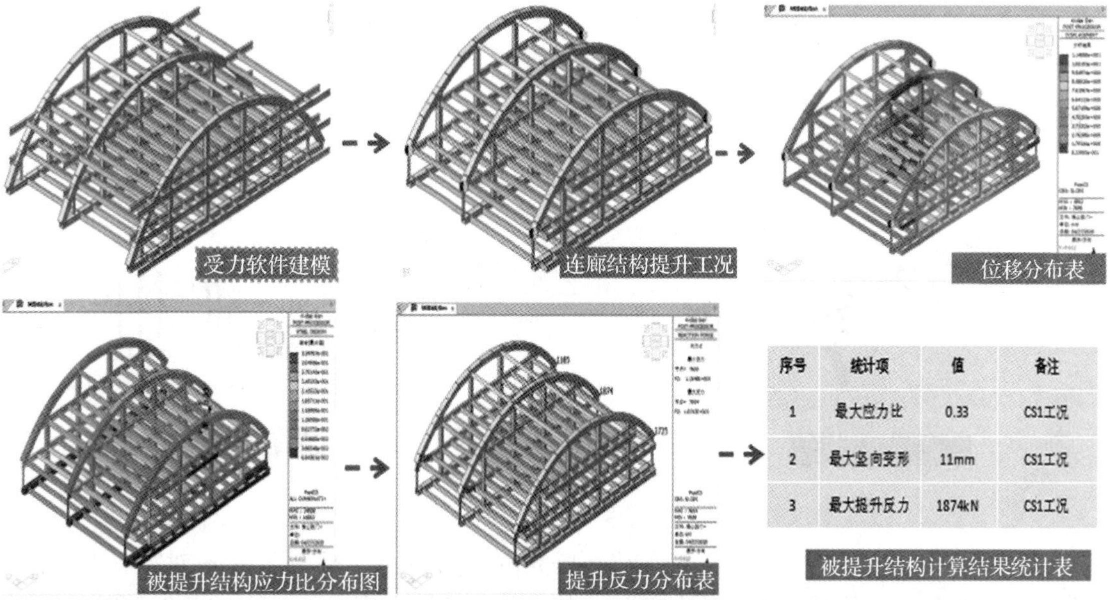

图 2　钢-混凝土拱连廊平台提升过程中受力分析计算

（3）拼装平台工况分析。对钢-混凝土拱连廊拼装精度进行控制，搭设拼装平台，全程测量监控拼装精度与变形；合理确定焊接工艺，消减焊接应力，预控焊接变形。

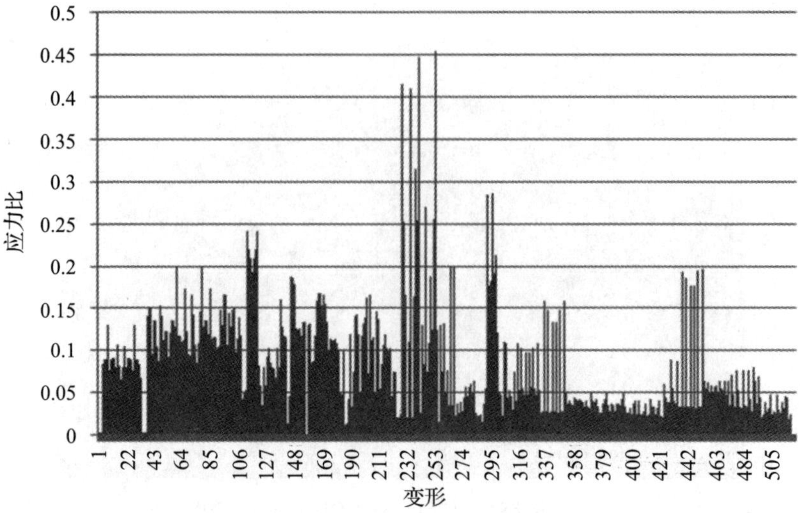

图 3　杆件应力比统计图

（4）提升支架工况分析。提升支架竖向荷载为吊点的提升荷载，水平荷载取风荷载和吊点竖向荷载的 5%两者之间的较大值，计算变形时分项系数取 1.0；计算强度时，分项系数取 1.5。*X* 向和 *Y* 向基本上没有位移，*Z* 向最大位移约 4.2mm，杆件最大应力比 0.48<0.9（图 4），满足施工要求。

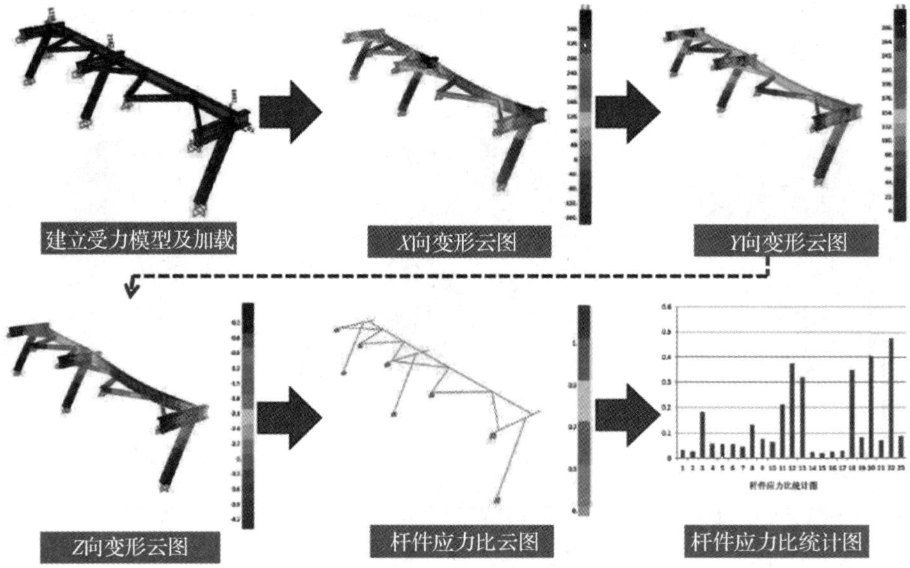

图 4　提升支架荷载计算

（5）下吊点工况分析。下吊点最大荷载标准值为 2917kN，采用 ANSYS 对节点进行有限元分析，荷载分项系数为 1.5。不计应力集中，下吊点最大应力约 238MPa<295MPa，最大变形约 1.3mm（图 5），满足施工要求。

（6）提升吊点相关验算。经对钢-混凝土拱连廊提升过程中的受力工况分析，设置 6 个提升吊点，吊点采用同一规格的提升油缸。每个吊点采用 2 台 XY-TS-195 型提升器。单台额定提升能力 1950kN，每台额定配置 12 根钢绞线，钢绞线规格ϕ 17.8mm，钢绞线强度等级为

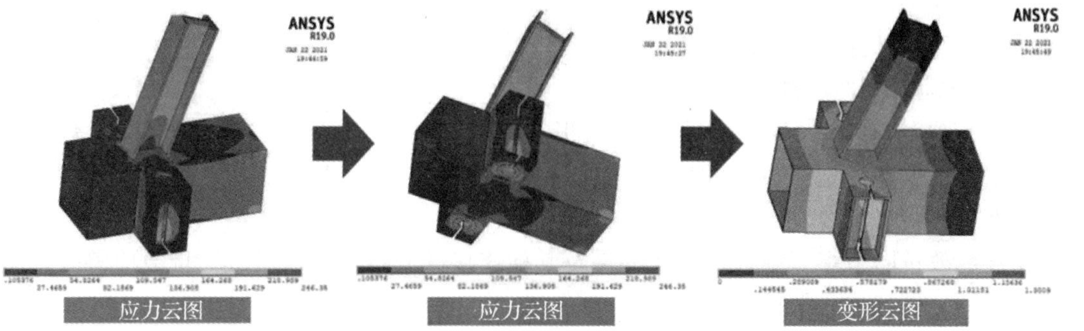

图5　下吊点有限元分析

1860MPa，单根钢绞线破断拉力为355kN。

采用有限元分析软件进行钢-混凝土拱连廊提升验算，荷载为结构自重，荷载分项系数取1.5，杆件应力比限值为0.9，下挠控制不超过跨度的1/400，满足设计和规范要求。各吊点反力如图6所示。

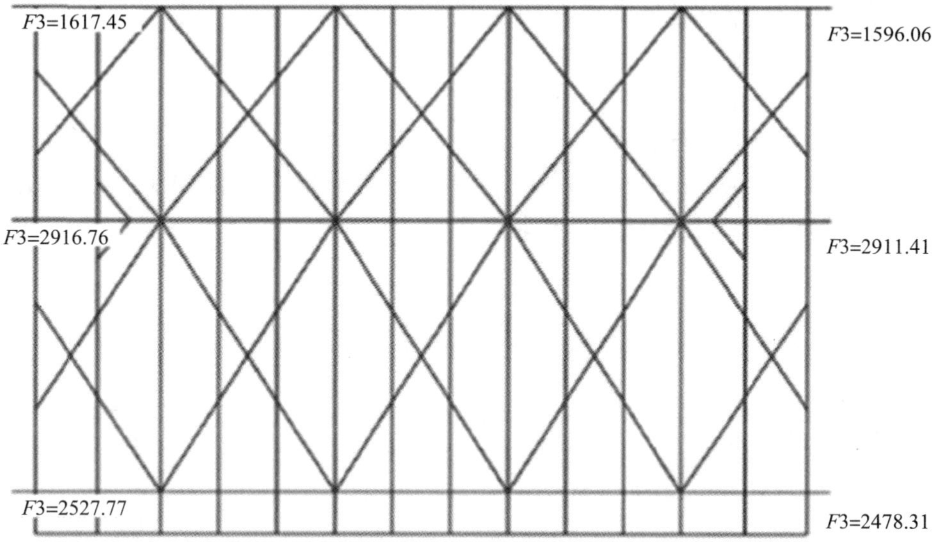

图6　吊点反力图

各提升吊点提升器配置及安全系数计算见表1。

表1　提升吊点反力及提升器配置

吊点编号	吊点反力值（kN）	提升器配置	钢绞线配置	提升器安全系数	钢绞线安全系数
1	1617.45	2×XY-TS-195型	14	1.69	3.07
2	2916.76	2×XY-TS-195型	26	1.74	3.16
3	2527.77	2×XY-TS-195型	22	1.70	3.09
4	1596.06	2×XY-TS-195型	14	1.71	3.11
5	2911.41	2×XY-TS-195型	26	1.74	3.17
6	2478.31	2×XY-TS-195型	22	1.73	3.15

根据《重型结构和设备整体提升技术规范》(GB 51162—2016) 第 7.1.2 条，液压提升系统的提升能力设计满足规范要求。

4.2.3　钢结构运输与拼装

（1）钢结构运输。钢结构构件采用平板车运输至现场，装车前仔细核对构件数量及编号。根据施工进度计划和现场拼装顺序组织构件进场，现场人员仔细核对和检验，并妥善组织构件堆放，防止事故发生。

构件堆放按照节点、主杆件、次杆件及其他连接件分四类进行堆放，堆放应整齐，防止变形和损坏，做好成品保护。

（2）钢结构拼装（包括拱内混凝土浇筑）。

①39～41 层支座钢骨柱分段拼装。考虑到塔式起重机起重能力问题，将钢骨柱分成 8 段进行吊装，并且分别在安装完成第三段后进行一次钢管内混凝土浇筑，安装完成第四段将钢管内混凝土进行二次浇筑，安装完成第八段进行第三次浇筑。待钢骨柱内混凝土达到强度后，方可进行钢-混凝土拱连廊的提升。

②钢-混凝土拱连廊地面拼装。利用已经施工完成的钢拼装平台，在其上拼接钢-混凝土拱连廊，采用一台汽车吊进行拼装，按以下顺序进行：

拼装下弦杆→底层钢梁→斜向腹杆→吊柱→竖向腹杆→上弦杆→中间层钢梁及水平支撑→上层钢梁及水平支撑→加固杆件→方形钢拱梁。

拼装时应按设计要求进行起拱。

先拼接钢-混凝土拱连廊底层 GL1 和 GL2 钢梁，然后依次拼装 GL3、GL4、GL6、GL5、XG1、XG2，完成底层所有提升结构的拼装（图 7）。

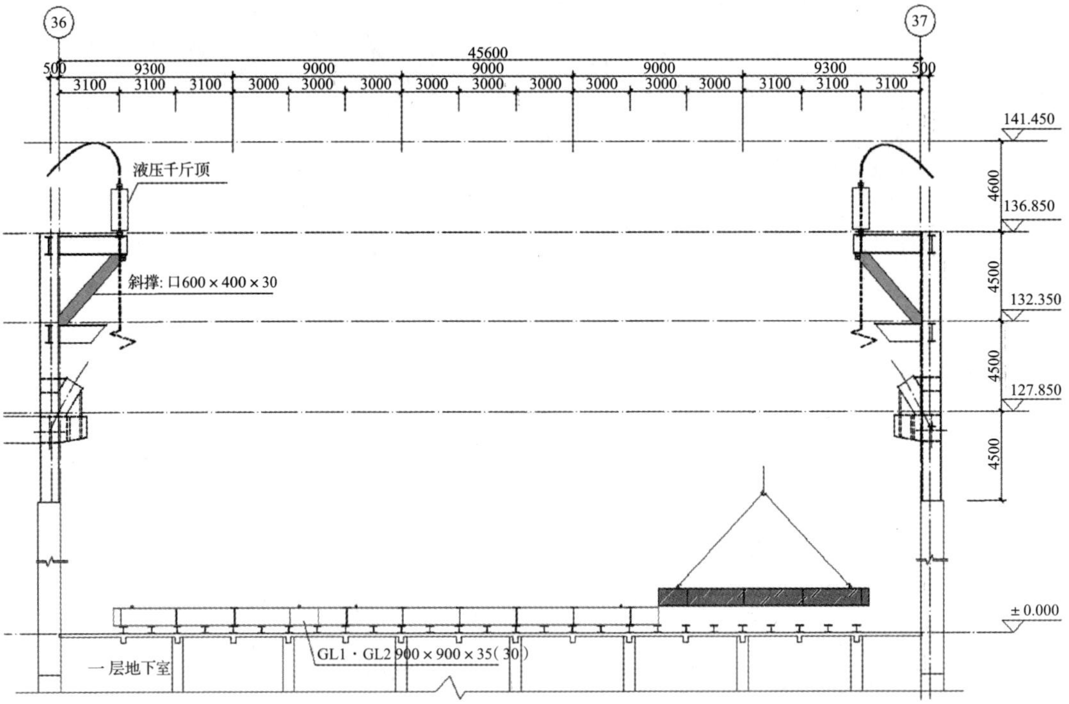

图 7　空中连廊地面拼装

安装吊柱及上层钢梁，然后依次完成拱结构下方各层提升杆件拼装。

依次完成各位置钢-混凝土拱圆弧拱段的拼装（图 8），及时安装支撑杆件，并保证各部分杆件间侧向稳定性。钢结构拼装及检测完成后，在地面完成连廊（部分）防火涂料及防腐面层施工。

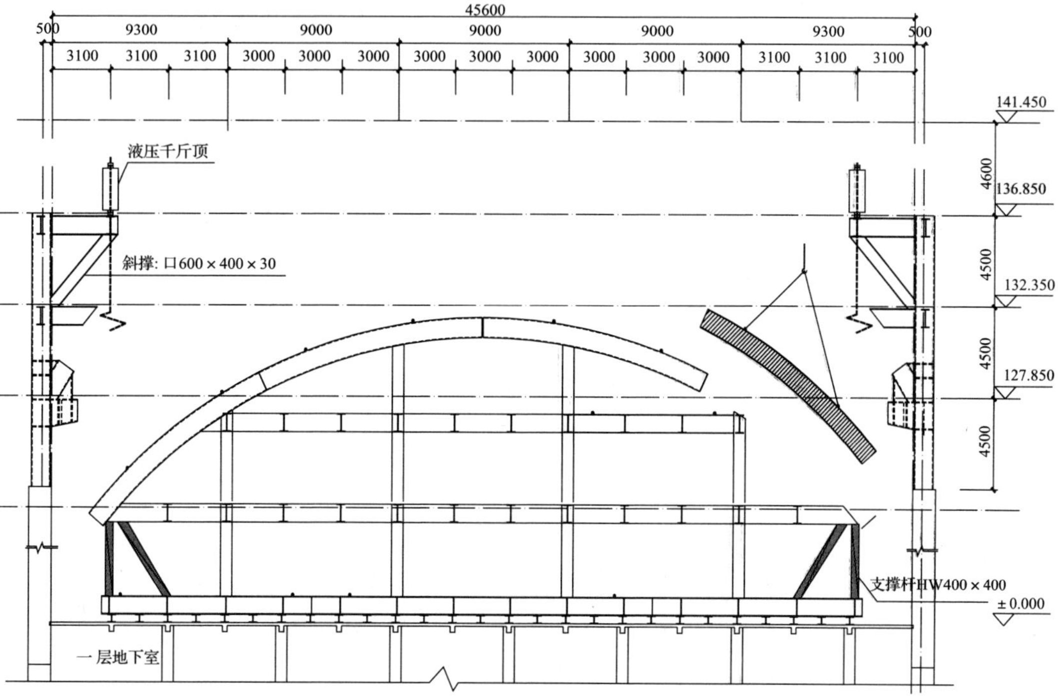

图 8　钢管拱地面拼装

钢-混凝土拱连廊在提升就位前，在地面穿插进行钢-混凝土拱圆弧段拱内 C40 混凝土浇筑，并保证各部分杆件间侧向稳定性。圆弧段上顶壁板间隔 3000mm 设置 250mm×250mm 的浇筑孔，便于后续混凝土的浇筑。采用对称分段自落法进行钢-混凝土拱梁段内的混凝土浇筑，在混凝土初凝前将预留的浇筑孔补焊完毕。

4.2.4　吊点提升设备安装

钢-混凝土拱连廊在首层楼面平台上拼装成整体后，在主结构屋面顶层利用主楼结构的外框柱及钢梁牛腿设置提升平台。在每个吊点位置对称安装两套液压同步主提升器，共安装 12 套主提升器，另设 4 套副提升器用来提升缆风绳系统。

采用槽钢在两塔楼主体结构上设同步提升控制缆风绳导向架（图 9、图 10），钢-混凝土拱连廊提升过程中，用钢丝绳将钢连廊四角与导向架中的滑轮连接，组成同步提升控制缆风绳系统。钢-混凝土拱连廊提升过程中在风荷载作用下不至于产生较大的偏位，钢-混凝土拱连廊提升晃动不大于±300mm，安全距离不应小于 200mm。

4.2.5　同步提升

（1）结构预提升。钢-混凝土拱梁内混凝土养护龄期和强度达到设计要求后，着手钢-混凝土拱结构提升，整个提升过程分为预提升和正式提升两个阶段。

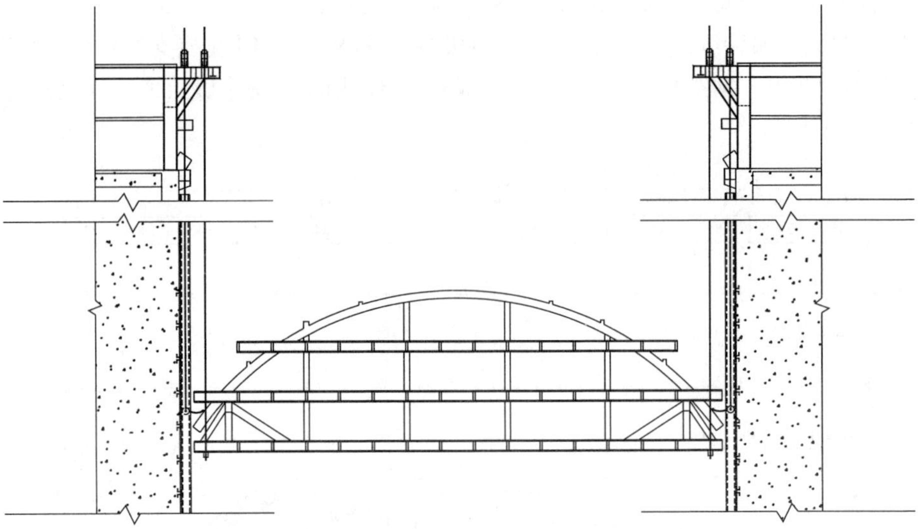

图 9　同步提升控制缆风绳系统立面图

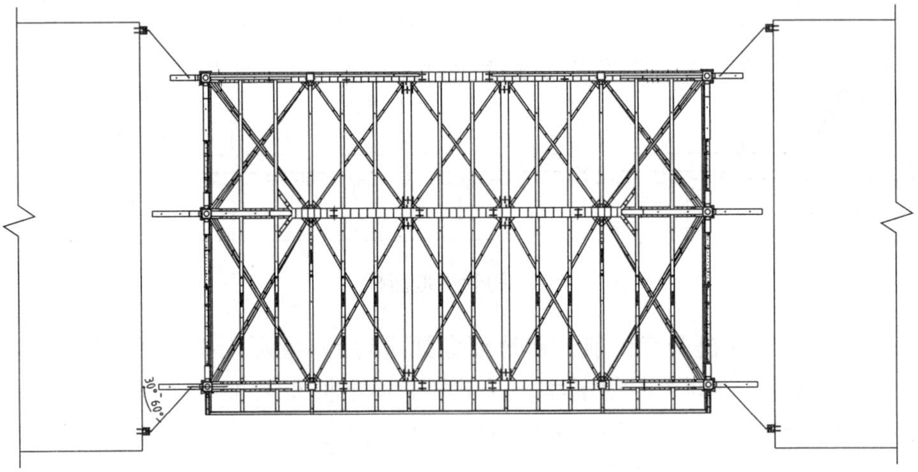

图 10　同步提升控制缆风绳系统平面图

（2）预提升阶段。首先检查和调试同步控制系统和提升系统，再以有限元法计算吊点反力为理论依据，缓慢分级加载，最初加压为所需压力的 20%、40%、60%、70%、80%、90%、95%，每加载一级，均应暂停并检查塔楼、提升牛腿、吊点结构以及提升单元的变形情况，复核塔楼主体结构的应力应变及稳定性等情况，符合设计要求和变形稳定后，方可进行下一步加载。当它达到 100%、提升单元离开拼装平台约 200mm 后，提升暂停，悬停 4~12h。此时，塔楼、提升牛腿、吊点结构以及提升单元的变形达到最大值，全面检查各设备运行、监测结果和承重系统的应力和变形状况。

（3）正式提升。各项监测数据稳定，符合设计要求，并满足悬停间歇时间后，方可进行正式提升。正式提升时，首先单缸操作，调平提升单元。然后进行同步加载，使提升单元同步上升。在提升过程中，地面测量人员利用全站仪测量提升前在桁架下弦设定的 6 个观测点的离地高度，差值控制在 10mm 以内。提升过程的监测措施、应急预案详见质量措施、安全措施章节。

4.2.6　高空焊接连接

（1）结构对接。当吊装单元吊装到距设计标高约200mm处时，吊装应暂停。通过计算机系统的“微调和点动”功能，使各升降点达到设计位置，满足对接要求。

（2）结构体系转换。结构对接到位后，提升嵌补段，先将嵌补段与锚固支座焊接，再分别在嵌补段和钢–混凝土拱端部焊“7”字形钢板，采用千斤顶进行南北向微调，再将嵌补段与钢拱端部焊接。采用同样的方法对接钢–混凝土连廊的水平桁架结构构件，使钢–混凝土连廊与塔楼的钢结构连成整体。

（3）嵌补段钢结构焊接完成，焊缝经检测合格后，再浇筑嵌补段钢拱内的混凝土，使提升单元上的钢拱梁与支座连成整体。

4.2.7　卸载

（1）在钢拱梁嵌补段焊接完成，经焊缝检查合格后，空中钢–混凝土拱连廊与结构柱形成拱形连接，可部分地卸载提升器的荷载，按设计要求卸载40%，使钢–混凝土拱梁初步受力，并使塔楼顶部位移在钢–混凝土拱梁的推力下得到一定的恢复。

（2）当钢–混凝土拱梁内混凝土浇筑完毕并养护达28d，混凝土强度达到设计要求，连廊与塔楼连成整体后，卸荷至100%。确保完成设计所有对接后才能将液压提升器卸载及拆除。

（3）在提升器卸载时，应分级进行，20%为一级，每级卸载完成后应对构件和承重系统的应力和应变进行监测。

（4）结构体系转换。当升缸压力降为0时，达到设计状态，钢–混凝土拱连廊自重全部转移至主体结构上，实现了结构体系转换，钢–混凝土拱结构提升作业完成，如图11所示。

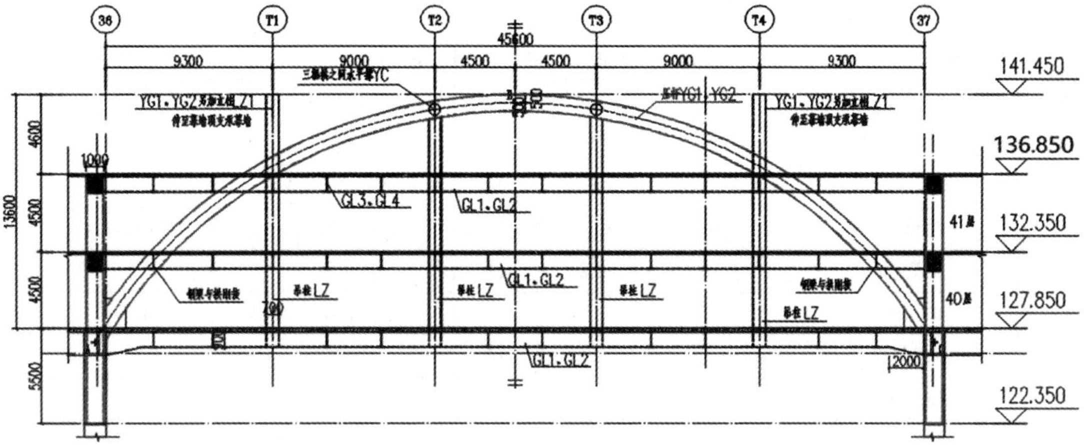

图11　空中连廊与塔楼焊接成整体

4.2.8　应力应变检测

在两座塔楼、提升支架和钢–混凝土拱连廊上共安装了63个应力–应变片，采用太阳能供电，无线传输，及时采集和传输钢–混凝土拱提升过程中的应力和变形数据，为提升控制提供数据支撑。

4.2.9　安装完成及验收

（1）钢结构防锈油漆的补涂装。

（2）焊缝的外观检查。钢-混凝土拱连廊母材采用 Q345B 低合金结构钢，其在焊缝冷却到环境温度、完成焊接 24h 后进行 100%的探伤检查，同时进行外观检查。

（3）超声波检测，焊缝质量不低于 B 级的一级。

（4）混凝土强度达到龄期和设计强度，结构体系转换后，按验收程序对连廊安装进行分部工程验收。

5　材料与设备

5.1　主要材料技术指标

主要材料技术指标见表 2。

表 2　主要材料技术指标

序号	主要材料名称	规格	主要技术指标	备注
1	钢绞线	ϕ17.8mm	符合技术指标	若干
2	槽钢	14 号	符合有关要求	1000m
3	滑轮	ϕ80	符合有关要求	若干
4	绳卡	—	符合有关要求	若干
5	钢板	5~20mm	Q235	若干
6	焊条	E5515/E5516	焊接 Q345/Q390 钢板	—
7	电缆	BVV-ZR-105	—	若干

5.2　主要机具设备

主要机具设备、测量仪器型号见表 3。

表 3　主要机具设备、测量仪器型号

序号	主要机具设备名称	型号	数量	序号	主要机具设备名称	型号	数量
1	穿心式千斤顶	XY-TS-195 型	12 台	8	油泵	ZB1.5×2/630 型	2 台
2	二氧化碳保护焊机	OTC-600	15 台	9	自动综合测试系统	XHY-MCUXX	1 套
3	气割设备	CG1-30B 型	10 台	10	表面应变计	XHX-215 型弦式	若干
4	测温仪	ST30	2 部	11	汽车吊	50t	1 台
5	超声波探伤仪器	—	2 台	12	汽车吊	25t	1 台
6	焊缝量规	—	2 把	13	分配电箱	—	2 个
7	温度湿度仪	—	1 台	14	风速仪	—	1 台

6　质量措施

6.1　该技术的检验标准和验收规范

《钢结构工程施工质量验收标准》(GB 50205—2020)；

《钢结构设计标准》(GB 50017—2017)；

《建筑钢结构防火技术规范》(GB 51249—2017)；

《建筑结构检测技术标准》(GB/T 50344—2019)；

《建筑施工起重吊装工程安全技术规范》(JGJ 276—2012)；

《高层民用建筑钢结构技术规程》(JGJ 99—2015);

《钢结构焊接规范》(GB 50661—2011)。

6.2 质量控制措施

(1) 凡涉及安全、功能的原材料及成品等应按标准规定进行抽样复验。钢构件堆放的层次、顺序及规则应符合相关钢结构材料进场管理规定。

(2) 钢结构质量控制的重点在钢结构工厂,质量验收主要是焊缝质量、构件外观尺寸等。运往现场的构件,经检查,缺陷超出允许偏差范围的构件,应运回工厂进行修补,满足要求后方可验收。

(3) 拼装质量控制。按优化的设计图纸现场焊接拼装平台,并按 3‰进行起拱。钢结构拼装时预先计算各类变形量,采用全站仪对各个节点的坐标进行精确定位。

(4) 钢-混凝土拱梁混凝土质量控制,应采用微膨胀自密实高流动性混凝土进行浇筑,保证混凝土在方形钢拱内的密实度和在无水养护环境下强度正常增长。

(5) 钢-混凝土拱结构提升单元在提升过程中每提升一段距离 (约 5m),对每个吊点进行高度测量、高差比对、调整,做到同步提升。

(6) 其他质量控制措施与钢结构网架整体同步提升相似。

7 安全措施

7.1 工程应按下列标准进行检验和验收

《重型结构和设备整体提升技术规范》(GB 51162—2016);

《建筑施工高处作业安全技术规范》(JGJ 80—2016);

《施工现场临时用电安全技术规范》(JGJ 46—2005);

《建筑施工安全检查标准》(JGJ 59—2011);

《建筑变形测量规范》(JGJ 8—2016)。

7.2 安全控制措施

(1) 提升支架验算。采用结构计算软件 Mindas 对提升支架、空中连廊应力与变形、提升点进行强度、刚度与稳定性验算,并与手算相结合,确保验算结果的准确性。

(2) 提升速度控制。在正式提升阶段,提升速度控制在 6m/h,当提升到距离设计标高 1000mm 左右时适当降低速度,以确保提升单元与牛腿支座能顺利对口。

(3) 提升过程的微调。根据需要,对各个吊点的液压提升器进行同步微动 (上升或下降),或者对单台液压提升器进行微动调整。微动精度可以达到毫米级,满足结构安装的精度需要。

(4) 采用槽钢在塔楼上设同步提升控制缆风绳系统,由 4 套副提升器同步向上提升。钢-混凝土拱连廊提升过程中,用钢丝绳将钢-混凝土拱连廊四角与导向架中的滑轮连接,以导向架控制钢-混凝土拱连廊在提升过程中的姿态,在风荷载作用下不至于产生较大的偏位。

(5) 其他安全措施与钢结构网架整体同步提升相似。

8 环保措施

8.1 噪声排放

合理安排、控制作业时间,选择新的汽车吊设备,加强对设备的维护,降低现场噪声排放量。

8.2　现场扬尘

进行焊接施工前，制作铁簸箕接收电焊施工中焊屑。

8.3　光污染

控制作业时间，尽量避免夜间施工，如果必须在室外进行夜间焊接，则加设挡板遮挡强光。

8.4　固体废弃物

混凝土浇筑点要随时将溢出的混凝土进行清理，以免到处遗留，造成污染。

8.5　节能降耗

杜绝常明灯和机械空转等现象，施工生产、生活用水做到最大限度节约。

9　效益分析

9.1　工期效益

本技术在佛山珑门广场四期（南海之门）项目上得到应用，该项目采用超高位钢-混凝土拱连廊整体同步提升施工技术。钢-混凝土拱连廊现场安装工期为：搭工作平台 7d，地面拼装钢结构连廊 28d，整体同步吊装 4d，与塔楼焊接成整体 5d，钢-混凝土拱连廊现场安装的总工期为 44d。如果采用搭设支架法进行高空安装的工期为：搭设工作平台（120m 高支架）40d，高空安装钢连廊 40d，总工期为 80d。因此采用高位钢-混凝土拱连廊整体同步提升施工工法节约工期 36d。

9.2　经济效益

在施工中采用超高位钢-混凝土拱连廊整体同步提升技术与采用搭设支架法进行高空安装技术的经济效益对比分析见表 4。

表 4　经济效益对比分析

施工工艺	工程量（钢结构建筑面积）	人工费	材料费	机械费	合计	安装费用
高位钢-混凝土拱连廊整体同步提升施工	3055.5m^2	300 元/工日×30 工日/天×77 天＝693000 元	335000 元	3000 元/d×77 天＝231000 元	1259000 元	412.04 元/m^2
搭设支架法进行高空安装施工	3055.5m^2	300 元/工日×30 工日/天×180 天＝1620000 元	1700000 元	5000 元/d×180 天＝900000 元	4220000 元	1381.12 元/m^2

经对比，采用超高位钢-混凝土拱连廊整体同步提升施工技术比采用搭设支架法进行高空安装施工技术节约成本 969.08 元/m^2。

9.3　社会效益

珑门广场四期 14 座建筑面积约为 114629.35m^2，该建筑是一座门式建筑，是当地的地标建筑。塔楼顶部的空中连廊为钢-混凝土拱结构，跨度 45.6m，结构自重达 1310t，安装高度为 142m，采用了超高位钢-混凝土拱连廊整体同步提升施工技术进行安装。

该空中连廊于 2022 年 7 月 11 日进行预提升，7 月 12 日至 14 日正式进行整体提升，在参建各方全力的协作配合下，经过 3d 的努力，顺利实现整体吊装，得到建设主管部门和参建各方的一致好评，也受到广大市民的打卡关注，同时也受到新闻媒体的报道，取得了很好的社会效益。

10　结语

采用垂直提升设备、液压同步控制系统和同步提升控制缆风绳系统的组合，实现对超高位钢-混凝土拱连廊整体同步提升安装工作，有效地实现了机械化和自动化施工作业，节约了劳动力和施工周转材料，降低了劳动强度，充分体现了绿色发展的理念，具有很好的社会效应。在大跨度超重超高位钢-混凝土拱结构空中安装中，该技术的应用能有效地节约成本。

参考文献

[1]　黎冠明．大跨度重型螺栓球钢屋盖网架吊装施工技术［J］．施工技术，2016，45（S2）．

[2]　向宗幸．王俊杰，肖伟龙．BIM 技术助力大跨度钢结构连廊整体吊装施工［J］．施工技术，中国土木工程学会总工程师工作委员会 2021 年度学术年会暨首届总工论坛会议论文集，2021，50：131-134.

[3]　赖仲栋，张选坤，张江雄．大跨度连廊一体化提升与多专业同步施工技术研究［J］．工程技术研究，2022，7（03）：13-16.

[4]　张祥宗．超大型构件液压同步提升钢屋盖施工技术实践［J］．中华建设，2012（11）：256-257.

浅圆仓滑模施工混凝土裂缝控制技术

姚志林　姚寇冬　朱宇翔

湖南省第三工程有限公司　湘潭　411100

摘　要：随着国家粮食储备的大力发展，浅圆仓作为一种新仓型正大力推广。作为粮食储备的新仓型，气密性作为浅圆仓检测的重要指标显得尤为重要。在采用滑模施工过程中，混凝土裂缝控制成为首要任务。我公司研究了滑模施工混凝土裂缝控制技术，本文对滑模施工过程中混凝土裂缝产生原因进行分析，结合滑模施工特点，对模板支撑杆施工、混凝土施工、滑膜滑升过程中的控制及后期混凝土的养护，逐个提出控制措施。结果表明，检测后的气密性得到了改善，提高了浅圆仓的使用价值。

关键词：滑模；混凝土；裂缝控制

浅圆仓是近年大力发展的一种新仓型。它具有储存量大、造价低、施工期短、进出粮易于实施机械化操作等特点。浅圆仓多为薄壁圆筒状结构，且对气密性要求较高。目前在浅圆仓施工中，大多采用滑模进行施工。滑模施工是在动态下连续成型的施工工艺，又是一种技术含量高、施工管理水平较高的施工方法。因此，为保证浅圆仓结构的施工质量和工艺要求，浅圆仓滑模施工时混凝土的裂缝控制将是施工控制的重点。下面以某粮库为例，浅谈浅圆仓滑模施工过程中混凝土裂缝控制技术。

1　滑模施工裂缝的原因分析

某粮库工程共有 8 座浅圆仓，直径 25m，仓壁 280mm，檐沟顶标高为 22.5m，筒壁采用滑模施工。设计要求浅圆仓的整个仓体必须达到空仓 1000Pa 降至 500Pa 的压力半衰期不少于 60s；500Pa 降至 250Pa 的压力半衰期大于 300s；实仓 500Pa 降至 250Pa 的压力半衰期大于 240s，且三者必须同时满足。因此对混凝土裂缝控制提出了较高的要求。

通过现场施工发现，在滑模施工过程中混凝土产生裂缝。原因分析如下：材料方面，导致裂缝出现的最主要原因在于混凝土配合比设置不佳，使得混凝土的强度增长速度与滑模的滑升速度不一致，从而产生裂缝。此外，使用了含泥量较大的细砂混凝土，导致混凝土产生裂缝；施工方面，浇筑混凝土过程中振捣不到位；浇捣之后，混凝土的养护措施不够；滑模混凝土的每次浇筑厚度控制不严；施工部署不妥，未能按计划对滑模进行提升；滑模提升过程中，模板滑动导致混凝土产生裂缝。

2　滑模施工裂缝产生的原因

2.1　混凝土的配合比

混凝土主要由水、砂、石、水泥以及外加剂组成，施工前若未对原材料进行试验，导致配合比设计不合理，引起混凝土的强度增长速度与滑模的提升速度不一致，导致混凝土产生裂缝。本项目施工时间是 9 月份左右，温度较高，在混凝土原材料相对固定的情况下，外加剂掺入的比例以及种类，对混凝土的质量产生较大影响，也会导致混凝土裂缝。

2.2　浇筑施工问题

在混凝土的浇筑过程中，未按规范要求采用交圈均匀浇筑制度，导致滑模装置结构系统变形或位移，从而导致下层混凝土产生裂缝；未按设计要求控制浇筑厚度，导致浇筑厚度过厚，单层施工时间较长，延长了混凝土在模板内的静停时间，导致模板与混凝土之间摩阻力增大，模板提升时造成混凝土表面粗糙、出现裂缝等质量缺陷。

2.3　模板及支撑杆问题

滑模采用的模板为定型钢模，周转率较高，在使用时难免出现不平整、表面粗糙等情况；在安装模板时若没有严格按要求施工，都会导致裂缝的产生。例如，模板表面粗糙，杂物较多，在安装时未设置倾斜度，模板出现上口下口一样大，或者上口比下口大等均会导致混凝土产生裂缝。

支撑杆是滑模施工中千斤顶运动的轨道，又是滑模系统的承重支撑杆，本项目采用 ϕ48mm×3.5mm 钢管支撑杆。如施工中支撑杆连接处不平整或支撑杆局部失稳，都会影响混凝土外观质量。

2.4　滑模滑升问题

滑模施工是一种现浇混凝土的快速施工方法，其工艺特点决定了要保证工程质量必须满足施工作业的连续性。然而在滑模施工中，初滑时未能根据气温条件、结构条件、原材料条件、施工装备以及人员条件得出合理的出模强度，直接影响后续滑模施工质量；同时正常滑升过程中未能严格做到规定的两次提升间隔时间都会导致裂缝的产生。在滑升过程中对结构的垂直度、扭转等观测不及时，突然纠偏均会导致混凝土质量受损。

2.5　养护不当问题

滑模施工中混凝土脱模后过早使其暴露在大气环境中，若养护不当，将对混凝土的强度增长不利，同时也会导致混凝土的温度收缩，在这种应力下混凝土也会产生不规则裂纹。

3　滑模施工中裂缝控制措施

3.1　材料控制措施

3.1.1　混凝土原材料控制

（1）水泥宜采用硅酸盐水泥或普通硅酸盐水泥，并应对水泥的强度、安定性和凝结时间进行检验。

（2）采用河砂，严格控制砂的含泥量，确保含泥量不大于1.5%，本工程使用Ⅱ区中砂。

（3）石子采用含泥量不大于0.5%的青碎石，粒径控制在5~31.5mm。

（4）外加剂的品种以及掺量应通过试验来确定。

3.1.2　混凝土配合比控制

滑模施工中，混凝土的出模强度应控制在0.2~0.4MPa或贯入阻力值在0.30~1.5kN/cm^2；滑模施工中混凝土的早期强度增长速度，必须满足模板滑升速度的要求。该种情况下，应根据当时的气温条件以及使用的原材料对混凝土进行试配，通过试验得出混凝土早期强度的增长规律。在正式施工时，根据实际情况选择合适的配合比进行施工，确保配合比满足施工要求。

3.2 滑模施工要点控制措施

3.2.1 模板及支撑杆施工

（1）模板使用前应铲除模板内杂物，对模板进行除锈、打磨，确保手感光滑、无波浪。安装模板前及时涂刷脱模剂。

（2）模板的安装应当符合规定。安装好的模板应上口小、下口大，单面倾斜度宜为模板高度的0.1%~0.3%；模板上口以下2/3高度处的净间距应与结构设计截面等宽。

（3）支撑杆承担整个滑模以及施工平台的荷载，在安装以及施工时，需严格控制支撑杆本身的平直度和支撑杆接头处的弯折度，这将对控制滑模的平直度以及扭转产生重大影响，避免经常调整，从而降低滑模混凝土产生裂缝的机会。

3.2.2 混凝土施工

（1）混凝土浇筑必须采取均匀浇筑制度，每一浇灌层的混凝土表面应在一个水平面，并应有计划、均匀地变换浇灌方向。保证混凝土的出模强度大致相同，从而使提升时支撑杆的受力较为均衡，降低滑模装置结构系统的变形与位移，从而降低裂缝产生的机会。

（2）混凝土浇筑时，严格控制混凝土的浇筑厚度，将浇灌层厚度控制在200mm及以下，实行“薄层浇筑、微量提升、减少停歇”的制度。

（3）为使浇筑时新浇筑的混凝土与下层混凝土之间良好结合，避免产生冷缝，上层混凝土覆盖下层混凝土的时间间隔不得大于混凝土的凝结时间（相当于混凝土贯入阻力值为0.35kN/cm^{2}时的时间），因此在施工过程中应防止无计划地随意停歇。

3.2.3 模板滑升施工

滑升过程是滑模施工中最为关键的一道工序，其他各工序作业均应按计划在限定时间内完成，不得以停滑或减缓滑升速度来迁就其他作业。

（1）初滑

初滑时，应将混凝土分层交圈浇筑至模板高度的1/2~2/3处，待第一层混凝土强度达到0.2~0.4MPa或混凝土贯入度阻力值达到0.30~1.05kN/cm^{2}时，进行1~2个千斤顶行程的提升，并对滑模装置和混凝土凝结状态进行全面检查，确定正常后，即可转为正常滑升。初滑阶段应根据混凝土出模强度、气温条件、混凝土强度等级及模板表面状况等确定初次提升速度。

（2）正常滑升

滑模施工中切忌“停停打打”“拉拉扯扯”，不按计划对模板进行提升。滑模施工中应严格做到正常滑升所规定的两次提升间隔时间，两次提升的间隔时间不宜超过0.5h。当气温较高时，为防止混凝土硬化较快、提升时阻力较大导致混凝土有被拉裂的风险，可在两次提升间隔时间内增加1/2次中间提升。

混凝土出模强度应控制在0.2~0.4MPa或混凝土贯入度阻力值达到0.30~1.05kN/cm^2。滑升过程中，及时清理粘在模板上的砂浆，及时对模板涂刷隔离剂，不得将已硬结的灰浆混进现浇的混凝土中。对出模混凝土及时利用吊架进行原浆收光，若出现少量蜂窝、裂缝等，将松动混凝土剔除，用高强度等级的砂浆补齐。

（3）末端滑升

当模板滑升到距顶1m左右时，即应放慢滑升速度，并进行准确的抄平和找正工作。整个模板的抄平、纠正，应在滑升到距顶标高最后一皮以前做好，以便顶部均匀地交圈，保证顶部标高及位置的正确。

混凝土全部浇筑结束后，应及时卸去平台上所能卸去的荷载，并按正常滑升时间继续提升模板。支撑杆之间以钢管连接加固。

3.2.4　混凝土养护

仓壁内外均随滑升随抹光，原则上为表面原状打磨出浆后压光，如局部需修补，应从滑模混凝土中筛出原浆以保证修补处色泽与其他部位一致。

在吊架上安装多个喷头（图1），仓壁随滑升随喷雾养护，确保混凝土表面处于湿润状态。

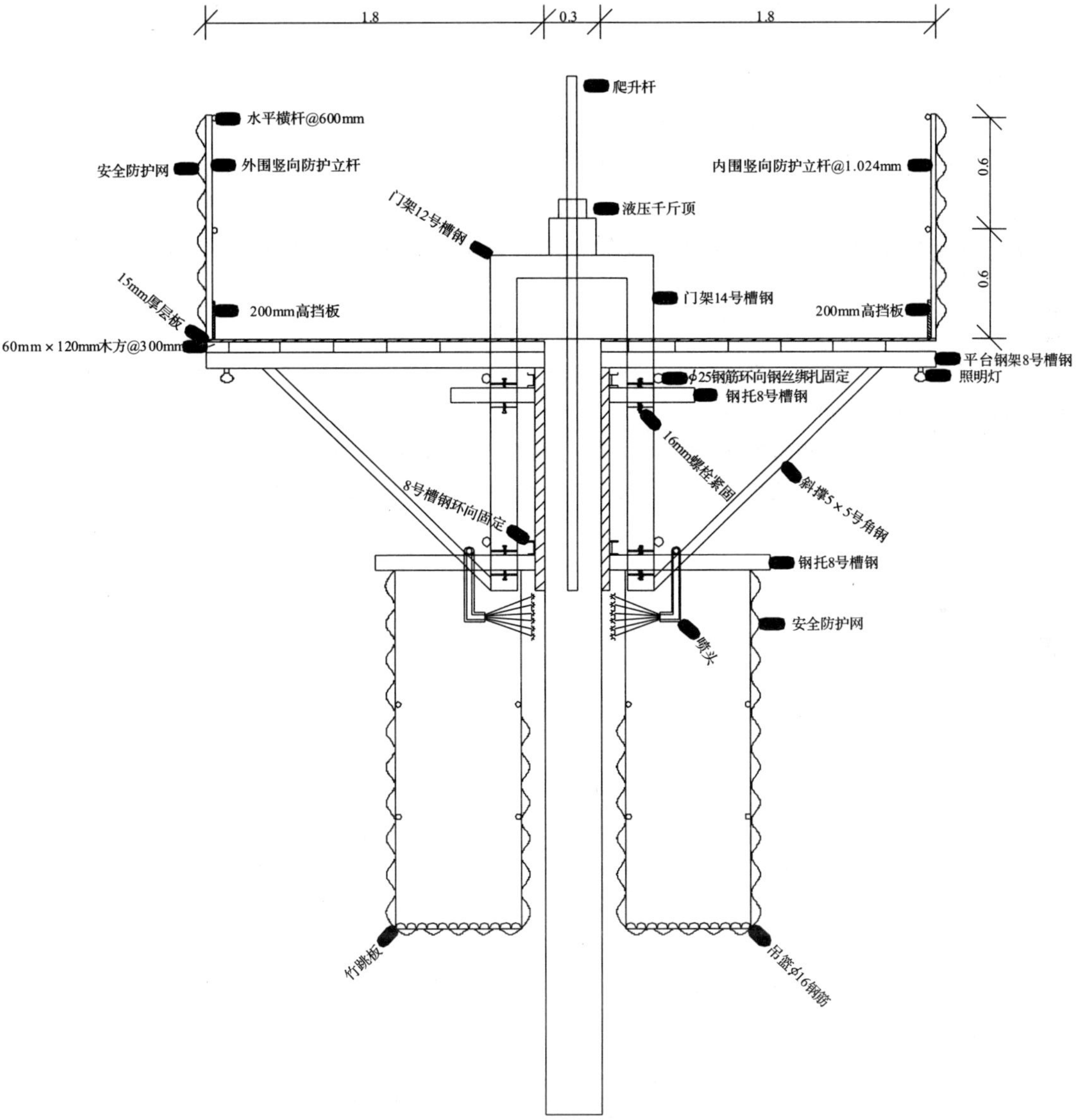

图1　滑动平台大样图

滑模施工完成后，在进行模板拆除前，再次对外壁进行一次检查，局部采用吊脚手架处理（图2、图3）。

图 2　修补前

图 3　修补后

4　结语

浅圆仓滑模施工混凝土裂缝的预防和控制，必须从材料和施工等多个方面考虑。通过试验得出科学的材料配合比以及合理地控制滑模的施工要点，这样能够有效地控制滑模施工混凝土裂缝的产生，从而保证工程的质量。裂缝的产生对于主体工程的质量有很大的损害，导致浅圆仓气密性不达标、外墙渗漏等状况，作为施工管理人员，必须给予高度重视。

参考文献

[1]　中华人民共和国住房和城乡建设部．滑动模板工程技术标准：GB/T 50113—2019［S］．北京：中国建筑工业出版社，2019.

[2]　丁国平．夏季高温滑模施工技术探讨［J］．建材与装饰，2018，530（21）：44-45.

[3]　盛睿．钢筋混凝土现浇板裂缝控制［J］．装饰装修天地，2019（14）：60.

雅雀湖地铁站主体结构高大模板及支架设计与施工

王　山　张　驰　杨　为　何承锦　彭定荪

湖南省第三工程有限公司　湘潭　411101

摘　要： 针对长沙轨道交通 3 号线雅雀湖地铁站主体结构大尺寸梁柱、顶板与侧墙等不同结构和位置，设计了不同的模板体系。施工实践结果表明，模板与支架强度、刚度、稳定性满足施工安全要求，保证了施工质量，缩短了工期，节约了工程成本。

关键词： 地铁站；主体结构；模板；设计；施工

近年来，城市交通拥堵成为了城市发展中日益突出的问题。为了解决城市拥堵，地铁等轨道交通已成为大中城市主要出行方式，目前诸多大城市地铁建设施工如火如荼。地铁车站主体结构一般采用现浇混凝土框剪结构，主体结构的梁、柱、板与侧墙体现为大尺寸、大跨度、大层高、荷载大等特点。部分梁、柱与侧墙模板工程与支撑体系属于危大工程，具有较大的安全风险。主体结构梁、柱、板及侧墙模板与支架设计是否合理关系到施工过程是否安全，也对保证施工质量、缩短工期和节约成本具有重要意义。由于每个地铁车站的规模、功能和面对的环境不一样，施工单位的施工经验和技术水平也不一样，所以模板与支架设计、施工方法也不尽相同。

本文结合长沙市轨道交通 3 号线一期工程 SG-9 标雅雀湖站实例，对主体结构梁、柱、板、侧墙以及重点部位模板与支架设计、施工方法进行研究，探索地铁车站主体结构模板与支架体系的设计与施工经验。

1　工程概况

雅雀湖站是长沙市轨道交通 3 号线一期工程第 17 座车站。站址位于开福区双拥路与德雅路交叉路口，平行双拥路设置。现状双拥路道路红线宽 37m，双向 6 车道。现状德雅路道路红线宽 36m，双向 6 车道。车站设计站台长度 118m，站台宽度 12m，为地下两层岛式站台车站，建筑面积 18000m^2，工程合同造价约 1 亿元。车站采用半盖挖顺筑法施工，主体围护结构采用 800mm 地下连续墙+内支撑系统支护。车站基坑外包总长为 157. 6m，外挂段基坑宽 39m，深度约为 18m；标准段基坑宽 20. 7m，深度约为 18m；盾构井段基坑宽 26. 2m，深度约为 18. 8～19. 6m。车站北侧设钢筋混凝土铺盖，铺盖宽度为 9. 35m，十字路口横跨车站钢筋混凝土铺盖宽为 17m。本站西端为盾构始发，东端为盾构吊出。本站主体结构标准段为地下两层单柱双跨结构，设备用房外挂段为两层三柱四跨和两层四柱五跨结构。主体结构设计使用年限为 100 年。

2　结构主要参数

2. 1　结构主要尺寸

底板、中板、顶板梁、柱等构件具体尺寸详见表 1

表 1　底板、中板、顶板梁、柱等构件具体尺寸

序号	构件名称	构件尺寸（mm）	序号	构件名称	构件尺寸（mm）
1	顶板厚度	800	5	顶纵梁	900×1800 双柱段/1000×2000 单柱段/900×2000 外挂区域/900×3350 西端盾构井
2	中板厚度	400	6	中纵梁	900×1000/900×900
3	底板厚度	900	7	底纵梁	900×2300/1000×2300
4	侧墙厚度	700	8	中柱	KZ1：700×900/KZ2：800×1100

2.2　车站净高主要参数

车站各层不同轴线部位净高主要参数详见表 2

表 2　车站各层不同轴线部位净高参数

序号	层数	轴线位置	单层净高（m）	备注
1	负一层	1-2 轴	7.83	西端盾构井
2	负一层	3-16 轴	4.95	—
3	负一层	17-19 轴	9.43	东端盾构井
4	负二层	1-2 轴线	4.95	—
5	负二层	3-17 轴	4.95	—
6	负二层	18-19 轴线	7.45	东端盾构井（防淹门）

3　模板工程难点分析

（1）本工程底板最大厚度为 900mm，梁断面尺寸大，层高较高，因此对梁及顶板模板支撑体系要求高。

（2）本工程内衬墙厚度为 700mm，最大高度 9.43m，因此对墙体模板支撑体系要求高。

（3）内衬墙加腋角，腋宽 300mm，高 900mm，模板支设施工难度较大，其细部节点构造直接影响到混凝土外观质量，此处为墙板模板设计施工的难点。

4　模板设计

4.1　底板模板设计

底板模板主要为两侧斜角硬肋模板。在两侧斜角硬肋部位采用钢模板作为异型模板，以供安装。而模板固定则依靠底板钢筋骨架，在底部处利用ϕ 12mm 钢筋与底板钢筋点焊形成对模板挡、压、托的三种作用，保证模板底脚不上浮、不走位。而悬空模板的上部则利用ϕ 16mm 钢筋作为斜撑将侧压力传递至底板钢筋骨架上，如图 1 所示。

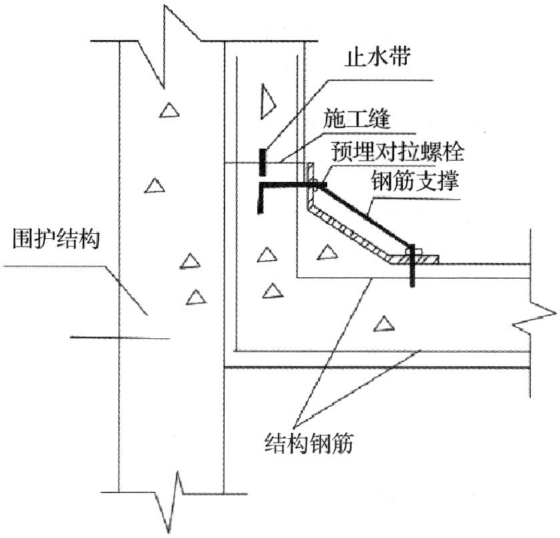

图 1　底板模板示意图

4.2　侧墙移动式单侧模板设计

由于侧墙防水要求，为使侧墙达到更好的防水效果，侧墙模板不采用对拉螺栓固定模板，采用单侧支架对模板进行加固，模板

采用定制 0.6m×1.5m 钢模。移动式单侧支架由埋件系统和架体（包含移动装置）两部分组成，其中埋件系统部分包括地脚螺栓、连接螺母、外连杆、蝶形螺母、垫片和压梁。单侧支架是用槽钢和连接件制作的一个三角形支架，它通过三角形的直角平面抵住模板。当混凝土接触到模板面板时，侧压力也作用于模板，模板受到向后推力，而三角形架体形成的平面抵住模板，又因架体下端直角部位有埋件系统固定，使架体不能后移（主要受力点为埋入底板与混凝土面成 45°角的埋件系统），混凝土的侧压力及模板的向上力均由埋件系统抵消，具体如图 2 所示。

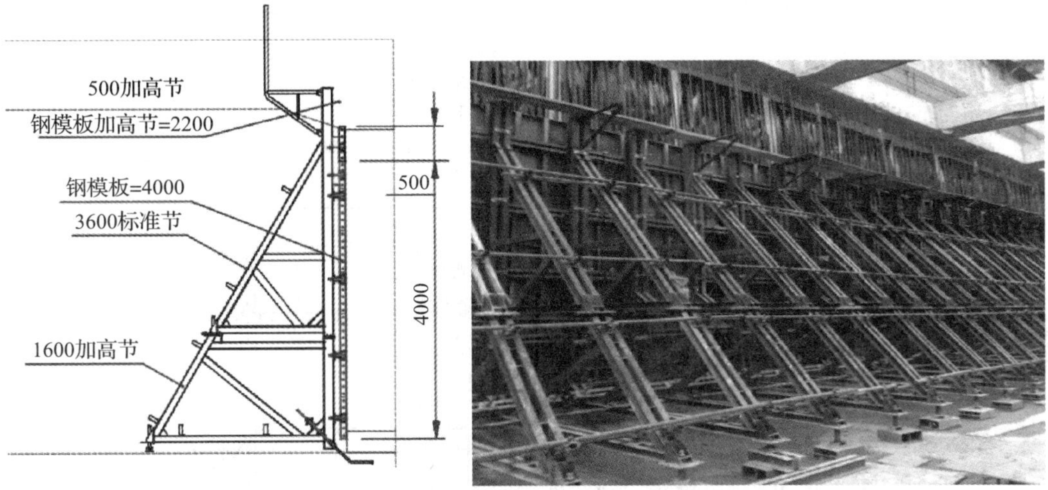

（a）移动式单侧支模示意图　　（b）移动式单侧支模效果图

图 2　侧墙移动式单侧支模示意图与效果图

4.3　中（顶）板模板设计

（1）板面设计。顶板铺 15mm 厚覆膜多层板，接缝采用硬拼接缝。接缝必须严密、平整，不能有错台，接缝处必须有次龙骨（或附加木方）。

（2）龙骨设计。次龙骨采用 100mm×50mm 木方，次龙骨净中心间距中板为 300mm、顶板为 200mm；主龙骨采用 100mm×100mm 木方，中心间距中板为 900mm、顶板为 900mm。

（3）支撑设计。顶板模板竖向支撑全部采用满堂碗扣架，中板碗扣架立杆间距 900mm×900mm、顶板碗扣架立杆间距 600mm（横向）×900mm（纵向）。水平杆步距 1200mm，立杆下部安装底托，上部安装 U 形可调顶托支撑主龙骨。如最后一个水平杆节点距离顶托顶大于 600mm，加设一道水平杆。剪刀撑横向、纵向均设置，按《建筑施工扣件式钢管脚手架安全技术规范》（JGJ 130—2011）要求，每 5～8m 设置一排；水平设置两排剪刀撑，如图 3 所示。

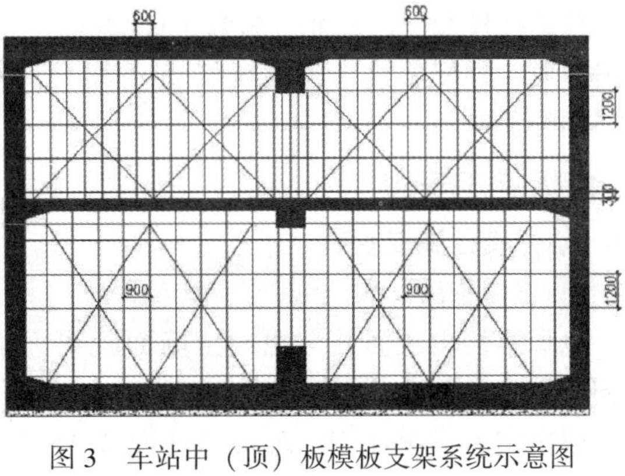

图 3　车站中（顶）板模板支架系统示意图

4.4　梁模板设计

（1）面板设计。梁底模、侧模均采用 15mm 厚覆膜多层板。

（2）龙骨设计。顶板梁底模主龙骨采用 100mm×100mm 木方，中心间距 900mm；次龙骨采用 100mm×100mm 木方，净间距 100mm（中心间距 200mm）。中板梁底模主龙骨采用 100mm×100mm 木方，中心间距 900mm；次龙骨采用 100mm×100mm 木方，净间距 100mm（中心间距 200mm）。

（3）支撑设计。在顶纵梁底范围内，满堂支架立杆按 300mm×900mm，中板梁底范围内，满堂架立杆按 450mm×900mm 布置；水平杆步距 600mm；纵向设置两排剪刀撑。

（4）加穿梁螺栓固定侧模，穿梁螺栓距梁底高度不超过 200mm，沿梁长向间距 400mm，沿梁高间距 400mm，内套 PVC 套管，如图 4 所示。

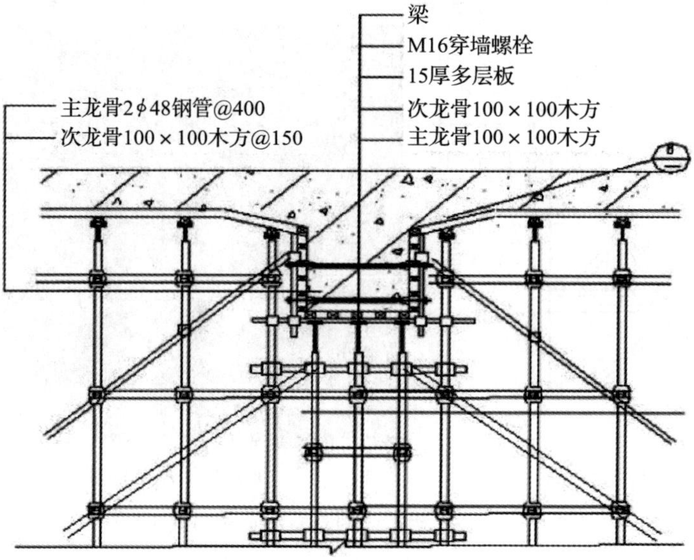

图 4　梁模板与支架支设详图

4.5　中柱模板设计

车站中柱采用钢模板。各层柱均一次装模、一次浇筑到梁底。各柱体均由钢模板拼成，为抵抗混凝土侧压力，每块模板后设一道竖棱，每隔 0.8m 设置一道横向抱箍，抱箍采用ϕ20mm 圆钢角拉杆固定。为保持柱模板的竖向稳定，在柱模四面加设斜撑杆将柱模撑牢。此外，为防止柱脚混凝土出现烂根现象，柱模安装后用水泥砂浆将模板脚处封闭，如图 5 所示。

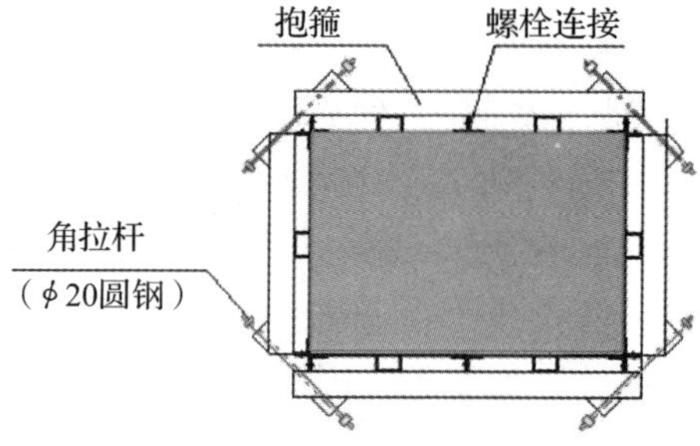

图 5　柱模板支设示意图

5　模板施工安装

5.1　墙体模板施工安装

5.1.1　埋件系统安装

地脚螺栓出地面处与混凝土墙面距离。锚固长度 750mm，出地面为 150mm；各埋件杆相互之间的距离为 300mm。在靠近一段墙体的起点与终点处宜各布置一个埋件，具体尺寸根据实际情况而定。埋件与地面成 45°的角度，现场埋件预埋时要求拉通线，保证埋件在同一条直线上，同时，埋件角度必须按 45°预埋。地脚螺栓在预埋前应对螺纹采取保护措施，用塑料薄膜包裹并绑牢，以免施工时混凝土黏附在丝扣上影响螺母连接。因地脚螺栓不能直接与结构主筋点焊，为保证混凝土浇筑时埋件不跑位或偏移，要求在相应部位增加附加钢筋，地脚螺栓点焊在附加钢筋上，点焊时，请注意不要损坏埋件的有效直径。

5.1.2　模板及单侧支架安装

（1）单侧支架相互之间的距离为 750mm。支架中部用施工常用的ϕ48mm 钢管架起（具体现场制作），前面用 100mm×100mm 木方垫起。

（2）模板拼装流程。放置内棱→木梁组装→维萨板上弹线下料→铺面板→弹线铺木梁→竖肋上槽钢外棱和吊钩→钉端头木方→模板吊升靠在堆放架上。

（3）模板及支架安装流程。钢筋绑扎并验收→弹出外墙边线→拼装好单元模板吊装到位→模板到位后用芯带及插销连接好各单元模板→吊装架体到位，并用钢管连接好相邻架体，利用架体尾部的调节螺栓使模板上口向墙体侧倾斜 5mm→紧固好一次性埋件系统→验收合格后进行混凝土浇筑。

（4）组合墙体模板时，模板下口与预先弹好的墙边线对齐，然后安装钢管内棱，临时用钢管将墙体模板撑住。

（5）吊装单侧支架，将单侧支架由堆放场地吊至现场，单侧支架在吊装时，应轻放轻起，多榀支架堆放在一起时，应在平整场地上相互叠放整齐，以免支架变形。

（6）需由标准节和加高节组装的单侧支架，应预先在材料堆放场地拼装好，然后由汽车吊吊至现场。

（7）在直面墙体段，每安装五至六榀单侧支架后，穿插埋件系统的压梁槽钢。支架安装完后，安装埋件系统。

（8）用主外棱连接件将模板内棱与单侧支架部分连成一个整体。调节单侧支架后支座，直至模板面板上口向墙内侧倾斜约 5mm，因为单侧支架受力后，模板将略向后倾。

（9）根据《混凝土结构工程施工质量验收规范》(GB 50204—2015）规定在保证墙体混凝土表面及棱角不因拆模而受损且混凝土强度达到 2.5MPa 以上时方可拆除侧墙模板，即在混凝土浇筑完毕 2d 后可拆除侧墙模板。

5.2　楼板模板施工

5.2.1　楼板模板安装工艺流程

弹线→调整支架→安装主龙骨→安装次龙骨→调整模板下皮标高→铺模板→校正标高和平整度→清扫→预检。

5.2.2　施工要点

（1）支模前，放好顶板标高控制线，并将板底线弹在墙柱钢筋上。

（2）楼板模板的支撑架，调整支柱标高，安装主次龙骨并找平。楼板模板双向按照跨度 3‰起拱，起拱采用调整主龙骨顶托的方法。将顶托安装在立柱上，顶托上部露出长度控制在 300mm 以内，调节顶托高度，将中间顶托调节到一个水平面上。按起拱线将顶托面找平。

（3）铺设楼板底模板，板与板之间采用硬拼，保证拼缝严密、不漏浆。在楼板与墙体交接的阴角处采用木方顶紧墙面，其贴近墙体混凝土、楼板混凝土的两侧抛光，并在与墙体混凝土交接处粘贴海绵条，海绵条贴在木方一侧，这样既保证了混凝土阴角方正又避免了混凝土漏浆。可从一侧开始铺楼板模板，拼缝严密。模板的摆放应以最少切割模板为准则，应尽量减少拼缝，拼缝模板设置在中间部位，以便于模板拆除。

（4）楼板模板铺完后，用水准仪测量模板标高，进行校正，并用靠尺找平。将模板内杂物清理干净，办理预检。

5.3 梁模板施工方法

5.3.1 梁模板安装工艺流程

弹线→搭设梁底支架→安装梁底模板→绑扎梁钢筋→安装梁侧模→清理→预检。

5.3.2 施工要点

（1）放好梁标高控制线，并将梁底线弹在墙柱顶端。在每个区段底板上弹好立杆位置线。

（2）安装梁立杆，立杆按顶纵梁 300mm×900mm、中板梁 450mm×900mm、水平杆步距 600mm 布置。

（3）按设计标高调整立杆的高度，然后安装梁底模，并拉线找直；梁底模板两端紧贴混凝土柱面并粘贴海绵条，防止漏浆。按梁跨的 3‰起拱，起拱采用调整主龙骨顶托的方法。

（4）绑扎梁钢筋，经检查合格后办理隐验，并清除杂物，安装侧模板，楼板模板、梁侧模、梁底模之间的固定方法为侧模夹底模，楼板模板压侧模。

（5）安装后校正梁中线、标高、断面尺寸。将梁模板内杂物清理干净，注意梁模板端头作为清扫口不封，直到灌混凝土前才封闭。检查合格后办理模板预检。

5.4 中柱模板施工

5.4.1 中柱模板安装工艺流程

放线定位→模板就位、临时固定→背带安装及抱箍的连接→支设四边斜撑（拉锚）→校正柱模垂直度→二次拧紧螺栓到位→成排的柱拉通线，校正侧面平直度→固定支撑拉杆→在模板外侧标出标高线→预检。

5.4.2 中柱模板安装工艺流程

（1）按边线立好模板，一定保证柱轴线、边线与标高的准确，按照放线位置利用提前在柱四边预埋的地锚，从四面顶住模板以防止位移。

（2）安装柱模板，对通排柱而言，先装两端柱，经校正后固定，拉通线校正中间各柱，如图 6 所示。

（3）为了防止模板底面漏浆，模板底部 20cm 范围内板面混凝土用铁抹子压光抹平，平整度不超过 3mm，模板施工时在底部粘 5mm 厚海绵条防止漏浆。但要按线贴齐防止海绵条进入结构。如果模板支设好，校正垂直度和平整度后，在模板下口局部仍存在缝隙，需用 1∶2.5 水泥砂浆将缝隙封死，并在两块模板接缝间塞海绵条。

（4）安装柱模的拉杆和斜撑，柱每边设 2 根拉杆，固定于板内地锚上，用 U 形托调节校正模板垂直度，拉杆与地面夹角为大于 45°且小于 60°，如图 6 所示。

5.5 盾构井模板支架施工

盾构井侧墙采用满堂架+钢模板进行施工。由于侧墙与连续墙之间设置外包防水层，使侧墙模板无法采用对拉螺杆固定。为此，侧墙模板的支撑体系和楼板的支顶体系一起考虑。

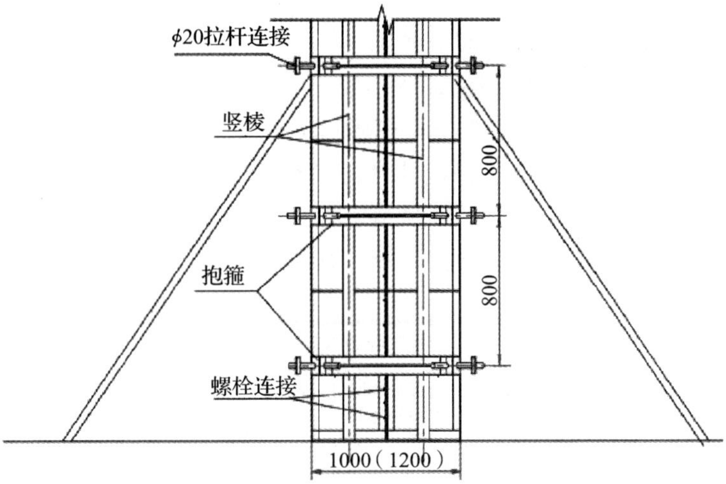

图 6　柱模板安装立面图

侧墙模板采用 1500mm×600mm 的钢模板进行拼装，长边竖向布置；内楞采用截面尺寸为 100mm×100mm 方木，水平横向布置，间距为 600mm；外楞采用双排ϕ 48mm 钢管，竖向布置，间距为 900mm。支撑体系（楼板支撑架）采用满堂架及ϕ 48mm 钢管斜撑，为保证侧墙浇筑时稳定，两侧加设水平对撑，水平对撑钢管利用扣件固定在脚手架上，对顶两侧的侧墙。混凝土浇筑过程中，两侧墙要同时平衡浇筑，以防止两侧的侧墙压力不均衡，导致侧墙支顶体系失稳。碗扣式脚手架安装时要预留供模板安装的作业空间。模板完成后，采用顶托撑于外楞与支架之间，使模板侧压力传于外楞后通过顶托再传递到支顶架及斜撑，如图 7 所示。

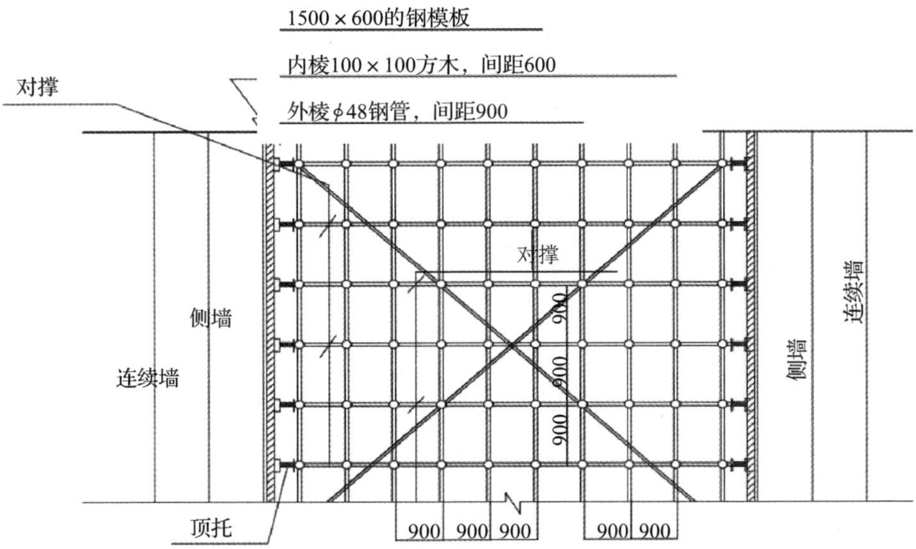

图 7　盾构井侧墙模板施工示意图（mm）

6　结语

在长沙轨道交通 3 号线雅雀湖站主体结构施工过程中，针对不同构件、不同部位采取不同的模板及支架方案。通过施工实践，模板与支架强度、刚度、稳定性安全可靠，确保了施工安全；钢模板的应用，减少了模板材料浪费和损耗，降低了劳动强度，提高了模板周转效率，缩短了主体结构施工期；不同部位采取不同模板支架，模板拼缝严密，未出现“跑模”“漏浆”现象，混凝土结构物棱角完整，观感质量完好。同时，在施工前应对支架模板编制专项方案，对支架模板强度、刚度、稳定性进行验算。施工过程中要按照规范要求对支架沉降、位移和变形进行定期观测。此项技术实施获得了建设单位、监理单位好评，具有较好的经济效益和社会效益，在类似工程施工中可推广应用。

参考文献

[1] 黄国强．大型商业建筑高大模板支架的设计与施工［J］．建筑施工，2017，39（03）：340-343.

[2] 李廷春．南京地铁某停车场高大支模方案优化设计［J］．铁道建筑技术，2011，206（08）：94-97.

[3] 孙祖根．承插型盘扣式钢管模板支架结合独立支撑早拆体系的设计与施工［J］．建筑施工，2020，42（10）：1897-1899.

[4] 陈其足，阚兴明，曹羽．奋斗水库悬挑梁板结构模板支架设计与施工［J］．黑龙江水利科技，2020，48（10）：174-176，232.

某地下室梁板承载力不足开裂原因分析及处理

孙　昱[1]　郭杰标[1]　段晓峰[2]

1. 湖南大兴加固改造工程有限公司　长沙　410006；2. 湖南大学　长沙　410082

摘　要： 某高层住宅建筑地下室顶板和梁在使用过程中出现大量裂缝，为评估结构的安全性对其进行现场检测，检测结果表明，顶板实际覆土厚度超过原设计使用条件。结合该小区地下室开裂后的实际情况和原设计图纸，针对地下室中各类构件开裂程度进行详细分析，比较地下室结构构件不同程度裂缝处理措施的特点，提出适合本工程项目的加固方案，最后通过工程实例证明，该加固方案能够确保施工安全，达到预期的各项建筑指标要求，可为类似工程病害的鉴定与处理提供参考。

关键词： 裂缝；加固工程；碳纤维布；地下室结构

地下空间已经是城市发展建设必不可少的一部分，带有一层或多层地下室的高层建筑的出现，满足了人们对更大建筑空间的需求。地下空间越来越大，混凝土结构在长期使用过程中，难免会出现不同程度的损伤和破坏，混凝土裂缝已经成为损害的普遍形式之一。不同类型裂缝的出现对于结构安全和正常使用也会产生不同程度的影响。

随着新型建筑材料的出现及技术的发展，加固理论进一步提高，新的加固技术也不断涌现。混凝土结构裂缝处理是混凝土结构加固工程中的重要方面。裂缝根据其形成原因可分为非受力裂缝和受力裂缝，针对不同类型裂缝可选择裂缝修补或加固。结构加固研究对促进建筑业高质量发展具有重要意义。

1　工程概况

某地下室原设计为地下 2 层（局部 1 层），地下室范围内有多栋高层建筑，总平面布置图详如图 1 所示，地下室顶板作为上部结构的嵌固端，地下室采用框架-剪力墙结构体系。原设计使用年限为 50 年，抗震设防烈度为 6 度，建筑结构的安全等级为二级。基础形式为柱下独立基础。该地下室主要功能为停车库，局部为人防地下室，地下室负一层层高为 4.1m，地下室负二层层高为 4.0m。

由于园林绿化使局部堆土高度达到 1.5～2.5m，远超过设计覆土厚度 1.2m，地库顶板和主梁出现了不同程度的裂缝，局部板底保护层较薄，出现了露筋、钢筋锈蚀。地下室顶板板底裂缝分布情况如图 2 所示。

2　事故原因分析

此次事故造成地下室多处顶板、顶梁结构构件产生了不同程度的裂缝。部分混凝土顶梁存在开裂现象，裂缝宽度大部分为 0.1～0.3mm，其裂缝分布、形态及示意图如图 3 所示；部分混凝土顶板存在开裂现象，裂缝宽度大部分为 0.1～0.2mm，顶板裂缝的分布、形态及示意图如图 4 所示，位置为板跨中部平行于板长边方向的直裂缝和板角斜向裂缝、无规律裂缝、主楼与地下室连接处顶板斜向裂缝。框架柱及剪力墙未出现裂缝。

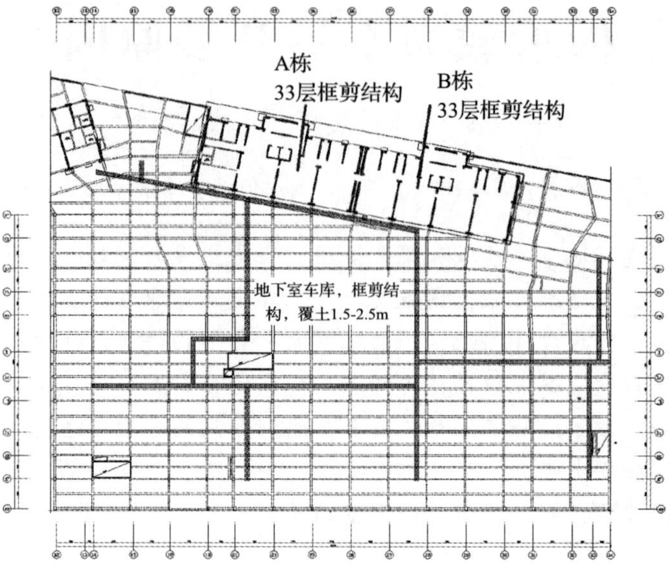

图 1　某工程平面布置示意图

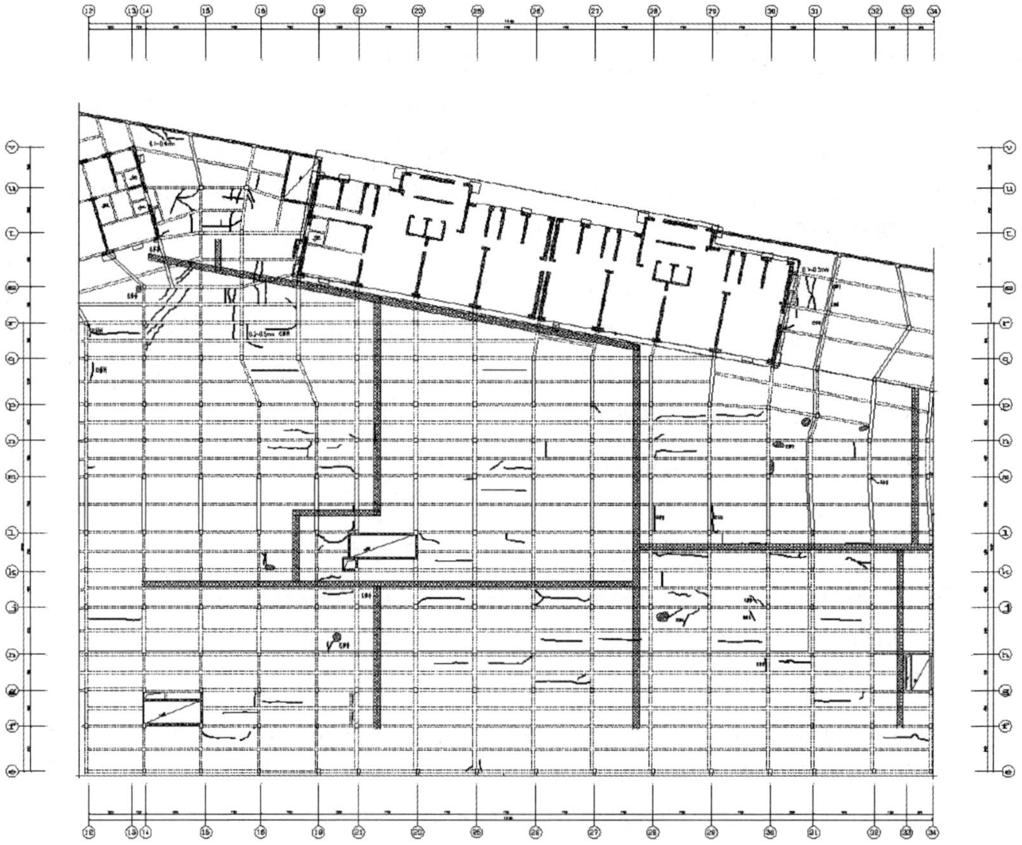

图 2　地下室顶板板底裂缝分布图

（a）顶梁典型裂缝形态、分布

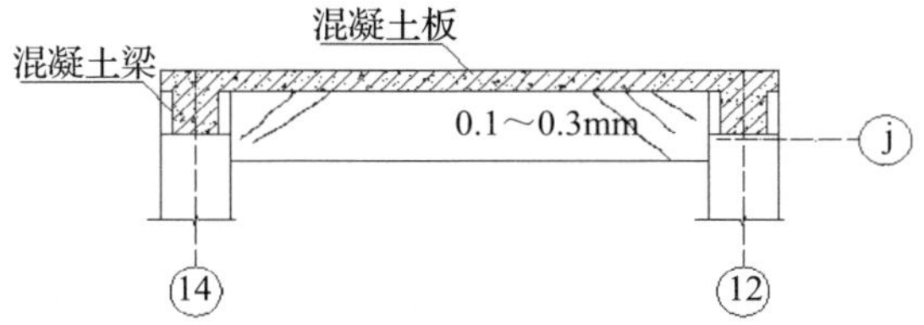

（b）顶梁典型裂缝示意图

图 3　顶梁典型裂缝形态分布及示意图

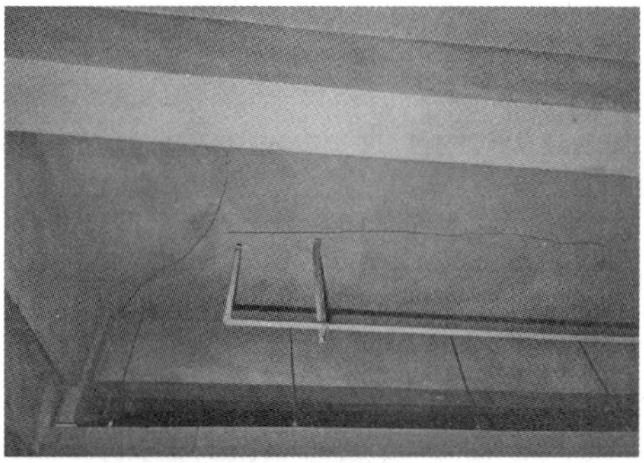

（a）顶板典型裂缝形态、分布

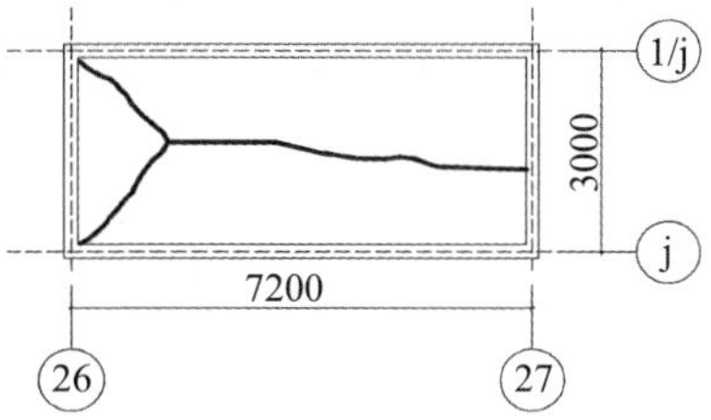

（b）顶板典型裂缝示意图

图 4　顶板典型裂缝形态分布及示意图

经分析，造成此次地下室开裂事故的主要原因是由于地下室顶板未按照设计要求进行覆土。经过现场实际测量调查，测得该地下室顶板实际覆土厚度为 1.5~2.5m，该区域覆土厚度如图 5 所示，顶板实际覆土厚度超过设计覆土厚度，造成部分顶梁、顶板的实际承载力不满足实际荷载要求，导致被检测区域顶梁端部和主次梁连接处斜向裂缝、顶板跨中平行于板

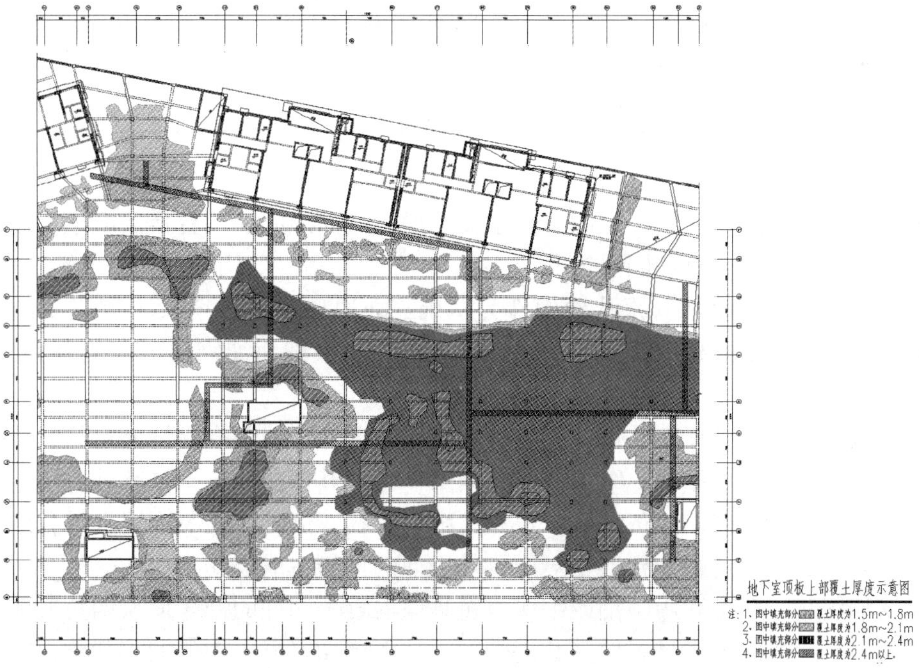

图 5　顶板上部覆土厚度示意图

长边方向的直裂缝、板角斜向裂缝产生的主要原因，此类裂缝属于受力裂缝。部分无规律的裂缝产生的原因主要为混凝土自身干缩、收缩和温度应力等，此类裂缝属于非受力裂缝。

3　裂缝处理措施

裂缝的处理应当是以建筑物经过结构可靠性鉴定后得出的结论为依据。经过现场充分检测后做了进一步分析，首先判断裂缝起因、特性和类别，然后对裂缝的特性、存在的部位以及所处的环境等进行调查，之后对裂缝可能造成的危害进行鉴定后，才选取适合的处理措施，对裂缝进行防治。常见的裂缝处理措施有裂缝修补及加固。

而《混凝土结构加固设计规范》(GB 50367—2013) 中还严格规定了关于因为承载力不足而引起的裂缝，除了要对该裂缝进行修补之外，还应该采用合理有效的加固方法对出现此种裂缝的混凝土构件进行加固。

3.1　裂缝修补

裂缝的修补方法有表面修补法、灌浆法、填充法，这类方法主要适用于产生非受力裂缝的构件。表面修补法是指在裂缝的表面涂抹水泥或在混凝土的表面涂刷油漆等防腐材料形成防腐层，从而提高构件耐久性；灌浆法是指通过压浆设备如压浆泵将塑性材料比如环氧树脂或聚合物水泥砂浆等这种刚性止水材料灌入混凝土裂缝中来实现封堵加固、固化结构的作用的一种裂缝修补方法；填充法指的是利用钢钎、能够高速转动的切割圆盘或风镐等，对构件表面的裂缝进行开凿处理，并将开凿后的沟槽处理成 V 形的沟槽或 U 形的沟槽，然后按照要求，在沟槽中填充改性环氧树脂或弹性填缝材料的裂缝修补方法。

三种裂缝修补方法的对比见表 1。

表 1　三种裂缝修补方法对比

序号	方法	表面修补法	灌浆法	填充法
1	使用材料	水泥、环氧胶泥、沥青	环氧树脂、聚合物水泥砂浆	改性环氧树脂、氯乙烯、沥青
2	适用裂缝类型	表面裂缝	静态独立或贯穿性裂缝	活动裂缝
3	适用裂缝宽度	≤0. 2mm	0. 1~1. 5mm	≥0. 5mm

3.2　结构加固

目前，行业内应用较成熟的加固方法主要有增大截面加固法、置换混凝土加固法、外包钢加固法、粘贴纤维复合材加固法等。

增大截面加固法指的是以原结构构件为基础，在原构件之外增大一侧或多侧的截面面积，并在新增截面内增配相应钢筋的一种加固方法，增大截面加固法可以提升混凝土受弯、受压构件的承载力和刚度。

置换混凝土法是指将存在质量缺陷构件的混凝土凿除，然后浇筑性能更好的混凝土并且使新旧混凝土之间能够可靠地黏结为一体共同工作，使其恢复结构构件承载力的一种加固方法。这种方案省时、直接、经济，能从根源上解决问题，但是在混凝土置换过程中，涉及混凝土挖凿问题，在挖凿过程中很容易对原构件里面的钢筋造成损伤。

外包钢加固法一般是利用型钢或钢缀板包裹原混凝土构件的外表面、四角或侧面，然后在原构件与外包钢之间填充材料使其共同受力，从而增加混凝土构件的承载能力，并提高其抗震能力。这种方案的缺点也十分明显：结构处理复杂，内力传递不明，施工周期长，钢板的复杂处理对建筑的外观和使用造成影响。

粘贴纤维复合材加固法是一种使用树脂胶黏剂，将碳纤维布等物质黏结在原有部件的外表面上的加固方法。碳纤维布可以在加强结构中承受一定的拉应力，可以有效地增加混凝土构件的抗剪承载力，增加结构的抗裂性，从而抑制裂缝的发展。粘贴碳纤维布加固法在某种程度上将材料自身的延展性特征充分地发挥出来。它的优点是易于施工，但其防火性能比较差，会对周围的环境产生一定的影响，因此其维修费用也比较高。

四种裂缝加固措施优缺点对比见表2。

表2　四种裂缝加固措施优缺点对比

序号	方法	增大截面加固法	置换混凝土加固法	外包钢加固法	粘贴纤维复合材加固法
1	原理	增加构件截面面积	凿除旧混凝土，浇筑性能更好混凝土	构件外侧粘贴钢板	粘贴胶合材料
2	优点	可靠、简单、有效提高构件承载力和刚度	省时、直接、经济	可靠地提高构件力学性能	施工速度快、方便、无湿作业，对原部件无明显影响等
3	缺点	增加结构自重、影响正常使用、减小建筑面积	技术难度大、挖凿过程易造成钢筋损伤	结构处理相当复杂、内力传递不明、施工周期长、影响建筑外观	防火性能较差、维修费用高

4　结构加固处理

4.1　加固处理方案

本项目根据裂缝是否由于受力引起，将构件分为非受力裂缝构件与受力裂缝构件。因此，应当针对这两类裂缝采取不同的处理措施。考虑到该地下室大部分开裂构件的裂缝为非受力裂缝，且裂缝宽度为0.1~0.3mm，结合该工程地下室裂缝的位置和分布形态，对于非受力裂缝选择采用灌浆法，针对受力裂缝，考虑到表1、表2列出的裂缝加固方法的优缺点及工程实际情况，选择灌浆法和粘贴纤维复合材加固法。

（1）对存在非受力裂缝的构件

当裂缝宽度<0.2mm时，采用改性环氧树脂结构胶做表面封闭处理；当裂缝宽度≥0.2mm时，采用改性环氧树脂灌缝胶做压力注胶灌缝进行裂缝封闭处理，如图6所示。要确保不出现渗漏。

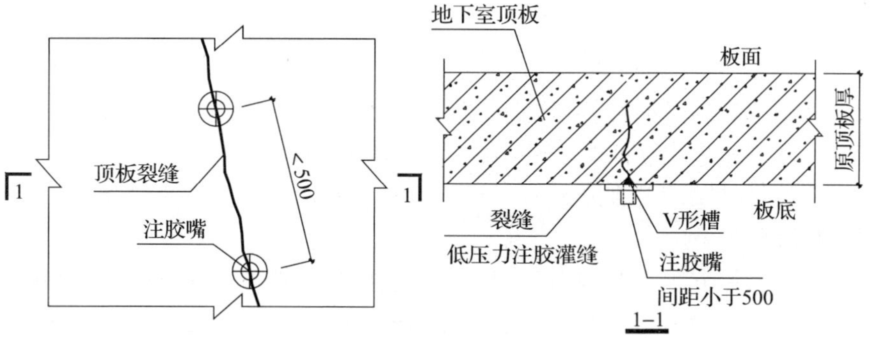

图6　裂缝注浆灌缝封闭处理详图

（2）对存在受力裂缝的构件

①先对裂缝进行处理，当裂缝宽度<0.2mm时，采用改性环氧树脂结构胶做表面封闭处理；当裂缝宽度≥0.2mm时，采用改性环氧树脂灌缝胶做压力注胶灌缝处理，如图6所示。

②裂缝封闭或注浆处理完成后，首先对梁板构件做局部补强处理：对于地下室顶板，垂直裂缝粘贴碳纤维；对混凝土顶梁，垂直裂缝粘贴碳纤维并局部增设碳纤维箍，提高其抗剪承载能力，如图7、图8所示。

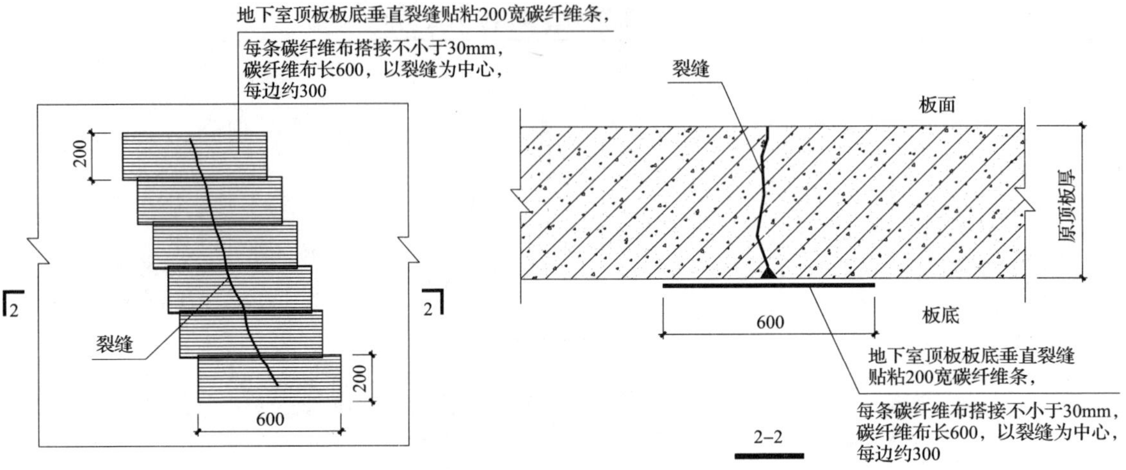

图7　板裂缝粘贴碳纤维加固详图

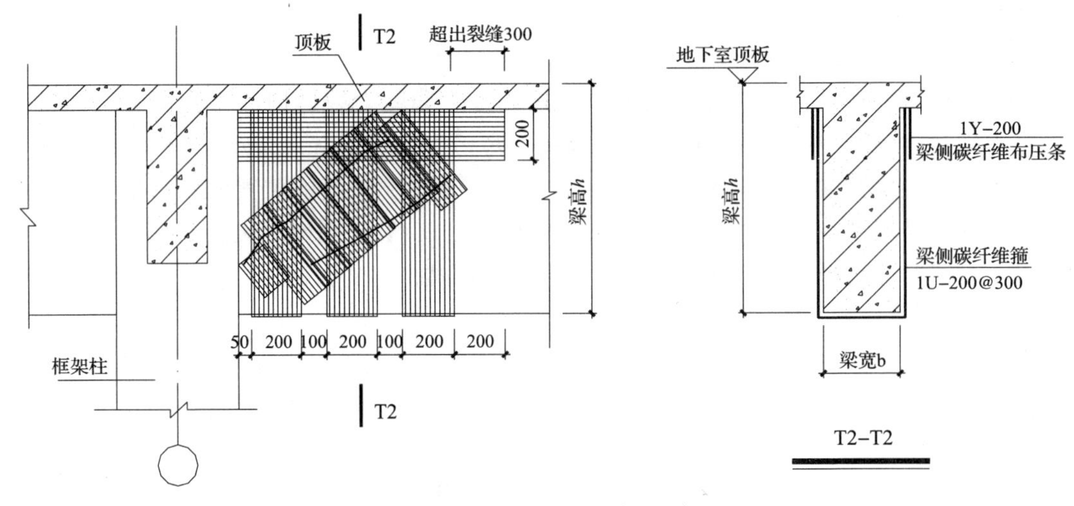

图8　梁裂缝粘贴碳纤维加固详图

③在裂缝封闭或注胶、局部补强完成后，再对梁板采用整体补强。对顶板板底粘贴碳纤维，详见图9（a）、图9（b）；顶梁采用再采用粘贴碳纤维，详见图10（a）、图10（b）。

④在梁、板构件粘贴碳纤维完成后，在碳纤维外表粉上一层砂浆保护。

4.2　施工质量控制

施工工艺流程：原混凝土结构面处理→局部表面找平处理→涂刷底胶→粘贴碳纤维→涂刷面胶→拉拔试验→表面种植砂粒。为了确保结构加固措施有效可靠，应当在以下工序进行质量控制：

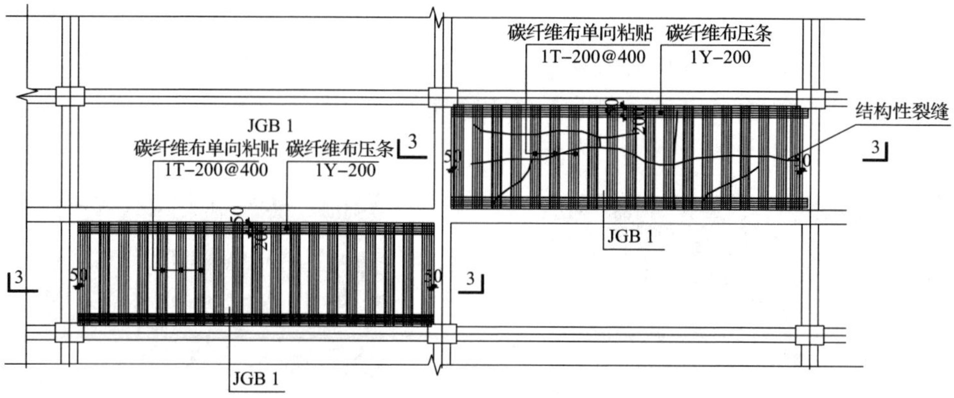

（a）

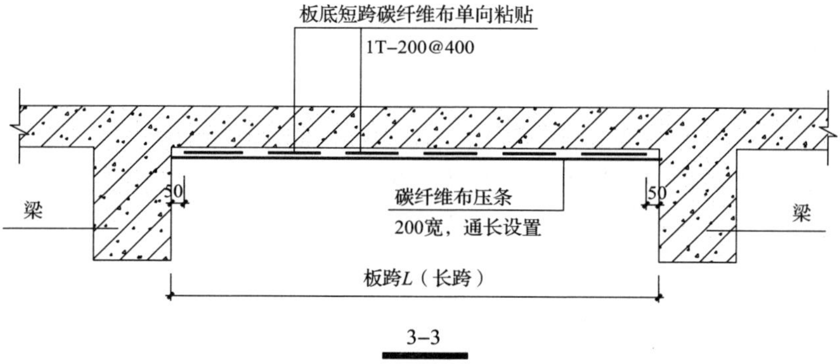

（b）

图 9　板底整体粘贴碳纤维详图

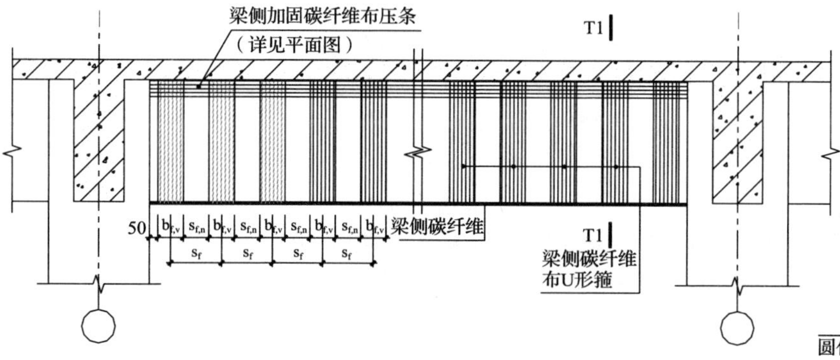

（a）

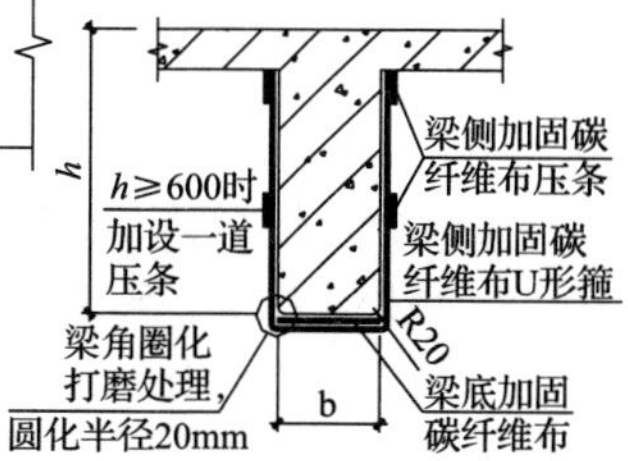

（b）

图 10　梁整体粘贴碳纤维详图

（1）混凝土表面如有较大的剥落、蜂窝、腐蚀等缺陷时应进行凿除，按局部找平处理方法处理，且采用高压风去混凝土表面粉尘、砂粒，并采用丙酮擦拭混凝土结构表面。

（2）对混凝土表面凹陷部位用刮刀嵌填整平胶泥，且不应有棱角，修复面与混凝土表面落差不超过 1mm，且找平材料表面以手指触感为干燥为宜。

（3）底胶应当按一定比例放置于容器内，并搅拌均匀，配制好底胶。根据现场实际情况确定每次用量，严格控制使用时间。采用辊筒刷将底胶均匀涂于混凝土表面时，厚度不应超过 0. 4mm，并不得漏涂或流淌、气泡。

4.3 实际加固效果

经加固设计单位计算分析和细部设计，加固施工完成后，其间持续进行裂缝发展监测，地下室结构未发现新裂缝，也未发现地下室渗漏现象，加固处理效果较好，施工完成后板如图 11 所示，梁如图 12 所示。

图 11　板加固完成后

图 12　梁加固完成后

5 结语

本文以某地下室混凝土开裂事故为背景，针对地下室结构梁板结构产生裂缝如何处理及怎样合理地选择加固方案进行了研究。根据不同的施工工况和裂缝特性，给出了如何合理选择加固方案的建议。结合某地下室开裂事故处理实例，对不满足施工要求的构件采取了合理的加固方案，验证文章中提出的加固方案选择方法的正确性，确保了住宅建筑的安全和正常使用。同时，加固方案的选择和其分析过程可为类似工程提供参考和借鉴。

参考文献

[1] 尹保江，肖疆，赵向丽，等．某地下室开裂原因分析与加固［J］．工程抗震与加固改造，2014，36（03）：99-102.

[2] 张思如．海南省某工程地下室混凝土开裂分析及加固［D］．石家庄：河北地质大学，2022.

[3] 柳冰强．混凝土结构加固设计方法优选［J］．居舍，2018（19）：100.

[4] 中华人民共和国住房和城乡建设部．混凝土结构加固设计规范：GB 50367—2013［S］．北京：中国建筑工业出版社，2014.

[5] 徐春国．地下室上浮开裂事故的鉴定与加固处理［J］．建筑结构，2002（11）：26-28.

[6] 胡晓静．既有建筑增建地下室与基础加固设计［J］．建筑结构，2010，40（S2）：280-282.

[7] 王静民，沈靖．某地下室上浮处理工程实例［J］．建筑结构，2016，46（S1）：728-731.

[8] 唐竞舸，刘利先，梁海龙．某地下室火灾后的检测鉴定与加固处理［J］．建筑结构，2017，47（S2）：514-517.

[9] 孙斌，杨江红．某地下室整体上浮事故检测鉴定及加固处理［J］．工业建筑，2012，42（10）：159-161.

[10] 李维徽，周立，吴丽珠．碳纤维布加固原理及应用［J］．华东交通大学学报，2007，96（05）：57-59.

某工程灌注桩基础质量缺陷分析与处理

刘劲松[1]　孙　昱[1]　柳　蔚[2]

1. 湖南大兴加固改造工程有限公司　长沙　410006；2. 湖南大学　长沙　410082

摘　要：某高层建筑在施工阶段出现桩基质量问题，严重影响了施工进度。对有问题的桩基进行检测，测试其灌注桩基础长度和桩底持力层是否符合设计要求，核查发现桩基不合格率近半，且存在部分桩基承载力、桩底沉渣不满足设计图纸和验收规范情况。根据检测鉴定结果提出加固和修复方案，解决了桩基质量带来的结构安全问题。

关键词：灌注桩；桩基承载力不足；检测鉴定；桩基加固

桩基质量严重影响结构安全和后期使用性能，但工程中经常出现桩基承载力不足等质量缺陷问题。钻孔灌注桩施工技术适用于我国大部分的地质条件，但其质量在施工过程中易受到工艺控制、现场环境和材料性能的影响。本文结合长沙某建筑工程实际，对出现问题的机械旋挖灌注桩进行检测分析，并提出处理方案。

1　工程概况

1.1　现场情况

长沙市某高层住宅为地上17层地下1层的现浇钢筋混凝土结构房屋，上部塔楼采用剪力墙结构、下部地下室采用框架-剪力墙结构，基础设计等级为甲级，安全等级为二级，设计使用年限为50年，抗震设防烈度为6度。基础形式为机械旋挖灌注桩基础，摩擦端承桩，桩端持力层为中风化泥质板岩，桩身混凝土强度等级为C30，钢筋采用HRB400级钢筋。问题楼栋目前已施工到上部结构第3层，桩基数72根。参考桩净长≥9～24.5m，桩直径800～1500m，单桩承载力特征值为2100～7350kN。原桩基布置如图1所示。

1.2　地质情况

根据钻探揭露，场地地层主要由第四系杂填土、粉质黏土及下元古界泥质板岩组成。现按新老顺序分布如下：

①杂填土。杂色松散，稍湿，主要由粉质黏土组成，含少量碎石块，新近堆积，未完成自重固结，为不均匀地层，平均厚度13.62m。②粉质黏土。褐红色、稍湿、硬塑，具网纹状结构，偶见铁锰质氧化物，捻无砂感，局部含石英细粒，平均厚度6.62m。③全风化泥质板岩。紫红色夹棕黄色，干，密实，变余泥质结构，板状构造，平均厚度8.65m。④强风化泥质板岩。紫红色夹棕黄色，干，变余泥质结构，板状构造，节理裂隙十分发育，平均厚度7.74m。⑤中风化泥质板岩。黄绿色夹灰绿色，干，坚硬，变余泥质结构，板状构造，节理裂隙一般发育。

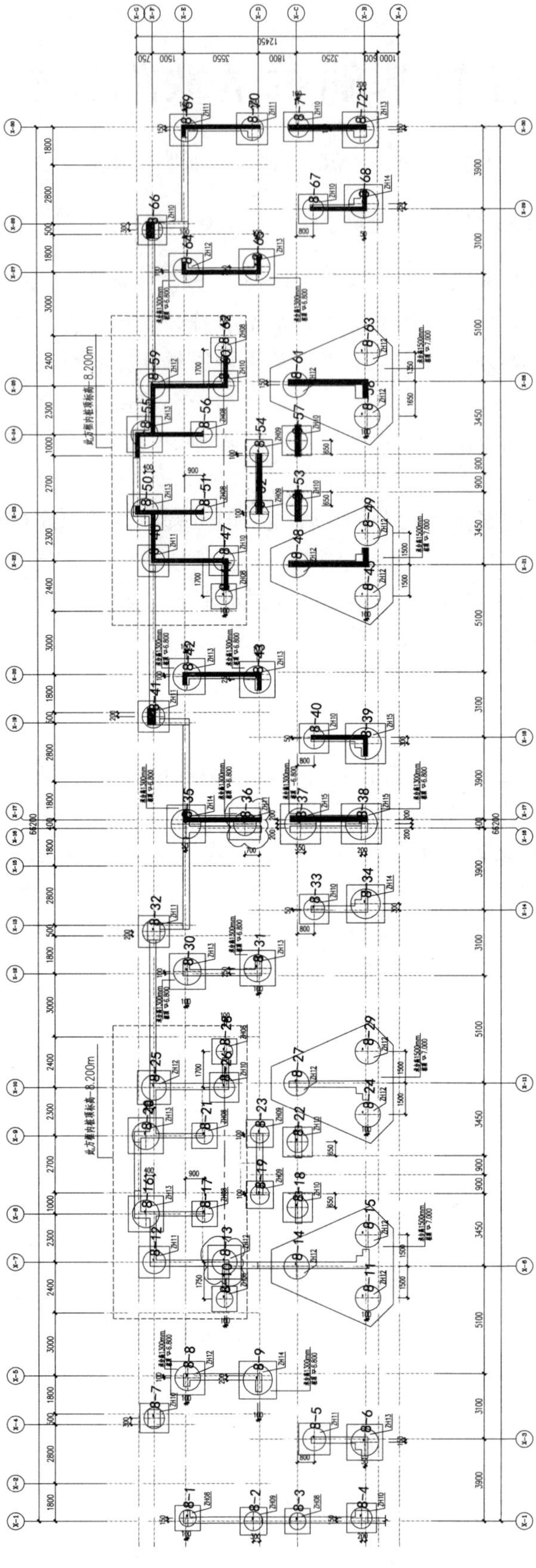

图1　8号桩基布置图

2　原因分析

2.1　现场检测结果

（1）现场结合原有相关资料对桩基进行钻芯取样检测，并对承载力进行计算复核。

以抽验的63号桩为例，63号桩施工记录桩长15.80m，第三方低应变检测判定为Ⅰ类桩，但未进行钻芯取样检测。

现场混凝土钻芯取得的芯样连续、完整，表面基本光滑，端口基本吻合，骨料分布较均匀，胶结较好，芯段完整，无严重缺陷，但桩底存在沉渣，超出设计允许值；钻孔桩身长度8.90m，小于施工记录桩长15.80m。典型芯样如图2所示。

（a）桩底沉渣　　（b）芯样全景

图2　典型芯样

对现状下的63号桩进行承载力计算复核，桩直径为1200mm，设计承载力为4900kN，设计桩顶荷载值+负摩阻力=4476kN。计算表明实际桩基承载力特征值为1828kN，不满足设计承载力4900kN要求。总体复核结果汇总见表1。

表1　检测结果统计

桩底沉渣	28根
承载力不满足	38根
不合格率	54%

（2）采用钻芯法对桩身混凝土强度进行抽样，采用压力试验机进行抗压强度检测试验，试验结果满足设计强度要求。

现场检测的桩基础平面布置与设计图纸相符，钢筋、混凝土等施工材料强度合格，但存在部分桩基承载力不足、桩底沉渣不满足图纸和规范要求问题，影响结构的安全性，须对其进行整改处理。

2.2　桩基承载力不足原因分析

此工程采用机械旋挖灌注桩，持力层为强风化板岩。根据上述检测结果分析，桩混凝土抗压强度满足设计强度要求，钻芯所得芯样连续、完整，表面基本光滑，但存在个别桩偏位现象。桩的承载力合格率低于设计规范要求，普遍存在桩底沉渣现象，部分桩长与施工记录桩长存在较大偏差。根据地勘报告，桩侧的杂土、强风化花岗岩等属于特殊性岩土，遇水极易软化、崩解，使强度迅速下降，桩侧摩擦阻力降低。当混凝土运输不及时，部分桩成孔后等待浇筑的时间较长，浇筑前未进行二次清孔，会导致桩底沉渣过厚，降低桩基承载力。

3　桩基处理措施

3.1　方法比选

为保证结构安全，常用桩基承载力缺陷的处理方法解决，见表2。

表2　桩基承载力缺陷的处理方法

地基处理方法	特点
换填垫层法	以替代土回填地基基坑，适用于软土问题严重且初步处理后效果不明显的区域
振动水冲法	利用振动和水冲加固松软地基，适用于处理不排水抗剪强度小于20kPa的黏性土、粉土、饱和黄土和人工填土等地基，不适用于地下水位高，土质松散土层
注浆法	将能强力固化的浆液通过注浆管注入地层中，浆液以填充、渗透、挤密和劈裂等方式，挤走土颗粒或岩石缝隙中的水分和空气并占据其位置，待浆液固化后与原松散的底层形成一个整体。注浆管施工具有设备简单、投资小、耗损少、噪声和振动小等特点，且在狭窄场地和矮小空间均可施工
孔内深层强夯法	成孔后将强夯引入地基深处，采用特异性重锤对孔内的填料进行深层强夯，挤密桩周土体。该方法处理深度深、施工相对简单、对周围环境影响相对较小
地基预压法	通过在地基中设置排水系统，以填土、砂石料或建筑物自重对地基加载预压，减小孔隙水压力，提高土体密实度。适用于淤泥质土、淤泥饱和软土

该工程桩底普遍存在沉渣，影响承载力，且土质为强风化岩，切割较容易，考虑该工程已施工到上部主体结构，施工场地狭窄矮小，采用高压旋喷+后压浆的复合注浆法进行整改。

考虑到现场泥浆排放困难，且应尽量减少加固期间产生过大沉降，选用增设钢管微型桩、增大承台的方法进行加固。钢管微型桩截面尺寸小，单桩承载力大，泥浆排放量小，且桩位布置灵活，施工期间基础基本不产生附加沉降，适合建筑物内施工。

根据上述原因分析，对该工程承载力不满足要求的桩采用增设钢管桩、增大承台尺寸等方法进行整改处理；对桩底沉渣不满足要求的桩基采用高压旋喷+后压浆等方法进行整改处理；对检测中产生的钻芯孔采用注浆灌实的方法处理。

3.2　桩底处理

桩底沉渣厚度过大严重影响桩基承载力。桩底加固施工工艺为：①单管旋喷水切割沉渣，以高压泵产生的喷射水流切割沉渣，自上而下反复多次旋喷2h且孔口反出清水；②采用普通硅酸盐水泥进行单管高压水泥浆旋喷；③采用弄浆进行置换；④下入注浆管，12h后进行二次劈裂注浆。

为保证施工质量，钻杆的旋转与提升必须连续、不中断；旋喷上、下界面均应超出沉渣界面20cm，严格控制钻孔位置与设计位置偏差，垂直度偏差不可大于1%。施工过程中应进行桩的沉降观测。桩底处理如图3所示。

3.3　增设钢管微型桩

本次钢管微型桩钻孔孔径为200mm，钢管采用Q345B钢管，为端承摩擦桩，桩段持力层为强风化板岩。

施工工序为：测量放线→钻进成孔→注浆→钢管安置、连接→前压浆→注浆管安置→二次高压劈裂注浆→清理基础范围内浆液。

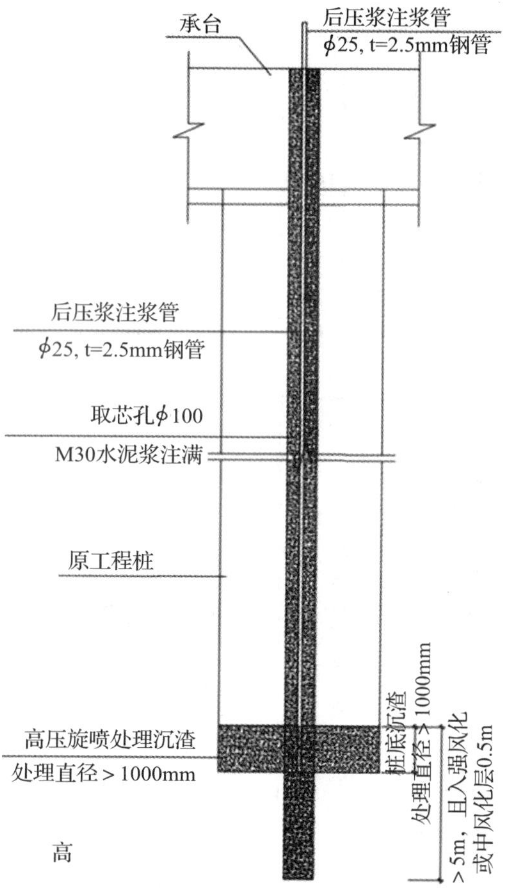

图 3　原工程桩桩底处理

钢管微型桩补桩示意图如图 4 所示。

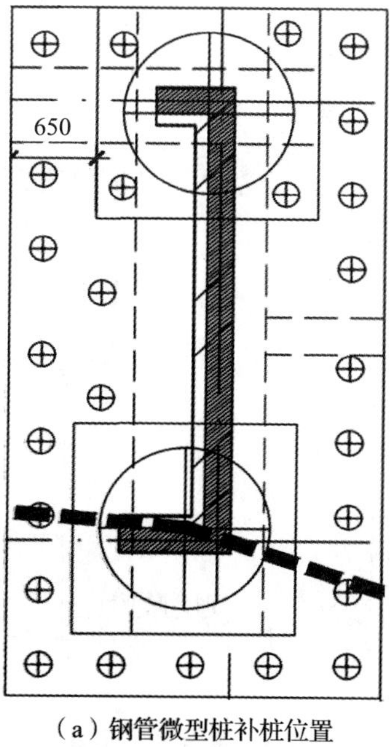

（a）钢管微型桩补桩位置

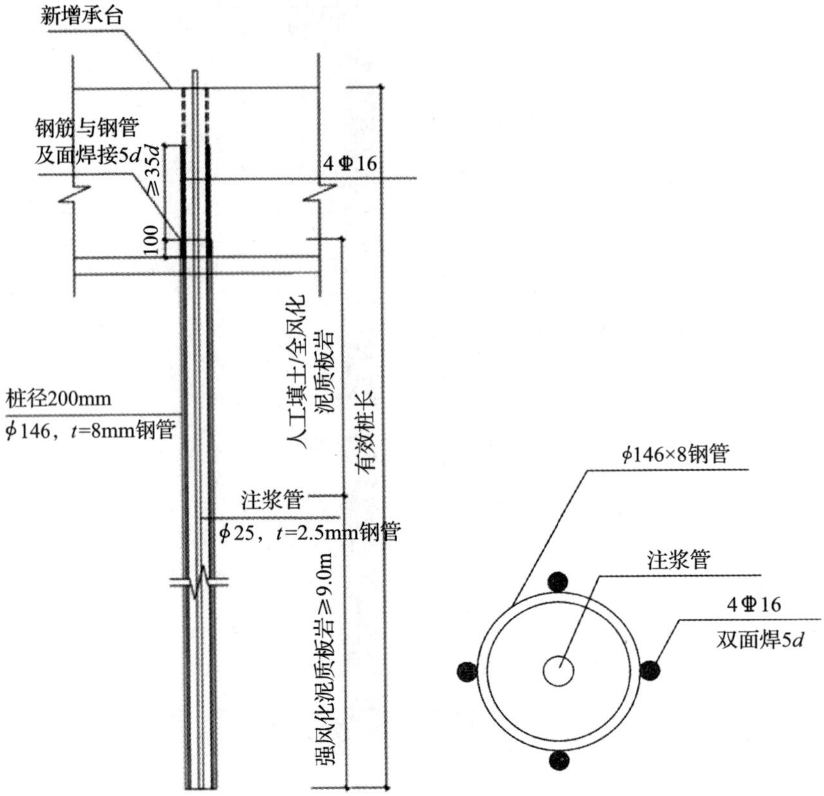

（b）钢管微型桩　　（c）钢管桩顶部加筋

图 4　钢管微型桩补桩示意图

3.4　增大承台施工

增大承台施工工序为：①原承台缺陷修复，修复不足的保护层，对原有钢筋进行除锈和清理，对混凝土缺陷部位采用高强水泥基灌浆料进行修复；②将接合面处的混凝土按要求进行凿毛，打掉棱角，清除混凝土表面的油污、浮浆，并将灰尘处理干净；③进行钢筋加固和绑扎、模板的搭设；④浇筑自密实混凝土并养护。承台大样如图 5 所示。

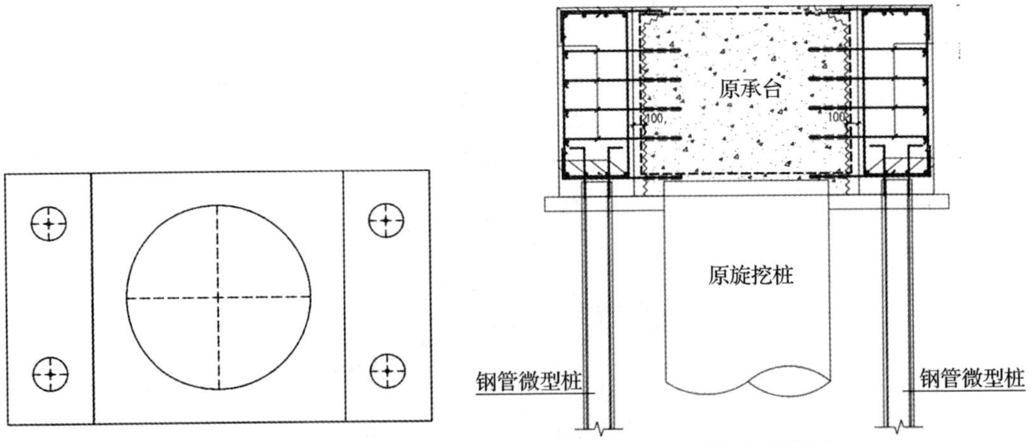

（a）承台加固　　（b）承台加固剖面

图 5　承台大样示意图

承台植筋完成后，采用锚杆拉力计进行植筋拉拔试验，以钢垫块支撑在埋植钢筋周边混凝土基材上作为拉拔仪的反力，通过钢垫块传递到混凝土基材需进行现场锚固承载力检验。

增大承台施工完成后，通过锤击或超声波检测法验收新旧界面黏结质量，结合不良的测点数不应超过 10%，且不应出现在主要受力部位。

4　整改效果

整改完成后分别采用单桩抗压静载试验、基桩低应变试验以及钻芯法检测桩基承载力、桩身完整性以及桩底沉渣厚度，结果表明承载力满足要求，桩身完整，桩底无沉渣。施工过程中未发生异常沉降变形。

5　结语

（1）案例中灌注桩桩身完整性较好，未出现断桩，但桩长与施工记录存在偏差，桩底沉渣厚度不满足要求导致承载力低，影响结构安全性。经增设钢管微型桩、增大承台尺寸、高压旋喷+后压浆除去桩底沉渣等方法整改后，承载力满足设计要求。

（2）采用灌注桩应控制好沉渣厚度，在深厚风化层地区若采用摩擦桩，在估算单桩承载力时可按经验参数进行相应折减，或施工阶段采用静压桩机复压等方式提高单桩承载力。

参考文献

[1]　中华人民共和国住房和城乡建设部．建筑桩基技术规范：JGJ 94—2008［S］．北京：中国建筑工业出版社，2008.

[2]　赵吉庆．考虑桩底沉渣的旋挖成孔灌注桩沉降特性研究及控制［D］．重庆：重庆大学，2014.

[3]　侯亮．钢管微型桩压力注浆加固机理研究［D］．西安：西安工业大学，2018.

[4]　韩金田．复合注浆技术在地基加固中的应用研究［D］．长沙：中南大学，2007.

[5]　田军．钻孔灌注桩后压浆法地基加固施工技术的研究及应用［D］．邯郸：河北工程大学，2012.

[6]　曹南山．复合注浆法在桩基础加固中的应用研究［D］．长沙：中南大学，2006.

[7]　林胜辉．某项目灌注桩承载力不足的原因分析及处理措施［J］．福建建材，2021，244（08）：68-70.

[8]　陈秀辉．旋挖灌注桩桩底沉渣缺陷处理后受力性能分析［J］．水利与建筑学报，2022，20（05）：143-147，154.

[9]　中华人民共和国住房和城乡建设部．混凝土结构加固设计规范：GB 50367—2013［S］．北京：中国建筑工业出版社，2014.

某超高层大楼火灾后受损构件快速评估与修复

李登科[1]　刘俊芳[2]　孙昱[1]

1. 湖南省大兴加固改造工程有限公司　长沙　410000；2. 湖南大学土木工程学院　长沙　410082

摘　要： 某超高层大楼从着火到扑灭明火约 3h，论文通过各种调查和观测手段，对该工程实例进行了快速评估和修复，消除火灾事故后的安全隐患，实现了该超高层大楼火灾后的快速运营，为类似的建筑火灾鉴定检测提供参考。

关键词： 火灾鉴定；快速评估；结构损伤

建筑物发生火灾受损后，应根据受损情况及时对建筑结构进行检测、鉴定。参照现行《建筑结构检测技术标准》(GB/T 50344)、《火灾后工程结构鉴定标准》(T/CECS 252) 等多个标准，对建筑物受损情况进行调查、材料检测、结构检测、火场温度推算，判定建筑物发生火灾后的安全状况，为后续恢复运营提出相应的处理意见和建议。

某超高层大楼由于其内拥有相关通信公司的数据机房、电气设备及电路管线等，承担一定区域内数据传输、汇聚、路由、转发、用户鉴权等功能，对于其火灾后的评估和修复较其他建筑物火灾后鉴定更加讲求效率，需要快速恢复正常运营，承担原有功能，实现区域内通信与网络的尽快恢复。

1　概述

1.1　工程概况

某超高层大楼建于 2000 年，平面布置呈矩形，其周边建筑及道路网如图 1 所示。该大楼为地下 2 层、地上 42 层的现浇钢筋混凝土框架-核心筒结构，平面轴线总长为 101.9m、总宽为 44.4m，建筑总高度为 218m，基础形式为筏板基础，幕墙采用钢框架龙骨架干挂金属板幕墙，外墙及内外分隔墙采用混凝土加气块砌筑，楼面梁、板均为现浇钢筋混凝土，抗震设防类别为乙类，抗震设防烈度为 6 度，建筑结构安全等级为一级。

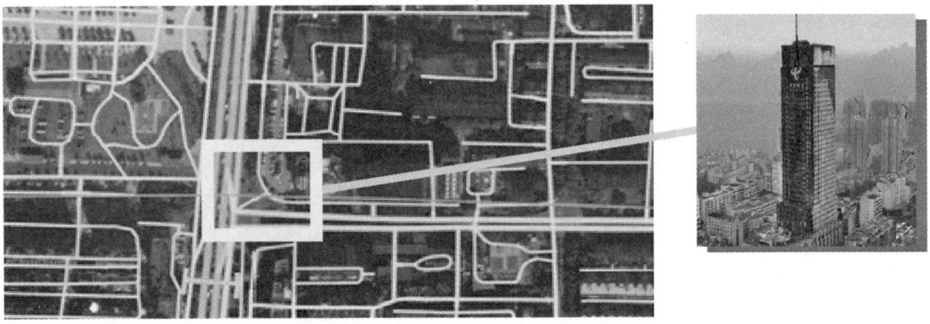

图 1　某超高层大楼周边建筑及道路网示意图

大楼设计所采用的材料及强度：负 2 层～1 层 10～26 交 A～R 轴、2 层～15 层 13～26 交 B～Q 轴，现浇钢筋混凝土剪力墙、柱的混凝土设计强度等级为 C50，2 层～10 层 10～12 交 B

~Q 轴、16 层~41 层 13~26 交 B~Q 轴，现浇钢筋混凝土剪力墙、柱的混凝土设计强度等级为 C40；负 1 层~15 层楼面现浇钢筋混凝土梁、板的混凝土设计强度等级为 C40；16 层~41 层楼面现浇钢筋混凝土梁、板的混凝土设计强度等级为 C35。

1.2　火灾情况概述

2022 年 9 月 16 日 15 时 30 分左右，大楼发生火灾，16 时 20 分左右，大楼外部明火已灭。过火区域主要为：5 层~10 层 10 交 A~R 轴外墙、10 层~29 层 12~13 交 B~Q 轴区域、30 层 12~16 交 B~Q 轴区域、31 层~38 层 13 交 B~Q 轴区域、39 层~41 层整层等。燃烧物主要为大楼西立面外部保温层及木制家具，过火区域内的混凝土柱、混凝土梁、板等承重结构构件和围护墙体等受到不同程度的烧损。大楼火灾后外、内部状况如图 2、图 3 所示。

图 2　大楼火灾后外部状况

图 3　大楼火灾后内部状况

2　火温分区

根据《火灾后工程结构鉴定标准》(T/CECS 252—2019) 对混凝土构件过火后表面颜色、敲击声音、表面裂缝等性状以及常见材料变态温度的描述（表 1），对某超高层大楼内的混凝土构件、钢结构构件、管道等变形损毁情况进行调查，对现场火温情况进行分析。

表 1　火灾温度判断特征

构件表面最高温度（℃）	混凝土表面颜色	混凝土表面性状	锤击反应	其他常见材料的燃烧情况
<300	灰青，近观正常	混凝土表面无开裂、剥落	声音响亮	塑料软化、木材燃烧
300~500	浅灰，略显粉红	混凝土表面有细微裂缝、局部粉刷层剥落	较响亮	部分塑料制品燃烧
500~700	浅灰白，显浅红	混凝土表面角部出现裂缝，角部混凝土剥落	声音较闷	铝及其合金制品有滴状物形成
700~800	灰白，显浅黄	混凝土表面出现较多裂缝，并且出现大面积剥落	声音发闷	玻璃呈软化黏着或边角变圆状，部分玻璃呈流动状；钢铁制品扭曲变形
>800	浅黄色	混凝土出现贯穿裂缝，并且呈酥松状	声音发哑	钢铁制品扭曲变形

燃烧区域内的可燃物大部分被烧毁，铝制材料熔化，木质材料已炭化，塑料制品大部分

已软化或烧毁，部分玻璃制品变形、软化，部分铁制品变形、扭曲。火灾燃烧区域内混凝土构件表面呈现灰白色，部分构件表面混凝土大面积脱落，部分门窗玻璃呈现软化现象，部分钢结构构件呈现扭曲变形的状态。根据现场调查情况，结合相关判定特征，对大楼火场温度进行分区，以 41 层为例分区图如图 4 所示。

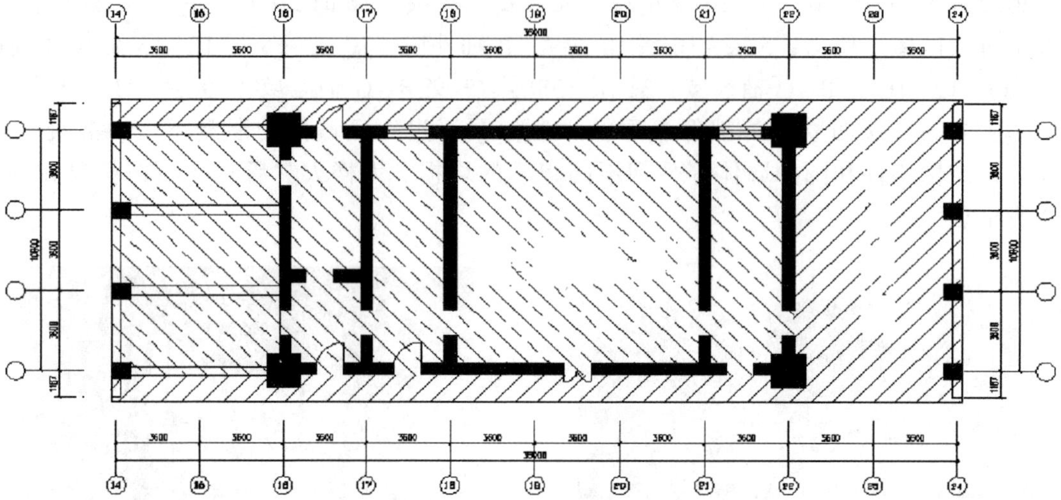

图 4　某超高层大楼 41 层火温分区示意图

3　评估定级

根据《火灾后工程结构鉴定标准》(T/CECS 252—2019）混凝土构件各级受损伤程度的特征，结合现场检测、调查得到的结构构件受火温度、混凝土烧伤深度、构件变形情况、混凝土脱落情况等相关数据及特征（表 2），对火灾影响区域内各构件进行鉴定评级。

表 2　混凝土构件初步评级特征

损伤等级	轻度损伤（Ⅱa）	中度损伤（Ⅱb）	严重损伤（Ⅲ）	破坏构件（Ⅳ）
特征	表面火温<300℃ 熏黑 基本未变色 无裂缝网 锤击声音响 无脱落和露钢 无变形	表面火温 300~600℃ 局部火烧 粉红 轻微裂缝网 锤击声音响 脱落<20%和露钢为 1 根 略有变形	表面火温 600~900℃ 大面积火烧 土黄或灰白 粗裂缝网 锤击声音闷 脱落>20%和露钢>1 根 较大变形	表面火温>900℃ 严重破坏 难以加固修复 需拆除或更换
应对措施	可不采取措施或仅采取提高耐久性的措施	应采取提高耐久性或局部处理和外观修复措施	应采取加固或局部更换措施	应立即进行安全防护，并采取彻底加固、更换或拆除的措施

根据初步评级结果，绘制混凝土柱、梁和板等构件的损伤等级示意图，41 层梁损伤情况如图 5 所示。在对损伤构件初步评级的同时，还可以同时开展建筑变形检测、承重构件的材性检测、混凝土构件损伤深度检测等现场检测工作。

4　受损构件加固与修复

根据初步评级结果，大楼遭受火灾后部分承重结构构件烧损较严重，存在安全隐患。围

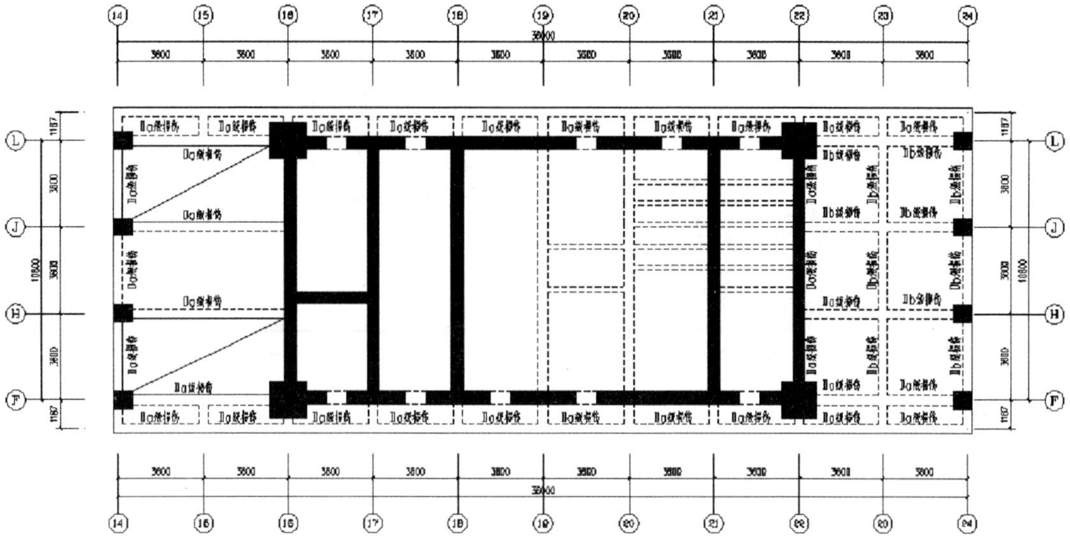

图 5　某超高层大楼 41 层梁损伤等级示意图

护或分隔墙体损伤程度较轻，个别墙体出现开裂现象，对其正常使用存在较大影响，为确保建筑物火灾后能继续安全使用，对各受损构件应当采取相应加固修复措施。

4.1　受损构件加固修复建议

为确保建筑物火灾后能继续安全使用，对不同损伤等级的构件采取不同的加固修复措施以达到短时间内该构件可以投入使用的效果。具体措施及相关措施构造示意图见表 3 及图 6。

表 3　不同损伤等级的加固修复措施

<table>
<tr><th rowspan="2">损伤等级</th><th rowspan="2">火温范围（℃）</th><th colspan="2">加固修复措施</th></tr>
<tr><th>现浇混凝土梁、柱</th><th>现浇混凝土板</th></tr>
<tr><td>轻度损伤（Ⅱa）</td><td><300</td><td>去除构件表面原粉刷层、烟灰等，将构件表面清理干净后，结合装饰装修重新粉刷修缮处理</td><td>去除构件表面原粉刷层、烟灰等，将构件表面清理干净后，结合装饰装修工程重新粉刷修缮处理</td></tr>
<tr><td>中度损伤（Ⅱb）</td><td>300~600</td><td>先人工用小锤凿除构件表面烧损层，将构件表面清理干净、充分湿润后，再采用高性能水泥复合砂浆钢筋网等方法进行加固处理</td><td>先人工用小锤凿除构件表面受损层，将构件表面清理干净、充分湿润后，再采用高性能水泥复合砂浆钢筋网进行加固处理</td></tr>
<tr><td>严重损伤（Ⅲ）</td><td>600~900</td><td rowspan="2">先人用工小锤凿除构件表面烧损层，将构件表面清理干净、充分湿润后，再采用水泥基灌浆料（第Ⅳ类）增大截面的方法进行加固处理</td><td rowspan="2">先人工用小锤凿除构件表面烧损层，将构件表面清理干净、充分湿润后，采用水泥基灌浆料（第Ⅳ类）修复平整，再在板底采用设置新增次梁或粘贴碳纤维等方法进行加固处理（具体应经计算）；或凿除原混凝土后适当增补钢筋，采用较原设计强度高一至两个等级的混凝土重新浇筑</td></tr>
<tr><td>破坏构件（Ⅳ）</td><td>>900</td></tr>
</table>

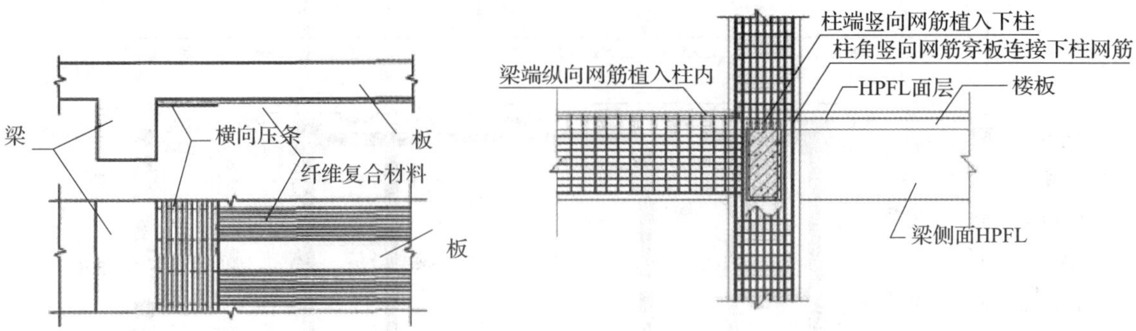

（a）板底粘贴碳纤维布加固构造示意图　　（b）高性能水泥复合砂浆钢筋网加固法梁柱节点示意图

图 6　板粘贴碳纤维加固处理构造示意图

在完成Ⅲ、Ⅳ级受损构件的加固与修复后，对建筑结构的安全情况重新进行评估，可以在满足安全性的情况下恢复正常运营。主要影响建筑耐久性及使用性能的Ⅱa、Ⅱb 级损伤构件的修复可在恢复运营后再进行。

4.2　加固措施的选用与特点分析

根据《混凝土结构加固设计规范》(GB 50367—2013)、《既有建筑鉴定与加固通用规范》(GB 55021—2021) 等标准规范的相关内容，常见的混凝土结构加固方法有增大截面加固法、置换混凝土加固法、体外预应力加固法、外包型钢加固法、粘贴钢板加固法、粘贴纤维复合材加固法、预应力碳纤维复合板加固法等。本项目考虑到加固效率、施工便捷性、加固强度等因素，选用了高性能复合砂浆钢筋网加固法、粘贴纤维复合材加固法和增大截面加固法三种加固方法，其特点见表 4。

表 4　混凝土构件加固方法及特点

方法		特点
高性能复合砂浆钢筋网加固法	指通过在混凝土构件表面绑扎钢筋网、喷涂复合砂浆起到保护和锚固作用，使它共同工作、整体受力，提高结构承载力的一种加固方法	施工便捷，施工工效高，湿作业较少，无须大型施工机具，无须现场固定设施，施工占用场地少
粘贴纤维复合材加固法	指通过采用结构胶黏剂将纤维复合材粘贴于原构件的混凝土表面，使之形成具有整体性的复合截面，以提高其承载力和延性的一种直接加固方法	高强高效，施工周期短，施工方便快捷且质量易保证，同时对结构的尺寸、自重等影响极小
增大截面加固法	指通过增大原构件的截面面积和配筋量从而达到提高构件承载力的一种加固方法	施工工艺简单、受力可靠、加固费用经济，结构刚度提高幅度大，增加了结构可靠性和稳定性

三种加固方式结合使用，能更便捷、高效地提高建筑结构的安全性、可靠性，该建筑可在短时间内迅速恢复使用。

5　结语

本文通过对某超高层大楼火灾后构件评估鉴定工程项目进行快速评估与修复，确定了大楼火灾后过火区域内主体结构构件的烧损状况，为房屋加固修缮设计和施工等提供参考依据，为建筑物快速恢复安全使用状态提供保障。该火灾鉴定项目从起火至该超高层大楼开始恢复运营，共计 7d，所用时间为详细鉴定时间的 1/4 左右；从开始检测至出具鉴定报告共计 3 周，相较同等规模大楼的火灾后鉴定项目更快，实现了超高层大楼火灾后的快速运营。同时，对类似的火灾鉴定项目具有一定的借鉴作用。

参考文献

[1] 中冶建筑研究总院有限公司，上海市建筑科学研究院．火灾后工程结构鉴定标准：T/CECS 252—2019 [S]. 北京：中国建筑工业出版社，2019.

[2] 中国建筑科学研究院．建筑结构检测技术标准：GB/T 50344—2019 [S]. 北京：中国建筑工业出版社，2019.

[3] 中国建筑科学研究院，中国新兴建设开发总公司．混凝土结构现场检测技术标准：GB/T 50784—2013 [S]. 北京：中国建筑工业出版社，2013.

[4] 建设综合勘察研究设计院．建筑变形测量规范：JGJ 8—2016 [S]. 北京：中国建筑工业出版社，2016.

[5] 中华人民共和国住房和城乡建设部．混凝土结构加固设计规范：GB 50367—2013 [S]. 北京：中国建筑工业出版社，2013.

[6] 中华人民共和国住房和城乡建设部．既有建筑鉴定与加固通用规范：GB 55021—2021 [S]. 北京：中国建筑工业出版社，2021.

房屋建筑装配式混凝土结构建造技术分析

盛　亮

湖南省第六工程有限公司　长沙　410004

摘　要：随着时代的发展，建筑业的建设思想和施工技术也在发生着变化，而装配式混凝土结构是目前正在兴起的一种新型建设施工技术。从目前的实际使用情况来看，装配式混凝土结构具有许多优点，其减少了施工的污染，提高了施工的速度和品质，更适合绿色建筑的发展。因此，对装配式混凝土结构施工技术进行进一步的研究与探索，具有十分重要的现实意义。本文介绍了一些常见的装配式混凝土结构施工技术，并总结出了相应的技术措施，期望通过以上分析，为从事此项工作的人员在实践中提供一些有益的启示。

关键词：房屋建筑；装配式；混凝土结构

从房屋建筑工程的技术方面来说，将装配式混凝土结构施工视为是一种房屋建筑施工的技术，其技术关键就是要进行混凝土预制构件的工厂化批次制造，采用批次制作的生产措施，可以直接提供房屋建筑施工所需的构件。成批生产后，可以在房屋总成项目的施工中，直接到工地上进行组装。所以，将装配式建筑混凝土结构施工当作是一种重要的房屋建筑施工方式，它能够有效地保障高效的房屋建筑施工效率和便捷的房屋浇筑施工处理流程，在节约了浇筑混凝土费用的同时，还能有效地确保房屋施工质量。同时，作为一种重要的房屋建筑材料的施工处理方法，将有利于大幅降低建设过程中的能源消耗，从而达到节约能源的效果。

1　装配式混凝土结构建造技术概述

装配式建筑结构是用各类厂家设备生产的各类预制建筑构件，在现场进行组装而成的建筑。从总体结构设计形式上讲，装配式建筑混凝土结构、钢结构、木结构都可以被称为装配式结构建筑。其最大的优势就是建设和组装的速度非常快，而且受到的限制也很少，这样不仅可以节省很多人力，还能提升建筑施工效率。使用装配式建筑混凝土整体结构进行设计和建设，可实现相对比较简便的建筑施工管理流程，特别是从提升建筑施工企业的现实经济效益的方面来考虑，装配式建筑混凝土结构可以大大地减少工程费用，进而大大提高了各方的经济收入，提升了施工的速度，保证了施工的质量。今后，将会有越来越多的装配式工程项目被应用，其技术的开发以及整个结构的设计优化将会逐步地变成一个重要的话题。

1.1　PC 技术

我们在借鉴了外国先进技术的同时，对 PC 技术进行了改进与革新，使之更加符合我们国家建设工程的发展需要。在具体的项目建设中，要想提高施工的品质，加快施工的速度，采用完全装配式的混凝土建筑，可以使这一要求得到实现。在设计环节，必须与施工中出现的各种问题相联系，进行有目的的分析和控制。目前 PC 技术在建筑工程中，如阳台、内隔板、扶梯等，都具有较大的优越性。采用此技术，还可使渗漏等问题得到很好的解决。在制造中，要对产品的品质进行严格的管理，并尽量降低施工误差。在进行安装时，要保证安装的结果，一般情况下，起吊的装备是横梁式起重机，为防止对构件自身的品质产生影响，要对作业的流程进行控制。图 1 所示是墙板构件起吊安装的相关结构，通过翻身架配合，能够有效提升精准性。

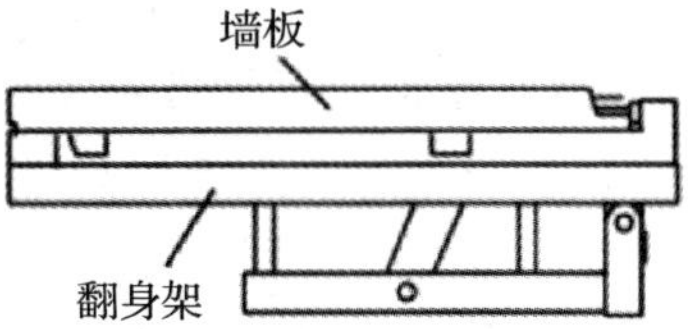

（a）平放

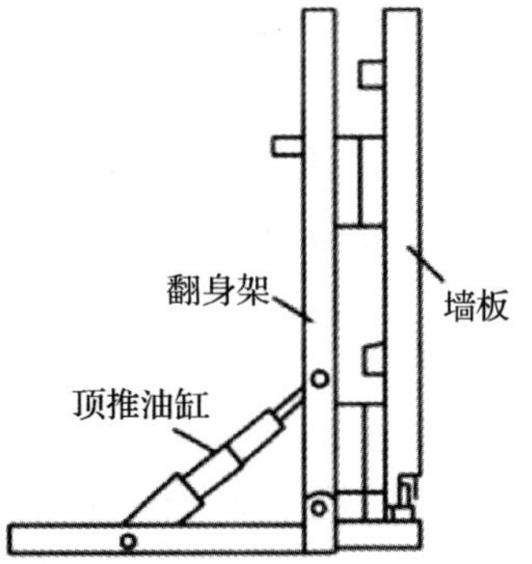

（b）立起

图 1 墙体构件直角立放

1.2 NPC 技术

NPC 技术是新兴的混凝土预制技术，它是基于原有的 PC 技术而开发出来的，其最大的优点就是具有较高的节能、环境保护的作用。结构设计中，应将重心放在建筑外墙等混凝土结构方面，对其进行合理选择，既能满足建筑的需要，又能形成一个良好的施工环境。以现浇法为核心的技术系统，必须把握好时间，这样才能保证整个结构的稳定。一般来说，一栋建筑物的某些部位占地面积比较大，所以，在进行结构设计时，一定要根据建筑物的承载状况，选用吊装设备。并且要根据房屋建造的需要，对房屋结构进行适当的修改，并在施工前进行预先的埋设工作。此外，因 NPC 技术在实际使用中有着很高的整体性，所以要严格遵循建筑图纸，对其进行详细的控制，重点注意连接施工、预埋件的安装等，这可以让后续的使用更加安全、更加可靠。

1.3 PCF 技术

PCF 技术也被称作是“半预制组装技术”，与其他的组装建筑比较，这个技术体系可以适应大多数建筑的具体需要，它的通用性和适应性都很好。它的主要特征是将常规的混凝土浇筑和建筑预制构件施工同时进行，用预制的混凝土模板来完成混凝土的浇筑。而建筑内部的一些结构仍然采用现浇技术，比如内隔墙和电梯井等，其装配工作困难，对安全要求都较高。所以，在采用 PCF 技术时，要从整个项目的具体需求出发，使 PCF 技术能够充分地体现出其应有的作用。比起常规的水泥混凝土工程，这种技术可以将一些构件直接用来建造，大大提高了工程的进度，而且对环境污染较少。从缺点来看，与前述两种技术比较，本技术体系的改良还不完善，预制构件的形态也受到一些限制。除此之外，在进行吊装时，还需使用高质量的装备进行协助，所以会有一些复杂的工作要做。所以，在未来的开发中，必须要继续对该系统进行研究与开发，并将其应用于更广泛的领域。

2 房屋建筑行业装配式混凝土结构工程优势分析

将装配式建筑混凝土结构工程进行创新设计，将会在持续提升建筑工程质量、环保设计理念、可持续发展以及重复使用等方面发挥巨大的作用。

2.1 促进建筑工程环保

在装配式混凝土结构技术的应用过程中，将节能环保工作作为设计和建设的基本目标，充分利用环保施工设施，从而减少对周围自然环境的破坏和影响。购买材料的时候，建材制品厂家的批量化生产还可以在一定程度上减少对各种工具和材料的浪费，从而让我们能够真正地做到节约能源、保护环境。

2.2 提高建筑工程管理效率

在装配式混凝土结构技术的推广应用中，要对各工程项目施工环节进行总体设计和分析，并进行统筹计划，通过现代信息化的工程管理方法，来提升整个建设工程的施工管理效率，最大限度地缩短建设周期。当前，在房屋建筑的主体工程中，以装配式混凝土主体结构为主，结构件大多是由厂家在现场预制好的建筑半成品，通过现场拼装，将各建筑木板和结构件进行拼装，提高了工程的建设速度。

2.3 降低建筑工程建造成本

在对装配式混凝土结构施工技术进行推广应用的过程中，可以针对不同的工程类别，进行差异化施工，避免出现安全隐患，从而降低施工费用。此外，可使不同的建设单位具有个性化，适应不同的工程类别的建设，高效完成工程施工工作。

2.4 施工装配化

装配式建筑的技术特征之一，是在各类建材工厂中，对建设工程所需的构件进行全方位的加工和制造，之后利用多种交通方式将其运送到各大建筑工地，在现场进行安装。如此一来，就减轻了现场建筑施工人员的工作强度，在施工现场没有了大量的施工脚手架和湿施工作业，还可以减少施工基层泥浆砌筑和抹灰等步骤，大大提升了现场工作效率。这样，不但可以在很大程度上减少现场施工时间，并缩短现场施工准备工期，使项目施工计划得以提前。还可以在较大程度上降低施工现场的不可预测性，有助于施工人员和管理人员对现场施工进度进行掌控，从而提升工程施工工艺管理水平。通过模块化建筑构件进行新型组装的施工技术，确保了工程施工质量和施工管理的成效，并且节省了装饰工程所用的材料。无论冬天夏天都能进行安装。在现场，积木式的拼接安装，能够最大限度地节省施工的人员数量。

2.5 功能集成化

装配式建筑并不是单纯地将原手工的现浇结构改造成人工组装，而是一种对建筑主体系统的整合，它将建筑主体支撑结构、围护结构以及室内安装构件等进行整合，从而形成一个整体的建筑体系。BIM 设计技术被大量地应用到了构件的研究、制造以及工程建设的设计中。通过 BIM 设计技术完成集成的设计协作，从而实现了专业模块化的构件设计目的。在构件的设计操作中，使用者可以及时地与各业主进行互动，从而为他们带来更加专业、更加有针对性的设计服务。

3 房建装配式混凝土结构施工优化策略

3.1 落实好房屋结构设计工作的优化

房屋建筑的结构设计会对其后续的建设品质和安全带来重要的影响，所以，如果从根源上对房建工程的装配式混凝土结构的建设问题进行有效处理，就要建立起一个优化体系。从工程的角度来说，有关工作人员需要对装配式建筑的特征和有关的构造有所认识，并根据不同的组装方式，对现有的房屋进行最优的设计，保证两者的匹配，既可以保证建筑的使用安全，又可以保证组装方式的有效实施，还可以防止以后出现结构问题。

3.2 落实好质量控制

目前，装配式混凝土建筑构件都是在工厂中进行预制，因此，现有的制造方式和过程都遵循标准化和规范化。此外，要保证产品的品质可控，在制造过程中也要与特定的生产方式相联系，并对企业的经营体制进行改革。首先，要对具体的建设计划和建设要求有明确的认识，保证结构构件的加工可以符合后期的实际安装要求。其次，完成对成品的检验与验收工作，无论是制造商还是建设单位，都要完成相应的质量检验，保证可以达到设计的要求。再次，在构件运送时，要根据具体的扩展能力需求和有关的品质保证需求，制定出最优的计划。在保证运输路径的前提下，必须对有关构件进行包装，防止由于挤压和撞击而造成的破坏。构件入场并开始投入使用的时候，还必须做好整个流程的品质验收和监管工作，同时还要与现实的应用需求相配合，对有关构件的品质进行检查和检测，如有任何问题，都要返回制造工厂。

3.3　落实施工作业的监管

对于预制构件与现有房屋之间的连接，需要进行监督控制，进一步提高连接的品质，为后期的安全应用奠定坚实的基础。首先，施工队需要进行技术培训，对预制块的安装过程和操作过程有一个清晰的认识，不能对其进行任何的调整。其次，建立一个健全的工地建设管理系统，可以采用看板管理，也可以采用现代的建设计划，建立一个高品质的监督模式，与有关的流程进行实时的衔接，掌握每一个项目的建设计划，保证每一个项目都是按照最初的图纸进行的。再次，还要建立健全建设监督体制和系统提示。实行专岗专责，将职责体系与薪酬体系和业绩评价体系结合起来，保证监督和基础施工管理人员把工程质量监督工作作为第一要务。

3.4　落实浇筑技术的改革

在目前的局部拼装建设中，采用“先浇后灌”的工艺已得到各方的认同。这样一套改进的浇筑系统可以让整个作业过程更加简单，从而提高了建设的效率，为今后的房屋建设项目的建设品质提供了一个良好的保障。从技术系统的具体运用来说，就是要完成房屋建设的集成化和规范化的转变。对房屋围护结构、主体结构和房屋装修进行一体化的设计，采用改良型的先浇筑预制组装技术进行建设，通过水平后浇带的设置可以加强整个工程的安全性，并对搭接操作以及搭接锚固等环节进行监督，此外，引入了纵向连接配筋结构可以提高房屋的稳定性。

3.5　强化信息技术应用质量

在原有的人力管理和监督的基础上，运用 BIM 技术构建现代化的监督系统，是装配式建筑建设的关键。以 BIM 技术为基础，建立了建筑信息建模，并对整个装配式结构的设计、加工、施工、运输、现场管理等多个方面展开有针对性的控制，通过遥测装置与电脑系统软件相结合，建立了电子化的监控体系，可以做到全时间段的监控和全方位的监督。基于 BIM 技术，构建了装配式协作设计体系，以实现对制造和建设之间的信息共享，提高了产品的品质。通过物联网技术，可以实现对相关构件的实时控制。

4　结语

装配式混凝土构造施工工艺在当代房屋建设中广泛应用，具有显著的经济效益和施工效益。采用装配式混凝土结构的建造技术，可以对房屋建筑进行最优的选择，使房屋的结构系统得到进一步的改进，同时还可以通过标准的预制混凝土结构来对房屋的造价进行有效控制，提高了房屋的施工效率，保证了总体建设品质。

参考文献

［1］ 陈锦彪，廖雪平．房屋建筑装配式混凝土结构建造技术分析［J］．经济技术协作信息，2018（26）：69.

［2］ 刘妍．房屋建筑装配式混凝土结构的建造技术分析［J］．砖瓦世界，2022（12）：19-21.

［3］ 曹霞．房屋建筑装配式混凝土结构的建造技术分析［J］．科技风，2021（21）：114-115.

［4］ 袁庆．浅谈装配式混凝土结构建造技术在房屋建筑工程中的应用［J］．砖瓦世界，2022（11）：61-63.

［5］ 陈景辉，胡键威．房屋建筑装配式混凝土结构建造技术的应用研究［J］．工程建设与设计，2022（22）：204-206.

高层建筑深基坑顺、逆作法综合施工技术研究

邓　庭

湖南省第六工程有限公司　长沙　410004

摘　要：针对高层建筑塔楼基坑施工速度问题，设计了基坑塔楼顺作、基坑裙楼逆作综合施工方案，分析顺、逆作法综合施工技术对高层建筑深基坑施工进度的影响。结果表明，该设计方法解决了施工场地狭小的难题，减少了临时支撑施工量，加快了塔楼施工进度，有效保护了周边环境，提升了带裙楼的高层建筑深基坑施工经济效益。

关键词：高层建筑；深基坑；裙楼；塔楼；顺、逆作施工技术

随着我国建筑工程规模不断扩大，促进了地下空间开发利用，基坑开挖作为地下空间重要组成部分，对工程项目安全、质量、成本具有直接影响。近年来，深基坑工程项目逐渐增多，也积累了许多深基坑工程项目经验，涌现出许多成熟的施工技术。顺、逆作法综合施工是通过工程实践的经验总结探索出来的一项施工工艺，在高层建筑深基坑项目中应用广泛。高层建筑主要由两部分组成，即塔楼与裙楼，其中塔楼施工是影响施工工期的主要因素，再加上现阶段高层建筑多为深大基坑，整体面积大，施工场地狭小，如果仍采用明挖顺作支撑方案施工，就会严重影响塔楼施工进度，所获得的经济效益差。本文以某高层建筑工程项目为例，分析了顺、逆作法施工方案设计，并且提出针对性技术对策，以此解决相关问题，保证高层建筑深基坑项目的施工效果。

1　工程概况

某高层建筑项目，由塔楼和裙楼组成主体工程。其中塔楼 52 层，采用框筒结构；裙楼 5 层，采用框架结构；塔楼和裙楼均设置 3 层地下室。该工程为桩筏基础，采用钻孔灌注桩施工。本工程为深基坑工程，开挖面积为 7000m^2，塔楼和裙楼基坑开挖深度分别为 13.5m、12.0m。工程主体位于市中心，施工范围内涉及众多管线和周边建筑物。深基坑开挖之前，对该工程项目进行地质勘察，勘察结果为基坑开挖深度范围内属于软土地层，各土层力学指标见表 1。

表 1　各土层力学指标

土层编号	土层名称	层厚（m）	密度（kN/m^3）	黏聚力（kPa）	摩擦角（°）	渗透系数（cm/s）
①	杂填土	2.0	17.9	0	22.0	—
②	黏土	1.6	17.9	19.9	16.9	4.99×10^{-6}
③	淤泥质	2.9	17.4	12.9	14.9	1.38×10^{-5}
④	粉质黏土	7.8	16.5	13.9	10.4	7.73×10^{-6}
⑤1-1	淤泥质黏土	6.1	17.2	15.4	11.4	1.26×10^{-5}
⑤1-2	粉质黏土	4.3	17.8	8.4	23.4	3.62×10^{-5}
⑤2	砂质粉土	5.9	18.0	2.9	26.4	6.23×10^{-4}
⑤3	粉质黏土	3.6	17.9	9.9	22.9	—
⑥	粉质黏土	3.3	19.5	51.0	16.9	—

2　顺、逆作法综合施工方案总体设计

根据本工程项目的实际情况，明确深基坑工程特点。具体如下：一是地下室建筑控制线设置过于接近规定数值，未留出足够施工场地，造成施工人员操作难度大。二是施工主体周边有众多建筑物，且涉及众多市政管线，要求项目施工必须达到环境保护要求。三是开发商对塔楼工期提出了较高的要求，既要保证塔楼施工进度，又要尽可能地延缓投资。基于上述特点，若只采用顺作法施工，则难以解决施工场地问题，若只采用全逆作法，则无法解决施工进度和延缓投资问题。对此为了解决上述问题，提出了顺、逆作法综合施工技术，即塔楼基坑顺作、群楼基坑逆作，在塔楼基坑施工时，采用顺作法施工，将裙楼基坑作为塔楼施工场地，当塔楼基坑施工完成并进入上部结构施工后，采用逆作法，开展裙楼基坑施工。

根据顺、逆作法综合施工方案，将施工区域设置为Ⅰ区域和Ⅱ区域。其中Ⅰ区域包括塔楼区域和南侧裙楼区域，采用的是顺作法；Ⅱ区域为北侧裙楼区域，采用的是逆作法。深基坑项目外围结构地下连续墙作为地下室外墙。Ⅰ区域和Ⅱ区域之间设置临时隔断，隔断桩采用钻孔灌注围护桩，为使Ⅰ区域呈封闭状，还需要设置单排水泥搅拌桩隔水帷幕。Ⅰ区基坑水平支撑体系采用钢筋混凝土水平支撑体系，竖向支撑构件由临时立柱和立柱桩组成，Ⅱ区基坑水平支撑体系采用结构梁板，并且为其设置混凝土临时支撑。

3　顺、逆作法综合施工流程

首先开展深基坑地下连续墙施工，并且设置好内部临时隔断；将Ⅱ区作为Ⅰ区基坑开挖施工的场地，采用顺作施工方法，将Ⅰ区基坑开挖至基底，完成Ⅰ区基坑施工后，钢筋混凝土支撑需要进入塔楼上部结构施工再进行拆除。Ⅱ区基坑在施工场地许可的情况下，且Ⅰ区塔楼已经进入上部结构后开始施工。采用逆作法，开展Ⅱ区基坑施工时，应一边开挖，一边将围护桩凿除，与此同时针对Ⅱ区地下室结构梁板与Ⅰ区结构梁板，实现有效连接。在此过程中，Ⅱ区结构柱、竖向墙体以及车道等结构构件要在开挖至基底并且完成底板浇筑后再采用逆作法施工。

4　顺、逆作法综合施工技术

4.1　地下连续墙及临时隔断

基坑项目采用“两墙合一”，即地下连续墙既作为地下室外墙（图1），又作为外围护结构。根据设计要求设置地下连续墙，其厚度为0.8m，采用强度等级为C30的混凝土，若采用水下浇筑混凝土施工工艺，需要提高一级混凝土强度。在槽段间施工时，为保证连接良好，采用双波管柔性接头。针对于塔楼和裙楼结构连接，通过设置沉降后浇带预防裂缝发生，为了防止地下连续墙对沉降效果产生阻碍，对于沉降后浇带位置，还需设置槽段分缝。本工程塔楼和裙楼分区施工，通过设置临时隔断作为基坑塔楼和裙楼（顺、逆作施工）分界，在沉降后浇带位置合理设置临时隔断。通常情况下，可采用的临时隔断围护体围护形式较多，如型钢水泥土搅拌墙、地下连续墙以及钻孔灌注桩等，均可以满足技术要求。但是考虑在顺、逆作结构连接施工过程中，需要逐层凿除临时隔断，对此还需要考虑临时隔断的经济性和可操作性。基于此要求分析，地下连续墙作为临时隔断，造价较高，且凿除困难；将型钢水泥土搅拌墙作为临时隔断，无法拔除型钢；将钻孔灌注桩作为临时隔断，不仅经济，

且凿除方便。因此本工程采用ϕ950mm@1150mm 钻孔灌注桩作为临时隔断，并且将其设置在顺、逆作区域交界处，为使深基坑形成封闭，需要在灌注桩外侧设置单排双头水泥土搅拌桩止水帷幕。

图 1　地下连续墙现场施工效果

4.2　结构梁板代替水平支撑

Ⅱ区基坑逆作区域结构梁板作为水平支撑，连接地下连续墙以及顺作区域结构梁板，需在适当位置设置混凝土临时支撑，如结构梁板缺失、竖向构件开洞等区域。针对Ⅱ区与Ⅰ区顶板，可以直接连接，随着中部隔断围护桩的凿除，连接地下一层、地下二层与Ⅰ区结构梁板，以达到传递水平力的目的。在Ⅱ区施工阶段时，对于首层结构梁板，既作为施工栈桥，也作为行车通道。首层结构梁板作为行车通道需进行加固设计，以满足车辆荷载、停机位置以及挖土工况对结构梁板的要求。根据施工需要，在首层结构梁板局部设置出土口，针对出土口边梁，还应进行受力分析。首层结构梁板除了需承受自重外，还需要承受板面施工荷载，因此结构梁板处于两种状态下，即水平和竖向，再加上局部设置开口，一定程度上增加了梁板整体受力的复杂性，对此为了满足施工要求，针对梁板水平及竖向受力和变形情况，还需采用有限元方法分析。

4.3　一柱一桩

Ⅱ区地下室逆作区域竖向支撑构件采用一柱一桩（图 2），其中一柱是型钢格构柱，一桩是柱下钻孔灌注桩。钢立柱角钢钢材为 Q345B 级钢、4L160mm×16 角钢格构柱。钢立柱外包混凝土作为结构柱，于结构永久柱位置设置。在施工底板浇筑前，一柱一桩承受的荷载较大，一方面承受来自上部结构自重，另一方面要承受施工荷载，因此在连接钢立柱与结构框架梁时，为了使二者连接可靠，需要采用抗剪措施。本工程采用的措施，一是采用圆柱头栓钉，在格构柱上框架梁范围内打设，二是将钢托板设置顶层结构梁底。基于上述情况，本工程严格检查钢立柱垂直度偏差，要求不大于 1/400，经检查，在逆作施工阶段，钢立柱垂直度偏差符合要求，具有足够的强度和稳定性，与此同时与结构梁的连接节点可靠。

4.4　交界区域传力节点设计

顺作区施工时，针对结构梁板与围护桩连接，需要采用临时换撑围檩，将其设置在梁板

图 2　一桩一柱现场施工效果

标高处，采用 H350mm×200mm×20mm×20mm 的换撑型钢，将其设置在顺作区结构梁端部，将换撑型钢与临时换撑围檩进行连接，可以达到传递水平力的目的，对于换撑型钢的设置，还需要将其一端锚入框架梁，而且还需要保证在结构梁内换撑型钢的锚固长度达到要求，并采用一定数量的圆柱头焊钉，将其打设在翼缘上，可以达到增强锚固力的作用。针对换撑型钢另一端，应根据焊接要求，与临时换撑围檩预埋件进行科学、合理的焊接。换撑型钢置于框架梁钢筋笼中，一方面便于顺作区框架梁主筋留设，另一方面也可以保证顺、逆作区域框架梁的连接。

5　检测结果

在本次基坑项目施工作业过程中，为了保证施工活动顺利完成，本工程将信息技术充分用于施工监测，从施工结果来看，信息化监测切实有效，促进了施工作业的顺利实施。

信息化监测的对象主要包含地下连续墙墙顶位移、支撑立柱顶位移、地下连续墙水平位移、坑外地下水位、钢筋混凝土支撑轴力、坑外土体位移、地下管线沉降、周围建筑物沉降等。信息化监测分为 5 个阶段，第一、二、三阶段分别是施工第一、第二、第三道混凝土围檩与支撑，开挖深度分别为-1.65m、-6.50m、-10.50m，第四阶段开挖至基底设计标高，并浇筑混凝土垫层，第五阶段浇筑基础底板。通过信息化监测之后，以上 5 个阶段的各类位移、沉降和变形均在控制范围之内。

5.1　地下连续墙侧向位移

本次施工过程中，地下连续墙侧向位移处于控制范围之内，墙体变形情况比较稳定。施工第三阶段侧向位移累计值在 25mm 以内；第四阶段侧向位移在 50mm 左右；第五阶段施工之后，侧向位移十分缓慢。另外随着开挖深度的不断加大，最大侧向位移的竖向标高呈现出下降趋势。将 5 个施工阶段的侧向位移情况进行比较，可见第三、四阶段侧向位移增量相对较大，其原因主要是第三、四阶段的施工周期相对较长，当开挖深度不断加大之后，侧向水土压力也随之增加，因此导致第三、四阶段侧向位移增量相对较大，当第五阶段施工之后，地下连续墙的侧向位移受到了有效约束，最终本次施工的地下连续墙变形情况比较稳定。

5.2　周边管线沉降

本次施工中，各类周边管线的沉降情况较为稳定。以煤气管线和电话管线为例，第一、二阶段煤气管线以及电话管线的沉降量均小于 5mm；第三、四阶段煤气管线沉降量累计值在 35mm 以内，电话管线沉降量累计值在 40mm 以内；第五阶段各类管线沉降均比较缓慢，增量均在 5mm 以下。另外各类管线的沉降曲线在形状上基本一致，并且各类管线沉降发展与地下连续墙侧向位移发展情况相互吻合，均是在第三、四阶段发展较快。主要还是因为第三、四阶段地下连续墙侧向位移发展较快，因此导致坑外土体发生了一定程度的沉降，进而引起周边管线的沉降。第五阶段施工之后，地下连续墙侧向位移受到了有效约束，同时周边管线沉降也非常缓慢，最终各类周边管线的沉降情况总体较为稳定。

6　结语

通过本文的研究，可以得出顺、逆作法综合施工技术方案，在高层建筑深基坑项目中得到了成功的应用。经过实践证明，该施工技术方案针对高层建筑深基坑项目施工具有针对性，解决了施工场地狭小的问题，保护了周边环境，获得了良好的经济效益和社会效益。但是在本次项目工程研究过程中，还存在许多不足，比如未对有限元模拟进行分析，对此需要在今后的研究中加以改正。

参考文献

[1] 李文静．逆作法在建筑深基坑工程中应用的重点分析［J］．砖瓦，2022（04）：76-78.

[2] 徐一博．紧邻保护建筑侧狭长基坑逆作法分区开挖技术［J］．建筑施工，2022，44（03）：454-456.

[3] 陈向红．地下工程顺逆作法施工临时支护及模型分析［J］．中国煤炭地质，2021，33（12）：56-60.

[4] 潘靖．深基坑支护技术在高层建筑工程中的应用［J］．工程技术研究，2019，4（09）：45-46.

[5] 郑发暖．建筑基坑的逆作法施工技术要点分析［J］．住宅与房地产，2017（30）：176.

[6] 程明进．复杂环境下的超深基坑工程顺逆作结合设计与实践［J］．绿色建筑，2017，9（04）：87-89.

道路边沟预制盖板适用性优化改进方案

陈风清

湖南省机械化施工有限公司　长沙　410000

摘　要： 道路边沟盖板因为雨水冲刷产生的泥流、碎石导致泄水孔堵塞或被车辆压断，使排水系统瘫痪，最终影响道路的使用寿命。本文以溆浦县北斗溪特色文旅小镇交通建设项目（一期）工程施工中道路边沟盖板优化设计的工程实例，从构件设计、模具开发、配筋优化和混凝土配合比设计方面，对目前道路边沟预制盖板广泛存在的问题提出适用性优化改进建议。

关键词： 排水系统；盖板；模具开发；配合比设计

预制边沟盖板是我国道路排水工程中常见的结构形式，传统施工技术由于仅考虑了脱模的便利性，泄水孔上大下小，易造成堵塞，增大了清理和维修难度。本文基于实际工程项目，以溆浦县北斗溪特色文旅小镇交通建设项目（一期）工程施工中道路边沟盖板优化设计改进方案，从模具改良、配筋优化、混凝土配合比设计、混凝土浇筑及养护等方面进行工艺要点介绍，为建筑施工预制构件成品的适用性、美观性提供新思路。

1　传统预制盖板的缺陷

传统模具仅考虑脱模的便利，而忽视了现有形状容易诱发拥堵。盖板泄水孔的形状为倒圆锥形（图 1），在盖板安装后泄水孔上大下小。随着时间推移，石头、枝叶等杂物容易在盖板泄水孔中卡住（图 2），加上水流的冲刷压力，导致泄水孔的堵塞程度加重，清理和维护难度直线上升，严重者只能取出盖板翻转清理后再安装。

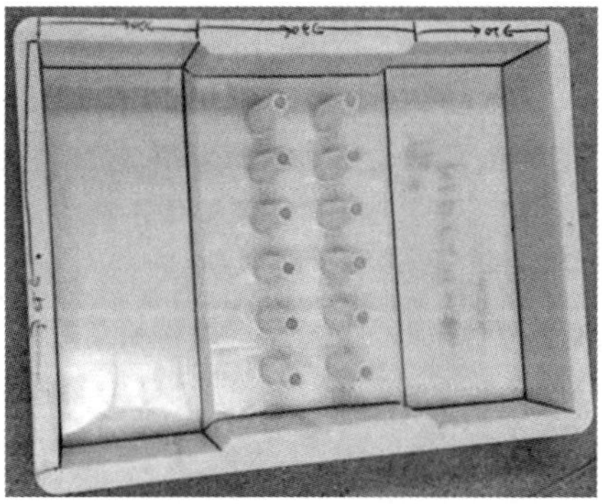

图 1　首次模具图样

图 2　首次构件图样

2　优化改进预制盖板的构思

道路边沟盖板因为雨水冲刷产生的泥流、碎石导致泄水孔堵塞或被车辆轧断，使排水系统瘫痪，最终影响道路使用寿命。本文以溆浦县北斗溪特色文旅小镇交通建设项目（一期）工程施工中道路水沟盖板优化设计的工程实例，从构件设计、模具开发、配筋优化和混凝土配合比设计方面，对目前路边沟预制盖板广泛存在的上述问题提出适用性优化改进建议。

盖板构件的生产工艺如图 3 所示。

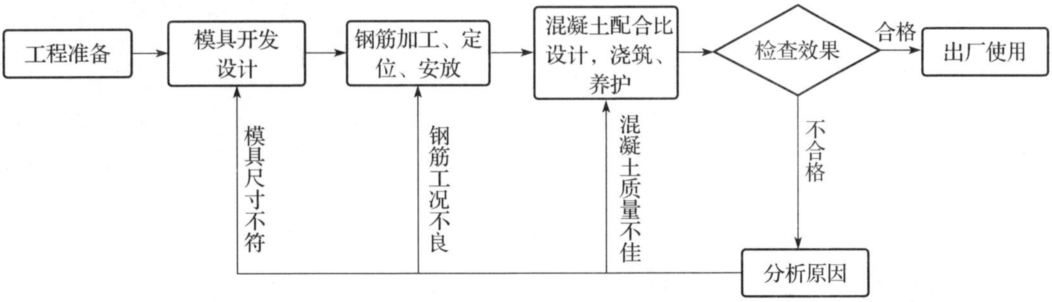

图 3　工艺流程图

3　优化改进方案

3.1　模具改良说明

根据模具缺陷问题，对模具进行改良。根据构件的使用工况和生产工艺，首次将模具改为子母模具，以方便脱模，实现倒锥形（图 4）。

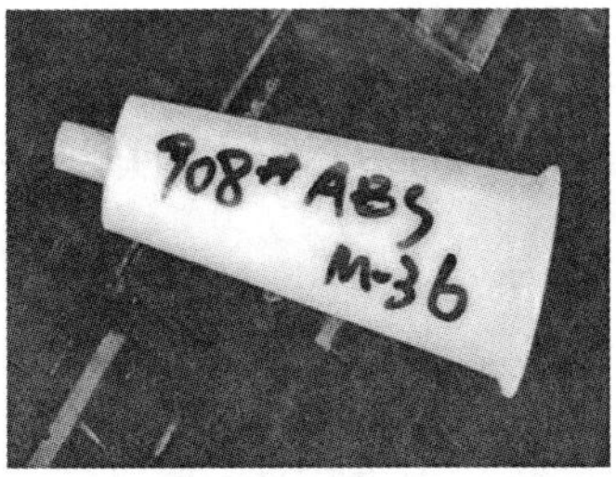

（a）子模

（b）母模

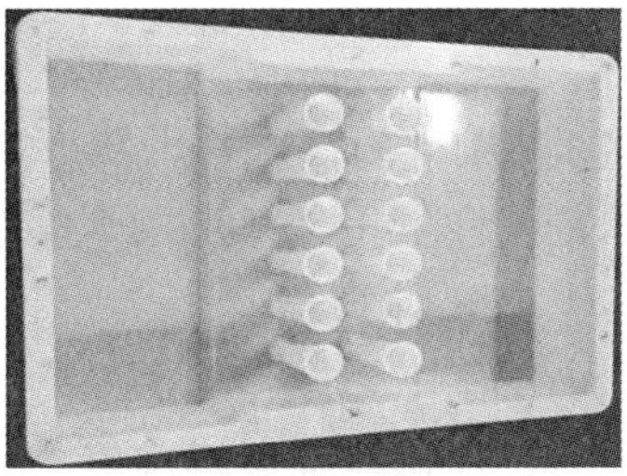

（c）子母模组合状态

图 4　子母模模板

3.2　配筋的优化

首次配筋时底筋和构造筋是分开的，钢筋的整体受力无法满足整体弯拉强度要求，需要将主筋与构造筋制成整体；在钢筋加工和安装过程中，采用工业化集中加工安装，提高工程质量。

优化后的配筋如图 5 所示。

3.3　混凝土配合比设计

（1）设计依据。

《普通混凝土配合比设计规程》(JGJ 55—2011)；

《超高性能混凝土预制构件生产技术规程》(T/CCPA 22—2021)。

（2）使用部位及技术要求。

使用部位。预制构件。

技术要求。①设计弯拉强度等级：4.0MPa；②坍落度：30~50mm。

（3）原材料说明。

水泥：金大地（台泥）水泥有限公司，P·O 42.5 普通硅酸盐水泥。碎石：洪江市娜塔岩砂厂生产的 5~10mm：10~20mm：(16~31.5)mm=20：20：60（质量比）掺配成 5~31.5mm

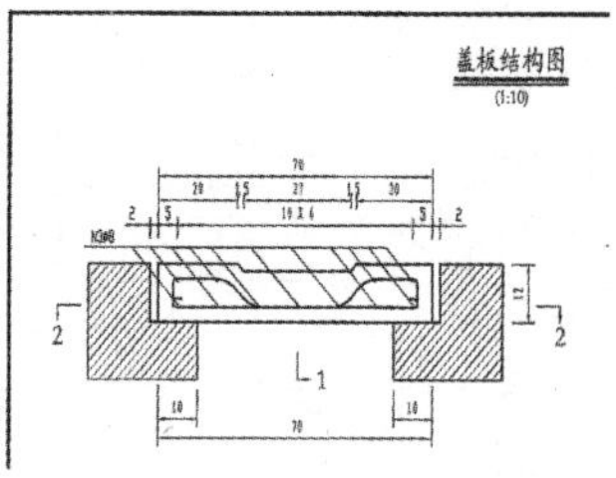

（a）配筋优化

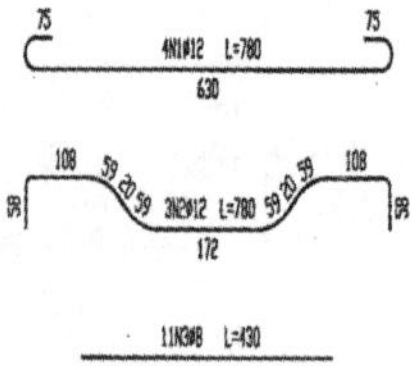

（b）钢筋尺寸

（c）钢筋加工

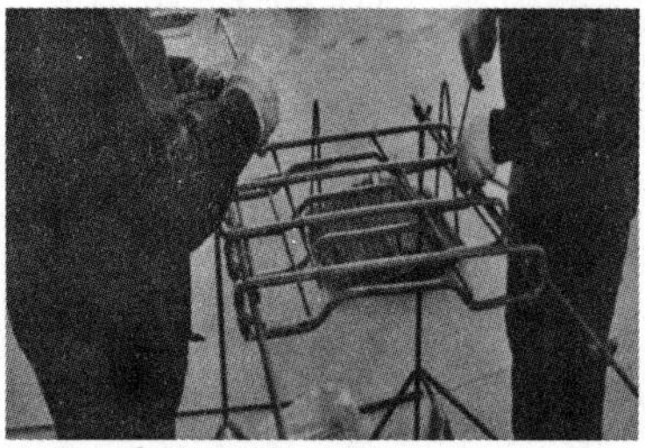

（d）钢筋绑扎

（e）钢筋绑扎成品

图 5　优化配筋

连续级配碎石。采用洪江市娜塔岩砂厂生产的中砂。采用饮用水。外加剂为 NC-J 高性能减水剂，掺量 1.25%，减水率为 37%。

（4）计算步骤。

①试配强度。

设计弯拉强度标准值 $f_r = 4.0\text{MPa}$，弯拉强度试验样本的标准差取 $s = 0.4\text{MPa}$，保证率系数取 $t = 1.0$，弯拉强度变异系数取 $C_{vf} = 0.10$

$$f_m = \frac{f_r}{1-1.04C_{vf}} + ts = \frac{4.0}{1-1.04\times0.10} + 1.36\times0.4 = 5.01\text{MPa}$$

式中，f_m 为混凝土适配弯拉强度的均值；f_r 为混凝土弯拉强度标准值。

②水灰比。

$$\frac{W}{C} = \frac{\alpha_a f_{ce}}{f_{cu,o} + \alpha_a \alpha_b f_{ce}} = 0.53\times48.2/(48.22+0.53\times0.2\times48.2) = 0.48$$

根据设计图纸要求最大水灰比为 0.45，选取水灰比为 0.45；

③用水量。

查表 $m_{w0} = 245\text{kg}$，$m_{wa} = m_{w0}\times(1-\beta) = 245\times(1-0.45) = 134.75\text{kg}$，取 135kg。

④水泥材料用量。

根据水灰比计算水泥材料用量 $C = 135\div0.45 = 300\text{kg}$，拌和取水泥 300kg，满足图纸最小水泥用量 240kg/m^3。

⑤砂率：$\beta_s = 43\%$。

⑥粗细骨料用量。

采用质量法由下式计算：

$$m_{c0} + m_{g0} + m_{s0} + m_{w0} = m_{cp}$$

$$\beta_s = m_{s0}/(m_{s0}+m_{g0})\times 100\%$$

式中，m_{c0} 为每 $1m^3$ 混凝土的胶凝材料用量（kg）；m_{g0} 为每 $1m^3$ 混凝土的碎石用量（kg）；m_{s0} 为每 $1m^3$ 混凝土的砂用量（kg）；m_{w0} 为每 $1m^3$ 混凝土的水用量（kg）；m_{cp} 为每 $1m^3$ 混凝土拌和物的假定质量（kg），取 2400kg。

计算后的结果为：$m_{s0}=782kg/m^3$，$m_{g0}=1037kg/m^3$。

初步配合比，计算得出每 $1m^3$ 混凝土材料用量：

$m_{c0}=300kg$；$m_{s0}=843kg$；$m_{g0}=1117kg$；$m_{w0}=135kg$；$m_{v0}=4.664kg$。

⑦拌和物和易性调整。

按初步配合比试拌 20L 混凝土拌和料，各种材料用量为：

水泥：300×0.02=6kg；

砂：843×0.02=16.86kg；

5~10mm 碎石：1117×0.02=4.47kg；

10~20mm 碎石：1117×0.02=4.47kg；

16~31.5mm 碎石：1117×0.02=15.64kg；

水：135×0.02=2.7kg；

外加剂：4.664×0.02=0.0933kg。

经实测混凝土坍落度 195mm，和易性良好，无离析泌水现象，1h 后测混凝土坍落度 190mm，确定该配合比为基准配合比，实测密度为 $2400kg/m^3$。

$\delta=|\rho_{c,t}/\rho_{c,c-1}|=|2400\div 2400-1|=0.0\%<2\%$。

式中，$\rho_{c,t}$ 为混凝土表观密度实测值（kg/m^3）；$\rho_{c,c}$ 为混凝土表观密度计算值（kg/m^3）。

故每项材料用量不需要再进行调整。

3.4　实验室配合比确定

按基准配合比水灰比 $W/C=0.45$，增减 0.02；砂率相应增减 1%，计算出另外两组配合比，具体数据见表 1。

表 1　混凝土配合比设计对比

序号	水灰比 W/C	砂率（%）	配合比（kg/m^3） C：S：G：W：WJ	坍落度（mm）	实测密度（kg/m^3）	强度（MPa）	
						7d	28d
1	0.47	44	300：856：1089：141：4.433	200	2390	34.6	50.0
2	0.45	43	300：843：1117：135：4.664	195	2400	38.8	55.2
3	0.43	42	300：830：1146：129：4.939	190	2410	40.2	57.6

经实测各种水灰比的混凝土坍落度符合设计值 160~200mm，和易性良好，无离析现象。分别成型三种水灰比的抗压试件进行试验。

初步选择 $W/C=0.37$ 的配合比为实验室配合比：

水泥：砂：碎石：水：外加剂=300：842：1117：135：4664

3.5　构件的混凝土浇筑工艺

盖板采用自动流水生产线批量生产（图 6），确保每个构件的统一性和同批次构件的颜色无差别。

采用高频率的自动振捣，由下至上的振捣工艺（图 7），确保混凝土的密实度和气孔符合要求。

图 6　流水线生产

图 7　振捣后的密实性

预制构件的养护方法有自然养护、蒸汽养护、热拌混凝土热模养护、太阳能养护、远红外线养护等。本项目以自然养护和蒸汽养护为主。

蒸汽养护是将构件放置在有饱和蒸汽或蒸汽与空气混合物的养护室内，在较高温度和湿度的环境中进行养护，以加速混凝土的硬化，使之在较短的时间内达到规定的强度标准值。

蒸汽养护效果与蒸汽养护制度有关，它包括养护前静置时间、升温和降温速度、养护温度、恒温养护时间、相对湿度等。

蒸汽养护的过程可分为静停、升温、恒温、降温四个阶段，蒸汽养护时，混凝土表面最高温度不宜高于 65℃，升温幅度不宜高于 20℃/h，否则混凝土表面易产生细微裂纹。

3.6　预制盖板现场项目适用性成效

该构件的产品改进优化方案解决了道路排水系统维护困难、工况条件多样化的问题。在产品施工过程中对区域环境要求降低，可适应于各种地质环境（图 8）。排水孔的物理隔断石头和杂物的作用效果明显。

（a）成品效果展示　　（b）成品效果展示

图 8　成品效果展示

4　总结

通过本项目对预制盖板进行优化改进，采用子母模进行预制，使道路边沟盖板泄水孔呈“上小下大”，可防止雨水冲刷产生的泥流、碎石导致泄水孔阻塞；通过配筋优化和混凝土配合比改进，大大提高了盖板抗弯强度，进而有效提高了排水沟使用寿命、防止路基路面病害发生。此外，提高盖板弯拉强度，可间接解决道路拥堵的问题，有效避免了排水系统被破坏。

从景观效果来看，排水沟盖板与山体无缝衔接；此做法非常好地解决了人工构造物与景观结合生硬的问题，成为该公路景观的一大亮点。

参考文献

[1] 肖隆妍，吴强．公路路基排水设计及施工问题分析［R］．公路与水路运输，赣州市综合交通运行指挥中心，2021，U417.3；U416.1

[2] 王俊，赵斌．日本市政工程预制混凝土构件的应用［J］．混凝土与水泥制品，2017（8）：33-36.

[3] 杨永宏．海底隧道预制清水混凝土小型构件技术的运用及研究［J］．建材与装饰，2016（20）：254-255.

[4] 王芳．高速公路排水系统设计方法研究［D］．西安：长安大学，2007.

[5] 胡克伟．山区高速公路排水设计［J］．交通世界：运输车辆，2013，（9）：30.

[6] 林志，郝理，李玉文，等．钻爆法公路隧道装配式衬砌结构关键技术研究［J］．重庆交通大学学报（自然科学版），2020，39（3）：107-112.

[7] 林志，郝理，吴森阳，等．地下工程预制技术应用现状及预制衬砌关键技术研究［J］．混凝土与水泥制品，2020（2）：90-93.

[8] 刘保林，旷文涛，齐如见，等．矿山法铁路隧道衬砌拱部预制拼装现场试验研究［J］．铁道标准设计，2021，65（10）：184-189.

[9] 赵晓勇．单线铁路隧道预制装配式仰拱方案探讨［J］．铁道标准设计，2021，65（9）：127-132，147.

[10] 谢建波．预制装配式地铁车站施工技术及应用［J］．建筑技术开发，2022，49（2）：100-102.

[11] 刘军，刘礼扬，王余良，等．地铁车站装配式半盖挖法施工技术研究［J］．市政技术，2021，39（12）：73-75，93.

[12] 李红洲．矩形装配式隧道接头的抗弯压性能数值研究［J］．水利与建筑工程学报，2021，19（6）：152-157.

基于设置土台标高桩的场地平整测量控制网研究

夏金皇[1]　王　鑫[2]

1. 湖南省第六工程有限公司　长沙　410015　2. 湖南省机械化施工有限公司　长沙　410015

摘　要： 在大面积场地平整土方开挖（回填）施工过程中，因工作面大，测量任务往往非常繁重，所以改进场地平整测量标高控制方法迫在眉睫。本项目优化后采取场地测量土台标高桩来实现可视化标高控制，最大限度地提高了现场机械的使用效率，从而降低了施工成本，减少了机械设备造成的碳排放，有效地缩短了工期。

关键词： 场地平整；土台标高桩；开挖回填；测量放线

测量工作贯穿整个场地平整施工过程，而测量是关键，是整个项目高效完成的有力保障。在施工过程中建立场地平整测量控制网，可有效减少重复性测量工作，进而减少施工过程中机械的投入。通过土台标高桩的设置，可将图纸标高进行现场可视化，对全场大开挖大回填施工起到良好的指导作用，有效推进初期工程建设工作。

1　传统方法下的场地平整工程项目

1.1　场地平整项目概况

国能湖南岳阳电厂 2×1000MW 新建工程位于岳阳市华容县东山镇关山村，厂址所处区域为剥蚀丘陵地貌，地形有起伏，地面高程在 47~68m 之间，厂区分布有数个低矮丘包，坡度约 5°~20°，丘包间为低缓的沟谷，地势较平缓，一般耕地与林地交错分布，植被较发育，场地内分布有数个不大的水塘。

本场地平整工程共分为 12 个区域，每个区域设计标高均不一致，场地设计标高东低西高，设计标高为 49~55m（表 1）。

表 1　国能湖南岳阳电厂 2×1000MW 新建工程场平施工土方量明细表

序号	场地名称	设计标高（m）	挖方量（m^3）	填方量（m^3）	净土方量（m^3）	挖方面积（m^2）	填方面积（m^2）
1	水岛	51. 00	4695. 66	97730. 58	93034. 92	1959. 76	18921. 52
2	右侧冷却塔	50. 00	15689. 21	162736. 16	147046. 95	7063. 44	34199. 32
3	右侧煤场	49. 00	28151. 35	91142. 96	62991. 61	11120. 19	25849. 14
4	附属	48. 00	17633. 20	17889. 04	255. 84	6556. 30	9533. 64
5	GIS	55. 00	28667. 98	29694. 52	1026. 54	9192. 32	12245. 79
6	施工组合场地	53. 00	231601. 02	28513. 29	−203087. 72	55420. 01	20635. 23
7	主厂房区	52. 00	199948. 58	259825. 35	59876. 78	46838. 86	65347. 18
8	翻车机	55. 00	21784. 16	22914. 49	1130. 32	7410. 23	7589. 77

续表

序号	场地名称	设计标高（m）	挖方量（m^3）	填方量（m^3）	净土方量（m^3）	挖方面积（m^2）	填方面积（m^2）
9	栈桥	53.00	18776.55	18751.09	-25.46	6386.67	6922.30
10	左侧煤场（留）	51.00	34800.36	59987.58	25187.22	9569.54	21730.10
11	左侧冷却（留）	50.00	109296.85	11263.74	-98033.11	27750.13	8713.33
12	堆放场地（留）	55.00	159141.17	84351.42	-74789.76	46905.43	33867.90
合计			870186.08	884800.22	14614.14	236172.88	265555.24

注：土方压实系数按1.12考虑，缺土方量：88.5×1.12-87.0=12.12万 m^3

1.2　传统场地平整施工方案

本工程的主要施工内容为：

（1）对厂区、施工区及进厂道路场地平整范围内的场地进行先期清理或处理，包括各区域的排水晾晒、清淤，厂区和施工区的临时排水设施的修筑和敷设，以及弃土、耕植土、垃圾、废渣、已拆迁的房屋和基础、障碍物的清理等全部工作内容。

（2）将场地平整至设计标高（标高偏差±50mm），含土石方开挖、运输，按设计要求回填碾压等工作内容，对厂区边坡按设计要求进行放坡。

（3）场地平整过程中由测量人员进行测量工作，对施工区域进行撒白灰放线工作，开挖（回填）标高由测量人员进行测量完成后，与现场施工员进行交底，并做好现场标高的把控，开挖（回填）至精平标高附近，再由测量人员钉木桩进行标高放样或者现场指挥推土机或进行精平工作。

2　场地平整测量土台标高桩测量网控制优化方法研究

2.1　场地平整测量土台标高桩测量网设立的意义

传统施工方法在场地平整施工过程中，对场地复测的频率越高，初次平整的精度越高，但与此相应的是，测量的工作量会越大，对测量人数的需求大，并且是重复工作，使得整个项目平均测量工作效率低下。如减少复测频率，则会增大局部地区的超挖、超填现象，浪费机械台班。

平整测量工作在多标高、大面积土方开挖（回填）时，要想用有限的测量人员高效地完成测量平整工作，则需要改进场地平整测量标高控制方法。本项目优化后采取场地测量土台标高桩来进行可视化标高控制，最大限度地提高了现场机械的使用效率，从而降低了施工成本，减少了机械设备造成的碳排放，有效地缩短了工期。

2.2　场地平整标高测量网设立

根据设计标高对本项目进行分区，完成土方量计算，去除清表厚度并找出挖填分界线，并且在图纸挖填分界线上布置土台标高桩优化标高网。在扣除清表厚度后的挖填分界线上，进行土台标高桩布置后再进行开挖；对于不适合设置场地平整土台标高桩的分区，在回填过程中优先回填出一个土台标高桩，再进行本区域的回填工作。

本项目采取此办法进行过分区填筑（图1），并在土台标高桩标高网指引下完成土石方开挖施工工作，在同一标高场地四周使用同一颜色彩旗布置，不同标高场地改变彩旗的颜色，明确施工场地施工范围。同一个标高区域相邻两个土台标高桩要形成通视；在视线开阔区域，可布置多个土台标高桩形成互相对照参考。

挖方区施工。清表后，挖机进行取土，按照 3.5m（最佳取土高度）一层进行顺臂取土工作，直至达到土台标高桩的高度（图 2），取完最后一层土，应保证再次精平厚度不超过 ±20cm，再用推土机进行最后的精确平整工作。

填方区施工。挖机完成清表、清淤工作后，按照土方回填规范要求，每 30cm 一层进行回填压实施工，直到达到土台标高桩的高度（图 3），最后一层填土要求对多个土台标高桩进行参考平整施工。松铺高度应考虑填土松铺系数，从而保证最后一层压实后与精确平整高度一致。

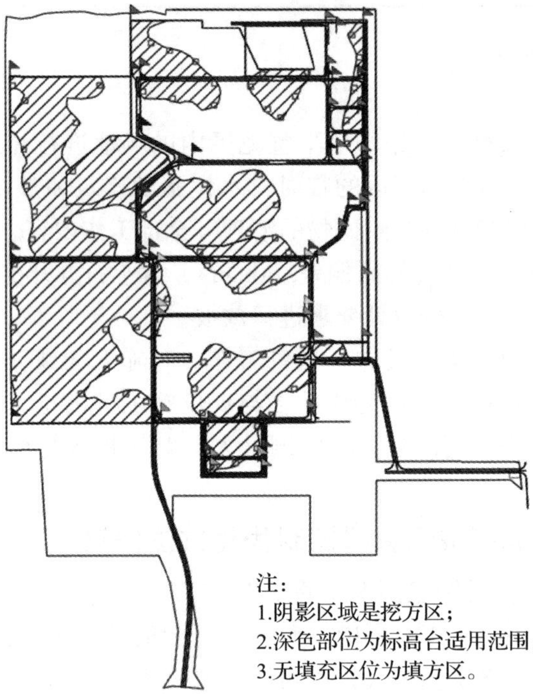

图 1　土台标高桩

图 2　挖方区土台标高桩

图 3　填方区土台标高桩

2.3　场地平整标高测量网优化后进度、成本控制实际效益

对国能湖南岳阳电厂 2×1000MW 新建工程场地平整标高测量网控制进行了优化，采用了土台标高桩进行场地标高控制施工。

（1）减少了测量放线的工作量，从原先测量放线 5 人降至现在的 2 人，降低了施工成本，提高了施工效率。

（2）场地标高的平整可视化，使得机械施工一次平整标高到位，由传统方案的 35%到本项目的 82%，有效地减少了施工过程中的机械台班使用。

（3）在整个项目平整施工任务中，工程机械进场与原定计划进场数量和吨位一致，由原先计划中的工程机械总台班量约为 9500 个，到实际完成全部施工任务工程机械只用了 9264 个台班，实现项目绿色建造过程中的碳排放指标的有效控制。

（4）成功地将工期从 100d 压缩至 65d，为后续施工争取了更多自由时差。

3　结语

对于大型土石方开挖工程，在减少重复性测量的同时，进行对场地快速、准确的标高控制，是对机械利用效率和项目成本控制的有效保障。采用场地平整标高测量网控制优化方法，在保证土石方按规范、标准施工前提下，既减少了测量工作量，又最大限度地提高了现场机械的使用效率，从而降低了施工过程中的成本，减少了机械设备造成的碳排放，有效地缩短了工期。

本方法作为大型土石方开挖工程中对标高控制的成功先例，可以为以后类似工程提供借鉴。

参考文献

[1]　杨艳婷，舒恺，姚艳，等．浙东山地区域场地平整标高优化方法研究［J］．工程技术研究，2021，18：96-97.

[2]　张校园．物流园区土地平整方案分析［J］．福建建材，2019，12：39-41.

[3]　袁伟，宁德存．场地平整中土方量计算方法的探讨［J］．四川建筑．2020，40（4）：238-242.

[4]　黄艳立．CASS 在场地平整土方计算中的应用［J］．工程科技Ⅱ辑；社会科学Ⅱ，2015，04．（017）：1673-2928.

[5]　杨秋侠，蒋玉琼．基于生态环境保护的场地平土标高优化［J］．兰州理工大学学报，2016，42（1）：144-148.

[6]　邓秋琳，王嘉先，吴玉琦．基于项目建设的土石方量计算与水土流失预测研究进展［J］．地质论评，2017，63（S1）：349-350.

[7]　徐文财．工程纵横断面测量数据处理与土石方量计算系统的开发应用［J］．黑龙江水利科技，2021，49（8）：189-190，238.

[8]　任凯．联三村灌区土地平整工程土方最优调配方案研究［J］．陕西水利，2019（06）：189-190.

[9]　刘吉磊，郝英．土地整治项目中土地平整设计技术研究［J］．山西建筑，2019，45（05）：236-238.

[10]　朱文璟．土地整治项目中土地平整工程设计技术的应用分析［J］．价值工程，2019，38（29）：67-68.

[11]　张红，张宝丽，孙宏明．土地平整项目田块间土方量调配方法研究［J］．水利科技与经济，2011，17（05）：17-18.

[12]　李廷栋，郑秋芳．土地平整的实操方法研究［J］．创新科技，2013（08）：85-86.

浅谈大型厂房金刚砂地面开裂原因及防治措施

吴　灿　段小鹏　张晓鹏

湖南省机械化施工有限公司　长沙　410013

摘　要：针对某大型厂房金刚砂地面柱角处开裂现象，设计开发了分仓浇筑及混凝土配合比设计工序，研究了柱脚处柱及梁对楼板和地面的影响。结果表明，金刚砂耐磨地面容易受到结构应力影响，可通过分仓法施工工艺有效地抑制裂缝产生和发展，保证了金刚砂耐磨地面施工的质量。

关键词：大型厂房；金刚砂地面；柱角处开裂；分仓法浇筑；配合比；结构应力；抑制裂缝

金刚砂耐磨地面一般应用于大型厂房、地下室等，具有很好的耐磨性，但因其本身材料及工艺问题，大面积施工容易出现开裂、空鼓等现象。特别是首层回填地面可能因回填材料稀松、回填压实系数小于 0.94、地面不均匀沉降、金刚砂混凝土配合比不符合要求等原因产生裂缝，造成地面质量不合格，严重影响建筑物的使用功能，且返工费用高、耗时长，成为质量通病问题。可采用以下方法解决。①采用经多次试验、样板测试后得出最佳配合比混凝土用于现场，可有效减少混凝土温度应力引起的裂缝；②采用分仓法浇筑，对柱角区域金刚砂地面进行分区后浇筑，可以有效地控制柱角区域混凝土浇筑面积，减少结构梁柱应力引起的裂缝。

1　工程概况

某项目 1 栋五层厂房，单层建筑面积约 1 万 m^2，框架结构。一层地面设计为：松散素填土填充压实，压实系数不小于 0.94，500 厚碎石灌 M2.5 混合砂浆，振捣密实，200mm 厚 C30 彩色耐磨混凝土面层（内配 Φ8@200mm 双层双向钢筋网），分隔缝间距 5m×5m，缝宽 5mm。二、四层地面设计为：80mm 厚 C30 彩色耐磨混凝土面层（内配 Φ8@200mm 单层双向钢筋网），分隔缝间距 5m×5m，缝宽 5mm。其中样板区（1－8～1－13/1－G～1－C 轴区域）采用柱角表面 2m×2m 菱形切缝分格，在 C30 彩色耐磨混凝土面层施工完成后准备进行面层固化施工时，发现多处柱角沿柱对角线方向出现通长裂缝（图 1）。

图 1　柱角开裂现场照片

2　试验及裂缝原因分析

为确定开裂原因，对现场地面混凝土进行了回弹法强度检测和抽芯取样（图 2），根据检查结果，该层楼板混凝土强度、钢筋间距达到设计要求，钢筋保护层厚度符合验收规范，裂缝为贯穿裂缝，初步推断是由于混凝土地面不均匀沉降或结构梁、柱应力产生的裂缝。后又对现场多处进行了检查，比对了三方检测单位提供的沉降观测记录，基本排除了混凝土地面不均匀沉降的影响。

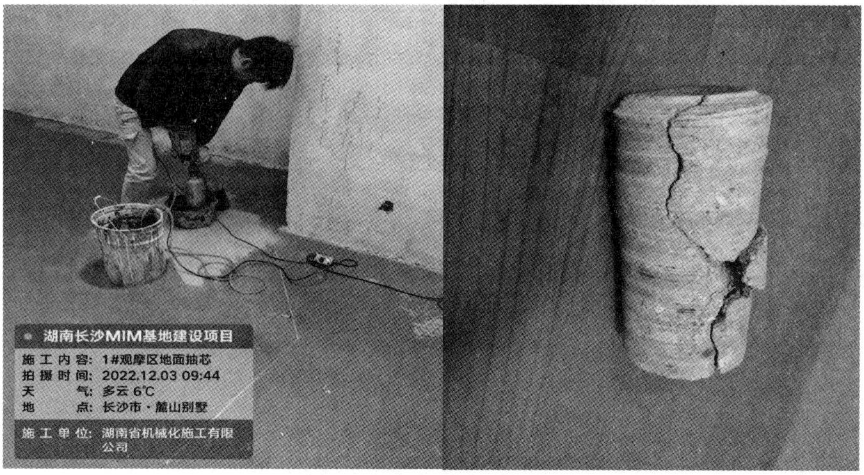

图 2　对金刚砂裂缝处进行抽芯取样检测及芯样

根据项目现场《隐蔽工程检查记录》及《水泥混凝土面层工程检验批质量验收记录》及现场照片，判定该开裂问题发生在该地面工程完成一段时间后并未上荷载时，由此判断产生该问题的原因是温度变化和结构内部应力引起的。钢筋混凝土地面随温度升高而膨胀，由于柱截面尺寸较大且有地梁和温度应力沿地面平行方向作用，加之分隔缝做法不妥且切割深度不够，不足以释放温度应力，最终导致在柱子四角开裂。根据对现有资料及现场情况的分析，由于施工工艺做法和质量控制不到位，导致由温度引起的金刚砂混凝土地面伸缩应力不足以释放和均匀分散（图 3、图 4）。

针对以上原因，考虑采用相对应的措施如下：

（1）通过优化金刚砂混凝土配合比降低温度应力的释放速度或减少应力释放。

（2）通过分仓跳格法浇筑金刚砂混凝土来释放温度应力。

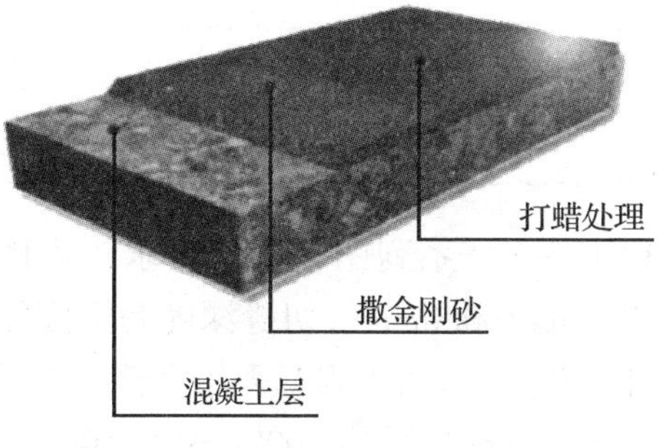

图 3　金刚砂骨料混凝土地面工艺图

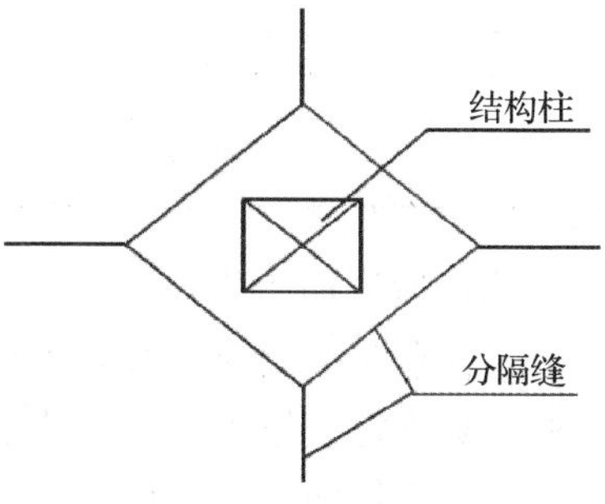

图 4　施工方案中分隔缝的做法

联系商品混凝土公司对现场金刚砂混凝土进行多次试配，发现适当增加粗骨料、水泥的用量，减少砂的用量，适当减少粉煤灰掺量，同时减小金刚砂混凝土出料施工时的坍落度（控制在 160~180mm 之间），可以增加金刚砂混凝土强度，减少裂缝的产生（表 1）。

表 1 金刚砂地面混凝土配合比设计参数表

（C30 普通混凝土与 C30 金刚砂地面混凝土技术指标对比表）

序号	项目	C30 普通混凝土	C30 金刚砂
1	设计配合比编号	2022-PB004	2022-PB0075
2	掺和料粉煤灰掺量	12%	9%
3	掺和料矿粉掺量	18%	17%
4	粉煤灰配合比	0. 17	0. 12
5	矿粉配合比	0. 25	0. 23
6	外加剂配合比	0. 038	0. 035
7	配合比（水）	0. 65	0. 54
8	配合比（砂）	4. 08	3. 58
9	配合比（石）	3. 7	3. 65
10	每 $1m^3$ 用量（kg）水泥	240	260
11	每 $1m^3$ 用量（kg）水	155	140
12	每 $1m^3$ 用量（kg）砂	979	931
13	每 $1m^3$ 用量（kg）石	887	950
14	每 $1m^3$ 用量（kg）粉煤灰	40	30
15	每 $1m^3$ 用量（kg）矿粉	60	60
16	水胶比	0. 46	0. 4
17	表观密度（kg/m^3）	2370	2380
18	砂率（%）	52	49
19	抗压强度（MPa）水泥	22. 7	无
20	抗压强度（MPa）水	38. 7	无

根据《建筑构造通用图集-工程做法》（12BJ1-1）系列图集做法要求，当楼面面积较大时，混凝土应分仓跳格浇筑，每仓不超过 6000mm×6000mm，切缝深度和宽度根据具体情况及厂家施工说明确定。但由于施工难度大，目前绝大多数工程都采用浇筑完成后切缝的工程做法。该厂房工程柱间距（梁跨度）为 10000mm，现场采用 5000mm×5000mm 间距切缝。分析可能因切缝间距过大、切缝深度及宽度又太小导致不足以抵消温度应力从而出现裂缝。

根据原有施工方案，在结构柱部位距柱四边设置一道封闭四边形分隔缝，分隔缝遇到柱根分隔缝时断开而不必切到柱根。现场施工时柱根周围分隔缝深度达不到要求。该分隔缝切割工序定在混凝土强度达到 50% 后施工，切缝时间过晚致柱角处应力无法释放，从而引起柱角处开裂。

3　改进措施

将柱与地面采用（小分隔仓）后浇缝进行隔离处理，释放结构梁、柱应力。主要方法为：

（1）采用L50mm×50mm×5mm角钢制作柱边菱形小分隔仓（尺寸为2m×2m），并用模板对金刚砂地面进行分仓支模（图5~图7）。

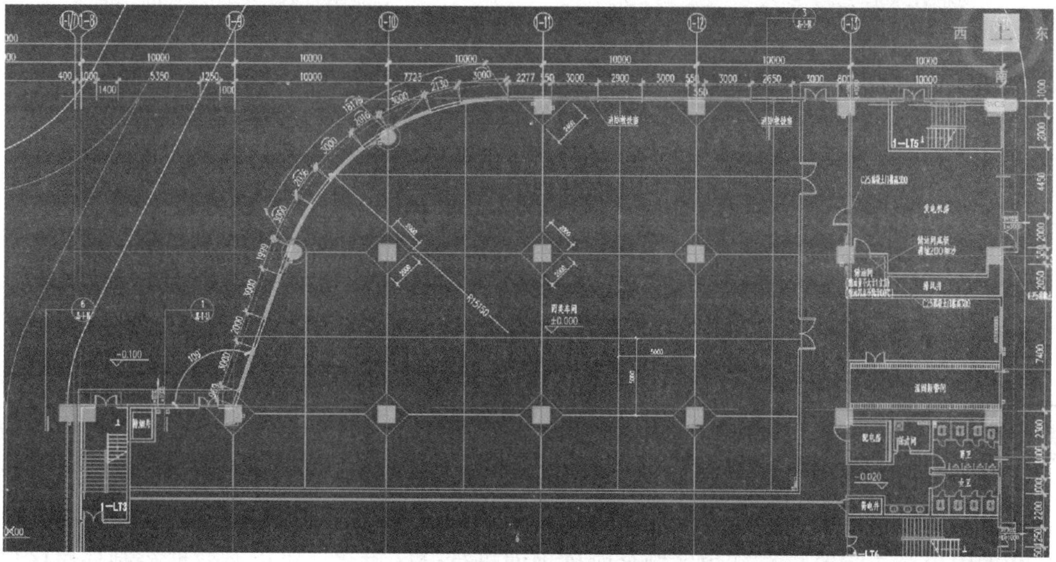

图5　厂区地面分仓示意图

图6　中间柱分仓做法示意图

图7　端柱分仓做法示意图

（2）先浇捣大仓（5m×5m）内的混凝土，待大仓混凝土及金刚砂完成7d后，再浇筑菱形小分隔仓混凝土。

（3）沿柱角方向配设Φ8@150mm斜向抗裂钢筋，钢筋垂直于对角线，抗裂钢筋长度为1m。底筋和面筋均应设置抗裂钢筋或钢筋网片（图8）。

（4）分仓缝高（厚）度应与地面混凝土厚度相同，上方采用角钢封边，防止分格缝变形。便于后浇混凝土的标高控制和平整度控制，以利于释放梁柱的应力。

在采取以上措施后，大面积施工均未出现裂缝，效果较佳（图9）。

图 8　柱角后浇钢筋绑扎

图 9　柱角后浇混凝土

4　结语

金刚砂地面施工过程中应根据现场实际情况分析原因，特别是首层回填地面，应采取措施对不同刚度构件部位进行分离处理，能有效地控制裂缝的产生和发展。①采用经多次试验、样板测试后得出的最佳配合比混凝土用于现场，可有效地减少混凝土温度应力引起的裂缝。②采用分仓法浇筑，对柱角区域金刚砂地面进行分区后浇，可以有效地控制柱角区域混凝土浇筑面积，减少结构梁柱应力引起的裂缝。分仓缝可与分格缝有机结合起来，使金刚砂地面整体效果更佳。

参考文献

[1]　中华人民共和国住房和城乡建设部．混凝土结构工程施工质量验收规范：GB 50204—2015［M］．北京，中国建筑工业出版社，2014.

[2]　刘炳凯．某金刚砂超平地面开裂调查及原因分析［J］施工技术，2022，6，第 40 卷（增刊）：358-360.

[3]　孔宪章．金刚砂耐磨地面混凝土及施工工艺研究［J］．建筑技术，2020，10，第 53 卷（10）．1319-1321.

[4]　李文书．建筑施工中后浇带的功能作用与施工技术分析［J］．现代物业（中旬刊），2020（2）．

[5]　谢涛．关于后浇带施工技术在房建施工中的应用［J］．建材与装饰，2016（30）．

浅谈高大异型框架结构连廊施工技术

段小鹏　李仁生

湖南省机械化施工有限公司　长沙　410015

摘　要：结合工程实际，从构造措施、施工方案、材料质量要求等方面对连廊高大模板支撑体系和斜柱模板支撑及混凝土浇筑进行了阐述和分析，总结出一系列施工可靠、经济合理的施工技术，以供同类型工程参考。

关键词：异型连廊；框架结构；高大模板支撑；圆形斜柱

随着建筑行业的高速发展，多样化的建筑造型开始涌现，其中连廊就是具有代表性的一类建筑。由于其高度和跨度均较大，给施工带来了较大困难。国外的高大跨度连廊结构一般将结构设计成钢结构或型钢混凝土结构。考虑到结构的安全性，国内的高大跨度连廊结构大部分仍采用钢筋混凝土结构。

1　工程概况

某项目 1 号厂房与 2 号厂房之间设置现浇混凝土连廊（图 1 ~ 图 3），该连廊层数为 1 层，底部架空，距离地面最大高度为 14.7m，南北向最大跨度为 15.7m，支撑柱为截面直径 1m 的圆形斜柱（图 4），柱混凝土强度为 C40，梁、板混凝土强度为 C30，结构板厚为 150mm。

图 1　1 号厂房与 2 号厂房连廊效果图

图 2　1 号厂房与 2 号厂房连廊

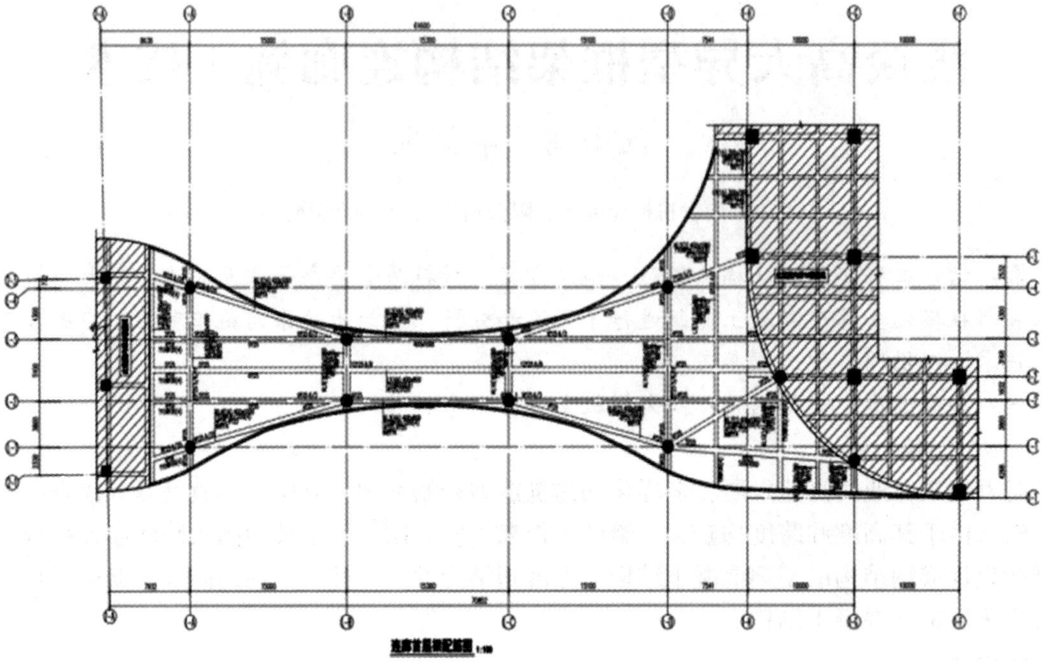

图 3　1 号厂房与 2 号厂房连廊结构图

2　施工难点分析

（1）连廊跨度大、高度高、板厚大、自重荷载大。

（2）连廊板面为异型结构，模板安装困难。

（3）柱为 4 排斜柱，每排斜柱高度不等、斜率高，支撑体系搭设难度大。

（4）斜柱柱顶位置容易出现偏差，测量放线与施工要求高。

（5）斜柱箍筋密，混凝土在向下输送过程中，其粗骨料及振动棒易被卡住。

（6）危险度高，材料投入量大。

3　解决思路

3.1　首层模板支撑部分

首层模架采用满堂钢管扣件式脚手架，搭设前对支撑基础进行处理，地面采用 400mm 厚碎石换填及 150mm 厚 C15 素混凝土垫层，垫层龄期超过 14d（或回弹强度换算抗压强度f_c≥5.6N/mm），为保证支撑基础的整体性、强度、刚度，在垫层上满铺 6m×2m 的 20mm 厚钢板。柱与梁、板分开浇筑，先浇筑柱混凝土至梁底，留置施工缝，然后绑扎梁、板钢筋，当柱混凝土强度达到设计强度的 75%时，再浇筑梁、板（图 5）。

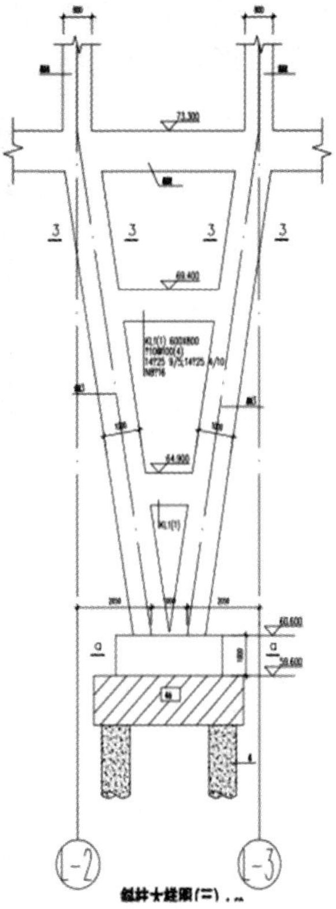

图 4　连廊斜柱大样图

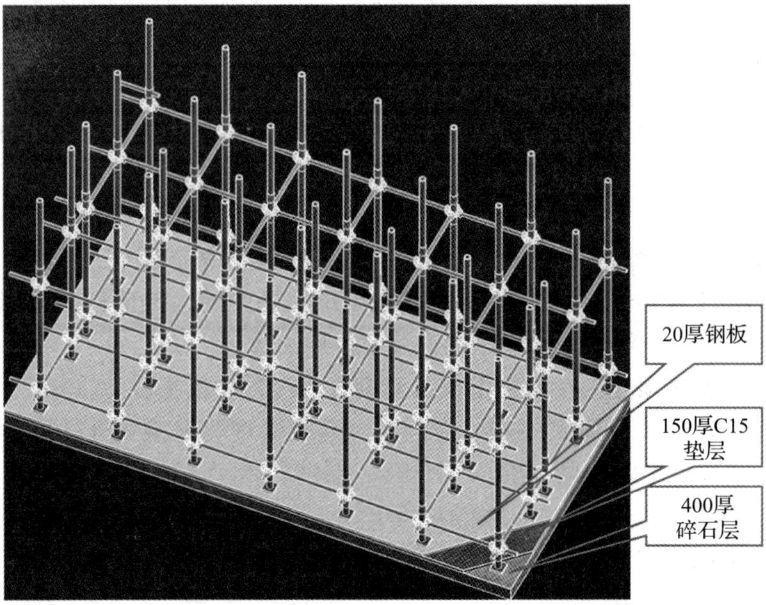

图 5　首层支撑体系示意图

3.2　圆形斜柱施工

柱模采用 14mm 厚复合定型圆柱模板（覆膜模板），并附带 40mm 宽 1.4mm 厚的钢带，用于柱模加固。在斜柱下侧垂直于斜柱方向搭设钢管支撑架，以保证支撑体系的稳固（图 6）。

柱采用自密实混凝土，分三段浇捣，从下至上依次浇筑，每次浇筑高度不大于 6m，下部两段每次浇筑到拉梁上部，最后一段浇筑到梁底。为保证施工质量，在斜柱上侧每隔 2m 设置一个振动棒下放孔，在浇筑时下放振动棒，保证混凝土振捣到位。振动棒下放孔随着浇筑封堵。

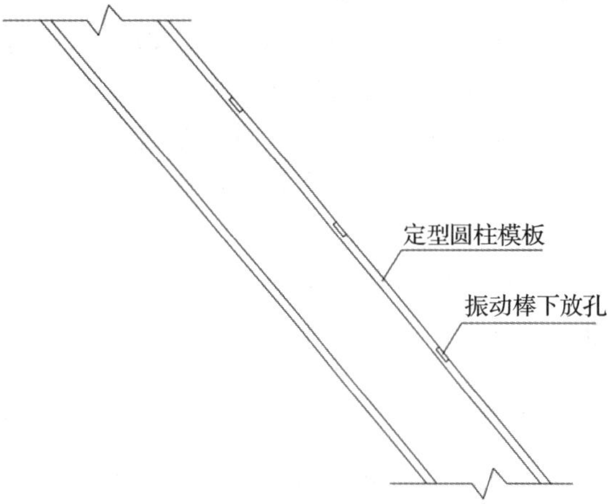

图 6　柱模示意图

4　方案实施

现浇混凝土连廊施工流程：施工准备→测量放线→搭设高支模→检查验收→模板搭设→柱钢筋绑扎→检查验收→柱混凝土浇筑→梁、板钢筋绑扎→检查验收→梁、板混凝土浇筑→混凝土同条件试块强度检测→架体拆除。

4.1　测量定位

利用全站仪对连廊、斜柱的平面位置放线。由于本工程斜柱为通长倾斜，先将柱顶平面位置测量出来，再以通长线的方式连接柱底部。

4.2　模板及支撑配设

（1）连廊架体最大高度为 14.7m，采用落地式满堂红钢管脚手架搭设。首先按放线位置准确摆放立杆位置，立杆纵横距均为 900mm，大截面梁底立杆纵横距缩短至 300mm（通过品茗安全计算软件计算，满足荷载要求）。第 1 步将纵横杆锁定在立杆上，保持稳定，使用水平尺或水平仪调整其水平度和垂直度。最后对架体底部复核各类尺寸。

（2）检查合格后以 1500mm 的步距进行上部架体搭设，随着架体的搭设随时检查其垂直度。在架体外侧周边及内部纵横向每 4 跨，应由底到顶设置连续竖向剪刀撑，剪刀撑宽度为 4 跨。

（3）随架体搭设，每隔 4m 在施工作业层搭设水平剪刀撑，其宽度为 3～5m，与支架纵（或横）向夹角为 45°～60°，并在该层下方满挂 1 层水平兜网。扫地杆的设置层应设置水平剪刀撑，在竖向剪刀撑顶部交点平面设置连续水平剪刀撑。

（4）架体顶部安装顶托，在顶托上摆放双钢管作为梁、板主棱。

（5）由于梁跨度超长，梁底模安装应起拱，起拱高度为跨度的 1/1000～3/1000，主次梁交接时，先主梁起拱，后次梁起拱。

4.3　混凝土浇筑

（1）柱和拉梁浇筑前，沿柱外侧搭设脚手架或操作平台，设防护栏杆，作业人员施工前需系好安全带，高挂低用。

（2）先浇筑完成柱混凝土，柱混凝土分三段浇筑，待最后一段柱混凝土强度达到 75%（回弹检测）才能进行梁板混凝土浇筑作业。然后浇筑梁、板混凝土。

（3）浇筑过程应符合施工流水段要求，分次进行，并确保支撑系统受力均匀，避免引起模板支撑系统的失稳倾斜。

（4）梁、板浇筑采用分段分层连续浇筑施工，从两侧向中间辐射，梁浇筑高度每层不超过 400mm，板浇筑高度为一次性浇筑。

4.4　支撑体系拆除

模板拆除要注意拆除时间、顺序、方法。过早拆模易造成混凝土强度不足而造成混凝土构件沉降变形，严重时可能导致垮塌事故。高支模支架按以下顺序拆除：

（1）拆除作业必须自上而下逐层进行，严禁上、下层同时拆除作业。遵循先支后拆、后支先拆、自上而下原则。先拆除梁侧板，再拆除楼板模板，最后拆梁底板。

（2）为保证高支模的稳定性以及混凝土结构的质量安全，拆除支撑及模板前，应将该层同条件混凝土试件送实验室检测，当试块达到其强度 100%时，方可拆除。

（3）拆除高度在 4m 以上梁、柱、墙模板时，应搭设脚手架或操作平台，设防护栏杆。拆除时逐块拆卸，不得成片松动、撬落或拉倒。拆除楼板的底模时，应设临时支撑，防止大片模板坠落。拆立柱时，操作人员应站在待拆范围以外安全地区拉拆，防止模板突然全部掉落伤人。

（4）拆除模板和支顶时，先将脚手架可调顶托拆下，用钢钎撬动模板，使模板卸下，取下模板和木方，然后拆除水平拉杆、剪刀撑及脚手架。

4.5　架体变形检测

（1）监测项目。支架沉降和位移监测、架体变形监测、地基稳定性沉降观测。

（2）测点布设。根据支架规模确定，一般情况下每 10～15m 应布设一个监测剖面，每个监测剖面应布设不少于 2 个支架水平位移监测点、3 个支架沉降观测点及 3 个地基稳定性沉降观测点。监测仪器精度应满足现场监测要求，并设变形监测报警值。

（3）监测频率。在浇筑混凝土过程中实时监测，混凝土浇筑前监测一次，作为原始数据，浇捣应实施实时观测，一般监测频率不超过 20~30min 一次，浇筑完后不少于 2h 一次。

（4）变形监测预警值。支架垂直位移为 10mm，大梁支架水平位移为 8mm，大梁支架沉降位移为 10mm，达到以上数值时应立即撤离所有施工人员，并根据现场具体情况决定应采取的加固措施及必要的安全保证措施。

5　施工质量、安全保证措施

（1）扣件式钢管脚手架材料进场前应提供材质单、合格证、复检报告等资料进行质量检查；模板及配件进场应有出厂合格证或当年的检验报告，安装前应对所用部件（立柱、吊环、扣件等）进行认真检查，不符合要求者不得使用。

（2）搭设支模板支撑架体的作业人员必须经过培训，取得建筑施工脚手架特种作业操作资格证书后方可上岗。其他相关施工人员应掌握相应的专业知识和技能。

（3）安装和拆除模板时，操作人员应戴安全帽、系安全带、穿防滑鞋。安全帽和安全带应定期检查，不合格者严禁使用。

（4）模板安装和拆除时，上下应有人接应，随装随运，严禁抛掷。并应把活动部件连接牢靠。脚手架或操作平台上临时堆放的模板不宜超过 3 层，连接件应放在箱盒或工具袋中，不得散放在脚手板上。模板和配件不得随意堆放，模板应放平放稳，严防滑落。

（5）混凝土浇筑时，作业人员需系好安全带。混凝土振捣棒经专业电工检查后方可使用，操作人要穿绝缘鞋、戴绝缘手套。

6　结语

该高大异型连廊模板支撑体系及斜柱混凝土浇筑克服了复杂的施工条件、难点，技术方案科学、合理、可操作性强，有效地保证了施工的安全和浇筑质量，为今后施工总结了宝贵的经验。

参考文献

[1]　中华人民共和国住房和城乡建设部．混凝土结构工程施工质量验收规范：GB 50204—2015［S］．北京：中国建筑工业出版社，2014.

[2]　中华人民共和国住房和城乡建设部．建筑施工安全检查标准：JGJ 59—2011［S］．北京：中国建筑工业出版社，2012.

[3]　刘红卫，王瑜辉．梁式桥结构高大模板支撑体系研究与应用［J］．建筑施工，2022，44（7）：1602-1605.

[4]　刘光明．混凝土斜柱施工质量控制［J］．绿色科技，2019（4）：156-159.

[5]　赵宝玉．谈筒仓顶盖及连廊高大模板支撑体系施工技术［J］．山西建筑，2013，39（13）：105-152.

建筑施工安全问题与防范策略

白　科

湖南省第五工程有限公司　株洲　412000

摘　要：随着社会经济和建设工程行业的快速发展，国家对工程建设的安全管理越来越重视，对工程安全提出了更高的要求，但是建筑工程安全事故频发，加强建筑工程安全管理十分必要。本文围绕施工安全问题和防范策略进行探究，首先对目前建筑施工管理容易出现的问题进行了收集和整理，然后阐述了建筑施工监督管理的重要性，最后针对提升施工安全的管理成效，结合当前施工环境的整体情况，提出了针对性的防范策略和建议。

关键词：建筑施工；安全问题；防范策略

引言

目前，国家对建设工程安全的重视程度越来越高，已按照相应的要求和标准及施工条件实施施工安全管理，如果发生重大安全事故，将对个人或社会造成严重的负面影响。从我国的建筑行业发展来看，对建设项目的施工安全进行管控，对于今后的发展至关重要。

1　建筑施工管理中出现的问题

1.1　施工人员普遍素质不高

随着我国建筑规模的不断扩大以及建筑结构形式的多样性和复杂性，大批建筑作业人员陆续进入建筑领域。建筑企业聘用的工人大多数都没有接受任何专业培训，建筑工人的素质、技能水平和专业素养存在巨大差异。从建筑业的现状来看，仍然有很多非专业的施工人员缺乏基础知识、结构体系知识和专业知识。这些建筑工人在施工过程中经常依靠自己的经验，不遵守建筑安全标准。此外，这些施工作业人员还缺乏一定的安全意识，忽视了施工过程中的安全要求，甚至存在很多无证上岗的情况。

1.2　缺乏相应的安全管理制度

目前，大多数建设项目规模较大，建设周期较长，施工过程复杂，所使用的材料和设备较先进，对安全性能提出了更高的要求。仅仅依靠安全监督管理机构无法实现安全目标。任何一家公司的长期发展都离不开相应的安全管理体系，我国建筑公司的安全生产管理体系还需要完善。在我国的大多数建筑项目中，在项目开始之前就建立、实施了许多安全管理系统和责任跟踪系统。其中不仅仅是我们已经确定的施工，监督和管理部门还有一些验收部门。这些单位在正式施工过程中强行将安全隐患区分开来，存在安全管理工作盲区。因此，安全管理系统不完整且实施不到位的情况并不少见。

1.3　执法力度不足

在法律法规方面相关配套法律的缺失或漏洞是影响监管者执法的主要因素。可以说，工程安全等法律问题是监管部门执法不力的直接原因，而且监管部门和单位之间也没有建立完整的制度体系。为确保工程质量它必须在许多方面受到限制，并且所涉及的工作必须由安全主管单位执行。执法机关会处以罚款等，但处罚力度太轻。

1.4　施工任务进一步加重

当前，我国总体上处在一个城市转型改善和城市化加速阶段的关键时期，住房建设和市政基础设施项目的规模显著增加，技术难度的提高对安全管理的压力进一步增加。特别是近年来，建筑项目中越来越多的大型高层复杂结构，进一步加剧了该项目的安全管理难度。众多建设项目的增加将不可避免地增加管理任务，并对项目安全生产管理构成严峻挑战。

2　建筑施工监督管理的重要性

监督机构对建设项目的安全有三个方面的要求。一是取得建设行政管理部门的信任，对工程参与各方责任主体单位的质量行为进行监督。二是建筑产品根据适用的法律、法规、政策和准则对施工安全负责。实施相关行政处罚。三是参与建设项目施工过程中质量安全事故检查管理，并确认运营管理意见。

在当前经济、社会和建筑业发展的背景下，实施工程安全监管，不仅促进了国家建设发展的大局，也最大限度地发挥了行业的社会作用。没有工程质量和安全的过程监督，会影响到建筑物的使用性能和实体质量，造成建筑物的使用寿命缩短。另一方面，在建设期间，也会造成人力资源的损失以及物质和财政方面等相关资源的损失。此外，施工人员流动性大，通过加强监督管理，可以促进施工的顺利进行。基于技术质量与安全管理现状，工程项目需要解决管理科学、技术水平不足、管理体系不完善等问题。

3　关于施工安全的防范策略简述

3.1　通过培训等方式提高施工人员的安全意识

因为主要施工人员的教育水平普遍较低，对项目施工的了解很少，实践经验也很少，所以施工公司必须意识到安全是公司的生命，也是公司生存的根本保证。对于公司新员工，公司需要着重加强新员工的安全教育培训，通过了解的相关安全操作规程以及易发生事故的环节的交底，起到更有效的预防和重点关注作用。在施工项目实际施工之前，有关施工公司要对施工人员的施工技术水平进行全面检查，确保对每种类型的施工人员进行专业培训，充分学习和掌握新工程的相关知识，以达到能满足建筑工程施工的基本需求。对于特种作业人员，不仅要按照规定进行安全教育，而且还要进行特种作业培训，只有获得工作许可证后，他们才能开始工作。

3.2　建立健全安全管理制度

贯彻落实安全生产管理科学发展观，首先，必须树立有效的安全管理和运转结构，要满足建设项目的需要，二是要明确安全生产责任制度，并进行改善，而不仅仅只是表面形式。安全工作贯穿于项目建设的开始和结束，涵盖了施工时期、质量和技术的要素之中。在施工的任何时期，如果忽略安全性，最有可能发生与安全有关的事故，严重的情况下，可能会影响到公司的形象。在实际施工过程中，有必要不断加强监督管理，全面检查建设项目现场安全工作和安全应急措施的有效性，切实履行安全管理体系的作用，为建筑产品使用性能的安全性奠定一个良好的基础。

3.3　完善监督体系

按照相关制度规定，切实加强项目质量管控，加快推进项目监督管理水平的提升，确保监督工作实施的权威性并制定质量和安全标准，这可能涉及施工作业期间的所有过程管控，包括监督标准制定和实施，人员配置和工作职责。更要确保监督标准可以控制哪些标准的管理工作。不断提高人员的监督意识，每位建筑工人和领导都要自觉提高接受监督的意识。随着我国经济的不断发展，建设项目的规模和复杂程度不断增长，对建设项目的质量控制和管理专业人员水平提出了更加严格的要求。因此，对专业人员的持续培训是非常必要的，要视为建设体系的长期战略任务。

3.4　提高安全生产以及文明施工的意识

建筑行业风险因素和事故率较高，是一个高风险行业。职业健康与安全事故的发生可能会对个人、企业和社会造成重大损失。因此规范施工过程中的施工工艺流程，确保工程质量显得非常重要。建设工程质量是企业生存的基石，只有确保优质工程，才能保证在激烈的市场竞争中取胜。安全文明标准化实施提供了优良的施工环境和施工场所，同时制定标准的施工工艺和施工标准，才能为卓越的工程质量奠定基础。只有取得施工作业人员的信任，才能更好地提高人员的工作效率和一次合格率，所以安全文明的施工环境是所有参与施工人员的一道有效屏障。消除人身安全问题，让施工团队无忧施工，增强专注工作的信心，提高工作效率。不仅仅能提升企业自身的形象，也能提高建筑市场的竞争力。建设安全文明，可以体现一个企业的管理水平，并在施工现场标准化建设中展现企业实力和文化内涵。

结论

随着我国建筑行业的迅速发展，相关企业工作人员一定要重视施工安全工作，将其作为公司生命线，才可以不断提高建设项目的整体质量。提高对建设项目质量安全的监督管理水平，要求工程公司更加完善监督管理制度，提高人员的监督意识和人员素质，提升监督管理水平。

参考文献

[1]　王治华．房屋建筑工程安全管理工作现状及对策分析［J］．建筑知识：2013（12）：161.
[2]　汪立．抓好建筑工程安全管理与监理工作的探讨［J］．江苏商报建筑界，2013，（19）26.
[3]　周宇．浅谈建筑施工过程中存在的弊端与措施［J］．门窗，2014（03）：65. 67.
[4]　景红亮．浅析建筑施工安全［J］．河南建材，2019（01）：168.
[5]　顾来清．探究建筑施工的安全管理问题应对策略［J］．建筑与装饰，2020，（22）．89.

市政工程施工地下管线的安全保护探析

马　晋　秦　维　赵孝文　文武君

湖南省第五工程有限公司　株洲　412000

摘　要：本文对市政工程施工中地下管线的安全保护进行了深入探析。首先，文章提出了地下管线损坏的主要原因，其中包括管理规划缺乏科学性，施工技术未能完全落实，使用不当的施工方法，以及施工现场管理不善。这些因素可能导致地下管线线路不清楚，出现土方挤压和变形等问题，从而引发管线损坏。针对这些问题，文中提出了一系列有效的保护措施，包括加强工程管理，构建市政工程管理系统，认真落实施工技术，以及进一步完善市政工程建设中地下管线的保护方案。这些措施将有助于保证市政工程施工中地下管线的安全，避免因施工问题而引发的安全风险。

关键词：市政工程；施工；地下管线保护；相关措施

市政工程施工地下管线安全防护措施的有效落实，不仅能够延长管线的使用寿命，减轻后续的维护压力，实现对维护成本的有效控制，切实地维护企业的核心利益，还能够避免后续的管线使用问题的出现，保障人们的生活质量。由此可见，对市政工程施工地下管线的安全保护进行探究是十分必要的，具体策略综述如下。

1　市政工程施工中地下管线损坏的主要原因

1.1　管理规划缺乏科学性，地下管线线路不清楚

随着时代的发展和人们诉求的变化，城市化建设的步伐得到了有效的推进，市政基础设施建设成为了城市发展中不可或缺的存在，且逐渐占据了重要的工程地位，与人们的生活和工作息息相关。从当今时代下的市政工程建设情况的分析来看，多数市政工程都具备系统性和规范性的特征，其中地下管线作为市政工程施工的关键部分更是被赋予了较高的要求，只有落实针对性的安全保护措施，才能够真正地满足市政工程中地下管线施工的要求，更好地为人民服务。但在实际的地下管线施工中却存在施工管理缺乏科学性等问题，无法依据地下管线的规范施工，导致地下管线线路的建设较为混乱，为后续地下管线的使用以及后续的维护埋下了巨大的隐患，不利于我国的城市化建设稳步推进。

1.2　施工技术没有真正落实到位，存在土方挤压和变形

地下管线施工对市政工程整体质量的影响较大，是市政工程高效施工的前提条件，可见其重要性。新时期越来越多的人认识到了市政工程地下管线施工技术优化的必要性，技术的先进性使市政工程建设水平呈现出了提升的趋势。但是在部分市政工程地下管线施工中却依然存在着施工技术较为落后的问题，无法有效地控制土方挤压，导致因土方挤压造成的变形问题时有出现，无法满足城市建设和发展的要求，极大地阻碍了城市经济水平的提升。此外，在市政工程地下管线的设计中，因设计人员的素质与能力不足，并未做到从客观实际的角度思考，导致地下管线设计中不合理的部分较多，无法与客观环境相互匹配，直接为后续

的施工和维护环节埋下了隐患，致使地下管线出现大量安全问题，无法在实际使用中为人们提供优质的服务。

1.3　使用不当的施工方法

地下管线在市政工程施工中受损，一个显著的因素是使用了不当的施工方法。具体来说，施工方法的不当使用可被进一步拆分为挖掘手段的过度使用，错误的挖掘位置选择，以及对工作环境不当的适应等细分问题。首先，挖掘手段的过度使用通常在采用机械挖掘方法时体现得尤为突出。例如使用挖掘机或破碎锤等设备，虽然可以提高施工效率，但过度的力度可能对邻近或在工作范围内的管线产生不利影响。这些设备往往会对土体产生强大的冲击力和振动，对于脆弱的地下管线，特别是那些由塑料、陶瓷或者金属制成的管线，这样的振动往往可能导致它们的破裂，甚至会对周围的土壤结构造成影响，使管线发生移位或失去支撑。其次，错误的挖掘位置选择也会影响地下管线的完整性。虽然施工团队在施工前会对管线的位置有一个大致的了解，但如果没有对施工区域进行精确的划定，挖掘行为可能会越过预定的范围，从而误入管线区域，引发不必要的损坏。这种情况在施工团队对现场环境的改变不适应时也会发生。例如，当出现突发的天气变化，如大雨或雪，可能会改变地面的可视度和土壤的物理特性，如果施工团队没有及时调整施工方法和挖掘位置，同样可能会对管线造成破坏。

1.4　施工现场管理不善

首先，工作区域的不妥善划定和维护可以导致对地下管线的无意损害。施工现场应明确划定工作区域，并在施工期间进行维护，以防止非工作人员进入或者非工作设备误入，避免对地下管线造成潜在威胁。例如，未经授权的车辆可能会误入施工区域，对地面和地下管线造成压力，或者由于划定不明，重型机械误入，对地下管线造成破坏性的冲击。其次，对施工设备的不当管理也是一个重要因素。如果施工设备在不使用时没有妥善存放或者在使用过程中没有得到适当维护，可能会出现故障或失控，对周边的环境包括地下管线产生破坏。例如，设备的故障可能导致挖掘深度无法精确控制，或者设备的失控可能造成无法预测挖掘路径，这些都可能导致对管线的损害。

2　市政工程施工中地下管线保护的有效措施

2.1　加强工程管理，构建市政工程管理系统

城市建设的快速增长使市政工程建设的规模出现了较大幅度的扩大，仅仅依靠某一个单位或部门无法在规定时间内完成所有的施工工作，所有市政单位通常会选择与多个施工单位合作的方式共同完成市政工程建设任务，实现对施工速度的有效把控。由于参与施工单位的增多，施工过程中管理工作的压力也会随之增大，想要实现对市政工程施工地下管线的安全保护，就应当加强施工管理模式的优化，构建健全的市政工程管理系统。其一，在对市政工程的管理中，相关负责人应当对责任的划分重视起来，在合同中明确各个单位的责任和义务，使每一部分的施工工作都能够得到清楚的划分，避免因施工工作划分不明确而导致的地下管线安全问题的出现。与此同时，通过合同责任的划分，市政单位还能够在问题发生后依据责任划分进行追责，有效地降低市政单位的损失，实现对市政工程建设的有效管理。其二，相关负责人还需对工程质量检验工作重视起来，从多个方面和角度入手加强对市政工程

现场施工监理工作的优化，发现有不规范的施工行为，及时地将施工工作叫停，实现对地下管线的有效保护。

2.2　认真落实施工技术，避免施工管线损伤

施工技术对市政工程地下管线的保护水平的影响较大，只有将侧重点放在对整个高效的施工技术的落实上，才能够有效地规避因后续施工问题而导致的管线受损的情况出现。以下将从多个方面对认真落实施工技术、规避施工损伤的方法展开研究。首先，对管线的探测技术的研究。在市政工程施工开始前对地下管线分布情况进行探测，获得相应深度和位置等方面的准确数据，使相关工作人员能够以此为依据对后续的施工方案进行规划设计，避免施工方案和地下管线出现冲突。因此，市政建设单位必须加强对管线探测技术的合理应用，以保障市政工程施工能够呈现出较高的水准，同时实现对地下管线的安全保护的目的。其次，随着市政工程建设规模的扩大，对地下管线的保护要求也随之增多，在这样的情况下想要实现对地下管线的安全保护，就必须从各个方面入手，落实合理的控制措施。例如，在市政工程施工的过程中土体的大量堆积和稳固性失衡都会增加地下管线的负担，导致地下管线受损情况的出现，因此，市政建设单位应当注意避免此类现象的出现，积极地进行土方量的控制并且落实相对应的加固措施，降低其对地下管线的影响。与此同时，在新时期大型机械设备逐渐地替代了人力，极大地推动了市政工程建设的效率和质量的提升，不过在地下管线较为密集的位置，大型施工机械设备极易对地下管线造成伤害，因此，在面对较为密集地下管线位置的市政工程施工时，建设单位应当加强对机械设备使用的控制，减轻地下管线的负担，实现市政工程施工对地下管线的保护。

2.3　进一步完善市政工程建设中地下管线的保护方案

在市政工程施工的过程中，地下管线占据了相对特殊的位置，市政建设单位必须以实际环境、设计要求等为基础开展施工工作，并且进一步完善市政工程建设中地下管线的保护方案，才能够保障地下管线施工的有效性，使其能够在真正的使用过程中发挥作用。经过分析与整合，以下将从多个角度入手对进一步完善市政工程建设中地下管线的保护方案进行研究。第一，在地下管线建设中管线之间的相互交叉现象较为常见，如果这些问题并未得到及时处理，将极容易为日后的使用带来负面影响，并且后续的维护压力相对较大。因此，在市政工程地下管线施工时一旦遇到管线交叉的问题，市政工程施工单位就必须及时与物业部门取得联系，针对管线交叉问题展开讨论和研究，最终取得对地下管线的保护方案，以科学布局的方式实现对管线之间的关系进行有效梳理，满足各条管线的运行需求，实现市政工程地下管线施工安全性的有效提升。第二，在市政工程穿顶管工作井的施工过程中如果出现较高频率的位移、整改等问题，负责人需要以实际情况为基础对存在位移的部分实施调整，并且落实现代化的管理方式，实现对位移和整改问题的有效解决，实现市政工程施工中对地下管线安全性的有效保护。

3　结束语

综上所述，在市政工程地下管线施工中，安全保护占据了极为重要的地位，是市政工程顺利推进的关键所在，具有较高的影响力。因此，市政工程单位应当对此高度重视，从客观实际入手，不断地进行安全防护措施的创新与优化，创造出更多的优良工程。

参考文献

[1] 宫相铖．市政工程施工中地下管线的保护问题分析［J］．城市建设理论研究（电子版），2015，(35)：444-445.
[2] 程帅．市政工程施工中地下管线的保护问题分析［J］．建筑工程技术与设计，2015，(17)：1056-1056.
[3] 俸国阳．市政工程施工中地下管线的保护问题分析［J］．低碳世界，2017，(5)：164-165.

直线加速器机房大体积混凝土裂缝控制技术的应用

刘　晨　杨云轩

湖南省第五工程有限公司　株洲　412000

摘　要：直线加速器机房作为医院核医学场地，需安装利用 X 射线治疗癌症的直线加速器，但由于 X 射线有着较强的放射性，可能会对身体带来很大的危害。为了防止 X 射线的泄漏，直线加速器机房采用了超厚的钢筋混凝土结构以确保安全性。当大体积混凝土固化时，会发生水化反应，产生大量水化热，这会导致裂纹的形成，影响其使用功能。基于此，本文拟通过优化湖南省第五工程有限公司衡阳县人民医院新院一期工程直线加速器机房混凝土项目的裂缝控制措施，为类似项目提供参考。

关键词：直线加速器机房；大体积混凝土；裂缝控制

1　工程概况

衡阳县人民医院新院一期工程总建筑面积约为 115067m^2，包括门诊医技综合楼、住院楼、行政综合楼、后勤楼、感染楼等。直线加速器机房设置在住院楼的负二层。

直线加速器机房分为两个，总建筑面积约 342m^2，机房整体采用钢筋混凝土结构，机房墙体厚度为 1.15m，两个机房中间共用墙体厚度为 1.6m，局部厚度为 2.8m；机房顶板厚度为 1.7m，直线加速器正上方板厚为 3m；宽度为 4.4m，底板厚度为 0.35m。机房结构净高为 4.55m。混凝土强度等级为 C35，抗渗等级为 P6。混凝土密度不小于 2.35g/cm^3。直线加速器机房设置超厚混凝土墙板的主要目的是防止辐射外溢，因此大体积混凝土施工时的裂缝控制至关重要。

2　重难点分析与管理措施

2.1　重难点分析

（1）机房顶板最厚部位厚度为 3m，施工荷载为 80kN/m^3，墙体最厚部位厚度为 2.8m，模板支模体系及模板加固存在较大难度。

（2）混凝土工程浇筑量为 1550m^3，在施工过程中，为了保证混凝土的施工质量，施工时要分层连续浇筑，同时，我们还需要严控上、下层施工的时间间隔，避免出现冷缝。此外，由于水泥凝结过程会产生大量水化热，因此我们需要控制混凝土内外温差不宜过大，以防止发生温度裂缝。

2.2　管理措施

（1）根据直线加速器模板施工方案搭设钢管支模架，由于支模架钢管间距太密，要求支模架搭设时，边搭设、边加固、边验收，一次成型。

（2）在直线加速器机房混凝土浇筑前，应与混凝土供应商做好充分沟通，按照工程设计图要求，采用水化热较低的水泥，选用级配良好的骨料，严格控制砂、石的含泥量，使其不超过 1%，并加入有缓凝特性和高效减水特性的外加剂，以确保混凝土的强度和密度符合要求。

（3）浇筑前需与混凝土供应厂家沟通好，常规时间保证两辆罐车等候，高峰期保证四辆罐车等候，以保证混凝土浇筑的连续性。

（4）采用斜面分层法进行混凝土浇筑，每层浇筑厚度不超过 500mm。混凝土必须连续浇筑，振捣密实，以确保施工过程中不产生冷缝。

（5）直线加速器机房墙体第一层混凝土达到初凝后开始进行温度测量，内外温差超过 25℃时，开启循环水进行降温。

3 直线加速器机房施工技术

3.1 模板工程

直线加速器机房墙体和顶板厚度较大，为保证支模体系具有足够的刚度、强度和稳定性，防止混凝土浇筑时不出现沉降导致的裂缝，针对机房的支模体系进行了专项设计，综合考虑模板及其支架自重、混凝土及钢筋自重、施工荷载影响，编写专项施工方案，并通过专家论证确认后实施。

使用扣件式钢管满堂脚手架作为模板支撑体系，架管使用ϕ 48mm×3. 0mm 钢管，模板使用 1830mm×915mm×15mm 木胶合板，次棱使用 50mm×70mm 木方，主棱使用ϕ 48mm×3. 0mm 钢管，顶托使用ϕ 36mm×700mm 的 U 形顶托，拉螺杆为 M16mm，以确保结构的稳定性和耐久性。

支模架设计

直线加速器机房的支模体系采用钢管扣件式满堂脚手架，立杆纵横距均为 300mm，步距为 1300mm，顶端距离不超过 500mm，次棱间距 150mm，支模体系示意图如图 1、图 2 所示。

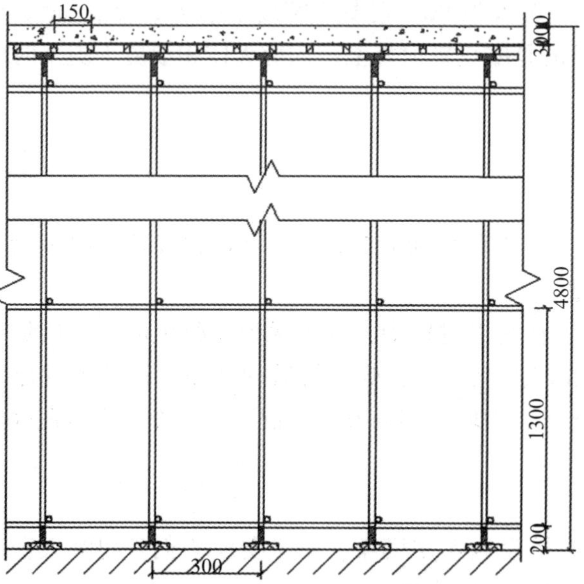

图 1 支模体系立面图

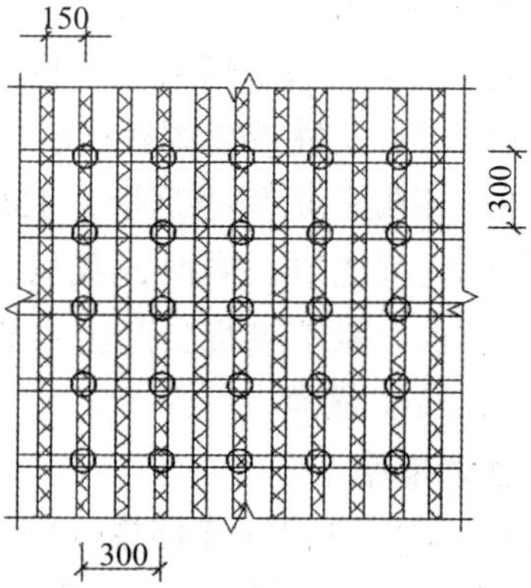

图 2 支模体系平面图

墙体模板次棱竖向布置，间距为 200mm，主棱横向布置，间距与对拉螺栓竖向布置间距相同。采用 M16mm 对拉螺栓加固，对拉螺栓均使用一次性止水螺杆，外墙处对拉设置止水环，其水平间距及竖向间距均为 450mm。模板安装示意图如图 3～图 5 所示。

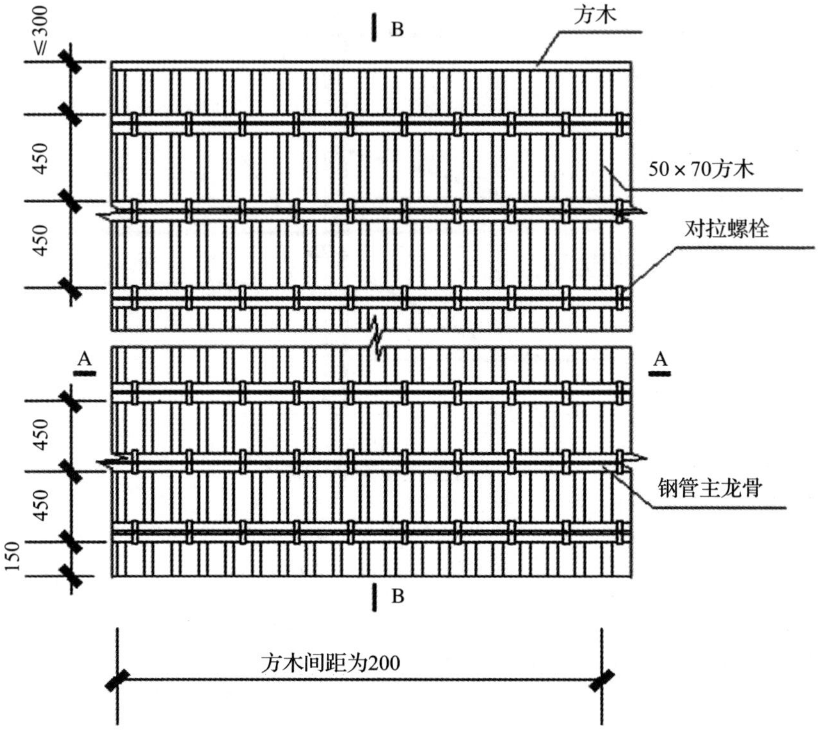

图 3　模板安装立面图

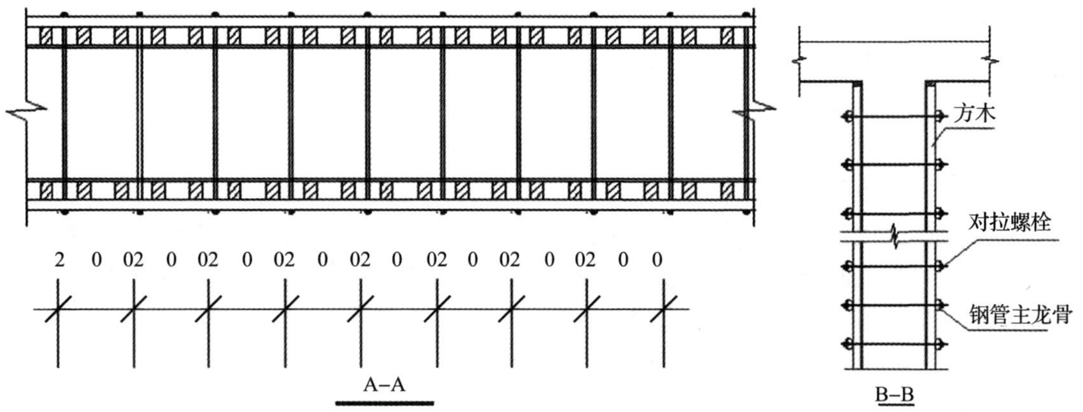

图 4　模板安装剖面图

3.2　混凝土工程

3.2.1　原材料选择

为减少混凝土凝结过程因水化反应产生的水化热，选用低水化热的 P・O 42.5 普通硅酸盐水泥，同时在保证强度的同时，添加适量 LX 型高效减水剂，减少水泥用量，粗骨料采用粒径为 5～31.5mm 连续级配，细骨料采用中粗砂，含泥量不超过 1%。

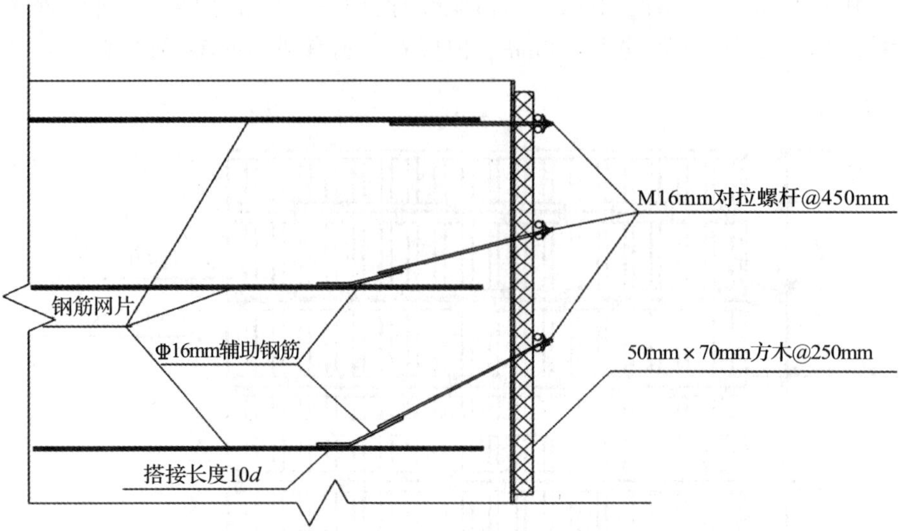

图 5　顶板侧模板安装大样图

3.2.2　混凝土入模温度控制

砂、石料场要有遮阳措施，避免阳光直射导致原材料温度升高，同时影响混凝土温度；混凝土生产时添加缓凝剂，延长混凝土的初凝时间，延缓水化热的峰值；当天温度过高时，混凝土拌和可采用冰水进行搅拌，降低混凝土温度。

3.2.3　混凝土浇筑

混凝土浇筑前，提前了解近期天气情况，选择近期温度较低的一两天进行混凝土浇筑。

直线加速器机房采用两台泵进行混凝土浇筑，两台泵从两个机房共用墙体开始浇筑，分别沿各自机房墙体薄层浇筑，循序推进。在保证混凝土不出现施工冷缝的情况下，混凝土每浇筑完一圈后，可间歇一段时间，以便混凝土水化热能够得到充分散发。

3.2.4　混凝土养护

混凝土的养护也是施工非常重要的一环，尤其是前期养护，湿水养护不应少于 14d，以减少混凝土浇筑时内外温差，降低混凝土内部自约束应力，其次是降低混凝土块体的降温速度，从而保证后期混凝土的抗拉强度，提升混凝土承受外约束应力后的抗裂能力。

直线加速器机房外部墙体采用带模湿水养护，顶板上部在混凝土浇筑时将机房顶板堆筑 100mm 返坎，用于蓄水养护。直线加速器机房内部墙体及顶板底部由于支模架过于密集，不利于人员进出养护，采用提前在支模架最上面一层横杆上预留的喷淋管道进行喷水养护。

3.2.5　测温

钢筋绑扎完后，浇筑混凝土之前布置测温点，测温工具选用铜热传感器温度计。各测温点布置图如图 6~图 8 所示。

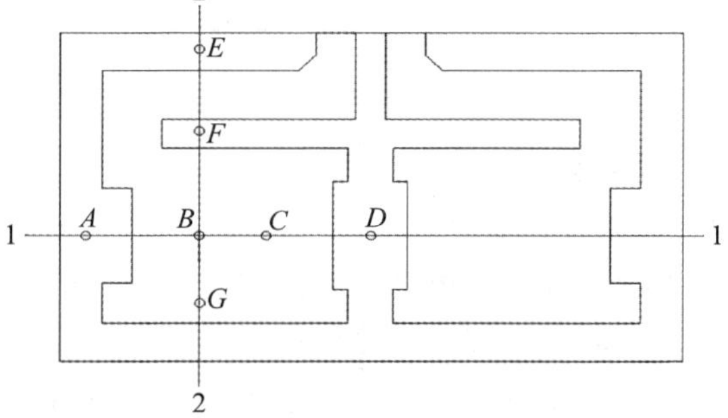

图 6　测温点平面布置图

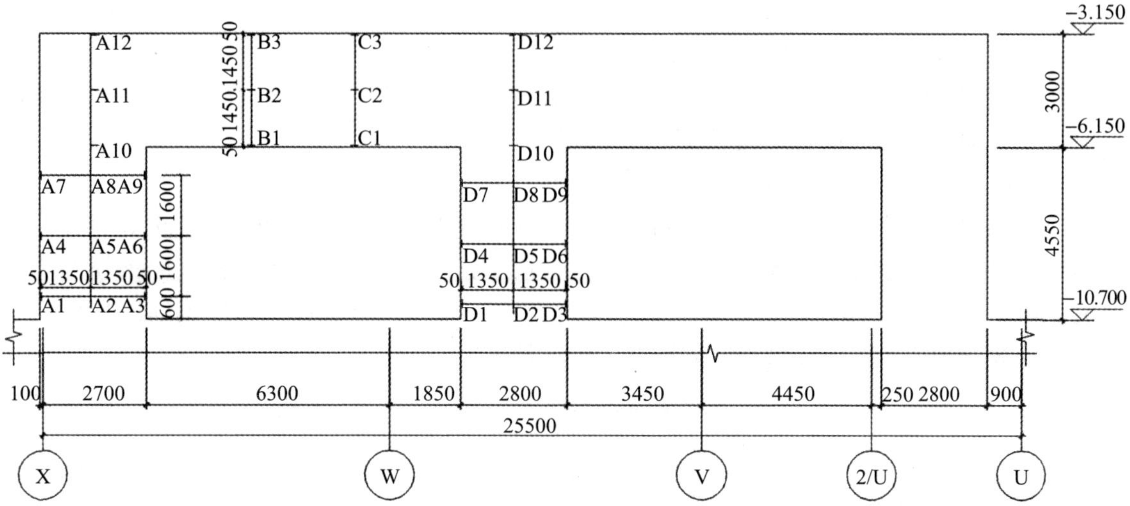

1-1剖面

图 7　测温点布置剖面图（一）

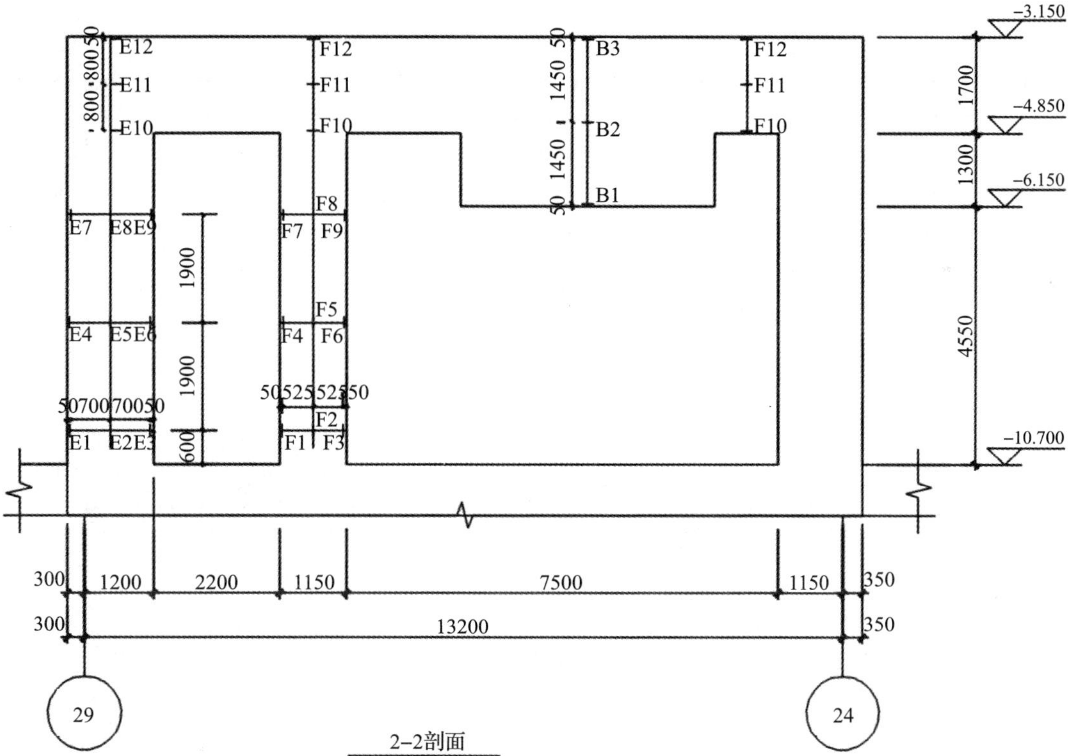

2-2剖面

图 8　测温点布置剖面图（二）

混凝土浇筑后及时测量混凝土内部温度与表面温度以及表面温度与环境温度之差，温差不超过 25℃时为正常。当混凝土浇筑表面测温点的温度与环境温度的温差小于 20℃，且养护时间达到 14d 时，停止测温。大体积混凝土测温频率应符合以下要求：

①第一天至第四天，每 4h 一次。

②第五天至第七天，每 8h 一次。

③第八天至测温结束，每 12h 一次。

所有温度传感器应编号，方便记录各位置温度，计算温差。如发现混凝土内外温差超过 25℃，要立即采取相应措施降低温差。

3.2.6　循环水降温

直线加速器机房墙身中间需安装两套冷却水循环降温管，待墙身钢筋网片绑扎完成，再用 DN25 的镀锌钢管固定在墙身的钢筋网片附加筋上；3000mm 厚顶板位置底层钢筋网片绑扎完成后，在距板底 650mm 高位置安装一套冷却循环管网，待顶板中间层钢筋网片绑扎完成后再安装一套冷却水循环管网，如图 9～图 12 所示。

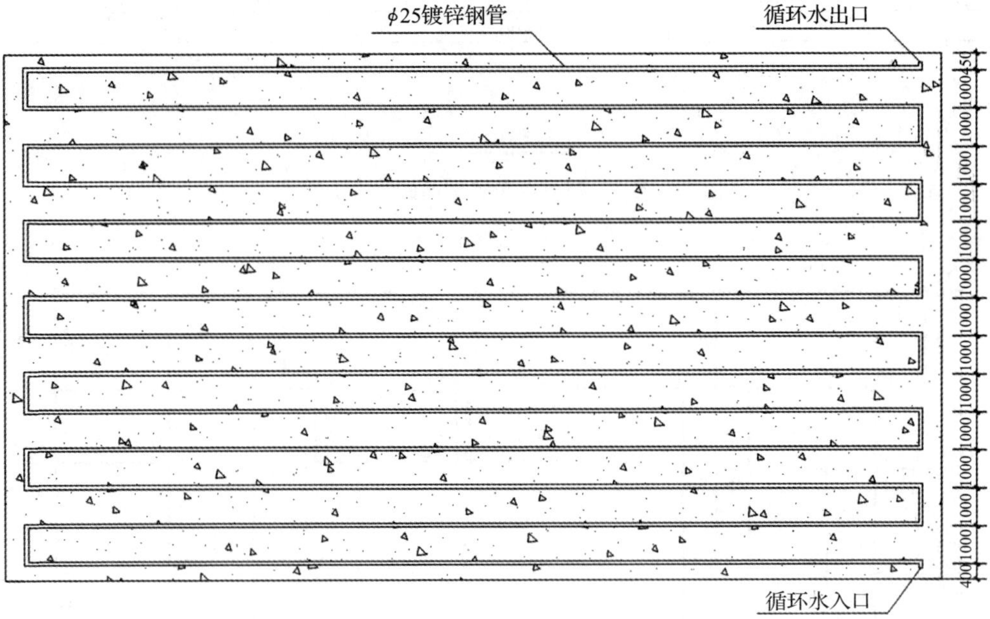

图 9　顶板中间层循环水降温系统平面布置图

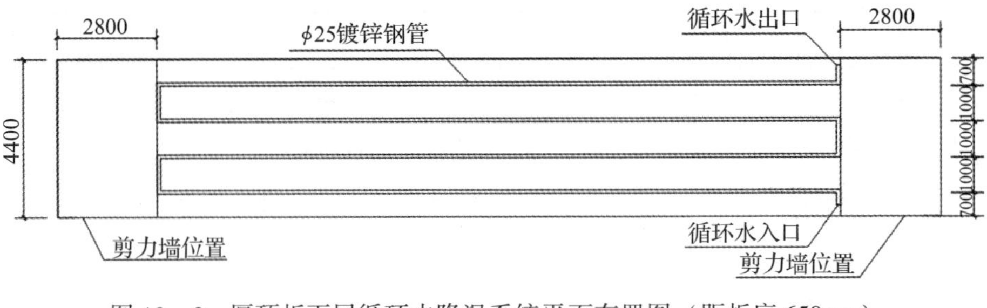

图 10　3m 厚顶板下层循环水降温系统平面布置图（距板底 650mm）

3.3　实施效果

通过优化混凝土配合比及采取二次抹面、循环水降温等控制措施，待模板拆除后观察发现，混凝土结构表面平整，未出现混凝土开裂现象（图 13）。

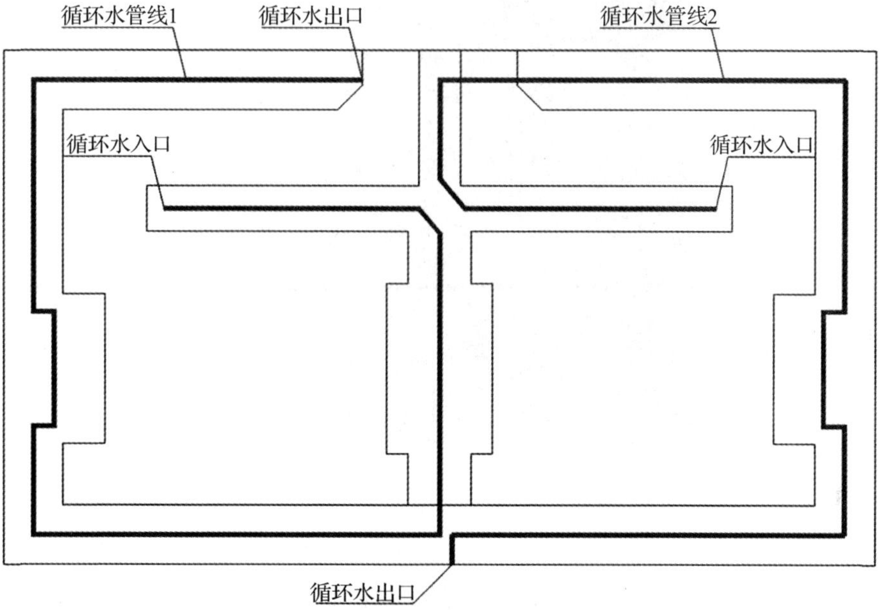

图 11　剪力墙循环水降温系统平面布置图

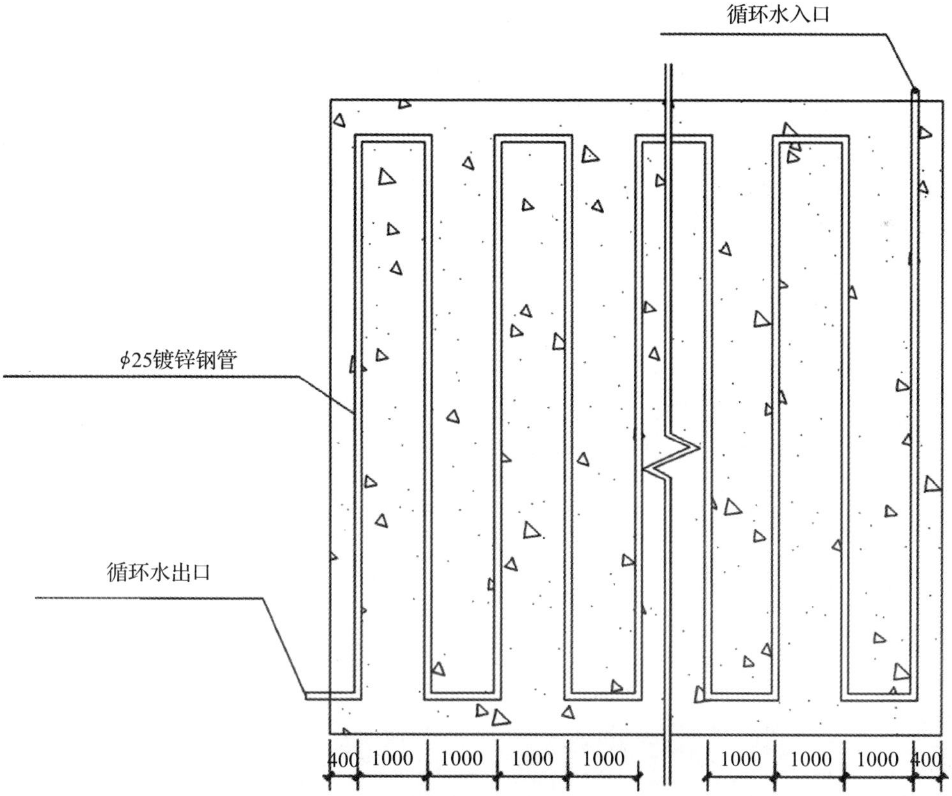

图 12　剪力墙循环水降温系统立面布置图

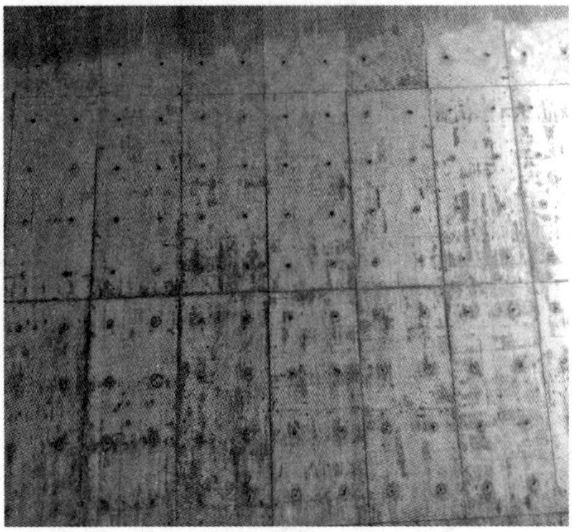

图 13　大体积混凝土墙板施工效果

4　结语

在直线加速器机房大体积混凝土施工过程中，通过以上针对施工重难点的施工技术和施工方法的应用，在拆模之后对混凝土的验收过程中，实体质量良好，未发现裂缝，符合设计及规范的要求，满足直线加速器机房投入使用后对辐射防护的要求，避免辐射外溢。

参考文献

[1] 中华人民共和国住房和城乡建设部．大体积混凝土施工规范：GB 50496—2018［S］．北京：中国建筑工业出版社，2018.

[2] 中华人民共和国住房和城乡建设部．建筑施工扣件式钢管脚手架安全技术规范：JGJ 130—2011［S］．北京：中国建筑工业出版社，2011.

[3] 中华人民共和国住房和城乡建设部．建筑施工模板安全技术规范：JGJ 162—2008［S］．北京：中国建筑工业出版社，2008.

纤维增强水泥板泄爆墙施工技术

田宇豪

湖南省第五工程有限公司　株洲　412000

摘　要：本文以纤维增强水泥板泄爆墙施工技术为依托，对其材料特性、生产方式、工艺原理、操作要点等进行阐述。结合工程案例，对于化工厂、库房、锅炉房等高危、高污染易燃易爆的场所，在其泄爆墙施工中采用纤维增强水泥板、轻钢龙骨、金属支座、岩棉等材料组合拼装。结果表明，采用纤维增强水泥板泄爆墙施工技术既能在工厂进行模块化生产、现场装配式安装，又能保证易燃易爆构筑物墙体的安全可靠，当发生爆炸或燃烧时可对产生的高温、压力、碎片等进行有效控制。此外，完工后的泄爆墙表面均为成品或半成品外墙，较传统砖墙或混凝土墙，外饰面无须进行基层处理或水泥砂浆找平等，可直接进入外墙涂料工序，响应了国家对节能环保的要求，创造了良好的经济、社会和环保效益。

关键词：纤维增强水泥板；泄爆墙；模块化；装配式；绿色减碳。

近年来，国家对于安全、节能、环保等方面越来越重视，化学品仓库、库房、锅炉房等工业用房作为高危、高污染的集散地，一旦发生事故可能是毁灭性、灾难性的。纤维增强水泥板泄爆墙可用于易发生火灾爆炸的化工生产构筑物，其主要构件均为工厂预制生产、现场切割拼装，与主体结构采用金属支座和化学螺栓连接，龙骨之间采用焊接或螺栓连接，纤维增强水泥板采用自攻螺丝与龙骨连接，形成结实可靠的泄爆墙体，泄压性能好，构筑物安全性能得到了提升。除此之外，纤维板材内部含众多气泡，形成静空气层，相当于房屋住宅的中空玻璃，可实现冬暖夏凉的空间效果。成品泄爆墙可免抹灰，也减少了施工湿作业，促进了文明施工。

1　工程案例

纤维增强水泥板泄爆墙施工技术成功应用于株洲市四水厂扩建工程，其臭氧制备车间邻近别墅区，墙面采用纤维增强水泥板泄爆墙施工技术，提高了化工厂房构筑物的经济性、安全性、适用性，是构筑物的可靠防火防爆措施，取得了良好的经济效益，得到了建设单位和政府主管部门的一致认可。

2　原理介绍

纤维增强水泥板泄爆墙纵横龙骨、保温材料、内外纤维增强水泥板、金属支座等构件均在工厂进行模块化生产，制作完成后运送到现场。纵横龙骨与主体结构采用金属支座加化学螺栓连接，龙骨之间为满焊，纤维增强水泥板采用自攻螺丝固定在龙骨上。板缝采用硅酮密封胶封堵，安装一侧纤维增强水泥板后及时填充岩棉等保温材料，再封闭另一侧纤维增强水泥板。轻钢龙骨、金属支座、纤维增强水泥板等材料组在一起具有很好的强化效果，形成可靠稳定的泄爆层，遭遇爆炸时能在极短时间内实现泄压、扩散，不易造成伤害。

3 工艺流程

墙体深化设计→工厂预制生产→测量定位放线→金属支座安装→纵、横龙骨安装→纤维增强水泥板安装模数放线→安装外侧纤维增强水泥板→填充岩棉→安装内侧纤维增强水泥板→板缝打胶→面层施工。

4 操作要点

4.1 墙体深化设计

工厂设计人员根据已施工完成的土建结构进行纤维增强水泥板泄爆墙的龙骨间距、节点大样、墙面分布等深化设计，绘制出外形加工图、水泥板尺寸、连接节点图等，经设计院核算后开始预制生产（图1~图3）。

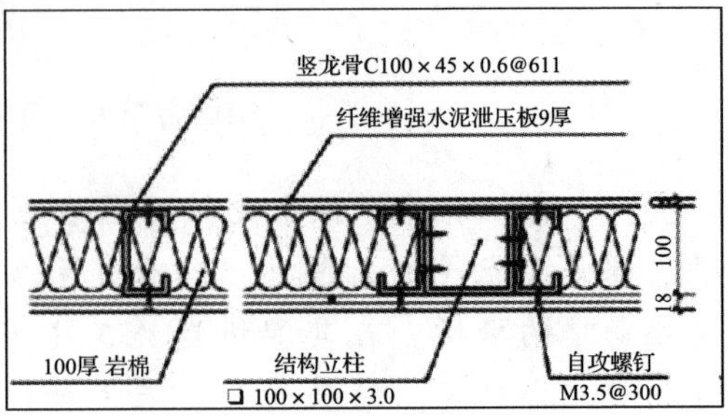

图1 结构立柱与纤维增强水泥泄压板连接

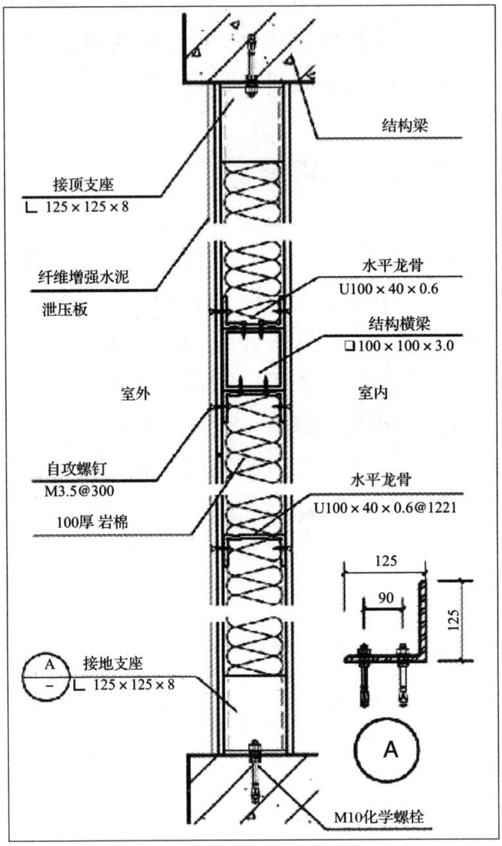

图2 立柱支座节点

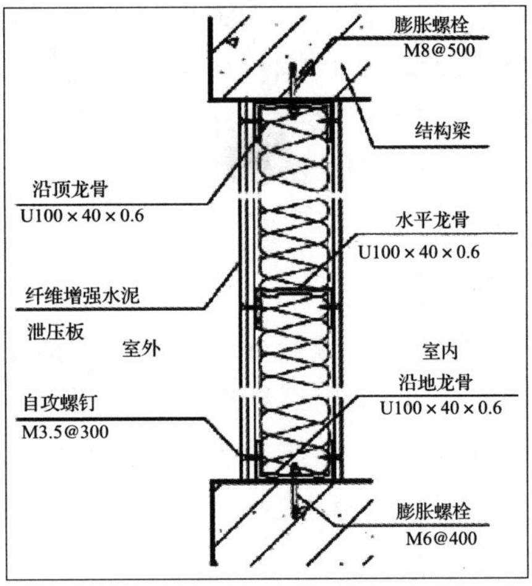

图3 顶龙骨、地龙骨连接

4.2 工厂预制生产

纤维增强水泥板在工厂内采用加工模具将水泥、纤维、石英砂等材料经制浆、切割、加压、蒸汽养护等工序进行流水线生产，制作成的水泥板尺寸误差控制在0.5mm以内（图4~图6）。

图 4　模具涂刷界面剂

图 5　蒸汽养护

4.3　测量定位放线

根据深化设计后的图纸以及现场的基准标高、轴线，对主体结构尺寸进行复核，弹出纤维增强水泥板泄爆墙的墙体定位线、门窗位置线，对纵横龙骨尺寸进行调整，确定分格尺寸。

图 6　纤维增强水泥板生产、堆放

4.4　金属支座安装

在混凝土构件四周，采用化学螺栓与金属支座进行固定，固定前注意清理孔洞中的灰尘，将螺杆和化学药水放入孔内，等化学药水固化后将螺母拧紧（图 7）。

（a）　（b）

图 7　金属支座

4.5　纵、横向龙骨安装

对纵、横向龙骨进行安装，龙骨与金属支座连接方式为焊接，沿顶龙骨采用 Q345b、U100×40×0.6 轻钢龙骨，与主体连接方式采用 M8@500 膨胀螺栓，沿底龙骨采用 Q345b、U100×40×0.6 轻钢龙骨，与主体连接方式采用 M6@400 膨胀螺栓。两侧龙骨采用 Q345b、U100×40×0.6 轻钢龙骨，M12@800 膨胀螺栓固定。中间纵向龙骨采用 Q345b100×50×3 方钢管，横向龙骨采用 Q345b100×45×3 方钢管，用红外线水平仪或水平尺将其调平后再满焊在沿地龙骨上，注意门窗洞口位置需用加强方管固定，焊接完成后对焊缝进行检查，及时敲除焊渣，验收合格后对焊缝进行除锈处理（图 8）。

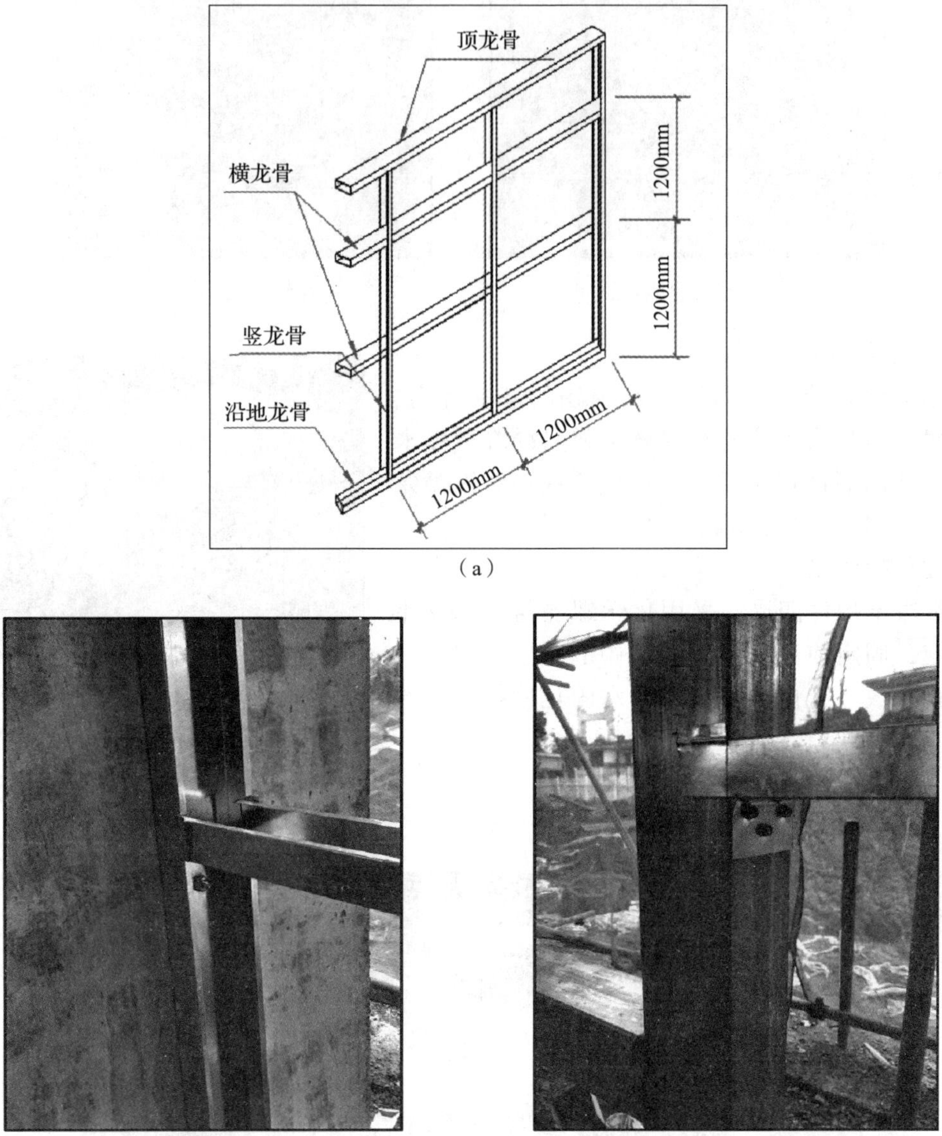

（a）　（b）　（c）

图 8　纵横龙骨连接

4.6　纤维增强水泥板安装模数放线

纤维增强水泥板标准尺寸为 2400mm×1220mm×9mm，根据主体结构实际尺寸定好每块水泥板的位置，并确定中心，由中间向两边放线，原则上按标准尺寸进行放线，实际中可能因为实际尺寸与主体结构尺寸不一致需切割部分水泥板。

4.7　安装外侧纤维增强水泥板

根据水泥板模数放线结果安装外侧纤维增强水泥板，外侧为双层板结构，第一层板与龙骨连接后，第二层板与第一层板错缝排列，采用 M4mm@ 150mm 自攻螺丝与纵横龙骨连接，螺丝应均匀有序，螺丝需沉入板面 0. 5mm，螺丝距板边 12 ~ 15mm，不可破坏高密度纤维水泥板边，板边不应有明显高低差，如有必要应进行修补，修补后再开始接缝施工，必须检查确保纤维增强水泥板与轻钢龙骨结合密实、无缝隙。接缝前必须用刮刀将螺钉周边毛刺清理干净，然后用湿毛刷将板缝处灰尘清理干净，门窗洞口两侧水泥板应能完全盖住方钢管（图 9）。

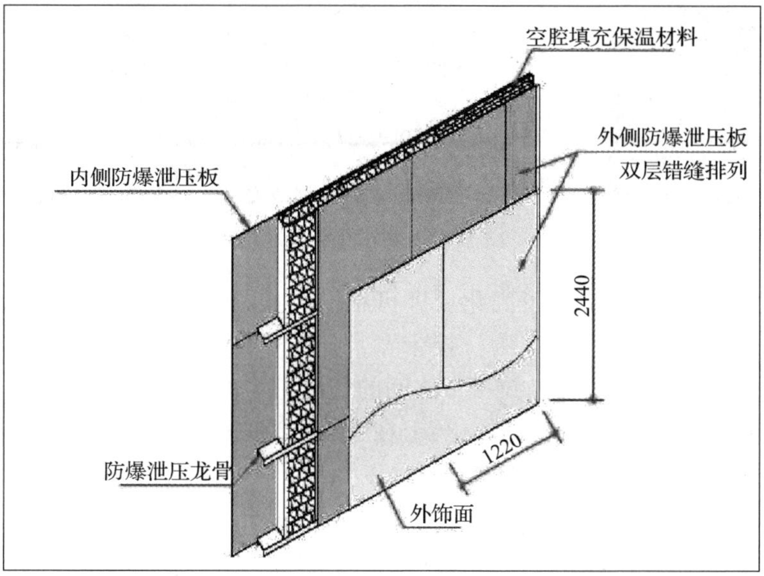

图 9　安装示意

4.8　填充岩棉

外侧纤维增强水泥板安装完成后在墙体内填充与龙骨宽度规格相同的 60K（10cm 厚）岩棉作为保温材料，岩棉垂直于龙骨安装，上端用铁皮压条固定于龙骨上，中间穿透支座及几字码（图 10）。

图 10　填充保温岩棉

4.9　安装内侧纤维增强水泥板

内侧纤维增强水泥板为单层结构，安装方式参照外侧板做法（图 11）。

4.10　板缝隙处理

纤维增强水泥板缝隙做法有 3 种形式，即平缝、凹缝和压条缝，可按以下程序处理：

（1）刮嵌缝腻子。刮嵌缝腻子前先将缝隙内浮土清理干净，用小刮刀把腻子嵌入缝隙，与板面填实刮平。

图 11　内侧水泥板安装

（2）粘贴拉接带。待嵌缝腻子固化后即可粘贴拉接材料，先在缝隙上薄刮一层稠度较稀的胶状腻子，厚度为 1mm，宽度为拉接带宽，随即粘贴拉接带，用中刮刀从上而下顺一个方向刮平压料，赶出胶状腻子与拉接带之间的气泡。

（3）刮中层腻子。拉接带粘贴后，马上在上面再刮一层比拉接带宽 80mm 左右厚度约 1mm 的中层腻子，使拉接带埋入这层腻子中。

（4）找平腻子。用大刮刀将腻子填满楔形槽与板抹平。

4.11　面层施工

纤维增强水泥泄爆墙施工完成后，由于水泥板墙的装饰特性，可免除粉刷工序，根据设计需求做各类装饰面。

5　效益分析

采用轻钢、岩棉、纤维增强水泥板等通过螺栓及焊接组成泄爆墙体，材料轻质高强，产生爆炸时泄压稳定，安全性更能得到保障，且水泥板为半成品外墙，较混凝土墙和砖墙，外饰面无须进行基层处理和水泥砂浆找平，可直接进入外墙装饰工序，施工简便，缩短 1/3 以上工期，具有一定的经济、社会和环保效益。

6　结语

本文以实际工程为对象，在高危易爆构筑物泄爆墙采用纤维增强水泥板施工技术，对其材料特性、工艺原理、操作要点以及质量控制要点进行阐述。其墙体厚度减薄、美观大方，既满足设计外形要求，又满足本墙面最重要的泄爆功能。轻钢龙骨、水泥板、金属支座等材料组合强度大、自重轻、安装工艺操作方便，实现了工厂模块化生产与现场装配式组装相结合，既符合绿色施工的要求，也积极响应“碳达峰”“碳中和”的理念，为同类工程积累宝贵的施工经验，具有重要的理论意义和工程实用价值。

参考文献

[1]　中华人民共和国住房和城乡建设部．外墙用非承重纤维增强水泥板：JG/T 396—2012［S］．北京：中国标准出版社，2012.

[2]　张哲．浅析新时期土建施工现场材料管理［J］．科技经济导刊，2016（10）：779.

[3]　欧津宇．论土建施工管理的瓶颈问题及对策［J］．山东工业技术，2016（11）：119.

浅析建筑垃圾源头减量措施

谢　为

湖南省第五工程有限公司　株洲　412000

摘　要：传统施工模式会产生大量建筑垃圾，严重污染环境，同时也浪费大量的资源，建筑垃圾问题亟待解决。首先，文章从我国建筑垃圾处理的现状入手，提出不同于传统施工方式的建筑垃圾源头减量化施工模式，最后根据施工现场情况提出相应的解决办法。

关键词：源头减量化；施工模式；建筑垃圾的综合利用

《建筑业“十二五”发展规划》（以下简称《规划》）由住房城乡建设部于 2011 年 8 月 18 日公布。这是“十二五”开局之际，针对建筑业制定的发展规划。《规划》明确至“十二五”期末努力实现的建筑节能目标：“绿色建筑、绿色施工评价体系基本确立”；国家标准《绿色建筑评价标准》(GB/T 50378—2019）对绿色建筑的定义是：“安全耐久、健康舒适、生活便利、资源节约、环境宜居”五大指标体系，旨在提升建筑品质，提高百姓的获得感、幸福感。住房城乡建设部的《绿色施工导则》定义绿色施工为：工程建设中，在保证质量、安全等基本要求的前提下，通过科学管理和技术进步，最大限度地节约资源与减少对环境负面影响的施工活动，实现四节一环保（节能、节地、节水、节材和环境保护)。

1　建筑垃圾源头减量化施工模式

1.1　可再利用材料的应用和可再循环材料

可再利用建筑材料是指基本不改变旧建筑材料或制品的原貌，仅对其进行适当清洁或修整等简单工序后经过性能检测合格，直接回用于建筑工程的建筑材料。可再利用建筑材料一般是指制品、部品或型材形式的建筑材料。合理使用可再利用建筑材料，可延长仍具有使用价值的建筑材料的使用周期，减少新建材的使用量。

可再循环建筑材料指如果原貌形态的建筑材料或制品不能直接回用在建筑工程中，但可经过破碎、回炉等专门工艺加工形成再生原材料，用于替代传统形式的原生原材料生产出新的建筑材料。例如钢筋、钢材、铜、铝合金型材、玻璃，ALC 轻质隔墙板等（图 1)。

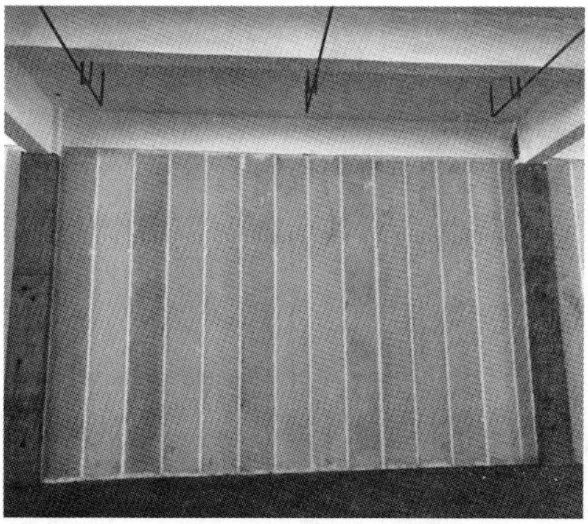

图 1　现场采用 ALC 隔墙

充分使用可再利用和可再循环的建筑材料可以减少生产加工新材料带来的资源、能源消耗和环境污染，充分发挥建筑材料的循环利用价值，减少建筑垃圾的产生，对可持续发展具有非常重要的意义，具有良好的经济和社会效益。建筑中可再循环材料包含两部分，一是使用的材料本身就是可再循环材料，二是建筑拆除时能够被循环利用的材料。可再循环材料主要包括金属材料（钢材、铜）、玻璃、铝合金型材、石膏制品、木材等。可再循环材料应包含建筑用材及环境建设用材。

1.2　利用新技术改善建材，防止或减少次生污染

提倡使用新型材料，如新型商品砂浆（干混砌筑砂浆 DM、干混抹灰砂浆 DP、干混地面砂浆 DS 等），根据不同干混砂浆的性能，应用于不同的部位，减少垃圾的产生；同时添加外加剂，其应用于预拌砂浆中时可节约成本 5%～10%，同时可大幅提高砂浆的保水性、和易性。本项目采用的砂浆为预拌干混砂浆，可有效地从源头减少了建筑垃圾的产生，从专业砂浆搅拌厂成批生产，再通过密闭搅拌车运输至工地，整个施工过程均有效地控制了建筑垃圾的产生，相比传统现场搅拌砂浆、在搅拌站配比好的砂浆，其施工质量得到了有效控制（图 2）。

图 2　现场采用预拌干混砂浆

2　建筑垃圾的开发和利用

2.1　建筑工程生命周期各阶段垃圾的产生及处理建议

1. 施工环节建筑垃圾的处理。建筑施工现场会产生大量的建筑垃圾，包括溅落的水泥砂浆、废弃的砖块、木材以及钢材等各类建筑垃圾。产生的建筑垃圾主要有：

（1）钢筋下脚料、捆扎钢筋的ϕ6 盘圆、裁剪剩余的无法使用的钢筋；

（2）混凝土浇筑时剩余的混凝土、落地灰以及模板漏浆；

（3）上小梁砖时破碎的小梁砖；

（4）旧的模板以及木方；

（5）混凝土胀模后凿下来的混凝土碎片等。

2. 处理办法。

（1）技术员计算要准确，钢筋工班长在这一环节避免浪费；

（2）剩余的钢筋下脚料按长度、直径堆放整齐。可以用来支设模板；用来绑扎提升架基础，塔式起重机基础等配筋不是很严格的设备基础；各种马镫，马蹄环；工程上使用的各种架凳、支架、防护门以及防护用支棍；

（3）捆扎钢筋可以用锤子敲直后做拉接筋用；

（4）切剩的小梁钢筋可以用作门窗过梁的骨架筋；

（5）钢材剩灰、落地灰及漏浆。①尽量避免浇筑时剩灰，如有剩余，可以制作小梁砖堵眼，做成过梁、窗台板等，以避免浪费；②对于落地灰，应安排混凝土浇筑人员及时清除，避免形成垃圾；③模板漏浆也应尽量避免，支设模板时要把模板拼缝堵严，已产生的漏浆，应派专人负责及时回收，循环利用。

2.2　装修环节建筑垃圾的处理

在整个建筑装饰过程中，将产生大量难以降解的材料，如塑料、薄膜、油漆、钢、铝等，其对环境影响不亚于其他环节产生的建筑垃圾对环境的影响。目前，东部发达城市和中西部发展中城市都忽视了建筑装饰过程中产生的建筑垃圾。大多数地区回收塑料、钢材和其

他建筑垃圾供他人出售，而不是进行专业处理。因此要加强城市居民对建筑装修垃圾处理的责任感。装修过程中产生的其他建筑垃圾包括：木门框安装过程中产生的地灰、红砖渣、地砖渣、木屑、废弃的过梁和窗台板，门窗扇安装过程中形成的木屑、刨花、碎玻璃和石膏地灰等。建筑垃圾处理注意以下问题。

（1）砌砖和抹灰过程中产生的地面灰泥。在砌砖和抹灰的过程中，不可避免地会产生地面灰，如果不及时清理，就会变成建筑垃圾，难以处理，浪费材料。事实上，落灰现象很容易解决，只要及时清理掉落灰，并将其与新砂浆混合使用即可。如果未能及时清理和利用落灰，应根据公司制定的规章予以重罚。对于外墙抹灰，可以在外架子下铺设一个破旧的木模板接收石膏，然后安排搅拌阶段的人员及时清理回收，并按一定比例投入到搅拌机中重复使用。

（2）各种砖渣。由于大量的砖在铺贴过程中被切割，因此不可避免地会产生大量的砖渣。对于这些砖渣，在铺砖之前首先放置和排列砖，并了解如何最大限度地减少砖的锯切。在锯砖时，要先把缺边缺角的砖捡起来，避免浪费。产生的砖渣一部分留作砖缝封堵用，一部分留作管孔封堵用，其余留作雨季铺筑用，可节约大量石料。

（3）安装门窗产生的木材可以收集后再利用。

（4）废弃的窗台和过梁可以根据现有尺寸进行切割和重新使用。如果它们不合适，可以用来铺设各种地板。

（5）瓷砖铺设完成后，应收集木屑铺在地板上，以保护地面，它还可以用来在喷漆时保持室内卫生。

3　建筑垃圾的综合利用

（1）加强建筑施工组织管理，提高建筑施工管理水平，减少因施工质量原因返工造成的建筑材料浪费和大量垃圾。在施工现场，施工人员以农民工为主，他们的素质普遍不高，施工技术水平较低，这对现场施工管理提出了更高的要求。加强现场管理，做好施工的每一步，提高施工质量，将有效减少垃圾的产生。在施工现场产生的建筑垃圾中，因施工质量返工造成的垃圾比例较大。施工技术人员应尽可能使用常规的方法，防止留下施工隐患。

（2）加强施工现场施工人员的环保意识。在施工过程中及竣工后对现场进行清理，及时回收利用多余材料，做到工完料清，不仅有利于环境保护，还能减少材料浪费，降低成本。

（3）避免因建筑材料在运输、储存和安装过程中的损坏而产生建筑垃圾；提高结构的施工精度，避免凿除或修补产生垃圾；避免对建筑产品进行不必要的包装。

（4）优化建筑设计。建筑设计方案中需要考虑的问题包括：建筑物应具有更长的使用寿命；采用能够减少建筑垃圾产生的结构设计；选择产生较少建筑垃圾的建筑材料和可回收建筑材料；应考虑建筑维护和翻新容易进行，建筑垃圾较少；未来拆除时，应考虑建筑材料和构件的再生问题。

4　结语

在传统的建筑施工过程中，建筑垃圾没有经过分类、收集、运输和处理，导致建筑垃圾不能重复使用，并增加了运输和处理量。实施源头减量模式将大大减少建筑垃圾的外排，减少填埋占用的宝贵土地，减少山地采石和河道采砂对自然环境的负面影响，社会效益巨大，建筑材料的回收利用也得到了加强。实现尽可能节约资源和保护环境的目标，大大减少了新材料的使用，节约了资源。在资源严重短缺的今天，营造以节约为导向、环境友好的社会氛围具有重要的现实意义。

参考文献

［1］ 中华人民共和国建设部. 绿色施工导则，（建质〔2007〕223 号）.
［2］ 罗清海，陈晓明，王衍金等工程建筑垃圾处置的调查和分析［J］. 中国资源综合利用，2009（6）.
［3］ 王宝民，涂妮，杨奕. 建筑垃圾处理及应用研究进展［J］. 低温建筑技术，2010（6）.
［4］ 王桂玲，于震平. 建筑施工现场废弃物种类与数量［J］. 研究探索，2010（11）.
［5］ 石文铮，于冉冉，邹南昌. 建筑垃圾资源化综合利用的建议. 天津建设科技，2010（5）.

浅谈建筑工程中新技术、新材料的综合应用

陈　冲

湖南省第五工程有限公司　株洲　412000

摘　要： 随着建筑工程水平的不断提高，施工建设中的各项新技术与新材料的应用也得到了较大的进步和发展，对于工程质量也有了极大的保障，也极大地提高了建设工程的管理与技术水平。目前高层建筑施工中，铝合金模板施工已大部分替代了传统的木模板施工，针对铝合金模板施工平整度及垂直度高的优点，结合蒸压加气混凝土墙板与抗裂砂浆薄抹灰施工技术，能更有效地体现出新技术、新材料的质量把控优势，同时也满足现阶段的绿色施工要求，一举多得。

关键词： 铝合金模板；蒸压加气混凝土墙板；抗裂砂浆薄抹灰

1　引言

随着经济的不断发展以及人们对环境保护、工程质量的关注，建筑工程领域中各类新技术、新材料不断涌现，对于早期的建筑工程施工来说，新技术、新材料的出现为施工的便捷、后期质量以及环境保护提供了有力保障，各工程项目根据自身需求的不同，选择性地应用一至两项新技术、新材料。然而在后续施工过程中，老旧的施工技术及材料等并不能完全配合所应用的新技术、新材料，导致仍然需要花费较大的代价去弥补，甚至新技术、新材料的优势体现不出来，被老旧技术材料所覆盖，无形中造成资源浪费。因此，综合考虑各项新技术、新材料的优势，将其整合应用，将极大地体现出其各方面的优势。第四代住房未来社区项目总建筑面积 42.8 万 m^2，内隔墙设计采用蒸压加气混凝土墙板，根据此项设计，项目部采用组合铝合金模板技术的同时，优化了原有普通抹灰为抗裂砂浆薄抹灰工艺技术，发挥了新材料、新工艺的综合优势和性能，实现了工程质量的全面提升。本文就组合铝合金模板施工技术、蒸压加气混凝土墙板及抗裂砂浆薄抹灰施工技术的综合应用进行研究探讨。

2　新技术、新材料的应用

2.1　组合铝合金模板施工技术

铝合金模板技术是整体挤压成型的铝型材，其标准化程度高、质量轻、承载力强、配合精度高，相较于传统木模板施工，其材料周转次数多、残值高、可再生利用，能最大限度地节约木材资源以及减少对环境的负面影响。先进的模板材料工艺、早拆体系，能减少施工人员、降低劳动强度、加快施工进度、提高施工质量、满足绿色施工的要求。

根据《组合铝合金模板工程技术规程》(JGJ 386—2016)，其模板安装的允许偏差为垂直度 5mm，梁侧、墙、柱模板的平整度为 3mm。通过铝合金模板的配模优化设计，可将细部结构、二次构造等与主体结构一次性浇筑。目前，铝合金模板加固体系有两种，分别为螺杆加固体系和拉片加固体系，其中拉片体系采用拉片梁端的圆孔与墙体两侧的模板使用销钉紧固，每片拉片的长度固定，保证墙柱每处厚度相等，垂直度与平整度质量更优，其拆模后无螺杆孔洞，混凝土表面观感质量较高，能达到墙体免抹灰效果（图 1）。

图 1　铝合金模板施工及结构成型质量

2.2　蒸压加气混凝土墙板

蒸压加气混凝土墙板称 ALC 板，其可作为内隔墙、外墙、屋面及楼板等，该材料在保温隔热、隔声、耐火性、耐久性等方面均具有优势，且具有良好的可加工性，工厂可根据图纸做出排板图进行板材预制，确保板材质量。材料本身自重轻且单块体积大，能加快施工作业速度，施工时采用专用黏结剂干法施工，施工更环保。相较于其他传统砖砌体墙，ALC 板材尺寸精确，现场直接拼接，拼装后表面平整度高。对比蒸压加气砌块，ALC 板内配钢筋网片，较砌块具有更好的抗裂性能，板材拼接处为凹凸槽，采用专用的黏结剂，接缝位置采用玻纤网格布及抗裂砂浆进行覆盖，后期开裂隐患小，板材施工完后，墙体整体观感质量高，墙面仅需刮腻子或抗裂砂浆便可满足要求。

根据《蒸压加气混凝土制品应用技术标准》(JGJ/T 17—2020）及《蒸压加气混凝土砌块、板材构造》(13J104)，墙板材加工表面平整度不大于 3mm，外墙板安装垂直度与平整度允许偏差均为 5mm，内墙板安装偏差均为 4mm，平整度远小于砌体填充墙所允许的 8mm，与铝合金模板的允许偏差接近，且隔墙板表面平整度及垂直度达到质量要求时，仅需做薄抹灰或刮腻子喷涂料便可做装饰面层（图 2）。

图 2　ALC 板墙体成型质量及实测实量

2.3　抗裂砂浆薄抹灰施工技术

抗裂砂浆是由聚合物乳液、外加剂、特种水泥、优质填料组成的干粉砂浆，具有良好的施工性能，且对所有建筑基底均有优异的黏附力，与玻璃纤维网格布混合，可有效防止底层脱落、开裂。薄抹灰技术主要用于平整度、垂直度高的墙体抹灰，厚度一般在 3~5mm，每

$1m^2$ 施工用量约为 3~4kg。施工易达到高级抹灰垂直度、平整度 3mm 的要求。相较于传统的普通砂浆抹灰，采用抗裂砂浆薄抹灰施工技术，其工序简便，不用甩浆，找平次数少，成活质量高。终凝及养护时间大大缩短，下道工序可以提前进场。能有效减少空鼓和开裂，施工损耗少，垂直运输少，施工后期不会与外墙等交叉施工产生冲突，节约成本并缩短工期（图 3）。

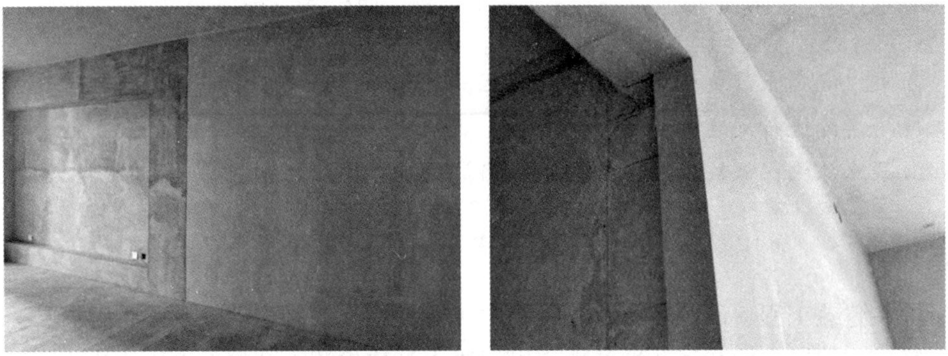

图 3　抗裂砂浆成型及细部质量

综合以上新技术、新材料的优势和性能，铝合金模板及 ALC 墙板在平整度、垂直度上满足抗裂砂浆薄抹灰的使用要求，且抗裂砂浆薄抹灰中混合玻璃纤维网格布能有效防止后期空鼓以及 ALC 板接缝处、不同墙体材料处的开裂，达到高级抹灰的质量要求，很好地保证了房屋开间进深尺寸，对于节能减排和资源综合利用、提高工程质量及施工效率等方面均有积极的意义。

3　结语

随着新技术、新材料的不断发展，人们对建筑质量需求的不断提升，新技术、新材料的综合性应用将越来越得到重视，从前期的单项应用到未来的综合性应用，不仅只是上述新技术、新材料在某几个方面的提升，而是全面综合性应用于整个建筑施工行业，以节能减排、提高工程质量及施工效率的方式来推动整个建筑行业更好更快地发展。

参考文献

［1］　陈冲．铝合金模板高支撑在第四代住房项目的应用［J］．智能建筑，2021，(08) 06.

［2］　中华人民共和国住房和城乡建设部．组合铝合金模板工程技术规程：JGJ 386—2016［S］．北京：中国建筑工业出版社，2016.

［3］　中华人民共和国住房和城乡建设部．蒸压加气混凝土制品应用技术标准：JGJ/T 17—2020［S］．北京：中国建筑工业出版社，2020.

［4］　中国建筑标准设计研究院．蒸压加气混凝土砌块、板材构造：13J104［S］．北京：中国计划出版社，2015.

［5］　中华人民共和国住房和城乡建设部．抹灰砂浆技术规程：JGJ/T 220—2010［S］．北京：中国建筑工业出版社，2011.

混凝土试块强度检测不合格的原因及防治

张石祥

湖南省第五工程有限公司　株洲　412000

摘　要：本文以混凝土试块检测不合格的原因为出发点，并以此为基础，论述其防治措施，结合施工现场实际进行阐述分析。

关键词：混凝土试块；试块强度；检测不合格

1　前言

混凝土在建筑工程建设中占有非常重要的主导地位，混凝土的强度是否符合要求，直接决定着建筑结构的安全性和耐久性。本文以混凝土试块检测不合格的原因为出发点，并以此为基础论述其防治措施，结合施工现场实际进行阐述分析。

在建筑施工过程中，混凝土是最基本、最重要的材料之一，混凝土强度是否达标，直接决定着后续工程施工质量的好坏及施工效率。但根据实践证明，在施工过程中，一些施工技术人员由于对混凝土试块的认知不够、经验不足或责任心不强等原因，往往忽视了混凝土试块的重要性，如制作试块的器械、养护设施配备不足或达不到标准，试块制作省略掉关键步骤等情况的出现，很可能导致混凝土本身质量是合格的，但由于用其制作试块时的疏忽而导致检测结果达不到设计要求。

2　混凝土试块检测不合格的原因分析

2.1　人为因素

在混凝土试块制作过程中，由于缺乏专业培训、针对性的制度措施，缺少专人看护和指导，随意更换制作人员，拆模无时间概念以及责任心不强等原因，导致试块受压面不均匀、内部气泡未彻底排出、拆模时试块缺棱断角、振捣不足或过振等问题，严重影响了混凝土试块的强度，从而影响了对混凝土质量和使用寿命的判断（图 1）。也不排除由于经济利益的驱使，一些检测机构和人员不择手段地提高检测费用，从而导致混凝土试块检测存在不公正、不合理的主观现象。

2.2　材料因素

混凝土主要有商品混凝土及自拌混凝土，部分施工单位在签订商品混凝土合同时，过于依赖和信任商品混凝土的质量，未对商品混凝土搅拌站原材料进行实地考察，未对其资质及业绩进行充分核实，混凝土公司向施工方提交的配合比、原材及试块抽检报告不真实、流于形式，往往由于这些疏忽，导致混凝土质量达不到合格标准。

自拌混凝土存在原材料送检不符合要求，未按规定由专业机构出具混凝土配合比报告，混凝土投料未按配合比要求进行或搅拌时间不足，采用多个厂家原材料未对每个厂家原材进行抽样送检并出具相应配合比，实际进场原材料与抽样送检原材料不一致等方面的因素，致使个别环节出现问题，导致后续混凝土试块强度不满足要求。

试块尺寸不规则、受压面不均匀

试块空气未彻底排出

试块表面刻字模糊不清

试块缺棱断角

图 1　混凝土试块缺陷

2.3　工器具因素

（1）养护设备不满足要求。混凝土的强度在前期增长较快，一般 3d 强度可达设计值的 60%，7d 强度可达到设计值的 80%。所以混凝土浇筑后的最初几天是养护的关键时期。如标准养护试块标养室内设备不齐全或设备故障率高，缺乏专人定期检查维护，导致标养室内温度达不到（20±2）℃、湿度达不到 95%，标准养护室内温湿度计的缺失或试块未摆放至标准养护架上；同条件试块未摆放至同一结构区域进行同步养护，养护也比较随意。比如未采用保水性良好的材料进行覆盖养护，偶尔养护也是敷衍了事，致使混凝土试块强度得不到有效增长，试块达到龄期后强度始终无法满足要求。

（2）试块制作设备不符合要求。一些试块制作工具设备，如振动台、拆模气泵、试模、脱模剂等配备不齐全，试块制作时未充分振捣，拆模时试块模具未涂刷脱模剂，导致后续试块拆模困难，或拆模后试块缺棱少角，或由于未振捣密实，试块内部气泡未彻底排除等原因也会导致试块强度不合格。

2.4　方法的因素

（1）试块制作方法不当。试块的制作方法不对或试块制作人员图方便省略关键步骤也会使试块强度受影响。如商品混凝土运至现场后工人随意加水，从而加大了混凝土的水灰比，影响了混凝土的力学性能；出料时罐车未充分搅拌致使浆多料少；未对制作试块的混凝土进行二次人工拌和；使用振动台振动时过振或漏振，导致倒入试块模具混凝土的骨料沉于底部，上部浮浆过厚，出现质量不均匀的情况。

还有一些原因：如试块模具破损；未涂刷脱模剂或涂刷不均匀；试块在模具内成型后未进行二次抹压；试块制作人员不懂拆模技巧暴力拆除导致试块形状不规则，尺寸不符合规范要求，试块内部结构受损，或试块受压面出现不均匀的现象，导致试块强度降低。

（2）管理运输不当。施工现场试块终凝前，由于试块制作人员的疏忽，未在试块表面留制作日期、代表部位、二维码、芯片等标记，或已留标记但标记太浅，使试块送检时无法辨认，致使搬运送检试块时混乱，龄期错误，造成试块强度异常。

一般工程项目试块均需运送至实验室进行抗压强度检测，搬运试块送检时，一些搬运工不懂专业技巧，强搬硬摔，运输过程中磕碰，造成试块破损，直接影响到试块强度。

3　混凝土试块强度不满足要求的防治措施

3.1　管理措施（图 2）

标养室养护设备应齐全、正常

标养室养护温湿度应满足规范要求

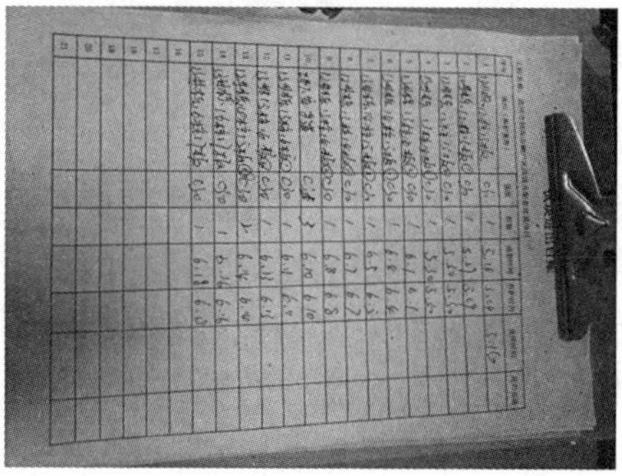

试块进出场台账应详细记录

同条件试块应做好防遗失保护措施

图 2　混凝土试块养护措施

（1）在试块制作之前，施工现场应建立完善的检测试验管理制度，并制定详细的试块制作和送检方案，施工项目技术负责人应当组织检查这些制度的执行情况，确保试块制作和送检工作的顺利进行。制作前技术人员应对试块制作人员进行培训交底，并对试块制作的各个环节进行跟踪指导。

（2）技术管理人员应具备相应的专业素养，应对试块的制作、取样送检、标准养护室的管理等环节十分清楚。及时更新试块进出场台账，对养护环境实时监测。

（3）试块制作应选择责任心强、服从安排、认真负责的人员，不得随意更换试块制作人员及送检人员，如需更换，应对新更换的人员进行培训。

（4）试块制作前，相应的标养室、养护设备、试块制作工具以及送检车辆要提前做好规划布置，试块制作养护不得仓促进行。

（5）试块制作完成终凝前，应用铁钉或坚硬工具留好制作日期、代表部位、强度等级等相关信息，信息要准确，字迹应工整清晰不易抹去，试块送检时，送检人员需认真仔细核对，不得错拿试块。

3.2　技术措施

（1）为了确保自拌混凝土的质量，应委托有资质的检测单位根据原材料复试报告进行配合比设计，配置混凝土时应严格按照配合比要求进行投料，准确计量。如果材料品种或规格发生变化，应及时反馈并调整配合比，以确保混凝土的质量。

（2）进入施工现场，商品混凝土必须经过严格的审查，包括配比单、小票上的浇筑位置、混凝土强度等级能否符合设计要求。在取料前，应将混凝土充分搅拌，并在取料完成后进行人工二次拌和并检测其坍落度，确保坍落度满足要求且拌和物质量均匀，最好在拌制后尽快完成试件成型工作，通常不要超出 15min。

（3）为了确保试模尺寸的准确性，应尽量选择一体式无须拼装的模具，并在应用前彻底清除试模内的污渍、油渍，将脱模剂涂刷均匀。

（4）混凝土拌和物应分两层装入试模内，每层的厚薄应大致是试模的 1/2。在插捣过程中，应从边缘向中央均衡地推进，同时使用抹刀沿着试模内壁来回穿插，以排除空气。插捣完成后，使用橡皮槌轻轻叩击试模周围，直到插捣棒的孔洞逐渐消失，并将剩余的水泥刮出。最后，试块面应比试模高 5mm。试块较多或具备条件的施工单位可采用振动台进行振捣，振动时间一般为 10~15s，以试块不冒气泡为宜。

（5）在拆模时，应轻拿轻放，避免磕碰。拆模后，立即将试块送至环境温度为（20±2℃）、相应湿度为 95%以上的标准养护室进行养护。同养试块成型后应采用毛毡或草苫覆盖其表面保持湿润。拆模时间应与实际施工的构件拆模时间相同，拆模后应堆放在同一结构浇筑区域进行同步养护。

（6）标准养护试块龄期（28d）前两天送检测单位进行检测。切记试块不得错送、漏送，同条件养护试块，一般从当天浇捣混凝土开始统计现场每日平均温度，达 60℃ 即可送检，同条件天数不能小于 14d 且不能大于 60d。特别要注意夏期与冬期试块的送检时间。一些送检人员由于时间观念的疏忽，同条件试块冬期送检时间超过 60d 的现象屡屡发生。

（7）对已出现的不合格试块，应及时做好不合格处置台账，联系检测单位做相应实体回弹检测，针对不合格试块应进行论证分析，找出原因，避免类似事件再次发生。

3D 打印混凝土研究现状及前景展望

杨小平

湖南建工集团第五工程有限公司　株洲　412000

摘　要：3D 打印混凝土作为一种节材、节能、绿色环保的建筑技术，在工程建筑领域受到了广泛关注。本文介绍了 3D 打印混凝土主要特征；分析了打印参数、材料对结构力学性能的影响；总结了 3D 打印混凝土面临的主要问题和今后的方向和建议；最后通过走“数字化建造+绿色建造”的发展模式，展望发挥 3D 打印技术的优势。

关键词：3D 打印；混凝土；材料；力学性能

1　引言

我国传统工艺制作方式主要为等材、减材制造两种，而 3D 技术采用的是增材技术。3D 技术因主要的成型材料是混凝土，故被称作 3D 打印混凝土（3DConcrete Printing，3DCP）。3DCP 所使用的“混凝”材料与传统的混凝土不同，建筑打印用的“油墨”可以使用树脂、砂浆、黏土、地质聚合物、钢渣、建筑垃圾、工业垃圾、矿山尾矿等。混凝土 3D 打印技术目前的重要发展方向为在发挥 3D 打印技术优势的同时，也能做到消纳固废。再加上对挤出材料的改性，可以获得更高性能且与 3D 打印工艺相匹配的环保材料。目前国内采用 3DCP 技术在建筑行业的运用主要为混凝土结构构件、低层建筑、建筑景观和桥梁。了解 3DCP 的发展现状，对其继续开展深入研究和应用具有重要意义。

2　3D 打印工艺

与传统浇筑工艺对混凝土性能的要求不同，3DCP 主要体现在混凝土拌和物从搅拌完成至挤出前都需要具有较好的流动性，其次，因层层堆叠的模式，打印堆积的混凝土需要一定的早期强度，能够在上层条带的压力下仍保持形状和稳定。

3DCP 最早由 Pegna 于 1997 年提出，目前国内外成熟打印技术的方式分别为 D 型工艺、轮廓工艺、混凝土打印、大型机械臂驱动的材料三维构造建造。虽然打印方式侧重点不同，但都是通过逐层累加成型，从本质上来说其核心原理是一致的。

目前，3DCP 材料主要通过挤压成型、逐层叠加的方式来完成建造。在施工现场，工人在浇筑混凝土过程中需要振捣这个环节以保证混凝土的质量以及强度，而打印成型的混凝土可不需要这个环节。3DCP 的技术工艺流程如下：首先需要将配置好的材料输入滞留储存系统；其次，建立打印结构的三维实体几何或边界模型，进行模型的分层切片设计和层片打印路径规划，即可按照预设的路径、移动速度和耗材速度等相关参数进行打印；最后预先配置的拌和物经喷嘴按设计要求层叠堆积形成最初设计的混凝土结构构件。3D 打印混凝土技术工艺流程如 1 所示。

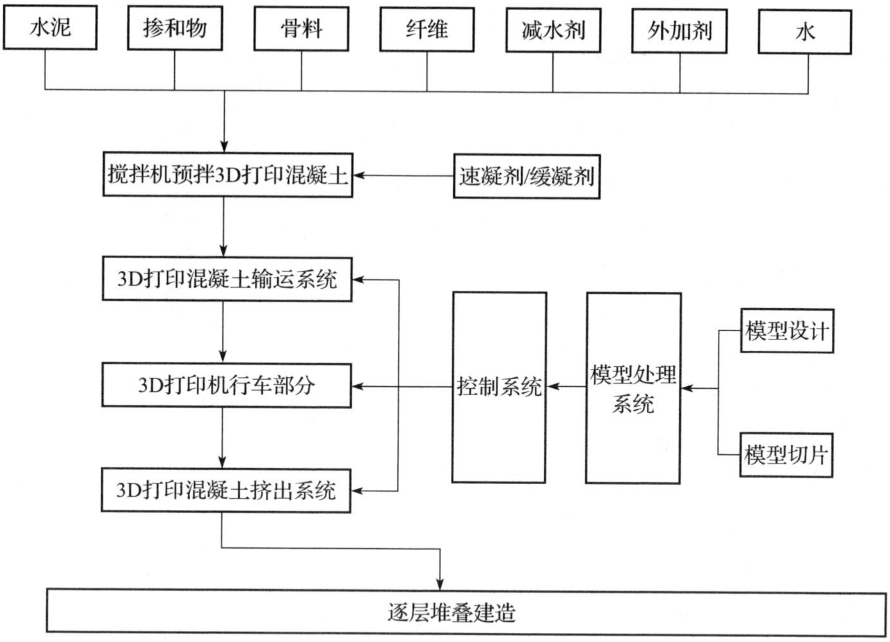

图1　3D打印混凝土技术工艺流程图

3　3D打印混凝土的特征

3D打印技术拌和物在挤出前，材料在泵送管道和挤出装置内流动，剪切应变在管道外壁最大，胶凝材料则倾向于向中心集中，材料挤出成型后会存在水膜，水膜的存在也会导致层与层之间出现不连续性的现象，而且条间和层间会出现空隙，从而形成层间弱界面。导致层间弱界面的因素很多，田泽皓等认为材料的影响是形成弱界面的关键。

3DCP打印混凝土的各向异性表现为沿着打印构件的不同方向，力学性能存在差异，出现此类现象的根本原因是层间弱界面存在，导致结构混凝土内部缺陷程度不同，决定其力学性能具有各向异性。Ma等对3D打印混凝土力学性能进行探究，发现3D打印混凝土的强度与荷载方向密切相关。抗压强度与柱子受压类似，沿着挤出条状方向的强度高于另外两个方向，而垂直于条带长度方向的抗弯强度最高。

已有研究表明，层间强度薄弱已经成为3DCP技术的一个主要问题。於家勉等研究发现，从混凝土的黏结机理分析，可通过调整层间间隔时间、喷头高度、砂浆配比参数提高打印质量。

4　力学性能影响因素

4.1　工艺参数

（1）间隔时间。不同混凝土层之间存在薄弱界面是3D打印混凝土施工时的一大难题，定量分析其强度仍处于研究阶段。

通过查阅LE的试验，研究表明随着延迟时间的增加，黏结强度明显降低。而Marchment等的研究结果表明，黏结强度并非严格随层间间隔时间的延长而降低，其强度是随着延迟时间先呈降低趋势再增加。是因为当延长至30min的时候，构件表面出现泌水，进一步说明黏结强度与表面水分正相关。

综合以上研究可知，如果想通过优化间隔时间从而提高黏结强度，需要控制好延迟时间，以防止延迟时间过长而使层间形成冷缝，其应该保证时间短于泌水蒸发所需时间（图2）。

（2）喷头高度与喷头挤出的形状。Panda 等系统研究表明，随着设备的喷头高度地增加，成型物的层间黏结强度、抗拉强度均呈降低趋势。而层间时间间隔的延长，在一定程度上也会降低3D打印混凝土结构构件的层间黏结强度。

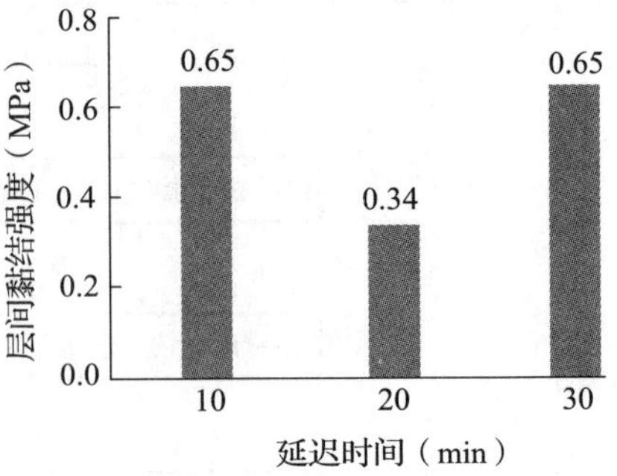

图2　3D打印混凝土层间黏结强度

Paul 等系统研究发现喷嘴的形状及结构密实度会影响3D打印混凝土的强度。目前3D打印喷头在市场上有很多的类型及尺寸，而圆形喷口使用的频率较高。但 Paul 的研究表明使用矩形、方形喷嘴比圆形喷口在打印过程中能少空隙，有利于结构密实度，这对混凝土强度发展是有利的。

4.2　材料

（1）胶凝材料。水泥是3D打印混凝土最重要的材料之一，但普通硅酸盐水泥作为3D混凝土打印材料使用却存在不少问题，成型的构件存在抵抗弯矩、剪力的能力较差的现象。孙建智等通过在硅酸盐水泥中掺入聚合物乳液起到了明显的改性效果。聚合物乳液掺入能提高水泥的抗压强度和黏结强度。值得注意的是，聚合物乳液的掺入，一定程度上可以减少水泥的收缩率。Zareiyan 等将使用硫铝酸钙水泥替代60%的Ⅰ型普通硅酸盐水泥，使胶凝材料的凝结时间缩短至45min。

（2）配合比。目前虽有多数学者对3D打印混凝土配合比进行了研究，但是定量分析其最适合的配合比强度仍处于研究阶段。张慧琳等人研究出3D打印用的地质聚合物最优配合比；赵雅萌研究出 UHPC 胶凝材料粉体混合体系的最佳配比；Malaeb 等得出喷嘴直径为2cm情况下挤出效果最佳。

（3）骨料。粗骨料在3D打印混凝土中较少使用，郝建军等研究得出天然砂的最优取代率。再生细骨料超过取代率33%，对应材料的初始流动度、强度呈下降的趋势。Ting 等采用再生玻璃粉作为细骨料掺入到混凝土中，能显著提高混凝土拌和物的流变性。Zareiyan 等的试验情况与3D打印状况相似，均是在新旧混凝土层施工时间间隔较短的情况下进行的，本次试验为3D打印骨料提供了参考价值，其研究表明骨料粒径较小、掺量较低的构件，层间黏结强度较大。

（4）纤维材料的复配。目前，不少学者开始研究用纤维混凝土作为打印材料，是因为水泥砂浆作为打印材料存在不少问题。纤维能够吸收水泥基材料中产生裂缝的能量。混凝土3D打印材料中可采用的纤维主要包括玻璃纤维、碳纤维、玄武岩纤维和聚丙烯纤维、聚乙烯醇纤维等。Panda 等研究表明纤维能够提高打印混凝土的抗裂强度，防止应力集中处裂纹的产生和扩展。郝建军研究表明，采用再生细骨料全部取代天然砂，并用复合矿物掺和料与聚丙烯纤维相结合，得出聚丙烯纤维最优掺量；张超等研究表明，高掺量的纤维会降低表观密度、提高结构内部孔隙率。

（5）外加剂。试验结果表明，屈服应力与塑性黏度随着聚羧酸减水剂掺量的增加而降低；而淀粉醚掺量的增加，塑性黏度持续增高，屈服应力先呈增加趋势再降低；屈服应力随着粉状碱性速凝剂掺量的增加而提高。

（6）矿物掺和物。矿物掺和料能提高混凝土的早期强度和后期强度，是3D打印混凝土的必要部分之一。粉煤灰、硅粉、矿粉、陶瓷抛光砖粉是3D打印材料中常用的矿物掺和料。李维红等发现，矿物掺和料的加入均会导致打印材料凝结时间出现不同程度的延长。粉煤灰与其他掺和料相比保水性优异，其掺入能够提高打印材料的流动性，但力学性能会降低。硅粉的掺入相对于粉煤灰能提高构件后期的强度，但同时也会降低材料的流动度。因此，硅灰通常与粉煤灰复合使用以发挥两者的优势。郝建军研究表明陶瓷抛光砖粉的掺入能提高构件的早期强度，复合掺入陶瓷抛光砖粉和粉煤灰可同时发挥两者的优势。

5　混凝土3D打印技术当前存在的问题

近几年，混凝土3D打印技术的发展非常迅速，但不可避免地该领域仍存在一些问题与局限，有以下四点：

（1）缺乏全面完整统一的行业标准，与其相关的理论体系、试验数据、规范条文等均尚未完善，这将造成“无人验收”“无法验收”局面。

（2）尚缺乏能完全满足可挤出性、可建造性和使用性能等要求的3D打印混凝土材料，更缺乏相应的制备理论、制备方法。在消纳固废方面，国内这类课题的研究较少。

（3）尚缺乏打印材料的耐久性、适用性、安全性的研究，这也是影响混凝土3D打印技术推广的重要因素。对于绿色建筑物，要从全生命周期角度出发看待建筑，不应该只看其制造环节的低碳。固废在3DCP的应用本身是提高材料层面的低碳性，但如果应用不当带来变形、开裂、耐久性差等使用性能问题，从某种角度来说这反而是不低碳的。随着“双碳”目标的提出，需要对不同3D打印混凝土的适用性进行定量评价。

（4）目前国内外打印设备只是停留在打印低层建筑、不能直接进行现场自动化打印层面，材料选用在随时间、环境而变化。

6　混凝土3D打印技术研究展望

国家“十三五”规划发展将增材制造列为重点发展对象，以及不少重要文件均指出，当前国家需要加快增材制造技术的发展。虽然目前仍然处于研究初级阶段，但相信3D打印建筑会越来越普及。综合上文的总结与归纳，本文提出以下的研究思路与展望。

（1）3D打印设备发展。打印设备的探索方向是能开发一款智能化的、面向材料性能实时调节的设备。要求打印设备能够与施工现场有关设备相结合，能够快速自动打印出满足建筑智能化要求的产品。打印过程中能及时对打印环境、打印物状态等进行检查、反馈信息并做出调控，避免错误导致的次品。

（2）自动布筋技术。目前，打印混凝土构件与纤维增强材料结合的技术从一定程度上提高了构件整体性及力学性能。3DCP结构通过合理的布筋从而提高其结构性能，但手动布筋由于人为干预会影响打印的效率。部分学者提出多种自动布筋方式。总体而言，自动布筋技术仍在初步探索中，尚未实际应用。

（3）混凝土3D打印技术适用性分析。传统施工方法受制于地形、人力、设备等影响，而3DCP弥补传统施工方法的缺点，实现特殊施工又好又快的建造。对建造应急性、临时性的建筑物，建造异型构件、异型建筑等具有优势。目前，虽然非现场打印的梁式结构和装饰结构、现场打印的低层住宅已经有初步分析，但是仍需要对其他形式的建筑体系尤其是复杂的建筑体系进行分析讨论。

（4）3D 打印、BIM 与装配式技术融合应用。3D 打印、BIM 与装配式技术融合应用的前景在于：在设计阶段，深化的高精度三维模型将为 3D 打印提供数据支持，减少工期压力的同时，打印路径的精确控制将确保混凝土材料的高效利用，同时消除传统预制生产过程中模板对建筑形体的约束。

7　结语

目前，对 3D 打印混凝土技术的研究方兴未艾，该技术必将在未来拥有广阔的应用空间，同时也是对传统建筑行业的良性补充。未来对于 3D 打印混凝土技术的研究不仅只着眼于打印设备的开发，还可以着眼于研究耐久性、消纳固废，并结合“双碳”目标促使混凝土 3D 打印技术向绿色可持续方向发展。

参考文献

［1］ 齐胜，李庆远，崔小鹏，等. 3D 打印混凝土材料的研究现状与展望［J］. 混凝土，2021（375）：36-39.

［2］ 万珂玥. 3D 打印再生混凝土物理力学性能及其与钢筋的黏结性能研究［D］. 广州：华南理工大学，2021.

［3］ ZIBO ZUO，et al. Experimental research on transition from scale 3D printing to full-size printing in construction［J］. Construction and Building Materials，2019，208：350-360.

［4］ 田泽皓，王里，张心颖，等. 3D 打印混凝土层间弱面的形成机制与改善方法［J］. 硅酸盐通报，2020，39（07）：2052-2058.

［5］ MA G，LI Z，WANG L，et al. Mechanical anisotropy of aligned fiber reinforced composite for extrusion-based 3D printing［J］. Construction and Building Materials，2019，202：770-783.

［6］ 於家勉，孙元峰，姚一鸣，等. 3D 打印混凝土层间性能影响因素与测试方法研究综述［J］. 混凝土与水泥品，2020，292（08）：7-11，17.

［7］ LIU G，LU W，LOU Y. et al. Interlayer shear strength of roller compacted concrete（RCC）with various interlay ertreatments［J］. Construction and Building Materials，2018，166：647-656.

［8］ MARCHMENT T，SANJAYAN J G，NEMATOLLAHI B. e al. 3D Concrete Printing Technology［M］. Oxford：Butterworth -Heinemann，2019.

［9］ PANDA B，PAUL S C，MOHAMED N A N，et al. Measurement of tensile boot strength of 3D printed geopolymer mortar［J］. Measurement，2018. 113：108-116.

［10］ PAUL S C，TAY Y W D，PANDA B，et al. Fresh and hardened properties of 3D printable cementitious materials for building and construction［J］. Archives of Civil and Mechanical Engineering，2018，18（1）：311-319.

［11］ 孙建智，王孝龙，张云飞 . 聚合物乳液对水泥改性的试验研究［J］. 粉煤灰，2013，25（04）：44-46.

［12］ ZAREIYAN B，KHOSHNEVIS B. Effects of interlocking on interlayer adhesion and strength of structures in 3D printing of concrete［J］. Automation in Construction，2017，83：212-221.

［13］ 张慧琳，程磊. 3D 打印用地质聚合物配合比的优化试验［J］. 低温建筑技术，2020，42（04）：35-37.

［14］ 赵雅萌 . 基于 3D 打印的超高性能混凝土制备及性能研究［D］. 济南：山东建筑大学，2022.

［15］ MALAEB Z，AL SAKKA F，HAMZEH F. 3D concrete printing：machine design，mix proportioning，and mix comparison between different machine setups [A]//3D Concrete printing technology [C]. Elsevier, 2019: 115-136.

[16] 郝建军. 3D 打印再生细骨料混凝土配合比设计及其性能研究 [D]. 南昌: 南昌大学, 2020.

[17] TING G H A, TAY Y W D, QIAN Y, et al. Utilization of recycled glass for 3D concrete printing: rheological and mechanical properties [J]. Journal of Material Cycles and Waste Management, 2019, 21 (4): 994-1003.

[18] ZAREIYAN B, KHOSHNEVIS B. Interlayer adhesion and strength of structures in Contour Crafting -effects of aggregate size, extrusion rate, and layer thickness [J]. Automation inConstruction, 2017, 81: 112-121.

[19] FILOMENO R. H, et al. Optimizing the modified atmosphere parameters in the carbonation process for improved fiber-cement performance [J]. Journal of Building Engineering, 2020, 32

[20] 张超, 邓智聪, 马蕾, 等. 3D 打印混凝土研究进展及其应用 [J]. 硅酸盐通报, 2021, 40 (06): 1769-1795.

[21] 刘致远. 3D 打印水泥基材料流变性能调控及力学性能表征 [D]. 北京: 中国建筑材料科学研究总院, 2019.

[22] 李维红, 常西栋, 王乾, 等. 矿物掺和料对 3D 打印水泥基材料性能的影响 [J]. 硅酸盐通报, 2020, 39 (10): 3101-3107+3114.

[23] 一种 3D 打印混凝土纤维材料织网增强构件及其制备方法: 中国专利, CN 111620621 A [P]. 2020-09-04.

浅谈新型现浇空腹楼板施工过程中的质量控制

张鑫归

湖南省第五工程有限公司　株洲　412000

摘　要： 在现今的结构设计中，新型现浇空腹楼板的填充材料采用钢网镂则性能更为优越。(1) 应用在荷载重、开间大、跨度长的楼房建筑。如商场、图书馆、停车库、超市等多种建筑当中；(2) 更加节省建筑材料，新型现浇空腹楼板较普通，梁板更加经济实用；(3) 保温和隔声效果好，密闭空腔混凝土结构较实心混凝土结构更有利于减小噪声的传递，有效地解决图书馆、住宅等地的噪声问题；(4) 新型现浇空腹楼板可以明显降低建筑主体结构的框架高度，甚至与肋梁等高，形成无梁楼盖，在保证建筑净高的前提下，可以降低建筑层高，或在建筑层高不变的前提下，增加建筑内部的净空高度；(5) 新型现浇空腹楼板实现金属材料制作带肋钢网镂，克服了现有空腹楼盖非抽芯成孔用填充体存在的缺陷，具有与混凝土复合性好、成本低、运输和施工方便、质轻等优势。

关键词： 新型现浇空腹楼板；施工过程质量控制；钢网镂

岳阳市君山区某棚改小区工程，非主楼地下室为车库，框架结构，层高 3.5m，地下室底板厚 300mm，底板、侧壁、顶板设计有沉降后浇带，缝宽 800mm，底板、侧壁、顶板设计的膨胀后浇带缝宽 2000mm。地下室外墙设计厚度 300mm，框架柱顶设计有矩形柱帽（2400mm×2400mm），地下室车库顶板设计采用新型现浇空腹楼板，空腹楼板厚 450mm，其中上翼缘板板厚 120mm，下翼缘板厚度 80mm，肋梁高 450mm，内模间肋宽为 150mm。

1　工程概况

某棚改小区项目位于柳毅东路南侧约 25m，李记大道西侧约 320m，君交花园北侧约 25m，交通便利。小区由 9 栋住宅楼和地下车库以及社区服务中心、社区活动中心、门房、消防控制室等辅助建筑物组成，占地面积 4899m^2，总建筑面积 69666m^2，其中住宅建筑面积 48521m^2，地下车库建筑面积 19201m^2，社区及物管用房 1895m^2，新建户数 360 户，停车位 533 个。我单位承建的一标段施工范围为 1 号楼、2 号楼、3 号楼、7 号楼、8 号楼及部分地下室以及社区服务用房、社区活动中心、门房、消防控制室、室外道路、管道、绿化等工程。

一标段部分地下室顶板均采用新型现浇空腹楼板（图 1）。

2　工程施工特点

（1）本工程空腹楼板体量大，钢网镂填充材料为轻质材料，施工过程中存在上浮的可能。

（2）主梁少，肋梁居多，施工过程中的成品保护较为重要。

（3）混凝土浇筑振捣要求高，下翼缘板底混凝土观感效果控制要求高。

3　工艺流程

新型现浇空腹楼板施工工艺流程如下：

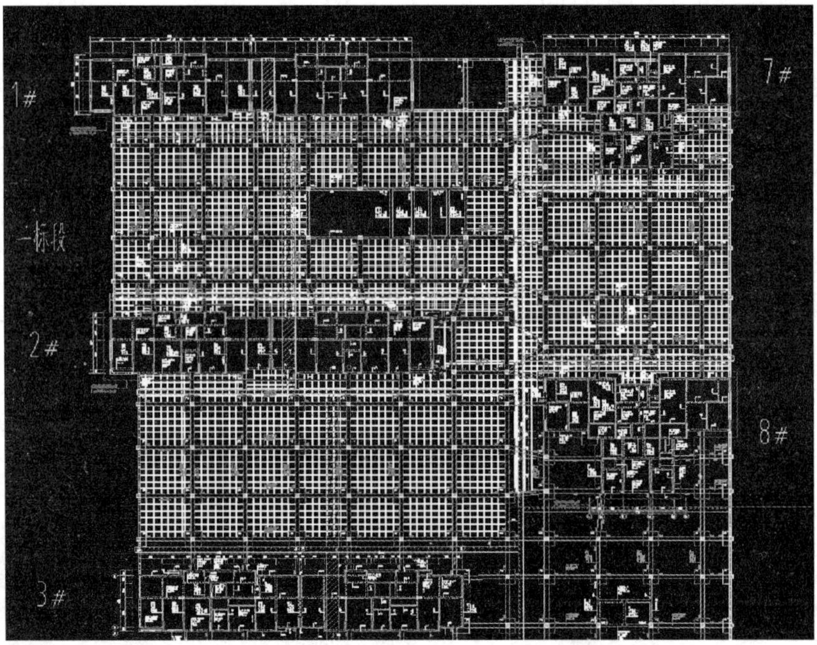

图 1　地下室顶板钢网镂平面布置图

测量放线→安装满堂红支模架，安装模板→划线定位→梁钢筋、板底钢筋、肋间钢筋或网片安装→预埋水电线管及竖向穿板管→钢网镂安装、实施钢网镂抗浮技术措施→板面钢筋安装→钢筋、内模隐蔽验收→铺设架空马道、浇筑混凝土→混凝土养护→拆模。

4　可能存在的问题及处理措施

4.1　下翼缘板板底混凝土麻面、裂缝

1. 原因。粗骨料粒径过大，未按设计要求控制在板底厚度的 1/3 以内，混凝土浇筑时，浆体渗入箱体内，骨料堆积在翼缘板下方，坍落度不符合设计要求，流动性差（图 2）。

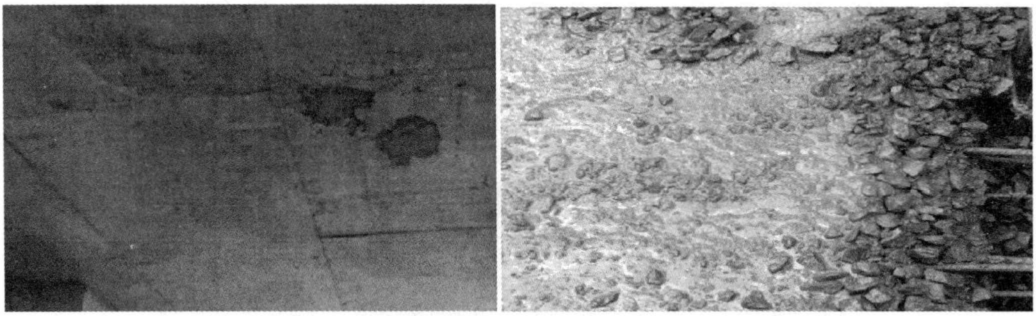

图 2　粗骨料粒径过大导致下翼缘板麻面、裂缝

2. 措施。

（1）通过现场混凝土浇筑情况，联系厂家进行石子粒径级配的调整，粗骨料最大直径不宜超过板肋宽和板底厚度的 50%，且不得超过 25mm，避免下翼缘板振捣时出现混凝土粗骨料与浆体分离的现象，浆体渗入钢网箱内而粗骨料聚集在下翼缘板从而出现蜂窝麻面现象。

（2）考虑到混凝土的运输时间，以及下翼缘板较薄，混凝土振捣过程所花费的时间，按现场需求控制好混凝土坍落度在（160±20）mm，保证混凝土的流动性。

（3）振捣时严禁少振、漏振，作业人员必须确保下翼缘板混凝土厚度达到要求，浆体盖过钢网镂下部，且不出现浆体骨料分离的现象。时刻关注混凝土的流动性，利用振动使混凝土挤进钢网镂填充芯模底部，保证底部混凝土砂浆的渗入和钢网镂填充芯模底部。做到少浇勤振，避免底部产生蜂窝麻面、裂缝和空腹板渗漏现象。同时上翼缘板混凝土振捣时间不宜过长，杜绝振动时间过长而改变水灰比，严禁东振西振。混凝土浇筑要以东西向进行，浇筑过程循序渐进，杜绝混凝土留置时间过长形成施工冷缝。

4.2　成品保护不到位造成肋梁移位、钢网镂破损、混凝土渗入钢网镂内

1. 原因。现场钢筋绑扎时未搭设踩踏板，且作业人员在肋梁以及箱体上走动，导致肋梁及箱体变形、损坏，在混凝土浇筑时振捣，箱体破损导致混凝土浇筑充斥整个箱体（图3）。

图3　成品保护不到位造成肋梁移位、钢网镂破损

2. 措施。在作业面上输送位置搭设架空150mm的便道，混凝土泵送管不能直接放置在钢筋和管模上；施工人员不得直接踩踏板筋或管模。浇捣混凝土时，要有木工和钢筋工巡查，及时修复内模与钢筋，防止位移、损坏。钢筋隐蔽工程及箱体固定验收合格后，方可浇筑混凝土。混凝土泵管支架放置在胶合板或垫板上，禁止直接放置在内模上，以免刺破箱体。

4.3　钢网镂箱体抗浮不到位导致局部位移

1. 原因。抗浮钢筋绑扎点、材质型号不满足要求，部分位置未设置抗浮钢筋且肋梁、主梁及板底钢筋有漏扎现象，出现箱体上浮带动板筋位移的现象（图4）。

图4　钢网镂箱体抗浮不到位导致局部位移

2. 措施。

（1）楼板底部钢筋采用梅花状，在底模上 1m² 内均匀钻取 5 个铁丝穿过孔，用 14 号铁丝绑扎底筋，并双肢穿过钻孔处垂直绑扎于下部支模架上，铁丝一定要拉直拉紧，确保固定可靠、牢固；

（2）采用专用固定卡进行固定。将内模装入固定卡内，将内模及固定卡按排板图安装好，用 16 号铁丝将固定卡与底筋连接；

（3）用 16 号铁丝将抗浮筋ϕ 14mm 间距 500mm×500mm 与底筋连接；

（4）箱体如在安装现场损坏应及时修复或更换（图 5）。

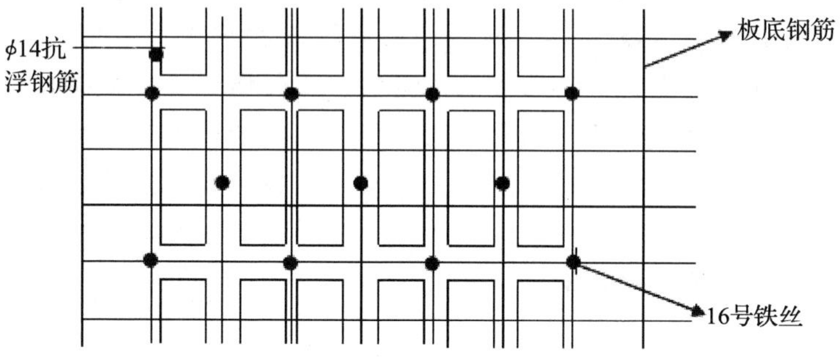

图 5　楼板底部钢筋绑扎示意图

5　结语

新型现浇空腹楼板具有结构自重轻、受力性能连续、刚度好的特点及其经济、适用的优点，具有较好的推广前景，但也正因为其特殊性，质量控制显得尤为重要，其中施工过程的成品保护、成本控制、后期渗漏修补等问题较为突出。

参考文献

［1］ 尹土军，任向癸，李杰，等．大尺寸芯模现浇空心楼板抗浮施工技术［J］．现代物业（中旬刊），2019（08）：180-181.

［2］ 谢启银，戴教芳．现浇空心楼板中安装工程施工质量控制的探讨［J］．福建建筑，2015（05）：47-48.

［3］ 丁锐．现浇空心楼板技术在地下车库中的应用［J］．科技资讯，2009（22）：54.

［4］ 邹云峰，李斌．现浇空心楼板施工难点及控制［J］．科技信息（科学教研），2007（35）：58-59.

［5］ 中华人民共和国住房和城乡建设部．混凝土结构工程施工规范：GB 50666—2011［S］．北京：中国建筑工业出版社，2011.

［6］ 中华人民共和国住房和城乡建设部．混凝土结构工程施工质量验收规范：GB 50204—2015［S］．北京：中国建筑工业出版社，2014.

房屋建筑中深基坑支护施工技术浅析

王湘圳

湖南省第五工程有限公司　湖南　株洲　412000

摘　要：随着国家经济建设的发展，高层建筑地下工程也越来越多，深基坑施工的危险性较大，并且很多地区的施工条件较差，安全问题和质量问题尤为突出，为了使工程顺利完成施工，需要对深基坑支护的施工技术进行研究。深基坑支护施工技术中普遍使用的有锚杆支护、放坡支护、地下连续墙支护、钻孔灌注桩支护、土钉墙放坡支护以及钢板桩支护等。在实际工程中，要根据工程的具体情况以及周边的环境来选择适当的支护技术。不同的支护施工技术有着不一样的适用范围以及特点，本文以实际工程为案例，对深基坑支护施工技术进行探究。

关键词：房屋建筑；深基坑支护技术

当前，在各种地下室施工的过程中深基坑支护技术被广泛应用。基坑在开挖的过程中会出现各种问题，如土质问题、地下水问题等，安全隐患随着深度的加深也会逐渐增大，所以施工过程中的安全保证措施显得尤为重要。每个项目都有其独特性，在深基坑支护实施时，以实际施工条件为依据，选择一种或多种符合本项目的支护技术来施工即可为工程提供安全保障。因此，本文将结合实际案例对深基坑支护施工技术在房屋建筑中的实际应用进行探讨。

1　深基坑支护施工技术概述

深基坑支护指基坑开挖深度超过5m的基坑（槽）的降水工程、支护和土方开挖，或着基坑深度没有超过5m，但是周边的环境、地质条件和地下的管线情况复杂，或对毗邻建筑（构筑）物安全有影响的基坑（槽）的支护、土方开挖。为了确保深基坑周围环境和地下结构施工的安全性，选择加固、保护、支挡等有效的技术措施。

深基坑的特点见表1。

表1　深基坑的特点

序号	特点	特征
1	区域性很强	比如黄土地基、软黏土地基等工程地质和水文条件不同的地基中基坑工程会有很大的不同。深基坑工程支护体系的设计与施工以及土方的开挖根据具体情况来选择
2	施工难度大	地下施工环境、地上因素都会对深基坑支护施工带来影响，如地面压力等因素会对施工质量和安全产生影响，增加了施工难度
3	系统性工程	基坑工程包含了支护体系设计和土方开挖两部分。合理的土方开挖施工组织对支护体系成功与否有着重要作用。不合理的土方开挖施工组织可能导致主体结构以及支护结构产生大的变形，甚至引起支护体系失稳

2　常用的深基坑支护施工技术

（1）土钉墙支护施工技术。土钉墙支护施工技术指基坑边坡通过由钢筋制成的土钉加固，边坡绑扎一层钢筋网，再喷射混凝土与土钉进行结合，保持边坡土体稳定。土钉墙施工工艺有钻孔、插筋、注浆；也可以直接在土体中打入粗钢筋形成土钉。该技术在实际应用中，具有设备柔韧性强、造价低，随着深基坑开挖逐层作业，单独作业时间少、有较高的施工效率、占用周期短、施工设备简单等特点，所以土钉墙支护施工技术在深基坑支护施工中应用较广。

（2）普通砂浆锚杆支护施工技术。分先注浆后插杆、先插杆后注浆两种方法。主要施工工具是锚杆，通过锚杆以及砂浆，使边坡土体保持稳定。

（3）地下连续墙支护施工技术。地下连续墙指需要先用挖槽机械挖出一条深槽，开挖时要在泥浆护壁的条件下进行，然后再进行清槽，清槽后在槽内放置钢筋笼，水下浇筑混凝土，形成单元槽段，一段一段逐步进行，在地面以下浇筑出连续的钢筋混凝土墙，形成挡水、承重、防渗以及截水的结构。

（4）钻孔灌注桩支护施工技术。主要有人工开挖孔或者机械钻孔的方式钻桩孔，然后在桩孔内吊放钢筋笼，最后在桩孔中浇筑水下混凝土。钻孔灌注桩支护施工技术在成孔上有较高的要求，需要准确地控制桩孔的距离，以及在成孔的过程中不会出现偏斜等情况，桩孔的质量有保证，才会有效保证施工质量。

（5）钢板桩支护施工技术。从一个方向开始插打钢板桩，每块钢板桩需连续插打，钢板桩具有打法简便、快速的特点，钢板桩的边缘有连锁装置，且这种连锁装置可以自由组合，形成连续并且紧密的钢结构体，具有挡土、挡水的作用。钢板桩具有承载力强、施工简便、作业高效、材料可回收反复使用、有较大的适应变形能力等优点。

2.1　工程概况

某标准化厂房项目中的 1 栋六层的倒班楼、1 栋六层的丙类厂房，局部含有地下一层消防水池，基坑深度在 4.9～5.8m，土质良好，基坑、边坡等级根据《建筑基坑支护技术规程》(JGJ 120—2012)、《建筑边坡工程技术规范》(GB 50330—2013）相关规定，确定本项目基坑放坡支护段的安全等级为三级，重要性系数取 0.9。该项目深基坑开挖的施工顺序为先深后浅，施工以机械施工为主、人工为辅，其中有一个基坑邻近道路，无法放坡开挖，所以，深基坑工程的稳定性要求较高。根据现场实际情况，采取了土钉墙放坡支护与钢板桩支护施工技术结合的形式，形成有效的支护结构体系，确保深基坑的稳定。

2.2　土钉墙支护施工技术应用

该工程坡面防护采用 HRB400 钢筋 ϕ18mm 土钉，间距 1500mm，长度 $L=1.5$m，HPB300 钢筋 ϕ8mm，间距 200mm×200mm 钢筋网铺设，加强钢筋与钢筋网焊接连接，喷射 C20 混凝土厚度 80mm。

（1）土钉施工流程。修整坡面→测量放线→钻机就位→成孔→清孔→杆体安放→注浆。坡面喷射混凝土施工与土方开挖配合密切，同步分层分段进行。支护结构达到设计强度 70%后且喷锚支护施作 48h 后方可开挖下层土方，土方分层开挖后及时采用人工修坡。在坡面喷射混凝土前，清除松动部分土体。

（2）基本试验。在土钉施工之前应有基本试验，通过现场试验确定土钉注浆压力、工艺以及土钉的极限抗拔承载力，不同锚固地层中基本试验数量均不少于 3 根。基本试验按照相关规范规定进行，并根据基本试验结果确定是否需要对设计参数进行调整。

（3）土钉制作工艺。土钉采用 HRB400 钢筋，土钉在制作之前应该保证钢筋平直、除锈以及除油，接头宜采用机械连接，若采用闪光对接焊，应确保钢筋轴线一致，且焊接应满足相关规范要求。排气管应与土钉杆体绑扎牢固，杆体应按防腐要求进行防腐处理。

（4）成孔。采用机械成孔，填土段土钉成孔采用跟管钻进工艺，采用干钻法施工，成孔的深度应该比设计的长度长出 0.5m，成孔深度、孔径、倾角要求应符合基坑各段施工参数表。施工允许偏差为孔位 100mm、孔径±5mm、成孔倾角 3°。

（5）土钉注浆。成孔后立即清孔并注浆，基坑侧壁为填土段，采用二次注浆，先采用重力或低压（0.4~0.6MPa）灌浆，再采用高压注浆（2~4MPa）。在第一次灌浆初凝后、终凝前向孔中二次注水泥净浆，在注浆完成后需要保持压力 5~8min。对于二次灌浆管需要边壁带孔并且与钻孔长度相同。基坑侧壁为非填土段，注浆一次性完成，采用重力不小于 0.6MPa 进行低压灌浆，采用底部灌浆方式，导管底端插入孔底，灌浆的同时，导管需要缓慢并且匀速撤出，导管的出浆口需要一直保持在孔中浆体的浆面以下，保证孔中的气体能够全部逸出。浆体应按配合比配制，一次灌浆的灰砂比宜为 0.5~1.0、水灰比为 0.40~0.45 的水泥砂浆，拌和用砂宜选用中粗砂，或水灰比 0.50~0.55 的水泥净浆，二次高压注浆宜使用水灰比 0.45~0.55 的水泥净浆。

（6）杆体制作应严格按照设计要求下料，长度误差≤50mm。

2.3 钢板桩支护施工技术应用

该工程钢板桩采用 36b 型钢，长为 10m，钢板应与已施工完成的工程桩有一定的距离，施工时不能影响已完成的桩基。材料有专门的堆放地点，要选择地面坚固、承载力较高的场地，并且方便运往施工现场（图 1）。

图 1　钢板桩支护施工现场

（1）钢板桩施打。钢板桩的施工与边坡稳定以及止水有着重要关系，是关键工序之一。为确保正常施工需要注意以下要点：①钢板桩采用履带式挖掘机（带振动锤机）施打，施打前要熟悉地下工程桩的具体情况；②施工前，对钢板桩进行排查，连接锁口有锈蚀或者变形严重的钢板桩需要剔除；③在施工的过程中要对钢板桩的垂直度进行跟踪测量，垂直度误差不超过 2%，必要时重新施打。

（2）钢板桩的拔除。钢板桩非一次性工具，可以多次使用。钢板桩在拔出前，对拔桩的顺序和拔桩时间应该确定好，对拔除钢板桩后形成的孔洞要进行回填处理。拔桩时机器产生的振动以及拔出的钢板桩带出过多的土也会引起地面的位移或者下沉，可能影响周边工程结构的安全。①钢板桩拔出的方法。该项目采用振动锤拔除钢板桩。振动锤工作时产生的振动力，对土质进行扰动从而降低钢板桩周围土的黏聚力来消除拔桩时的阻力，依靠附加起吊力的作用将钢板桩拔除。②拔桩时的要点。拔桩时，可以先进行预振来减小土的黏附，然后在振动的过程中慢慢往上拔。钢板桩拔出比较困难时，可先用振动锤将钢板桩振下一段距离，再重复之前的动作。

（3）钢板桩桩孔处理。钢板桩拔除后的桩孔，应该及时进行回填处理以防出现沉降等问题。可以用石屑等材料回填。

3 结语

本研究通过实际的案例分析了深基坑支护施工技术的实际应用，在该项目中选用了土钉墙放坡支护施工技术与钢板桩支护施工技术相结合的方案，保证了该工程的施工质量以及施工安全，同时取得了良好的经济效益和社会效益，受到业主单位一致好评，为企业树立了良好的形象，可为实际施工提供借鉴。

参考文献

［1］ 杜娟．建筑工程中的深基坑支护施工关键技术研究［J］．科技创新与应用，2021，11（24）：147-149.

［2］ 王哲植．深基坑支护技术在建筑工程施工中的应用分析山［J］．中国建筑金属结构，2021（7）：126-127.

浅谈二次结构免支模集中预制

肖培根

湖南省第五工程有限公司 株洲 412000

摘 要：随着近年来建筑工业化进程提升，绿色施工成为了一个重要评定指标，为实现绿色施工，项目需创新采用新型施工技术，例如二次结构免支模集中预制。二次结构免支模集中预制是指将二次结构的部件采用工厂预制，然后运输到施工现场安装，无须使用木模板或其他支撑材料。既可提高施工效率和成型质量，也可减少木材和建筑垃圾的消耗和排放，从而达到绿色施工的效果。

关键词：免支模技术；二次结构；装配式；预制构件；构造柱

1 引言

建筑行业作为国民经济中的重要支柱，需要消耗大量资源，且是环境污染的主要来源之一。为了早日实现建筑工业的可持续发展，绿色施工成为迫切的需求。绿色施工是指在建筑生命周期中，从设计、施工、运营到拆除，最大限度地节约资源、保护环境、降低污染、提高效益的施工方式。绿色施工就必须采用创新技术和方法，以此提高建筑质量和施工效率，减少对各种材料的使用和废弃，从而降低能源消耗和碳排放。

本项目计划采用二次结构免支模集中预制新型绿色施工技术，将二次结构（如门框、门窗等洞口过梁、构造柱、圈梁等）的部件，按设计要求深化部位尺寸，经工厂或现场预制好，施工现场拼装。因施工过程中无须使用木模板或其他支撑材料，可提高砌体结构的施工速度和砌体墙面质量，减少木模板等材料使用和建筑废弃物的产生，节约大量人力物力。二次结构免支模集中预制技术已经在国内外的众多建筑项目中得到验证应用，并取得了良好的实用效果。

本文旨在探讨二次结构免支模集中预制技术在绿色施工中的作用和价值，并分析其优缺点和适用条件。本文主要介绍了二次结构免支模集中预制技术原理和施工工艺，对比分析了二次结构免支模集中预制技术与传统施工方式在资源消耗、环境影响、经济效益等方面的差异，并评价其对实现绿色施工目标的贡献程度。

2 二次结构施工工艺现状分析

在框架和剪力墙结构中，砌体作为隔墙，因抗震需求设置构造柱和过梁。传统砌体二次结构的构造柱和过梁需要现场放样、绑钢筋、封木模板。这种施工方法虽然简单，但会导致后续工序停滞，消耗大量木材资源，污染环境。而且由于加固困难、模板变形、振捣不当等原因，容易出现漏浆现象，影响二次结构质量。

3 二次结构免支模集中预制原理及方法

（1）二次结构免支模集中预制原理

二次结构免支模集中预制技术是一种在建筑工程中应用的新型施工方法，主要用于预制混凝土过梁和构造柱等二次构件的施工。该技术原理是利用预制的混凝土构件与砌体一起施工，形成二次构件的外形和内部空腔，然后在空腔内浇筑混凝土，完成二次构件的制作。该技术方法是根据门洞或构造柱的尺寸和位置，设计和制作合适的免支模砌块，在现场进行拼装和固定，然后进行混凝土浇筑和养护（表 1）。

表 1　预制免支模二次结构应用效果对比

序号	传统二次结构不足之处	预制免支模二次结构优点
模板搭设	传统施工过程中需要搭设模板，工序复杂，材料消耗大且环境污染；过梁构造柱支设模板过长，加固困难	不需要额外搭设模板，可随砌体施工同步施工
成型整体效果	因材质原因，二次结构与砌体色差过大，出现质量问题尤为突出；浇筑过程中，漏振、跑模等原因导致二次结构外观质量差，从而整墙外观质量偏低	免模工艺，避免漏浆污染墙面，且构件采用预制生产，成型质量好；可采用与砌体材料相同材料制作 U 形免拆模具，避免二次结构颜色过于突兀
抹灰开裂	由于混凝土构件与砌体属不同材质，吸水率不同，导致交接处开裂	采用与砌体材料相同材料制作的免拆模具，材质性能与砌体一致，可有效避免后续抹灰开裂现象
施工效率	需要大量的支模材料和人工，因是交叉作业，施工效率低下	预制免支模二次结构提前生产，与砌体施工同步进行安装和浇筑，避免了对后续工序的干扰，减少了支模材料消耗和人工，提高了施工效率
成本	需要花费大量人力物力，如出现质量问题，增加了修补成本，易出现材料浪费情况	利用专用模具，收集现场多余混凝土料回收制作，大大降低成本

（2）免支模预制过梁施工工艺流程

按图纸设计确认尺寸→模具制作→模具刷脱模剂→预制二次结构→构件集中养护→现场定位放线→钢筋绑扎→砌体同步施工→预制二次结构空腔混凝土浇筑→上部砌体砌筑→验收。

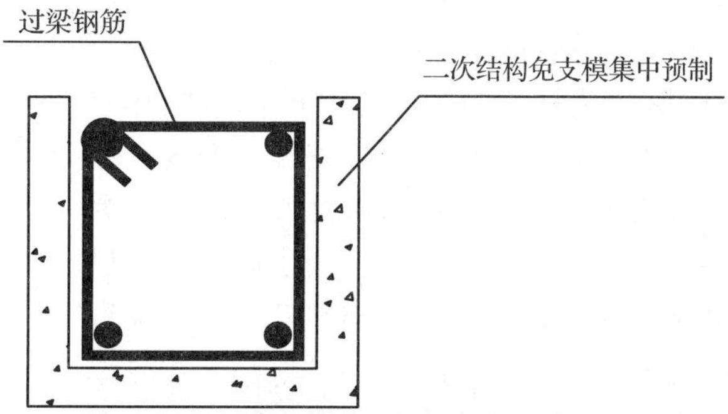

图 1　预制支模

根据结构图纸和现场实际情况，确定预制过梁的形状、尺寸、位置和数量（图 1），并用 BIM 软件绘制出详细的施工图。根据施工图，采用钢板或塑料板等材料，制作出符合要求的预制过梁模具，并进行检验和标记。在模具内表面涂刷一层脱模剂，以便于预制过梁脱模时不粘连。在模具内按照设计要求放置钢筋笼，并浇筑混凝土，形成预制过梁。注意控制混凝土的配合比、坍落度和振捣密实度。将浇筑好的预制过梁移至养护场地，实施覆盖保温和定期喷水等养护措施，直到达到设计强度。在砌体墙体上按照设计位置放出预制过梁的安装线，并检查其水平度和垂直度。将预制过梁与墙体之间的连接钢筋进行绑扎固定，并留出足够的长度用于与空腔混凝土连接。在墙体上安装好预制过梁后，立即进行上下部砌体的砌筑，并与预制过梁紧密贴合。在砌体达到一定强度后，在预制过梁与墙体之间留出的空腔内浇筑混凝土，并振捣密实。注意控制浇筑高度和速度，防止漏浆或开裂。在空腔混凝土达到一定强度后，在上部继续进行砌体砌筑，直至完成整个墙面（图 2）。

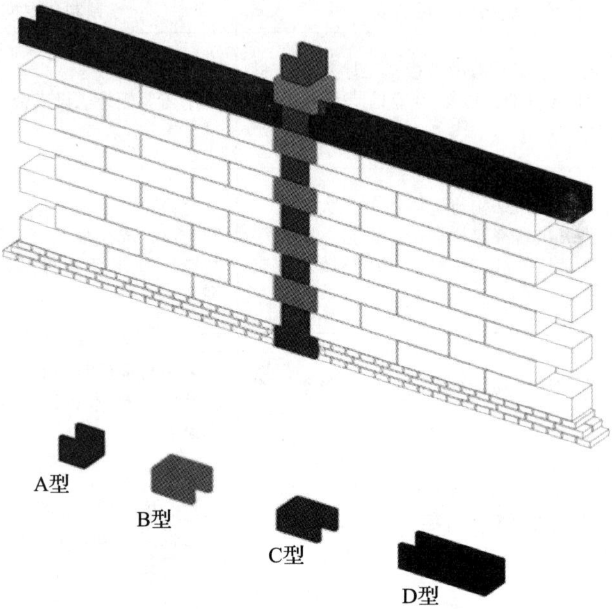

图 2　施工图

（3）构造柱免模板施工工艺流程

按图纸设计确认尺寸→模具制作→构造柱模壳成型→构件集中养护→现场定位放线→构造柱钢筋绑扎→砌体同步施工→预制二次结构空腔混凝土填芯→验收。

根据结构设计图和现场实际状况，对转角、边缘、中部等不同位置的构造柱进行分类，并确定其形式、尺寸、位置和数量。运用 BIM 技术绘制出施工详图，并编制 U 形构造柱预制砌块的数量和规格清单。根据清单内容，选用钢板或塑料板等材料，制作出符合标准的 U 形构造柱预制模具，并进行检验和标识。在模具内按照设计要求安装钢筋笼，并浇筑混凝土，形成预制构造柱模壳。经过养护后，预制构造柱可与砌体同步施工。经过现场定位放线后，先捆绑构造柱钢筋，捆绑完毕后砌筑 U 形预制砌块，按照马牙槎先退后进原则，马牙槎高度与所述构造柱模壳高度相同。按规定用拉结筋将砌块和构造柱连接，每三层砌体后浇筑一次构造柱的混凝土，直到所有构造柱浇筑完毕（图 3）。

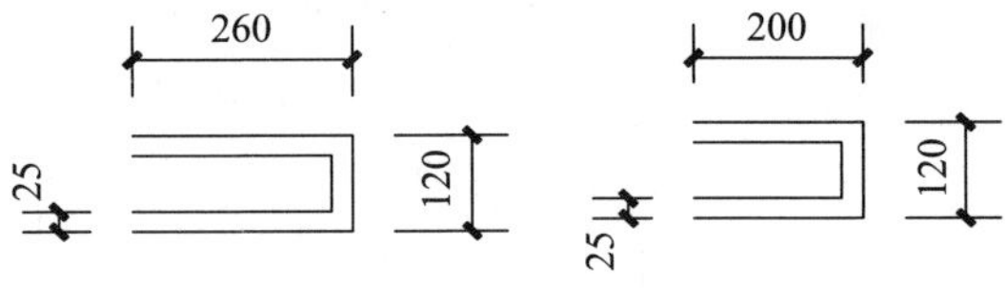

（a）120mm端头

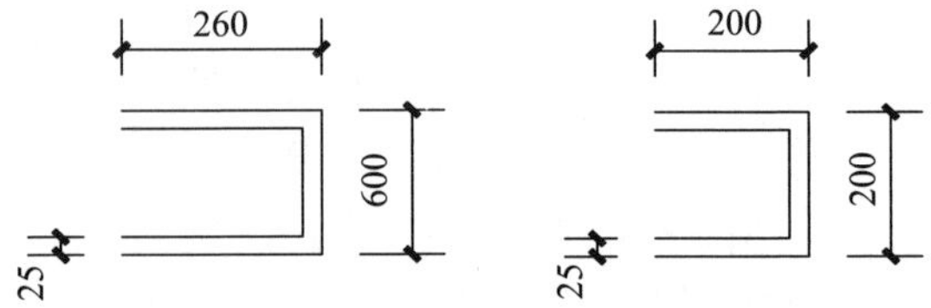

（b）200mm端头

图 3　构件尺寸

4　结语

本文通过对二次结构免支模集中预制技术的介绍和分析，展示了该技术在建筑工程中的创新性和实用性。该技术能够有效地节约资源、保护环境、降低污染、提高效益，符合绿色施工的理念和要求。该技术已经在国内外多个项目中得到成功应用，证明了其可行性和可靠性。该技术还有进一步完善和推广的空间，需要结合不同工程特点进行优化设计和施工管理，以发挥其最大潜力。本文为相关领域的研究者和从业者提供了一种新型的绿色施工方法，希望能够为建筑行业的可持续发展做出贡献。

参考文献

[1] 李俊易．建筑工程二次结构免支模综合技术研究［J］．山西建筑，2021（06）：92-93.
[2] 张莹．建筑工程二次结构免支模综合技术分析［J］．住宅与房地产，2021（16）：172.
[3] 陈晓峰，夏友辉，杨跃文，等．空腔模壳免支模构造柱施工技术研究［J］．施工技术，2020 S1（03）：984.
[4] 王兴波．房屋建筑工程二次结构免支模综合技术策略探讨［J］．科技与创新，2022（09）：13.

混凝土输送泵二次结构施工控制要点

黄　琦

湖南省第五工程有限公司　株洲　412000

摘　要： 本文以混凝土输送泵二次结构为例展开，二次结构尽管并非承重构件，更多的是围护构件，但是对建筑物的装饰效果及其构件的结构完整性与稳定性起着关键的影响。针对混凝土输送泵二次结构施工，本文从施工工艺流程及操作要点、质量控制措施、安全控制措施及环保控制措施四个方面展开叙述。

关键词： 混凝土输送泵；二次结构；质量控制要点

随着我国房地产市场的发展，混凝土机械一直以来是建筑工程中使用最广泛的施工设备之一。混凝土机械广泛应用于民用建筑、基础施工、交通及能源等工程建设中。适用于建筑楼层的细石混凝土输送、建筑楼层群体建筑的二次结构施工。如框架、剪力墙、框剪工程中的一些非承重的混凝土结构、构造柱、圈梁、压顶过梁以及一些空间狭小的施工环境工程；薄壁结构、大面积地面楼层细石混凝土和楼地面砂浆施工工程、高效率施工工程；以及粗骨料不大于 20mm 的级配良好的混凝土施工工程。小型混凝土输送泵解决了二次结构施工中的技术难题，达到了安全、经济、效率高的效果，确保了二次结构工程质量。

1　施工工艺流程及操作要点

1.1　施工工艺流程

施工工艺流程如图 1 所示。

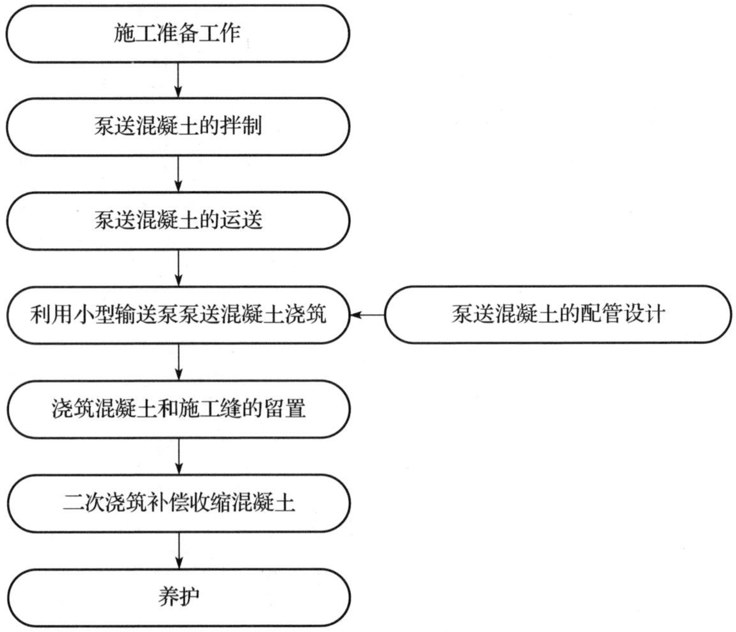

图 1　施工工艺流程

1.2 操作要点

1.2.1 施工准备

熟悉施工图，勘测施工现场，制定施工方案。施工之前，熟读设计图纸相关要求，编制专项施工方案，各方审批通过之后召集各班组进行交底，对施工过程中可能遇到的问题提前预控。提出材料和机具设备计划，选用合适功率输送泵进行工作。

1.2.2 泵送混凝土的拌制

混凝土各种原材料的质量应符合配合比设计要求，应根据原材料情况的变化及时调整配合比以满足和易性和流动性要求。拌制泵送混凝土，应严格按设计配合比对各种原材料进行计量。搅拌时投料次序、外加剂的添加应符合设计要求，泵送混凝土搅拌的最短时间，应按现行国家标准执行。每种配合比的泵送混凝土全部拌制完毕后，应将混凝土搅拌装置清洗干净，采用此工法可以使用商品混凝土施工。

1.2.3 泵送混凝土的运送

混凝土的运送可以采用小型电动车来增加混凝土的运输效率，也可以通过塔式起重机或自卸料从而达到经济高效、保证混凝土质量的效果。由于小型电动车质量轻、方便灵活，在进出施工升降机时不会出现超重等不安全因素，既保障了机械效率化又保障了生产安全文明化。

1.2.4 泵送混凝土的配管设计

混凝土输送管应根据工程和施工场地特点、混凝土浇筑方案进行配管。应尽可能缩短管线长度。为减少压力损失，少用弯管和软管。输送管的敷设应保证安全施工，便于管道清洗、故障的排除和装拆维修的方便。

1.2.5 小型混凝土输送泵泵送混凝土

根据现场实际情况使用小型混凝土输送泵浇筑。混凝土浇筑前，应先将模板湿润，凿毛构造柱底部楼板、周边墙体，保证混凝土可靠黏结。混凝土浇筑时，应分层浇筑，分层振捣，分层高度不大于400mm，浇筑的同时必须用振捣棒振捣并用木棒敲击模板，防止出现蜂窝、麻面。时刻注意模板是否松动、偏位，紧固件是否松动掉落，出现此类情况应立即停止浇筑并安排专人处理。由于整个混凝土输送泵系统的组成涉及机械、液压和电气三方面系统，而且各混凝土输送泵的现场使用环境千差万别，出现的故障也会各异。由于混凝土输送泵的使用频率很高，而且大多是长时间连续工作，使用环境也相当恶劣，所以正常磨损也会相当严重，因此存在很多易损件。易损件磨损后出现的状况往往容易被忽视，久而久之，也会造成现场故障，影响设备的使用寿命。所以，我们应合理使用与维护，延长各易损件使用寿命的同时，还应注意检查各易损件的磨损情况，及时更换或处理，以免影响正常使用。

2 质量控制措施

（1）严格执行《混凝土结构工程施工质量验收规范》(GB 50204—2015)。

（2）质量控制措施。

①混凝土浇筑前对支模架进行加固，严格执行模板加固搭设规范要求。浇筑混凝土时安排专人负责检查模板加固系统，发现问题及时处理。

②控制混凝土浇筑速度及浇筑方向，控制混凝土浇筑速度，以减小混凝土对模板的瞬时侧压力。混凝土对称均匀分层向四周下料，保证支模体系均匀受力，防止支模体系局部变形。

③认真处理模板缝，用塑料胶带粘贴板缝，防止模板漏浆。

④小型混凝土输送泵适用范围较广。如框架、剪力墙、框剪工程中的一些非承重的混凝土结构、构造柱、圈梁、过梁以及一些较远空间的施工环境工程，地面楼层细石混凝土大面积、高效率施工工程，还适用于公路、铁路隧道、城市地铁等地下洞室的锚固灌浆及回填灌注浆工程和边坡喷锚支护工程。所以对施工质量控制要求较高，应严格遵照施工质量验收规范验收。

⑤混凝土浇筑完成后要及时进行养护处理及成品保护。

3　安全控制措施

（1）小型混凝土输送泵应安放在平整、坚实的地面上，周围不得有障碍物，应使机身保持水平和稳定。水平泵送管道宜直线敷设。

（2）泵送管道应有支撑固定，在管道和固定物之间应设置木垫做缓冲，不得直接与钢筋或模板相连，管道与管道间应连接牢靠。管道接头和卡箍应扣牢密封，不得漏浆。不得将已磨损管道装在后端高压区。

（3）泵送管道敷设后，应进行耐压试验。

（4）作业前应检查并确认泵机各螺栓紧固情况，防护装置齐全可靠，各部位操纵开关、调整手柄、手轮、控制杆、旋塞等均在正确位置，液压系统正常无泄漏，液压油符合规定，搅拌斗内无杂物，保护格网完好无损并盖严。

（5）施工前应充分考虑各种因素，准确计算加固模板的受力要求，预留足够的安全保证系数。所泵送混凝土的砂石粒径、水泥强度等级及配合比应按出厂说明书要求满足泵的机械性能。

4　环保控制措施

（1）建立环保目标责任制，建立以项目经理为第一责任人的施工现场环境保护自我监控体系，以创造良好的内部施工环境。

（2）所有工程材料堆放场地，派专人平整夯实，各种材料按规格码放整齐、稳固，并设明显标识。

（3）运输材料的车辆要覆盖，以防在运输途中掉落，影响道路周边环境，尤其是水泥、砂、石料的运输。

（4）在施工现场设立文明施工、环境保护、节约用水标识，时刻提醒施工人员保护环境。

（5）施工过程严格遵守现场管理制度，控制机械噪声，施工期间对施工现场不断洒水，保证不扬尘。

（6）混凝土施工时，必须安排专人将撒到地上的混凝土清理干净，并将可利用的混凝土进行利用，保证既不浪费材料又不污染现场。

（7）严格控制作业时间和噪声污染，并采取降噪措施。

（8）水泥等易扬尘颗粒状材料尽量安排库内存放，并有防风、防雨、防潮等措施，露天存放时要覆盖，运输时轻拿轻放，防止遗撒飞扬。

（9）所有进入施工现场的机具，在进场前都要进行详细的检查，杜绝已损坏的机械进入施工现场。

（10）施工中的废水、泥、砂浆要指定地点排放，及时清理，沉淀后经过处理后方可排入市政管网。

5　结语

建筑工程项目施工中，二次结构施工质量对于整体工程建设质量的影响非常大，二次结构尽管并非主要承重构件，但对整个项目的观感和质量产生了很大的影响，因此施工人员对于二次结构采用混凝土输送泵的施工过程、范围做出了科学合理的计划后，要结合施工方法的具体应用角度出发，加强材料和工艺应用环节的管理与优化，为整个工程的品质管理提供保障。

参考文献

[1]　中华人民共和国住房和城乡建设部. 混凝土结构工程施工质量验收规范：GB 50204—2015 [S]. 北京：中国建筑工业出版社，2015.

[2]　张关关，丁剑. 谈建筑工程二次结构砌体施工技术与质量控制 [J]. 居舍，2019 (26)：72-73.

[3]　吴家安，王盼. 建筑工程二次结构砌体施工技术及质量控制分析 [J]. 科技经济导刊，2016 (4)：111.

[4]　赵鹏，李卫永. 二次结构施工与质量控制 [J]. 城市住宅，2021，28 (09)：199-200.

论排流地床在埋地天然气管道防腐蚀施工中的应用

唐　建　周楷运　杨景华

湖南省工业设备安装有限公司　湖南长沙　410007

摘　要：结合巴东县天然气综合利用项目工程实例，埋地敷设的输送天然气的钢制管道经过高压输、变电线路区段，为减少其产生的杂散电流对管道的腐蚀破坏，采用由固态去耦合器、锌带等组成的排流地床系统，降低杂散电流对管道的影响，通过检测电压等方式检验该系统在排除杂散电流上的效果，以便更多地应用于天然气钢制管道防腐蚀工程以及其他油气管线等类似工程。

关键词：管道防腐；排流地床系统；杂散电流；固态去耦合器

1　引言

随着我国日新月异的高速发展，各类基础设施日趋完善，东部省份电力、天然气需求量持续增加，西部天然气资源丰富，故而实施了“川气东送”“西气东输”等重大能源保障工程。在建设过程中管道多有穿越山林、高压输电线等区域，而管道的防腐蚀是保证管道设计使用寿命的重要措施，同时也是保障工程运行安全的重要手段。

2　工程概况

本工程为巴东县天然气综合利用项目，该工程为市政工程，建成后为县内各乡镇企业、居民住户提供天然气，工程计划新建各类尺寸管道 150km，新建野三关镇、茶店子镇、绿葱坡镇等 17 个乡镇天然气储配站以及两个应急指挥中心。野三关天然气储配站接上游“川气东输”站的管线为高压天然气钢制管道，其中途经 110kV 高压电塔的天然气管道位于野三关镇天然气储配站外 30m 处（图 1）。

3　施工方法选用

依据图纸设计要求以及施工验收规范，结合现场实际情况，本工程交流干扰排流保护方法选用极性+隔直排流法，直流干扰排流保护选用极性排流方式，并且沿线设置强电冲击屏蔽保护。

4　施工技术要点

根据现场实际情况，天然气管道局部与高压电塔平行埋地敷设，交流干扰源主要是高压线路及其铁塔（图 2），在管道沿线安装排流地床作为接地极（浅埋），为了避免交流干扰负电位排流接地极可能会导致直流杂散电流流入管道的不利影响，在该接地极与管道之间安装兼具隔直排流和极性排流双作用的排流器，排流器将管道与排流地床连接，选取管道正电位数值较大（杂散电流流出点）、且持续时间较长的点作为排流点（图 3）。

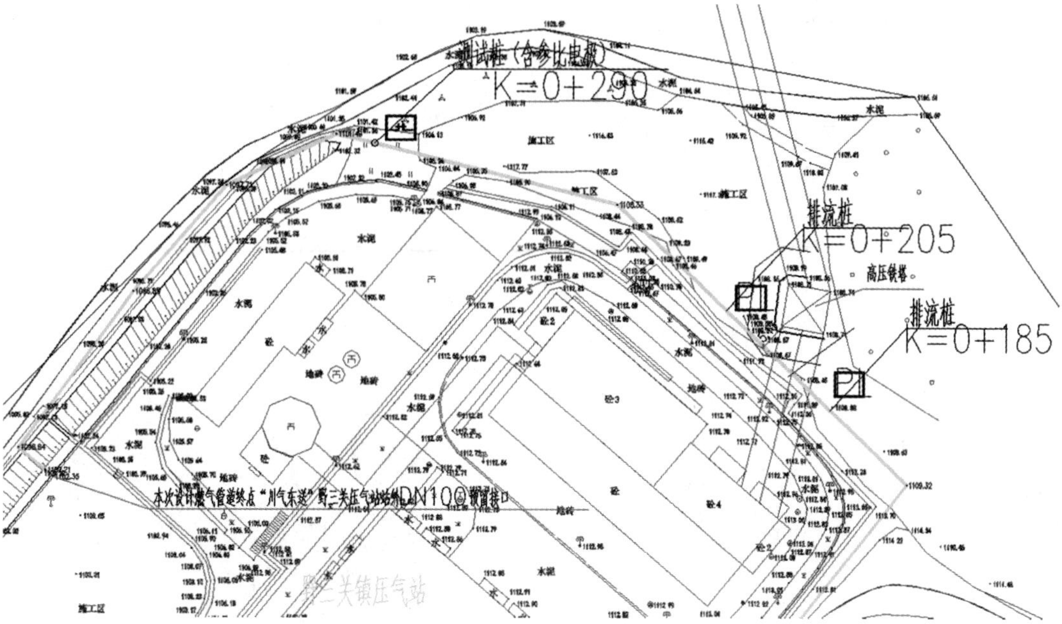

图 1　燃气管道线路图

图 2　交流干扰源

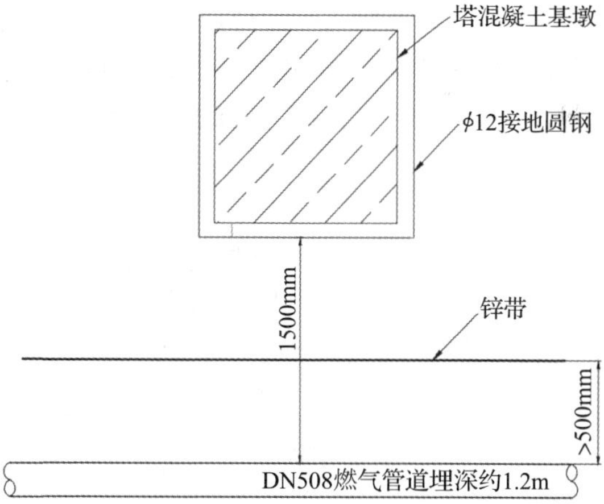

图 3　管道与电塔平行位置图

埋地管道与高压交流/直流输电线路或通信铁塔等设施靠近时，在雷击或输电线路发生工频故障时，接地系统会在地下形成脉冲电弧，击伤附近管道。本项目局部埋地天然气管道与高压线路铁塔间距在 5m 范围内，在该处设置屏蔽线进行屏蔽防护，防护装置由固态去耦合器和排流地床组成（图 4、图 5）。

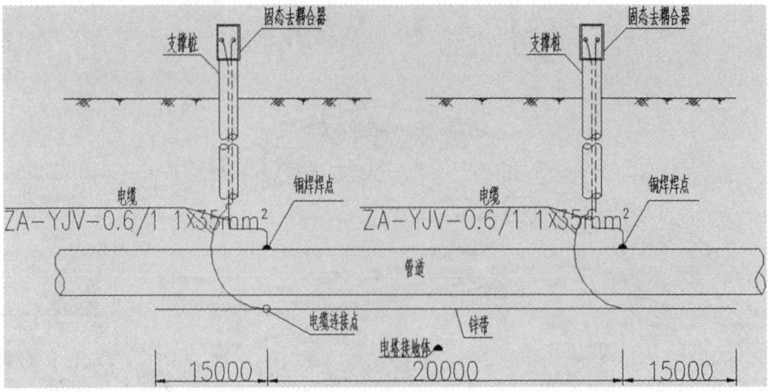

图 4　管道强电冲击屏蔽防护措施安装大样图

（1）管道与电塔接地体或拉线的邻近处，需设置屏蔽线保护一处，锌带屏蔽线保护沿管道走向伸出接地体不小于 25m，屏蔽线保护处安装两台固态去耦合器与管道连接，最近处的接地体宜位于两固态去耦合器中间的锌带（截面 15.88mm × 22.22mm，ZR-2）外侧，且不应小于 2m，固态去耦合器安装在管道上方（图 6、图 7）。

（2）电缆与锌带的连接采用铜管钳接，电缆端应除去绝缘层，芯线应伸出 70mm，电缆芯线伸入铜管 60mm 进行压接，然后涂上热熔胶，再用电缆热缩式附件进行加热、收缩、密封防腐，电缆与管道之间的连接均采用铜焊（图 8）。

图 5　管道强电冲击屏蔽防护措施安装施工图

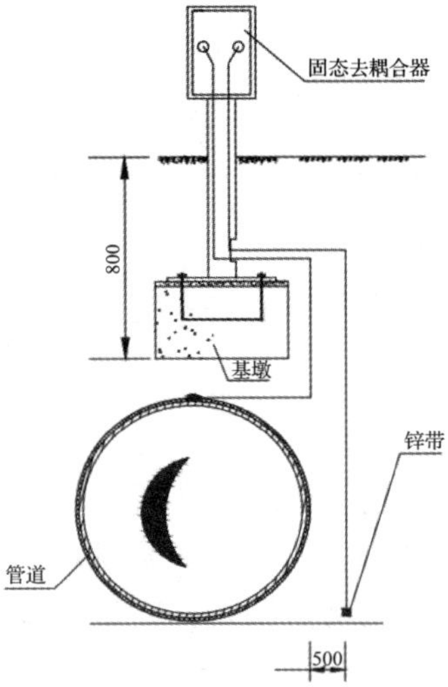

图 6　固态去耦合器安装大样图

图 7　固态去耦合器安装施工图

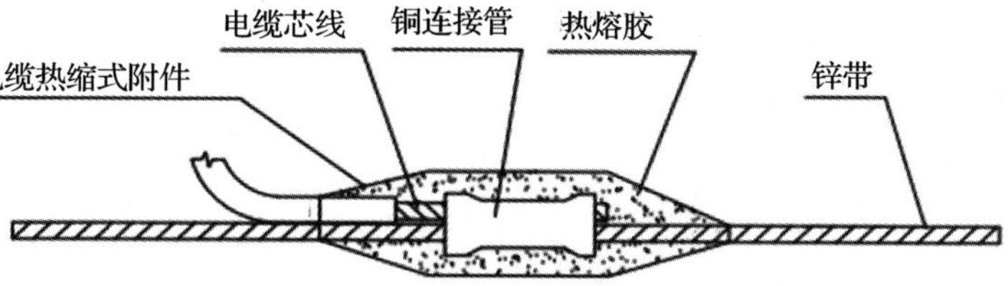

图 8　电缆与锌带连接及防腐图

（3）电缆通过铜接线端子与接线板的接线柱连接，铜接线端子与电缆芯线连接处应压接牢固，并采用绝缘胶带密封。

（4）固态去耦合器安装时，应先完成排流接地体（锌带）的施工，接线时先将接地体电缆与固态去耦合器连接，然后再将管道电缆与固态去耦合器连接，拆除时按相反程序进行。操作者应戴绝缘手套，并执行单手操作程序。

（5）电缆连接完毕后，应对支撑桩钢管下部开孔处用胶泥封堵，以防止水汽进入。

（6）采用此方式具有排流装置不易受破坏、施工难度不大（距管道 0.5m 处沿管道走向安装，不需要重新征地）、日常维护简便的优点。

5　结论

采用上述方法对埋地天然气管道进行保护，能有效降低杂散电流对管道的影响，延长管道的使用寿命，对天然气管线安全运行增添了一份保障；对于现场实际施工也有帮助，既可以减少管线因高压输变电线路而绕道工程量，又可以加快施工进度，保证项目按时保质完成，同时也减少了施工对原始地貌的扰动，减轻了对当地生态环境的影响。

参考文献

［1］　中华人民共和国国家质量监督检验检疫总局．钢制管道外腐蚀控制规范：GB/T 21447—2018.［S］. 北京：中国质检出版社，2018.

［2］　中华人民共和国住房和城乡建设部．埋地钢制管道交流干扰防护技术标准：GB/T 50698—2011.［S］. 北京：中国计划出版社，2011.

［3］　姜兆元，张健，刘雪丹，等．固态去耦合器在降低长输管道杂散电流干扰中的应用研究［J］. 中国石油和化工标准与质量，2022，42（13）：12-14.

第 2 篇

地基基础与处理

地下室顶板施工阶段车辆荷载效应分析

金志远

湖南省第六工程有限公司　湖南长沙　410015

摘　要： 为确保施工阶段地下室顶板结构安全，针对地下室顶板车辆等效均布荷载的取值进行了探讨。通过对车辆行驶方式、车轮作用方式和覆土情况进行综合分析，建立起合理的计算模型。对顶板进行有限元分析，考虑车辆在顶板上行驶产生的最不利荷载，给出合理的设计取值，并计算覆土过程中的荷载变化情况，为现场施工提供参考。

关键词： 地下室顶板；车辆荷载效应；有限元分析；覆土层

在建筑设计中，为加大地下空间的利用，地下室大型化非常普遍。本工程为高层项目，单层地下室，需利用地下室顶板用作现场临时施工通道，地下室顶板上可行驶如混凝土泵车、小型货车和运渣车等各种施工车辆。在实际施工过程中，将车辆直接行驶至地下室顶板上，对于地下室顶部的结构和构件提出挑战。由于等效均布活荷载的计算过程较为复杂，施工中大多采用按车辆的投影面积计算均布荷载，其值往往偏小，不利于结构稳定。本文综合考虑运渣车质量、楼板跨度、行驶路径等因素的影响，基于有限元软件研究模型，分析出荷载最不利布置的情况，并根据规范计算的结果进行对比，并根据《建筑结构荷载规范》(GB 50009—2012)，将车轮的局部荷载按结构效应等效的原则，换算为楼板的等效均布荷载，以此来验算地下室顶板的受力性能，并综合考虑覆土的影响，为现场施工提供参考。

1　工程概况

本工程单层地下室，柱间距 8m×6m，井字布置的框架梁和次梁，双向板短向跨度 2.6m，长向跨度 3m。采用的工程车自重 10t，载重 25t，设有 2 个前轮和 4 个后轮，左右轮距 1.8m，前后轮距 3.5m。总荷载 350kN，荷载拟按前后轮 30%、70%进行分配。后轮荷载取 2×120kN，前轮取 2×55kN。

满载时前轮着地尺寸为 0.3m（纵向）×0.3m（横向），后轮着地尺寸为 0.3m（纵向）×0.6m（横向）。设车辆沿梁长跨方向行驶，从车辆一侧车轮行驶进入板内至另一侧车轮完全驶出楼板为止，进行连续的受力分析研究，见图 1 中①~③的状态。

2　结构分析

2.1　网格划分

前轮局部压力为 55kN/(0.3m×0.3m)≈611kN/m^2，后轮的局部压力为 120kN/(0.3m×0.6m)≈667kN/m^2，结构受力状态主要有以下三种情形：①后轮均位于同一板跨内；②后轮位于相邻板跨；③后轮一侧位于梁上，一侧位于板内。通过软件分析，当一侧车辆位于楼板中央时，此时楼板跨中弯矩最大，现选取三种典型的状态对楼板的弯矩进行分析展示。

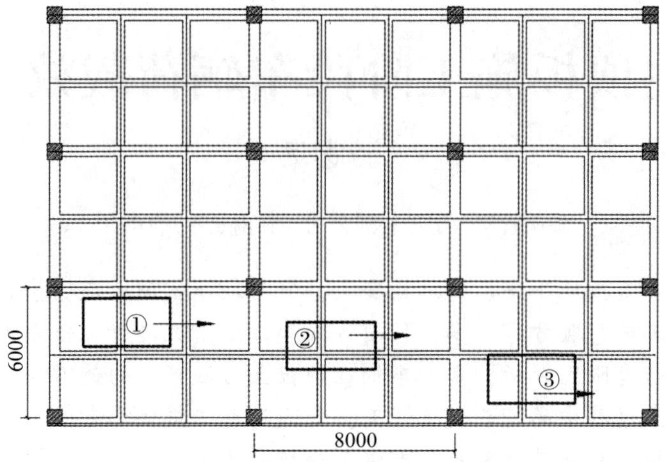

图 1　地下室顶板车辆行驶状态

建立单层地下室结构模型，对结构楼板划分成 0. 3m×0. 3m 的网格，如图 2 所示。车辆尺寸及轮距如图 3 所示。

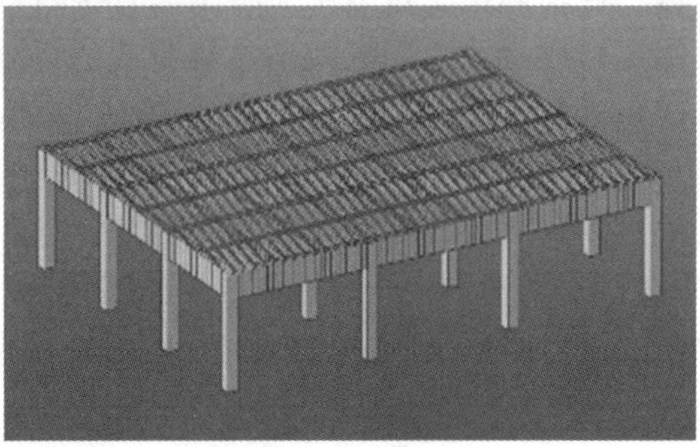

图 2　网格划分

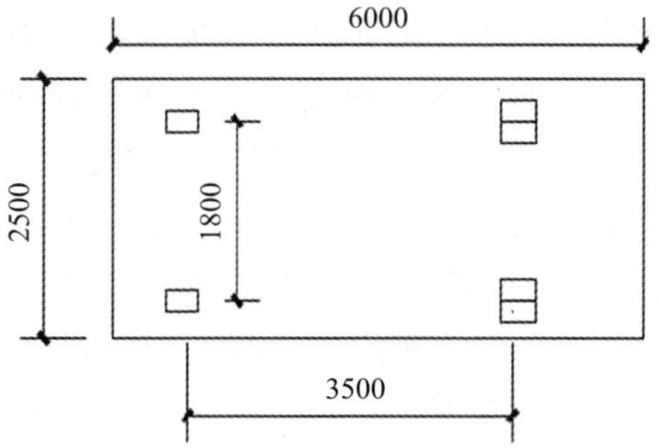

图 3　车辆尺寸及轮距

2. 2　有限元分析

（1）后轮均作用在同一板跨内的作用如图 4 所示，楼板最大弯矩为 21. 5kN · m，梁的最大弯矩为 105. 9kN · m。

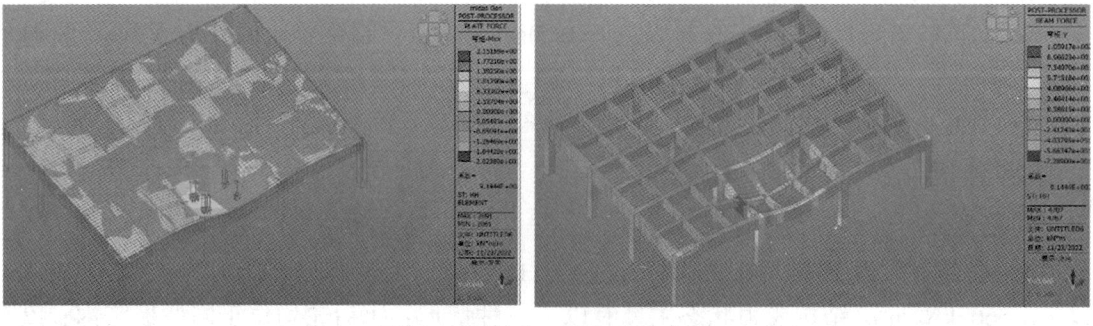

图 4　双后轮位于同板跨内力图

（2）前后轮一侧位于梁上，一侧位于板内的作用如图 5 所示，楼板最大弯矩为 19kN · m，梁正弯矩为 88kN · m，最大负弯矩为 100kN · m。

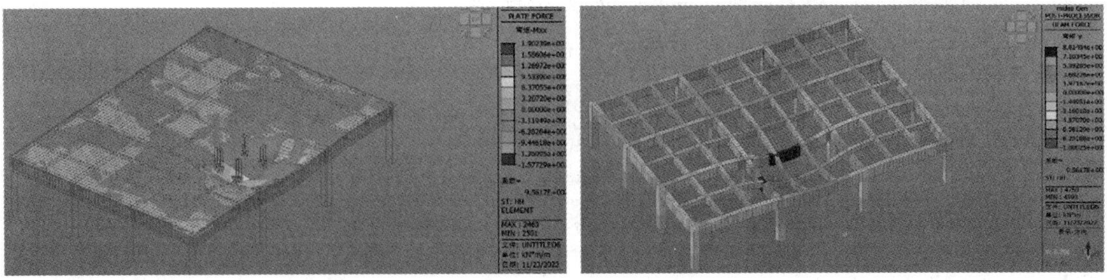

图 5　单后轮位于板跨内力图

（3）当后轮位于板中央，作用如图 6 所示，楼板最大弯矩为 21.8kN · m，梁的最大弯矩为 104kN · m。

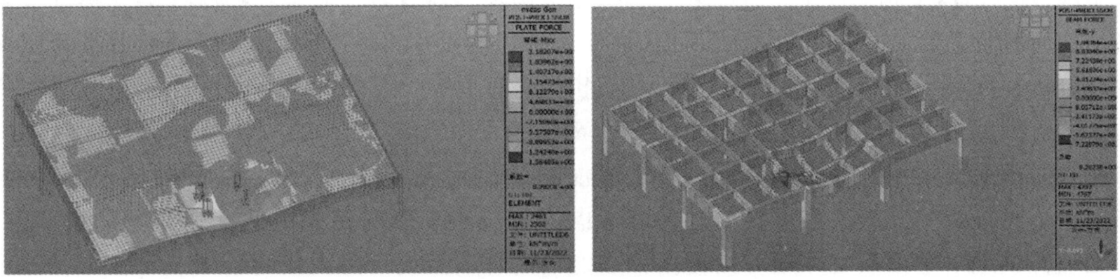

图 6　单后轮位于板中央跨内力图

故当一侧车轮位于楼板中央时，此时楼板的弯矩最大，最大弯矩为 21.8kN · m。

2.3　计算分析

对车轮位于楼板中央的状态进行理论分析。

（1）为便于计算，按简支双向板考虑，如图 7 所示，短跨度 $l_x=2.66$m，长跨度 $l_y=3$m，板厚 $h=200$mm，其上作用有 350kN 消防车，已知后轴轮压 $P=120$kN，前轮轴压 55kN，轮压着地面积为 0.3m×0.6m。

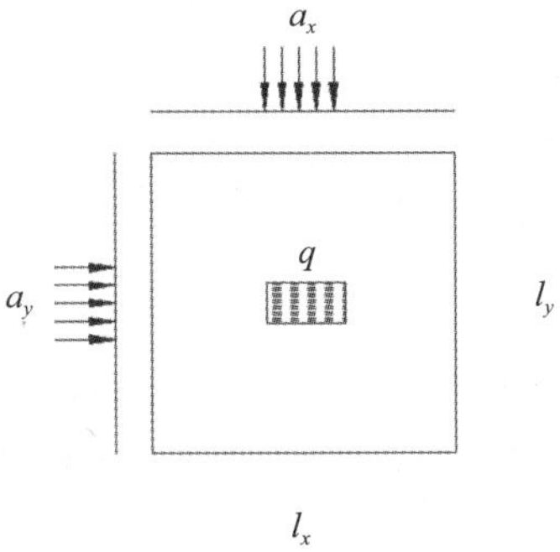

图 7　局部荷载作用分布图

（2）不考虑板顶混凝土面层对轮压的扩散作用，据《建筑结构静力计算手册》（第三版）中表 5.2-15：$a_x=0.6$m，$a_y=0.3$m；

$l_x=8/3\approx2.67$m，$l_y=6/2=3$m，$\dfrac{l_y}{l_x}=1.12$，$\dfrac{a_x}{l_x}=0.23$，$\dfrac{a_y}{l_x}=0.11$；

最大弯矩系数为 0. 1881，则双向板的绝对最大弯矩：

$M_{max}=0.1881\times667\times0.3\times0.6=22.58kN\cdot m$。

（3）理论分析与软件计算的结果相近，在施工阶段，地下室顶板未覆土时，搭设地下室支撑架承受车辆活荷载时，楼板的等效均布荷载可按：

$$q_e=8\cdot M_{max}/bl^2 \tag{1}$$

式中，l 为楼板跨度；b 为荷载有效分布宽度，为计算偏安全，取 $b=b_{cy}+h$；h 为楼板计算厚度；

则等效均布荷载为 $q_e=32kN/m^2$。

3 覆土作用

（1）在后期室外工程施工过程中，地下室顶板需要进行填土施工，一般地下室顶板的覆土厚度为 1. 2~1. 8m 不等，随着覆土层的厚度增加，对等效荷载存在折减效果，根据《建筑结构荷载规范》(GB 50009—2012）附录 B，本文考虑从 0 覆土至 1. 8m 厚的荷载变化情况进行分析，回填土的密度取 $15kN/m^3$，覆土扩散角取 35°，综合考虑覆土增加的荷载及车辆活荷载折减的情况，绘制覆土过程中的组合荷载情况如图 8 所示，0~0. 25m 高度以内不考虑荷载的折减。根据计算结果显示，覆土增加的荷载大于折减的荷载，故随着覆土的增加，作用于车库顶板的等效荷载逐渐增加。若考虑施工阶段车辆的最大荷载基本相同的情况下，施工过程中地下室顶板支撑架应按覆土完成之后的总荷载设计考虑较为妥当。

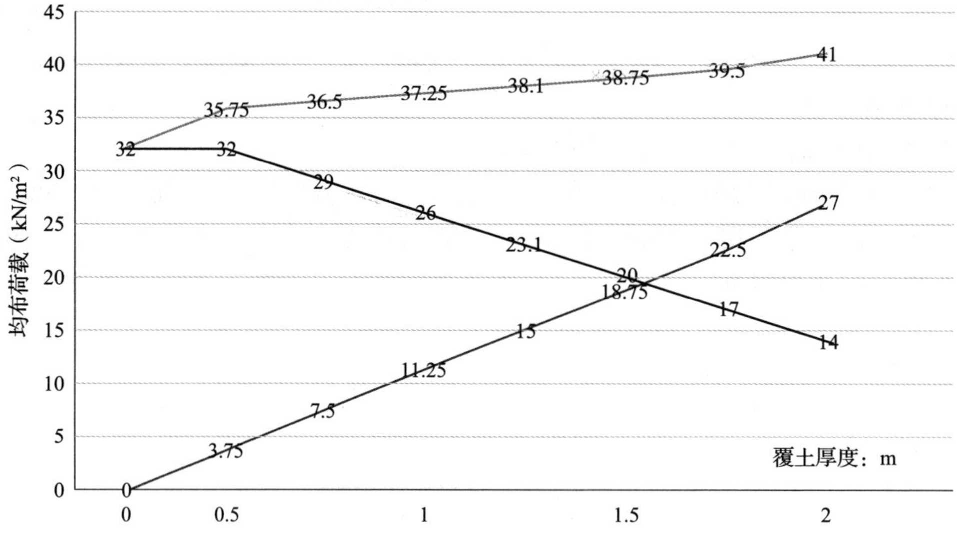

图 8　等效荷载与覆土厚度关系

（2）本工程地下室顶板填土高度为 1500mm，填土前楼板的等效均布荷载为 $32kN/m^2$，填土后最大总荷载为 $38.75kN/m^2$，楼板底部搭设 ϕ48mm×2. 8mm（计算尺寸）钢管支撑上部施工荷载，间距 600mm×600mm，横杆步距 1500mm。

（3）支架计算分析

立杆的轴力取 $N=32\times0.6\times0.6=11.52kN$。

长细比验算，立杆计算长度：

$$l_0 = \max[\eta h_0, (h_d + 2k \cdot a)] \quad (2)$$

式中，η 为立杆计算长度修正系数；k 为悬臂端计算长度折减系数；a 为立杆悬臂长；h_d 为顶部步距。

$$l_0 = \max[1.2\times1500, (1000+2\times0.7\times200)] = 1800\text{mm}$$

$$\lambda = \frac{l_0}{i} = \frac{1800}{16} = 112.5 \leqslant [\lambda] = 150$$

立杆稳定性验算：

$$\lambda = 112.5, \text{取 } \phi = 0.392$$

$$f = N/(\phi A) = 11520/(0.392\times398) = 73.8\text{N/mm}^2 \leqslant [\text{f}] = 205\text{N/mm}^2$$

4　结语

汽车等效均布荷载与板跨、覆土层厚度等密切相关，本文研究了工程中 2~3m 双向板在汽车轮压下的等效荷载情况，并进行了理论计算分析，与有限元分析结果接近。施工中应根据实际使用情况，需要配合施工方案对地下室顶板构件进行验算复核，设置支撑架。土方回填施工时也应根地下室顶板的架体支撑情况，选择合适的运渣车进行现场土方运输。

参考文献

[1]　中华人民共和国住房和城乡建设部建筑结构荷载规范：GB 50009—2012 [S]. 北京：中国建筑工业出版社，2012.

[2]　范重，鞠红梅，彭中华. 消防车等效均布活荷载取值研究 [J]. 建筑结构，2011，41 (3)：1-6，10-10.

[3]　姚谏. 建筑结构静力计算实用手册 [M]. 3 版. 北京：中国建筑工业出版社，2021.

真空井点降水在高层建筑地基处理中的应用

任　铸　魏宏伟　龙　艳　文杰明　袁　忠

湖南建工集团有限公司　长沙　410008

摘　要： 随着社会的不断发展与创新，高层超高层建筑在当今建筑领域所占比重也越来越大。伴随而来的是地下水位较高地区的高层建筑土方工程在施工前必须进行井点降水，因为高层建筑地基埋得比较深或者有地下室，若在地下水位较高的透水土层中开挖，容易出现地下流砂、涌浪等渗水破坏现象，坑内外水位落差较大，造成地下室边坡或坑壁的不稳定。近年来，许多学者开始研究真空井点沉降止水法。

关键词： 真空井点降水；环境影响；基坑监测

1　工程概况

项目总建筑面积 152142.08m²，其中 2 号楼地上 28 层，地下 2 层，建筑高度 99.85m，建筑面积 41758.21m²；3 号楼地上 3 层，地下 2 层，建筑面积 6414.41m²；4 号楼地上 33 层，地下 2 层，建筑面积 62284.22m²，建筑高度 135.6m；二期地下室，地下 2 层，建筑面积 41685.24m²，基坑开挖深度为 7.8m。

本工程基坑降水平面图如图 1 所示。

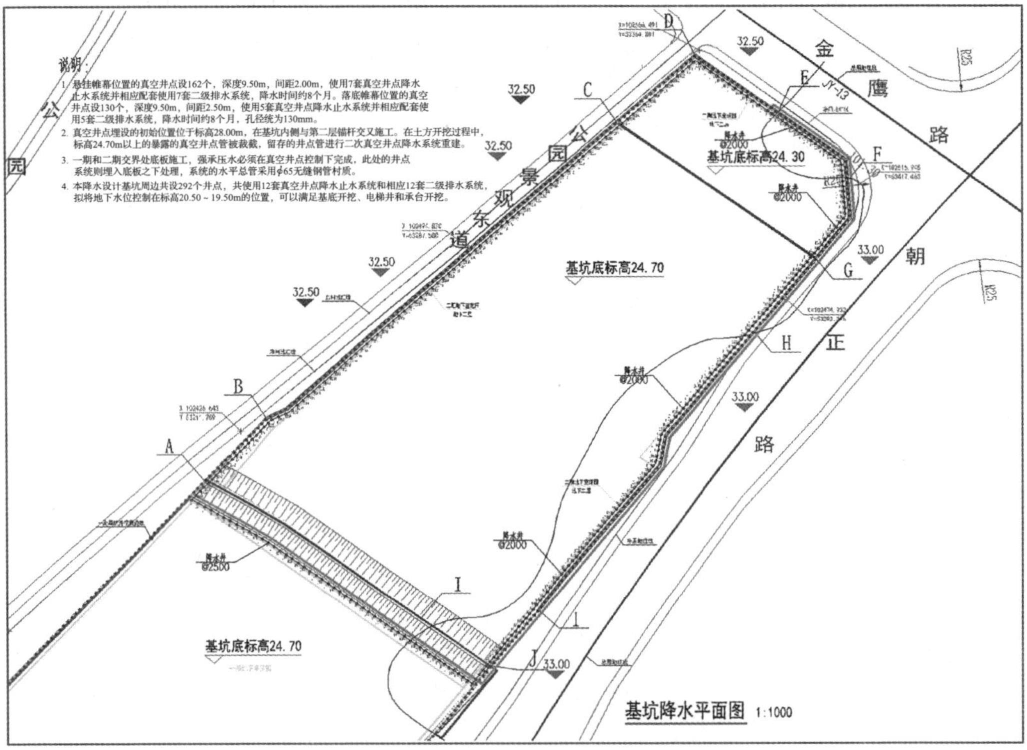

图 1　基坑降水平面图

2　工程地质条件

根据勘察报告（表 1），各地层的野外特征自上而下依次描述如下：杂填土（Q_4^{ml}）①、淤泥（Q_4^{h}）②、粉质黏土（Q_3^{al}）③、粉土（Q_3^{al+pl}）④、圆砾（Q_3^{al+pl}）⑤、全风化砾岩（K）⑥、强风化砾岩（K）⑦、中风化砾岩（K）⑧、强风化板岩（Pt）⑨、中风化板岩（Pt）⑩等。

表 1　工程地质表

序号	土层	层厚	平均厚度	层底标高	粒径	备注
1	杂填土（Q_4^{ml}）①	0.50~4.60m	2.17m	28.86~32.03m	—	普遍分布该层
2	淤泥（Q_4^{h}）②	1.20~1.30m	1.25m	28.61~28.91m	—	仅 ZK41、ZK81
3	粉质黏土（Q_3^{al}）③	3.40~7.90m	5.90m	23.73~26.08m	—	普遍分布该层
4	粉土（Q_3^{al+pl}）④	1.0~1.20m	1.07m	24.56~24.88m	—	局部分布
5	圆砾（Q_3^{al+pl}）⑤	1.80~36.60m	8.08m	-12.08~22.73m	—	普遍分布该层
6	全风化砾岩（K）⑥	1.10~10.80m	4.86m	5.22~18.41m	—	东南边分布该层
7	强风化砾岩（K）⑦	1.20~9.70m	4.19m	2.13~17.28m	2~3cm	东南边分布该层
8	中风化砾岩（K）⑧	2.20~13.60m	7.11m	2.51~8.66m	1~3cm	东南边分布该层
9	强风化板岩（Pt）⑨	1.60~21.80m	6.56m	-1.31~20.13m	—	西南边分布该层
10	中风化板岩（Pt）⑩	2.20~14.0m	9.56m	-1.85~11.83m	—	西南边分布该层

3　水文地质条件

（1）地表水

基坑四周地形平整，无地表水体，地表水主要以大气降水汇集而成，暴雨季节水量较大；测区内地表径流较为发育，主要河流为浏阳河，水量受大气降雨影响较大，一般春夏季节降雨较多，河流水量充沛，导致水位上涨，秋冬旱季，河流水量锐减。河水水质较好，对混凝土一般具微腐蚀性。

（2）地下水

地下水主要有两种存在形式，即上层滞水和孔隙潜水。上层滞水主要赋存于杂填土①中，水量小，主要受降雨和生活、灌溉补给，通过大气蒸发；潜水主要赋存于圆砾⑤中，主要受大气降水、地表水（河、塘）补给，拟建场地距浏阳河不足 300m，潜水与浏阳河有一定的水力联系，由于场地地势高于浏阳河水面，潜水将对浏阳河水进行补给，潜水有一定承压性。勘察期间测得钻孔内地下水的稳定水位埋深为 1.80~6.20m，对应标高为 27.13~31.53m。

（3）水质分析

在钻孔 JZK68 及 JZK85 中采取 2 个上层滞水试样进行试验。水质分析报告表明：pH 为 7.28~7.31，侵蚀性 CO_2 为 5.298~7.417mg/L，Cl^- 为 17.04~18.46mg/L，HCO^- 为 9.776~10.114mmol/L；按《岩土工程勘察规范》（GB 50021—2001）（2009 年版）表 12.2.1、表 12.2.2、表 12.2.4 的有关标准判定：该场地环境类别为Ⅱ类，具干湿交替作用，地下水水质对混凝土结构及钢筋混凝土结构中的钢筋均具微腐蚀性。

（4）土的腐蚀性分析

根据在钻孔 JZK26 及 JZK67 中各采取土试样 1 个进行了土的腐蚀性分析，根据检测分析报告，按《岩土工程勘察规范》(GB 50021—2001)(2009 版）中有关标准判定：场地土对混凝土结构具微腐蚀性，对混凝土结构中的钢筋具微腐蚀性，对钢结构具微腐蚀性。

4　真空井点降水方案设计

在比较分析目前国内在高层建筑地下室施工建设工程中常用的深混法、旋喷桩止水法、真空井点降水止水法等止水措施的基础上，综合考虑多方面因素，决定在这一高层建筑地下室中采用旋喷桩止水法+真空井点降水止水法。究其缘由：

（1）地下室中需作边坡止水的土层以砂砾、圆砾为主，而深层搅拌法则以饱和软黏土为主，有泥质、粉质黏土等多种成因，以各种条件适宜的土层为主。

（2）适用土层的旋喷桩止水条件广泛，其缺点是造价昂贵，施工周期长，适用于细碎、中砂、圆砾土层的止水措施。

（3）真空井点降水止水法，经实际工程实例证实其具有止水效果好、结构安全性强、造价低等优点，用于碎石、圆砾土层中。

设计方案如下：

（1）本降水设计基坑周边共设 193 个井点，共使用 12 套真空井点降水止水系统和相应 12 套二级排水系统，将地下水位控制在标高 20. 5~19. 50m 的位置，如图 2 所示。

图 2　井点现场实体图

（2）悬挂止水帷幕位置的真空井点设 162 个，深度 9. 50m，间距 2. 00m，使用 7 套真空井点降水，止水系统相应配套使用 7 套二级排水系统，降水时间约 8 个月。落底止水帷幕位置的真空井点设 130 个，深度 9. 50m，间距 2. 50m，使用 5 套真空井点降水止水系统并相应配套使用 5 套二级排水系统，降水时间约 12 个月。孔径同为 130mm。

（3）真空井点埋设的初始位置位于标高 27. 50m，在基坑内侧与第二层锚杆交叉施工。在土方开挖过程中，标高 24. 70m 以上的暴露真空井点管被裁截，留存的井点管进行二次真空井点降水系统重建。

（4）真空井点埋设在基坑内侧，距基坑侧壁 0. 50~0. 80m，采用工程钻机成孔，下入 D40 焊接管钢管，底端 1m 制作成花管，花管段采用双层滤网。钢管与孔壁间采用砾石回填，空段 1m 采用黏土或素混凝土回填封孔。

5　降水效果及评价

根据本工程基坑监测报告统计出本工程基坑顶部水平位移、基坑顶部竖向位移、锚索应力、地下水位、道路沉降监测结果。

5.1　基坑顶部水平、竖向位移

在基坑顶部沿中部、阳角处及地质环境条件复杂的地方每隔 20m 布置基坑顶部水平及竖向位移共用监测点，监测点位于基坑顶部内边线 20~30cm 处，共计 28 个。从监测数据可以看出从土方开挖结束（2020 年 8 月底）后，基坑水平位移基本处于稳定状态，且累计水平位移未超过预警值 30mm，累计竖向位移未超过 20mm（图 3、图 4）。

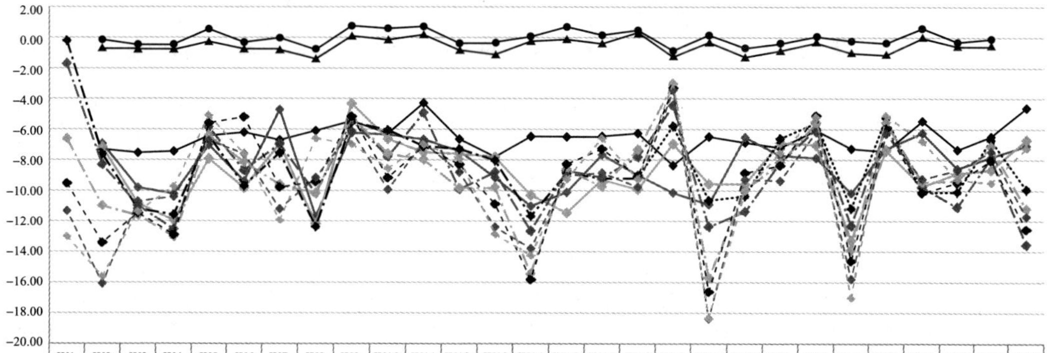

	W1	W2	W3	W4	W5	W6	W7	W8	W9	W10	W11	W12	W13	W14	W15	W16	W17	W18	W19	W20	W21	W22	W23	W24	W25	W26	W27	W28
2020.07		−0.15	−0.48	−0.45	0.55	−0.31	−0.03	−0.79	0.76	0.59	0.72	−0.37	−0.30	0.06	0.70	0.16	0.48	−0.85	0.16	−0.69	−0.40	0.06	−0.22	−0.36	0.61	−0.30	−0.09	
2020.08		−0.73	−0.77	−0.80	−0.27	−0.75	−0.80	−1.40	0.10	−0.15	0.18	−0.82	−1.11	−0.24	−0.12	−0.40	0.33	−1.26	−0.31	−1.27	−0.86	−0.35	−1.01	−1.14	−0.04	−0.59	−0.56	
2020.09		−7.31	−7.54	−7.45	−6.42	−6.21	−6.71	−6.10	−5.46	−6.28	−4.29	−6.64	−7.80	−6.47	−6.49	−6.45	−6.26	−8.35	−6.48	−6.86	−7.20	−6.07	−7.27	−7.43	−5.46	−7.33	−6.47	−4.61
2020.10		−6.94	−9.80	−10.2	−7.03	−9.38	−4.73	−11.7	−6.24	−6.36	−6.66	−7.43	−9.16	−11.0	−10.1	−7.66	−8.98	−10.1	−10.9	−6.52	−7.71	−7.87	−10.1	−7.28	−6.24	−8.56	−7.82	−7.08
2020.11		−7.16	−10.8	−11.9	−7.93	−9.83	−6.95	−12.1	−4.33	−6.63	−7.51	−7.60	−7.81	−10.3	−11.4	−9.28	−9.91	−6.95	−9.56	−9.57	−6.86	−7.04	−13.2	−7.37	−9.72	−8.87	−8.66	−6.69
2020.12	−0.21	−7.62	−11.2	−11.5	−6.42	−9.68	−7.54	−12.3	−5.54	−6.06	−7.10	−7.29	−8.03	−11.6	−8.85	−9.20	−9.13	−5.78	−10.6	−10.3	−6.60	−5.59	−11.1	−5.24	−10.1	−10.0	−6.69	−9.92
2021.01	−1.72	−8.31	−10.9	−12.5	−5.89	−8.69	−6.97	−10.1	−5.41	−7.80	−4.95	−9.91	−8.81	−12.6	−8.70	−9.15	−7.82	−4.46	−12.3	−11.3	−8.17	−5.98	−12.3	−5.88	−9.77	−11.0	−7.88	−13.5
2021.02	−6.63	−10.9	−11.6	−13.0	−6.42	−8.15	−9.62	−10.1	−5.21	−7.61	−7.99	−9.84	−9.80	−15.4	−8.59	−9.77	−7.33	−3.06	−15.7	−9.95	−8.20	−5.62	−13.8	−5.55	−9.44	−9.36	−7.12	−11.2
2021.03	−9.53	−13.4	−11.4	−12.9	−5.60	−5.21	−9.79	−9.42	−5.17	−9.17	−7.11	−8.29	−10.8	−15.8	−8.27	−7.28	−9.07	−3.31	−16.6	−8.84	−8.36	−5.11	−14.6	−5.95	−10.1	−9.47	−8.02	−12.5
2021.04	−11.3	−16.0	−10.7	−10.4	−6.74	−7.60	−11.2	−9.16	−6.12	−9.94	−6.86	−8.80	−12.4	−13.8	−9.05	−8.84	−9.76	−3.44	−18.3	−9.27	−9.36	−6.18	−15.7	−6.28	−9.24	−8.65	−7.46	−11.7
2021.05	−13.0	−15.6	−11.3	−9.75	−5.10	−7.61	−11.9	−6.61	−6.98	−8.56	−6.99	−7.92	−12.8	−14.2	−9.25	−6.59	−9.26	−2.95	−18.3	−10.0	−7.53	−5.20	−17.0	−5.11	−6.78	−9.28	−9.50	−7.24
......																												

图 3　基坑顶部水平位移监测数据统计图（mm）

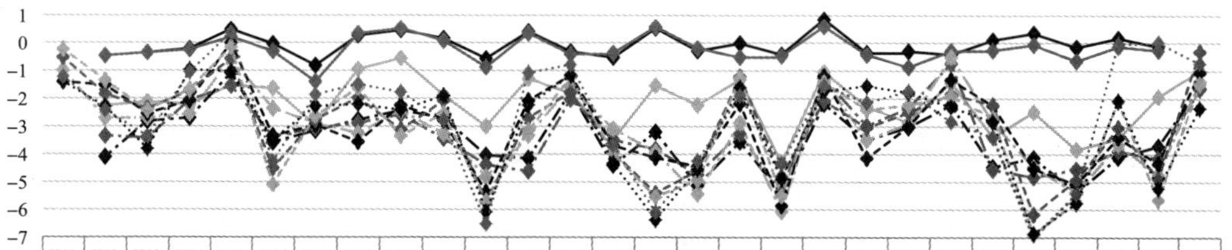

	W1	W2	W3	W4	W5	W6	W7	W8	W9	W10	W11	W12	W13	W14	W15	W16	W17	W18	W19	W20	W21	W22	W23	W24	W25	W26	W27	W28
2020.07		−0.4	−0.3	−0.2	0.48	−0.0	−0.8	0.26	0.45	0.15	−0.5	0.4	−0.3	−0.5	0.52	−0.2	−0.0	−0.4	0.85	−0.3	−0.3	−0.4	0.1	0.35	−0.1	0.17	−0.1	
2020.08		−0.4	−0.3	−0.2	0.2	−0.3	−1.4	0.33	0.51	0.07	−0.8	0.34	−0.4	−0.3	0.57	−0.2	−0.5	−0.4	0.59	−0.4	−0.8	−0.2	−0.2	−0.0	−0.6	−0.1	−0.2	
2020.09		−2.2	−2.1	−2.2	−1.5	−1.6	−2.9	−0.9	−0.5	−1.8	−3	−1.2	−1.8	−3.4	−1.5	−2.2	−1.3	−4.3	−1.0	−2.2	−2.8	−1.4	−3.3	−2.4	−3.8	−3.4	−1.9	−1.0
2020.10		−4.1	−2.8	−2.7	−1.0	−3.5	−3.1	−2.7	−2.4	−2.7	−4.0	−4.1	−1.7	−4.3	−3.2	−5.1	−3.5	−5.4	−2.1	−3.4	−3.0	−2.2	−4.4	−4.1	−5.3	−4.1	−3.7	−1.6
2020.11		−3.3	−3.4	−2.0	−1.5	−3.3	−3.0	−2.8	−2.5	−3.4	−4.3	−4.6	−2.0	−3.4	−3.8	−4.7	−3.2	−5.3	−1.2	−2.9	−2.3	−0.7	−4.5	−4.8	−4.5	−3.8	−4.1	−1.6
2020.12	−0.9	−2.7	−2.7	−2.5	−0.5	−2.3	−2.8	−3.2	−2.4	−3.2	−4.8	−3.3	−1.5	−3.0	−3.9	−5.4	−2.8	−6.0	−1.3	−3.4	−2.9	−0.5	−2.8	−4.4	−5.3	−3.6	−4.7	−1.3
2021.01	−1.4	−1.5	−2.5	−2.0	−0.0	−3.3	−2.9	−3.5	−2.2	−2.7	−5.3	−2.0	−1.1	−3.6	−4.1	−4.4	−2.1	−5.8	−1.1	−4.1	−3	−1.3	−2.2	−4.5	−5.0	−3.3	−4.3	−1.0
2021.02	−0.5	−1.8	−2.3	−1.7	−0.5	−4.5	−2.7	−1.9	−3.1	−2.0	−5.7	−2.7	−1.7	−3.9	−5.4	−4.5	−1.2	−4.8	−2.0	−3.0	−2.5	−1.8	−2.2	−6.1	−4.9	−3.0	−4.8	−0.3
2021.03	−0.2	−1.3	−2.4	−1.6	−1.0	−5.1	−2.6	−1.6	−3.3	−2.5	−5.6	−3.1	−1.2	−3.9	−5.5	−4.9	−1.2	−5.5	−1.4	−2.4	−2.2	−1.9	−2.6	−6.8	−5.7	−2.1	−5.6	−1.4
2021.04	−1.4	−2.3	−3.8	−0.9	−1.0	−3.4	−2.2	−2.2	−2.4	−1.9	−6.0	−2.2	−1.1	−4.3	−6.3	−4.5	−1.6	−4.8	−1.7	−1.5	−1.7	−2.3	−2.8	−6.8	−5.7	−2.0	−5.2	−2.3
2021.05	−1.2	−2.4	−3.3	−1.0	0.36	−4.2	−1.8	−1.4	−1.7	−2.7	−6.5	−1.0	−0.7	−3.6	−6.1	−4.2	−1.9	−4.3	−1.5	−2.1	−1.7	−2.8	−3.3	−7.0	−5.4	−0.0	0.03	−0.7

图 4　基坑顶部竖向位移监测数据统计图（mm）

5.2　锚索应力

锚索应力监测点应选在受力较大且具有代表性的位置，基坑每边中部、阳角处和地质条件复杂的区段宜布置监测点。每层锚索的应力监测点数量应为该层锚索数量总数的 1%~3%，并不应少于 3 根。各层监测点的位置在竖向上宜保持一致，共布置监测点 18 个（图 5）。

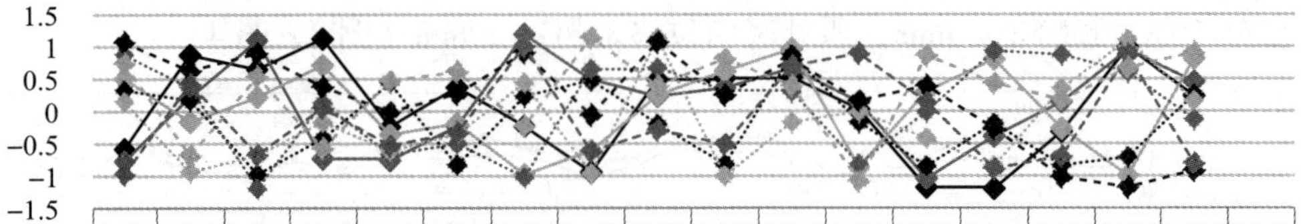

	M01	M02	M03	M04	M05	M06	M07	M08	M09	M10	M11	M12	M13	M14	M15	M16	M17	M18
2020.09	−0.5	0.87	0.65	1.12	−0.2	0.37	−0.2	−0.9	0.49	0.51	0.52	0.03	−1.1	−1.2	−0.3	0.99	0.23	
2020.10	−0.7	0.22	1.1	−0.7	−0.7	−0.2	1.19	0.49	0.23	0.36	0.66	0.14	−1.0	−0.3	0.14	0.95	0.45	
2020.11	0.51	−0.1	0.22	0.71	−0.3	−0.1	−0.9	−0.6	0.25	0.62	0.96	−0.8	0.3	0.8	−0.2	−1	0.81	
2020.12	0.33	0.17	−0.9	−0.4	0.44	−0.8	0.23	0.48	−0.2	−0.8	0.87	−0.1	−0.8	−0.1	−0.8	−0.7	0.25	
2021.01	0.88	0.37	−1.1	0.13	−0.6	−0.5	−1.0	0.65	0.67	0.32	0.3	−0.8	−0.0	0.93	0.87	0.6	−0.1	
2021.02	0.15	−0.9	−0.6	−0.1	−0.6	−0.3	0.44	−0.9	1.13	−1	−0.1	−0.0	−0.4	−0.8	0.35	1.1	0.16	
2021.03	1.07	0.63	0.9	0.38	−0.0	0.27	0.91	−0.0	1.07	0.25	0.8	0.16	0.39	−0.2	−1.0	−1.1	−0.9	
2021.04	−0.9	0.42	−0.6	0.05	−0.5	−0.3	1.01	−0.6	−0.2	−0.5	0.7	0.89	0.14	−0.8	−0.7	0.87	−0.8	
2021.05	0.74	−0.6	0.54	−0.5	0.47	0.61	−0.2	1.14	0.39	0.81	0.39	−1.0	0.86	0.43	0.17	0.67	0.9	

注：“−”表示应力减少，“+”表示应力增加

图 5　锚索应力本次变化量监测数据统计图（mm）

5.3　地下水位

基坑外地下水位监测点宜布置在止水帷幕的外侧约 2m 处。水位观测的管底埋置应在最低设计水位变化最低允许地下水为止下 3~5m。承压水位监测点的滤管应埋置在所测的承压含水层中。共布置监测点 7 个。从统计结果可以看出水位变化量最大为 120mm，未超过预警值 1000mm（图 6）。

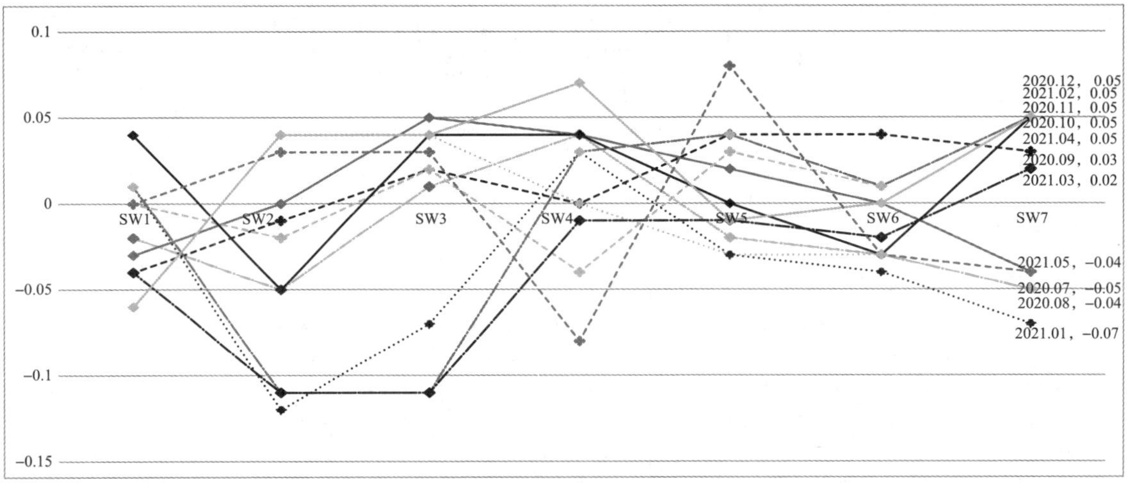

注：“−”表示水位上升，“+”表示水位下降

图 6　水位变化量监测数据统计图（m）

5.4　周边道路沉降监测

2023 年 9 月 23 日增加北门路沉降监测点 4 个。从监测数据可以看出，周边道路最大沉降数据为-11.37mm，未超过预警值 20mm（图 7）。

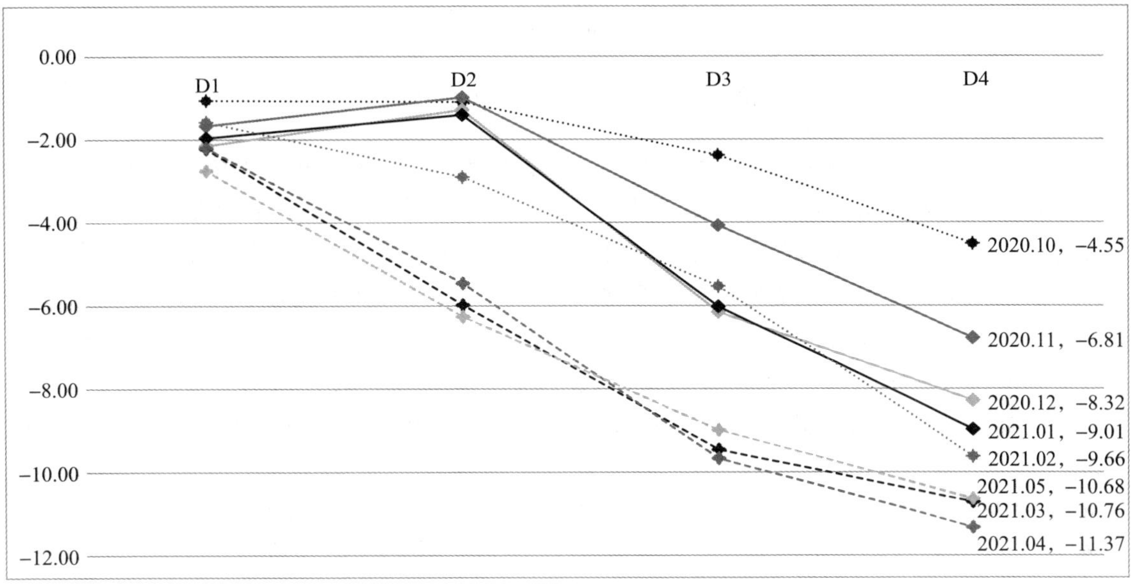

注："-"表示测点下沉，"+"表示测点隆起

图 7　周边道路沉降监测数据统计图（mm）

6　结语

经观察该项目真空井点降水前后地下水位变化及安全稳定情况，发现周边道路沉降、微小裂纹是正常变化；锚索应力变化微小；基坑顶水平、竖向位移未超过预警值。所以真空井点降水对周边环境、构筑物等影响较小，降水效果显著（图 8）。

图 8　基坑实景图

参考文献

[1]　核工业长沙工程勘察院．基坑工程岩土工程详细勘察报告［R］．长沙：2018.

[2]　宋福渊，刘小刚，程学军．建筑深基坑降水设计与施工［J］．施工技术，2007，36（24）：99-100.

[3]　繆俊桦．高压旋喷桩止水帷幕施工技术研究［J］．中国水运，2022（3）：128-130.

[4]　徐杨青，程琳．基坑监测数据处理剂预测预警系统研究［J］．岩土工程学报，2014（S1）：219-224.

湖区高速公路典型软基填方路段沉降规律研究

郭　昕

湖南建工集团有限公司　长沙　410015

摘　要：某湖区高速公路穿越区域水系丰富且软基较多，该区域软基填方施工中沉降控制及沉降稳定所需时间确定与后期路基路面质量密切相关。本文以 K53+010 典型路基断面实测数据为研究对象，基于灰色系统理论，采用了 GM（1，1）、Verhulst 两种模型对沉降数据进行了拟合及预测，根据计算结果明确了两种模型的适用情况以及所需运营的数据组数，并据此对该路段的路基沉降进行了预测。结果表明，GM（1，1）模型所需 7 组数据进行预测可达较好效果但可预测期短，Verhulst 模型本文选取了 13 组数据进行预测，且其可预测期更长，在此期间预测精度更高，适用于中长期沉降预测，结果可为路基施工进度安排提供参考。

关键词：GM（1，1）模型；Verhulst 模型；灰色理论；最佳维度；路基沉降

1　引言

沉降预测是建筑物地基或路基安全性与加固维护方案决策的重要依据，灰色系统理论是沉降预测的重要手段之一。灰色模型就是利用较少或不明确系统原理的原始数据，通过对数据处理建立微分方程的过程。采用灰色理论进行预测时，理论中强调“尽可能多地引入确定的实测数据”，但实际上，选取多少组数据作为分析的依据，还未有权威说法。灰色数列预测模型的预测中如何选择合适的样本维数提高模型精度，成为灰色数列预测模型研究的重要方向。但是目前还没有确切的理论和方法对维度进行设定，而维度的选择对动态灰色模型的预测精度有直接性的影响。胡习阳等就利用 Verhulst 模型对路基的中长期沉降进行预测并对工程进行了评价；张满想等也采用了 GM（1，1）和 Verhulst 两种模型对某一段路基进行了沉降预测并开展了最佳维度和适用情况等分析，为施工提供了相关参考。

由此可见，基于灰色理论下 GM（1，1）和 Verhulst 两种模型对路基沉降预测及后续工程进度分析已有了不少应用，该方法具有可操作性，可为工程项目具体解决方案提出服务。

2　工程概况

某湖区高速公路第五合同段沿线以水田为主，浅部种植土和软塑状粉质黏土工程性质较差，其厚度一般为 1~2m，局部可达 5.5m，该路线所经地段新构造运动升降运动居多。选取数据分析时 K53+010 断面的左右两侧已填筑高度约 8m，断面中心高程 102.907m，设计高程为 111.13m。该断面的现场施工情况如图 1 所示。

3　路基沉降维度区域研究

在 K53+010 典型断面路基中部以及左右侧路肩位置埋设沉降板进行沉降观测。由于路基中部填方高度最大，选取中部位置 123~257d 的监测数据作为分析，见表 1。

图 1　断面的现场施工图

表 1　实测数据表

天数（d）	123	132	138	150	157	165	180	187
实测沉降量（mm）	239.83	252.75	262.68	273.72	285.32	292.63	302.45	312.7
天数（d）	193	200	210	216	232	243	257	
实测沉降量（mm）	322.63	332.12	340.45	345.83	350.72	354.11	357.36	

相关文献指出，使用灰色 GM（1，1）和灰色 Verhulst 模型进行计算比较时，维度区间（数据组数）以 7~13 组为宜。因此对表 1 中实测数据进行处理，按照临近测试时间的原则对原始数据进行分组，具体分组见表 2。

表 2　不同维度数组沉降数据

7 组		8 组		9 组		10 组		11 组		12 组		13 组	
天数（d）	沉降值（mm）	天数（d）	沉降值（mm）	天数（d）	沉降值（mm）	天数（d）	沉降值（mm）	天数（d）	沉降值（mm）	天数（d）	沉降值（mm）	天数（d）	沉降值（mm）
*	*	*	*	*	*	*	*	*	*	*	*	123	239.83
*	*	*	*	*	*	*	*	*	*	132	252.75	132	252.75
*	*	*	*	*	*	*	*	138	262.68	138	262.68	138	262.68
*	*	*	*	*	*	150	273.72	150	273.72	150	273.72	150	273.72
*	*	*	*	157	285.32	157	285.32	157	285.32	157	285.32	157	285.32
*	*	165	292.63	165	292.63	165	292.63	165	292.63	165	292.63	165	292.63
180	302.45	180	302.45	180	302.45	180	302.45	180	302.45	180	302.45	180	302.45
187	312.7	187	312.7	187	312.7	187	312.7	187	312.7	187	312.7	187	312.7
193	322.23	193	322.23	193	322.23	193	322.23	193	322.23	193	322.23	193	322.63
200	332.12	200	332.12	200	332.12	200	332.12	200	332.12	200	332.12	200	332.12
210	340.45	210	340.45	210	340.45	210	340.45	210	340.45	210	340.45	210	340.45
216	345.83	216	345.83	216	345.83	216	345.83	216	345.83	216	345.83	216	345.83
232	350.72	232	350.72	232	350.72	232	350.72	232	350.72	232	350.72	232	350.72

根据表 2 中的不同维度的数据分别为采用 GM（1，1）和灰色 Verhulst 模型进行预测 243d、257d 的数据，计算结果见表 3、表 4。

表 3　不同维度下 GM（1，1）预测结果与实测结果对比表

模型维数		7 组	8 组	9 组	10 组	11 组	12 组	13 组
243d	实测值（mm）	354. 11						
	预测值（mm）	361. 549	363. 258	364. 720	365. 449	366. 721	368. 176	369. 543
	误差（%）	2. 101	2. 583	2. 996	3. 202	3. 561	3. 972	4. 358
257d	实测值（mm）	357. 36						
	预测值（mm）	369. 890	372. 325	374. 352	375. 340	377. 031	378. 935	380. 701
	误差（%）	3. 506	4. 188	4. 755	5. 031	5. 505	6. 037	6. 532

表 4　不同维度下灰色 Verhulst 模型预测结果与实测结果对比表

模型维数		7 组	8 组	9 组	10 组	11 组	12 组	13 组
243d	实测值（mm）	354. 11						
	预测值（mm）	355. 385	355. 973	356. 875	356. 641	356. 684	356. 975	356. 693
	误差（%）	0. 360	0. 526	0. 781	0. 715	0. 727	0. 809	0. 729
257d	实测值（mm）	357. 36						
	预测值（mm）	359. 268	360. 455	362. 380	361. 885	361. 973	362. 543	362. 018
	误差（%）	0. 534	0. 866	1. 405	1. 266	1. 291	1. 450	1. 304

通过不同模型的预测结果，得到不同维度下的维度-误差关系图，如图 2、图 3 所示。

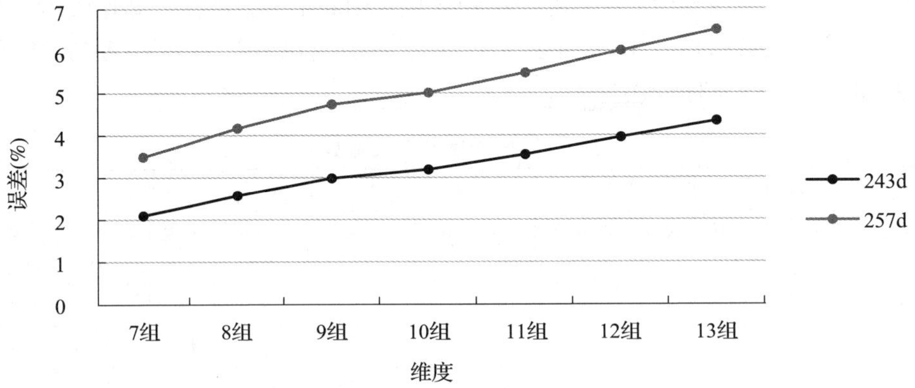

图 2　GM（1，1）模型维度-误差关系图

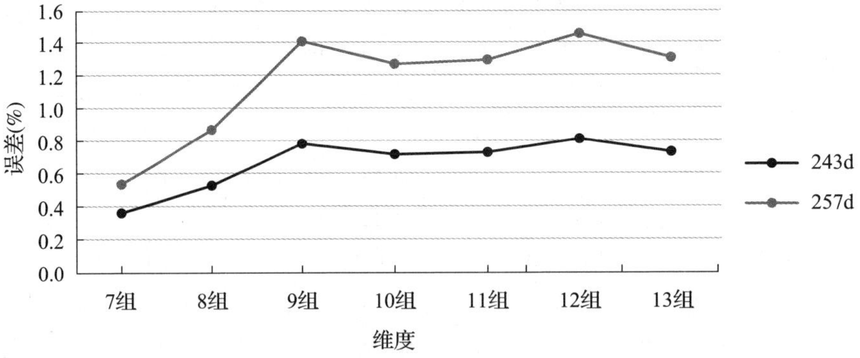

图 3　灰色 Verhulst 模型维度-误差关系图

由表 3、表 4 计算结果和图 2、图 3 关系曲线可知，当模型的维度发生变化时，预测值

的精度也会发生变化。

(1) 对于灰色 GM (1, 1) 模型，随着维度的增加其预测精度逐渐降低，拟合误差增大。维度区间为 7~13 时，维度为 7 时预测值精度要高于远期的预测结果；

(2) 对于灰色 Verhulst 模型，随着维度的增大模拟误差先增大后减小；

(3) 从两种预测模型的精度对比可知，无论近期还是远期数据，灰色 Verhulst 预测模型的精度要高于灰色 GM (1, 1) 模型；同一种预测模型在相同维度下，近期预测值的精度要高于远期预测值的精度。

4　沉降变形规律研究

由上述两种模型的维度及精度计算可知，灰色 GM (1, 1) 模型适用于近期预测，而灰色 Verhulst 模型远期预测精度要远高于灰色 GM (1, 1) 模型。根据上述最佳维度研究结论，对两种模型进行验证：灰色 GM (1, 1) 模型取 7 组数据进行验证，灰色 Verhulst 模型，由于维度数量有限，维度为 13 时拟合精度再次增大，且趋势持续稳定，所以选取 13 组数据进行验证；计算结果见表 5。

灰色 GM (1, 1) 模型预测公式如下：

$$\hat{x}^{(1)}(k+1)=118931.862862e^{(0.003255k)}-118546.552862 \tag{1}$$

灰色 Verhulst 模型预测公式如下：

$$\hat{x}^{(1)}(k+1)=\frac{-79.340599}{-0.199948-0.017567e^{(-0.217515k)}} \tag{2}$$

表 5　计算结果预测统计表

天数		G 预测值 (mm)	单次沉降量 (mm)	V 预测值 (mm)	单次沉降量 (mm)
1 个月	10	387.754		370.610	
	20	389.018	1.264	375.456	4.845
	30	390.286	1.268	379.447	3.991
2 个月	40	391.559	1.272	382.720	3.273
	50	392.836	1.277	385.394	2.674
	60	394.116	1.281	387.573	2.179
3 个月	70	395.401	1.285	389.344	1.771
	80	396.690	1.289	390.781	1.437
	90	397.984	1.293	391.944	1.163
4 个月	100	399.281	1.298	392.885	0.941
	110	400.583	1.302	393.646	0.760
	120	401.889	1.306	394.259	0.614
5 个月	130	403.199	1.310	394.755	0.495
	140	404.514	1.315	395.154	0.399
	150	405.833	1.319	395.476	0.322
6 个月	160	407.156	1.323	395.735	0.259
	170	408.483	1.327	395.944	0.209
	180	409.815	1.332	396.112	0.168
7 个月	190	411.151	1.336	396.248	0.135
	200	412.492	1.340	396.357	0.109

由表 5 计算结果可知：

（1）灰色 GM（1，1）模型的表达式为指数函数，且当预测时间较长时，为递增函数，与路基沉降的发展趋势趋于稳定有明显差异，因此在长期预测时不采用此模型。

（2）灰色 Verhulst 模型为递减函数，在长期预测过程中沉降量逐渐降低，直至稳定，与路基沉降的发展规律一致，因此在长期预测时灰色 Verhulst 模型比灰色 GM（1，1）模型更为精确。该断面半年后预测的月沉降量为 0.4mm，满足规范要求，路基基本稳定，可进行进一步施工安排。

5　结语

通过对选定的 K53+010 断面的沉降实测数据进行拟合及预测计算，综合考虑了路基沉降发展规律及各预测模型本身特点，得到了以下结论：

（1）同一种预测模型在相同维度下，灰色 Verhulst 预测模型的精度要远远高于灰色 GM（1，1）模型，适合中长期预测。

（2）灰色 GM（1，1）模型在预测路基沉降时，在有限数据组数中，选取 7 组进行模拟误差最小。预测数值的误差随时间的延长而增大，发展趋势中且预测过程中沉降量逐渐增大与路基沉降的发展趋势趋于稳定有明显差异，在长期预测中，预测数值偏离实际情况，不适于中长期预测。

（3）灰色 Verhulst 模型在长期预测中选取较多组数据会提供预测精度，预测数值的误差随时间的延长先增大后减小，所得的沉降预测速率逐渐降低，直至稳定，与路基沉降的实际发展规律一致，适用于中长期预测；所得预测显示该路段半年后基本稳定，可据此进行下一步工序安排。

参考文献

[1]　曹文贵，印鹏，贺敏，等．考虑实测数据新旧程度的工后沉降单项模型预测方法［J］．水文地质工程地质，2015，42（06）：65-70.

[2]　武光伟．灰色时序组合模型在高层建筑物沉降预测中的应用研究［D］．西安：西安科技大学，2016.

[3]　董承秀，陈继光．波动水资源数据灰幂模型预测中的维数选择［J］．节水灌溉，2015（02）：61-62.

[4]　王豪威．基于改进的动态灰色模型在变形监测数据分析中的应用研究［D］．上海：东华理工大学，2015：15-32.

[5]　岳昊．择优动态灰色模型研究及其在变形监测中的应用［D］．武汉：中国地质大学，2010：9-13.

[6]　胡习阳，曾志雄，符梁，等．张桑高速公路路基沉降预测方法研究［J］．公路工程，2018，43（04）：278-282.

[7]　张满想，赵健，郭昕，等．灰色模型在路基沉降预测中的研究及应用［J］．中外公路，2020，40（04）：21-25.

[8]　中华人民共和国交通运输部．公路路基施工技术规范：JTG/T 3610—2019［S］．北京：人民交通出版社，2019.

跟管钻孔微型桩处理开口型超高大溶洞的应用

吴开成

湖南省第四工程有限公司　长沙　410015

摘　要： 某公共建筑工程主楼采用桩基础，裙楼采用独立基础，因基础范围内开口型、串珠型高大溶洞较多，设计及规范要求基础持力层保证 5m 厚度。针对基础下超高大开口型溶洞（或溶槽、地下暗河）的处理，考虑到地基基础的安全性、经济性及实用性，设计方案采用钻孔微型桩处理基础下超高大溶洞，通过实例说明跟管微型桩在溶洞处理中的效果。

关键词： 超高大溶洞；无底洞；微型桩；排桩

在溶岩裂隙发育地区的基础施工过程中，开口型超高大溶洞（或溶槽、地下暗河）的处理是建筑施工中经常遇见又无法绕过的难题。因地下开口型超大溶洞造成的孔口塌陷、地面塌陷等施工安全及质量事故并不罕见，针对开口型超大型溶洞，为防止混凝土充填时流失严重导致浇筑面无法上升、基础成孔困难和造价失控的“无底洞”现象，创新采用跟管钻孔微型桩封闭开口型超高大溶洞工艺，确保在胶凝材料填充有效处理基础溶洞的同时经济上合理可行，这在处理地下开口型超高大溶洞（或溶槽、地下暗河）的实践中具有重要意义。

1　工程概况

1.1　工程结构概况

某公共建筑工程地上建筑面积 18485.03m^2，地下室建筑面积 6551.89m^2。主楼部分地上 8 层，裙楼地上 3 层，两部分的地下 1 层，建筑高度 33.20m。本工程主楼基础采用泥浆护壁冲孔灌注桩基础，以中风化灰岩为持力层，基础埋深 1m。桩长由施工现场与超前钻设备资料确定，确保桩底 5m 范围内没有溶洞，如遇溶洞，桩应继续施工穿过溶洞。裙楼地下室部分基础采用柱下独立基础及墙下条形基础，以粉质黏土为持力层。独立基底应进行施工勘探，确保基础底 5m 范围内无溶洞，如遇溶洞应注浆处理。

1.2　地质概况

本工程场地地貌类型为构造溶蚀丘陵地貌，微地貌为河流侵蚀堆积阶地地貌。勘察结果表明，地层为粉质黏土①、灰岩②。拟建场地未见滑坡、危岩和崩塌、泥石流、采空区、地面沉降、活动性断裂、可液化地层等不良地质作用，但局部发育有岩溶，对基础施工产生不利影响，应采取必要的措施消除其影响。基础勘探局部地质柱状图如图 1 所示。

2　超高大溶洞处理方案选择

本工程中高度超过 5m 的串珠型溶洞较多，在桩基础施工中，对超高大溶洞一般采用胶凝材料回填复打或钢护筒成孔等防止孔壁坍塌的施工工艺，回填复打固壁对高度 5m 以上的超大型、串珠型溶洞处理效果并不理想，而钢护筒工艺施工则需用混凝土将溶洞填充饱满方可成桩，在独立基础或筏板基础下对超高大溶洞、无填充的高大溶洞处理时如遇溶洞连通地下暗河或溶洞体积较大而无法估量时，以上几种处理方式经济风险都较大且不可预见。跟管钻孔微型桩排桩工艺是封闭地下溶洞后再进行填充加固，可减少胶凝材料填充量与填充材料流失，达到基础范围内持力层稳定可靠且造价合理的目的。

钻孔柱状图

第 1 页 共 1 页

工程名称	某工程施工勘察		
工程编号	1	钻孔编号	ZK109
孔口高程（m）	310.30	开工日期	2021.9.22
孔口直径（mm）		竣工日期	2021.9.22

地层编号	地层名称	时代成因	层底高程（m）	层底深度（m）	分层厚度（m）	柱状图 1: 200	地层描述	标贯击数（击）	取样	动探击数（击）
①	粉质黏土	Q^{al}	306.90	3.40	3.40		粉质黏土：褐红夹灰白色，呈湿可塑状态，冲切面光滑，干强度及韧性中等，无摇震反应			
②	灰岩	D	306.20	4.10	0.70		灰岩：破碎；浅灰色，中层状构造，散体状结构，岩质较坚硬，节理裂隙极发育，呈微张开状，多无充填，少量由方解石脉充填，岩体极破碎，岩芯多呈长块状，少量呈柱状，属极软岩，岩体基本质量等级为V			
②$_3$	溶洞		290.20	20.10	16.00		溶洞：不均匀；半充填			
②$_2$	灰岩	D	284.20	26.10	6.00		灰岩：不均匀，完整；灰白色，隐晶质结构，中厚层状构造，节理裂隙较发育，岩体较完整，岩芯多呈柱状，节长8~12cm，少量为块状，块径3~5cm，裂隙面被铁锰质侵染。为较硬岩，岩体基本质量等级为Ⅲ级			

勘察单位		制图		检查		复核		图号	[TH]

图 1　基础勘探局部地质柱状图

3　跟管钻孔微型桩方案设计

3.1　跟管钻孔微型桩工艺原理

跟管钻孔是指用岩芯钻机钻孔过程中，随钻进深度根据地质情况遇松软土层需要采用加钢套筒辅助成孔防止上层松软土层坍塌的工艺措施。在地质条件为较好的整体岩层或紧密土层无须加设钢护筒。目前在实践中以微型桩形式的复合地基应用较为成熟，但微型桩作为地下隔断，隔断溶洞之间的连通，以承受侧向压力形式较为少见。

作为溶洞填充材料的侧向隔断形成承受侧向压力的微型桩，钻孔深度穿过超高大溶洞层且嵌入持力层，形成端头锚固形式的排桩栅栏。

3.2　跟管钻孔微型桩排桩在两种不同基础条件下的应用分析

（1）跟管钻孔微型桩排桩对独立基础下超高大溶洞的处理效果

在工程施工前，根据施工地质探勘报告及地下水文相关资料，本工程建筑物基础下存在超高大溶洞并需要进行专项施工论证分析。对独立基础下的开口型超高大溶洞，由于溶洞宽度无法预估，压密注浆工艺难以有效填充加固溶洞，为有效填充溶洞及合理范围内控制成本，采用微型排桩形成混凝土栅栏，将基础宽度范围内开口型溶洞封闭成闭口型溶洞，再进行压密注浆填充处理，这样可以在有效加固基础的同时将成本控制在合理范围内。

（2）跟管钻孔微型桩排桩在桩基础施工超高大溶洞处理上的效果

在桩基础施工过程中，遇到“无底洞”时往往造成巨大的成本损失且无法成桩，利用微型桩绕桩周一定范围内进行封闭，对溶洞层进行填充加固，形成一定范围内的护壁后再进行桩基础施工，这样可解决泥浆渗漏导致无法钻进及孔口坍塌的问题。钢护筒作业成孔是为防止上层土坍塌，而浇筑时该工法依然无法解决混凝土在溶洞流失的问题。故本工程采用微型桩排桩封闭后注浆加固护壁，起到了防止混凝土流失、有效成桩与控制成本的效果。

4　跟管钻孔微型桩排桩施工工艺

4.1　工艺流程

施工准备→根据基础内溶洞宽度合理选定封闭范围→钻机就位、跟管钻孔→下导管、封孔→下钢筋、孔内注浆（浇筑混凝土）→溶洞注浆填充→地基检测。

4.2　施工准备

现场测量，进行工作面的布置及材料的堆放，对钻机、钻头进行改装。

4.3　根据基础内溶洞宽度合理选定封闭范围

根据需处理的基础下溶洞高度及范围，合理选定微型排桩封闭范围，选定范围需留有一定冗余量，以保证基础处理效果。加固范围应超出基础范围 1m。封闭布置平面图如图 2 所示。

4.4　钻机就位、跟管钻孔

采用 XY-1 岩芯钻机进行钻孔，孔径根据溶洞高度选择，溶洞高度在 5 ~ 10m 时孔径选择 150mm，溶洞高度大于 10m 时选择 300mm，钻孔采用风动钻进。严禁采用冲水钻进，如上层土层较差，应采用跟管工艺成孔，边钻边加钢护筒保护，如遇塌孔，应停止施工，灌浆固壁后方可继续钻进，钻孔深度应穿过溶洞底且嵌入持力层深度不小于 1.5m，以保证锚固端足够强度。钻孔时应选择跳孔施工。钻孔立面如图 3 所示。

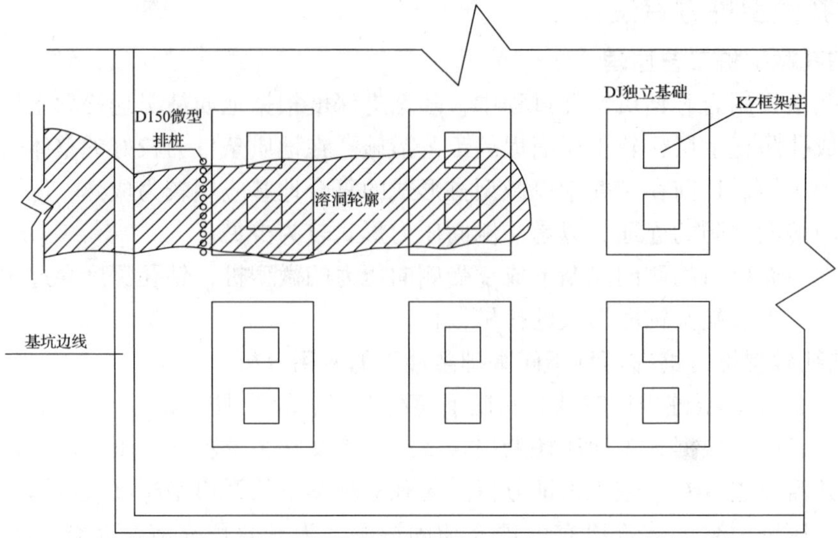

图 2　封闭布置平面示意图

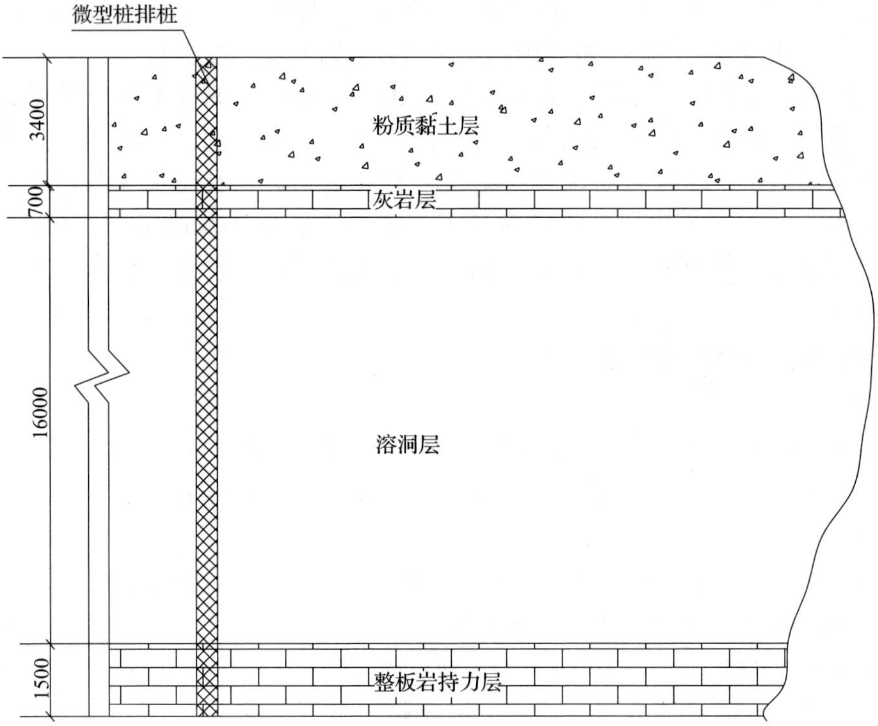

图 3　钻孔立面示意图

4.5　下导管、封孔

钻孔完成后安放 PVC 导管（图 4），导管上下锚固端梅花形设置 6~8mm 溢浆孔，确保微型桩注浆时管外与地层填充密实，保证锚固段锚固强度。溶洞自由段套管可选用外包缠绕一层钢丝网、玻璃纤维网或软衬材料的 PVC 管，目的是增强溶洞内注浆材料在微型桩上的黏结力，形成微型桩地下桩墙。

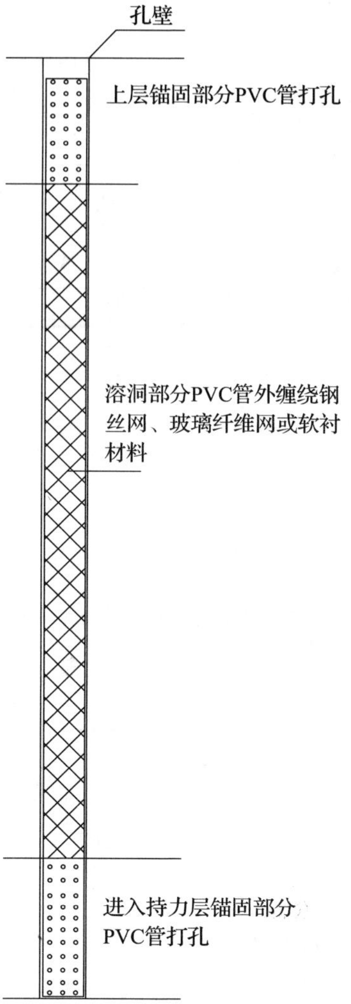

图 4　PVC 导管示意图

4.6　下钢筋、孔内注浆

完成 PVC 套管安放后，在孔内插入直径 20mm 的三级钢，增强桩身的侧向抗拉强度。孔内灌注强度不小于 M30 浆液形成微型桩。

4.7　溶洞内注浆

（1）浆液应根据地层条件、地下水状态、设备型号等通过试验确定。注浆前应开试验孔试注，记录压力表读数，注浆压力一般选择 0.5～1.5MPa，单孔注浆量达一定方量后停止注浆。记录注浆浆液面高度，做好记录，做好数据分析，选定注浆参数，根据试验参数确定注浆孔分布与注浆终孔参数，为后续注浆提供施工参考依据。

（2）微型桩周边选用凝固时间不大于 1min 的水泥-“水玻璃”双浆液或超细水泥浆液注浆。对于大型无填充溶洞，中孔选择灌注 M20 砂浆或 C15 混凝土，对于半填充或全填充溶洞，中孔可采用注浆机注 M20 水泥砂浆。

（3）注浆时应采用跳孔分层注浆，根据试孔参数，单孔注浆时注浆量与注浆压力达到单孔结束标准后换孔注浆，注浆结束时的进浆量小于 15L/min，做好记录。溶洞处理要根据设计及规范对基层持力层要求确定（图 5）。

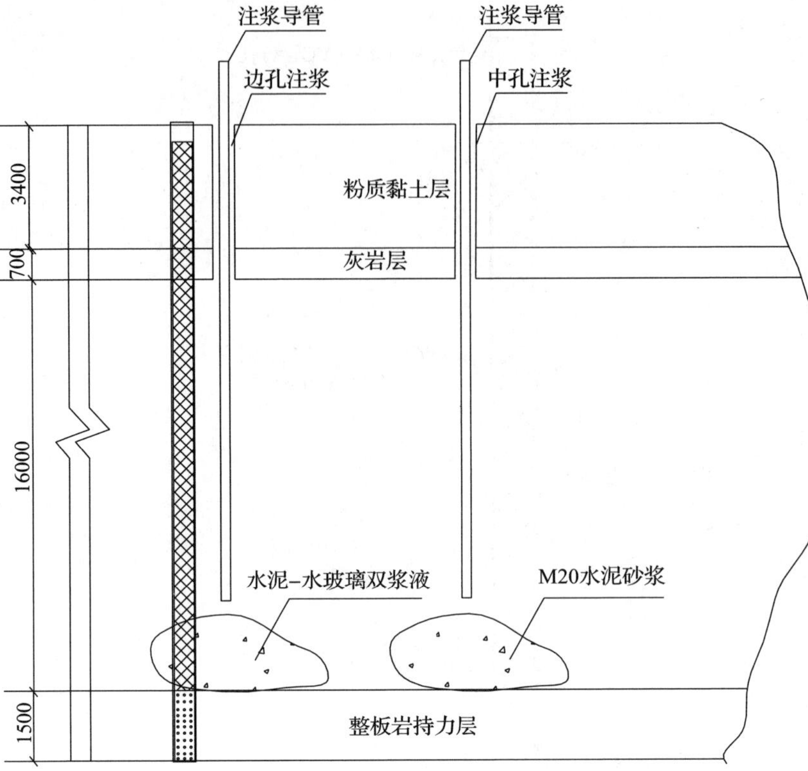

图 5　注浆示意图

4.8　地基检测

加固注浆的检查方法：采用沉降观测、钻心取样检查等，对重要工程部位应做荷载试验。加固体外形轮廓可采用触探法检验，加固体强度宜取试块做无限抗压试验，也可采用触探法或标贯法试验评价。对达不到加固要求的地段，应进行复注加强，直至符合地基承载力要求为止。

5　质量控制措施及相关注意事项

（1）注浆施工前应编制好相应技术方案，经监理单位及建设单位审批后实施。施工前做好安全技术交底。

（2）施工时要测定桩位及地坪的标高，要经技术人员的检定及有关监理人员的复检合格后方可施工。

（3）钻机就位时必须平整稳固，经专人用线坠或经纬仪检查钻杆的垂直偏差，双向 90°控制，垂直偏差不大于 3%，同时检查桩位偏差，即钻机杆中心（桩位）偏差在 20mm 以内，确保施工中不发生任何倾斜移动，符合要求后方可开钻。

（4）跟管钻孔沉没管时，如因障碍或其他原因而影响成孔，要及时联系技术人员采取补救措施。

（5）微型桩孔与孔、排与排之间采用“隔一打一或隔二打一”以保证施工质量。

（6）钢筋笼规格须符合设计和施工规范要求。分段制作时，焊缝长度不小于 10d（单面焊）。

（7）水泥砂浆强度等级满足设计要求的 M20，采用 P · O42. 5 水泥，细骨料采用水洗细砂，含泥量应小于 2%。

（8）当既有建筑地基进行注浆加固时，应对既有建筑及其邻近建筑、地下管线和地面的沉降、倾斜、位移和裂缝进行监测，并应采用多孔间隔注浆和缩短浆液凝固时间等措施，减少既有建筑基础因注浆而产生的附加沉降。本工程沿基坑周边坡顶每隔 20m 均匀布置沉降观测点，发现观测边坡隆起立即停止注浆。

（9）注浆孔、钻芯孔在施工后应及时采用高一等级浆液进行灌浆封堵。注浆完成后及时进行管道及设备清洗。

6　结语

本工程结合现场实际情况（场地较狭窄、高大、串珠型溶洞多，基础要求高）选取微型桩栅栏封闭注浆加固方案，在施工时严格把握了各个施工环节的重点、难点，在施工完成后通过钻孔取芯，浆液填充饱满，检测合格，在可预见的成本前提下通过微型桩栅栏封闭注浆成功处理了地下超高大溶洞，从而使得本工程的质量、进度、安全得以保证。

本工程采用微型桩对建筑基础地基的大型溶洞进行有效处理，具有以下优点：

（1）为适应在狭小空间操作和对各种土层进行钻孔的要求，使用小型钻机，因此所需施工场地很小。

（2）处理方式灵活，桩孔较小，可根据基础范围及需处理溶洞的大小选择局部处理或整体处理。在邻近边坡、建筑物处钻孔，该工法对相邻边坡及既有结构影响小。

（3）桩体强度容易保证。微型桩主要起地基加固材料灌注时的侧向流动压力的作用，对桩底沉渣要求较低，采用套管护壁，不会发生断桩等缺陷。

（4）采用岩芯钻机成孔，可适用于砂性土、黏性土和岩石等类型的地基。

（5）采用微型桩使得整个工程施工周期缩短，成本可预见，在超高大溶洞处理中取得了较好的经济效益。在对建筑基础开口型超高大溶洞的处理中，采用微型桩不失为一种有效的方法。

参考文献

［1］　中华人民共和国住房和城乡建设部．既有建筑地基基础加固技术规范：JGJ 123—2012［S］．北京：中国建筑工业出版社，2012.

［2］　王术江，徐健胜，高述刚，等．微型桩施工工法在基础托换中的应用实例［J］．土工基础，2007，21（5）：11-13.

加筋格宾在边坡支护工程中的施工技术

廖川国

湖南省第四工程有限公司　长沙　410015

摘　要：针对厂房项目的高边坡支护工程，设计采用加筋格宾石笼挡墙和绿色加筋格宾放坡回填工艺，文中介绍了加筋格宾和绿色加筋格宾的材料，详细描述了施工工艺和施工方法，结合工程实例，总结了工程质量控制要点。实践表明，加筋格宾安全性高、柔韧性好、耐久、环保、经济，施工方便快捷，对其他同类型的挡土墙施工具有较高的参考价值。

关键词：加筋格宾；绿色加筋格宾；边坡支护工程；施工技术

边坡支护工程形式多样，有重力式挡土墙、毛石浆砌挡墙、毛石混凝土挡墙等。本文所述加筋格宾挡土墙是一种新型技术，其具有刚柔相济、良好的地基适应性、抗震性好等优点。加筋格宾挡土墙为工厂制作，现场装配式组装，施工工效高，具有较好的推广应用价值。本文主要介绍加筋格宾的材料参数和施工工艺，总结其在建筑项目边坡支护工程中的施工质量、安全控制要点。

1　加筋格宾和绿色加筋格宾材料概述

加筋格宾和绿色加筋格宾是采用六边形绞合钢丝网制作而成的一种加筋土单元结构（图 1），是以低碳钢丝为基本材料，网面钢丝直径为 2.7mm，边丝和端丝的钢丝直径为

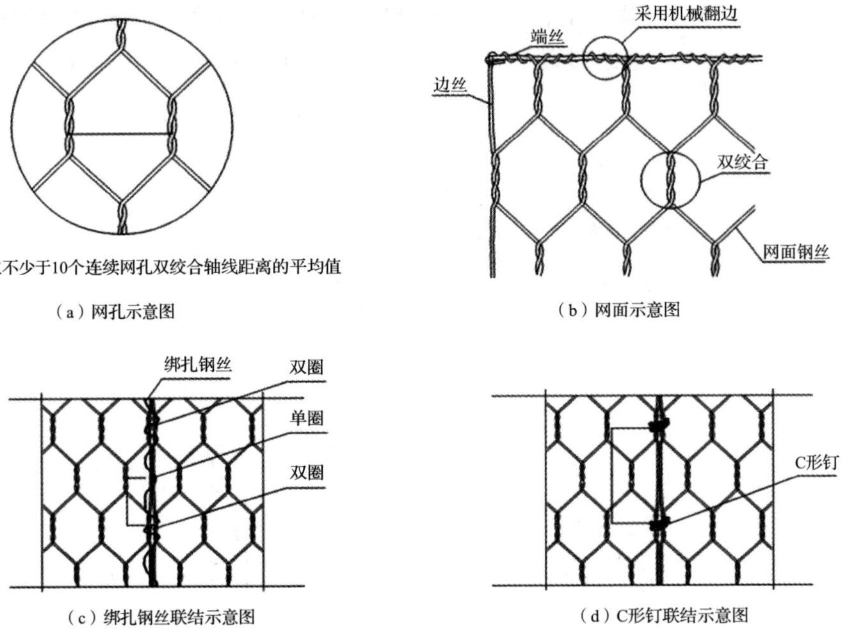

图 1　加筋格宾绞合示意图

3.4mm，钢丝表面镀锌后外覆 PVC 膜。加筋格宾是在工厂编织而成，受力合理、牢固的

双绞合六边形结构（网孔尺寸为 80mm）。加筋格宾的规格尺寸为 TM 3×3×1×1 ZNP，由面板、端板、横隔板、盖板和网面组成（图 2），绿色加筋格宾的规格尺寸为 GTM 3×3×0.73 ZNP，由钢筋面板、土工垫、反包段、三脚支架、支撑杆和钢丝拉筋网面组成（图 3）。

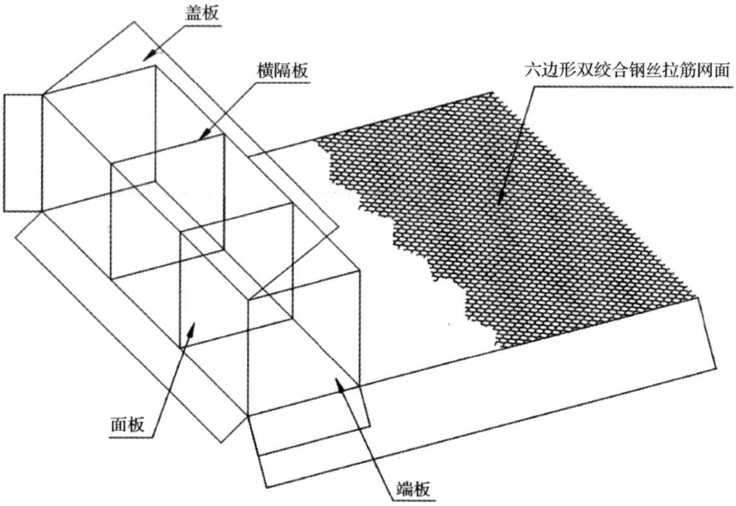

图 2　加筋格宾示意图

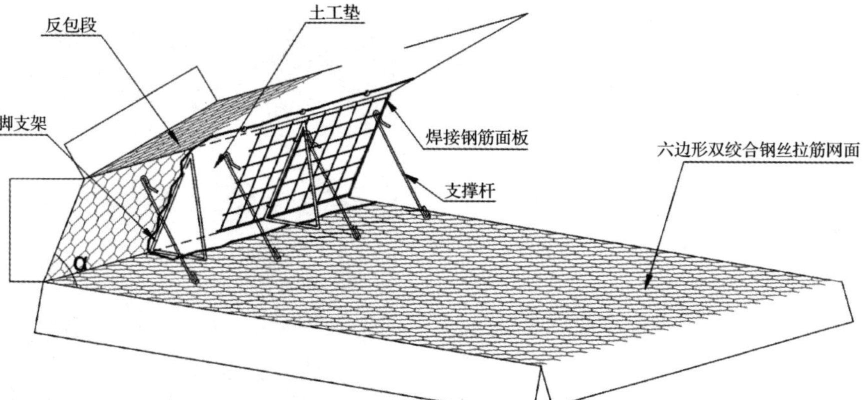

图 3　绿色加筋格宾示意图

2　工程实例概况

本文边坡支护工程位于长沙市岳麓区，场地原始地貌为剥蚀丘陵地貌，未回填之前，场地东部和南部为低丘，地势较高；北部和西部原始状态为池塘和农田，地势较低。支护工程为永久支护，边坡使用年限 50 年，地震设防烈度 6 度，安全等级为一级。支护工程呈“Z”字形分布，支护长度约 250m，从西向东分为 AB、BC、CD、DE 四段，其中 AB 段长度一期范围约为 114m，为 CFG 桩+加筋土挡土墙，上部加筋土挡土墙采用绿色加筋格宾+土工格栅复合式加筋土挡土墙布置，放坡系数为 1∶1，支护高度约为 14.8～16.8m，回填宽度约为 22m；BC 段长度为 82m，为 CFG 桩+加筋土挡土墙，上部加筋土挡土墙采用绿色加筋格宾+土工格栅复合式加筋土挡土墙布置，放坡系数为 1∶1，支护高度约为 11.8～14.8m，回填宽度约为 16.75m；CD 段长度约为 26m，为 CFG 桩+加筋土+放坡，绿色加筋格宾结合土工格栅+放坡布置，格宾挡墙放坡系数为 1∶1，支护高度约 6.16m，放坡回填高度约为 4.6m，放坡系数为 1∶2，回填宽度约为 20m；DE 段长度约为 23.5m，为绿色加筋格宾挡土墙+放坡布置，格宾挡土墙放坡系数为 1∶1，支护高度约 6.16m，放坡回填高度约为 4.54m，放坡系数为 1∶2，回填宽度约为 20m。回填土综合内摩擦角≥35°，压实度≥94%。

3 加筋格宾施工技术

3.1 施工流程

土工试验→场地清理→断面复核→构件拆包、组装→构件安装→面墙石料回填→缝隙填碎石→墙背土工布安装→施工压实度工艺试验段→结构土分层回填、分层压实→绿化防护。

3.2 施工准备

边坡支护工程施工前，通过土工击实试验获取回填土材料的最优含水率、最大干密度，作为施工质量检验的比对指标。根据工艺要求准备相应的工程机械和材料：20t 振动压路机、小型液压夯机、钢管扣件、格宾材料、纤束格栅、固定钢钉、220 型挖掘机、环保型拉土车等。同时，施工单位与监理单位进行联合测量，对原始断面图进行复测，留下测量记录。

3.3 主要工序施工方法

3.3.1 构件绑扎

（1）格宾石笼网箱组装。将构件拆包，展开后将网箱的间隔网片与网身 90°相交后，采用专门配备的绞合钢丝按间隔 15cm 单圈缠绕-双圈锁紧间隔绞合，一次绞合的边缘最长 1m，绞边钢丝的末端应再次缠绕在网面上。

（2）定位放线后，安装“纤塑”格栅，再将组装好的格宾石笼网就位，用钢管搭设 1m×1m 的支架，仅端部采用扣件、立柱和横杆架设，其余部位在隔板和加强钢丝位置用铁丝将钢管与格宾石笼网绑扎，以定型石笼网（图 4）。

图 4　加筋格宾安装图示

（3）所有网箱拐角、相邻边丝、边丝与网面交接处均按间隔 15cm 单圈缠绕-双圈锁紧间隔绞合，使面墙构成一个连续的整体。

（4）加筋格宾后部的抗拉网面必须完全拉撑，并在尾部按每间隔 1m 以ϕ8mm 钢筋（钢筋长度 20cm，尾部 180°弯钩）固定，相邻幅面间按每米间隔采用绞合钢丝点绞合将两幅拉筋网面连接。

3.3.2 面墙填石

（1）面墙石料质量要求。石料强度等级不小于 MU30，抗风化、不水解。石料尺寸为 100~200mm，文中案例采用 150mm 的混凝土预制块和毛石填充格宾笼。

（2）面墙石料装填时，应注意统筹装填进度，保证在一定长度内相邻加筋格宾面墙中填充的石料高差小于 0.33m，以防引起侧边挤压变形，导致以后盖板无法闭合，难以施工。

（3）加筋格宾构件，每装完 33cm 高度石料时，在前面板与后面板间加装加强钢丝，其横向间距为 40cm，以限制面墙变形，保证墙面平整度。

（4）每一层石料填充完毕后，用人工摆放小粒径填料以减小空隙率，面墙石料的充填率大于 70%。

（5）每层构件中填充的石料应超高 3～5cm，以预留沉陷量。盖板与面墙箱笼顶边应吻合铰接，盖板上凸出边端钢丝的应绕侧面板凸出边端钢丝两周，且格宾应与侧面板、后面板及隔板牢固绞合。相邻格宾盖板应同时绞合，且剩余的边端钢丝应折入已完成的格宾内部。

（6）上、下两层加筋格宾构件之间，面墙相邻所有边均应采用绞合钢丝按间隔 15cm 单圈缠绕-双圈锁紧间隔绞合。

（7）面墙填石时，应采用一定的钢管临时支撑，以约束构件的变形，以确保施工的墙体外观规矩、平整。

（8）施工过程中指定专人负责测量工作，为现场施工及时准确地放线提供所需的测量资料。格宾网施工测量的精度指标应符合以下要求：

①平面位置允许误差±40mm；

②高程允许误差±30mm；

③坡面不平整度的相对高差允许范围（±30mm）；

④施工中对设置的施工控制标志、高程点，必须严加保护，并定期检测、校正。

（9）土工布铺设于格宾面墙背部与回填层间，为保证土工布安放牢固，其在上部及下部各折入压实土中的宽度为 300mm。

4　绿色加筋格宾施工技术

4.1　施工流程

清理基层、测量→铺设土工格栅→铺设绿色加筋格宾→搭接、绑扎、固定→验收→人工摊铺→碾压→环刀检测。

4.2　主要工序施工方法

（1）铺设土工格栅，土工格栅铺设时底面应平整、密实，一般应平铺，拉直，不得重叠，不得卷曲、扭结，相邻的两幅土工格栅需搭接 0.2m，并沿边坡回填，横向土工格栅搭接部分每隔 1m 用 8 号铁丝进行穿插连接，并在铺设的格栅上，每隔 1.5～2m 用 U 形钉固定于地面。

（2）面板与网面交接处，采用专门配备的绞合钢丝按间隔 15cm 单圈缠绕-双圈锁紧间隔绞合，一次绞合的边缘最长 1m，绞边钢丝的末端应再次缠绕在网面上。

（3）所有反包段拐角、相邻边丝、边丝与网面交接处均按间隔 15cm 单圈缠绕-双圈锁紧间隔绞合，使面墙构成一个连续的整体面。用 4 根ϕ8mm 钢筋支撑杆上、下勾住钢筋面板和抗拉网面，角度 60°，用绑扎丝固定，面板与网面角度为 65°（图 5）。

图 5　绿色加筋格宾安装图

（4）绿色加筋格宾后部的抗拉网面必须完全拉撑，并在尾部按每间隔 1m 以ϕ8mm 钢筋（钢筋长度 20cm，尾部 180°弯钩）固定，同时固定住重叠的土工格栅。相邻幅面间按每 1m 间隔采用绞合钢丝点将两幅拉筋网面连接。

（5）摊铺虚土前，铺设土工布，其在上部及下部各折入压实土中的宽度为300mm。虚铺0.45m厚的黄土，汽车运土到工地卸于边坡回填一侧，然后用推土机向前推进，人工配合机械整平后，20t的振动压路机静压12遍。禁止两侧向中间填筑和推进，禁止各种机械在没有填筑土的土工格栅上作业，这样能保证土工格栅平整、不起鼓、不起皱，虚铺摊平后，要进行水平测量，防止填筑厚度不均匀，待抄平无误后用20t振动压路机静压12遍。距外边线1m范围内，用夯机人工夯实。

（6）碾压完成后，立即进行环刀试验，压实度不小于94%。

5 质量安全控制要点

边坡支护工程为永久性结构，必须保证其耐久性、安全性，避免产生沉降、滑移等质量缺陷，在施工过程中应控制如下质量安全要点：

（1）严格控制回填土料含水率，控制虚铺厚度，严格要求压路机的压实遍数。

（2）保证所有单双绞合绑扎牢固，所有绑扎点全数检查。

（3）格宾石笼网面墙干砌密实，填料空隙需填满，中间两道拉筋绷直确保受力，避免石笼中部变形凸出。

（4）绿色加筋格宾临边1m范围内，需人工虚铺到位，并用立夯或小型液压夯机夯实，确保压实度≥90%。

（5）格宾绞合钢丝网面和“纤塑”格栅尾端要拉直固定，确保受力。

（6）在施工过程中，严禁工人在退台处行走，严禁利用退台作为施工工作面，所有工人必须位于格宾内侧施工，以确保施工安全。

6 结语

在绿色低碳的国家政策下，加筋格宾利用装配式现场组装的方式，有利于环境保护，且施工方便快捷。加筋格宾支护形式有效提高了边坡支护结构的整体性和牢固性，能够适应大的不均匀沉降和无法预测的荷载。加筋格宾的面墙可自然透水，有利于填土中地下水排出，保证了边坡工程的长期稳定。绿色加筋格宾挡土墙具有安全性、柔韧性、渗透性、耐久性、环保性、经济学等技术特点和优点，具有良好的工程效益、经济效益和环保效益，对边坡支护工程的施工有十分重要的借鉴和推广意义。

参考文献

[1] 王维、黄向京. 加筋格宾结构分析理论与工程应用新技术［M］. 北京：人民交通出版社，2011.

[2] 雷通洲. 加筋格宾挡土墙施工技术［J］. 中华建设，2012（09）：328-329.

[3] 马军. 谈加筋格宾挡土墙的施工技术［J］. 山西建筑，2012，38（19）：99-100.

浅谈建筑工程地下室防水施工技术

陈佳良

湖南省第五工程有限公司　株洲　412000

摘　要：本文主要从钢筋混凝土自防水技术、排降水施工技术、防水卷材施工技术三个方面来介绍地下防水工程，重点强调建筑地下防水工程的原理、方式等。就建筑地下室防水工程的选择提供一些发展方向的建议，为日后在地下室防水工程施工技术选择指出目标。

关键词：地下室防水工程；防水施工技术；研究

1　前言

建筑工程地下室防水施工质量是影响建筑使用功能的重要影响因素，也是常见质量问题治理的重点研究方向。现阶段多数地区 6 层以下的低层建筑也开始设计地下室，大型项目更是设计地下 3 层、4 层的超大超深地下室，地下室防水质量好坏将直接影响整个工程的使用功能。如何保证地下室防水工程的质量是我们应该着重研究的问题。根据地下室防水工程的环境及特点，坚持多道设防、刚柔相济、堵不如疏、综合治理的做法是最基础及最重要的。本文分别就钢筋混凝土自防水技术、排降水施工技术、防水卷材施工技术论述建筑工程地下室防水施工技术。

2　地下室防水做法概述

地下室防水结构的做法分为钢筋混凝土自身防水技术、降排水施工技术、防水卷材及涂料施工技术。根据防水等级要求不同，对其设防要求不同。片面地使用某一种方式设防极易出现纰漏，在渗漏发生后再重新堵漏，会导致地下室功能及业主利益出现双重损失。因地制宜选择防水方案尤为重要。

2.1　钢筋混凝土自身防水技术

通过不断试验、研究以调整混凝土配合比的方式来提高自身密实性，从而具有更强的防水能力的混凝土或钢筋混凝土结构称为混凝土结构自身防水技术，该技术是第一道也是最初始的防水措施。高强度防水混凝土应用技术在我国已经有了相当成熟的经验，并且取得了相当大的成绩。根据现场与实验室的研究，控制和调整混凝土配合比以及其他各项材料比例参数是提高混凝土自身抗渗性最科学的方法。应注意的是，任何一个项目不能完全按照其他项目或以往经验提供的技术参数作为混凝土配合比，应该根据地域、气候、现场实际情况、各项材料的状态进行调配，提前做好适配工作，在适配结果下进行调整，以求符合要求的最佳混凝土配合比。当碰到以下情况时不宜采用单一的混凝土结构自身防水技术：允许裂缝宽度超过 0. 1mm 的结构、可能时常遭受冲击或剧烈振动的部位、处于高于 75℃ 环境温度中的结构和在可致耐蚀系数小于 0. 8 的侵蚀性介质中的结构。

随着我国经济高速发展以及生活品质的提升，建筑造型与使用功能更为多样化，建筑物向着更长、更宽、更高发展。建筑物的跨度增大、形状更加复杂，使得混凝土内应力不断增加，如不提升混凝土自身质量，将导致混凝土裂缝增多。近年来我国增加了对新型混凝土的研究，开始发展的高性能防水混凝土、水泥基渗透结晶防水混凝土、纤维抗裂防水混凝土，这些新型混凝土都有着各自的特性，从而大幅提高了混凝土的密实性和抗裂性。纤维抗裂防水混凝土的特点是在混凝土中加入少量纤维而形成的新型复合材料。自密实高性能防水混凝土的特点是拥有极高的强度、耐久性和工作性等性能，同时具有很高的流动性，在稍微振捣或无振捣的情况下，也可以自行流到各个角落，不离析、泌水（图1）。

图1　自密实混凝土地下室外墙浇筑质量

2.2　降排水施工技术

对于重要的、防水要求较高且有抗浮要求的地下工程，在制定防水方案时，可结合排水一并考虑。在施工过程中我们经常遇到地下水位较高、需要降水的面积较大的情况。为了不影响正常施工环境，在地下作业期间必须持续降排水，使水位低于基坑底部施工作业面500mm以下。根据现场地下水的分布状况，我们往往需要在底板上及基坑四周合理设置降水井以及排水沟，同时还需要强化地下水位的调节工作，不能因为降水导致周边环境被破坏。部分情况下我们在地下室地板基础层中设置排水管与滤水层，让水流入集水井中，再进行抽、排降水，使得基础表面无明水。近年很多大型项目都采用此种做法，并取得良好的经济效益，同时盲沟的降排水系统可以结合海绵城市设计，体现绿色、环保的概念。

当遇到地下水位高且水压较大环境时，应在回填前在地下室外围增加排水盲沟，且盲沟应通入集水井（图2、图3）。在施工过程中我们发现，首先必须保证施工质量，不正确的施工方式会降低盲沟的使用寿命，从而导致盲沟堵塞，达不到降排水的作用，这也是这一方法的弊端。该施工技术的防水使用寿命根据地质情况有很大的不同，在砂土层等位置不建议采用此种做法。因为一旦出现盲沟堵塞现象，修复是很困难的。

图2　地下室盲沟埋置

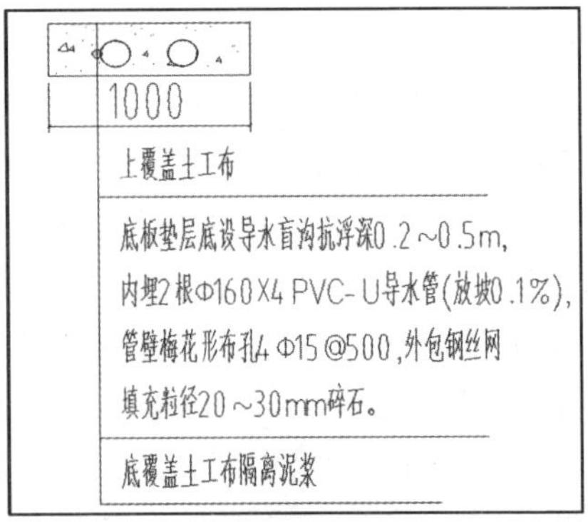

图3　盲沟工艺做法图

国内关于地下室底板因地下水作用而破坏进行全面系统研究的并不多，特别是通过结构设计合理确定地下水位比较困难。目前，关于施工阶段地下水控制和地下室底板稳定性验算的问题十分尖锐，主要原因是有关的设计规范中未提出明确的设计标准，只是提出了可参照勘探的实际水位、近年最高水位以及历史最高水位确定地下水控制和地下室底板稳定性的取值原则，但在其应用上仍存在许多实际问题。

2.3　防水卷材的施工技术

防水卷材一般适用于大片且较为平整的基础施工。施工往往比较迅捷，成型后防水效果也比较有保证。但是基层与卷材之间黏结、卷材与卷材中搭接的处理是最关键的部位。防水卷材的施工也不宜用于面积小、形状复杂的部位。比如卫生间等位置，且防水卷材也容易被尖刺等锋利物品破坏，导致防水系统失效。在我们进行地下室防水施工之前，必须要先浇筑混凝土垫层，并在垫层达到一定强度后进行清扫，然后再进行铺贴。防水卷材应保证连接平顺，如出现鼓泡以及皱褶等现象必须进行返工处理，且须增加附加层加固。

新型建筑卷材防水材料主要有高分子防水卷材、高聚物防水卷材两种。高聚物防水卷材系以高聚物改性的沥青为面层材料，以黄麻布、聚酯毡、玻纤毡为核心制成的防水材料，它能够解决部分普通沥青卷材的不足，具有高温不融、低温不裂、拉伸性好、延展性好等优异性能，是我国需要加大研究及发展的防水卷材之一（图 4）。高分子防水卷材是利用合成树脂、橡胶或同时利用两种材料为基料，并融入适当添加剂和填充料等经过提炼、碾压、揉挤成型，然后硫化、定型等工序制作而成（图 5）。该品种卷材具有拉伸性能强、延伸性能好、抗毁坏能力强、耐高（低）温性能好以及耐老化、耐腐蚀、可冷加工等优良特性，是档次较高的防水卷材，也是我国的新型防水材料。

图 4　高聚物沥青防水卷材施工效果

图 5　高分子防水卷材施工效果

与这些新型建筑卷材相比，老式的沥青防水卷材问题就比较明显，制作污染大、耐温性不好、耐久性能差、施工时容易造成环境污染、颜色都只有黑色、夏日施工时吸收热量大、对屋顶保温影响大，与现阶段提倡的节能环保有冲突。高分子防水卷材虽然成本比高聚物沥青卷材高，但耐温性好、寿命长、施工便利，且可生产制作出浅色/白色制品，在屋顶铺设时能够有效反射阳光，有利于节能环保。

3　结论

根据防水施工特性，地下室防水工程技术正由单一设防向多重设防、刚柔并济的方向发展。刚性防水材料从普通混凝土向水泥基结晶混凝土、高性能以及外加剂纤维抗裂方向发展；柔性防水材料从普通沥青油毡向聚酯胎、高聚物以及合成高分子材料发展。同时在地下防水工程施工过程中，为了加强工程质量，最为重要的是结合地下室使用空间和基础条件，在钢筋混凝土自身防水合格的前提下，采取刚性材料和柔性材料相结合的多道设防机制，“以防为主，防排结合”，并且在日后设计地下室防水工程的时候，增加降排水的方案，堵水不如排水，利用好盲沟降排水，结合循环水系统，并深入研究降排水施工与新型海绵城市相结合的建设要求，响应国家节水型社会号召。

4 结语

总体来说，地下室防水施工应遵守“以防为主，防排结合”的原则以及在迎水面进行设防，并采用“节点密封”，结合“刚柔并济”，辅以“多道设防”的措施，在不同的环境中择优选择，利用各种防水措施进行综合防治，以保证地下室防水能达到预期效果，施工过程中我们应该研究各类防水方式的特性，充分发挥各类防水方式的性能，提高经济效益的同时完善综合效益。

参考文献

[1] 项桦太．建筑防水工程技术［M］．北京：中国建筑工业出版社，2009.
[2] 余永祯等．建筑施工手册［M］．北京：中国建筑工业出版社，2007.

浅谈河道地区长螺旋压灌桩超灌量较大原因分析及防治措施

陈雲鹏

湖南省第五工程有限公司　株洲　412007

摘　要： 随着时代的进步，我国建设工程项目日益增多，但资源随之减少，建筑材料的价格也不断上涨。资源节约受到人们的高度重视。长螺旋压灌桩作为基础工程常见的桩基施工方法之一，其成本控制越加重要。而在实际施工过程中，存在桩基超灌混凝土的现象，不但增加了施工成本，也违反了节约资源原则。因此，本文将简要叙述河道周边地区桩基超灌混凝土控制方法。

关键词： 长螺旋压灌桩；超灌量；控制措施

1　引言

河道周边地质情况较一般自然土层更复杂，含软塑状淤泥质粉质黏土、粉砂的不良地质条件影响成孔作业。地下水对灌注桩孔壁影响较大，如扩孔、塌孔等，影响桩身强度。灌注桩有较大的概率会出现灌量过大的现象，严重的可能导致桩身混凝土离析、夹杂等质量问题。为解决此类问题，需对超灌较大的原因进行研究，并提出合理的预防和治理措施

2　工程概况

益阳明清古巷旅游综合开发项目位于益阳市资阳区五一西路与向仓南路交会处。工程净用面积地约 76629m^2，规划新建建筑面积（地上）约 34340m^2，文物修缮建筑面积（地上）38709.6m^2。

本工程共计 32 栋新建仿古建筑，建筑物高度最高为 23.97m。新建仿古建筑基础采用长螺旋压灌桩。项目邻资水，场地大部分为拆迁，场地上无复杂的管线和管网，无明显边坡存在，未见明显地表水，地下水丰富。

3　工程地质概况及水文情况

河道周边地质情况较一般自然土层更复杂，含软塑状淤泥质粉质黏土、粉砂的不良地质条件影响成孔作业。

项目位于资水边，在项目建设区域范围内曾经发生过管涌现象。地下水对灌注桩孔壁影响较大，主要是钻孔过程中的影响，如扩孔、塌孔等，影响桩身强度。灌注桩有较大的概率会出现灌量过大的现象，严重的可能导致桩身混凝土离析、夹杂等质量问题（图 1）。

图 1　现场施工照片

4 长螺旋压灌桩超灌混凝土的原因分析

对施工中各个环节进行分析，分析如下：

4.1 浮浆层

长螺旋压灌桩钻孔后孔底存在淤泥无法清理干净，且在首批混凝土冲出导管底部向四周流动扩散，与孔内周边土形成一定厚度浮浆稀释层。由于用导管灌注的混凝土从下往上顶升，当导管有一定埋深时，后续灌入的混凝土在已灌入的混凝土内部流动，首灌的混凝土始终处在最上层，最终在桩顶凝固成浮浆、泥渣等混杂层。

4.2 混凝土面标高控制误差

桩顶应根据规范和设计要求超灌一定高度，但实际施工过程中人为原因超灌混凝土导致桩顶标高过高。当混凝土浇筑时未考虑桩中钢筋笼所占的空间，导致插入钢筋笼后，桩顶部超高，混凝土超灌。

4.3 桩孔出现扩孔的现象

在长螺旋钻机施工前未调整钻身的垂直度，导致前期钻孔偏移位置，后期调整过程中会导致桩孔扩大。

4.4 回填土层存在质量缺陷

现场回填材料为较差的回填素土或土中存在少量建筑垃圾未及时清出（图 2），回填过程中未掩埋压实。在钻孔施工中，建筑垃圾遇水或在钻头来回转动下掉入钻孔内，在与钻头摩擦过程中造成扩孔，致使孔径变大，混凝土用量超出设计值，超灌较多。

图 2 现场质量较差土方

5 长螺旋压灌桩超灌混凝土的控制对策

5.1 前期准备工作

在施工前应认真查看项目地质报告，分析长螺旋压灌桩在钻进过程中可能发生的问题，并制定相应预防措施。

5.2 保证桩顶标高的准确性

桩顶标高必须准确无误，只有在保证桩顶标高的前提下才能继续其他工序来保证其灌量，防止由于桩顶标高计算错误而导致桩顶超灌过量。要保证桩顶的准确性首先要确定好地坪标高，然后根据地坪标高及图纸设计标高来确定桩顶标高。

5.3　加强成孔控制

对桩机司机进行技能培训，并选择优秀及经验丰富的班组施工。施工中严格控制好垂直度。对于项目管理人员来说，应当做好地质调查工作，详细讲解给分包班组负责人。

做好充分的准备工作，保证施工场地平整。就位前应核对图纸与桩位，确保就位符合设计要求，严控放样精度，避免桩基偏位。长螺旋钻机安装时应定位准确，钻机必须铺垫平稳，确保机身平整，钻杆垂直稳定牢固，钻头对准桩位后开钻。施工时应经常检查钻机是否发生位移、钻杆的摆动弧度和倾斜度是否过大，随时注意并校正钻杆的垂直度。一旦相关参数超过允许值，应及时采取措施固定钻机、调整钻机位置、控制钻压及钻进速度等。

根据岩土工程详细勘察报告，本项目有较厚的粉砂层。长螺旋钻机在压灌上提钻机过程中，应控制好速度，慢慢上提。钻进过程中根据钻杆抖动及出渣情况判断地质情况，及时调整钻进速度等参数，避免钻杆受力过大变形，造成钻孔偏斜。

进场施工前对桩机进行检查，确保无变形老化的质量问题，并进行相关调试，将桩机系统误差减至最小。

5.4　加强基础土层的质量控制

桩机施工前清除土层中杂质，如是回填土，必须保证回填土质量。清除表面较大的建筑垃圾并降低钻机转速。

施工前也应平整场地，检查地基承载力，防止钻机在施工时发生沉降。如出现沉降应及时停钻处理，及时纠偏。

5.5　加强混凝土灌注的控制

混凝土灌注时应慢慢进行，及时检查混凝土面的标高。钻机上提时要慢，不能高出混凝土面。当混凝土灌注至设计桩顶标高 1m 左右时应用设备测量混凝土的高度，保证混凝土高度达到桩顶设计标高以上的超灌量。

5.6　提高施工人员的责任心

（1）认真进行技术交底并贯彻落实，建立考核制度，以增强施工人员的责任心和质量意识。

（2）合理组织施工人员，避免疲劳作业。

（3）质量管理人员要严格监督，对违反规范的行为一定要立即阻止并对其进行教育。

（4）严格验收程序，严格按规范施工。在长螺旋钻孔压灌混凝土桩施工的过程中，技术人员要严格遵守规范要求。在施工前，对项目的地质资料、设计图纸、施工设备进行认真分析，确保项目方案的可操作性和成本的经济性。

（5）提高管理人员的质量意识、任职素养，才能从源头上进行质量控制。

6　实际应用效果分析对比

以在建的益阳明清古巷旅游综合开发项目为例，该项目采用实际措施后与前期未采取措施时进行对比，得出以下结论：

6.1　采取措施前应用效果

由试桩可知，平均每根试桩的充盈系数达到 1.39，远高于设计要求的混凝土充盈系数。每根桩平均增加 0.82m^3 混凝土，造成了混凝土的浪费，违背了绿色施工及节能型社会的理念。

6.2 采取措施后应用效果

经过计算和统计，益阳明清古巷旅游综合开发项目新建仿古建筑基础采用长螺旋压灌桩（桩径为500mm），共1395根。

采取措施后，根据现场实际情况及设计要求对已完成的长螺旋压灌桩中随机抽取了50根桩的超灌量及充盈系数进行统计，统计结果见表1。

表1 充盈系数统计表

桩径（mm）	桩数	平均有效桩长（m）	平均超灌量（m^3）	平均充盈系数
500	50	23.7	1.02	1.22

6.3 应用经济效果

（1）节约材料费用

长螺旋压灌桩平均有效桩长为23.7m，共1395根。节约混凝土的费用见表2。

表2 相关费用

C35混凝土信息价	桩数	单桩节约造价
519.04元/m^3	1395根	$\pi\times0.25\times0.25\times23.7\times(1.39-1.22)\times519.04=130.7$(元)
节约总造价为130.7×1395=182 326.5（元）		
这些措施的应用给项目带来的直接经济效益为182 326.5元		

（2）节约工期

采取以上措施可提高工作效率，加快长螺旋压灌桩施工速度，缩短了工期25d。

7 结语

超灌混凝土这一现象影响着项目的成本及企业的经济效益，相关人员应不断提高自身素质及综合水平，采取科学的施工管理办法，防止长螺旋压灌桩超灌混凝土现象的出现。

参考文献

[1] 汤小凝．长螺旋钻孔压灌混凝土桩施工常见问题及防止措施［J］．北京：建材技术与应用，2007（7）：21.

[2] 中华人民共和国住房和城乡建设部．建筑地基处理技术规范：JGJ 79—2012［S］．北京：中国建筑工业出版社，2013.

[3] 安徽省住房和城乡建设厅．长螺旋钻孔压灌桩技术规程：DB 34/T 1787—2012：合肥：安徽省工程建设标准设计办公室，2013.

[4] 中华人民共和国住房和城乡建设部．建筑桩基技术规范：JGJ 94—2008［S］．北京：中国建筑工业出版社，2008.

论山地填方区场站工艺基础地基加固处理技术

谢明军　周楷运　樊明军

湖南省工业设备安装有限公司　长沙　410007

摘　要：针对地下水位及密实度较低的填方地基，专门设计开发了洛阳铲成孔的微型桩对地基进行加固处理技术，研究了山地填方区因地基承载力不足造成的地基不规则沉降，对山地填方区场站内工艺管道、设备基础不稳产生的对安全的影响。工程实践结果表明，该复合型地基加固处理技术有效解决了因地基沉降问题导致的使用安全，且在质量、成本等方面取得比较理想的效果。

关键词：填方地基；差异性沉降；洛阳铲桩；地基处理

随着乡村清洁能源建设工程的不断深入，山地的特殊地形和地表形态给建设工程带来诸多难题，主要表现在勘测设计不完善、施工随意性大、不考虑使用后果等。因其独特的地形需大量回填方，导致建设区域建（构）筑物的地基承载、稳固的问题，本文以巴山山脉地区的天然气场站地基处理为例，考虑到场站建设的场地局部存在回填土（约1~7m），为减少基础的差异性沉降对场站内工艺区管道焊缝及连接件的破坏，本区域采用洛阳铲微型桩、双排桩与梅花桩结合进行地基处理。

1　施工工艺

1.1　洛阳铲微型桩的优点

1.1.1　洛阳铲微型桩的布置形式

洛阳铲成孔微型桩直径一般在150~300mm，长不超过30m，布置形式有双排桩（图1）和梅花桩（图2）。

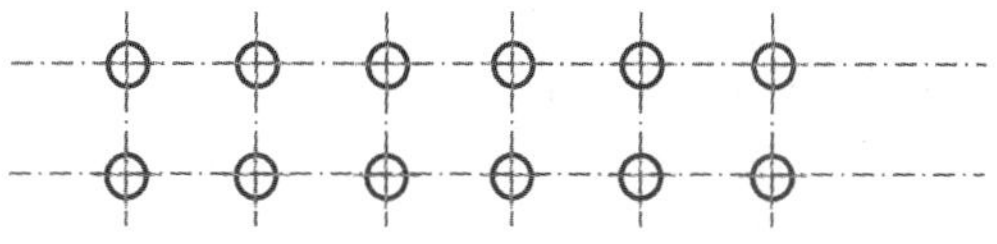

图1　双排桩布置示意图（用于地埋管廊）

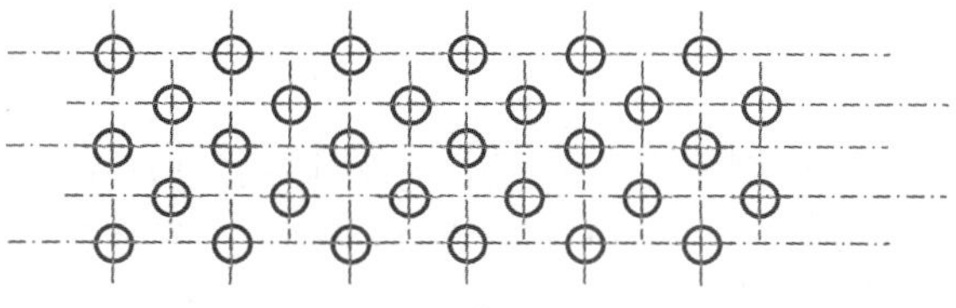

图2　梅花桩布置示意图（用于设备承台）

1.1.2　洛阳铲微型桩的优点

洛阳铲成孔微型桩地基加固与其他地基加固方式相比具有以下优点：

（1）施工临时场地占地小。

（2）施工时噪声、振动小，施工方便。

（3）压力注浆使微型桩与地基土紧密结合，加快地基土质固结。

（4）施工时桩孔的孔径小，对邻近建筑（构）物的干扰少，不影响其正常使用。

（5）桩和桩间土通过褥垫层形成复合地基。

1.2 洛阳铲微型桩的设计

在设计中首先评价建筑场地土的工程性能，选用并确定设计计算模式，确定复合地基或单桩的承载力，最后布置桩位，并绘出施工图。

1.2.1 桩径设计

根据本工程条件、结构要求、地质特征选用桩径为300mm。

1.2.2 桩长设计

对于按刚性桩理论进行设计的注浆微型桩，其桩长设计应满足单桩承载力的要求，满足进入相对较好持力层的要求。对于按复合地基理论进行设计的注浆微型桩要满足复合地基承载力的要求，但不宜将桩端置于软弱土层上，以免日后沉降偏大。

根据相关规范，黏结强度增强体复合地基的承载力特征值计算公式：

$$f_{spk}=\lambda m\frac{R_a}{A_p}+\beta(1-m)f_{sk} \tag{1}$$

式中 λ——单桩承载力发挥系数，可按地区经验取值；

m——面积置换率；

R_a——单桩竖向承载力特征值（kN）；

A_p——桩的截面面积（m^2）；

β——桩间土承载力发挥系数，可按地区经验取值；

f_{sk}——处理后桩间土的承载力特征值（kPa）。

增强体单桩竖向承载力特征值可按下式进行估算：

$$R_a=u_p\sum_{i=1}^{n}q_{si}l_{pi}+\alpha_p q_p A_p \tag{2}$$

式中 u_p——桩的周长（m）；

q_{si}——桩周第 i 层土的侧阻力特征值（kPa），可按地区经验确定；

l_{pi}——桩长范围内第 i 层土的厚度（m）；

α_p——桩端阻力发挥系数，应按地区经验取值；

q_p——桩端端阻力特征值（kPa），可按地区经验确定。

（1）对于受水平力较小的桩，可按配筋率0.40%~0.65%配筋。

（2）钢筋笼外径宜小于设计桩径40~60mm。主筋保护层的厚度不小于30mm。

（3）桩身纵筋规格为4Φ18mm，箍筋采用4Φ6.5mm、间隔200mm的形式。对软弱地基，主要承受竖向荷载时的钢筋长度不得小于1/2桩长。

（4）桩身混凝土强度等级应不小于C20。

（5）注浆压力以0.5~3.0MPa为宜，砂性土和杂填土可小于0.5MPa，若对地基承载力有较高的要求，压力可适当大些。

（6）浆液的配合比，水灰比取0.65∶1.00，外加剂可用Na_2SiO_3、FDN（减水剂）、$CaCl_2$等。对作为承重桩的微型桩，宜注水泥砂浆，配合比为水∶水泥∶砂=0.5∶1.0∶0.3（质量比），砂粒粒径不宜大于0.5mm。

（7）注浆量，取充盈比 K 为1.5~2.0，砂性土和杂填土取高值，黏性土取低值。桩径300mm时，注浆量可取75kg/m。

1.3 洛阳铲微型桩的施工

1.3.1　洛阳铲微型桩施工工序

1.3.2　定位和校正垂直度

桩位偏差应控制在 20mm 以内，桩的垂直度偏差应不超过 1%。

1.3.3　成孔

孔口定位预检合格后开机（洛阳铲）操作，利用卷扬机提升洛阳铲，闭合抓至地面卸土，依次循环成孔。洛阳铲成桩如图 3 所示。

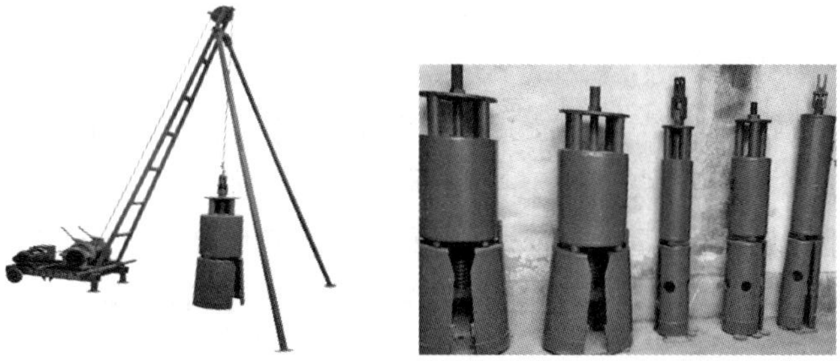

图 3　洛阳铲打桩机（适合不同孔径的洛阳铲）

钻机开始时，先慢后快，这样既能减少洛阳铲头摇晃，又容易检查钻孔的偏差，以便及时纠正。在成孔过程中，如发现钢丝绳摇晃过大或难钻时，应放慢进尺，否则容易导致桩孔偏斜、位移，当钻头达到岩层时，停止钻进工作立即进行清孔。洛阳铲微型桩成桩断面见图 4。

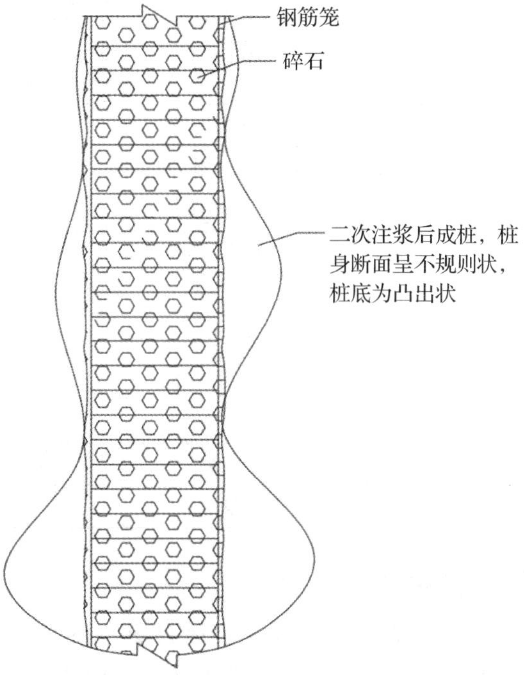

图 4　洛阳铲微型桩成桩断面图

1.3.4　吊放钢筋笼和注浆管

钢筋笼宜整根吊放，因为钻孔暴露时间越长就越容易造成塌孔和缩径。当受到净空和起吊设备限制时可分步吊放钢筋笼，钢筋搭接焊长度双面焊不小于 5 倍钢筋直径，单面焊不小于 10 倍钢筋直径。预留钢筋段长度不小于 35 倍纵筋直径。注浆管可采用直径 20mm 铁管，直插孔底。施工时应尽量缩短吊放和焊接时间。

1.3.5　填灌碎石

碎石粒径宜在 10～25mm 范围内，并用水冲洗后计量填放，填入量应不小于计算体积的 0.9 倍。在填灌过程中应始终利用注浆管注水清孔，并不断摇晃和锤击钢筋笼，以防止碎石架桥和泥土沉积孔口，当填入量过少时，应分析原因，采取相应的措施。

1.3.6 注浆

桩身注浆采用碎石填灌，注浆浆体采用水泥浆。

采用二次注浆时，泵的最大工作压力不应低于 4MPa。待第一次注浆的浆液初凝时方可进行第二次注浆，浆液的初凝时间根据水泥品种和外加剂掺量确定，可控制在 45~60min 范围内。第二次注浆压力宜为 2~4MPa。注浆施工时应采用间隔施工、间歇施工或增加速凝剂掺量等措施，以防止出现相邻桩冒浆和窜孔现象。

1.3.7 拔注浆管、移位

拔管后按质检要求在顶部取混凝土制成试块，拔管后立即在桩顶填充碎石，并在 1~2m 范围内补充注浆。

1.4 质量检验

（1）施工过程中做好现场验收记录，包括钢筋笼制作、成孔和注浆等各项工序指标。

（2）每 3~6 根桩做一组试块，测定抗压强度，桩身强度应符合设计要求。

（3）对承受垂直荷载的微型桩，应采用荷载试验检验桩的竖向承载力，有经验时也可采用动测法检验桩身质量，两者均应符合设计要求。在施工管道基础之前，应检验桩位桩数和桩头强度。

（4）复合地基质量检验标准参照表 1。

表 1 复合地基质量检验标准

项目	序号	检查项目	允许值或允许偏差		检查方法
			单位	数值	
主控项目	1	复合地基承载力	不小于设计值		静载试验
	2	单桩承载力	不小于设计值		静载试验
	3	水泥用量	不小于设计值		查看流量表
	4	桩身强度	不小于设计值		28d 试块强度或钻芯法
一般项目	1	水灰比	设计值		实际用水量与水泥质量比
	2	钻孔位置	mm	≤50	用钢尺量
	3	钻孔垂直度	≤1/100		经纬仪测钻杆
	4	桩位	mm	≤0.2D	开挖后桩顶下 500mm 处用钢卷尺量
	5	桩径	mm	≥-50	用钢尺量
	6	注浆压力	设计值		查看压力表

2 施工中注意事项

（1）洛阳铲挖孔是靠铲体自重下落时的重力使铲体入土，但由于铲体下落时易受到钢丝绳抖动时张拉的影响，造成孔直径不均匀（上部易扩孔、下部易缩孔），因此施工时必须注意保持钢丝绳的松紧一致，使铲体能够自由下落。

（2）钢筋笼一般需进入老土层 0.5m，建议钢筋笼进入持力层土 0.5m，确保桩身偏位所产生的水平力不致将桩身剪断。钢筋笼长如果超过 6m，应焊 2~3 个 2Φ12 的加劲箍，防止安装时钢筋笼变形。

（3）洛阳铲挖孔应避免雨期施工，粉质黏土在地表水渗入后往往容易塌孔、缩径，影响成桩质量。因此施工期间需时刻关注气象，合理安排施工计划。

3　结语

采用本文所构思的洛阳铲成孔的微型桩对地基进行加固，既能有效地解决地下水位及密实度较低的填方地基整体沉降问题，又能有效解决因地基沉降差造成工艺管道、设备法兰连接及焊缝被动应力产生，从而大大降低了因地基沉降差带来的质量、安全风险隐患。对在地下水位及密实度较低的填方地基条件下工艺管道设备安装施工起到推广和辅助作用。

参考文献

[1]　王珮文，肖绪文．建筑施工手册［M］．北京：中国建筑工业出版社，2011.
[2]　中华人民共和国住房和城乡建设部．建筑地基处理技术规范：JGJ 79—2012［S］．北京：中国建筑工业出版社，2012.
[3]　张丽．洛阳铲配合人工挖孔灌注桩技术在地基处理中的应用［J］．建筑技术开发，2011，38（6）：61.

第3篇

绿色建造与BIM技术

严寒地区基于大跨度网架的双重保温屋面施工技术

钟凌宇　蔡　敏　王曾光　刘筱钰

湖南建工集团有限公司　长沙　410000

摘　要：针对严寒地区屋面保温节能要求高、工艺复杂、施工期短等实际情况，结合笔者多年工程技术管理工作实践，创新运用了基于大跨度网架的钢边框轻型板自保温+XPS 保温板双重保温屋面施工技术，通过大跨度空间网架上弦杆球节点上焊接支托，将工厂预制的自保温钢边框轻型板吊装到网架上拼装，承托在支托上，拼接缝内填塞发泡聚乙烯棒，填充水泥珍珠岩保温砂浆抹平，在板面上铺设 XPS 保温板达到双重保温效果，具有跨度大、自重轻、节能保温、防水防结露效果好等优点，通过工程实践证明此技术在严寒地区具有广泛的推广和应用价值。

关键词：严寒地区；大跨度；钢网架；保温防水屋面

1　工程概况

我国北方地区纬度高、寒冷期长，冬季室外气温达到-30℃以下，建筑物的节能保温、防结露、防水要求高，内蒙古某综合楼项目，建筑面积 50773m^2，建安造价 28718 万元，会议室为大跨度屋面，在施工过程中根据设计图纸结合当地气候条件进行优化和完善，会议室采用大跨度网架+钢边框轻型板双重保温防水屋面。钢边框轻型板提前深化设计，在工厂预制，现场安装速度快，有利于后续工艺推进，钢边框轻型板自保温与 XPS 保温板的双重保温，后期运营期间保温效果好，达到了降低施工成本、加快施工进度、节能环保的要求。

2　工艺原理

大跨度网架上弦杆球节点上焊接支托，将工厂预制的自保温钢边框轻型板吊装到网架上拼装，承托在支托上，钢边框轻型板拼接缝内先填塞发泡聚乙烯棒，再填充水泥珍珠岩保温砂浆抹平，在板面上铺设 XPS 保温板达到双重保温效果，进行找平、防水及保护层施工后形成具有跨度大、自重轻、节能保温、防水防结露效果好的屋面体系。

3　施工工艺流程及操作要点

3.1　施工工艺流程

深化设计→加工制作及运输→吊装拼接钢边框轻型板→落水口细部处理→拼接缝填充→铺设 XPS 保温板→找平层施工→铺设防水卷材→隔离层施工→保护层施工。

3.2　操作要点

3.2.1　深化设计

根据设计院提供的施工图纸（图 1），结合现场实际情况，在屋面施工方案确定之前，编制屋面深化设计文件。主要包括：深化设计依据文件与引用标准，现场实际情况和编制说明，钢边框轻型板布置方案，钢边框轻型板的排板设计，确定轻质板的尺寸，包括支托的安装位置，并进行分区编号，根据钢边框轻型板规格大小提供结构计算说明书和吊点计算书。

3.2.2　加工制作及运输

根据深化设计文件，将钢边框轻型板的排板设计发至工厂，依据图纸进行加工制作和养护，按施工进度计划运送到现场，运送到现场的板材质量应达标并具有合格证明文件。

当芯材强度达到设计强度的80%时方可进行运输、吊装，装车运输时，车内应设垫木，钢边框轻型板应码放平整、捆绑牢固，装车时板的悬挑长度不得超过板长的1/6。

3.2.3　吊装拼接钢边框轻型板

按制作编号安装支托，按设计要求调节高度，纵向分水坡度不小于0.5%。支托与网架螺栓球节点采用焊接连接，要求焊缝饱满，无裂纹、弧坑缩孔、焊瘤、气孔，焊缝采用防锈漆涂刷。

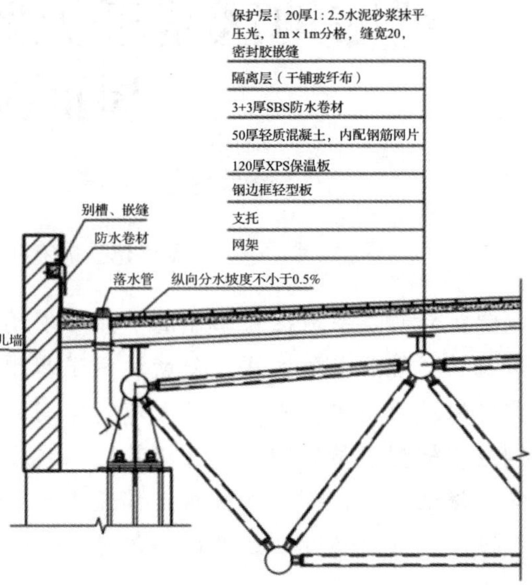

图1　屋面构造详图

钢边框轻型板吊装前对钢网架主体结构进行测量复尺，最大偏差应符合现行施工质量验收规范的要求；对已有预埋件进行复尺，预埋件中心位置偏差不大于10mm。

单块钢边框轻型板采用四点吊装，平稳起吊，吊点位置以厂家预埋件为准，根据编号就位。由专人负责指挥，地面指挥1人，屋面指挥1人，与起吊司机协同配合（图2）。吊到指定位置后，轻轻落下并进行微调，与周边已就位轻型板进行平整度、坡度与板缝尺寸复核，缝宽宜≤20mm。搁置在支座上的长度不得小于50mm。

复核完成后逐一固定施工，钢边框轻型板四个角对应安放在相邻4个支托上焊接固定，焊缝长度不小于40mm，焊脚尺寸为3mm，并应保证三点焊接，对有抗震要求的应按钢骨架轻型板（19CJ20/19CG12）图集整体连接节点做法进行加强（图3）。

图2　钢边框轻型板吊装

图3　钢边框轻型板安装效果

安装就位的钢边框轻型板不能直接作为土建施工作业面，若在板上堆放及运输材料，应采取保护措施，板上堆重及施工荷载不得超过板允许外加均布荷载标准值，且不得集中堆放。

3.2.4　落水口细部处理

根据设计图尺寸，对落水口位置进行测量放样，标出落水口中心点位置；根据落水管设计尺寸，选用合适的开孔机具进行钻孔，用钢锯条对孔壁进行拉毛处理，当洞口尺寸大于200mm时，应在工厂预制板时进行预留；安放落水管并进行临时固定，缝隙内填充微膨胀防水砂浆。

3.2.5　拼接缝填充

板与板的拼接缝底部，设置两根ϕ6mm通长钢筋，分别与钢边框间隔焊接固定，通长钢筋提前在工厂进行焊接，与钢边框同时进行防锈处理（图4）；拼接接缝处，嵌入直径20mm发泡聚乙烯棒，压入拼接缝下端，落在底部通长钢筋上（图5）；采用1∶8水泥珍珠岩保温砂浆填充拼接缝，抹平、压实，板缝应均匀，水泥砂浆表面与钢边框轻型板表面齐平；拼接缝表面涂刷1mm厚水泥基复合抗渗涂层。

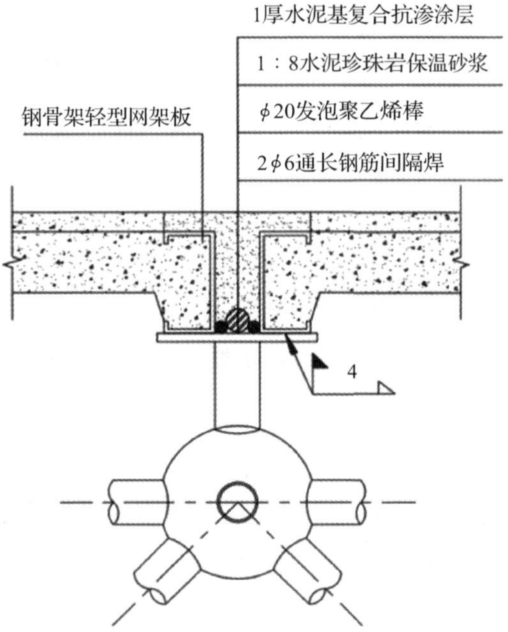

图4　板缝处理示意图

3.2.6　铺设XPS保温板

钢边框轻型板拼装、填缝及细部处理完成后，在板面铺装120mm厚XPS保温板，按照深化设计方案规律排布，板缝不大于3mm（图6）。

图5　压入发泡聚乙烯棒

图6　保温板铺设

3.2.7　浇筑找平层

找平层为50mm厚轻骨料混凝土，内设直径3mm钢筋网片，浇筑时，从一端往另一端平稳推进，并进行振捣、抹面，待初凝后进行二次抹面，及时覆盖养护不少于7d。

3.2.8　铺设防水卷材

在找平层与女儿墙、落水管交接位置做 50mm×50mm 水泥砂浆倒角，找平层达到设计强度且完全干透，基层满足防水卷材施工条件后，进行防水施工。防水采用 3+3 厚 SBS 防水卷材，热熔铺贴，屋面坡度小于 3%时，卷材宜平行屋脊铺贴，卷材短边搭接宽度不小于 150mm，长边搭接宽度不小于 100mm，接缝部位必须溢出沥青热溶胶，并应随即刮缝使接缝黏结严密；铺贴后的卷材应平整、顺直，搭接尺寸正确，不得扭曲，卷材在女儿墙内侧上翻压入槽内固定、嵌缝。

3.2.9　隔离层施工

隔离层采用干铺玻纤布一道，大面积铺贴用 120D 型，不规则部位用 100 型，短边搭接宽度不得小于 70mm，长边搭接宽度不得小于 50mm，屋面坡度小于 15%时平行屋脊铺设。

3.2.10　保护层施工

保护层采用 20mm 厚 1∶2.5 水泥砂浆抹平压光，设置 1m×1m 分格缝，缝宽 20mm，用密封胶嵌缝处理。

4　主要材料及机具设备

主要材料见表 1；主要机具设备见表 2。

表 1　主要材料

序号	材料名称	规格、型号
1	钢边框轻型板	2400mm×2100mm×100mm
2	XPS 保温板	厚度 120mm
3	SBS 防水卷材	厚度 3mm
4	钢筋网片	直径 3mm
5	水泥珍珠岩保温砂浆	配比 1∶8
6	发泡聚乙烯棒	直径 20mm
7	轻骨料混凝土	LC5.0
8	水泥砂浆	配比 1∶2.5
9	网格玻纤布	120D、100D

表 2　主要机具设备表

序号	名称	规格型号
1	平板车	MPC-25
2	塔式起重机	QTZ63
3	直流电焊机	ZX7-500-7
4	手电钻	450W
5	手拉葫芦	3/5T
6	全站仪	徕卡 TS30
7	钢卷尺	5m
8	水准仪	DSZ2

5　效益分析

与一般混凝土楼板比较，使用钢边框轻型屋面板每 100m^2 大约可节省钢材 2900kg、混凝土 10m^3、模板支设 100m^2，节省施工措施费用 42%，人工费节省 50%。本项目按 700m^2 计算，直接经济效益：245000－161000（轻型板成本）= 84000 元；间接经济效益：屋面在冬休前实现室内供暖，节省冬休期间管理人员工资、财务成本、材料设备租赁费、房租等费用 185 万元；工期方面：没有现浇、养护、强度增长时间，节省工期至少 30d。

钢边框轻型屋面板通过钢框与钢结构网架支托焊接连接为一体，安装操作简单，大大减少了人为因素对质量的影响。能够加快施工现场进度，早日实现封闭供暖，充分利用冬季几个月的时间进行室内作业，能够提前几个月时间竣工交付，对于医院、学校等建设项目意义重大。

钢边框轻型板自身质量轻且保温性能优良，加上 XPS 保温板的双重作用，有效地控制了室内热量散失，对能源节约有重要意义。钢边框轻型板在工厂内提前加工，现场拼装，大大减少了现场的建筑垃圾和废水产生，绿色环保。

6　结语

本项目采用的双重保温屋面施工技术主要适用于大跨度网架结构双重保温防水屋面的施工，如会议室、展厅等大跨度屋面。通过总结分析可知，该技术有如下几个特点：

（1）本施工技术选用的轻型板为预制板，表观密度为 860kg/m^3，立方体强度大于 7.5MPa，可根据工程概况实际需要在工厂定制生产，工业化生产质量有保证；可明显节约钢材、混凝土用量，大大降低了施工措施费用，缩短了施工周期，综合经济效益明显。

（2）钢边框轻型板具有轻质、保温、隔热等功能，加上 XPS 保温板的双重保温作用，冬季室内热损失小，保温、节能效果显著，且避免结露。

（3）此技术保温板拼接缝采用防水砂浆填充密实，表层设置水泥基复合抗渗涂层，屋面铺设双层 SBS 防水卷材，防水性能显著。

参考文献

[1]　湖南建工集团有限公司．一种基于网架的保温防水屋面结构：中国，CN216276396U［P］．2022-04-12.

[2]　樊裕华，李伟杰．高层建筑水泥灰-膨胀蛭石混合料保温隔热屋面施工技术分析［J］．河南科技，2021，40（26）：115-117.

[3]　马黎黎．屋面变形缝防水保温施工技术［R］．黑龙江省黑建一建筑工程有限责任公司，2021-02-28.

[4]　吴昊．一种新型装配式轻钢屋面施工技术［R］．广州一建建设集团有限公司，2020-08-15.

[5]　丁宇．大型金属屋面紧密型防水保温系统施工技术［J］．建筑施工，2018，40（09）：1598-1599，1602.

混凝土施工缝射水冲毛施工技术研究与应用

刘筱钰　杨　柳　曾庆国

湖南建工集团有限公司　长沙　410000

摘　要：在现代工程建设中，大多数的建筑物或构筑物都离不开混凝土。因设计要求或施工需要分段浇筑，而在先后浇筑的混凝土之间必将形成施工缝。施工缝的留设方式、施工缝的质量、位置直接影响整个建筑结构的质量与安全，因此必须严格控制施工缝的质量。本文旨在介绍一种射水冲毛施工技术，在施工缝混凝土处喷洒表面缓凝剂溶液，延长混凝土表层浮浆的终凝时间，采用高压水流冲毛施工缝，剔除成型混凝土表面浮浆，使其形成石子均匀外露、表面粗糙的二次结合面。具有施工速度快、操作简单、成型效果好、成本低等优点，具有重要的工程实践应用价值。

关键词：混凝土；射水；施工缝

1　工程概况

湖南某综合公共性建筑，地下一层，地上五层，建筑面积为 32079.15m^2，其中地下室面积为 10697.95m^2，建筑总高度为 28.05m，框架结构。根据施工设计分段方案，在施工过程中存在较多水平施工缝，公共建筑钢筋含量高，插筋众多且密集，地下室外墙及水池墙体处有止水钢板。为使施工缝位置上下层混凝土紧密结合，需将其表面浮浆剔除形成毛面，传统的施工缝处理方式工效较低，且容易损伤邻近的成品保护件。为此研究出一种射水冲毛施工技术，混凝土初凝期，通过在施工缝混凝土处喷洒表面缓凝剂溶液，延长混凝土表层浮浆的终凝时间，采用高压水流冲毛施工缝的方式，剔除成型混凝土表面浮浆，使其形成石子均匀外露、表面粗糙的二次结合面，具有施工速度快、操作简单、成型效果好、成本低等优点，具有重要的工程应用推广价值（图 1）。

图 1　应用效果图

2　工艺原理

射水冲毛施工技术在需处理的施工缝区域，混凝土初凝期喷洒表面缓凝剂溶液，延长混凝土表层浮浆的终凝时间，利用初凝期混凝土强度低的特点，使高压水流冲刷掉表层 10~20mm 浮浆，达到石子均匀外露、表面粗糙的二次结合面（图 2）。

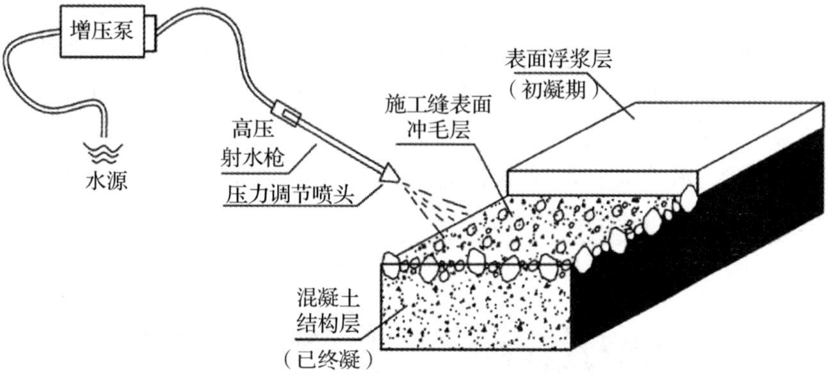

图 2　缓凝冲毛原理示意图

3　工艺流程及操作要点

3.1　工艺流程

施工准备→混凝土浇筑→施工缝边界覆盖薄膜隔离层→表面缓凝剂的选用与喷涂→冲毛设备及管线连接安装→高压射水冲毛→混凝土养护与清理。

3.2　操作要点

3.2.1　施工准备

冲毛作业开始前，清除作业面上杂物。在冲毛作业前进行施工次序和时间规划，进行水电管线的布设和测试。然后将水管与冲毛机上的进水口连接，并注意清除接口及滤网上的杂物。正式作业前进行试验性冲毛作业，并根据冲毛效果确定冲毛开始时间及水压。

3.2.2　混凝土浇筑及覆盖薄膜隔离层

混凝土浇筑按规范施工，需确保振捣密实。对于施工缝边界无模板隔离的区域，需在混凝土浇筑后，同步覆盖塑料薄膜层（图 3），以便混凝土养护及隔离表面缓凝剂。若为两侧带模板的混凝土导墙，或全表面均为施工缝，则无须覆盖塑料薄膜层。

图 3　同步覆盖塑料薄膜层

3. 2. 3　表面缓凝剂的选用与喷涂

表面缓凝剂用于混凝土表面骨料外露处理及建筑物接头处理、末端的处理或连续施工时的处理。本技术采用成品“混凝土表面缓凝剂”，涂刷时间为混凝土浇筑后 1～2h 内（初凝前），每 1kg 缓凝剂喷涂混凝土表面 10～15m^2。选用的缓凝剂对混凝土表面的刻蚀深度以 5～10mm 为宜。缓凝剂的喷涂原则为混凝土先浇先喷、后浇后喷，施工缝处喷洒一遍即可。

3. 2. 4　冲毛设备及管线连接安装

冲毛机由增压泵、水枪喷头及导管组成，有高压气水混合型及高压水型两种。施工缝面积较小时（≤300m^2），施工现场排水畅通，选用高压水型；施工缝面积较大时（>300m^2），如大面积筏基分层浇筑，选用高压气水混合型，以减少用水量。冲毛设备组装件见图 4。

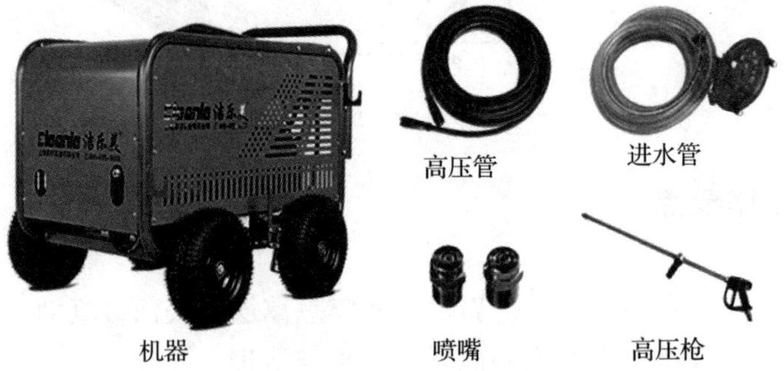

图 4　冲毛设备组装件

3. 2. 5　高压射水冲毛

掺加混凝土表面缓凝剂的施工缝，可在 10～24h 内冲毛。一般在混凝土强度达到 2. 5MP 之后进行，且冲毛压强与混凝土强度之比控制在 2. 0 左右。冲毛前需规划好排水路线，宽度较小的止水导墙，延模板长度方向可由一端向另一端进行。大面积的筏基板，可采用 20cm×10cm 方木嵌槽，槽深 30mm 左右，方木用 12 号铁丝绑在表层钢筋上，下垫混凝土块或短钢筋，冲毛作业完毕后取出方木。进行试验性冲毛作业时，可在现场制作的同条件试块进行试冲，并根据冲毛效果确定冲毛开始时间及水压。

正式冲毛作业要点：

（1）冲毛作业开始时，先使用 0. 1MPa 冲毛压力，再根据实际冲毛效果调节至合适的冲毛压力。用 0. 1～0. 25MPa 高压水冲刷混凝土表面，形成毛面，对龄期稍长的可用压力更高的水。

（2）冲毛枪与地面的夹角以 35°～45°为宜，喷嘴距离混凝土面 10～30cm。冲毛作业时，喷嘴宜螺旋式运动。

（3）当水泥浆乳皮较厚或强度较高时，可采用扇形喷嘴，对乳皮进行切割、分解，再采用旋转喷嘴进行冲毛，以取得较高的工作效率；水泥浆乳皮较薄或强度较低时，可直接采用旋转喷嘴进行冲毛。

（4）进行冲毛作业时，将附着在钢筋、埋件、模板上的水泥浆一并冲洗干净。冲毛作业时须注意对混凝土边角、止水等的保护，必要时可减小压力或用木板、其他材料进行包角或覆盖防护（图 5）。对于冲毛较难的部位，如钢筋密集的地方、钢筋与模板之间的保护层等处，要进行多角度冲毛，以确保冲毛效果（图 6）。

图5　施工现场正式冲毛

图6　正式冲毛后效果良好

（5）冲毛标准。清除缝面上所有浮浆、松散物料及污染体，以微露出粗砂或小石、没有乳皮为准，并不得将粗骨料冲出。

3.2.6　混凝土养护与清理

混凝土浇筑后，12h以内应进行养护。冲毛水可作为混凝土表面养护用水，多余泥浆水通过导流措施流入三级沉淀池，循环再利用。

4　材料与设备

主要材料与设备参数见表1。

表1　材料与设备参数表

材料/工具名称	型号规格	性能参数/材质
混凝土表面缓凝剂	成品（WH-15G）	刻蚀深度10mm
增压泵	DL-3	50kW，21L/min
高压水管	DN16	20MP
冲毛枪	高压水枪/DL-3	35MP
塑料薄膜	0.2mm	PE
木方隔板	50mm×70mm	松木
工业吸尘器	60L桶式	1.4kW
排水导管	DN100	PVC

5　效益分析

本技术与同类施工缝处理相比，属于湿法作业，工程进度快、干扰因素少、成型质量好。对需处理的施工缝作业面可做到全覆盖，不受插筋密度或死角的影响，避免了人工凿毛不到位的隐患，并且可避免对钢筋、止水钢板、预应力管道等预埋件的损坏。水压稳定可调控，经处理的施工缝可形成较好的粗糙面，有利于下阶段混凝土与其紧密结合，提高了混凝土结构的整体质量。通过对比分析，本技术每100m^{2}施工缝处理的直接综合费单价为690元，相对于采用人工风镐凿毛处理，明显降低了施工成本；同时冲毛设备比风镐运行稳定，时间短，周转次数多，明显降低了后期设备维护费用。施工缝处理直接费用见表2。

表 2　施工缝处理直接费用分析表　　元/100m²

项目	人工费	材料费	机械费	直接费综合单价	备注（工效）
人工风镐凿毛	875	100	240	1215	$40m^2$/工日，350 元/工日
高压射水冲毛	140	400	150	690	$200m^2$/工日，280 元/工日

6　结语

本项目采用的射水冲毛施工技术主要适用于工程建设中的混凝土施工缝处理，特别是插筋密集区域、施工缝面积较大区域以及有成品保护需求的止水钢板、预应力管道或其他精密预埋件区域的混凝土施工缝处理。通过实际推广应用后分析可知，该技术有如下几个特点：

（1）施工工艺易操作，作业速度快，工效相对传统作业提升 5 倍以上，能大幅度地缩短工期；花费的人工、机械均较少，作业速度快、造价低，能较大地提升经济效益。

（2）本施工技术不受插筋密度或死角的影响，可避免人工凿毛不到位的隐患；作业后施工面粗糙，石子均匀外露无松动，能有效提升施工缝质量；可避免对钢筋、止水钢板、预应力管道等预埋件的损坏，成品保护效果好；相对于传统机械凿毛，施工速度更快、质量更好。

（3）本施工技术采用湿法作业，避免了机械振动伤害，降低了安全风险，满足绿色施工要求。

参考文献

［1］ 陈晓虎．混凝土施工缝冲毛技术探讨［J］．广东土木与建筑，2021，28（01）：70-72.

［2］ 侯献云．混凝土桥面铺装冲毛技术的研究应用［J］．内蒙古公路与运输，2007（04）：22-24.

［3］ 张社歧，焦卫宁，李泉，等．基于图像处理的混凝土施工缝冲毛效果研究［J］．建筑机械，2022（04）：52-55，4.

［4］ 陈志龙，朱丹，刘昆．现浇钢筋混凝土施工缝免剔凿施工技术［J］．建筑施工，2017，39（04）：487-488，494.

［5］ 王洪木．高压水射流处理混凝土施工缝的施工工艺研究［J］．重庆建筑，2015，14（02）：45-46.

超高层装配式预制外墙板安装施工技术

王曾光　刘筱钰　钟凌宇　蔡　敏

湖南建工集团有限公司　长沙　410008

摘　要：在装配式建筑中，常因预制外墙板的安装不达标，对其质量造成一定的影响。本文针对某超高层项目预制外墙板安装要点进行了分析总结，以保证外墙板安装的位置、标高、垂直度的精度。通过应用实践证明，采用装配式预制外墙板安装施工技术，操作简便，质量可靠，减少了现场湿作业，同时具有建造速度快，经济效益、环保效益显著的优点，对类似工程施工具有一定的指导意义。

关键词：超高层；装配式；预制外墙板

1　前言

装配式建筑是一种以设计标准化、构件部品化、施工机械化、管理信息化为特征，整合设计、生产、施工、运营和维护全产业链，实现建筑产品节能、环保、全生命周期价值最大化的可持续发展的新型建筑形式。能有效地解决建筑行业劳动力不足，提高施工效率、缩短工期、减少材料的浪费、提升工程质量和性能，是建筑行业发展的必然趋势。深圳某超高层住宅项目，采用装配式模式建设，装配式预制外墙板的施工技术解决了预制外墙板与现浇结构的连接难题，并保证外墙板安装的位置、标高、垂直度等满足要求。

2　工艺原理

项目在设计之初就充分考虑工业化全过程设计理念，设计全过程遵循装配式建筑原则，建筑平面规整，立面开洞统一，避免外墙构件复杂，标准开间采用模数化设计。结合建筑物特点，将建筑物外墙拆分为一定规格的构件在工厂进行预制生产、养护，根据施工进度运输至现场，采用塔式起重机垂直运输、水平移动，人工配合就位安装和内侧斜支撑进行临时固定。

预制外墙板与主体采用外挂式连接，上、下两层预制墙板通过高强螺栓调节标高，填塞PE棒，外侧通过螺栓连接件进行连接。预制外挂墙板四周与现浇主体结构相接部位均采用“人工水洗面”，以保证现浇混凝土与预制墙板混凝土的整体性，预制外挂墙板下部预留筋与主体楼板边梁预埋钢筋连接，上部预留钢筋与上反梁钢筋连接，两侧预埋一定数量的螺栓孔，预制墙板安装就位后，拧入螺栓与现浇墙柱钢筋连接。钢筋验收合格后，墙柱和边梁部位同上层楼板一起装模，墙柱和上层楼板混凝土浇筑后形成整体。

3　施工工艺流程及操作要点

3.1　施工工艺流程

测量定位→调整基准面标高→吊装准备→预制外墙板吊装→斜支撑加固→复核→拆除吊具→钢筋绑扎→模板安装→混凝土浇筑、养护。

3.2　操作要点

3.2.1　测量定位

预制外墙板控制线依次由轴线控制网引出，以控制轴线为基准在楼板上弹出预制外墙板进出控制线（轴线内翻 300mm）、每块预制外墙板水平位置控制线以及安装检测控制线。

预制外墙板安装后楼面安装控制线应与预制外墙板上安装控制线吻合。

3.2.2　调整基准面标高

在下层已安装的预制外墙板顶部拧入 M20 螺栓，用激光扫平仪调整螺栓高出楼面约 20mm，务必保证螺栓水平（图 1）。

图 1　标高调节

3.2.3　吊装准备

构件必须根据吊装顺序装车后进场，并根据构件吊装方式装货，避免现场转运和查找。

构件进场后根据构件编号和吊装计划的吊装序号在构件上标出序号，并在图纸上标出序号位置，这样可直观显示出构件位置，便于吊装工和指挥操作，减少误吊率（图 2）。

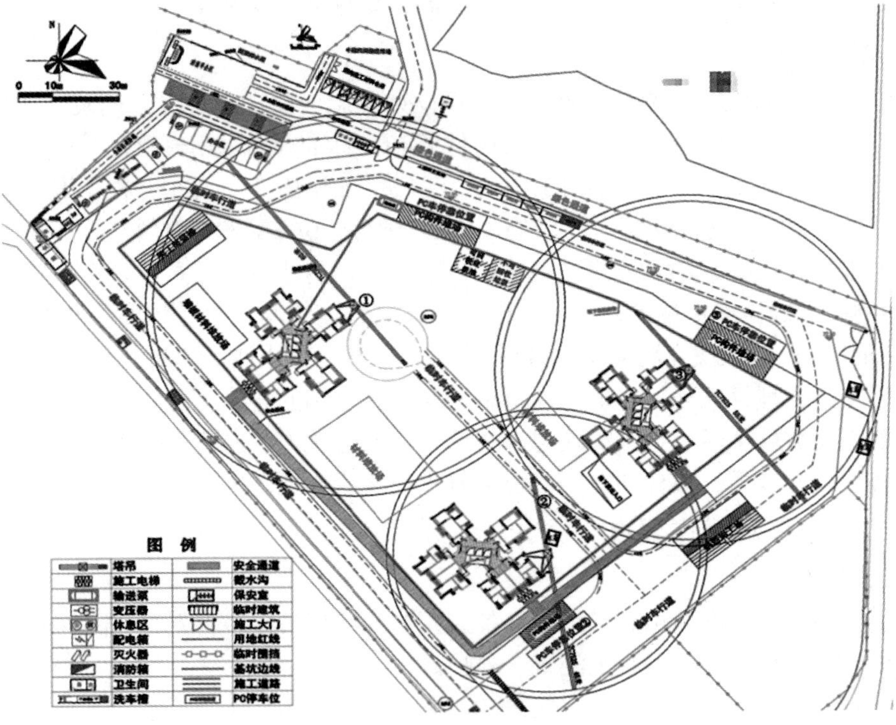

图 2　吊装区域划分

所有构件吊装前必须在相关构件上将各个截面的控制线提前放好，可节省吊装、调整时间并利于质量控制。

塔式起重机能力计算。1 号塔式起重机工作范围内最不利吊装构件为 1 栋 A 座塔楼的 B1-Q1，距离塔身中心 40m；最远起吊构件为 34m，质量为 4. 632t，吊具质量 0. 5t。根据塔式起重机参数，选用 TC7525-16D，起重臂 60m，在 34m 的距离采用两倍率绳能起吊 7. 30t，大于 5. 132t（4. 632t+0. 5t）；预制构件堆场、起吊点、最远端构件在塔式起重机范围内，故此型号塔式起重机能满足吊运要求（图 3）。

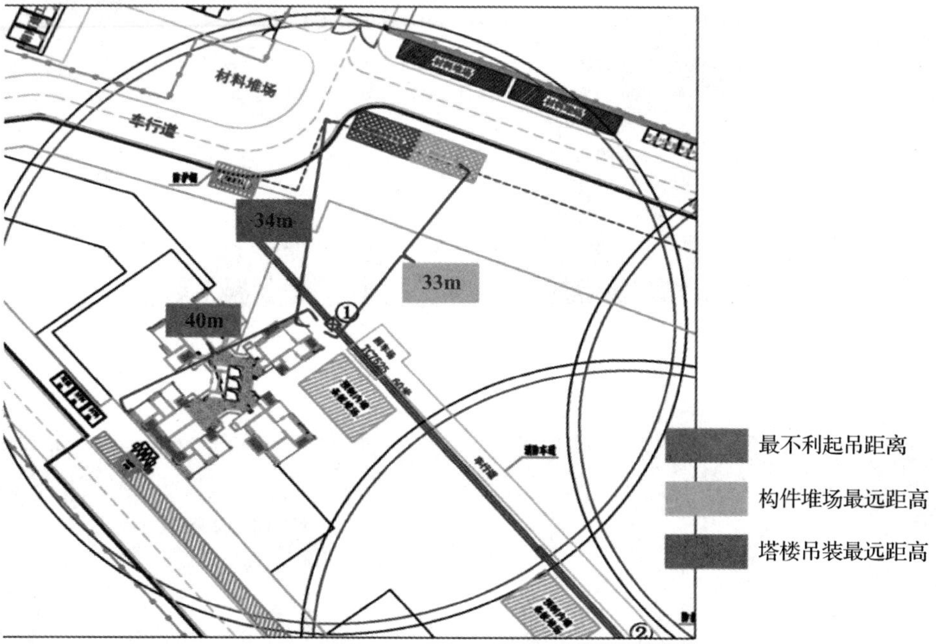

图 3　起吊分析图

群塔作业防碰撞分析。各塔机工作幅度范围内的高低部件最小高差满足《建筑施工塔式起重机安装、使用、拆卸安全技术规程》(JGJ 196—2010) 第 2. 0. 14-2 条款的不得小于 2m 的规定。塔式起重机的初始安装平面和立面位置关系见表 1。

表 1　塔式起重机的初始安装平面和立面位置关系

塔式起重机编号	相邻交叉塔式起重机	中心距（m）	塔式起重机初装高低部件最小高差（m）	初装高度（m）	最大独立高度（m）
1	2、3	84. 1、92. 2	10	42. 5	54
2	1、3	84. 1、105. 1	7. 5	52. 5	54
3	1、2	92. 2、105. 1、91. 6	7. 5	60	61. 5

3. 2. 4　预制墙板吊装（图 4~图 8）

吊装采用横梁方式起吊，使构件上吊点垂直受力。严禁在横梁和构件间采用三角方式吊装。预制外墙板根据施工进度计划和编号进入施工现场后，根据吊装顺序将吊具安装在预制外墙板预留的吊环位置。外墙构件上吊点高低不同的，低处吊点采用手拉葫芦进行拉接，起吊后调平，落位时采用手拉葫芦调整标高。

吊具安装好后，预制外墙板吊离运输车 200~300mm，进行试吊检验，确认安全后方可继续起吊。预制外墙板安全、匀速吊运即将到位前（离楼面 1m 处），由工人先将连接件装在下层外墙板上，外墙板缓慢落下，调整吊装到位，拧入上部外墙板连接件的螺栓，吊具保持受力状态。

预制外墙板落位后进行水平位置、平整度、垂直度校核后，上、下两层预制外墙板之间塞好 PE 棒，防止漏浆。

图 4　垂直吊运

图 5　水平吊运

图 6　人工配合安装（1）

图 7　人工配合安装（2）

图 8　临时连接调节件示意图

3.2.5　斜支撑加固

每块预制外墙板在内侧安装 2 套拉撑系统，拉撑系统由钢管斜支撑和钢丝绳组成。斜支撑一端支撑在现浇楼板预埋件上，支撑杆与预埋件为带丝杆的连接装置，起到支撑和“拉结”作用，支撑杆另一端与预制外墙板上部采用专用螺栓进行固定。钢丝绳一端与现浇楼板预埋件相连，一端与预制外墙板上部相连，采用花篮紧固（图9、图10）。

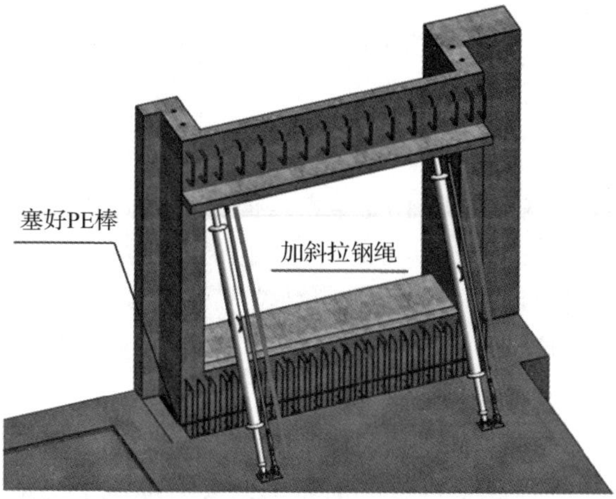

图9　斜支撑效果图

图10　斜支撑实景图

3.2.6　复核

支撑加固后，对预制墙板水平位置、水平度、垂直度进行复核，如有误差，根据要求进行调整。

3.2.7　吊具拆除

预制外墙板安装就位、固定，经复核无误后，方可拆除吊具。

3.2.8　钢筋绑扎

预制外墙板下部预留钢筋与楼板边梁钢筋进行绑扎，如预留钢筋之间间距不均，采用撬棍进行微调，根据设计放置纵向钢筋后进行边梁钢筋绑扎（图11）。

预制外墙板上部预留钢筋与反梁箍筋绑扎，反梁箍筋一半浇筑在上层楼板内，一半为上层边梁预埋钢筋。

预制外墙板两侧的螺栓孔拧入丝杆构造筋，与侧墙钢筋绑扎。预制外墙板与主体连接处的竖向钢筋在绑扎及浇筑混凝土过程中应采用限位器定位，确保钢筋定位精度（图12）。

图11　钢筋绑扎

图12　侧边构造筋

3.2.9　模板安装

预制外墙板与现浇混凝土连接处外侧预留凹槽填堵耐候胶，其性能满足相关规范要求，深度应不小于 10mm。现浇混凝土部位安装铝模，安装进度同内墙柱和楼板铝模安装。

3.2.10　混凝土浇筑、养护

墙柱、楼板铝模安装完成后，进行上层楼板钢筋绑扎、水电预埋，验收合格后，进行墙柱和楼板混凝土浇筑、养护。

4　效益分析

预制外墙板工厂生产及运输费用虽然比现场浇筑略高 10%左右。但预制外墙板制作精度高，可免抹灰，直接刮腻子进行装饰装修，节约造价 5%～8%；工厂预制现场拼装，大大减少了现场用工，节约造价 5%～7%；窗框一同预埋在外墙板内，杜绝了外墙渗水、裂缝、空鼓等通病，降低了工程质量维修费用，节约造价约 3%。综合考虑，预制外墙板与传统现浇混凝土相比，直接经济成本节约 13%～18%。

采用机械化吊装作业，施工效率大幅提升，吊装后可与外墙装饰装修作业穿插，工期大幅缩短。一栋 40 层的建筑可缩短工期约 3 个月，提高了资金的周转率，大大降低了房地产企业的资金投入，间接经济效益显著。

5　结语

预制外墙板在工厂标准化生产，避免了现场窗框安装和窗洞封堵，解决了窗框漏水和墙面渗水的质量通病。预制外墙板安装技术与传统现浇混凝土相比，采用机械吊装，机械化程度高，不仅大大提高了施工效率，缩短了工期，也减少了现场湿作业，节约了施工用水，减少了建筑垃圾，减少了粉尘和噪声污染，取得了良好的经济效益和环保效益。

参考文献

[1]　刘猛，孙世强，姜锐杰，等．装配式建筑预制墙板安装施工技术要点分析［J］．智能建筑与智慧城市，2022（08）：75-77.

[2]　刘岩辰．装配式建筑预制外墙板技术探讨［J］．中国建筑金属结构，2022，485（05）：66-68.

[3]　季超．装配式结构预制墙板安装施工技术探究［J］．江西建材，2022，279（04）：233-235.

[4]　傅韬．预制外挂墙板高精度安装施工技术［J］．广东土木与建筑，2019，26（11）：54-56，69.

三段式止水螺杆作为钢模板承托件的技术应用研究

彭　珩

湖南建工集团有限公司　长沙　410015

摘　要：在钢模板施工过程中，承托件的安装与拆卸是施工中的一个难点，采用合理的承托结构能确保施工安全、加快工程进度、节省工程成本。常规施工方法采用预埋铁件或钻孔栓筋作为钢模板的承托件，需在墙体上预埋钻孔，安拆不便，后期需人工切除，材料损耗大、劳动强度高、影响混凝土的外观质量和防渗效果。为解决上述问题，湖南建工集团有限公司创新提出了“采用三段式止水螺杆作为侧钢模板承托件”技术，具有安拆方便、降低周转材料损耗、绿化环保、外观精美等优点。工程应用情况表明，该技术简单实用、安全可靠，可降低劳动强度、提高施工效率、节省成本。

关键词：三段式止水螺杆；钢模板；承托件

1　引言

钢模板因其强度高、整体性好、拼缝严密、不易变形等优点，在房屋建筑、综合管廊、地下通道等工程领域得到了广泛应用，然而承托件安装与拆卸一直是困扰钢模板使用的难点。

围绕上述困难，众多学者开展了相关技术研究。曹翠结合案例分析计算了钢筋植入深度、混凝土强度等因素对钻孔植筋承载力的影响，列举了相关因素的取值系数，为相关承载力计算与复核提供了参考。陈霞等研究了施工中如何控制植筋技术和质量，确保结构的完整性和改造后结构稳定性问题，详述了各个步骤和质量控制方法。韦铁分析了钻孔孔径、钢筋直径、植筋深度、植筋间距对植筋效果的影响，探讨了设计时如何优化布置方案。徐桂权等采用三段式止水螺杆加强模板的侧向强度及刚度，解决了混凝土浇筑中冲击、流动及振动对模板及支撑系统带来的侧向压力，防止模板及支撑系统出现跑模、胀模、坍塌，避免现浇混凝土构件外观出现质量缺陷及安全事故。冯成土总结了传统止水螺杆应用经验，提出了可拆卸式止水螺杆施工工艺具有安装简便、结构观感和防水效果质量良好等优点。张立吉总结了组合式对拉止水螺杆的特点和优势，分析指出了组合式对拉止水螺杆在水利工程应用中具有非常重要的意义。综上所述，现阶段可拆卸三段式止水螺杆应用效果较好，但仅在模板加固中应用较多，作为钢模板承托件的应用还未见报道。

湖南建工集团有限公司立足于工程实际需要，综合考虑质量、工期、成本和技术等多种因素，在国内此类施工技术案例缺少的情况下，通过开拓创新、积极探索，提出了“采用可拆卸三段式止水螺杆作为侧墙钢模板承托件”，成功地解决了钢模板承托件安拆不便的难题。该施工技术一方面简单实用、安全可靠、操作性强，另一方面降低周转材料损耗、绿化环保、质量安全可控性强、社会和经济效益明显，具有推广价值。

2　工程概况

长沙机场改扩建工程场内道路交通工程施工项目标段一（中轴大道项目）是衔接场外

道路与场内交通系统的主要进出场道路，南起香樟路立交，北至北垂滑，全线长约4.5km。

3　工艺原理及流程

3.1　工艺原理

三段式止水螺杆呈组合型，由内杆、止水片、外杆、锥体螺母、山形卡、螺帽等组成。其中，埋置在墙体混凝土内的内杆和止水片在后期对墙体防水起到了重要作用，锥体螺母能够和模板有效贴合，防止漏浆，外杆和山形卡作为周转件可回收循环使用。

根据施工工序，分为底板（第一道水平施工缝以下）、侧墙及顶板（第二道水平施工缝以上）三部分，按顺序自下而上施工。底板结构和侧墙墙体在模板安装时，顶部在预设位置安装三段式止水螺杆时，起锁口、固定模板的作用，同时为下道工序承托件安装提供接口。

侧墙及顶板结构模板安装时，利用上道工序已埋置在顶部混凝土内的内杆及锥体连接螺母，重新在两侧安装外杆，作为本道工序模板承托件（图1）。

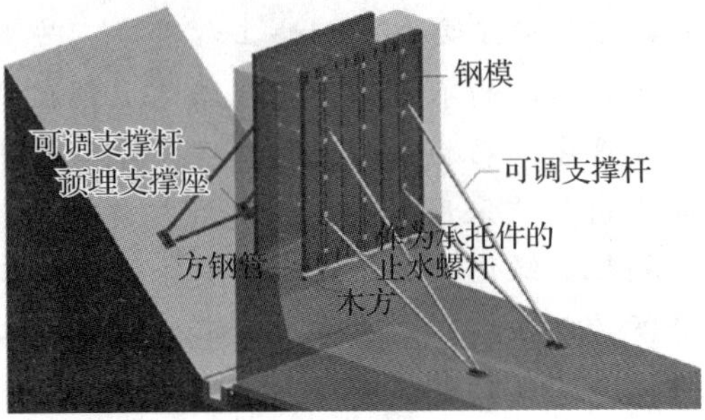

图1　钢模板安装

3.2　施工工艺流程

施工工艺流程如图2所示。

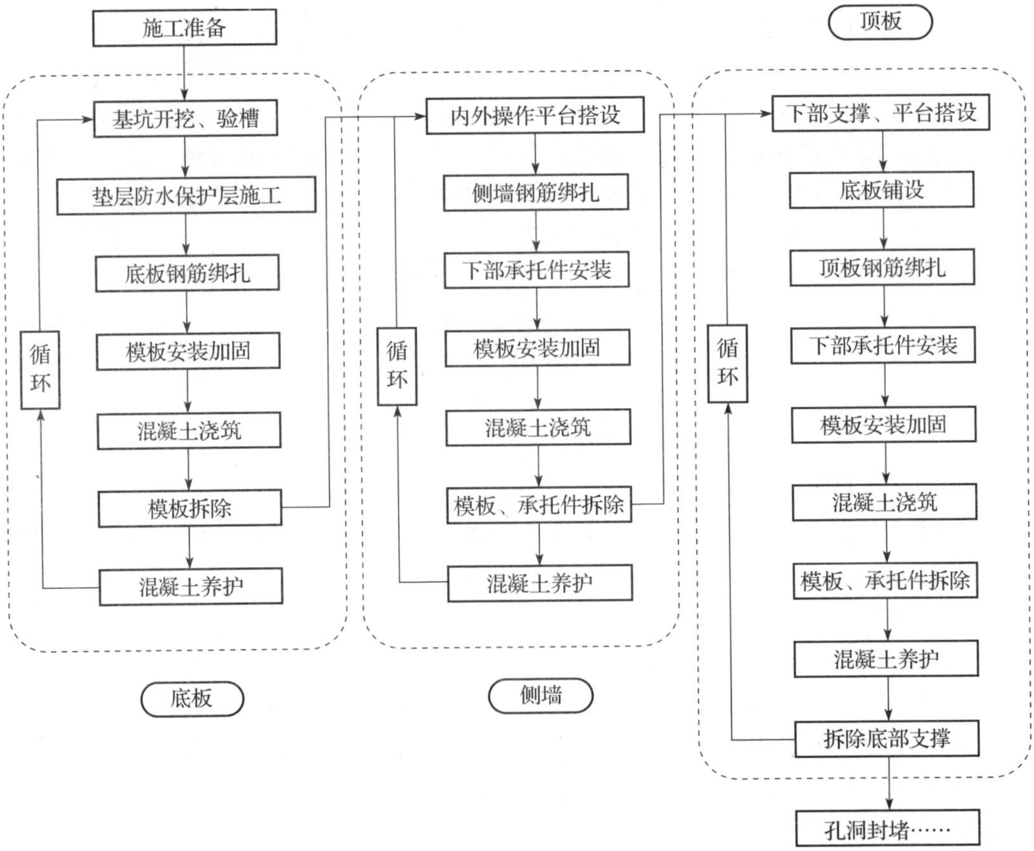

图2　施工工艺流程

4　操作要点

4.1　材料选择

模板材料。考虑模板的承受荷载、使用周期及周转次数，内外侧墙及倒角模板使用定制钢模板，顶板底模采用木胶合板，端头模板采用定型木模板。

支架材料。操作平台采用ϕ48mm×3mm 的盘扣，顶板底模主棱为 100mm×50mm×3mm 方钢管，次棱为 100mm×100mm 木方。

加固材料。侧墙模板采用可拆卸式 M16mm 止水螺杆和定制的ϕ48mm 可调式撑杆进行加固，底板侧模斜撑采用ϕ48mm×3mm 钢管。

4.2　材料验算

侧墙结构验算。根据侧墙混凝土浇筑宽度、高度，通过结构计算软件进行验算，确定止水螺杆型号及布置方案。

顶板支架验算。根据顶板混凝土厚度，通过结构计算软件进行验算，确定支架的立杆、横杆、木方等布置方案。

承托件验算。根据模板自重计算作为承托件的单根螺杆所受剪力，确保所受剪力小于其承载力设计值即可。

4.3　钢筋安装

钢筋安装遵循先底板、后侧墙、再顶板。底板下层钢筋安装采用混凝土垫块控制保护层厚度，先根据 15cm 分挡线依次安装底部横向筋。底层横向筋安装完成后，在横向筋上画出 15cm 分挡线，按照分挡线安装纵向钢筋。

安装底板钢筋撑脚和侧墙竖向筋，钢筋撑脚和底板主筋焊接，侧墙竖向钢筋和底板横向钢筋焊接。

底板上层钢筋先安装横向骨架筋，然后安装纵向筋，最后再安装上层横向面筋。

侧墙分布筋在底板混凝土达到一定强度后安装。根据分布筋安装高度，在侧墙内外两侧搭设双排脚手架，并满铺脚手板。

侧墙钢筋安装完成后，进行顶板钢筋的安装，与底板钢筋安装相同。

4.4　下部承托件安装

利用上道工序已埋置在顶部混凝土内的内杆及锥体连接螺母，重新在两侧安装外杆，作为下道工序模板承托件。安装前清除孔内杂物，检查外杆质量，确保无缺陷再进行安装，拧紧外杆至底部，并对安装后承托件的平直度进行校核，防止螺杆偏位及倾斜，确保承托件螺杆在同一水平面（图 3）。

承托件安装及校核后，在外杆上布置两排方钢管，相互错开搭接，下部设置木方，并用螺母和垫片拧紧，使承托件整体受力更为均匀。

图 3　下部承托件安装

4.5　模板安装加固

底板模板安装。在钢筋验收通过后开始安装底板模板，底板外侧及倒角均采用钢模板进行拼装，并用对拉螺杆和钢管斜撑进行加固，顶部在预设位置安装三段式止水螺杆，起到锁口、固定模板的作用，同时为下道工序承托件安装提供接口（图 4）。

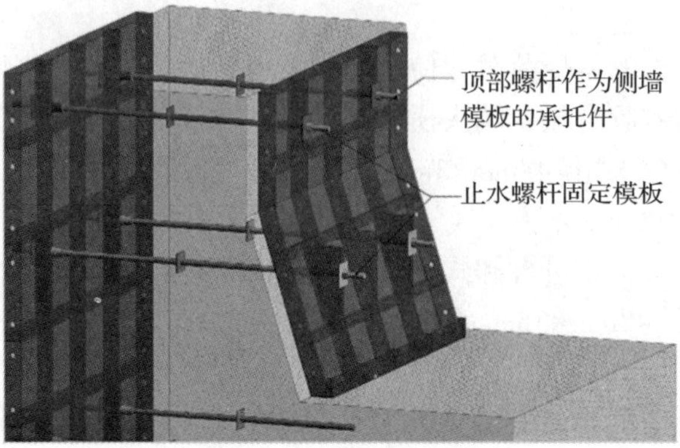

图 4　底板模板安装

侧墙模板安装。在钢筋验收通过后，安装下部承托件，利用上道工序顶部止水螺杆作为本道工序模板承托件。待下部混凝土达到一定强度后开始装模，并用止水螺杆固定，内外侧采用定制的可调式钢管斜撑进行加固，防止模板松动倾覆（图 5）。

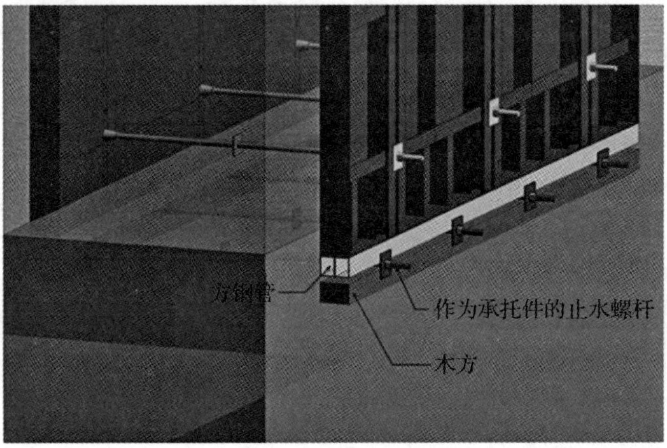

图 5　侧墙模板安装

顶板模板安装。顶板外侧墙模板采用钢模板，内侧、倒角以及底模采用胶模板进行拼装。内外侧墙模板利用上道工序混凝土顶部止水螺杆作为承托件，并采用止水螺杆、木方以及夹片等进行加固，顶板底模采用木方、方钢管和盘扣支架加固形成整体。

4.6　模板及承托件拆除

（1）脱模。顶板在混凝土强度满足设计要求后脱模，侧墙在混凝土强度达到 5MPa 后方可脱模。顶板底模通过调缩盘扣顶托长度，使模板在重力作用下整体下移。侧墙模板先拆除对拉螺杆外杆，再松开可调式钢管支撑，解除模板所有约束后按照一定的顺序分块依次脱模。

（2）承托拆除。待模板拆除后方可施工，拧松下部承托件外杆，依次拆除木方、方钢管以及外杆，并检查其外观质量，将无质量问题的周转材料进行循环使用。

4.7　空洞封堵

封堵前清除孔内杂物，用钢丝刷刷毛，周边浇水润湿。内外侧孔洞采用微膨胀干硬性防水砂浆填塞，并与墙面压实抹平。待砂浆干燥后，表面喷涂一层聚氨酯防水涂料。

5　工艺特点

5.1　工作效率高

承托件安装时直接拧紧三段式止水螺杆外杆与内杆端部锥体连接螺母，拆卸时拧松杆件使之与丝扣分离，省略钻孔栓筋和焊接切割工序，简便快捷，降低了劳动强度，提高了施工效率。

5.2　经济适用

作为承托件的外杆，原是三段式止水螺杆的可周转利用的外杆，在紧前工序中（底板混凝土浇筑）作为外墙的止水螺杆，起加固模板的作用。在侧墙施工中，利用与已浇筑在混凝土中的止水螺杆锥体连接螺母相连，承托上部墙体模板，再次发挥作用，一物三用，利用周转材料价值，操作便捷、简单适用，降低劳动力成本和减少周转材料成本支出。

5.3　周转材料损耗小

利用承托件作为三段式止水螺杆的外杆，机械连接拧固与拆除，无须切割或焊接，施工过程中无周转性材料损耗。

5.4　安全环保

外杆采用机械连接，施工过程中无切割或焊接，无触电伤害或机具伤害，外杆可重复利用，周转性材料及资源消耗降低，无废弃物生产，绿色环保，安全适用。

6　结语

湖南建工集团有限公司立足于工程实际需要，在长沙机场改扩建工程场内道路交通工程施工项目标段一（中轴大道项目）工程中，创新采用了“三段式止水螺杆作为地道侧墙钢模板承托件”施工技术。目前，本工程已施工 16 个仓段，合计 800m，经各项检测和实际应用情况显示均无异常，在施工质量及安全上更可靠，为今后在同类型项目中广泛应用奠定了良好的基础，因此具有显著的经济效益和社会效益。

参考文献

[1]　曹翠．预制构件损坏吊点钻孔植筋力学性能研究 [J]．低碳世界，2018，179（05）：297-298.

[2]　陈霞，张伟伟．三段式止水螺杆应用技术 [J]．工程质量，2015，33（12）：74-76.

[3]　韦轶．混凝土结构植筋加固施工中各影响因素的综合分析 [J]．公路交通技术，2013，105（02）：84-88.

[4]　徐桂权，李超，丁千宁，等．新型三段式止水螺杆在地下综合管廊工程中的应用 [A]//中国建筑学会建筑施工分会 2017 中国建筑施工学术年会论文集（专业卷）[C]．建筑机械化杂志社，2017：3.

[5]　冯成土．可拆卸止水螺杆施工技术应用分析 [J]．广东建材，2017，33（02）：75-76.

[6]　张立吉．水利工程中组合式对拉止水螺杆的应用分析 [J]．中国标准化，2019，550（14）：79-81.

超高层建筑管线综合的 BIM 设计分析与建造优化

胡　超　洪大雄　孙志勇　曹建辉　刘　毅

湖南省第三工程有限公司　湘潭　411101

摘　要： 机电专业（电气、暖通、给排水）管线综合设计中因设备管线种类和数量繁多，设计中的错、漏、碰、缺问题突出，二维设计形式下人工协调管线碰撞问题，设计效率低下，导致管线施工图的深化设计工作繁重复杂。

建筑信息模型（BIM）技术的机电管线综合深化设计，是解决这一问题的重要技术革新方向。此文基于 BIM 技术的机电管线综合优化设计方法进行探索和实践，使用 Revit 软件为平台建立三维建筑信息模型，通过碰撞检测、多专业协同设计等方式来优化综合管线设计，提高设计工作效率。

针对应用点建立建筑信息模型，在此基础上进行管线综合碰撞检测，获得碰撞冲突点的三维信息，结合人工筛查确定有效冲突点，用于该综合管网系统的优化设计。

关键词： BIM；管线综合；机电安装；深化设计

BIM 技术机电专业（暖通、电气、给排水）设计是建筑设计的重要内容，由于二维的电气、暖通、给排水等专业设计相互独立，缺乏有效的协调与互动，设计中的错误和碰撞等问题较为突出。

BIM 三维建筑 MEP 设计，解决了二维设计存在的问题，是当前建筑行业信息化应用的重要内容。

BIM 是以三维数字技术为基础，通过将建筑、结构、给排水、电气、暖通等各专业的设计数据，整合为同一个数字化建筑模型，对建筑结构与设备、设备与管线间的空间关系进行三维仿真模拟和数据联想。

通过 BIM 技术，从设计阶段开始为建设项目建立互相协调的可运算三维信息模型，结合图纸、图表等成果形式，应用于建筑设计、施工建造等环节。

1　工程概括

温州中心 A 区总建筑面积为 26 万 m^2，包括 3 栋超高层、钢结构连廊、地下车库及裙房（图 1）。3 栋超高层分别为 A1、A2、A3 楼，其中 A1 楼，地上 56 层，建筑面积约 9.5 万 m^2，高 278m，为框架-核心筒结构，单层面积约 1800m^2，层高 4.2m，建筑功能主要有办公、酒店。A2、A3 楼地上 34 层（含钢结构连廊），建筑面积 4.1 万 m^2（每栋），高 167.8m，框架剪力墙结构，单层建筑面积约 1300m^2，层高 4.2m，建筑主要功能为办公。A 区为整体地下室，地下 3 层，深基坑，为框架结构，单层面积 18400m^2。

B 区由 12 栋 4～5 层的商业楼组成，建筑高度为 19.45～23.95m。项目用地面积 29303m^2，总建筑面积 122650m^2。其中地上商业建筑面积 50150m^2，地下建筑面积 72500m^2。

图 1　温州中心项目鸟瞰图

2　基于 BIM 技术的管线综合深化设计

合理地综合布置各专业管线，减少由于管线冲突造成的返工，使现场更加美观。优化完善各系统的设计方案，提高机电安装工程的施工品质，缩短施工周期。根据现场实际情况对图纸进行深化，使之达到施工的要求。对设计的管线和设备参数进行全面复核，在满足功能和规范的前提下优化方案的选择，提高工程经济效益，有利于施工企业与国际惯例接轨。基于 BIM 技术的深化设计流程如图 2 所示。

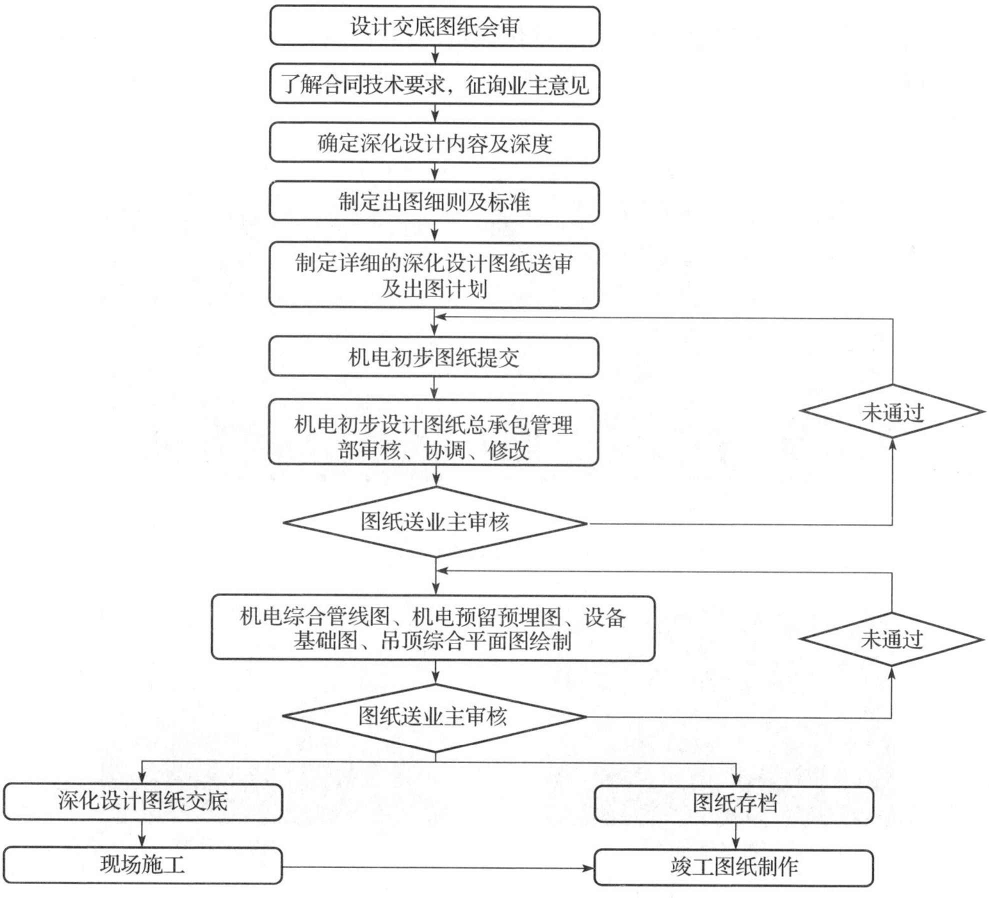

图 2　深化设计流程

3　基于 BIM 技术的管线综合

3.1　机房区域

常见的机房有消防泵房、空调机房、通信机房、冷热源机房等，机房的管线尺寸较大，而且空间有限。在排布机房管线时，首先要保证在系统正确的情况下合理地调整布置管线。另外要了解设备的尺寸，避免由于管线排布高度较低造成与设备的碰撞。排布管线时还要考虑出入口部的管线，机房里的管线应该与机房外管线合理地连接，将机房排布合理美观。

（1）按详图建模型。机房区域设计方会提供详图，详图中会提供管线的路由，主干管的具体标高，以及设备的编号，阀门、仪表等的具体位置。我们首先按照设计方提供的详图建模，按需进行深化设计。另外在添加设备时需要与厂家沟通，了解设备尺寸，接口处的具体标高和具体位置。

（2）注意机组接口位置。机组的管线需要考虑阀门、仪表等的安装空间。

（3）避让原则。机房中的主干管管径较大，主干管尽量不翻越，遵循小管让大管的基本原则，合理地利用梁窝。既节省空间，又达到造价低、易安装的效果。

（4）考虑托架、吊架位置。支吊架的作用是承受管道的质量，在管线布置合理的情况下应该考虑安装托架、吊架承重效果比较好的具体位置，并考虑该位置是否安装方便。

（5）安装方便原则、检修方便原则、美观原则。由于机房管线管径较大，如果管线之间间距过小，安装会比较困难，所以应该在有限的空间内尽量增加管线的间距。还需要考虑检修空间，排布在高位的管道也需要留出维修人员的操作空间，一般考虑至少留有 300mm×300mm 的维修空间。最后需要考虑美观原则，管线成排布置，管线之间的间距相同，上下排管线有层次感（图 3、图 4）。

（a）BIM机房排布效果

（b）现场机房效果

图 3　设备机房区域消防水泵房效果

（a）BIM机房排布效果

（b）现场机房效果

图 4　设备机房区域冷冻机房效果

3.2　竖井区域

竖井区域主要是布置立管，暖通与防排烟风井通过立管向各个楼层送风、排风或排烟，给水立管可完成每个楼层日常用水的供给。排水立管可排出每个楼层的废水与污水。通过竖向桥架，完成每个楼层供电以及信号的传输。布置竖井立管时需要统筹整个建筑楼层。

（1）安装空间、检修空间。管井内管道采取焊接的方式时，需要考虑使用焊接操作是否方便，还需要考虑阀门和仪表的安装空间是否满足。竖井内需要留出工作人员的活动空间，而且保证每根管道都可以检修。

（2）管道穿楼板处加套管。套管一般要求大于立管管径两号。立管管线需要准确地定位，定位不准会造成预埋件的位置偏差，给后续施工带来不便，造成不必要的返工，增加成本。

（3）排布合理。例如，部分系统立管分为高区立管与低区立管，高区立管排布在竖井里侧，低区立管排布在竖井外侧，这样有利于平层支管出入管井。

（4）支架合理美观、安装简单。例如管井中的部分系统立管管径随液体或者气体供应量的变化而变化，为了使支架的安装做到各楼层一致，且不影响其他立管及其支架的安装，可以采用偏心变径，使管道偏一侧安装（图 5）。

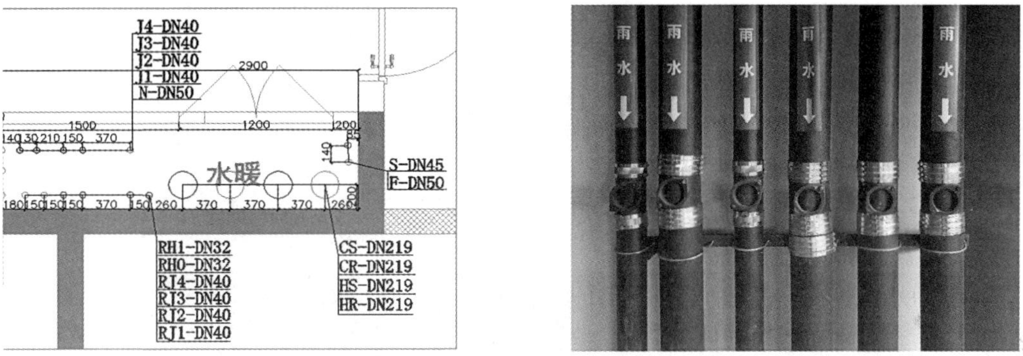

（a）管道井排布效果　　（b）现场管道井效果

图 5　实际竖井效果

3.3　地下室区域

地下室区域在综合排布的时候需要注意的地方很多，除了走廊区域比较重要以外，还需要重点关注行车道、车位、坡道、防火卷帘门等位置（图 6）。

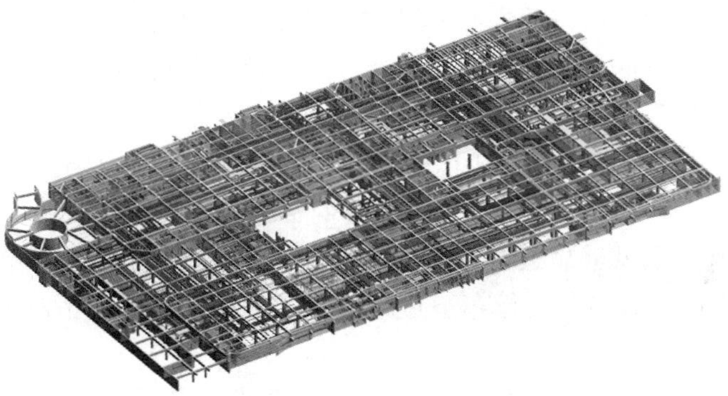

图 6　地下室管线综合图

（1）行车道位置。普通车道净高一般为 2500mm，货车通道位置净高一般不低于 2800mm。这些位置除了需要按照之前提到的综合布置原则以外，还要遵循一些其他原则，尽量使主风道靠近车道边侧排布，电缆桥架设备管线尽量与风道平行设置，尽量不要设置在风管下方（图 7）。

（2）车位。一般要求净高位 2300mm，有的项目还会有机械车位，净高要求一般为 4000mm 左右，同时还需考虑车位上方喷淋头的安装，一般需要 200mm 的安装空间（图 8）。

图 7　地下室车道管线排布效果图

图 8　地下室车位管线综合图

（3）防火卷帘门。需要特别注意防火卷帘门位置，管线不允许穿防火卷帘门以及门上方的卷帘盒，卷帘盒高度一般为 500～800mm（图 9）。

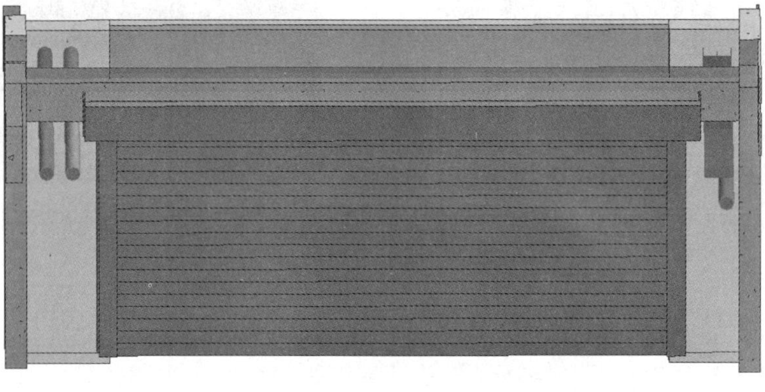

图 9　地下室防火卷帘门位置管线综合图

（4）人防区域。前期应该按照设计提供的详图进行模型的搭建。其中要注意设备的安装，一般有过滤吸收器、油网管式过滤吸尘器、静压箱、电动脚踏两用风机。还要注意穿墙处需要加套管保护管道。

（5）防火卷帘门区域。防火卷帘门处的管线应设置在卷帘门两侧，避免管线与防火卷帘门的碰撞。

（6）行车道区域。主风道靠近行车道边侧排布，避免中间行车区域净高过低。此处有大梁，水平管线标高比较低，所以行车道过路位置的管线都上翻，抬高了行车道中间行车位置的净高。

（7）停车位区域。首先，车位要满足设计净高要求；其次，还需要注意车位外侧需要满足汽车出入的净高要求。部分项目考虑机械车位净高问题。

坡道位置管线相对较少，一般有消火栓管线和喷淋管线。管线排布时应该注意管线顺着坡道调整标高，以免造成管线与坡道碰撞。

3.4 吊顶区域

吊顶的主要作用是达到建筑物美观的要求。吊顶区域在综合排布的时候净高要求会更高，因为吊顶上方都有龙骨支撑，我们需要考虑天花板的造型（图 10、图 11）。如果风管排布在最下层时，风口与风管之间需要有连接件或者加阀门，如果空间不够的话，风口将无法安装。

图 10　走廊吊顶综合布置图

图 11　公共走道管线排布效果图

（1）留出吊顶龙骨安装空间。工程中，与精装设计及施工方提前沟通做法，了解天花板的造型以及龙骨的尺寸，然后在满足净高的基础上进行管线综合排布。水平干管需要考虑与龙骨间有 100mm 的距离，带风口的风管排布在最下层时，需要考虑能否安装风口连接件，所以需要与天花板有更大的间距，使风口顺利地安装。

（2）考虑筒灯、灯带安装空间。筒灯的高度、灯带的做法需要提前与精装设计以及施工单位沟通。

（3）维护检修空间。桥架与水管都需要留出检修空间，一般留出不少于 300mm×300mm 的上人空间，管线损坏时方便检修。

（4）各个末端的定位。需要考虑综合天花板图，风口与喷淋头位置在满足设计规范的同时，房间内布置需要排列有序，达到经济美观的效果。

3.5 管廊区域

管廊区域往往是机电管线最密集的位置，多个专业的管线都集中在这个区域，这个区域一般会有暖通风管、防排烟风管、强弱电桥架、给排水管道、消防喷淋管道、空调水管道等。对于管线相对集中的部位，要进行综合考虑。同时，机电管线排布人员需要清楚此处的建筑结构情况，是否有降板区域或者升板区域，管廊宽度局部是否有变化，是否有大梁、天花构造等。只有多方面考虑周全，遵循合理的设计原则与施工规范，满足各自的工艺要求，管廊区域排布才能达到满意的效果（图 12）。

（1）重力管道排布。因为重力管是有坡度的，如果排布不合理很容易与其他管线局部位置发生碰撞，而且坡度管向上坡时不能下翻，向下坡时不能上翻。综合排布时先考虑重力管的位置问题，尽量靠墙排布。由于重力管有坡度，如果排布过低会造成净高不满足相关要求，所以重力管的高位尽量贴梁。

（2）桥架的排布。管廊里面管线比较密集，而且桥架在水管的上面布置，不注意的话桥架的检修空间会被水管占用，排布时应该考虑给桥架留出至少 300mm×300mm 维护检修的空间。

（3）风管的排布。带风口的风管排布时主要考虑风口处不能排布管道，留出风口安装的空间；由于风管连接方式是法兰连接，排布时需要考虑法兰的大小，增加风管与各专业管线间距以及风管与墙的间距。

（4）压力管的排布。除重力管外的其他水管的排布，要遵循一般的避让原则，另外还要考虑管道支管的数量与走向，来确定该管道的排布位置（图 12）。

（a）现场管廊管道排布效果图

（b）现场管廊桥架效果图

图 12　管廊内部整体安装应用实景图

4　结语

通过引入 Revit 等软件工具进行基于 BIM 技术的深化设计，采用 Revit 工具建立 BIM 模型，包括电气、暖通和给排水三个专业共计 15 个子系统模型。基于该 BIM 模型进行机电专业内和专业间的碰撞检查，在较短的时间内找出有效冲突点三维具体信息，为设计人员二次优化设计提供重要参考依据，避免工程中的反复施工，提高了设计工作效率和设计质量。

除此之外，BIM 模型集成了各种设备管线的信息数据，可以对设备管线进行精确的列表统计。设计修改导致模型修改后，材料表上的数据会自动更新，快速准确地生成材料清单。基于 BIM 技术优势的三维深化设计技术在建筑管线施工建造等领域的延伸应用，将是其重要的应用内容，也是我们今后研究工作的重要方向。

绿色建筑技术在施工管理中的运用

邹宗晟

湖南省第五工程有限公司　株洲　412000

摘　要： 当前我国的绿色施工和项目管理等工作正在起步阶段，在施工的关键时期，我们需加大对绿色施工理念、工艺等进行探索与实践。要把能源节约、可持续发展视为绿色施工管理的基石，需从施工能耗、建筑物外墙、门窗的施工管控等方面入手，全面控制和落实绿色施工管理，以实现施工过程的节约与优化。

本文从绿色施工角度进行概述，在此基础上，阐述了节地、节能、节水、节材和环境保护等多种绿色建筑技术在施工管理中的运用，对同类工程有一定的借鉴作用与参考。

关键词： 绿色建筑；施工；管理

1　绿色施工的概念

绿色施工是指工程建设中，在保证质量、安全等基本要求的前提下，通过科学管理和技术进步，最大限度地节约资源与减少对环境负面影响的施工活动，核心是实现四节一环保。

绿色施工贯穿于建筑物以及项目的整个工作和生命阶段，通过尽量地节约各类资源（环保、节地、节水、节材）、实施环保管理和降低环境污染，为人类创造健康、适宜的环境，与大自然和睦共处。即：

（1）减少对建材、各类资源利用和加大非可再生能源的利用。

（2）利用可再生能源和材料。

（3）设置垃圾处理体系，使用回收建筑材料。

（4）在结构允许的条件下重复使用旧材料。

（5）减少污水的排放量，尽可能地减少对环境的危害。

2　绿色施工管理在施工中的运用

2.1　施工节地

依据项目建设规模和现场施工条件，科学合理地设定临时性基础设施，如临时性工厂、现场人员作业棚及原物料堆放场地、办公生活服务设施等。其建筑面积须按国家用地指标所规定的最低建筑面积进行设计。其特点是总体平面布局合理、紧凑，在符合环保、职业卫生与安全和社会文明建设的条件下，尽可能减少建筑荒地和死角，临时基础设施占用建筑面积的合理利用率应超过 90%。

临时办公和生产用房宜实用、美观、建筑面积小、对周围地形影响较小，并宜用建筑平面布置动态调节的多层轻钢活动板房、钢筋骨架混凝土活动板房和标准化装配式建筑构件。居住区和生产区宜分别布局，并设有标准的隔离装置。施工现场围栏可采用连续闭合的轻型钢结构预制装配式活动围栏，减少施工废弃物，保护农田。

2.2　施工节能

施工现场分别制定了生产、生活、办公和施工设备的用电监控指标，并定期进行测算、核算、对比分析，并制定改进措施。通过建立合理施工能源指标体系，提升建筑能量效率，选取动力和负荷相符的建筑机械，减少机械设备额定容量远大于使用能力或超负荷使用机械设备的状况。建立施工机械管理体系，进行电能、用油测算，健全机械设备档案，有效抓好维修保养管理工作，使机械处于低耗、高效率的状态。

选择施工时，优先选择消耗较少的材料。在施工组织设计中，合理安排施工顺序、工作面，并尽量减少作业部位的机械量，在相邻工区合理使用共同的设备资源，以增加各类机具的利用率和满载量，从而减少各类机械设备的单位费用。

运用场地天然条件，通过科学合理地设计及运用建筑产品、日常生活和办事服务等临时性服务设施的形态、方向、间隔以及窗墙容积比，使之得到较好的日照、通气和采光。在临时用房外墙、屋面保温材料上采用了隔热性能较好的建筑材料，减少了夏天空调通风、冬天供暖设备的时间和能耗。为做好节电推广工作，对建筑施工区供电采取自动定时与自动结合的方法，并做好了实地巡视，严禁在无作业区内出现长明灯。中央空调室温不能偏高或过低。当办公工作区内无人时，关掉笔记本电脑、打印机、照明灯、中央空调等。办公工作区内尽量减少用纸耗费，用纸实行双面打印。

临时供电优先选择节能电缆和节能灯具，临电管线合理设计、布局，临电设备应选用自动控制设备。照明设计以满足最低照明为准则。

2.3 施工节水

2.3.1 加强节水管理

加强节约用水管理工作，对施工用水实行定额制度。节水管理工作也很关键，比如对办公区、居住区的生活用水采用节能管理系统与节约用水器材，并增加节约用水器材配备比例，分类对日常生活用水和施工用水设定定量指标，并分类测量管理。对建设项目的临时性用水实行节水型生产，并配备测量工具，以采取有针性的节约用水措施。现场对冲洗水、养护用水等采取相应的节约用水措施，利用现场机械、设施、汽车冲水或设置循环用水装置。大中型建设工程的各个建筑、各个标段、各个承包居住区，凡有要求的应当单独计算用水量，并在签订各标段承包或劳务协议时，把节约用水的工程建设量化技术指标列为具体条件，并进行测量考评。

2.3.2 非传统水源的利用

施工现场的中水及可再使用降雨的回收使用体系，优先使用中水搅拌和中水养护，在有要求的地方和施工中应采取降雨保护。例如在一些重大工地，特别是降雨资源丰富区域的大型工地建立降雨采集使用制度，充分采集天然降雨用到建筑工地和日常生活中最适宜的地方。对现场机械、设施、汽车清洗、洒水路面、绿化浇灌等工作用水，优先使用非传统自来水，而尽可能地不采用市政自来水。

2.4 施工节材

（1）为节省物料而尽量调节和优化产业结构，逐步减少滞后工序和生产，以提高劳动生产率，从而减少资源消耗。

（2）使用轻质材料或轻质砂浆降低自重，节约原料；选择较高强度、高性能的建材，如绿色新型高性能砂浆，能够降低砂浆和建筑混凝土的使用量；利用工业垃圾（如粉煤灰、旧砖），降低固体废弃物污染，再如使用商品砂浆，能够降低砂浆耗费和粉尘污染。

（3）选择正确的材料运输、处理方式，避免破损和遗撒。根据现场平面布置情况就近装卸，尽量减少二次搬运。

（4）通过技术与管理措施，增加生产模具、脚手架等的周转次数。

（5）优化幕墙施工及钢结构工程制造、施工方法。实行生产制造，当场焊接；并可采用分割吊装施工、整体上升、滑移、顶升施工等装配方法，以降低用材量。

（6）优化屋面和外墙的保温施工及防腐材料的施工方法，比如外墙保温板黏结、保温板干挂、保温施工浆材涂刷等，以减少建材浪费。

（7）做好保温隔热体系和防护构件之间的节点管理，尽量避免热桥效应。

（8）贴面型材料在施工之前，做好总体排板设计，并尽量减少非整块材料的数量。

（9）所有防水层卷料、壁纸、涂层和各种涂料漆基层都应当符合设计要求，以防止起皮、剥落。

（10）尽可能使用自黏类片层，降低现场液态黏结剂的使用率。

（11）优先选择耐用、维护和拆除简便的周转建筑材料和机械设备，并选择制造、装配、拆卸一体的专业技术团队从事建筑模板工程建设。

（12）对现场办公和生活用房实行周转型活动房，对现场的围护墙材料采用装配型可重复使用的围挡封闭，力争工地临时用房、临时围护墙体材料的可再利用率达70%以上。

2.5　加强建筑施工过程中各种污染的控制

2.5.1　噪声污染控制

在开始施工的时期，由施工机械设备所形成的各类噪声都是必然的。由于施工所采用的施工机具有所不同，形成的噪声也不同。土石方施工的时期，使用各类货运车辆、大型机械设备等，所以噪声是由各种机械设备和汽车所形成的。建筑物结构施工的时候，噪声形成在许多方面，各种各样的建筑施工机械设备，都可以形成各种各样频率的噪声。而这种机械设备所形成的噪声污染，对周围的施工环境造成了恶劣的影响，给附近住户的生活带来了困扰。所以，一定要在绿色施工的原则指导下，做好对施工中噪声的监控与管理工作。

首先要减少在夜间施工，对容易产生噪声的建筑施工设备，要尽量避免设置在人群密集区，如若无法避开，要做好隔声措施的落实；要清除掉那些使用期限较长的陈旧的建筑机械设备，因为这些机械设备会产生很大的噪声污染，在必须要使用的情况下，一定要做好消声处理。所以要在建设项目工地，设置噪声污染监测仪器，对建设项目工地的噪声污染实行监控。

2.5.2　光污染控制

（1）夜间照明灯架装设灯罩，使透光方向主要聚集于施工地段。

（2）电工作业应做好遮蔽保护措施，以避免电弧光污染。在钢筋加工场，搭建防护棚。

2.5.3　水污染控制

（1）根据现场施工时排放的污水不同，现场设有沉降罐、隔油池、化便器，所生产的污水需要经过三级沉淀后再排放。

（2）污水排放应当委托有资格的单位开展污染物水质监测，并提供相关的污染物监测报表。

（3）施工现场设有供排水设备，工地区域严禁积水，输浆管线严禁跑、冒、滴、漏。建筑施工中形成的砂浆，必须实行沉淀管理，未沉淀管理的，禁止直接进入市政给排水设施，严禁有砂浆、废气、污泥流出，严禁污染周围环境。

（4）混凝土维护时尽量采取蓄水层保护，以避免因污水的横流造成环境污染。混凝土量较小的建筑，混凝土养护时可用浸湿麻袋片遮盖，以尽量减少喷洒水量，并避免产生废水污染物。

（5）混凝土泵、水泥搅拌机等按施工平面图布设，并对现场土壤进行硬化处理，还应设排水渠道和沉降池，污水经沉降后再排水。

（6）进出车辆清洗后的水在洗车台有组织排放，再经过沉淀循环使用。

2.6 加强建筑施工过程中建筑垃圾的管理

2.6.1 固体废弃物的处理

（1）固态污染物的处置由管理责任人按照固态污染物贮存量的多少和储存地点的具体情况进行处置。

（2）由项目经理审阅垃圾管理负责人提交的处置文件，由工程项目材料人员与废弃物管理人员联合处置垃圾。

（3）对固体废弃物应根据分级标准进行统一管理，定点或集中存放，不得混堆处理，防止乱丢现象出现，并按时将废弃物运往规定的场所处理。

（4）对安全无害且有使用价值的垃圾，如在其他项目可以继续使用的，可在其他项目重新使用，对于无法继续使用的，委托有营业执照的垃圾处理部门回收。

（5）对安全无害无经济使用价值的固体废弃物，委托环保垃圾清运公司清理处置。

（6）对有毒有害的固体废弃物的处置，不管是不是有经济使用价值，都由有危险物经营许可的单位负责。

（7）受到施工地点影响，对污染地面必须清理和冲洗，维护道路的完好。

（8）认真做好对宿舍区的管理工作，明确责任，防止乱丢、乱泼、乱接的情况发生，对严重违章人员及时处理。建立健全必要的规章，提高对自然环境的保护意识，严格奖罚性规定，强化现场控制。

（9）不得在工地上露天熔化沥青，或焚烧油毡、涂料以及任何有害气体及物品。

2.6.2 废水、废油的控制

（1）废水控制

沿现场四周至基坑四周设有排放明沟，门前设有洗车水池；在混凝土输送泵处设有沉淀罐；食堂设有隔油分离处理水池；卫生间设有化便器等；地基积水、雨水、养护水、排水沟中的水经自然沉降后排入市政管网；生活污泥经化便器处理，有油污泥经隔油分离池处置等，对施工期间形成的生活污泥，由专人清洗后排入下水道，再经自然沉降、隔油分离处置达到排放标准后，再排入市政管网。

（2）废油控制

餐厅内设有垃圾箱，油污不得直接排入明渠，应置于垃圾箱内，定时由专人处理；对混凝土输送泵等设备的用油严格按操作规程执行，并设置专用废油隔离处理池进行回收；其他施工用油注意防止遗洒，如有泄漏迹象，做好隔离措施及处理工作；与废油处理企业签订合同，定时对废油进行回收处置。

3 结语

综上所述，资源的利用和保护是我国的基础政策，事关广大群众的利益，并且和中华民族的生存与蓬勃发展息息相关。绿色施工、绿色生态建筑应运而生，并将成为未来蓬勃发展的重点方向，促进“绿色生态”在建筑业中兴起。

绿色建筑发展存在的问题与对策

廖　俊

湖南省第五工程有限公司　株洲　412000

摘　要：近年来，关于绿色环保和资源利用的问题变得越来越突出，这些问题在建筑行业表现得尤为突出。绿色建筑具有低能耗、低污染的优点，已经成为了我国建筑行业在未来几十年发展的一个趋势，而我国绿色建筑的形成和发展才刚刚起步，实施过程仍存在着许多问题。本文围绕绿色建筑发展现状及问题进行广泛的搜索和整理，对绿色建筑的发展问题展开了研究，针对这些问题，给出了绿色建造发展所需要的一些扶持和完善的具体对策和建议，为进一步推动我国建筑行业的健康化、规模化、智能化发展做出贡献。

关键词：绿色建筑；可持续发展；现有问题；研究对策

1　引言

建筑行业不仅仅是国民经济的支柱产业，还是能源消耗十分严重的产业，建筑产品在总能源消耗上占比大。伴随着城镇化的发展，社会对住宅、办公建筑、公共设施等的需求量变大，高耗能、高损耗、低利用和低寿命模式的经济发展模式与新时代发展理念相违背。绿色建筑具有节能减排、减少污染、保护环境的优点，还能够在一定程度上减少资源的消耗，最大限度地达到人与自然和谐共处。绿色建筑与国家未来发展的趋势相融合，表现出的少消耗资源、保护生态以及节能减排等，会受到国家与人们的持续关注。

2　绿色建筑发展现状及问题

2.1　绿色建筑发展现状

绿色建筑能够在资源消耗上得到有效控制，保护生态环境。我国的绿色建筑发展目前还处于起步阶段，而且绿色建筑的总体数量较少，特别是偏远落后地区未得到重视。尽管我国绿色建筑的发展趋势在逐步上升，但是区域发展极不平衡且普及化程度远远不够。

由于 2016 年 9 月之后，住房城乡建设部不再在绿色建筑评价标识网统一公示与绿色建筑相关的项目，所以本文是基于 2016 年 9 月之前在绿色建筑评价标识网上得到的公示数据展开的。2016 年 9 月之后至 2018 年的数据是在各地区的绿色建筑协会或住房城乡建设厅公示的项目。香港、澳门、台湾三个地区不在研究范围之内。

2.2　绿色建筑发展存在的问题

2.2.1　绿色建筑在地域间发展不平衡

从地域层面分析，2008—2018 年的这十年之间，我国东部、中部和西部的绿色建筑项目的数量在稳定地增长，东部沿海地区绿色建筑评价标识项目在我国绿色建筑总体数量中占比较大（图 1）。现状是东部绿色建筑的发展速度和发展规模比中西部地区高出很多。不仅仅是大区域的发展不平衡，在不同省份之间、不同城市之间，都会因为绿色建筑的发展水平以及绿色建筑的推广程度不同，存在较大区别。我国绿色建筑在空间上也存在较大差异（区域发展不平衡的问题）。如果不及时进行协调，就会导致绿色建筑发展两极化越来越严重，从而带来后续一系列问题，对我国总体的绿色建筑发展十分不利。

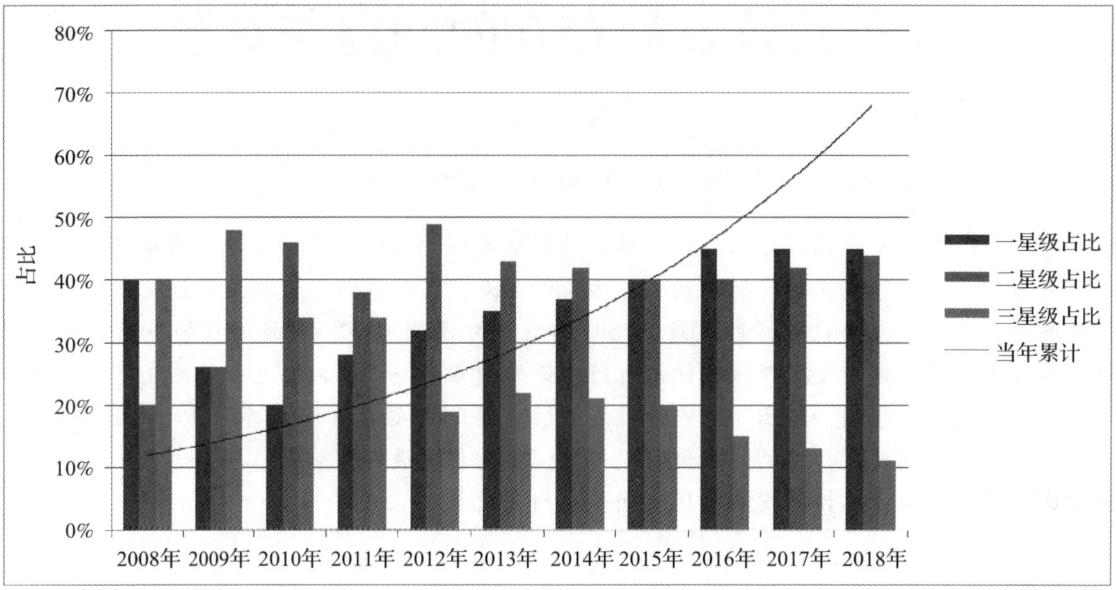

图 1　2008—2018 年绿色建筑逐年发展情况

2.2.2　绿色建筑建设能力偏弱

建筑行业在建造施工阶段对周围环境的破坏巨大，十分污染环境，而且建造所需要的资源量也特别多。设计阶段和管理阶段的不合理，导致花费巨大但得到的环保效果还是不尽如人意。绿色建筑在设计、评估、测评、规划、运营等众多方面都需要得到完善。我国绿色建筑资格认定没有相对统一的规定。由于我国绿色建筑发展时间尚短，行业的运行标准没有完善，许多停留在理论阶段，使之在施工中难以满足实际需要，出现的问题不能得到针对性的解决。绿色建筑发展缓慢，绿色建筑建造时所需要的建筑材料与建筑产业之间的融合度低，并且市场中的各种建筑材料质量良莠不齐，对产业的支撑力度不强。

2.2.3　绿色建筑标识的运行项目数量少

具有绿色建筑标识的项目数量每年都有增长，到 2018 年年底，民用建筑中绿色建筑占比达到了 40%。但从标识星级方面来看，在绿色建筑项目总量占比中一星级呈现逐步上升的趋势，二星级则保持稳定，三星级不仅发展缓慢而且有下降的趋势。我国绿色建筑从标识类型来看，虽然项目数量很多，但实际运行标识项目的数量仅占总体数量的 6%。这一系列的情况说明，尽管我国的绿色建筑经过了十多年的发展，但只是数量的持续增长，品质上升趋势后劲不足。绿色建筑的高星级以及绿色建筑运营标识的增长十分缓慢。

2.2.4　绿色建筑法规制度和标准体系并不完善

我国在绿色建筑的众多方面制定了相应标准，绿色建筑的标准体系初步建立。但是由于绿色建筑法规体系处于起步阶段，所以许多方面还没有得到完善。在绿色建筑的全寿命周期中，无论是在规划、设计、施工、运营、维修、拆除以及废弃物处理等方面的管理制度都是处于低位和滞后的。在强力推动绿色建筑发展的情况下，绿色建筑在建造过程中的质量监管问题是必须及时解决的。我国在建筑节能方面的法律法规已经建设得比较全面，但是在节约用水、节省用地、节省材料、节约能耗以及保护环境方面的重视程度不够，缺少具体的法律法规，导致地方政策的出台缺少依据。

3　绿色建筑发展的具体对策和建议

3.1　合理规划布局，加强政策扶持

我国各个地区的经济发展水平不一，绿色建筑的发展一方面受当地经济水平的限制，未得到长足的重视，致使我国绿色建筑的发展滞后；另一方面在经济水平高的区域，资本主动流向绿色建筑的积极性低，导致出现地区的经济水平高，但是绿色建筑的发展水平低。为了促进绿色建筑健康发展，应因地制宜，点对点出台相应鼓励政策和制定符合实际的扶持政策，引导资本主动流向绿色建筑，使绿色建筑的发展和经济发展相互协调共同进步。

3.2　加强政策引导及绿色建筑机构认证流程

绿色建筑的发展要求政府部门对绿色建筑的运行监测进行合理、科学、规范、标准化改革。三星级绿色建筑由住房城乡建设部进行评审，一星级、二星级由地方专家委员会对其进行评审。未来对绿色检测单位的要求会越来越高，可以在建筑物竣工验收时，进行绿色建筑的专项验收，实现真正的绿色运行，防止产生只存在于图纸上的绿色建筑。

3.3　完善绿色建筑的法规制度和标准体系

我国的绿色建筑发展大多体现在政府倡导层面上，一些关于绿色建筑的法律规定比较模糊。由国家进行主导是绿色建筑发展的根源动力，其他方面的配合只起辅佐作用。政府对绿色建筑的支持是绿色建筑推广的最佳动力。

地域的差异不仅会导致气候的不同，还会使建筑类型存在差异，所以绿色建筑评价标准要符合地区性的建筑类型。另外，要完善办公和住宅类建筑的评价标准；细化公共建筑的评价标准；使绿色建筑相关学科之间进行良好的协调，完善绿色建筑的标准体系以达到促进绿色建筑发展的目的。

3.4　加强政策激励力度

在绿色建筑的发展中需要一定的激励政策进行推动。将市场情况与财政条件结合，建立全新的绿色建筑激励机制。企业方面：在土地出让时给予一定的政策激励；在绿色建筑施工过程中降低相关税收以此达到激励效果；在绿色建筑物施工阶段结束后，根据开发商对项目的投资情况，对开发商和物业团队进行奖励。消费者方面：依据诚信评估等级给予相应优惠政策，政府定点实行经济补贴和低息贷款激励政策，以此提高消费者购买的动力，推动绿色建筑市场发展，以此促进绿色建筑的发展。

4　结论

建筑业具有能源消耗量大和废物排放量大的特点。为了实现可持续发展，达成自然、社会和经济的可持续发展目标，建筑业需要向绿色节能和生态环保方向发展。绿色建筑在发展的过程中，政府部门要充分发挥其作用，地方政府根据自身具有的条件出台符合绿色建筑建设和发展的政策和标准。尽管现在绿色建筑在发展过程中存在着许多不足和挑战，但未来在国家、企业、社会的各方努力下，会取得长足的发展与进步。

参考文献

［1］ 周硕文，高源林，王超，等．始于节能，忠于健康：基于社会网络的绿色建筑内涵演化与研究热点分析［C］//2020 国际绿色建筑与建筑节能大会论文集．中国城市出版社，2020：754-760.
［2］ 刘琦．绿色生态建筑的推广与思考［J］．太原城市职业技术学院学报，2020，230（9）：203-207.
［3］ 张丽平．建筑节能与绿色建筑技术的应用研究［J］．陶瓷，2021（3）：122-123.
［4］ 邢郁冬．我国绿色建筑发展现状及特征分析——基于 2008—2018 年省级面板数据［J］．砖瓦，2021，399（3）：49-50.

BIM技术在建筑室外工程中的优势及应用

田　慧

湖南省第五工程有限公司　株洲　412000

摘　要： 越来越多的城市建设项目愿意推广使用BIM技术，因其存在可视化、协调性、模拟性、可出图性等优势，对项目建设方而言，可以动态直观地了解建筑各元素的施工效果，从而能够做到提前发现并解决问题，推进项目建设周期。建筑室外工程作为附属工程，是为主体工程提供各项配套服务的，对建筑能否正常运行起到了至关重要的作用。BIM技术在建筑室外工程中的优势为可建立三维可视化模型、进行模拟施工、分析并布置现场文明施工设施、创建一体化建筑信息模型等，相应的应用主要包括测量放线定位及标高的选取、沟槽开挖施工控制、附属道路工程施工控制等。

关键词： BIM技术；室外工程；应用；优势

建筑室外工程作为施工阶段的最后一项工程，既为主体工程、装饰装修工程做好服务与配套，又为后期竣工验收提供依据，起着承前启后的作用。建筑室外工程传统施工是通过图纸确定地下管网、沟槽等设施位置，通过控制点标高和图纸标记的距离计算得到测量点标高，从而在实际施工现场进行每个点的控制，导致实际操作耗费时间长，人力和物力窝工比较多，不利于节约施工成本。通过BIM技术的应用，提前建模并进行模拟施工，可以很好地解决上述问题，特别是在测量放线定位及标高的选取、沟槽开挖施工质量控制、室外排水优化设计、附属道路施工质量控制、室外细部构造施工质量控制等方面具有很大的优势，得到建设单位、施工单位和监理单位的一致好评。未来前景广阔，值得推广和应用。

1　BIM技术在测量放线定位及标高选取方面的应用

1.1　传统测量放线定位及标高选取的弊端

传统的施工测量工作中，主要以数据信息为中心，依靠CAD在平面图中标识并打印数据，在施工现场进行数据查看和应用。其主要存在以下三个方面的缺陷：一是人为误差大。平面图纸中没有标识高程数据的，要通过人为计算确定，通常现场施工会凭借经验和常识进行施工，做不到面面俱到、精确计算。二是识图困难。现场施工普遍存在多图结合查看的情况，测量人员工作难度大，发现问题不能及时调整。三是不能及时考虑后期测量施工。传统测量通常只考虑现状，因为在二维施工图纸中进行三维立体空间想象比较困难，很难做到提前考量。

1.2　BIM技术在测量放线定位及标高选取中的优势

传统测量放线定位及标高选取对施工进度和质量控制存在很多的制约，通过BIM技术建立三维可视化模型可以很好地解决此类问题。具体优势表现在：一是建立BIM三维模型，以此为应用基础，直观了解项目测量要求。二是基于信息化、精细化的BIM模型可以方便测量人员快速提取坐标、尺寸、高程等信息，应用于现场放线、测量等工作。三是可以导入全站仪测点数据进行分析，并创建地形，有条件的项目可以通过三维激光扫描设备与 BIM 模型结合进行现场智能高效化测量放线等。

1.3　BIM 技术在室外工程测量放线定位及标高选取中的应用

BIM 技术在室外工程测量工作中能够发挥很大的作用，针对现场实际情况，可以模拟施工条件，在现有条件的基础上进行分析策划，得到最佳的方案后进行测量施工，具体应用表现在以下方面：

（1）测量放线方面。在 BIM 三维模型建立的基础上，通过导入 CAD 图纸，输入控制点坐标、标高等信息，可以自动计算生成测量点数据，极大地方便了测量放线施工。同时，测量数据可以导入 BIM 模型进行分析，确保实际操作与方案设计相吻合。应用效果显著，施工质量可以得到有效控制和验证，大大降低了控制测量的难度，提高了施工精度，缩短了施工工期。

（2）定位方面。通过导入总平面控制点坐标信息，可以确定室外工程各个设施的定位点坐标，现场测量人员通过查看模型可以快速得到测量数据，加快现场测量施工速度，节约人力、物力。

（3）标高选取方面。Revit 模型建立后，对地形进行添加点，输入控制点相对标高后，可以得到任意点位置的相对标高。在实际应用操作中可以精确知道测量点的标高，从而提高施工质量，如图 1 所示。

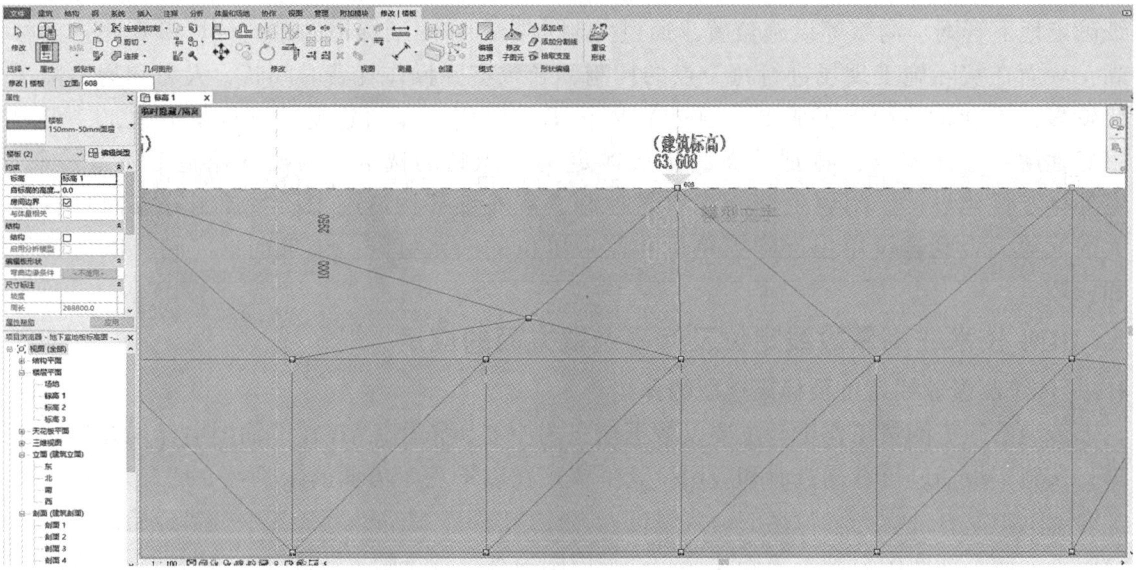

图 1　添加控制点，输入相对标高

2　沟槽开挖施工控制

2.1　沟槽开挖的弊端

沟槽开挖首先要进行精确的测量放样，然后进行开挖，开挖后进行压实、垫层铺设、放置管道、管道接口、检查井砌筑、功能性试验，最后进行回填，工序繁多。在天气不好的情况下，要求一次成型，避免下雨造成积水塌孔。同时，在施工的过程中存在以下缺陷：一是放样定位精度要求高。定位偏差过大，会造成材料浪费和机械的重复用工。二是边坡开挖容易出现塌方。对于不同深度沟槽的边坡坡度控制不严，很容易造成塌方，存在一定的施工危险。三是现场文明施工控制要点多。包括材料的堆放距离要控制在2m以外，沟边要放置警示标志等。以上所有内容都要进行详细的安全技术交底。

2.2　BIM技术在沟槽开挖施工控制中的优势

通过BIM技术的应用，可以有效解决沟槽开挖的弊端。具体优势表现在：一是建立沟槽施工模型，输入控制点坐标、控制放样点位置和高程，达到精准效果。二是进行模拟施工，对施工人员进行三维技术交底，可以使其直观了解施工的要点和注意事项。三是通过BIM技术分析并布置现场文明施工设施，从而满足施工安全要求。

2.3　BIM技术在沟槽开挖施工控制中的应用

沟槽开挖作为室外建筑工程的一项重要内容，决定着室外排水的分布和走向，在雨季高发期，能够快速地将雨水排尽而不产生回流。BIM技术能够很好地控制施工质量，具体表现在以下方面：

（1）放样定位方面。施工前期，通过总平面图确定沟槽开挖位置和控制点标高，利用BIM技术进行放样定位，进而得到任意位置坐标和高程，施工人员通过打印数据，在现场进行放样施工，可以很好地控制放样点的精度，同时节约放样时间。

（2）模拟施工方面。基于Revit软件创建模型，导入Fuzor软件进行模拟施工，然后对现场管理和施工人员进行三维动态技术交底，明确每一道施工工序的质量要求和控制要点，特别是对管道接口位置和放坡坡度的控制进行详细交底，不放过每一个关键节点。

（3）现场文明施工布置方面。模型创建后，可以对现场文明施工进行分析，可以提前对坡顶堆载、材料堆放位置和警示标牌的悬挂位置进行三维排布，进行合理安排布置，如图2所示。

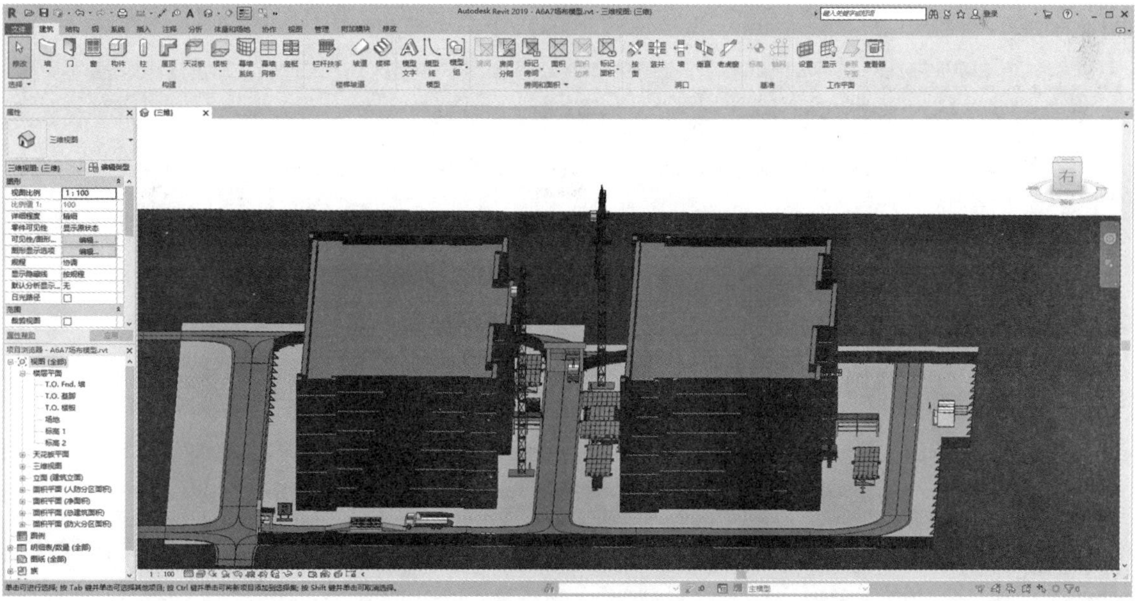

图2　三维场地布置

3　附属道路工程施工控制

3.1　传统附属道路工程施工的弊端

传统附属道路施工多数存在经验做法的现象，很少按照图纸要求严格控制施工质量，认为只要路面足够结实，就不会存在质量问题，时常忽略了路基的压实性和稳定性，从而导致后期路面出现开裂、塌孔等现象。在施工过程中附属道路施工存在以下方面的缺陷：一是对地基基础情况判断不清。地基承载力不足，在重车的压力下，容易产生沉陷。二是道路圆弧转角施工质量较差。圆弧转角施工时要多测几个测量定位点，才能做出更好的圆弧效果。三是路面放坡不均匀，出现存水现象。路面考虑排水，要向排水管井进行放坡处理。

3.2　BIM 技术在附属道路施工中的优势

利用 BIM 技术，可以解决道路转角圆弧定位放线、排水放坡点高程控制和道路断面各层施工要点讲解的问题。具体优势表现在以下方面：一是通过 BIM 技术建立测量模型，对关键点进行测量分析，保证道路边线的施工质量。二是通过 Revit 应用创建点，输入道路控制点相对标高，从而可以快速得到并控制排水任意位置的高程。三是结合道路周边实际环境分析，综合道路施工要点，创建一体化建筑信息模型。

3.3　BIM 技术在附属道路施工中的应用

室外附属道路不仅后期投入使用很重要，而且在现场文明施工中也起着永临结合的作用，因此对附属道路的施工质量要求十分严格，以免出现后期返修的麻烦。通过 BIM 技术的应用，可以很好地对附属道路施工质量进行控制，具体表现在以下方面：

（1）圆弧转角放样方面。通过 Revit 创建道路转角模型，输入测量控制点坐标，将模型定位到控制点坐标后，可以得到圆弧任意点位置的坐标，实际施工过程中可以利用测量仪器进行精确放样，将圆弧角度控制在合理的误差范围内，得到最终与图纸相符的圆弧效果，如图 3 所示。

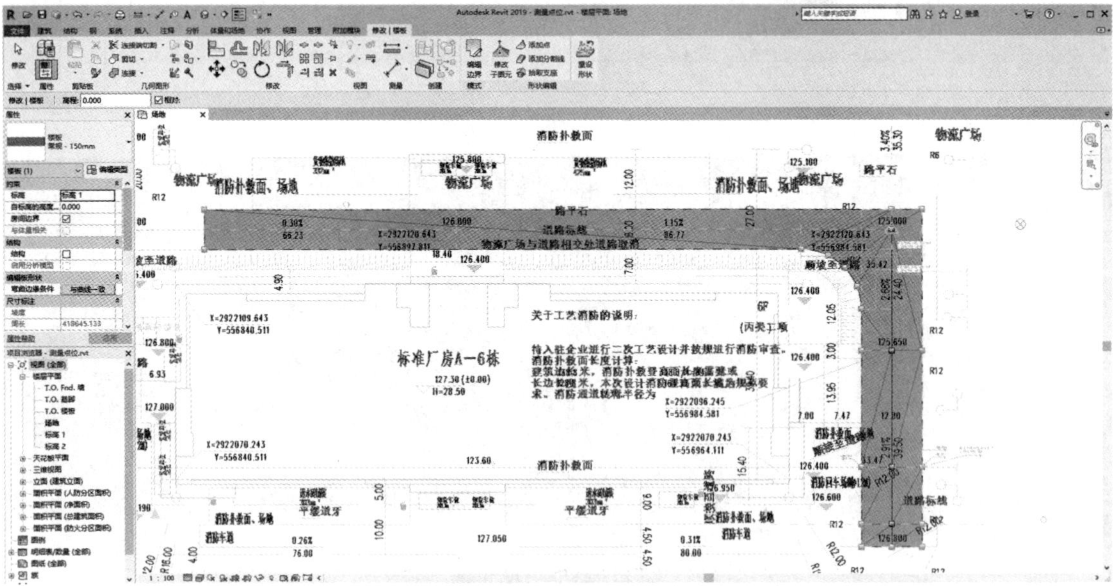

图 3　圆弧转角添加点、排水放坡高程点控制

（2）排水坡度高程点控制方面。在 Revit 软件中输入控制点相对高程，可以生成带有坡度的附属道路三维立体模型，测量人员可以通过添加点的方式得到任意点位置的相对标高，然后出图打印，在实际现场施工中按照打印的图纸进行标高控制，很大程度上可以控制排水坡度施工质量，避免存水的现象发生，如图 3 所示。

（3）一体化建筑模型方面。室外附属道路施工还包括排水沟、路缘石、停车位等周边设施施工，如果不将其一起考虑，将出现后期重新开挖施工的问题。因此通过 BIM 技术进行一体化设计十分必要，可将周边设施一起创建在附属道路模型中。

4　结语

自 2017 年 2 月，国务院办公厅发布的《关于促进建筑业持续健康发展的意见》中提到，加快推进 BIM 技术在规划、勘察、设计、施工和运营维护全过程的集成应用，实现工程建设项目全生命周期数据共享和信息化管理。全国建筑业企业掀起了学习 BIM 技术的热潮，加快其在工程建设项目上落地。室外建筑工程作为建设工程项目的一个重要组成部分，在 BIM 技术的应用上得到越来越多的关注，特别在测量放线定位及标高的选取、沟槽开挖施工控制、附属道路工程施工控制中应用较多，包括三维建模、测量点位及标高选取、模拟施工、场地布置等方面。随着 BIM 技术在室外建筑工程施工中日益发挥其优势，使工程成本、质量和进度都得到了有效控制。未来 BIM 技术会朝着大数据、人工智能、云计算等新技术的集成与创新应用方向发展，前景广阔。

参考文献

[1] 中华人民共和国住房和城乡建设部 . 房屋建筑制图统一标准：GB/T 50001—2017 [S]. 北京 . 中国建筑工业出版社 .
[2] 刘芳. BIM 技术在建筑工程项目中的应用研究 [D]. 大连：大连海事大学，2020.
[3] 周胜凯. BIM 在工程管理的应用 [J]. 中国高新区，2017（22）：112.

提高喷射混凝土施工一次合格率

李　玺　陶　坚　李桂新

湖南省第五工程有限公司

摘　要： 喷射混凝土方法具有施工速度较快，支护及时、支护效率较高、硬度大、密实性好、保温性较强，省工、作业相对简便，且支护工程量较少，施工弹性大，能够按照要求多次喷射混凝土并增加强度等特性，因此本文主要着眼于对喷射混凝土质量的管理，主要涉及喷射混凝土的喷射高度和间隔时间、喷射混凝土的强度、喷射泵的温度等。因此，对这些因素的质量控制相当重要。

关键词： 喷射混凝土；合格率；因素

该项目基坑支护护壁混凝土和地下暗挖连接隧道初期支撑结构分别使用了各种强度的混凝土，基坑护壁混凝土和初期支撑构件作为主体支撑系统的基础面板，既要和初期支撑围岩一起变形，也要有适当的厚度以控制开挖区域内过大的变化。喷射混凝土具有支撑准确、抗拉强度高、密实性好、施工简单、弹性好的优点，尤其是在软弱围岩地质环境下，配合混凝土拱支架与系统锚柱进行的组合支撑，其优势更为突出。由于施工区域存在地下涌水多、地表预埋管道与地质情况复杂等多重危险因素，因此喷射混凝土质量必须严格把控。

1　工程概况

本工程是湖南中医学院第一附属医院中医药传承创新工程建设项目及科研大楼负二层地下通道改扩建项目，长约 19m×宽 9m×高 5. 8m；设置一条连通车道和一条污物专用通道，车行通道净宽为 4m，污物通道净宽为 2m；并设置防火和人防措施，进行分区设防。工程基坑支护护壁混凝土与地下暗挖连接通道初期支护分别采用 12cm 与 35cm 厚的 C25 喷射混凝土。

2　喷射混凝土施工工艺种类及其优缺点

2. 1　干法喷射

使用搅拌机将骨料、水泥和促进剂按设计比例搅拌均匀后，使用压缩空气将快速干燥的混合物悬挂在软管中，并将其压在喷枪上。在喷嘴上与高压水混合后，以更高的速度将其喷射在岩石表面。用于干式喷涂的喷涂机的机械设计相对简单，易于清洁机器和减少操作故障。然而，由于灰尘比高、反射大、水的添加由喷嘴上的阀门控制，因此水灰比的控制也很困难。

2. 2　湿法喷射

将骨料质量、混凝土与水泥按规定配合比等拌和均匀后，用湿式系统喷射泵挤压拌和后的混凝土混合料到喷嘴上，然后在喷嘴中加入速凝剂后以较高速率喷在岩表面。湿法喷射的混凝土质量易于管理，并且在喷射过程中产生的粉尘和回弹率也较小，但因为对喷射设备的要求较高，设备处理和事故处置都较为困难。在实际工程中，由于对人类环境保护认识的提高以及对喷射混凝土产品质量要求的增加，再加上比较新型的湿式混凝土喷射机的开发使用，湿法喷射混凝土在我国建筑工程施工现场广泛采用。

3　喷射混凝土质量控制

3.1　技术交底与培训

对现场管理人员和施工人员进行喷射混凝土施工理论知识和操作技术培训（图1），对关键的操作技术进行重点强调和讲解。考核通过率达百分之百后方可进入现场进行施工。

3.2　速凝剂掺量

在原材料的质量控制中，混凝土、粗细骨料、减水剂和速凝剂的主要技术指标应符合《喷射混凝土用速凝剂》(JC/T 477—2005）和《岩土锚杆与喷射混凝土支护工程技术规范》（GB 50086—2015）的要求，并且应该保持均匀和稳定。每批检验合格后方可储存。速凝剂对于降低回弹率、改善水泥品质、提高早期强度和减少初凝时间等起了十分关键的作用。根据混凝土材料、砂浆和碎石的最佳配比添加不同比例速凝剂，或采用水平贯入法计算的水泥质量，测得速凝剂添加比例在5%以上时与混凝土材料的配合效果最佳，且整体水泥品质合格率也最高（图2）。然而，过量的掺入会对喷射混凝土的有效性产生负面影响。这主要是由于加速器虽然加快了混凝土的喷射速度，但也阻碍了混凝土中的均匀水分分布。混凝土的一部分被固化的水泥包裹，在养护过程中会产生大大小小的空气裂缝，而混凝土的另一部分由于水化和干燥反应的水分不足，容易出现大大小小的裂缝。另外速凝剂掺量要用适当的比例掺加。

图1　对相关人员进行技术交底与培训照片

图2　掺加速凝剂照片

3.3　喷射机风压

喷射混凝土的风压值一般控制在0.40~0.65MPa范围，喷射混凝土主要是基于压缩空气来运送混合物，风压过大，会增加反射率和灰尘量，因此正确控制风压很重要。风压控制是否得当，对减少喷射混凝土的回弹量、保证喷射混凝土质量稳定、减少扬尘、避免管道堵塞等都有显著影响（图3）。

3.4　喷嘴距离与角度

最佳喷雾角度约为90°。如果喷射角度不是90°，则喷射机中混凝土的喷射力会分解为混凝土压缩力和混凝土剪切力（对角向上或对角向下）。当混凝土由于固化和硬化而产生的弯曲力不足以平衡时，混凝土的剪切力就会下降，导致混凝土质量下降（图4）。

防止由于高度过高而导致喷射紧密性不足或剥落。如果喷孔处的混凝土表面干燥松散，有滑动或拉裂缝，必须先清理干净，然后再进行补充喷射。

图 3 控制风压值喷射照片

图 4 喷嘴距离和角度控制照片

3.5 喷射混凝土配合比与坍落度

混凝土实际配合比决定了喷射混凝土的等级。如果含砂量低，含砂量不足，则需要过多的水泥来填充石头之间的空隙；如果水泥量增加，石头也容易离析；如果含砂量过高，则需要过多的水泥来包裹砂子的表面积并填充砂子之间的间隙，并且水泥的用量也要增加。经过长期的实践经验，通常水泥：中粗砂：砾石=1：2：2 的比例是合适的。

喷射混凝土的坍落度控制在 140~160mm 范围内较为理想。坍落度较小，喷射放料困难，骨料与胶凝材料喷射后分离严重，且“断触喷射”导致回弹率较大，混凝土质量不好；坍落度大，自由水分变多，促凝成分不变，凝结时间变长，回弹率增加，混凝土质量也不好。所以配合比和坍落度要控制在最佳范围内，混凝土喷射质量才会好（图 5）。

3.6 喷射厚度与分层喷射间隔时间

喷射混凝土的每次喷射厚度一般要求在 50mm 内。如果每次喷射厚度过大，则混凝土中粒子的凝聚力减弱，随墙体自重而下坠；每次喷射厚度太薄，混凝土料在岩面上的骨料很易溅回地面，产生回弹料，也粘不住。而当一次喷射厚达不到工程要求后，还需再喷射一次或多次，每喷射一次，都需要间隔一段时间。因此多级喷射时，有一定的间隔时间，而多级喷射时间间隔一般掌握在 15min。如果时间间隔过长，表面偏干，黏结力不好，阻碍了工程进度；时间太短，也可能由于墙面的自重过大而使建筑物结构出现裂缝或剥落（图 6）。

图 5 混凝土坍落度控制照片

图 6 一次喷射厚度与时间间隔控制照片

4 实施效果

现场使用该工艺后，对喷射混凝土产品质量合格率的提升效果更加显著，合格率由原来的 81.3%提高到了 90%以上，更有利于降低成本，从而达到了良好的施工效果。并得到了工程单位、监理机构以及各兄弟单位的一致赞誉。本工艺也对工期、成本、节能环保等方面均会带来良好的效益，为今后类似工程的施工提供了宝贵的经验。

采用本工艺后施工效果显著，节约返工与加固费用 86529 元、施工综合管理费用 4327 元，与活动相关投入费用共 22766 元，共节约 86529+4327-22766=68090 元，经济效益显著提高。技术可行、安全可靠，经济合理。

5　结语

虽然喷射混凝土技术发展迅速，但随着施工技术的提高以及新型外加剂技术的发展，喷射混凝土的性能和适用性都有了很大的提高。同时，喷射混凝土的质量也直接影响建筑结构的受力、防护、耐久性等。因此，对于喷射混凝土施工，有必要严格遵守质量控制体系的要求，通过各种措施增强质量意识，加强质量管理，制定操作规程，使喷射混凝土技术在工程施工中发挥越来越重要的作用，从而有利于降低成本、方便施工和操作。同时，最大限度地节约资源，减少施工扬尘、装饰性建筑垃圾等对环境的负面影响，实现绿色施工，这也符合绿色建设和绿色建设的宗旨。

参考文献

[1]　海涛．笔架山隧道湿喷工艺应用技术总结［J］．山西建筑，2017，43（15）：165-167.

[2]　中国建筑科学研究院．喷射混凝土用速凝剂：JC 477—2005［M］．中国建材工业出版社，2005.

[3]　中冶建筑研究总院有限公司．岩土锚杆与喷射混凝土支护工程技术规范：GB 50086—2015［M］．中国计划出版社，2015.

[4]　陆超，王强，于海洋，等．湿法喷射混凝土技术在空间双曲滑道实体工程中的质量控制方法［A］//中冶建筑研究总院有限公司．2021 年工业建筑学术交流会论文集［C］．2021.

[5]　王德洋．隧道喷射混凝土质量控制［J］．公路交通科技（应用技术版），2016，12（03）：318-320.

[6]　张鹏．长大隧道喷射混凝土施工质量控制措施［J］．公路，2014，59（09）：197-200.

一种新型组合式理线装置在建筑智能化工程中的应用

刘　毅　唐　夏

湖南天禹设备安装有限公司　株洲　412000

摘　要：本文介绍一种自制装配式理线装置，通过该装置应用能够有效地解决在楼层配线间、电缆桥架、机房内施工布放软质导线过程中导线相互缠绕问题。相对于传统的理线分类方式，该装置可单人独立操作，无须他人辅助，理线完成后装置自动脱落可重复使用。该技术应用降低了材料成本、人工成本及线缆凌乱造成的质量、安全隐患以及后期维护困难等问题，为类似项目提供了一种解决方案，可供参考。

关键词：装配式；软导线；理线装置；BIM 技术

1　前言

随着社会进步和发展，信息数字化、物联网、智能建筑的普及，建筑物内数据线缆、控制导线等软质导线使用量剧增。在楼层配线间、电缆桥架、机房内多有导线汇集，施工布放软质导线过程中导线易相互缠绕。当导线上架、进柜、进箱分类、标识标签时需要对大量缠绕的预留软导线进行理线、细部整理，此工作耗时耗力，且工程质量难以控制。因此如何实现高效快捷并高质量完成软质导线的敷设已经成为亟待解决的问题。我们利用 BIM 技术设计了一种装置能够快速完成线缆整理及分类，提高了施工效率，避免了因线缆凌乱造成的质量、安全隐患。

2　工程概况

湖南信息职业技术学院新校区建设项目（一期）设计施工总承包（EPC）弱电智能化工程总建筑面积 306250. 98m^2，地上 284119. 44m^2，地下 22131. 54m^2。包括 17 栋建筑及 1 层地下室。本工程设有网络机房、安防监控机房、通信机房、公共广播机房、监考机房、汇聚机房共 6 类机房，弱电设备间 126 个。分区信息点位密集，汇集入机柜量大，且分布广。为提高现场施工效率，确保施工质量，项目团队通过集思广益设计并制作了一种理线装置。

3　工艺原理

通过借鉴梳子结构，采用 BIM 技术辅助设计制作理线装置。新型组合式理线装置由理线带（以下简称带体）和非封闭“O”形扣环（以下简称扣环）组合形成对线缆的固定支撑。扣环插入脚与带体形成 9°夹角，采用 24 孔柔性带体为主体，扣环件组合。线缆按顺序卡入扣环内将软理线带体展开，并抖动带体将后方缠绕电缆快速撑开，捆扎线缆时将带体卷曲形成螺旋状，在 30cm 处进行绑扎，快速成型后向线缆末端继续理线，直至线缆末端理线装置自然脱落，并给线缆粘贴固定标签，采用此方法解决了理线困难及线缆混乱不美观问题。

3.1　工艺流程及操作要点

3.1.1　施工工艺流程（图 1）

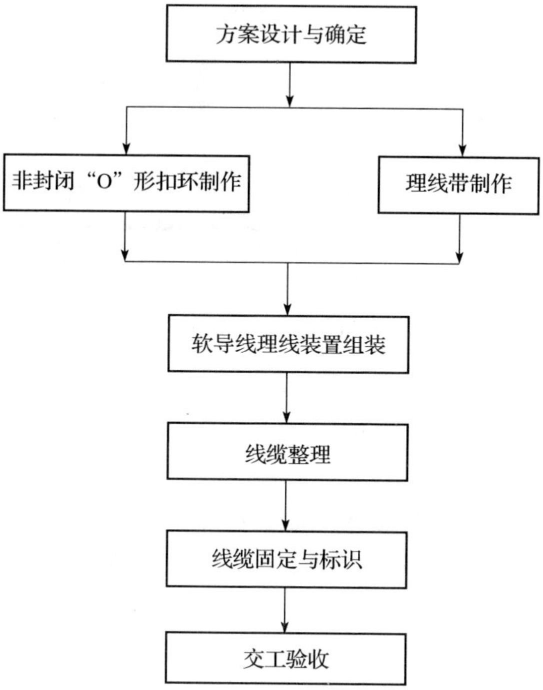

图 1　工艺流程图

3.1.2　操作要点

（1）理线装置方案设计与确定

①参照施工图纸中线缆规格型号、种类、数量以及现场施工情况，设计一种软导线理线装置，理线装置设计最佳方案系统图如图 2 所示。

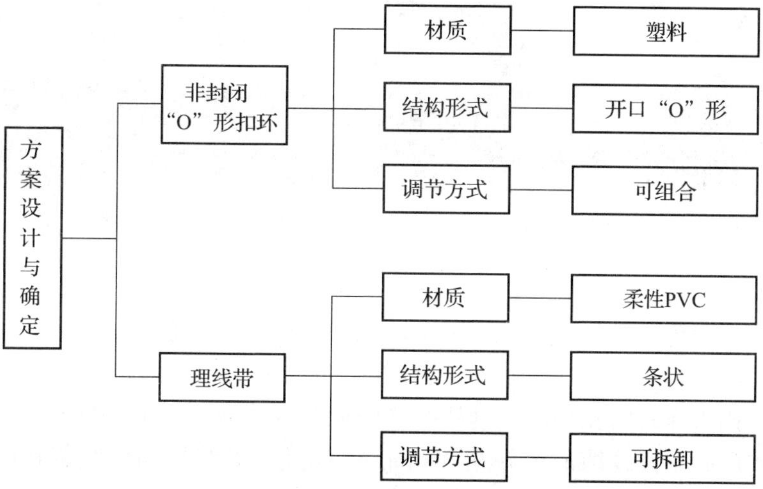

图 2　理线装置设计方案系统图

②运用 Revit 软件进行三维设计，理线装置三视图与三维效果如图 3 所示。

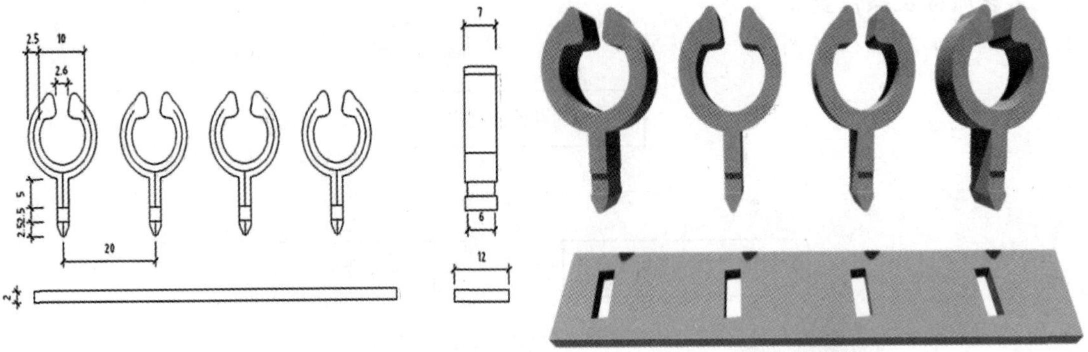

（a）正视图　　（b）侧视图　　（c）效果图

图 3　理线装置三维效果图

（2）非封闭“O”形扣环制作

导出 BIM 模型文件，采用 3D 打印机完成扣环装置制作，3D 打印制作如图 4 所示。

（3）理线带制作

理线带采用一种柔性 PVC 材料制作，根据扣环与扣环间距确定理线带长度为 500mm、宽度为 15mm、厚度为 2mm，然后采用铝合金雕刻刀在带体上开长方形孔，孔长为 6mm，宽度为 2mm，开孔角度倾斜 9°。

（4）软导线理线装置组装

将非封闭扣环插脚一端插入理线带开口卡槽内，使插脚与带体形成 9°夹角，组合成装置整体，如图 5 所示。

图 4　3D 打印机制作扣环

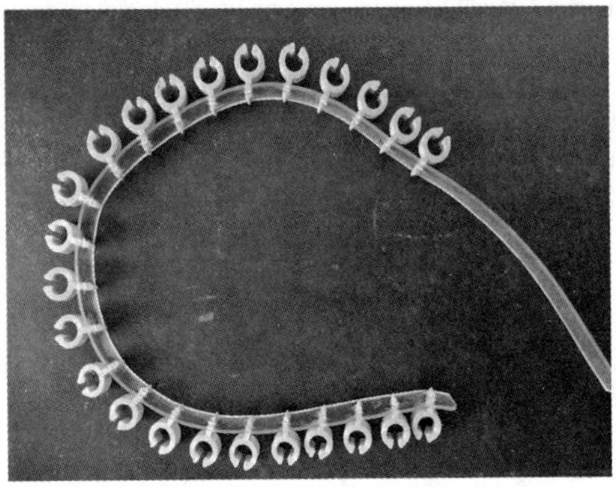

图 5　理线装置实物图

（5）线缆整理

①线缆整理前应核对型号、规格、路由及位置与设计规定相符。

②根据线缆数量选择单条或多条 24 孔理线带进行组合，将前端敷设至汇聚点的线缆按敷设顺序将线缆扣入非封闭扣环内。理线时横向展开理线装置抖动并推开缠绕线缆，然后将理线装置卷曲成螺旋状使线缆成束并在 300mm 处绑扎。继续推动理线装置向后梳理，重复这一过程，直至梳理至线缆末端，理线装置自然脱落，收集理线装置，可重复利用（图 6~图 9）。

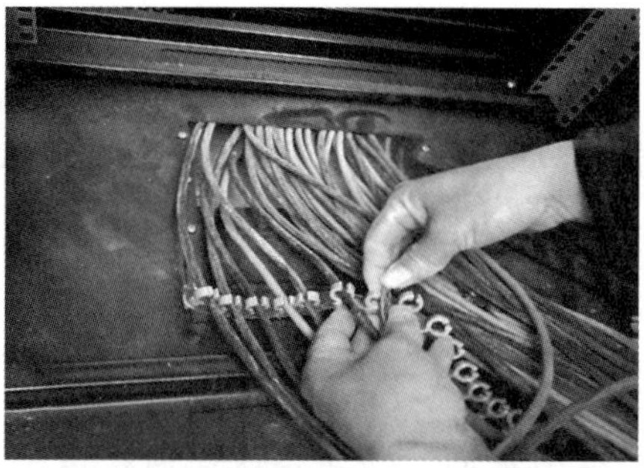

图 6　线缆扣入理线装置内

图 7　线缆展开梳理

图 8　卷曲带体使线缆成束

图 9　理线装置梳理至末端脱落

（6）线缆固定与标识

①在水平、垂直弱电桥架敷设线缆时，应对线缆进行绑扎。4 对双绞电缆以 24 根为 1 束，25 根以上或根据对绞电缆、光缆及其他信号电缆类型、缆径、色标、线缆芯数分类绑扎。绑扎间距不宜大于 1.5m，绑扎间距应均匀、松紧适度。

②配线设备机架线缆采用下走线方式，架底位置应与线缆上线孔对应；各直列垂直倾斜误差不应大于 3mm，底座水平误差每 $1m^2$ 不应大于 2mm；接线端子各种标识应齐全。

③线缆两端应贴有标签，标明编号，标签书写应清晰、端正，标签应选用不易损坏的材料保护。

（7）交工验收

在以上工序完成后，应按照规范要求填写分项工程检验批质量验收记录及电气性能测试记录、系统链路测试记录。完成后效果如图 10 所示。

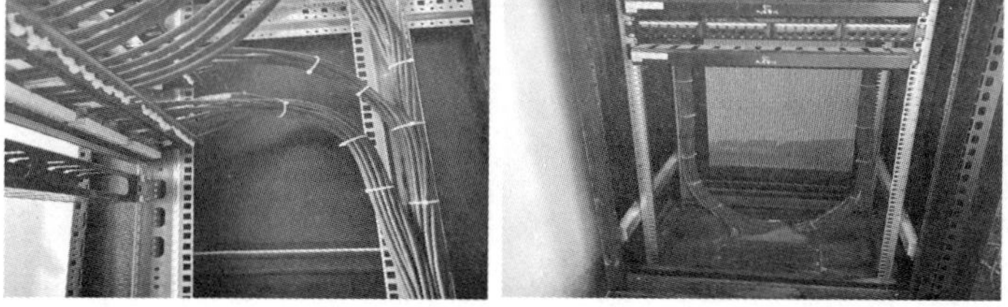

图 10　完成后效果

4　施工技术的控制措施

4.1　施工前准备

依据施工图纸和技术要求，对各区域综合布线线缆规格及功能进行分类，编制线缆编码表，配备足量理线装置。各配线间或线缆汇聚点机柜位置定位，确认机柜类型，绘制机柜设备布局图。施工前向作业班组做班前施工技术交底。

4.2　施工过程控制

综合布线线缆进入配线间或线缆汇聚点时按类型分类后按顺序卡入理线装置内，粘贴临时编码标签。预留线缆长度不宜超过机柜入线口至柜顶高度，放线完毕后对线束进行初步捆扎。

根据定位安装机柜，设备与柜体采用 $4mm^2$ 铜导线接地保护，柜体采用 $16mm^2$ 铜导线与电井内接地装置连接。线缆理线前，比对线缆编码表，查漏补缺。理线时各类型线缆通过理线装置卷曲方向统一，间距 300mm 捆扎成束。线束上架时绑扎牢固，线缆弯曲时不得超过各类型线缆弯曲半径要求。线缆上架后根据编码表粘贴永久标签。设备通电使用前保证柜内清洁无灰尘。

4.3　检查及验收

采用测线仪、FULKE 测试仪，对各类型综合布线线缆进行通路及链路测试。监理工程师旁站监督，测试通过后填写分项工程检验批质量验收记录及电气性能测试记录、系统链路测试记录。

5　结语

新型组合式软导线理线装置施工与传统安装工艺比较，只需 1 人一次可快速整理 24 根软导线，提高了工作效率，降低了人工成本。采用新型组合式软导线理线装置使线缆敷设条理清晰，便于区分，有效提升了工程质量、减少了施工成本。理线带及扣环采用聚氯乙烯材质，其结构简单、质量轻巧、携带方便、制造简易、造价低廉，可自由组合、重复使用。湖南信息职业技术学院新校区弱电智能化工程采用此技术后现场观感质量好，为类似工程提供了指导与借鉴作用。

参考文献

［1］ 中华人民共和国住房和城乡建设部．智能建筑工程质量验收规范：GB 50339—2013［S］．北京：中国建筑工业出版社，2013.

［2］ 中国建筑标准设计研究院．综合布线系统工程设计与施工：20X101-3. 北京：中国计划出版社，2021.

［3］ 黎连业，黎恒浩，王华．建筑弱电工程设计手册．北京：中国电力出版社，2009.

逆作法格构柱预埋精准定位、垂直度控制施工技术与运用

陶　坚　李桂新　李　玺

湖南省第五工程有限公司　株洲　412000

摘　要： 逆作法格构柱作为承重结构的重要构件，其位置准确度及垂直度控制至关重要。本文介绍了一种格构柱精准定位施工技术的工程实际应用案例，从该施工技术的工艺原理、工艺流程到实施效果等方面进行了剖析。

关键词： 逆作法；格构柱；定位

格构柱多用于主体劲性钢结构柱，如深基坑内支撑梁下格构柱等逆作法施工。由于基坑深度原因，格构柱上部超长悬臂，轴线定位及垂直度难以控制，须采取一定的技术措施。

湖南中医药大学第一附属医院传承创新工程项目施工时，裙楼 18 根框架柱在标高（−13.45～±0m）范围人工挖孔桩桩基础内设计预埋格构柱，为项目二期地下 4 层车库地下室结构柱；本项目深基坑支护工程内设有 8 根深支撑格构柱，上端悬臂长度为 12.35m，均采用逆作法施工。

本项目格构柱分为两个部分：下部为格构柱的嵌入端，根据设计要求嵌入桩基础内 3m，上部为格构柱的悬臂端，悬臂长度为 15.25m，为项目二期预留，待土方开挖后作为裙楼的框架柱，下部在裙楼地下室内设计有基础梁和剪力墙穿过格构柱，因此格构柱预埋位置的准确度和垂直度必须严格控制。

1　工程概况

湖南中医药大学第一附属医院中医药传承创新工程项目（2021 年 12 月至 2022 年 12 月完成裙楼桩基础及主体施工）；工程位于长沙市雨花区韶山中路 95 号湖南中医药大学第一附属医院内，裙楼共 18 根人工挖孔桩，桩径为 1000～1200mm，深度为 22～25m；桩内预留格构柱采用逆作法，格构柱长度（17.25+1）m，为方便吊装制作时加长 1m，主要用途为项目二期地下车库预留钢柱；项目二期为包括裙楼区域在内的地下 4 层车库，标高为−13.45m～±0m。深长空桩内的格构柱预埋精准定位、垂直度控制技术在湖南中医药大学第一附属医院中医药传承创新建设项目顺利实施。

2　逆作法格构柱预埋精准定位、垂直度控制施工技术

2.1　技术工艺原理

利用 BIM 技术进行施工过程模拟及可视化交底；利用有限元分析软件，进行吊装工况分析、施工过程中安全稳定性的模拟验算及格构柱安装后稳定性验算；通过在格构柱上部悬臂端区域内设方形定位钢框与工字钢平撑，中部间隔不大于 3m 设置多道微调定位螺杆，下部格构柱嵌入立柱桩区域内间隔不大于 2m 等距布置微调定位螺杆；上中下三道定位装置精

准地定位安装格构柱，在逆作法条件下，解决了格构柱安装定位困难，安装定位后混凝土浇捣时，受流动混凝土不均匀冲击及上浮、影响格构柱的垂直度和位置准确度的质量问题。

2.2　技术工艺流程

逆作法格构柱预埋精准定位、垂直度控制施工工艺流程如下：

施工准备→测量放线→成孔验收→立柱桩下放钢筋笼→上口定位钢框安装→格构柱吊装→格构柱上部、中下部、底部三道定位施工→格构柱安装→基础梁施工→结构柱钢筋、模板与混凝土工程→拆模与验收。现场施工如图 1～图 11 所示。

图 1　立柱桩钢筋笼下放

图 2　定位钢框安装

图 3　上口定位钢框材料加工

图 4　上口定位钢框定位安装

图 5　上口定位钢框安装

图 6　格构柱安装

图 7　格构柱与槽钢和角钢连接安装

图 8　格构柱上部现场安装

图 9　安装后的格构柱

图 10　土方开挖后格构柱

图 11　浇筑后的格构柱

2.3　技术要点

进场材料有出厂证明、合格证、试验合格单，现场见证取样进行原材复试。桩身钢筋笼纵向筋及加劲箍筋应根据设计图纸和专项方案，在加工棚加工好，利用加劲箍作为主筋定位及固定构件，主筋焊接完成后再绑扎螺旋箍筋。保证笼心位置，确保保护层的厚度（主筋保护层厚度为 50mm）；钢结构格构柱严格按照设计图纸和方案制作施工，做好相关检验试验；格构柱长度根据设计长度+安装增长 1m 在工厂制作，根据定位装置图留置好孔洞，格构柱外侧在孔洞位置焊接好螺母，角钢的拼接焊缝连接位置应错开，骨架长度与截面允许偏差为±100mm，角钢间距为±10mm，格构柱垂直度为偏差≤$L\%$，办理好验收记录。然后采用汽车吊或塔式起重机将验收合格的立柱桩钢筋笼吊入桩孔，用钢管临时固定。

采用 14 号槽钢做定位钢框，根据安装格构柱的尺寸位置焊接定位角钢（误差控制在允许误差内），45mm×45mm×6mm 定位角钢焊接成方形，方形内空净距为格构柱尺寸+30mm（两边焊接宽度 15mm），误差控制在±4mm，焊接形成牢固的方形定位框，通过ϕ16mm 膨胀螺栓将方形定位框与地面固定，使用前做好验收记录。

将上口定位钢框吊放到桩孔找平层上，反复调整使钢框中心线与建筑轴线重合，复核无误后，通过 M16mm 膨胀螺栓将定位钢框固定。

根据钢结构吊装计算，使用与方案相符的吊装设备与配重，将格构柱穿过桩孔上口定位钢框中心垂直下放，达到深度要求，控制好格构柱下放速度以防触碰上口定位钢框。

上部定位：检查格构柱吊装时是否触动上口定位钢框位置（如有应先校正），确认无误后作业人员进入格构柱中间孔洞格内，在其上部位置距离洞口标高 1.5m 位置设置一道 14 号工字钢平撑，工字钢与格构柱外壁焊接；将格构柱与定位钢框的角钢焊接牢固，完成格构柱上部定位。

中下部定位：作业人员进入格构柱中间孔洞格内，在其中下部按照 3m 间距设置 M20mm 微调定位螺杆，微调定位螺杆与预留孔通过扭转螺丝控制水平位置，完成格构柱中下部定位。

底部定位：格构柱底部 1.4m 的间距设置 M20mm 微调定位螺杆，于底部区域（为根据设计要求的立柱桩顶 3m）完成格构柱底部定位。3 道微调定位螺杆通过扭转螺丝控制水平位置，与立柱桩钢筋笼焊接。

上述钢筋笼、格构柱安装完成后，根据设计图纸和规范容许偏差要求，复测格构柱平面位置、标高与垂直度，满足要求后组织参建单位联合验收。验收合格后及时对下部桩混凝土进行浇筑。浇筑混凝土前先抽尽孔内积水，清理松散土层，再严格按方案浇筑桩身混凝土；混凝土浇筑须严格控制浇筑速度、浇筑质量和混凝土标高。

下部桩混凝土浇筑达到设计强度后，机械土方开挖，基坑土方开挖前拆除上口定位钢框、集中回收以备下次再用。基坑土方严格按方案分层、分区、均衡开挖，开挖时做好对格构柱的保护，靠近格构柱周边 0.5m 范围的土方采用人工开挖。土方工程完成后及时对格构柱的垂直度、轴线等进行验收。然后土方工程完成及格构柱验收合格后即可进行基础及基础梁施工。

按设计和专项方案要求完成钢结构格构柱外钢筋绑扎、模板工程及格构柱混凝土工程。格构柱混凝土完成浇筑后及时拆除模板并进行验收。

3　实施效果

采用本技术后，对逆作法施工中长悬空格构柱的位置、垂直度控制效果显著，保证了质量，降低了成本，取得了良好的施工效果。同时获得业主单位、监理单位及各兄弟单位的一致好评。本工法在工期、成本、节能环保等控制方面效果良好，为今后类似工程的施工提供了宝贵的实践经验。

采用本工法后效果显著，单根格构柱缩短工期约 1d、设备 1 台班，型钢定位架可重复利用，节约人工约为 5 工日。计算式为：$(18+6)\times(1\times1500+5\times400)=84000$ 元，经济效益显著提高，技术先进可行、安全可靠、经济合理。

4　结语

本工程裙楼 18 根框架柱应用逆作法格构柱预埋精准定位、垂直度控制施工技术，克服了上部超长悬臂、轴线定位及垂直度难以控制等困难，取得了显著效果，技术可行、结构合理。在解决了精准定位与垂直度的良好控制问题的同时，还可控制格构柱的上浮。部分构件还可重复利用，利于降低成本，施工方便，操作便捷。最大限度地节约了资源与减少了对环境的负面影响，如控制施工扬尘、施工噪声以及装饰建筑垃圾等，从而实现绿色施工、绿色建造；符合绿色施工、绿色建造的宗旨，是一种可推广的新型实用技术。

参考文献

[1] 李文旭，李建峰，尹文龙，等．逆作法“灌注桩+格构柱”精准施工技术［J］．建筑机械化，2022，43（04）：26-29.

[2] 黄勇，周予启，徐超卓，等．紧邻敏感构筑物超深基坑中心岛结合逆作法施工技术［J］．施工技术，2019，48（13）：7-9，47.

[3] 李新刚．软土深基坑逆作法桩柱一体化施工技术［J］．施工技术，2020，49（09）：78-80，84.

[4] 代涛，方圆，李聪，等．基于 BIM 的大截面逆作法一柱一桩施工技术［J］．施工技术，2019，48（22）：46-48，89.

[5] 韩阳，张义，石军，等．超深逆作法一柱一桩钢柱定位及调垂技术［J］．施工技术，2019，48（16）：119-121.

“BIM+3D 打印技术”在机电安装工程中的应用

罗方明　刘　冰

湖南天禹设备安装有限公司　株洲　412000

摘　要：本文阐述了项目部运用 BIM+3D 打印技术研制二次预埋套管定位扶正装置，解决二次预埋套管居中合格率问题的这一过程，利用 BIM 与 3D 打印技术的特性，将方案设计、样品制作的耗时大大缩短，实现了装置的快速设计与开发，提升了生产效率。这一种新的研制方式相对于传统方式，研发效率可提升数倍，也为今后进行科研课题研发与实施提供了一种新模式。

关键词：BIM 技术；3D 打印；虚拟施工；产品研发

1　前言

随着物质生活水平的不断提高，人们对住宅质量的要求越来越高。在建筑机电安装工程的管道施工过程中，穿墙、穿楼板管道与套管之间需要填充防火密封材料进行封堵，以防止火灾蔓延到起火源相邻的区域，达到保护人员和设备安全的目的。而管道在套管内居中布置的稳定性与定位精度直接影响到套管与防火封堵的质量，是施工质量控制中容易忽视的一点。我们尝试研发一种装置能够有效解决二次预埋套管居中的问题，避免在施工中出现以上问题，以提升项目施工安全与工程质量水平。

2　工程概况

湖南省创意设计总部大厦项目位于长沙市开福区，是由湖南建工集团有限公司投资开发、湖南省第五工程有限公司总承包、湖南天禹设备安装有限公司安装分包的 EPC 项目，是同时采用混凝土装配式、钢结构装配式、木结构装配式项目中装配率较高的建筑。

本工程配管施工中管道穿楼板数量约 8126 处，因预埋套管数量多、分布面广、质量难以控制，且二次预埋套管的安装质量直接影响到建筑物的防火、防水功能和美观度。

3　传统穿墙套管安装工艺的弊端

通过对现场施工情况进行调查，发现项目部采用的施工方法是在套管内焊接钢筋来定位。该方法存在如下弊端：

（1）项目的套管数量多，钢筋耗用量大。钢筋定位焊接质量控制难，且材料浪费严重。

（2）在防火密封材料填充前，需要切除套管内的定位钢筋，而后对切口处进行防锈处理，人工成本高。

（3）切割与焊接设备需与工作地点同步移动，增加了机械伤害和动火作业的安全隐患。

4　基于 BIM+3D 打印技术的产品研发

BIM 是 Building Information Modeling 的简称，其三维可视化的特性，可让模型设计过程与结果更加直观，使设计人员从抽象与复杂的空间想象中解脱出来，专注于产品设计，从而提高了工作效率，减少了错误的发生。

3D 打印出现在 20 世纪 90 年代中期，3D 打印（也称增材制造）技术是一种非传统加工工艺，是近年来兴起的一项集光、机电、计算机、数控及新材料于一体的先进制造技术。

随着市场产品推广与迭代速度不断加快，对产品研发的速度要求变得更高。而传统的产品研发需要事先制作出昂贵的模具，再进行批量生产。若出现模具设计问题，则损失和风险较大。基于 BIM+3D 打印技术进行产品研发是采用 BIM 技术建立模型，在电脑中进行可行性验证，用 3D 打印技术快速制作出造型复杂的产品，而不需要制作昂贵的模具，从而大幅提升了产品研发速度。

5　二次预埋套管扶正装置的研制

我们尝试研发一种套管定位装置来解决套管安装定位的问题，采用 BIM+3D 打印技术进行套管扶正装置的研发，在 BIM 软件中建立套管定位装置的三维模型；在软件中通过施工模拟等手段，实现对设计方案的可行性验证；用 3D 打印技术，直接将 BIM 设计模型打印制作出实体样品，把实体样品运到现场安装，完成方案验证。

5.1　测量数据

我们在项目中常用 DN50～DN300mm 管道，对套管的内径、外径、长度等数据进行现场测量，以确定装置的工作范围和实体尺寸（表 1）。根据实测数据，确定了装置调节范围在 20～25mm 之间。

表 1　管道及其套管实测数据表　（mm）

管道公称直径	管道外径	套管内径	套管与管道间距
DN50	60. 3	110. 5	50. 2
DN65	76. 1	117. 25	41. 15
DN80	88. 9	136	47. 1
DN100	114. 3	154. 5	40. 2
DN150	168. 3	213	44. 7
DN200	219. 1	265	45. 9
DN250	273	317	44
DN300	325	367	42

5.2　基于 BIM 技术的模型设计

我们用 BIM 软件设计出套管扶正装置（图 1）。按 1：1 的比例建立管道、套管、墙体、扶正装置的三维模型，同时借助 BIM 的三维可视化的特性（图 2），在三维场景中模拟管道、套管的施工安装过程，这也使得审核变得更加直观、高效。

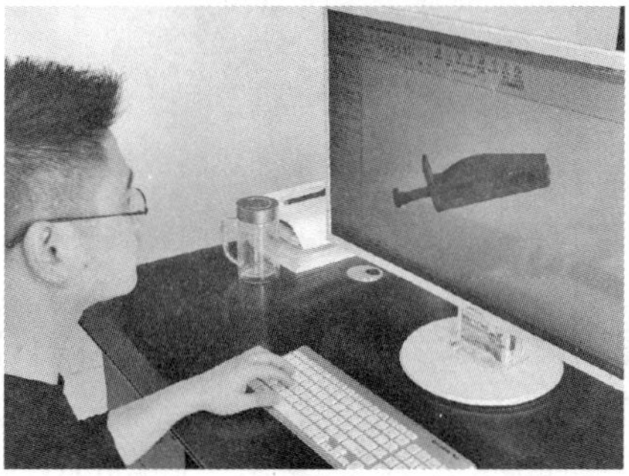

图 1　设计模具模型

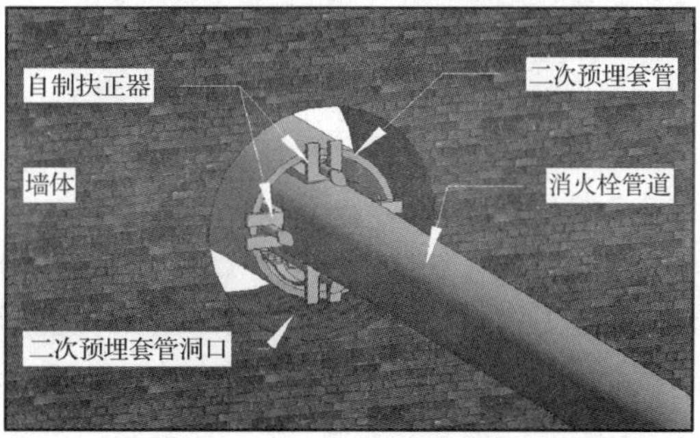

图 2　施工安装过程模拟

5.3　基于 3D 打印技术的产品制作

将 BIM 设计模型文件导入到 Cura 打印切片软件中（图 3），调整打印参数并保存打印 GCODE 文件。将 GCODE 文件载入 3D 打印机中，开始打印实体构件模型（图 4）。类似套管扶正装置这种复杂造型的构件，可用快速打印机制作出来。比传统手工加工或制模注塑等制作工艺效率提高几十倍，且制作成本低廉。

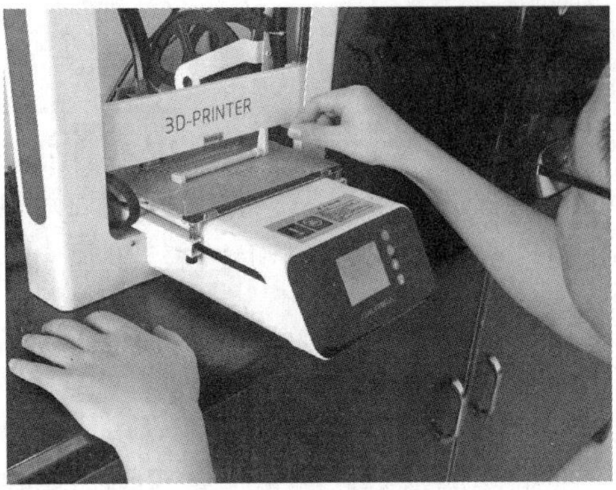

图 3　打印制作模具

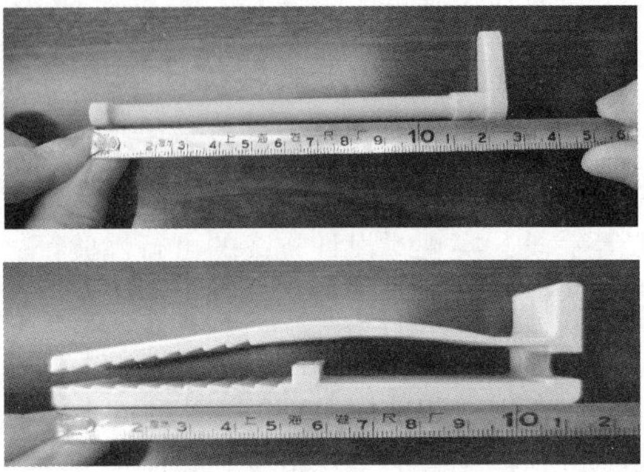
图 4　成品模具的尺寸校核

5.4　安装测试与效果检查

现场施工作业班组通过技术交底培训，学习使用套管扶正装置安装方法（图 5），在现场进行套管与管道安装。

经检查发现使用了新装置的套管定位效果好，稳定可靠（图 6）。与传统施工方法相比，由于不需要采用焊接钢筋进行定位，避免了钢筋的损耗，降低了施工成本与作业的风险，施工合格率和工作效率得到显著提升。

图 5　二次预埋套管安装

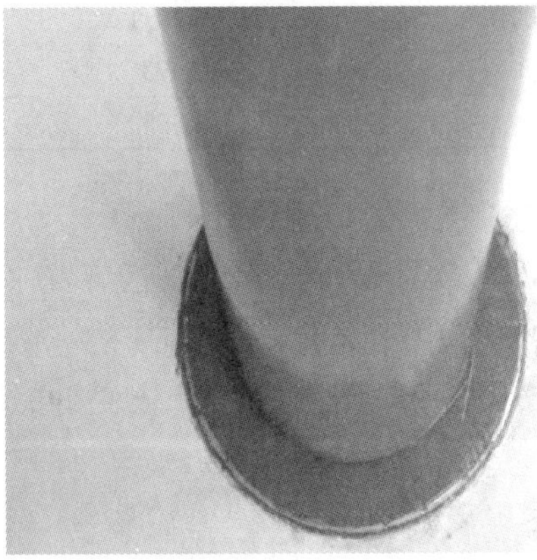
图 6　套管外封堵完成后效果

6　结语

在项目施工过程中，为了解决二次预埋套管居中定位问题，我们应用 BIM+3D 打印技术设计制作了二次预埋套管扶正装置，该装置在项目后期施工中得到了较好的运用。若采取传统方法手工定制或制模注塑的方式制造装置原型，通常需要数天甚至数周，同时可能因为开模不当造成更大的损失与风险；基于 BIM+3D 打印技术可快速制作造型丰富、型面复杂的产品，实现了在短时间内完成从方案策划、设计验证、装置试制等环节，切实保证了生产效率。这种新的研发方式也为我们今后的研发提供了一种新的模式，可以预见，该技术在未来也将得到更加广泛的应用。

参考文献

[1] 朱滋镕，焦明明．BIM 建模基础与应用［M］．北京：化学工业出版社，2017.
[2] 李博．3D 打印技术［M］．北京：中国轻工业出版社，2017.

混凝土浇筑施工技术在中高层建筑工程中的实践研究

彭玉新　曹长清　吴玉顺　向玉嵩　曹　景　向　云　刘翔鹏

湖南省第五工程有限工公司　株洲　41200

摘　要：随着我国改革开放的深化，以及城市化建设和城市管理改革的不断深入，更多的中高层建筑将对我国城市规划管理提出越来越高的挑战。在施工中，混凝土的施工过程是一个非常复杂的过程，它直接影响施工的结果。当前，企业要想改善混凝土的施工质量，除了要优化施工人员的业务水平之外，更重要的是要改善其施工工艺。本文就混凝土浇筑施工技术在中高层建筑工程中的实践进行分析研究。

关键词：混凝土浇筑；施工技术；中高层；建筑工程；实践研究

从对混凝土工程施工质量的分析中可以看出，浇筑过程中若有问题，极易导致混凝土出现穿透性裂缝或表面裂缝，这将会极大地限制工程结构的耐久性和防水优势的发挥。所以，如何改进施工技术，使其更好地发挥作用具有十分重要的意义。这就要求施工企业必须严格按照设计标准中的基本要求，不断完善混凝土浇筑技术，以确保工程的总体质量。

1　混凝土浇筑施工质量影响因素

1.1　混凝土拌和

混凝土结构是一种比较普遍的建筑结构形式，它对高层建筑的整体性能有很大的影响。这就需要相关的建设单位，对混凝土浇筑施工技术予以高度的关注，并对其存在的问题展开科学研究，以达到高层建筑建设质量的有效提升。企业要想让混凝土结构浇筑施工技术的品质得到更好的提升，首先工作人员要对混凝土浇筑施工工艺有一个基本的认识，其混凝土浇筑施工流程如图 1 所示。混凝土搅拌是混凝土浇筑过程中最基础的环节，它的好坏对整个工程都有很大的影响。在拌和混凝土过程中，施工人员必须能调整好水和混凝土的配合比。混凝土的不同配合比，会对混凝土结构的强度和承载能力造成很大的影响，这就需要工作人员在工作环境和施工现场条件的基础上，选择合适的混凝土，才能更好地提升混凝土的浇筑施工质量，推动建筑业的稳步发展。

1.2　混凝土浇筑需要连续完成

除了混凝土拌和时间会对混凝土浇筑质量造成一定的影响以外，混凝土浇筑施工的工序也是影响混凝土浇筑质量的因素。相对于常规的钢筋混凝土建筑来讲，在混凝土浇筑过程中，要求施工人员不间断地进行施工，以确保工程质量。但是，在实际工程中，由于各种原因，往往会造成混凝土浇筑的停顿，从而使混凝土结构的质量达不到工程的要求。要想有效地确保施工的连续性，就需要施工单位在施工过程中充分地考虑到各种影响因素，以确保工程的顺利进行。浇筑施工的连续性也能让工程更好地符合施工进度要求，进而可以有效地保证施工质量。

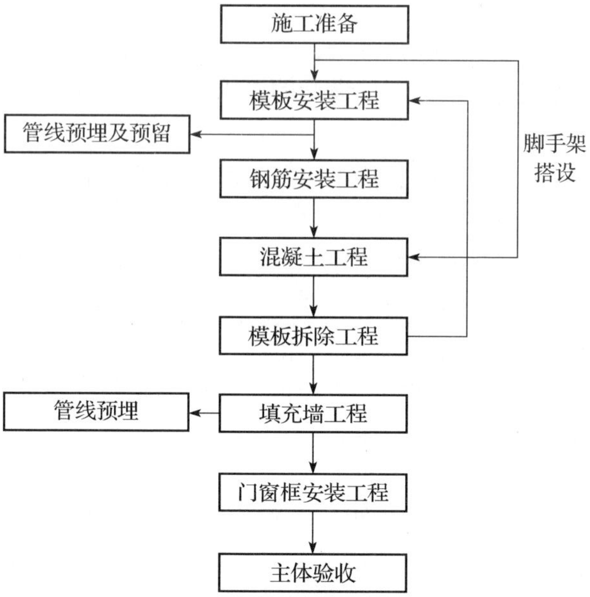

图 1　混凝土施工基本流程

2　混凝土浇筑施工技术优势

首先，混凝土强度高。近年来，随着施工技术的日益提高，对混凝土的应用也提出了更高的要求。实践证明，混凝土能更好地满足当前土木工程的需求，其较高的强度可改善混凝土工程质量。其次，施工简单。在土木工程的整体实施方案中，不同阶段采用不同的浇筑方法，能够缩短施工时期，突出了混凝土浇筑的便利性。在施工活动中，坚持混凝土配合比设计原则，通过正确的浇筑工艺，能够大大缩短建设工程的工期。

3　中高层建筑混凝土浇筑质量控制措施

3.1　混凝土材料的选择和配合比

要想有效地改善混凝土的浇筑质量，就必须对混凝土材料进行合理选配，这样才能有效地保证工程的质量。在进行混凝土材料的预选和配对的时候，施工人员应当对有关的混凝土结构有一个基础的认识，以此为基础，来确定合适的配合比，以确保工程质量。在施工过程中，采用合理的施工工艺控制施工质量。同时，在使用混凝土材料时，还应注意对建筑费用进行有效控制，以达到提升建筑企业经济效益的目的。在浇筑混凝土前，施工人员还必须了解混凝土和外加剂的搭配比例，避免混凝土构件产生裂缝。砂是混凝土的主要成分，必须对混凝土中的砂石杂物加以严控，使其能够充分适应工程施工的要求，这样才能有效提高施工的效率。

3.2　浇筑混凝土施工技术

在做好混凝土配合比的管理和分析的同时，还需要做好对混凝土浇筑工艺的把控，以此对混凝土的浇筑质量做出合理的管理。在房屋的基础、房顶、墙面以及楼梯等的施工中，需要根据不同的建筑部位，选择不同的施工工艺，才能有效地提高浇筑过程的效率。当建筑底板的厚度大时，就要求施工人员在进行混凝土施工前，对混凝土浇筑的稳定性加以控制，与此同时，施工人员也需要注意对浇筑现场的温度加以合理调控，这将能够有效地避免气温变动给混凝土浇筑工艺带来的负面影响，使混凝土浇筑工艺能够达到要求。如果混凝土在浇筑后出现裂缝，施工人员应当对裂缝进行分析，提出比较合理的施工计划，使混凝土裂缝得到有效控制，保证施工工程的质量达到工程设计的要求。

3.3 做好控温防裂工作

在中高层建筑中，温度控制与防裂缝工作是混凝土施工中的一道工序，也是最关键的一道工序，其属于混凝土的养护环节。在施工过程中，应注意控制好温度，防止开裂，确保成品混凝土的质量。高层建筑需要大量的大体积混凝土构件。在大体积混凝土浇筑完成后，由于其内部的温度变化，很可能会出现裂纹。在中高层建筑的混凝土施工期间，可以设立一个特殊的测温维修部门，定期、准确地对大体积混凝土的温度进行测量，明确自身的职责和需要承担的责任，对大体积混凝土实行科学的养护，并严格控制混凝土拆模时间，同时还要对不同阶段的混凝土浇筑时间间隔进行把控。

3.4 模板的拆除

施工人员应当按照施工现场同等条件和已硬化的混凝土试块强度来确定拆模顺序。首先，拆墙模板。待混凝土再硬化一段时间后，再拆地板模板。拆墙模板时的强度必须达到12MPa 以上，以保持结构的安全性。拆卸模板时，应在外墙楼板上留出大约 1m 长的模板段，以便于拆卸，之后再依次拆卸墙模板。需要注意的是拆除模板与安装模板的顺序是相反的。

4 结语

在大体积混凝土的浇筑中，若发生诸如表层开裂等质量问题，会影响到大体积混凝土的施工安全。所以，不管是在施工的前期，还是在混凝土养护的过程中，都要对有关的施工方案和规范进行贯彻执行，防止在施工过程中出现质量问题，从本质上提升混凝土浇筑质量。

参考文献

[1] 梁小平．混凝土浇筑施工技术在中高层建筑工程中的应用［J］．工程建设与设计，2022（4）：3.

[2] 马俊超．高层建筑房屋施工中混凝土浇筑技术的应用解析［J］．建筑技术开发，2021，048（003）：50-51.

[3] 王晶．高层建筑施工中混凝土浇筑技术探究［J］．经济技术协作信息，2022（17）：3.

BIM 技术在房屋建筑施工阶段的应用探究

赵孝文　明　祎

湖南省第五工程有限公司　株洲　41200

摘　要：将 BIM 技术应用于房屋建筑施工当中，能够使施工质量得到有效保障，缩短施工工期，提高施工效率，弥补了以往传统施工管理手段的不足。本文主要针对房屋建筑施工阶段应用 BIM 技术的实际情况进行论述。

关键词：BIM 技术；房屋建筑；施工阶段；实际情况

1　BIM 技术在房屋建设施工中的优势

当前，我国房建工程施工涉及多道环节及工序，要求施工单位严格把控与监控。同时，施工单位应保证在施工方案科学合理的情况下，按照施工方案绘制施工图纸并且根据工程设计严格按照施工图推进各项施工活动。施工前，施工单位应提前汇总各类对施工有影响的因素，并且针对性提出相应解决措施，以保障房屋建筑质量、施工安全及效益。BIM 技术在这方面发挥着重要作用。

1.1　三维渲染

我国房建工程项目具有数量多、规模大、周期长、技术复杂等特征，增加了房建工程施工难度。而 BIM 技术具有良好的三维渲染效果，施工单位利用 3D 模拟方式展示施工效果与工序，促进各环节与工序有序进行并且提高房建施工水平。BIM 技术的三维渲染效果能让施工单位及工作人员更加全面、真实地了解施工过程和施工要点，提高各方及各工序之间的沟通效果。

1.2　快速算量

在房建工程项目中，BIM 技术的快速算量功能具备显著优势。施工单位可利用此技术建设 6D 关联数据库，既能提高工程量计算水平，精准预算，也能提高项目结算速度，从而提升项目施工与管理效率。

1.3　高效协同

房屋建筑施工过程中，施工单位利用 BIM 技术能实现虚拟化施工。一方面，通过 BIM 模型了解施工进程及具体情况，及时发现施工问题并寻求有效的解决策略，避免出现材料浪费、工期拖延等情况，提高房建工程施工效果；另一方面，还能促进各主体、部门高效沟通，保证各环节环环相扣，提前预测施工风险并且消除安全隐患。

2　BIM 技术在房屋建筑施工中的应用策略

2.1　施工进度管理

在房屋建筑施工过程中，建筑企业及施工单位对于施工进度有着非常高的要求，因此要严格把控施工进度，做好施工进度管理工作，确保整体施工能够在规定时间内竣工，避免出现工期延长的情况。对此，为了有效实现与落实施工管理目标，施工单位应充分运用 BIM 技术。

（1）综合分析施工信息

施工单位应利用 BIM 技术充分综合分析施工过程中涉及的各类信息资料，其主要包含施工环境、材料、方案、技术等方面，通过技术手段分析发现房屋建筑施工过程中存在的问题，最大限度控制各类影响因素并且避免施工风险，调整与改进施工技术，并且据此制定相应防范措施，以此缩小现实施工与施工方案之间的差距，最终提高房建工程施工进度、质量。

（2）高效协调各组织及环节

房建工程施工进度易受管理层影响。对此，施工单位应充分运用 BIM 技术协调各部门及环节，促进各部门、小组及施工人员沟通，并且建设房建工程项目的 BIM 模型。一方面，施工单位可实施动态管理，根据项目模型了解施工进程、材料应用情况、设备使用情况等，以此合理编制施工方案并进行进度调控。在此过程中，施工单位还能广泛收集各类资料，如材料型号、地质勘察报告等，共享信息数据，加快施工进度。另一方面，施工单位可利用此模型了解现场施工情况、突发状况等，根据施工方案进行施工模拟，并且依据各方因素考虑施工进度管理情况，及时发现不合理的地方，在实际施工过程中有效提高施工效率与管理控制能力，从而缩短施工周期、加快施工进度。

2.2 施工质量管理

为了能够最大限度地保障房屋建筑工程施工质量，施工单位需要精细化、全面化推进施工管理工作，分析施工过程中各环节所产生的质量问题并且采取相应的管理措施。

（1）强化质量管理意识

施工单位强化质量管理意识，认识到 BIM 技术的重要性并且正确利用此项技术。在前期房屋建筑工程建模阶段，施工单位应充分利用 BIM 技术建设房屋立体模型，并且据此技术分析施工过程中可能存在的违规行为并且采用现代化的管理手段进行解决，以此保证房屋建筑工程施工安全与质量。此外，为保证相关技术人员充分了解 BIM 技术并将其应用到施工当中，施工单位应定期开展施工技术培训工作，让其了解技术特性，能根据数据指标反馈的情况找到问题所在，保证房屋建筑工程施工质量。

（2）改善施工方案

施工单位应利用 BIM 技术可以充分掌握实际施工情况，根据模型反馈的数据信息（图 1、图 2）优化升级施工图纸，以此合理配置施工人员与材料。

图 1 房屋建筑工程项目 BIM 模型图（1）

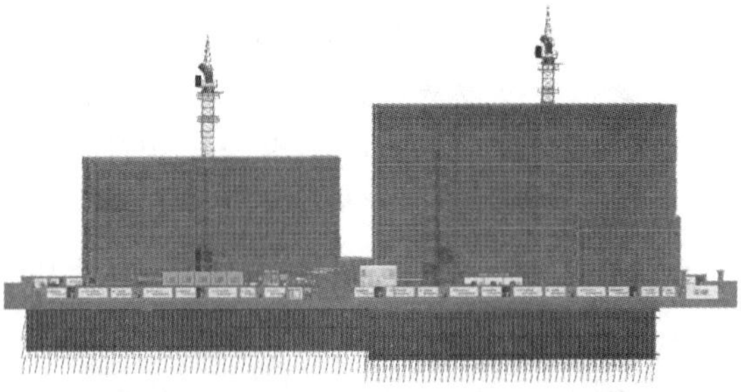

图 2 房屋建筑工程项目 BIM 模型图（2）

（3）加强材料管理

施工单位可根据 BIM 技术核对材料数量、规格、性能、说明书等，比较进场材料清单与工程量清单，以此保证进场材质量。

2.3　施工现场管理

在房屋建筑工程实际施工过程中，通过科学化的管理手段，实现现场的安全管理，同时保障物资的合理使用，对于减少施工时间、缩短施工进度也有非常大的帮助。

（1）建设三维数据库系统

施工单位可以利用 BIM 技术建设三维数据库系统，将施工过程中涉及的物料信息制成数据表格后录入到数据库系统中，充分明确材料放置位置，加强施工现场物料管理工作。

（2）检测施工机械设备

施工单位可利用 BIM 技术对施工中所使用的大型设备进行碰撞技术检测，通过模型能够很好地模拟设备运行情况，提前发现可能出现的危险性因素。

（3）现场监督管理

施工单位可利用 BIM 技术加强施工现场监督管理，监控施工作业情况、施工人员情况，保障施工过程能够处于平稳、运行的状态。此外，施工单位也可以利用 BIM 技术预测施工现场可能出现的突发情况，并且针对性地制定相应的应急处理方案，合理规划紧急疏散路线、设备运行路线、安全出口设置情况，起到安全监督管理的作用。

3　结语

综上所述，为了有效提高房屋建筑工程的施工质量、安全与效果，施工单位应充分利用 BIM 技术，其对提高施工现场管理水平、缩短施工工期、降低施工成本具有非常重要的意义，同时也能够推动房屋建筑工程施工项目顺利进行，促进我国建筑企业信息化发展。

参考文献

［1］朱磊，陈英杰，王俊平，等. BIM 技术在住宅建筑施工中的应用［J］. 建筑技术开发，2020，47（1）：80-82.

［2］梁雪婷，付小微，伍珂亿. BIM 技术在房屋建筑施工阶段的应用［J］. 智能城市，2021，5（13）：172-173.

［3］刘欢欢，段宗志，彭志文. BIM 技术在精细化施工管理中的应用［J］. 洛阳理工学院学报：自然科学版，2022，26（2）：32-37.

［4］王宇佳，王佳，于辉. BIM 技术在建筑工程施工管理中的应用探索［J］. 土木建筑工程信息技术，2020，（4）：89-93.

［5］车子政. BIM 技术提高建筑工程管理效率的有效途径研究［J］. 住宅与房地产，2021，（7X）：157-157.

［6］朱磊，陈英杰，王俊平，等. BIM 技术在住宅建筑施工中的应用［J］. 建筑技术开发，2020，47（1）：80-82.

基于绿色施工的装配式建筑成本管理研究

许　涛

湖南省第五工程有限公司　株洲　412000

摘　要： 目前，绿色施工已经比较成熟，不管是设计还是施工，都得到了较好的应用。但是对于装配式建筑项目来说，绿色施工在其中的应用还有很多需要研究的部分，最为重要的当属装配式建筑工程成本控制和管理的问题，如何将绿色施工合理地运用于工程项目的成本管理当中是目前急需解决的难题。本文在对装配式建筑研究的基础上，设立施工阶段成本管理的研究目标，对照项目施工过程中所出现的问题，分析问题出现的原因并寻求解决之法。设立科学、完善的权责组织机构，根据不同问题有针对性地确定解决方案，明确方案实施策略。

关键词： 装配式建筑；成本构成；造价管理；成本控制；装配结构

1　装配式建筑建造成本控制相关理论研究

建筑工程的成本控制是全面性的，是一种全局性的控制。它要对建筑工程的各个环节实施控制。例如，要对整个工期实施成本控制，要对建筑工程的资金支出实施成本控制，要对建筑工程的人员实施成本控制。

1.1　装配式建筑工程简介

通常情况下，我们将经过组装、连接和拼装而成的建筑称为“装配式建筑”。装配式建筑是我国建筑行业实现改革的一个重要里程碑，相比传统建筑节约能源、绿色环保、效率更高，在我国建筑行业发展史上具有非常重要的意义和价值。装配式建筑的主要特点如下：

（1）标准化设计

对构件进行标准化设计，这是工程质量的重要保障。在进行标准化设计的阶段，需要按照常规构件制定统一化的标准，提高设计的适用性，从而确保能够进行批量化的生产和制造。这样做，不仅能够节约成本，还能提高效率。

（2）构件的工厂化生产

预制构件是组成装配式建筑必不可少的一部分。先要制作与图纸或者 BIM 模型相符的模具，再进行工厂化生产，这不仅能够保证预制构件的质量，还能满足构件功能上的各种需求。

（3）现场装配化施工

装配式建筑的施工方式具有创新意义，该施工的多项工作可以同时进行，节约了时间，使施工周期变短，效率也更高了。装配工程项目主要包括三个阶段：①决策阶段：包括工程项目建议书、项目的可行性研究报告和项目评估；②实施阶段：包括设计规范、设计、工程招投标和承包、施工准备、施工和竣工验收；③使用阶段：包括工程保修期和正常使用。实践证明，了解项目施工的整个流程和所有环节，学会抓重点是保质保量完成项目施工任务的重要前提。

1.2　装配式建筑的成本构成

成本控制就是为了在工程实施过程中，尽可能地降低成本，就是在确保工程质量的前提下实现效益的最大化。装配式建筑在直接工程费基础上还包括构件制作费、构件运输费、现场施工费。

1.3　成本管理的过程

（1）在装配式建筑实施过程中，设计人员应关注装配式建筑的实际功能，并从多个角度进行成本控制。项目的成本管理方应该能够准确地估计施工中所涉及的材料、人员、机械、设备和技术。工期方面，不仅要考虑施工速度，还要注意施工质量和施工安全；在施工过程中，应考虑保护生态环境，使用环保建筑材料等。

（2）在装配式建筑实施过程中，项目负责人对项目成本控制的范围、目标、方式和手段的认识有限，只注重装配式建筑工程施工中的项目管理，而没有从全局角度出发对成本管理进行系统的规划。成本管理问题不仅对装配式建筑长期稳固发展有着重要的影响作用，也关系到很多上下游的供应商。有人片面地认为装配式建筑工程的成本控制管理仅仅是为了投资成本降低和总工期的缩减，这不符合安全、质量和生态方面的规划要求。

2　装配式建筑各阶段成本控制方法

2.1　绿色施工在装配式建筑施工成本管理中的应用维度

在装配式建筑施工阶段，BIM 是一种进行成本管理的技术，其主要应用是以装配式工程项目为主，建立起 BIM 信息模型系统。该系统以绿色施工为指导，在施工现场进行资源调度方式和施工质量把控水平的改进与完善，进而保证施工安全。通过采用绿色施工构建的数字化工程模型，叠加施工过程中涉及的信息来构建 BIM 模型，能够使工程运维阶段的绿色施工应用范围更广。

以绿色施工为基础，对装配式工程施工阶段的相关成本管理数据进行记录，再通过 BIM 信息模型系统对数据进行统一处理，全面提升工程施工效率，使装配式施工阶段的管理得到改进与创新，从而实现协同管理。

2.1.1　工程信息维度

在装配式建筑施工阶段开展成本管理时，需要实时了解装配式建筑施工的信息，并对其进行集中处理。信息单元分为不同级别，包括项目级、功能级、构件级和零件级。根据信息类型进行划分，如长、宽、高等，也包含平行和相交等不同构筑物间的约束关系。后者则包含了使用材料、建设费用以及工序安排等信息。

2.1.2　过程维度

绿色施工可以对整个工程阶段的成本管理进行支持，使信息的传输和检索更加精确和快捷，从而使施工及管理效率得到提高，降低施工过程中的成本。

在装配式建筑施工阶段，成本控制的整体是由各个环节的成本控制累加而成的，成本控制的整体要重于各个环节的成本控制。成本控制内部环节必须相互配合、相互促进，只有这样才能确保成本控制工作的有效开展；成本控制不可能脱离建筑工程的各个组成因素而独立存在，它必须兼顾工程的各个环节，实现工程的有机统一，实现工程整体效果的最大化。

2.1.3　价值维度

在充分了解工程需求的基础上，通过绿色施工使多方获得的信息得到同步与统一。

（1）BIM 模型能直观地呈现工程信息。通过其模拟功能还可以对施工过程和结果进行提前预测，从而可以避免施工过程中的风险，使施工步骤得到优化、错误得到修正。

（2）在工程的 BIM 模型中，数据编写规则是统一的。统一的前提是必须对工程实施系统性控制，将工程进行分级，并制定各级工程的责任部门和责任人，通过价格控制和目标管理将各个环节有机地结合在一起，实现工程内部的有序平衡。

（3）BIM 模型的基础是工程，载体是模型，叠加统一参与建设的不同单位与专业的信息。各个参与建设的单位将采用 BIM 办公系统，BIM 平台可以及时更新并处理所上传的数据，使各个参与建设的单位可以在该平台上获得最新的可靠数据。BIM 的实施使施工过程中的信息传递受阻碍、反复与效率低等问题得到有效解决，使沟通环节的压力得到减轻，各个参建方能够快速方便地获得自身所需信息。

（4）装配式建筑施工阶段，绿色施工具有指导性，可以优化实际工程中的问题；通过模拟使施工流程得到简化，也使不同专业与施工步骤之间获得良好衔接。

2.2 基于绿色施工装配式建筑施工成本管理的协同模式

2.2.1 阶段协同

在项目施工过程中对装配式建筑成本进行控制是一项非常行之有效的成本控制方法。而阶段协同则是为了确保整体预制建筑成本控制在预期范围内，这需要在施工过程中把握细节。在装配式建筑工程项目实施的过程中，工程设备、施工方案和材料采购发生了变化，导致整个施工项目在开展和推进的过程中遇到了无法预计的变化，特别是为了将社会、经济效益充分发挥出来，导致了施工方案的变化。这种方向和过程的改变也会增加项目成本控制项目的数量。

2.2.2 任务协同

任务协同模式就是通过对任务之间的信息和各方的实时反馈信息的分析和研究来重组任务，以促进任务协同，规避不必要的重复。获得结果后，任务协同可以通过绿色施工模拟施工环境，进而优化人员配备、设备选型，并进行资源调整。

2.2.3 专业协同

专业协同属于微观横向协同。为了确保项目工程的施工质量，专业协同必须有效控制工程的各个环节，特别是在工程建筑材料的使用上，要确保工程项目的材料价格合理、建筑材料使用适度，将建筑材料资金的使用控制在施工阶段的成本之内。

2.3 基于绿色施工装配式工程项目管理框架

根据项目的实际情况，规范项目信息系统的数据管控流程，使管理层次更加清晰、职责分工更加明确。对于绿色施工装配式工程，要认真对待每一个施工阶段的成本投入，对项目的变化要进行有预见性的处理，确保整体工程的顺利实施。应提高风险意识，防止投资过程中各种质量纠纷和劳务问题的出现。施工方应派遣技术熟练、认真负责的监理人员，加强装配式施工项目各阶段工程的造价控制。特别是工程建设的各个阶段，要从宏观上考虑可能发生的变化和修改，进行科学的分析。

2.4 基于绿色施工装配式工程施工成本管理的实施

如图 1 所示，通过 BIM 信息模型系统将有效地实现项目效益最大化的目标。在项目管理中以较低的投资成本获得最大的产出，用最少的行政和物质资源，完成最多的管理工作。

2.5 基于绿色施工装配式建筑工程施工成本管理的应用

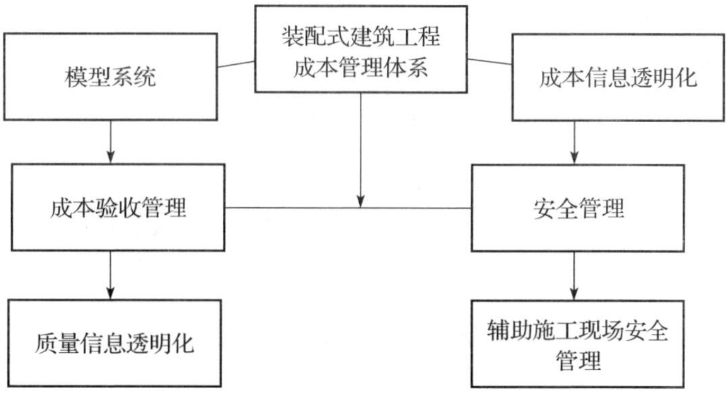

图 1　装配式建筑工程项目安全质量管理体系图

2.5.1　基于绿色施工的装配式建筑工程施工管理网络

当出现项目实际情况与施工图纸不符时，与之相对应的施工成本管理会出现很大的麻烦。如果不对图纸进行全面细致的审核，整体项目成本很难得到有效控制。合理的设计就是科学合理的项目成本控制标准。限额设计是对成本进行估算，然后进行施工图的初步设计，要保证施工图纸统一且贯穿至项目目标管理的整个过程。

2.5.2　基于绿色施工数字化施工指导方案

（1）BIM 和 RFID 技术指导装配式构件运输、堆放和拼装

基于 BIM 模型对每个装配式构件编码，形成编码数据，在生产预制构件过程中植入 RFID 芯片，这样 BIM 模型的编码信息和工厂生产的预制构件一一对应，形成了数据流，在后期进行装配构件运输、验收、堆放和装配构件的拼装时，都能实现信息共享，利于有条理地组织施工，保证项目的质量和安全（图 2）。

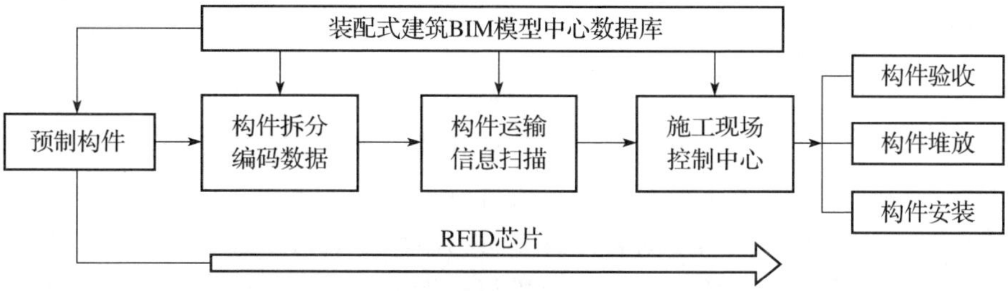

图 2　技术应用

（2）BIM 模型漫游

当项目施工图纸不同时，相应的成本管理也会存在很大的差异，如果没有对图纸进行全面细致的审核分析，就会导致项目施工过程中变动的现象。工程项目控制的重点是设计，因此，控制成本也应在最初阶段，科学合理的项目成本控制也是合理的设计标准。限额设计就是估算成本的初步设计，进而进行施工图设计。施工图贯穿于建设项目目标管理的全过程（图 3）。

（3）BIM 施工方案的制定和可视化比选

在对整个施工项目进行可行性的研究、出具初步的设计方案、详细勘察、技术设计、整体施工图纸设计的过程中，制定 BIM 施工方案和可视化对比，准确研究装配式建筑施工项

目的总体目标，进而制定合理的子目标，将各阶段的投资、使用、报账和审核控制在计划目标范围内。

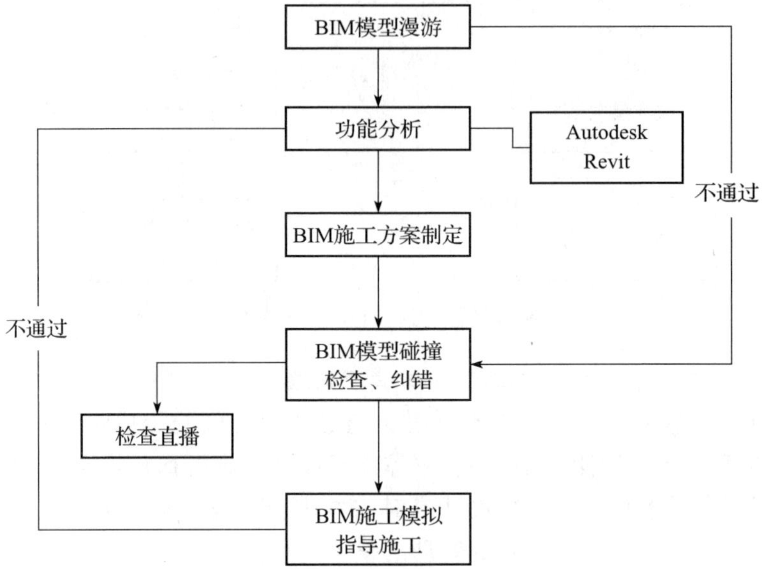

图 3　装配式工程数字化施工

（4）BIM 和 3D 扫描技术指导装配式构件质量检测

为了提高资金合理使用，在项目实施之前，利用 BIM 和 3D 扫描技术指导装配式构件质量检测，完善管理制度，并且安排工作人员根据项目计划分配任务，在项目实施过程中，需要采用审批制度控制资金的合理使用，从而保证资金的合理分配，达到项目成本控制及提高经济效益的目的。

3　结论

在装配式建筑中融入绿色施工环保理念，能够实现建筑设计标准化、现场施工装配化、土建装修一体化的先进建筑生产方式。然而装配式建筑工程的重要组成内容包括项目的成本核算、工程的变更、材料的成本核算、人力资源管理等诸多方面，因此在对这一系列的工作进行成本管理时，相关负责人需要对管理计划进行科学、合理、完善的分析和制定，并将其落实在整个施工管理当中。对成本控制成效进行全面的考核，保证将整个施工项目的成本控制在合理的范围之内。本文阐述了装配式建筑建造成本控制的相关理论，提出了装配式建筑各阶段成本控制策略，为我国装配式建筑在绿色施工管理领域提供了一定的借鉴。

参考文献

[1]　王丽华，赵庆双．我国装配式建筑管理研究领域综述［J］．项目管理技术，2022，20（09）：10-14.
[2]　吕萌．基于 BIM 的装配式建筑绿色施工管理探析［J］．安徽建筑，2022，29（06）：77-78.
[3]　严明文．装配式建筑项目精益建造能力评价及应用［D］．北京：北京建筑大学，2022.
[4]　王云鹏．基于精益建造的装配式建筑可持续发展路径研究［D］．天津：天津理工大学，2022.
[5]　张誉耀．基于 EPC 模式的装配式建筑成本管理研究［D］．天津：天津理工大学，2022.

乡村景观道路排水边沟设计与施工优化研究

王　鑫　夏金皇

湖南省机械化施工有限公司　长沙　410015

摘　要：水沟常规做法采用木模安装，模板在使用过程中容易变形、破坏，影响混凝土浇筑质量，难以控制细部尺寸。相较木模，传统钢模虽然刚度大、浇筑过程中不易变形，但往往可调动空间小，难以适应复杂的地形条件。为满足其适应性，本项目采用组合钢模板，将侧墙模板分为侧模和吊模。

关键词：公路；路面；排水；景观

排水边沟作为道路排水工程中的常见构筑物，以排出地表水、保障路面结构寿命为主要使用功能，并且兼顾了部分景观效果。本篇以位于湖南省怀化市的 EPC 施工项目溆浦县北斗溪特色文旅小镇交通建设项目（一期）工程中排水边沟设计施工为实例，研究了在复杂施工环境下如何保证排水边沟施工质量和景观效果。

1　项目概况

通过对本项目沿线走访调查，笔者发现本项目以半填半挖路基为主，左侧多为挖方区，右侧多为填方区，排水边沟一般设于左侧坡底。其中 K0+280～K1+300 段为岩质路堑，岩层走向与线路走向大致平行，倾角约为 45°～70°（图 1），路堑边坡依照岩面修整，部分地段明显可见岩石剥落痕迹（图 2），坡底宽度满足水沟尺寸要求。右侧填方高度均超过 10m，路肩宽度窄，如向右侧改线则成本过高，同时可缩减既有路面宽度的幅度有限，最多不超过 25cm。

图 1　原水沟现状

图 2　原边坡现状

2　排水边沟设计方案优化

2.1　初步设计方案

为保证施工时不破坏边坡稳定，本项目岩质边坡不得在坡脚随意破坏岩体。在征得业主与监理方同意后，通过现场收集信息、会议探讨后，针对不同地段及不同环境，笔者小组制定了以下方案（表1）：

表1　排水边沟设计方案

序号	环境特征描述	设计方案
1	处于一般地段，沟槽宽度可满足一般构造要求	按照标准水沟尺寸（图3）进行施工
2	处于岩质边坡坡底，宽度无法满足水沟一般构造要求	按照非标准水沟尺寸（图4）进行施工
3	处于岩质边坡坡底或住户门前，宽度无法满足水沟要求	采用暗埋管处理

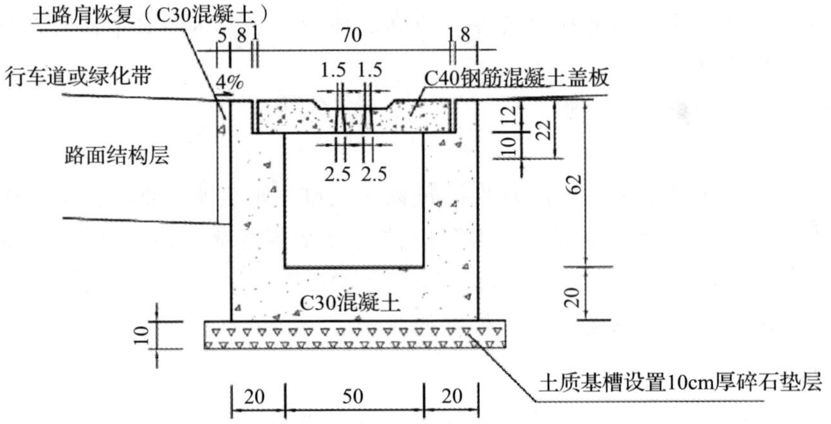

图3　标准水沟尺寸

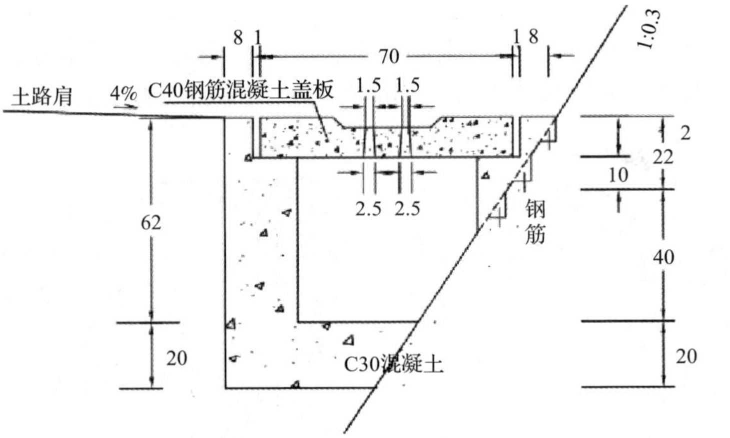

图4　非标准水沟尺寸

从成型后外观来看，以上两种盖板水沟无区别。若局部沟槽深度无法满足要求，可控制总体槽底高程以满足水沟使用功能。

2.2　设计方案优化

综合初步设计方案和景观方面专家的指导意见，经业主、监理工程师同意后对水沟构造进行以下调整（图5）。对水沟盖板棱角进行钝化处理；将盖板与基座之间的10mm空隙宽度调整为5mm宽；基座上设5mm厚度橡胶垫调平；盖板采用C40钢筋混凝土，并且通过专业化构件厂预制。

3　排水边沟优化方案施工

3.1　技术准备

通过现场测量数据，根据规范中对圆曲线最小半径的要求，在 CAD 图上通过圆曲线、三次抛物线形缓和曲线、直线或使用样条曲线进行线形拟合，在保证路面宽度及总体位置前提下，确定一条满足水沟功能性要求、景观美观性最大化的曲线（图 6）。

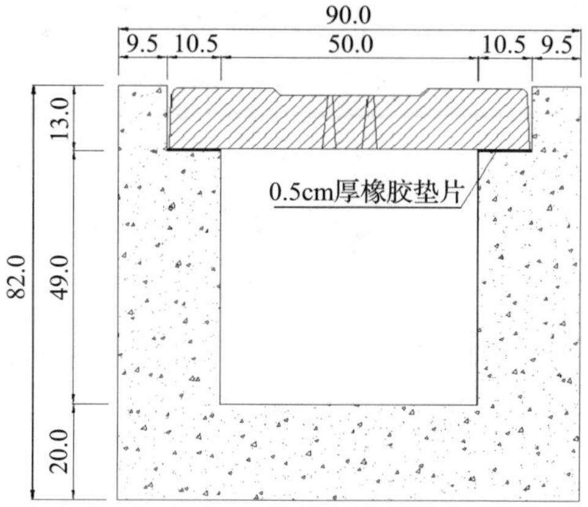

图 5　调整后水沟尺寸

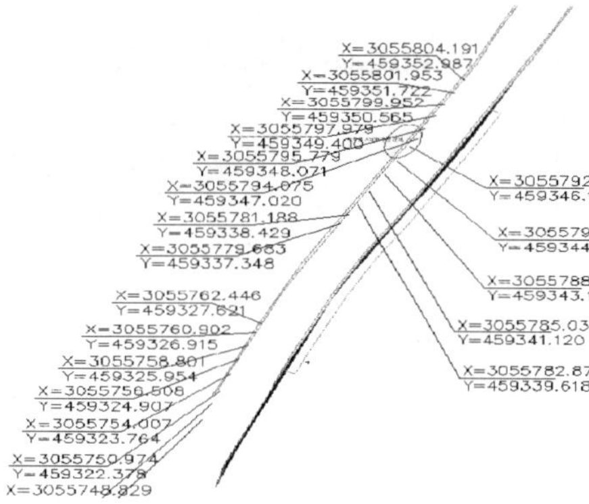

图 6　线路拟合示意

3.2　沟槽开挖及底板浇筑

水沟沟槽当条件允许时应采用小型挖掘机（50cm 宽挖斗）开挖（图 7），但不得随意使用液压破碎锤破坏边坡岩体结构（图 8）。沟槽开挖至基底高程+10cm 时，人工清理至基底面高程；如遇到松软土、淤泥应采取换填处理。

图 7　沟槽开挖过程

图 8　坡面凿毛

底板浇筑过程中应重点控制底板面高程，进而控制排水坡度和排水方向。底板混凝土面必须收光抹平，以满足侧墙钢模安装的精准度。底板浇筑完成后，根据宽度情况，确定好侧墙边线、凿毛接触面。

3.3　边沟模板施工

水沟常规做法采用木模安装，模板在使用过程中容易变形、破坏，影响混凝土浇筑质量，难以控制细部尺寸。相较木模，传统钢模虽然刚度大、浇筑过程中不易变形，但往往可调动空间小，难以适应复杂的地形条件。为满足其适应性，本项目采用组合钢模板，将侧墙模板分为侧模和吊模。

侧模改进方案：在符合传统钢模板刚度的基础上，重新设计符合本项目特点的模板尺寸；在侧模上按一定间距设长条形穿孔（图 9），使吊模在侧板上有上下调节的空间，如此便可适应不同深度、槽底不平整时装模要求（图 10）。

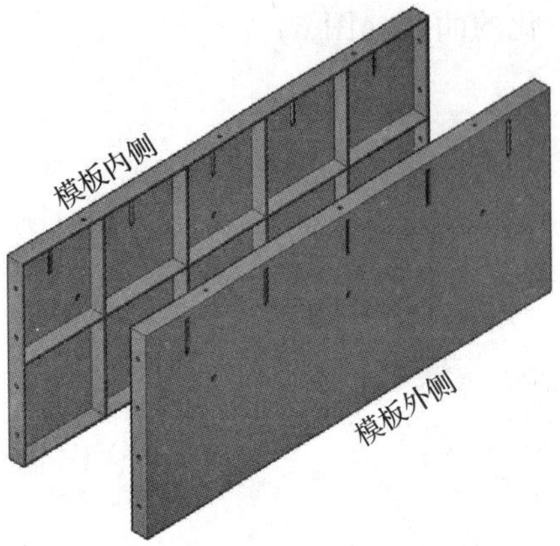

图 9　侧模模型

图 10　水沟与山体接口处理

吊模设计：吊模由底板、侧板、背棱组成，在与侧模接触一侧的侧板和两端的肋板上钻孔以便螺栓安装连接，吊模的安装可使基座与侧墙一次浇筑完成，保证结构整体性（图 11）。

吊模和侧模组合状态：吊模可与侧模通过螺栓连接或螺杆连接（图 12），并且可以通过侧板的条形穿孔调节高低。

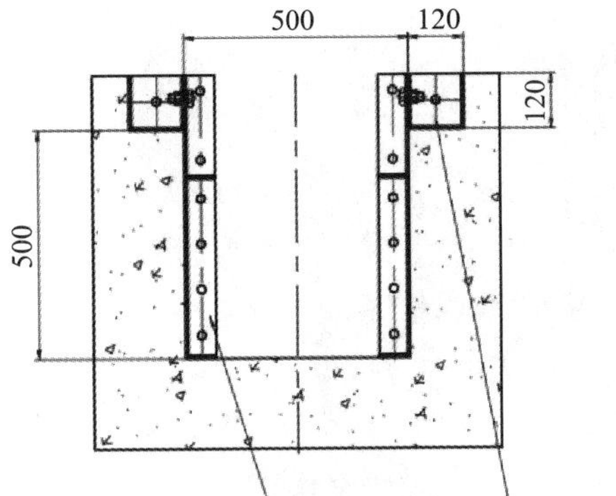

图 11　一般区段水沟装模

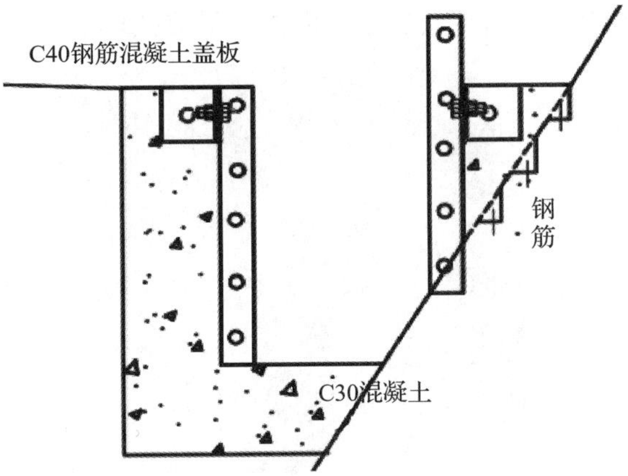

图 12　特殊区段水沟装模

在本项目中，考虑到后期需要在既有路面上加铺 5cm 厚沥青混凝土面层，因此在既有路面的土路肩上可采用角钢充当边模，使水沟完成后侧墙比路肩高 4. 5cm。

3. 4　边沟施工过程中质量控制

（1）模板安装与加固

在施工管理过程中，往往因为模板安装精度或刚度不足导致最终浇筑效果不佳，因此模板定位和加固环节非常重要。本项目虽然浇筑高度不高、施工荷载较小，但要求误差不超过 3mm，因此对模板的定位和加固提出了较高的要求。

测量放样：在硬路肩上使用测量仪器放出边沟线样，放样时打入钢钉并做好标记，利用墨斗弹出线形。

定位：根据测量成果，首先进行角钢的安装加固，角钢每隔一定距离焊有连接件，可用膨胀螺栓使其与路面连接牢固。除平面线形以外，角钢安装时应使用水准仪控制纵面线形，如既有路面有局部凹陷处，应适当抬高；如既有路面有局部凸起处，且高度尚可满足沥青最小摊铺厚度要求，应在角钢上做好标高控制标记。角钢安装加固完成后，通过拉尺量距、水平尺或水准仪控制侧模位置及吊模高程。

模板加固：模板加固应针对局部变形和整体位移来考虑，根据是施工时产生的荷载和可能导致浇筑质量受到影响的模板变形。

主要采取以下措施：吊模与侧板之间采用螺栓互相连接（图 13），形成一个稳定的整体；侧板下部每隔一定距离预埋有钢筋，防止侧板下部向内侧滑移；远离路面一侧侧墙的双边模采用对拉螺杆拉紧；三块侧板顶部使用角钢通过螺栓锁定后形成稳定的整体。该体系被沟槽外设支撑顶住防止向外偏移。

在条件受限的地段（图 14），可视情况对模板做出相应调整，但不可影响水沟基本使用功能和线形。模板加固完成后，应对较大的孔隙进行封堵，封堵应在浇筑区域外侧进行，以防影响混凝土浇筑质量。

图 13　一般段落侧墙模板组合

图 14　特殊段落侧墙模板组合

（2）混凝土浇筑

混凝土浇筑施工过程是施工环节的重中之重，为保证水沟高质量建设，必须严格按照规范要求控制浇筑质量，重点从以下环节入手。

混凝土进场检验：商品混凝土进场时，按级配单进行检查、制作混凝土试块，检验混凝土坍落度。

卸料：在卸料过程中采用溜槽和漏斗控制混凝土自由下落高度和落点；卸料应两边侧墙对称进行，防止荷载分布不均；浇筑至吊模处时，应先振捣、赶料直至吊模底部填充饱和后，浇筑至顶部。

振捣：本项目采用插入振捣（图 15），振捣器振动顺序应从下往上单方向振动，振捣应遵循“快插慢拔”原则，直至较大的气泡不再产生气泡为宜；严禁过振、漏振，振捣时尽量避免振动棒触碰模板。

收面：用振捣器振实后人工抹平（图 16），直到表面泛出水泥浆为止，最后用人工压光。压光分两次进行，第一次压光是在抹完后及时使用木抹子抹平，第二次压光是指在表面抹平的基础上，混凝土初凝前，用钢抹子进行表面的更进一步抹压，以做到内实外光，棱角分明，表面无蜂窝、麻面、砂眼、爆皮、龟裂等现象。

图 15　混凝土振捣

图 16　混凝土收面

拆模及养护：拆模时间不宜过晚，以拆模时不损坏浇筑成品棱角为宜。拆模时模板应轻拿轻放，集中堆放，做好保管和安全防护措施；模板拆除完毕后应及时对浇筑成品进行养护，养护应能保证新浇混土湿润，养护天数不得少于 7d，如气温过低，还应采取保温措施。

伸缩缝处理：凿除预留的泡沫板，然后铲除缝内的尘土及杂物，然后在伸缩缝内填充沥青麻丝，贴缝两头贴上胶带，选用沥青胶填充缝隙（图 17），在弹性胶半干时撕去胶带。

部分段落水沟浇筑完成后，侧墙与山体之间空隙宽度或深度可能无法满足绿化施工需求，因此可直接设置一定的排水坡度，用混凝土浇满（图 18）。此做法不仅可以对坡面流水起到非常好的引流作用，还可以实现水沟与山体自然衔接，实现构造物与景观的和谐统一，同时对坡脚也可以起到一定的防护作用。

图 17　伸缩缝处理

图 18　坡脚做法

（3）成品效果评价

钢筋混凝土盖板安装完成后，从实用性角度来看，此类排水沟除满足排水需求外，还可作为道路临时帮宽，可有效增加道路使用宽度；从景观效果来看，排水沟与山体无缝衔接，山脚下平整开阔，坡面清新自然（图 19），此做法非常好地解决了人工构造物与景观结合生硬的问题，成为该公路景观的一大亮点。

（a）完工实景1

（b）完工实景2

（c）完工实景3

图 19　拆模后混凝土效果对比

4　结语

结合本项目的自然条件和工程特点，此类排水沟除满足排水需求外，还可作为道路临时帮宽，可有效增加道路使用宽度。

道路排水边沟施工在既有工作面受限的情况下，能最大限度地减少对原有环境的扰动，此种做法还避免了大挖大填，对于节约工程成本、防止破坏原有边坡而导致的安全隐患、保护原有生态环境能起到良好的效果；改用组合钢模，通过调整长条形穿孔解决了传统现浇排水沟细部尺寸质量难以控制的缺点。

通过对乡村景观道路排水边沟设计与施工优化研究，在复杂靠山体路面边沟建造中有较好的社会和经济效益。

参考文献

[1]　李家春．公路边坡降雨灾害评价方法与指标研究［D］．西安：长安大学，1995.

[2]　李志勇．等．道路防排水技术［M］．北京：人民交通出版社，2011

[3]　中华人民共和国交通部．公路排水设计规范：JTJ 018—97［S］．北京：人民交通出版社，1998.

[4]　姚祖康．公路排水设计手册［M］．北京：人民交通出版社，2002.

[5]　王微．公路土工合成材料防排水性能研究［D］．哈尔滨：东北林业大学，2004.

[6]　张福强，曹虹，成超．公路生态型植草沟研究［J］．交通标准化，2011（11）．36.

[7]　沈波，田伟平，郭平，等．多雨土石山区高速公路排水系统水毁及防治［J］．长安大学学报（自然科学版），1995，25（6）：29-33.

[8]　谈至明．公路排水系统设计参数研究［J］．中国公路学报，2006，19（2）：7-11.

[9]　徐皓，倪富健，陈荣生，等．排水性沥青混合料耐久性［J］．交通运输工程学报，1995，5（2）：27-31.

[10]　中华人民共和国交通部．公路排水设计规范：JTG/TD 33—2012［S］．北京：人民交通出版社，2012.

[11]　睢封云，田伟平，李渊博．六盘山地区公路排水设计［J］．交通标准化，1995，（11）：70-73.

[12]　四川省公路局，同济大学，凉山州公路局．西部交通建设科技项目“公路排水系统设计方法的研究”研究报告［R］1. 2003.

[13]　王芳．高速公路排水系统设计方法研究［D］．西安：长安大学，2007.

[14]　李庆贺．山区高速公路路基排水技术研究［D］．西安，长安大学，2010.

[15]　胡克伟．山区高速公路排水设计［J］、交通世界：运输车辆，2013，（9）：41-43.

[16]　马德兴，祝遵凌．生态节约型公路边沟的应用研究与建议［J］．中外公路，2011，31（1）：38-41.

无人机在长输管线中的应用总结

谢　敏　李　斌

湖南省工业设备安装有限公司　长沙　410007

摘　要：天然气作为主要的清洁能源之一，国家积极推进天然气的使用。由于我国天然气分布不均，所以天然气管道的建设成为重中之重的任务。天然气管道分布地域广、距离长、地势复杂，这对于我们项目的施工、管理、协调等造成了许多困难。无人机作为一项性能优越的空中平台有着体积小、灵活性强、运营成本低等特点。通过无人机采集的数据，能够为管道的设计、勘探、线路优化、灾害检测、施工等方面提供有效的技术支持。

关键词：无人机；长输管道；航测

1　引言

无人机低空拍摄技术具有续航时间相对长、影像实时存储传输、低成本、高分辨率、机动灵活等优点，特别适合应急侦察与高危地区勘测，是载人航空摄影测量与卫星遥感有力的补充，在国内外已得到广泛的应用。近几年来，随着我国信息化建设和科学进步的不断提升，无人机航测研究得到了快速发展，生产制造和实际应用能力有了长足的进步。现阶段国家测绘地理信息局、各省测绘地理信息局、其他有实力测绘单位基本上装备了无人航检设备，使得无人机低空航测在国家地理信息、基础测绘、城市规划、应急抢险、重点工程项目等方面发挥着越来越大的作用。

2　无人机工作原理

无人机是利用无线电遥控设备和自备的过程控制装置操纵的不载人飞机。无人机航检遥感系统是高分辨率及高精度遥感影像获取和处理的崭新技术。它以无人驾驶飞行器为平台，负载数码相机、数码摄录机等数字遥感设备进行拍摄和记录，通过遥感数据处理技术进行影像的同步传输，以实现对地理信息的实时调查与监测。无人机遥感系统以获取高分辨率遥感数据为应用目标，通过 3S 技术在系统中的集成应用，达到实时对地观测能力和遥感数据快速处理能力。要使其成为理想的遥感平台，选用的遥感传感器应具备数字化、体积小、质量轻、精度高、存储量大和性能优异等特点。遥感传感器的控制系统要能够根据预先设定的航摄点、摄影比例尺、重叠度等参数以及飞行控制系统实时提供的飞行高度、飞行速度等数据自动计算并自动控制遥感传感器的工作，使获取的遥感数据在精度、比例尺、重叠度等方面满足遥感技术的要求。对于抗风能力弱、飞行稳定性差的无人机，应给遥感设备加装三轴稳定平台，以保证获取稳定的、清晰的高质量影像，遥感传感器的位置数据和姿态数据最好能够实时记录并存储，以便用于遥感数据的处理，提高工作率。

无人机低空摄影航检系统所采用的无人机是按照国际通用标准设计，并且其研制目的主要是作为遥感平台。在进行航空立体成像时，飞机携带的相机沿飞行线路获取垂直航空相片，然后通过内业的数字图像软件可以制作高精度的各种数据。

3 无人机在长输管线中应用及操作要点

3.1 原始数据保留

长输管线项目的征地工作尤为重要，涉及百姓的经济利益，利用无人机将原始地貌航拍下来，在地貌恢复时可以借鉴航拍图来了解农田之间交界位置，方便进行地貌恢复工作，让老百姓的切身利益得到保障。桂阳—临武天然气项目 BH000-BH001 开挖穿越河道农田共计 483m，在施工前用无人机对原始地貌进行航拍，在施工结束后参考航拍图片进行地貌恢复，如图 1 所示。

图 1 BH000-BH001 段航拍原始地貌图

航拍操作要点：无人机的电机启动方法是将两个摇杆以“内八字”“外八字”的方式往遥控器的中线下/上方拨动。启动电机后，电机会带动螺旋桨怠速旋转。无人机遥控器默认左边的摇杆负责控制无人机的上升、下降、往左旋转、往右旋转。右边的摇杆负责无人机在水平方向的前后左右移动。起飞时，只需要缓慢将左侧摇杆往上推，无人机就会加大油门上升，然后就可以自由飞行了。精灵 4 遥控器内置拍照和录像按钮，点击即可开始录像或拍照。再将数据导入电脑中即可查看已拍摄的视频和照片。可以选择自动曝光和手动曝光，配合遥控器右上方的设置拨轮，可以直接在遥控器上调整曝光补偿或快门速度。降落和起飞一样，只需要看准降落点，往下拨动左侧摇杆即可。降落速度可控制在合理范围内，不要太快，避免飞机失速跌落。不过当飞机高度下降到 1~2m 时，要注意地效反应的存在。具体表现为飞机出现不容易控制的抖动，松开摇杆时高度上升。如果担心降落不稳定，可以随时进行少许手动修正，不过视觉定位已经可以抵消地效反应对飞行姿态的影响。无人机脚架触地的那一刻，立刻将左侧摇杆拨到最下方，保持 2~3s，待电机停转后即可松开摇杆。

3.2 优化线路

长输管道所经过的地区大多较偏僻且地形地貌较为复杂，在管道要进行改线或选线时采用原始办法进行踏勘将会耗费大量时间，利用无人机航测技术建模可在软件上直接规划好线路，并且能够直接获取桩号坐标，再利用 RTK 进行测量放线可以很好地提高效率。在桂阳—临武天然气项目施工过程中，BH032-GY068 段设计管线长度为 1km，原有设计管线穿越风力发电风机一台，且地势复杂反复穿越三座山体（高度达到 40m、坡度 40°）。经与设计、业主沟通决定对此处线路进行优化，因地势复杂人工采点难度较大且耗费时间，使用无人机航拍建模后可直接在软件上对线路进行优化，各个桩号坐标可直接在软件上导出，让测量放线工作效率大大提高，如图 2 所示。

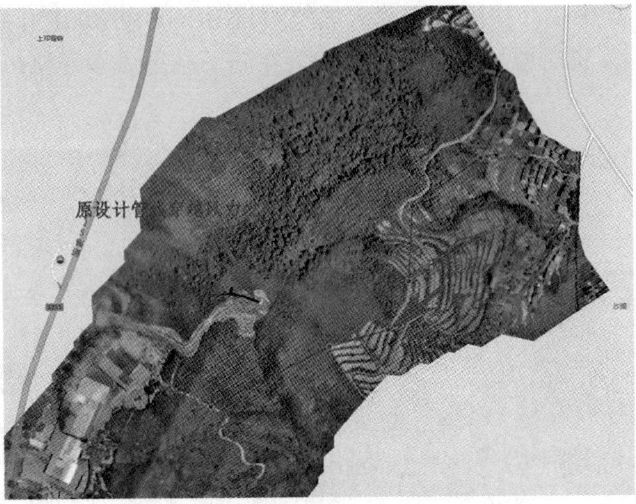

图 2　BH032-GY068 段航拍改线示意图

建模操作要点：可将长输管线线路 KML 文件导入至遥控器中，导入后对线路进行规划，建立好航测任务，做好像控点后利用无人机的低空拍摄技术对管线进行航拍，在进行立体成像时无人机会沿管线垂直获取航空相片，然后通过业内各种软件（如 smart3d、Pix4Dmapper、大疆智图）制作出高精度数据（建模以大疆智图为例）。

建模：

（1）新建任务。打开大疆智图新建建图航拍任务并且命名好。

（2）空三处理。将航拍照片文件夹导入，选择好建模类型及清晰度，设置好输出坐标系（坐标系与控制点的坐标系保持一致，控制点可采用手持式 RTK 进行制作，目的是方便内业和控制精度）即可进行空三处理。

（3）控制点管理设置。导入控制点文件，将控制点坐标系设置好。

（4）刺点。沿管线做好多个控制点后，无人机航拍会将控制点所在位置拍入，选择好一个控制点后在照片库中找出拍摄到此控制点的照片，使用软件的黄色准星进行刺点。标记好控制点的位置，对于同一控制点从第三张照片进行刺点并且刺点三次，控制点要求设置 3 个或者以上刺点完成后点击空三按键会进行平差运算，完成后可在空三报告中查看误差，误差较大可重新调整好位置进行刺点，误差小即建模完成。

3.3　施工过程监测

在项目施工过程中可利用无人机进行过程监测，对施工进度、安全、质量进行“飞检”，可对项目运行情况进行宏观了解，对于一些细节也可以进行详细跟踪。涉及某些签证时，也可对此留下影像资料。桂阳—临武天然气项目 LW019-050 段共计 6.416km，此段管沟为石方段，在施工中对线路进行航拍，为签证变更提供了良好的影像资料，如图 3 所示。施工过程监测操作要点与原始数据保留一致。

3.4　精准测量

利用无人机航拍图所生成的实景 3D 模型，在经过对控制点刺点后，能够对面积、长度、体积进行测量，其精度达到规范要求。GY070 号桩因山体坡度较大，且靠近道路，设计图纸水“保”无法满足现场需求，需要对此段水“保”进行变更，人工测量难度大，将此处进行航拍、建模后，可直接将所需数据在软件上测出，如图 4 所示。

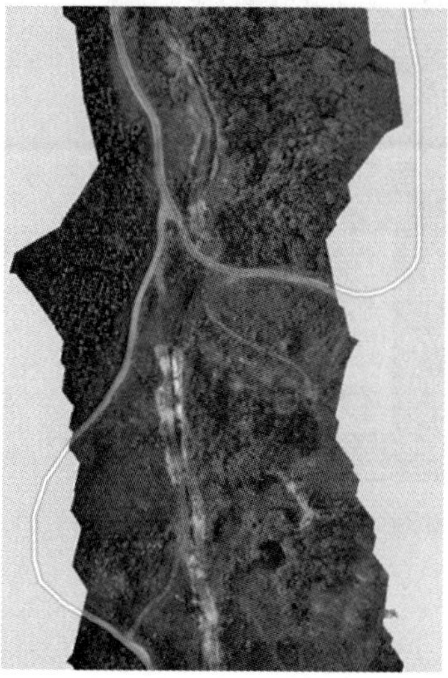

图 3　LW019-050 石方段航拍图

图 4　GY0703D 模型测量图

精准测量操作要点：我们将航飞任务的照片导入，以照片或文件夹的形式添加完成后，照片对应的地理位置会显示在地图上。如果照片和 pos（经纬度）数据是分开存储，那么我们需要再将影像的 pos 数据导入；设置完成后返回重建页面，点击输出坐标系设置。如果添加的照片不包含 GPS 信息，则输出坐标系将自动设置为大疆智图定义的任意坐标系。如果我们添加的照片包含有 GPS 信息，则输出坐标系将自动设置为已知坐标系，并转换为 CGCS2000 下的投影坐标系。我们可以通过导入 PRJ 文件或在大疆智图中搜索坐标系这两种方式重新选择已知坐标系并进行高程设置。如果我们外业布设了像控点，就可以通过像控点管理界面导入像控点进行刺点工作，利用像控点提高空三的精度。建图完成后，地图界面将显示建图结果，我们可以对地图进行查看，还可以进行坐标标注、长度与面积测量等相关的操作。

3.5　成本控制

土石方工程量的核算往往是长输管线工程预算结算时的争议点，利用实景 3D 模型模拟土石方的开挖回填，可以对项目有效地开展挖运分析和运算，做到土方平衡的精确化和精细化。在涉及大场地时，使用手持式 RTK 工作量大、效率低且存在误差，利用无人机技术可提高工作效率，可利用 smart3d、Pix4Dmapper、大疆智图等软件直接计算出工程量，也可将模型中标高导出，利用 CASS 软件进行计算。西河一定向钻出土点基坑，深度达 7m，且地质为卵石层，在施工结束后需对此处进行回填，利用无人机航拍图片并建模计算出回填土方量，参照后进行成本分析，对项目成本管控发挥了重要作用，如图 5 所示。模型导出操作要点如下：

（1）输出坐标系。选择要输出的坐标系，可以点击搜索找到需要的坐标系像控点坐

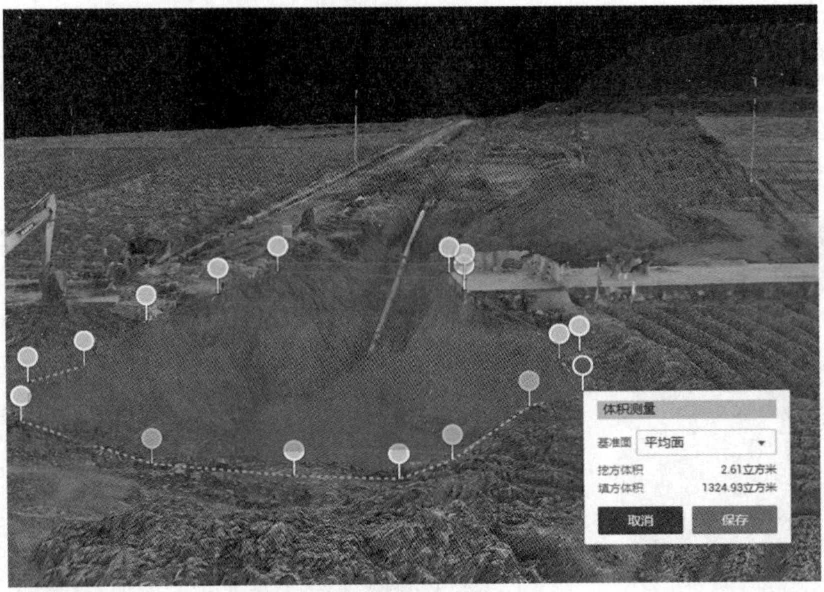

图 5　西河二回填 3D 土方测量图

标系。

（2）选择像控点坐标系，同输出坐标系一致。

（3）刺像控。选择一个像控点，选择“仅显示带像控点”，选中下侧显示的照片，照片上会有一个预测点位置，预测位置根据刺点精度随时变化，刺得越准，预测得越准。本次测区每个控制点刺 8~10 张照片。

（4）格式选择。点击重建结果，选择需要输出的模型格式，支持输出模型、点云和空三文件。本次测区选择输出 OSGB 格式模型。

（5）重建。点击开始重建，软件会提示是否是复制照片到当前文件夹，若勾选，后续导出此任务时会包含照片，若不勾选，导出任务时不会包含照片。

（6）导出模型。回到重建任务的主界面，找到需要导出的任务名称，选择 OSBG 文件，即可导入 CASS 作业。在 CASS 软件中可利用模型获取高程点完成土方计算。

4　结语

桂阳—临武输气管道工程利用无人机在施工中的测量放线改线记录原始地貌，在地貌恢复时借鉴航拍图来了解农田交界位置，方便班组进行地貌恢复，利用无人机航拍图所生成的实景 3D 模型，将地势复杂的陡坡基坑等地方的高程、长度、深度、面积测量出来，方便特殊地段的施工方案设计。经统计，本项目共计利用无人机航拍技术对管道线路进行优化 18 处、距离 14km，对农田原始地貌照片保留长度达 20km，对线路石方段影像资料保留 12km，规避风力发电机两座、山体两座，减少水保砌筑方量 2000m^3，土方计算两次，帮助项目降低成本、施工难度，产生了较大的经济效益。

湘春路危房重建项目绿建专项设计效用研究

王怡涵

湖南省工业设备安装有限公司　长沙　410000

摘　要：针对湘春路基地 1 号危房重建项目（长沙市提倡的“四原”重建项目），探讨分析绿色建筑专项设计对地处老城区的多层宿舍建筑，在节约建设成本、控制运营能耗、提升建筑空间品质等方面的效用。分析结果表明，绿色建筑专项设计可以降低建设成本、节约建筑全生命周期内的运营能耗，并有效提升建筑室内环境的使用品质（声、光、热环境），同时使项目达到《建筑节能与可再生能源利用通用规范》(GB 55015—2021）中要求的居住建筑平均节能率 65%要求。因此绿色建筑专项设计可以实现降本增效、提质创优，进行绿色建筑专项设计是对老城区新建、重建建筑的高效节能、提质增效的手段。

关键词：绿色建筑；“四原”重建；因地制宜；降本增效

1　项目概述

湘春路 1 号危房重建项目位于长沙市开福区湘春路 238 号的湖南省工业设备安装有限公司基地，基地始建于 1980 年，建有 2 栋多层住宅和 1 栋职工宿舍，2 栋多层住宅现均已成为公司职工的已购公有住房，1 栋宿舍楼一直为公司国有资产，曾作为员工宿舍使用。2022 年初，1 栋宿舍楼经检测鉴定为 D 级危房，为保障居民人身安全，采用原地“四原”重建解决。根据重建方案，本建筑占地面积 543.39m^2，总建筑面积 2753.75m^2，共 5 层，室内外高差 0.35m，总建筑高度 15.65m（图 1）。

图 1　项目现状、用地区位

本项目设计遵循长沙市“四原”重建的相关政策要求，按照原地址、原面积、原高度、原使用性质的建设标准要求进行设计，因此本项目的建筑体型、平面均维持原状。为提升建造品质，降本增效，本项目设计思路以凸显绿色建筑专项设计、主动控制设计全过程，作为“四原”重建项目建筑设计创新提质的途径。

本项目绿色建筑专项设计遵循因地制宜的原则，结合建筑所在地域的气候、环境、资源、经济和文化等特点，综合评价建筑全寿命周期内的安全耐久、健康舒适、生活便利、资源节约、环境宜居等方面的性能。项目的绿建专项设计以 PKPM 绿色建筑设计软件为媒介，通过软件计算、分析得到绿色建筑专项设计成果，以具象化、数字化、图示化的结论探讨绿色建筑专项设计对于建设项目在节约建设成本、降低全生命周期内使用能耗、提升建筑空间品质等方面的作用和效率。以下介绍本项目绿色建筑专项设计成果及结论。

2　绿色建筑专项设计概述

2.1　绿色建筑设计评级

根据《绿色建筑评价标准》(GB/T 50378—2019)、《湖南省绿色建筑工程技术审查要求(2021 版)——居住建筑》，本项目属于绿色建筑专项设计项目，设计等级为绿建基本级，现本项目所有施工图已通过施工图审查并用于施工。该楼设计效果如图 2、图 3 所示。

图 2　1 栋（绿色建筑基本级）重建效果图

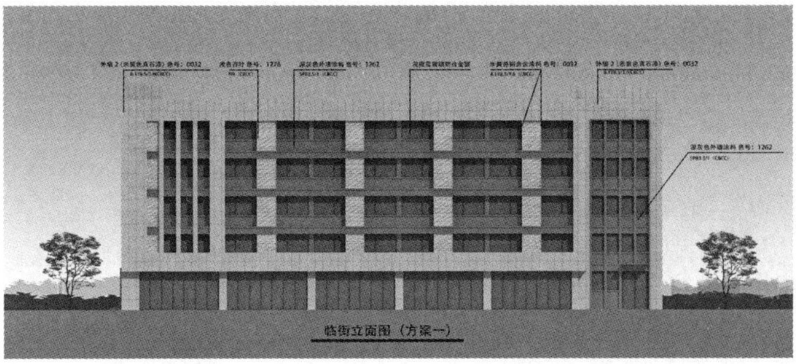

图 3　1 栋（绿色建筑基本级）重建临街立面图

2.2　绿色建筑专项设计主要技术措施

本项目绿色建筑的设计思路主要包含五个方面：安全耐久、健康舒适、生活便利、资源节约、环境宜居。主要技术措施及内容如下：

（1）建设环境安全性分析

本项目选址符合所在地城乡规划要求，符合各类保护区、文物古迹保护的建设控制要求。场地无洪涝、滑坡、泥石流等自然灾害的威胁，无危险化学品、易燃易爆危险源的威胁，无电磁辐射、含氡土壤等危害。且项目建设时场地内及周边不存在排放超标的污染源，建成后也不产生新的污染源。

（2）围护结构耐久性设计

建筑外墙、屋面、门窗等围护结构满足安全、耐久和日晒雨淋环境下的防护要求，围护结构构件及其连接应符合现行标准《建筑幕墙、门窗用技术条件》(GB/T 31433)、《建筑外墙防水工程技术规程》(JGJ/T 235)、《屋面工程技术规范》(GB 50345)、《铝合金门窗》(GB/T 8478)、《铝合金门窗工程技术规范》(JGJ 214) 等的规定。

(3) 室外构造与主体工程统筹设计

本项目空调室外机放置平台、阳台外遮阳、雨篷等外部设施与建筑主体结构统一设计、施工，确保连接可靠，并符合现行标准《建筑遮阳工程技术规范》(JGJ 237) 等的规定。同时，预留了后期安装、检修及维护条件。

(4) 安全、合规的消防疏散系统

项目建筑走廊、疏散通道满足现行国家标准《建筑设计防火规范》(GB 50016)、《防灾避难场所设计规范》(GB 51143) 等对安全疏散和避难、应急交通的相关要求。建筑通行空间路线畅通、视线清晰，无阳台花池、电机箱等凸向走廊、疏散通道的设计。

(5) 可视化的安全指引

项目根据《安全标志及其使用导则》(GB 2894—2008) 进行标识系统设计，在人员流动大的场所设置具有安全防护的警示和引导标识。对有高差等不安全区域设置警示牌，在安全出口、避险通道等地设置引导指示，应急时能够快速给人指引。

(6) 高效节能的屋面隔热措施

项目位于夏热冬冷地区，屋面及外墙均设置保温隔热层，隔热性能均满足现行国家标准《民用建筑热工设计规范》(GB 50176) 的要求。

(7) 连贯的无障碍步行系统

建筑、室外场地、公共绿地、城市道路相互之间设置连贯的无障碍步行系统。

(8) 便利的场地周边公交系统

场地人行出入口500m内设有公共交通站点或配备联结公共交通站点的专用接驳车。

(9) 设置垃圾收集系统

本项目建筑一层设置垃圾间，与周边景观协调。

(10) 控制纯装饰性构件占总造价比例

本项目建筑造型简约，无大量装饰性构件，纯装饰性构件造价占建筑总造价的比例不大于2%。

(11) 结构体系完整性设计

建筑内部的非结构构件、设备及附属设施等连接牢固并能适应主体结构变形。

(12) 外门窗密闭性能符合规范要求

建筑外门窗安装牢固，其抗风压性能和水密性能符合国家现行有关标准的规定。

(13) 设置禁烟标识

建筑室内和建筑主出入口应禁止吸烟。

(14) 室内风环境洁污分区

采取措施避免厨房、餐厅、卫生间等区域的空气和污染物串通到其他空间。为防止卫生间的排气倒灌，卫生间设置竖向排风道，并设置机械排风，保证负压。

(15) 控制室内噪声

室内噪声级符合现行国家标准《民用建筑隔声设计规范》(GB 50118) 中的低限要求。外墙、隔墙、楼板和门窗的隔声性能满足现行国家标准《民用建筑隔声设计规范》(GB

50118）中的低限要求。

（16）控制室内热环境结露措施

在室内设计温度、湿度条件下，建筑非透光围护结构内表面不结露。屋面、外墙内部不产生冷凝。屋顶和外墙隔热性能满足现行国家标准《民用建筑热工设计规范》(GB 50176)、湖南省地标《湖南省居住建筑节能设计标准》(DBJ 43/001—2017）要求。

（17）绿色建筑节能设计

结合场地自然条件和建筑功能需求，对建筑的形体、平面布局、朝向、围护结构热工性能、窗墙比等进行优化设计，且符合国家和湖南省现行有关节能设计的要求。

（18）设置警示和引导标识

应具有安全防护的警示和引导标识系统，建筑内外均应设置便于识别和使用的标识系统。

3　绿色建筑专项设计成果

本项目通过绿色建筑设计，达到节约项目成本、提升空间品质目标，绿建专项设计成果如下：

3.1　建筑体型设计

通过推敲建筑形体，提升建筑体型的规则性，调整建筑平面布局有效降低建筑的体型系数，以实现居住建筑平均节能率达65%的设计目标。

建筑形体规则性说明

建筑形体指建筑平面形状（图4）和立面、竖向剖面的变化。建筑形体的规则性根据《建筑抗震设计规范》(GB 50011—2010（2016）年版）的有关规定，一般划分为规则、不规则、特别不规则、严重不规则。本项目为“四原”重建项目，建筑体型变化受限，仅能参照老建筑体型微调。由于原建筑体型较为规则，因此本项目重建后建筑体型原生即符合绿色建筑基本级要求的建筑形体规则性要求。判断依据如下：

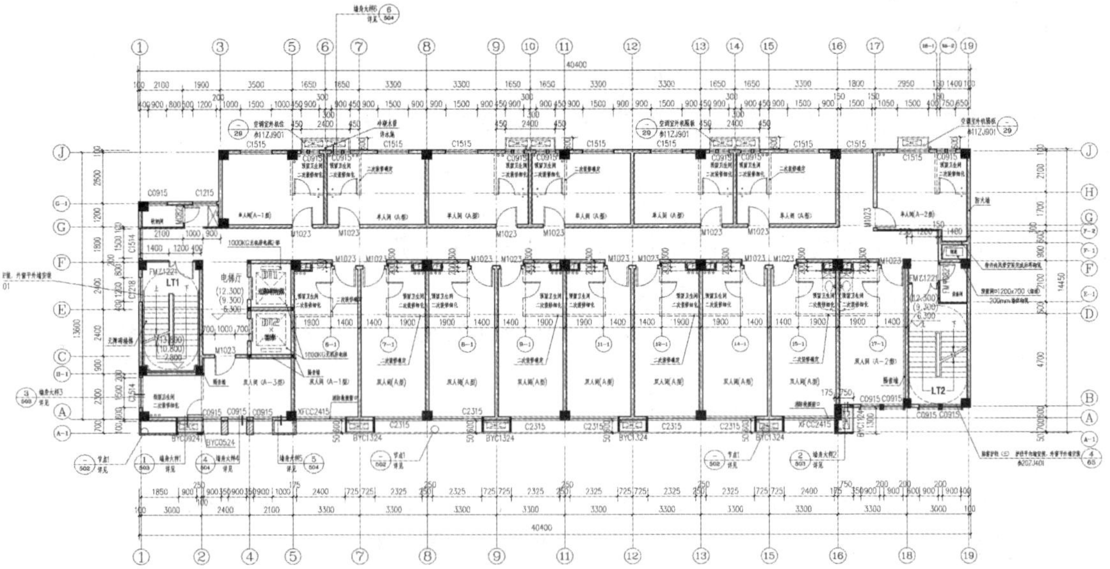

图4　1栋标准层（3~5层）平面图

本项目1栋主体采用框架结构，屋盖采用混凝土结构，依据《建筑抗震设计规范》(GB

50011—2010（2016）年版）中第 3.4.3 条规定，项目建筑形体及其构件布置的平面、竖向不规则性，按下列要求划分和判定，见表 1、表 2。

（1）平面不规则

表 1　平面体型统计表

不规则类型		扭转不规则	凹凸不规则	楼板局部不连续
定义和参考指标		在规定的水平力作用下，楼层最大弹性水平位移（或层间位移），大于该楼层两端弹性水平位移（或层间位移）平均值的 1.2 倍	平面凹凸的尺寸，大于相应投影方向总尺寸的 30%	楼板的尺寸和平面刚度急剧变化，例如有效楼板宽度小于该层楼板典型宽度的 50%，或开洞面积大于该层楼面面积的 30%，或较大的楼层错层
项目计算结果	1 栋	1.36	否	无
判定结论	1 栋	不规则	规则	规则

（2）竖向不规则

表 2　竖向体型统计表

不规则类型		侧向刚度不规则	竖向抗侧力构件不连续	楼层承载力突变
定义和参考指标		该层的侧向刚度小于相邻上一层的 70%，或小于其上相邻三个楼层侧向刚度平均值的 80%；除顶层或出屋面建筑外，局部收进的水平向尺寸大于相邻下一层的 25%	竖向抗侧力构件（柱、抗震墙、抗震支撑）的内力由水平转换构件（梁、桁架等）向下传递	抗侧力结构的层间受剪承载力小于相邻上一楼层的 80%
项目计算结果	1 栋	无	无	无
定结论	1 栋	规则	规则	规则

因此得出结论：本项目经过计算判定，建筑形体及其构件布置的平面存在 1 项不规则，竖向无不规则，建筑形体判定结论为一般不规则。因此本项目满足《长沙市绿色建筑设计基本规定》中第 4.2.2 条“建筑形体不应选用国家标准《建筑抗震设计规范》(GB 50011—2010（2016）年版）中规定的特别不规则和严重不规则的建筑形体”的要求。本项目满足《湖南省绿色建筑工程设计要点》和《湖南省绿色建筑工程审查要点》(2021）中的 4.3.6 条“不应采用建筑形体和布置严重不规则的建筑结构”要求。

3.2　照明调整

通过预先验算建筑使用照度及照明功率密度，调整建筑平面，保证建筑室内光环境达到满足使用者健康生活的要求，同时通过科学合理布置光源位置，确保能源不浪费，使之符合绿建基本级的要求。

（1）计算依据

根据《湖南省绿色建筑工程设计要点》(2021 版）第 4.6.5 条“主要功能房间的照明功率密度值应不高于现行国家标准《建筑照明设计标准》(GB 50034）规定的现行值。”的要求计算。

根据《绿色建筑评价标准》(GB/T 50378—2019）第 7.1.4 条“主要功能房间的照明功

率密度值不应高于现行国家标准《建筑照明设计标准》(GB 50034) 规定的现行值。”的要求计算。

（2）计算公式

利用系数平均照度法计算公式计算室内平均照度：

$$E_{av} = N\Phi UK/A$$

式中　E_{av}——平均照度；

Φ——光通量（lm）；

N——光源数量；

U——利用系数；

A——工作面面积（m^2）；

K——灯具维护系数。

利用照明功率密度计算公式计算室内照明功率密度：

$$LPD = P/A = \sum(PL+PB)/A$$

式中　P——单个光源的输入功率（W）；

PL——单个光源额定功率（W）；

PB——配套镇流器或变压器的功耗（W）；

A——房间或场所面积（m^2）。

（3）计算结果

照度及照明功率密度计算结果见表 3。

表 3　照度及照明功率密度计算表

主要房间或场所	照度标准值（Lx）	照度功率密度限值（W/m^2）	照度设计值（Lx）	照度功率密度设计值（W/m^2）	UCG	R_a	光源类型
宿舍	100	3.5	108.43	2.08	22	80	LED 节能灯（1600lm、$R_a \geqslant 80$）
餐厅	200	5.0	186.77	2.32	22	80	LED 节能灯（1600lm、$R_a \geqslant 80$）
走廊、楼梯间	50	3.5	104.72	1.34	19	80	LED 节能灯（1600lm、$R_a \geqslant 80$）
卫生间	100	5.0	105	2.67	19	80	LED 节能灯（600lm、$R_a \geqslant 80$）
公共厨房	300	8	280	4.96	22	80	LED 节能灯（1600lm、$R_a \geqslant 80$）

（4）结论

从表 3 中的计算结果可以看出，本项目室内的设计照度及照明功率密度值满足《建筑照明设计标准》(GB 50034—2013) 中的目标值、《建筑节能与可再生能源利用通用规范》

（GB 55015—2021）规定值要求，符合《湖南省绿色建筑工程设计要点》（2021 版）第 4.6.5 条及《绿色建筑评价标准》（GB/T 50378—2019）第 7.1.4 条的相关要求。

3.3　精简纯装饰性构件，降低建设材料消耗，绿色环保

本项目建筑造价控制目标为 750 万元，其中装饰性构件造价为 5000 元（表 4），占总造价的比例为 0.07%。

表 4　装饰性构件造价明细表

子项目	单位	数量	单价（元）	合价（元）	其中		
					UCG	R_a	光源类型
十字外挑	m^3	50	100	5000	10	20	10
总计	5000						

装饰性构件包括：超出安全防护高度 2 倍的女儿墙；仅用于装饰的塔、球、曲面；不具备功能作用的飘板、格栅、构架。

装饰性构件造价比例计算公式：

$$装饰性构件造价比例=\left(\frac{装饰性构件材料总造价}{建筑工程总造价}\right)\times100\%=\left(\frac{5000}{7500000}\right)\times100\%=0.07\%$$

3.4　通过测算场地周边公交站点数量，策划并保障居住者低碳出行的可行性

通过提供便利的公交系统，提倡居住者使用绿色出行方式，以降低由交通产生的人均碳排放值，保护环境。

本项目位于湖南省长沙市开福区湘春路 238 号，紧邻湘江，地处老城区，历史悠久，周边配套设施非常完善，本项目 500m 范围内有北正街、兴汉门等公交站点，交通非常方便，地理位置优越（图 5）。

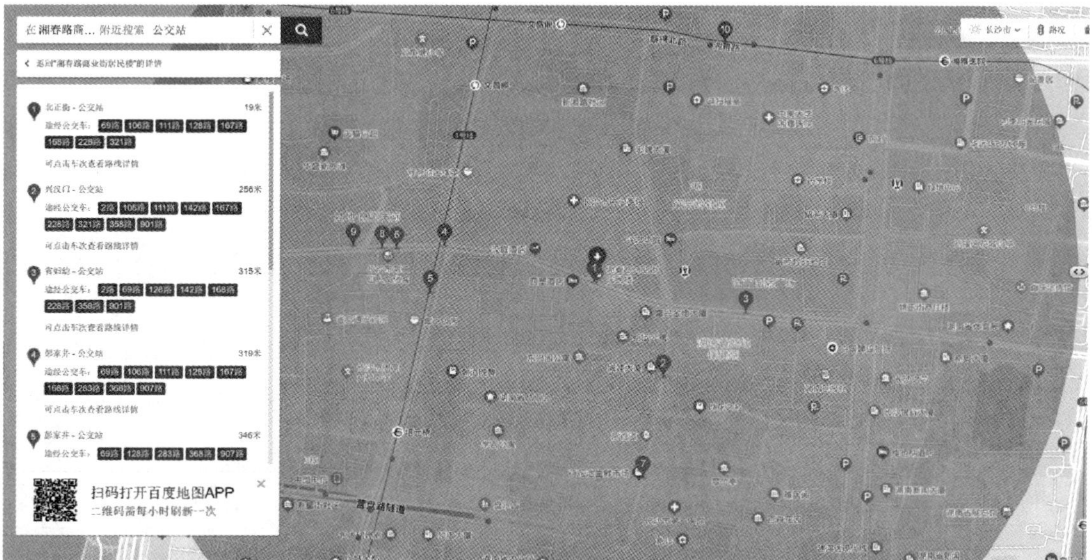

图 5　项目周边公交站点分布图

场地出入口 500m 范围内有 5 个公交车站点，周边公交站点见表 5。

表 5　场地周边公交站点统计表

序号	名称	距离	已建/规划
1	北正街	19m	已建
2	兴汉门	256m	已建
3	省妇幼	315m	已建
4	彭家井	315m	已建
5	湘春路西口	416m	已建

因此得出结论：本项目建设场地可以满足使用者绿色出行的需求，本项目交通环境符合绿色建筑基本级的要求，低碳环保。

3.5　验算建筑的节能防潮、隔热、防结露功能，均符合相关规范要求

经计算以上三项均符合绿色建筑基本级要求，计算结论表明建筑室内空间不返潮、不结露，满足降低建筑全生命周期内的空调能耗、延长建筑使用寿命的需求。本推论依据如下：

（1）防潮验算结论

本项目满足绿色建筑基本级的防潮要求（表 6）。

表 6　防潮验算结论表

类型	构造	增量限值（%）	实际增量（%）	结论
屋顶	上人平屋面	10	0	满足
	不上人屋面	10	0	满足
外墙	外墙构造（一）	4	0	满足
	外墙构造（二）（厨房卫生间）	4	0	满足
阳台隔墙	阳台隔墙构造（一）	4	0	满足

（2）自然通风房间隔热验算结论

自然通风房间隔热均满足（表 7）。

表 7　自然通风房间隔热验算结论表

类型	构造	时刻	最高温度（℃）	限值（℃）	结论
屋顶	上：上人平屋面	19：00	38.51	40.40	满足
外墙	东：外墙构造一	17：05	39.94	40.40	满足
	西：外墙构造一	18：00	39.99	40.40	满足
	南：外墙构造一	17：15	39.93	40.40	满足
	北：外墙构造一	17：10	39.60	40.40	满足
	东：外墙构造二（厨房卫生间）	17：05	39.94	40.40	满足
	西：外墙构造二（厨房卫生间）	17：30	39.95	40.40	满足
	南：外墙构造二（厨房卫生间）	17：10	39.92	40.40	满足
	北：外墙构造二（厨房卫生间）	17：05	39.63	40.40	满足

（3）自然通风房间结露验算结论

不结露，本项目符合绿色建筑基本级的自然通风要求（表 8）。

表 8　自然通风房间结露验算结论表

热桥部位	热桥类型	围护结构热惰性 D	冬季室外计算温度（℃）	内表面最低温度（℃）	结论
外墙——屋顶	WR-1	0.99	-2.20	13.42	不结露
	WR-2	0.99	-2.20	13.29	不结露
外墙——楼板	WF-1	2.00	-1.27	16.32	不结露
外墙——外墙	WO-1	1.98	-1.27	15.37	不结露
外墙——内墙	WI-1	1.98	-1.27	16.58	不结露
门窗左右口	WS-1	1.98	-1.27	12.65	不结露
门窗上口	WU-1	1.98	-1.27	12.51	不结露
门窗下口	WD-1	1.98	-1.27	12.51	不结露

3.6　验算建筑的构件隔声、背景噪声、室外噪声，均符合相关规范要求

计算结果均达标，即本项目以上三项均符合绿色建筑基本级要求。本推论依据如下：

（1）构件隔声验算

经过对本项目外墙、隔墙、窗、门、楼板的空气声隔声性能以及楼板的撞击声隔声性能进行计算分析，得到本项目建筑构件隔声统计结果，见表 9 和表 10。

表 9　空气声隔声结果统计表

构件	构造	空气声隔声单值评价量+频谱修正量	达标情况	得分
外墙	外墙构造一	46.00	达到低限要求	0
	外墙构造二（厨房卫生间）	46.00	达到低限要求	
隔墙	非控温隔墙构造一	48.00	达到平均限值要求	
窗	塑钢中空玻璃窗（6Low-E 高透光+12A+6）	26.00	达到低限要求	
门	保温门（多功能门）	29.00	达到平均限值要求	
	保温门（多功能门）	29.00	达到平均限值要求	
楼板	控温房间楼板构造一	46.10	达到低限要求	

表 10　撞击声隔声结果统计表

构件	构造	计权标准化撞击声压级	达标情况	得分
楼板	控温房间楼板构造一	70	达到平均限值要求	3

通过对本项目进行建筑构件隔声计算分析，针对《绿色建筑评价标准》(GB/T 50378—2019）的达标情况如下：所有构件的空气声隔声性能均满足《民用建筑隔声设计规范》(GB 50118—2010）中的低限限值要求，达到了《绿色建筑评价标准》(GB/T 50378—2019）中 5.1.4 条第 2 款控制项的要求；但未达到 5.2.7 条评分项的要求。所有构件的撞击声隔声性能均满足《民用建筑隔声设计规范》(GB 50118—2010）中的低限和高限平均值的要求，达到了《绿色建筑评价标准》(GB/T 50378—2019）中 5.1.4 条第 2 款控制项的要求；也达到了 5.2.7 条评分项第 2 款的要求。

综上所述，本项目构件隔声达到了《绿色建筑评价标准》(GB/T 50378—2019）中 5.1.4 条第 2 款控制项的要求；也达到了 5.2.7 条评分项的要求。

（2）背景噪声验算

通过对不同的参考房间类型进行背景噪声计算，得到典型功能房间的室内背景噪声计算

结果，如表 11 所示：

表 11　典型功能房间达标情况总结（dB）

楼层	房间	参考房间类型	时段	室内背景噪声	低限限值	高限限值	达标情况	得分
2	房间 RM02017	卧室（住宅）	昼间	41.6	≤45	≤40	达到低限和高限平均值要求	0
			夜间	34.5	≤37	≤30	达到低限要求	
	房间 RM02014		昼间	41.8	≤45	≤40	达到低限和高限平均值要求	
			夜间	34.7	≤37	≤30	达到低限要求	
	楼梯间 RM02048		昼间	40.7	≤45	≤40	达到低限和高限平均值要求	
			夜间	33.7	≤37	≤30	达到低限要求	
	房间 RM02046		昼间	40.5	≤45	≤40	达到低限和高限平均值要求	
			夜间	33.6	≤37	≤30	达到低限要求	

通过对本项目进行室内背景噪声计算分析，针对《绿色建筑评价标准》（GB/T 50378—2019）的达标情况如下：所有参与计算的主要功能房间的室内背景噪声均满足《民用建筑隔声设计规范》（GB 50118—2010）中的低限限值要求，本项目背景噪声达到了《绿色建筑评价标准》（GB/T 50378—2019）中 5.1.4 条第 1 款控制项的要求。

（3）室外噪声分析

平面噪声分析：包含昼间平面噪声分析、夜间平面噪声分析。

昼间平面噪声分析如图 6 所示。

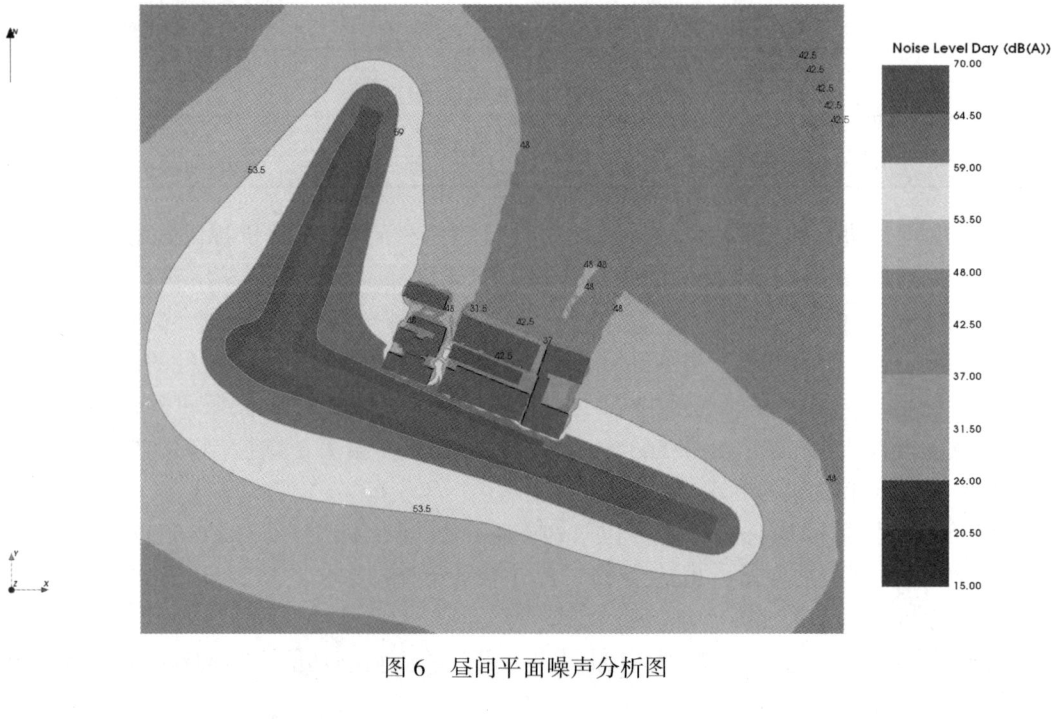

图 6　昼间平面噪声分析图

夜间平面噪声分析如图 7 所示。

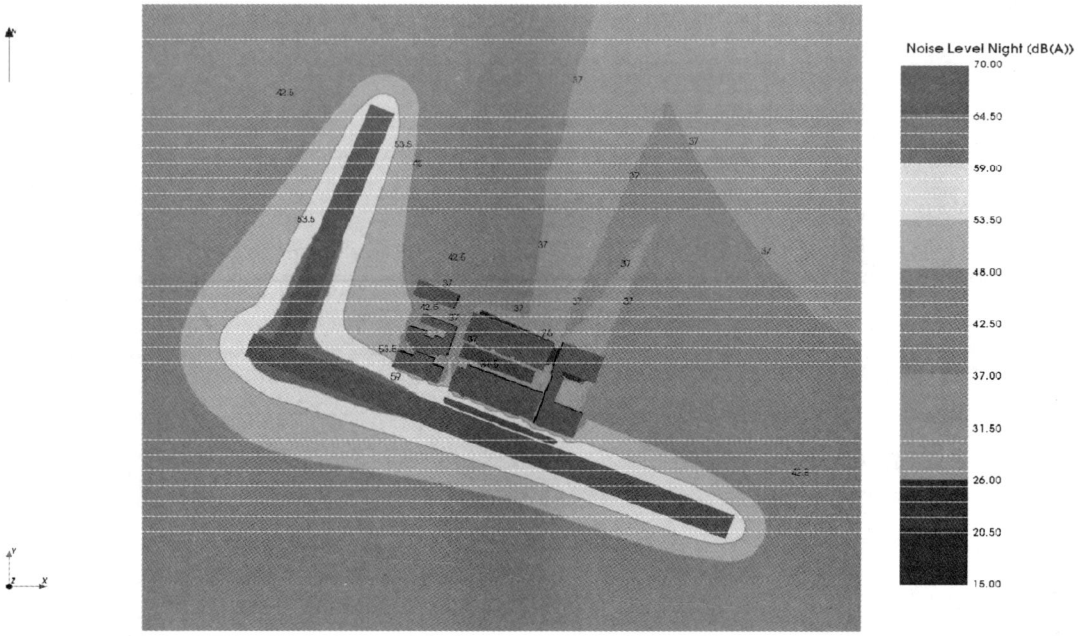

图 7　夜间平面噪声分析图

平面噪声分析结论：该考察区域内的昼间平面噪声极大值为 70. 65dB（A），夜间平面噪声极大值为 62. 65dB（A）。可观察从分布图中极大值到建筑周边典型监测点的噪声衰减量，辅助考察建筑达标情况。

立面噪声分析：包含昼间立面噪声分析、夜间立面噪声分析。

昼间立面噪声分析如图 8 所示。

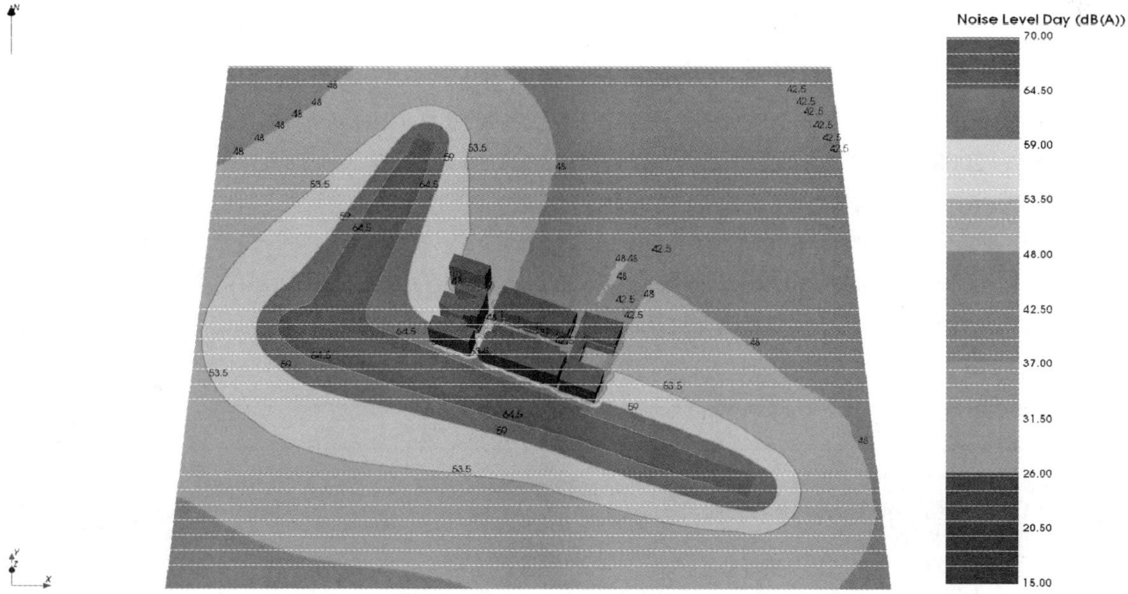

图 8　昼间立面噪声分析图

夜间立面噪声分析如图 9 所示。

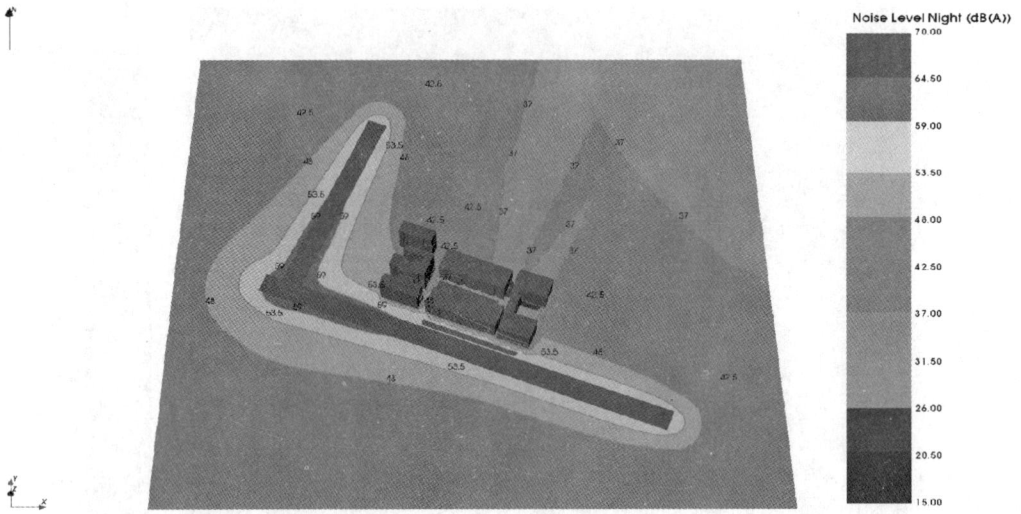

图 9　夜间立面噪声分析图

立面噪声图分析结论：该考察区域内的昼间立面噪声极大值为 64. 04dB（A），夜间立面噪声极大值为 56. 04dB（A）。可观察从分布图中极大值到建筑周边典型监测点的噪声衰减量，辅助考察建筑达标情况。相关数据见表 12。

表 12　典型监测点噪声达标判断

区域	建筑物名称	所属声功能区	典型监测点总个数（个）	声功能区等级	在此范围内典型监测点个数（个）	达标情况
区域红线 1	建筑 1	4a 类	19	未达到 4a 类	0	达标
				未达到 4a 类	19	

经过模拟分析，本项目针对《绿色建筑评价标准》（GB/T 50378—2019）第 4. 2. 5 条有关室外环境噪声的判定结论如下：场地内环境噪声符合现行国家标准《声环境质量标准》（GB 3096—2008）的有关规定。

3. 7　严控 PM2. 5 等污染，保证室内空气质量达标

根据《绿色建筑评价标准》（GB/T 50378—2019）、《室内空气质量标准》（GB/T18883—2022）的有关规定。本项目绿色建筑室内空气质量满足控制项要求，评分项共计得分 6 分。详细评分情况见表 13。

表 13　室内空气质量统计表

条文	标准要求	本项目实际情况	是否满足	得分
5. 1. 1	室内空气中的氨、甲醛、苯、总挥发性有机物、氡等污染物浓度应符合现行国家标准《室内空气质量标准》（GB/T 18883—2022）的有关规定	本项目主要功能空间污染物平均浓度：甲醛，0. 0022mg/m^3；苯，0. 0016mg/m^3；TVOC，0. 28mg/m^3	是	满足控制项

续表

条文	标准要求	本项目实际情况	是否满足	得分
5.2.1	控制室内主要空气污染物的浓度。氨、甲醛、苯、总挥发性有机物、氡等污染物浓度低于现行国家标准《室内空气质量标准》(GB/T18883—2022)规定限值的10%，得3分；低于20%，得6分	本项目主要功能空间污染物平均浓度低于限值的比例： 甲醛，97.77%；苯，98.52%； TVOC，52.77%	是	6分
5.2.2	选用的装饰装修材料满足现行绿色产品评价标准中对有害物质限量的要求，评价总分值为8分。选用满足要求的装饰装修材料达到3类及以上，得5分，达到5类及以上，得8分	本项目选用满足要求的装饰装修材料仅达到：2类，不满足《绿色建筑评价标准》(GB/T 50378—2019)中的要求	否	0分
总得分				6分

因此得出结论：本建筑室内空气质量等级达到绿色建筑基本级的要求。

4　结论

本项目遵循绿色建筑专项设计的思路和技术措施，将绿色建筑专项设计与项目设计同步进行。依据各绿色建筑专项设计成果、结论，得知本项目实现了以设计技术控制、降低建设成本的目标，实现了节约建筑全生命周期内的运营能耗的目标，提升了建筑室内环境的使用品质（声、光、热环境），实现了节能通用规范要求的居住建筑平均节能率达65%的目标，达成了最大限度地实现人与自然和谐共生的高质量建筑设计目标。因此，绿色建筑专项设计对于老城区的“四原”重建项目、多层宿舍建筑项目是一项一举多得的设计措施，可以降本增效、提质创优。绿色建筑专项设计对“四原”重建类项目及老城区新建类项目是切实可行的、有效的节能技术，也是优秀建设工程提升建造品质的有力手段。

参考文献

[1]　湖南省建筑设计院．湖南省绿色建筑工程设计要点［S］．长沙：湖南省住房和城乡建设厅，2021.

[2]　湖南省建筑设计院．湖南省绿色建筑工程技术审查要点［S］．长沙：湖南省住房和城乡建设厅，2021.

[3]　中华人民共和国住房和建设部．绿色建筑评价标准：GB/T 50378—2019［S］．北京：中国建筑工业版社，2019.

[4]　王清勤，韩继红，曾捷．绿色建筑评价标准技术细则2019［M］．北京：中国建筑工业出版社，2020.

[5]　中华人民共和国住房和建设部．建筑抗震设计规范：GB 50011—2010（2016）年版［S］．北京：中国建筑工业出版社，2011.

[6]　中华人民共和国住房和建设部．建筑节能与可再生能源利用通用规范：GB 55015—2021［M］．北京：中国建筑工业出版社，2021.

[7]　中华人民共和国住房和建设部．建筑照明设计标准：GB 50034—2013［M］．北京：中国建筑工业出版社，2013.

[8]　北京照明学会照明专业委员会．照明设计手册：［M］．第三版．北京：中国电力出版社出版，2017.

[9]　中华人民共和国住房和建设部．建筑节能与可再生能源利用通用规范：GB 55015—2021［S］．北京：

中国建筑工业出版社，2022.
[10] 中华人民共和国住房和建设部．建筑环境通用规范：GB 55015—2021 [S]．北京：中国建筑工业出版社，2021.
[11] 中华人民共和国住房和建设部．民用建筑隔声设计规范：GB 50118—2010 [S]．北京：中国建筑工业出版社，2010.
[12] 中华人民共和国建设部．建筑隔声评价标准：GB/T 50121—2005 [S]．北京：中国建筑工业出版社，2006.
[13] 康玉成．建筑隔声设计——空气声隔声技术 [M]．北京：中国建筑工业出版社，2004.
[14] 中华人民共和国住房和城乡建设部．民用建筑热工设计规范：GB 50176—2016 [S]．北京：中国建筑工业出版社，2016.
[15] 中国建筑标准设计研究院．建筑隔声与吸声构造：08J931 [S]．北京：中国计划出版社，2008.
[16] 中华人民共和国环境保护部．环境影响评价技术导则声环境：HJ2.4—2009 [S]．北京：中国环境出版社，2010.
[17] 中华人民共和国环境保护部．功能区划分技术规范：GB/T 15190—2014 [S]．北京：中国环境出版社，2015.
[18] 国家质量监督检验检疫总局．室内空气质量标准：GB/T 18883—2002 [S]．北京：中国质检出版社，2003.
[19] 中华人民共和国住房和城乡建设部．住宅建筑室内装修污染控制技术标准：JGJ/T 436—2018 [S]．北京：中国建筑工业出版社，2018.

ARF 复合一体化防阻排集成生态系统在种植屋面中的应用

卢　林　何　路　王文进　吴跃东

湖南长大建设集团股份有限公司　长沙　410011

摘　要：ARF 复合一体化防阻排集成生态系统区别于传统的种植屋面防水系统，在用于地下室顶板种植屋面施工时，该系统有效地将“防水、阻断、排放”相结合，通过 ARF 复合一体化防护排水板与 ARF 高强排水槽共同作用将余水与湿气排出，将地下室顶板的水压力减至为 0，实现了建筑物与水的零接触，进而达到种植屋面防水的目的。

关键词：种植屋面；防水；阻排结合；排水槽；耐根穿刺防水卷材

随着经济的高速发展，城市人口不断增加，城市空间急剧扩张，导致了城市绿地面积锐减，城市生态环境恶化。为解决城市建筑与城市绿地和谐共存的问题，种植屋面被大力推广。种植屋面其实并非现代产物，早在春秋时期，我国即有种植屋面应用的相关记载。种植屋面具有诸多优点，在增加城市绿化面积的同时，能有效地改善城市热岛效应，提高建筑物的保温效果，降低能耗，其更是海绵城市体系中雨水控制的一个重要手段，通过植被层、土壤层对雨水的净化与导流，能有效地缓解城市雨水的存储与排放问题。但种植屋面在使用过程中也存在一些弊端，常规种植屋面需要设置找平层及找坡层，致使建筑物的荷载加重，同时由于部分植物的根系穿透力较强，穿透了防水层，造成漏水点，保温层变成了蓄水层，在排水不通畅的情况下，顶板蓄积大量积水，导致地下室或顶层楼面渗漏。而 ARF 复合一体化防阻排集成生态系统则独辟蹊径，在设计和施工过程中，采用“排水+防水+阻根”相结合的方式，搭配 ARF 蜘蛛网非固化橡胶沥青防水涂料（阻根+防水）和 ARF 金刚甲耐根穿刺防水卷材（防水+物理、化学双效阻根）组成种植顶板、屋面防排系统。在下雨时，通过埋设的复合一体化防护排水板与高强排水槽共同作用，将土壤层中的积水排出，实现顶板与积水零接触。无雨时，可将土壤中的湿气排出，保持建筑物的相对干燥。

1　工程概况

和辰佳园一期（一标段）工程，位于湖南省岳阳市经济技术开发区岳阳大道与分水垄路交叉口东北角。项目包括：长炼机电总部大楼，为一类高层公共建筑，地上 26 层，框架剪力墙结构，建筑面积 50655.307m^2，地下一层，为设备用房及小汽车库，框-架剪力墙结构，建筑面积 8974.63m^2，总建筑面积为 59629.937m^2。地库顶板为种植屋面，1 级防水。原设计做法为：景观种植土+200g/m^2 无纺布一道（过滤层）+80mm 厚级配碎石疏水层+50mm 厚 C20 配筋细石混凝土+0.5mm 厚聚乙烯薄膜隔离层+1.5mm 厚 CPS-CL 反应黏结型高分子膜基湿铺防水卷材（耐根穿刺型）+1.5mm 厚聚合物水泥防水涂料+20mm 厚 1∶2 水泥砂浆找平层+钢筋混凝土顶板。采用 ARF 复合一体化防阻排集成生态系统后的做法为：种植土+ARF 复合一体化防排水板+ARF 金刚甲耐根穿刺防水卷材+ARF 蜘蛛网非固化橡胶沥青防水涂料+钢筋混凝土顶板。结构层次如图 1 所示。

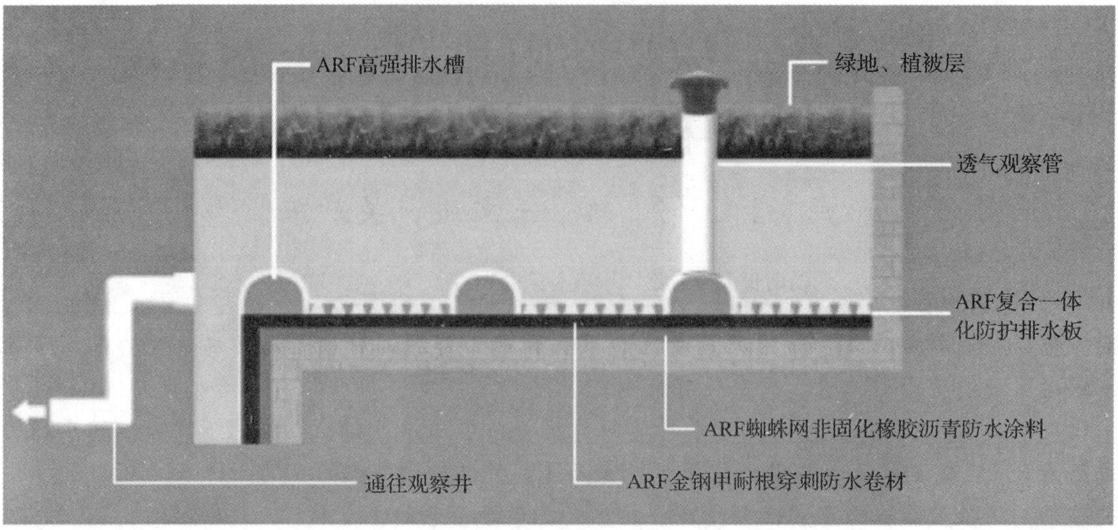

图1　ARF 复合一体化防阻排集成生态系统结构层次图

2　施工工艺

2.1　施工工艺流程

基层处理（抛丸处理）→涂刷界面剂→大面积涂刷非固化橡胶沥青防水涂料→湿铺 ARF 金刚甲耐根穿刺防水卷材→收口密封→组织验收→铺设 ARF 复合一体化防护排水板→组织验收→覆土。

2.2　施工操作要点

2.2.1　准备工作

施工准备工作主要包括技术准备、作业现场准备和材料、机具准备。

（1）技术准备。施工前认真理解图纸，参看建筑图、结构图、有关设备专业图，核对各种管道是否有出屋面，管道是否预留，做好图纸会审工作，根据施工技术要求和施工验收规范，制定相应的施工方案。施工前对施工人员进行全面的技术交底，其主要内容包括有关的施工技术标准及规范，主要施工技术要求，工艺流程及物料性能、用途等。

（2）作业现场准备。

①防水基层满足设计和规范要求。

②检查建筑中各种预埋管件是否按设计及规范要求做好密封处理。

③基层表面已清理干净，无浮尘，并基本平整，无明显凸出部位。

④施工时基面无明水，如有积水部位，则应扫除积水后方可施工。

（3）材料、机具准备。材料包括防水材料和复合一体化防排水材料，机具包括热熔机、抛丸机、切割机、电锤、水平仪、激光放线仪、磨光机等。根据图纸和现场实际，提出材料计划，材料计划要标明材质、规格、型号、数量等，要求按施工计划准时运到作业现场，并应逐项检查验收。

2.2.2　混凝土面层抛丸处理

（1）抛丸施工前检查混凝土表面外观，确保混凝土表面平整，无凹凸不平现象，若出现不平整之处，则先应通过机械打磨予以清除，有较大坑洼处采用特制环氧砂浆先修补填平，以确保基面的整体平整度，保证抛丸设备的行走畅通性。

（2）抛丸前混凝土表面的油脂必须清除干净（推荐用清洗剂进行清洗）。

（3）抛丸过程中和施工后，混凝土表面必须保持干净。

（4）抛丸所用磨料采用符合国家标准要求的铸钢丸，粒度为0.7~1.0mm，磨料必须保持干燥、清洁，不得使用被油脂等污染了的磨料。

（5）抛丸机行走速度要调节适当，以保证在条件允许的工期内达到粗糙度和清洁度要求。

（6）启动抛丸设备，利用高速旋转的抛头将钢丸高速地抛向混凝土表面，借助于砂丸的冲击作用将其表面的浮浆打掉。通过PLC控制调整参数，调配行走速度和进砂量，使抛丸机匀速前进，清理出连续均匀的喷砂面。

（7）清理完毕后，先进行人工清扫，再利用水车将混凝土面冲洗干净，并用吹风机吹走积水和积累的废料。

（8）抛丸处理后的表面应注意保护，避免二次污染。其处理示意见图2。

图2　抛丸机进行混凝土面层处理

2.2.3　涂刷非固化橡胶沥青防水涂料+铺贴耐根穿刺防水卷材

（1）定位弹线。根据卷材铺贴方向，以分格的方式进行弹线，确定施工橡胶沥青涂料的范围。

（2）试铺卷材。将自粘卷材自然松弛地摊开，按控制线摆放好，然后把卷材从两端往中间收卷。

（3）涂刷非固化橡胶沥青防水涂料。

①熔胶。采用专用加热设备对材料进行加热，不得在施工现场采用明火进行熔胶。

②喷涂/刮涂施工。利用专业设备将熔融的涂料按厚度要求，用刮板刮涂均匀，满刮不漏底。喷涂施工时，喷涂压力和喷枪往复摆动的频率要固定，从而有效地控制涂层厚度。

③节点及附加层处理。阴阳角和平立面转角采用一布三涂的方式进行加强处理。管根处增设涂料附加层（内置无纺布加强处理，采用一布三涂做法），附加层在平面和立面宽度为150~250mm；阴阳角增设涂料附加层（内置无纺布加强处理，采用一布三涂做法），附加层在平面和立面的宽度为150~250mm；落水口在管根处增设涂料附加层（内置无纺布加强处理，采用一布三涂做法），管内伸入5cm，落水口周围15cm。如图3~图5所示。

图 3　管根部涂料附加层

图 4　阴角处涂料附加层

④铺贴 ARF 金刚甲耐根穿刺防水卷材。刮完非固化橡胶沥青防水涂料后，揭除卷材下表面隔离膜和搭接边防污染隔离膜，将卷材粘贴在涂料上，同时进行卷材自粘搭接，搭接宽度 80mm，并用压辊碾压密实。立面铺贴自粘卷材辅助机械固定。

图 5　落水口处涂料附加层

⑤收口密封。卷材立面收口处，先用压条固定，固定件间距不大于 250mm，再用橡胶沥青防水涂料进行密封。卷材水平搭接处密封，采用非固化沥青防水涂料密封。

⑥修补卷材。检查卷材防水层，发现防水层存在破损时，采取相应措施及时进行修补。将破损处卷材清理干净，取周边大于破损处 100mm 的防水卷材粘牢，再用密封膏沿周边密封。

2.2.4　安装 ARF 复合一体化防护排水板

ARF 复合一体化防护排水板采用树脂颗粒（HDPE）为主要原料，配以高强树脂，在热熔状态下经真空吸塑一次成型制成板状防护排水材料，配合排水槽搭配连接，可快速有效导出雨水，大大减少防水层的静水压力，通过主动导水的方式达到主动防水的效果。同时，排水板主要原料为不降解高密度材料，耐腐蚀性强，可以有效抵抗土壤中的各类酸碱和植物根系的穿刺，保护防水层和建筑物。产品物理力学性能应符合表 1 要求。

表 1　ARF 复合一体化防护排水板物理力学性能表

序号	项目		指标
1	伸长率 10%时拉力（N/100mm）		≥350
2	最大拉力（N/100mm）		≥600
3	断裂伸长率（%）		≥50
4	撕裂性能（N）		≥200
5	压缩性能	压缩率为 20%时最大强度（kPa）	≥250
		极限压缩现象	无破裂
6	低温柔度		-10℃无裂痕
7	板材与板材剥离强度（长搭接边热风焊接）（N/mm）		≥4.0

（1）在耐根穿刺防水卷材表面用压辊涂刷胶黏剂，将排水板与耐根穿刺防水卷材黏结牢固。排水板铺贴时搭接宽度为80mm，同时排水板的搭接缝与下层防水卷材的搭接缝相互错开，避免上下同缝，如图6所示。

图6　铺贴复合一体化防护排水板

（2）排水板立面收头高度应与种植土回填高度一致。

（3）敷设ARF高强排水槽。排水槽采用双侧进水口，安装间距为4m×6m，呈网格状布设。排水槽如图7所示。安装时采用专用固定件将排水槽与排水板固定连接。安装完成后在排水槽顶部铺设无纺布，防止种植土落入管内造成管堵塞，管顶无纺布与排水板无纺布采用胶黏剂搭接固定。安装效果如图8所示。

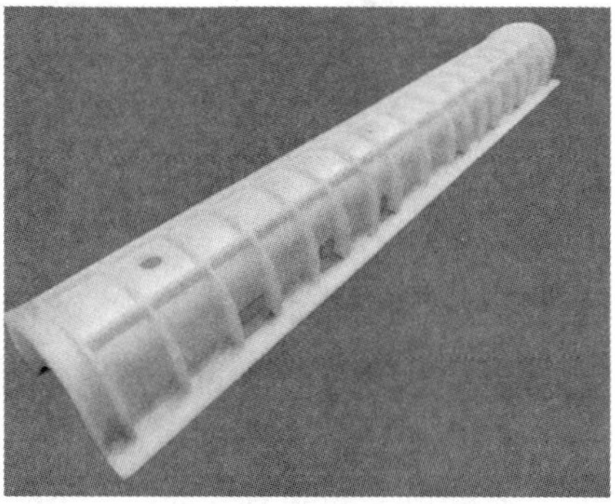

图7　双侧进水排水槽

图8　复合一体化防护排水板安装效果图

（4）地下室回填前，在排水槽最低处安装ϕ110mmPVC管作为排水管，引入地下室集水井中。种植土回填之前，在排水槽纵横向节点处安装竖向ϕ100mmPVC透气管。透气管管口高出种植土面不低于50cm，以利于排水槽内水汽排出。

2.2.5　检查验收

（1）材料进场前，对耐根穿刺防水卷材的出厂合格证、质量检验报告、耐根穿刺检验报告、进场检验报告进行检查；对排水板及排水槽的出厂合格证、质量检验报告、进场检验报告进行检查。

（2）耐根穿刺防水卷材施工完毕后排水板施工前，采用蓄水试验的方式或在雨后观察地下室顶板的方式对防水卷材的施工质量进行检查。蓄水高度不低于30mm，蓄水时长不低于24h。

（3）排水板进场施工前，对排水板的厚度、单位面积质量进行检查，应符合设计要求。施工完毕后，对排水板的平整度、搭接宽度、接缝严密性以及排水通畅性进行检查。

3　效果对比

采用 ARF 复合一体化防阻排集成生态系统与采用传统的种植屋面相比，具有诸多的优势，主要体现在以下方面：

3.1　构造层次对比

传统的种植屋面，构造层次达到 10 层，且不乏 80mm 厚级配碎石疏水层、50mm 厚 C20 配筋细石混凝土这种大质量的构造层，对地下室顶板负荷较大。而 ARF 复合一体化防阻排集成生态系统将种植屋面的结构层精简为 6 层，用轻质的排水板替代了级配碎石疏水层，无须再用 C20 配筋细石混凝土作为保护层，大大减轻了地下室顶板的荷载，进一步降低了楼板开裂的风险。传统种植屋面与 ARF 复合一体化防阻排集成生态系统构造层对比如图 9 所示。

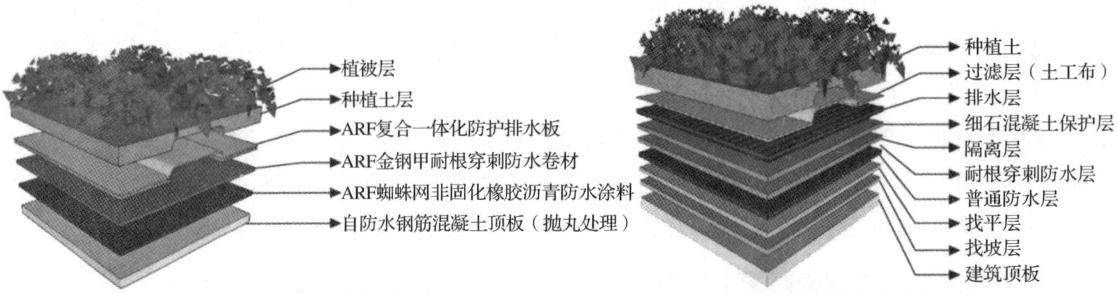

（a）ARF复合一体化防阻排集成生态系统构造图　　（b）传统种植屋面构造图

图 9　传统种植屋面与 ARF 复合一体化防阻排集成生态系统构造层对比图

3.2　工期对比

传统种植屋面，由于构造层次多，施工步骤较繁复，各工序之间衔接也容易出现脱节，施工周期较长，而地下室顶板的防水施工属于关键施工节点，对总工期的影响也较大。采用 ARF 复合一体化防阻排集成生态系统，由于简化了构造层次，减少了施工工序，工期也相应地缩短了，同时由于采用了新的工艺及材料，其施工速度也大幅提高，进一步地缩短了地下室顶板防水的施工周期，初步估计可缩短工期约 18d。两项工艺工期对比如图 10 所示。

3.3　造价对比

采用传统种植屋面，综合单价约为 268 元/m^2，而采用 ARF 复合一体化防阻排集成生态系统，综合单价仅为 150 元/m^2 左右，极大地降低了施工成本，考虑到节约工期带来的经济效益，其优势更是传统种植屋面无法比拟的。

3.4　后期使用效果对比

ARF 复合一体化防阻排集成生态系统与传统种植屋面最大的区别在于，前者在降水量大时能将种植土中多余的水分通过排水板与排水槽排出，最大限度地减少了水与防水卷材的直接接触，降低了渗漏的风险。而后者由于没有设置排水系统，在雨量较大时可能造成种植土中大量的雨水淤积在顶板之上，长期的水压作用下，卷材的防水性能降低导致顶板出现渗漏，影响地下室的使用。同时，由于 ARF 复合一体化防阻排集成生态系统能将多余的水分

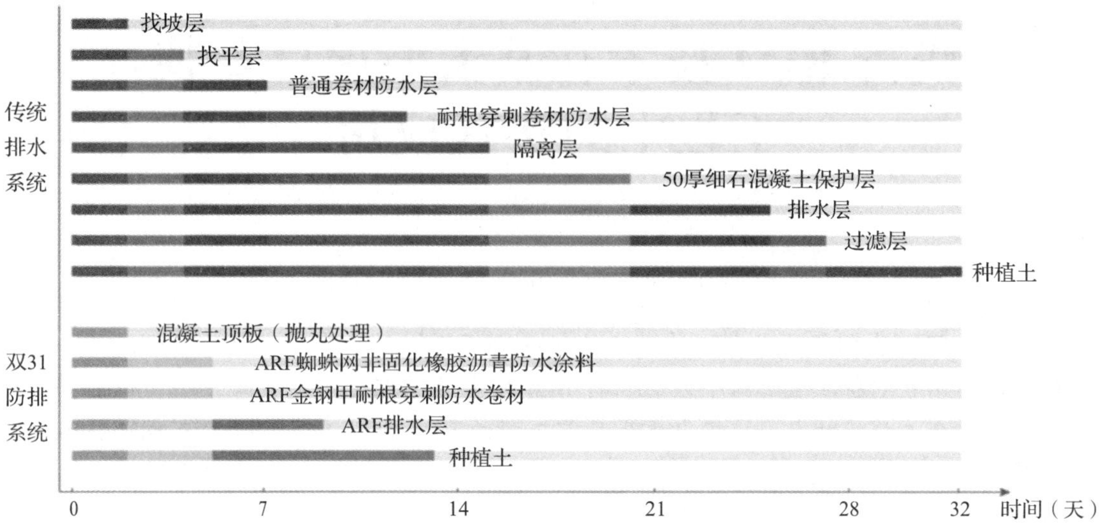

图 10　传统种植屋面与 ARF 复合一体化防阻排集成生态系统工期对比图

排入到集水井中净化后再使用，使其具备了吸水、渗水、蓄水、净水的功能，十分契合“海绵城市”的理念。

4　结语

种植屋面在我国有着悠久的历史，目前应用也极为广泛，但在使用过程中，由于结构层次多、工序繁复、施工周期较长，施工质量难以把控。而 ARF 复合一体化防阻排集成生态系统的应用则较好地解决了上述问题，通过设置 HDPE 材质排水板与排水槽，将土壤中的余水排出，避免了水体长期浸泡侵蚀对建筑物的影响，从源头上解决了地下室顶板渗水的问题。同时由于简化了结构层次，使得施工工艺化繁为简，工期得以缩短，造价得以降低，雨水的收集再利用更与“海绵城市”的建设理念相契合，无论是在经济效益还是社会效益上都具有很好的推广意义。

参考文献

[1]　湖北省建筑设计院．建筑防水构造-ARF 系列：21ZTJ006［S］．北京：中国建材工业出版社，2021.

[2]　中华人民共和国国家质量监督检验检疫总局，中国国家标准化管理委员会．种植屋面用耐根穿刺防水卷材：GB/T 35468—2017［S］．北京：中国质检出版社，2017.

[3]　中华人民共和国住房和城乡建设部．种植屋面工程技术规程：JGJ 155—2013［S］．北京：中国建筑工业出版社，2013.

[4]　中华人民共和国工业和信息化部．非固化橡胶沥青防水涂料：JC/T 2428—2017［S］．北京：中国建材工业出版社，2018.

[5]　阿尔法新材料江苏有限公司．ARF 黑金原子粘耐根穿刺防水卷材：中国，Q/CPAERF0008—2019［P］．2019.

[6]　阿尔法新材料江苏有限公司．ARF 复合一体化防护塑料排水板：中国，Q/CPAERF00020—2020［P］．2020.

浅析 BIM 技术在某大型项目安装工程中的实践应用

冯 帅

湖南长大建设集团股份有限公司 长沙 410004

摘 要：文章阐述了 BIM 技术在恒昌医药总部基地项目机电安装工程中的集成运用，包括 BIM 的基本运用和创新性运用两个方面。将 BIM 技术的原理运用到实践中去，以引导工程的建设，并结合工程的特点，挖掘出适合目前工程的 BIM 的创新性运用，使 BIM 技术在机电工程建设中，节约材料，降低成本，实现商务、工程、技术等多方面协调的功能。运用 BIM 技术，对给排水、暖通、电气等各个专业的设计方案进行优化，保证了整个机械和电气的正常运转。本项目在运用 BIM 技术的时候，按照需要，使用了 Revit、Navisworks、MagiCAD 支吊架、协助云平台和 Solid works 等各种软件，满足建模、深化、协同、计算出图和交底等各方面需求，为现场施工提供了全面的帮助，并通过挖掘创新应用，有效将工程施工的效率及品质进行提升。

关键词：BIM 技术；机电安装；BIM 应用；深化设计

目前，在大多数建筑公司中，BIM 的使用水平一直处于推广和使用的时期，在这个时期，BIM 技术的基本功能的发展和使用已日趋完善，BIM 在市政道路、公共建筑、工业厂房等各个领域中都有着非常普遍的应用，特别是在机电安装领域，BIM 技术更是起到了不容忽视的指导作用。随着设计标准的不断完善，人们对于建筑功能的要求也越来越多，暖通空调系统的控制逻辑也越来越精细，这就使得如今的公共建筑中，出现了越来越多的复杂的电气管线，但是 BIM 的正向设计却发展得很慢，存在诸多的限制，并且在短时间内很难突破。在这样的条件下，仅凭 CAD 这种传统的平面深化与现场拆改相配合，来解决问题的方法已经变得不切实际，将会产生大量的拆改，而且，在拆改之后，也不可能确保管线能够顺利安装，也无法保证系统的功能是否完善以及是否能够正常地运行，甚至还会影响到整体的外观形象。这都需要以 BIM 技术为基础进行持续深入的设计，这样就可以保证各个系统的功能完好无损，以及在现场能够成功安装。

本文以恒昌医药总部基地项目为例，阐述了 BIM 技术在其工程中的应用，包括集成式支架设计及预制、运用 Solid works 技术探讨垂直大高度差异管线中的逆向安装技术、利用 BIM 技术探讨“CFD+调试”的 3D PDF 方法，以达到减轻工程造价的目的，并对 BIM 技术在工程中的创新应用进行了阐述。

1 项目概况

1.1 项目简介

本工程地处湖南省长沙市，地处汤家湖路以北、霞凝路以东、霞光路以南的开福区金霞开发区。该项目具体内容有：1 栋高层仓库，共 33621. 53m^2 建筑面积，结构为高层钢筋混凝土框剪；2 栋物流中心，建筑面积 29723. 95m^2，结构为多层钢筋混凝土；3 栋垃圾站，共

$42.64m^2$ 建筑面积，地下室的建筑面积为 $16946.31m^2$ 及地下管网工程。本项目的BIM组织框架十分完善，具体由保证层（公司级）、管理层（BIM中心）、实施层（现场）和发包配合层组成，图1为BIM工作流程。

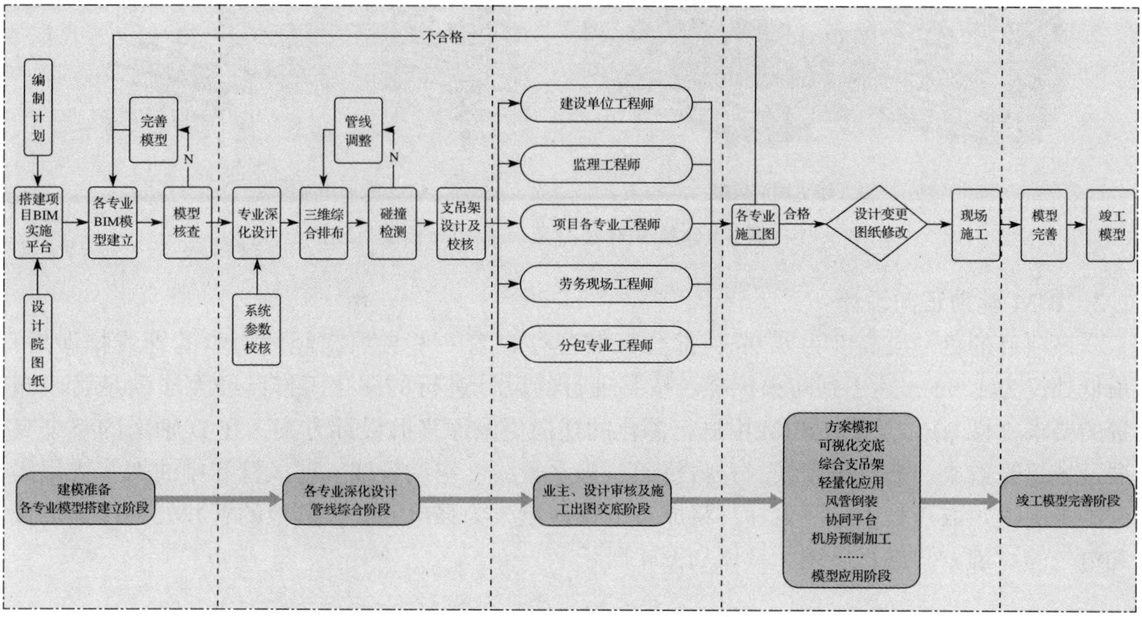

图1　BIM工作流程

1.2　项目重难点分析

在单层高架库的建设中存在着很大的困难：2栋物流中心主体结构梁最大断面为600mm×1400mm，约20.6m的跨径长度，23.6m的高度，且全部的支模架都为超大支模，所以对安全的要求很高。

施工期限管理困难：施工时间长达561个工作日，为工程的管理人员和施工人员的组织带来了很大的压力。

本工程深化难度较大，地下一层夹层较多，机电管线复杂，机电系统齐全，机电管线密集区超过十层。项目作业交叉面广，工序穿插困难，施工过程设计变更多，管理难度大，采用BIM技术提升管理能力，提升了施工管理效率。

本项目风管竖井狭小，排风管安装操作困难，导致目前出现风管立管垂直度偏差、密封不严、施工效率低等问题。

2　BIM基础技术应用

2.1　BIM建模

该项目对很多部分都按照实体建模的方式进行了精准的设计，包括机电管线、阀门、机组、保温、综合支架等。但该项目的过道区域管线复杂、管井内的空间过于狭窄、在吊顶方面业主对其要求较高。该项目的BIM团队为了能够对过道及吊顶空间进行更多的考虑，对保温层进行了更多的计算，防止在以后的时间里，因为管线的保温层出现错误、返工等情况。构建了精细化的数学模型，并将其与实地的情况进行比较，具体如图2所示。

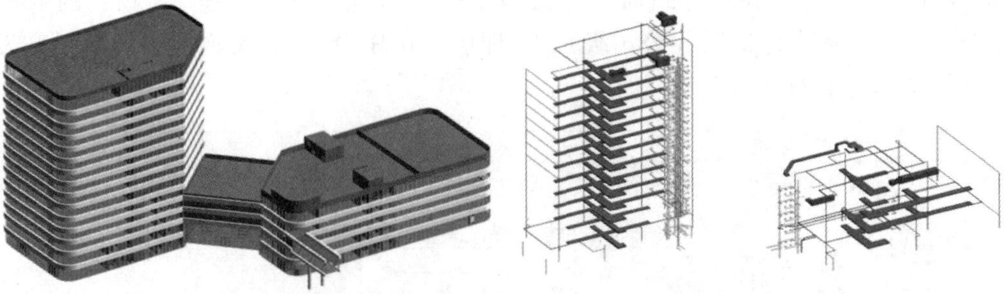

（a）建筑BIM模型　　（b）暖通BIM模型

图 2　建筑 BIM 模型及暖通 BIM 模型

2.2　BIM 辅助正向设计

该项目的负一层高度为 6.9m，部分区域还存在着一些夹层，经过初步的管线排泄后，最低处仅为 1.6m，达不到防火标准。按照现行的设计进行的深化工作已经无法满足管线布置的要求（图 3），需要在 BIM 中进行深化的逆向更改原来的设计方案，在 D 轴南的整个夹层区域都改造成一条机械管线，并将桥架、排水管线、空调管线、回风管和排油烟管线都搬到了夹层里。取消其中一部电梯，将原有电梯地点改为强电井处，其他的管井处将根据机械和电气的详细方案进行协调，具体如图 4 所示。

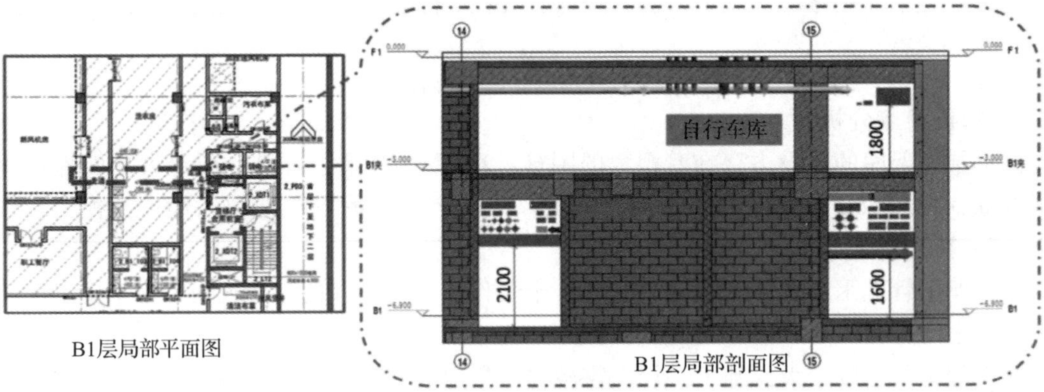

图 3　局部设计方案

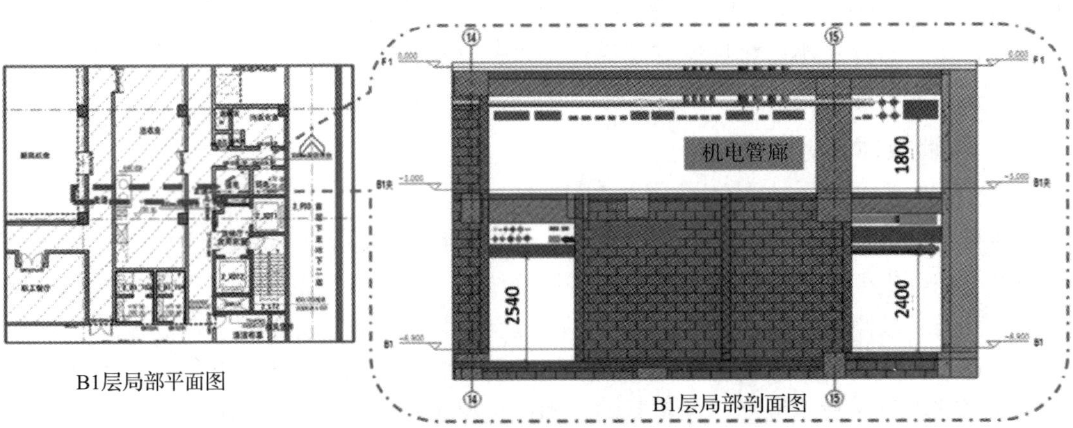

图 4　局部设计方案优化

2.3　现场实施

利用BIM进行常规训练，建立起了一个拥有BIM技术的员工队伍。在此过程中，整个项目中的所有管理人员都拥有了BIM的操作技能，从而提升了工程中各个参与方之间的工作效率。在建设的过程中，要利用BIM模型进行两项技术的现场指导，分别为3D可视化交底以及移动终端上搭载Navisworks轻量化模型，具体情况如图5所示。

图5　现场应用

3　BIM创新技术应用

3.1　多层复杂综合支吊架

（1）综合支吊架设计。当前，在机电等设备的装配中，大部分管线支架的布设方式都以单管线、单专业为主。相关参考内容很少，比如《室内管线支架及吊架》03S402中没有DN300或更高的管子支吊架，《室内管线支吊架》05R4174中只给出了三个管线的选择，而实际施工中经常会出现十多个管线需要使用同一个支吊架的现象，也没有任何的参考图集可以提供这种类型的材料，以前都是依靠施工人员的经验来大致选择支吊架的类型，这样会带来很大的安全性问题。针对这一现状，本课题拟开展一体化支架设计、计算、校核和装配工作，以保证管线施工的安全性以及施工效率。

在BIM模型中，如若已经完成了对管线的全面调整，就需要对多层的复合通道管线进行可视化设计，并对其进行受力状态的研究，从而确保支撑结构的安全性，使其使用的材料达到了最小的使用范围，同时还能达到美观的效果，具体如图6所示。

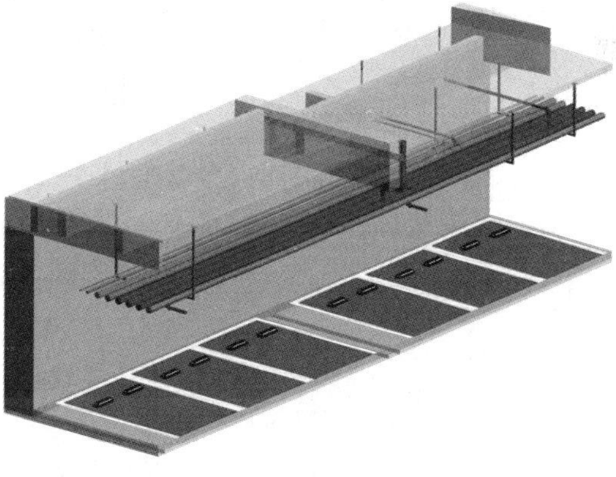

图6　综合支吊架效果图

（2）综合支吊架受力设置与计算。整体式悬挂吊架多设在侧梁上，梁间隔太大，应将其固定在上部楼层，以保证吊架装置的稳定。由于复合式吊架所涉及的管线较多，且没有相应的标准可以参考，为了保证各种吊架结构的安全性和可靠性，必须对各种吊架结构进行受力计算。

通过BIM软件，可以对其进行受力仿真，并将吊架的管线材质、种类、长度、保温层、受力点等数据进行读取，并将其设定为一个固定的形状，再加上一个横向的荷载，就可以在这个过程中自动地构建出一个受力的条件，对其进行仿真，并给出一个验证的结果。计算表明，选择的钢种不符合设计规范，或者其设计规范远远超出管线设计规范时，可采用“规格优选”功能，将其调整到符合设计规范的钢种，具体如图 7 所示。为了确保支架的可靠度，该项目利用 Solid works 软件对其受力进行了重新的计算和复查，确保没有误差后，就像图 8 中所显示的那样，发布一张受力校核图以便后续进行制造和安装。

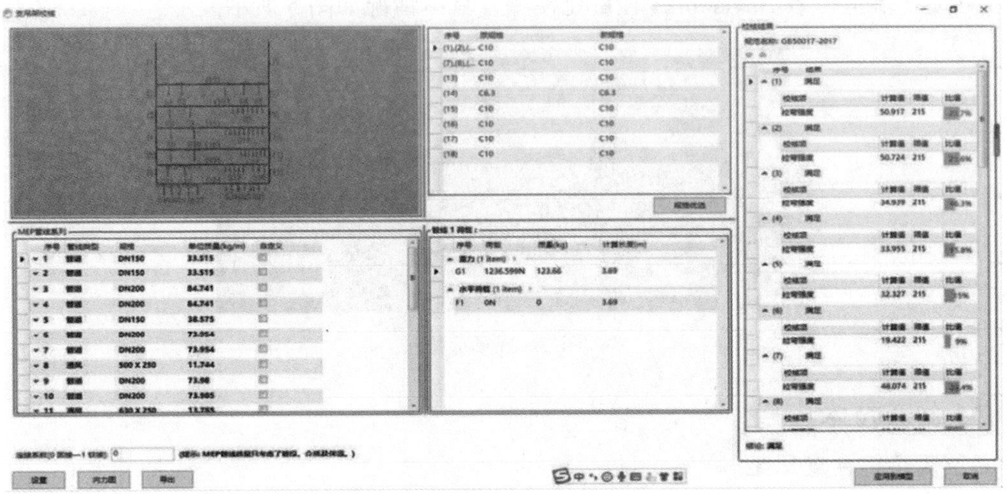

图 7　综合支吊架受力分析图

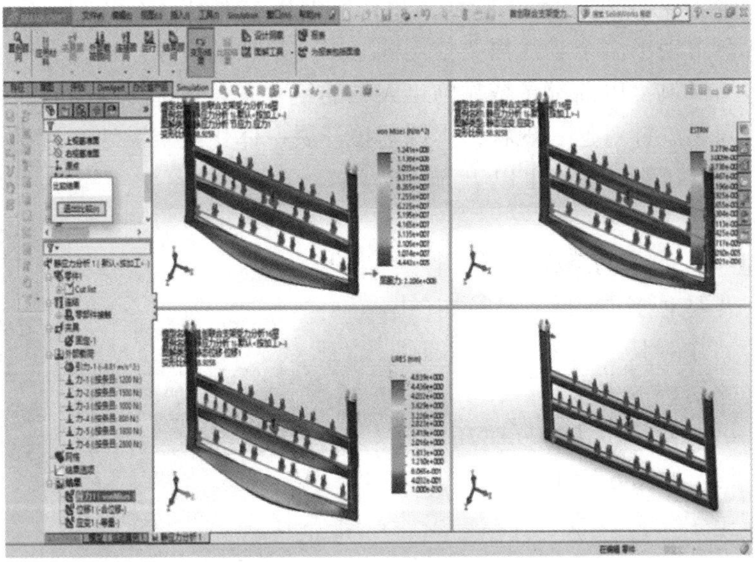

图 8　综合支吊架受力校核

3.2　大高差风管倒装技术

3.2.1　大高差风管倒装技术介绍

以往，竖井内风管的安装方法是一层一层、一节一节地进行，这种施工方法有很多局限性。第一，必须在二次结构的墙面进行砌筑以前，提前将竖井内的风管安装完毕，不然的话，就必须在墙壁上开孔，然后进行下一步的工作。第二，许多竖井的周围都是建筑的墙壁，没有孔眼，给施工带来了困难，无法保障安装质量；第三，以往的施工方法需要一层一层地搬运材料，设置施工场地，工作效率不高。在此基础上，提出了大高差风管倒装的方案。

按照竖井的方位，将单节风管送到竖井口底和中间部位，进行风管的总体安装。第一节风管用夹具夹紧后，利用上面的升降设备沿着井壁向上升降，直至上升到一个风管的高度，与另一节风管相连，随即再升起另一风管，如此循环往复，使得风管的组装一直保持在较低的楼层上，从而提高了施工效率和品质。

3.2.2　受力过程分析

（1）竖井中的风管以自己的质量为主，顶部的风管要承受来自底部其他风管的质量，所以它的荷载是最大的，只要不超出它的质量，竖向风管就能保持它的稳定和安全。

（2）在该项目中，竖井中使用了一种角钢法兰风管。法兰与风管之间采用铆接。下一根管子的质量，由法兰螺钉施加在前面一根管子的法兰上，然后法兰将压力传到铆钉，铆钉又将压力传到管子、法兰、铆钉之间，将铆钉承受的摩擦以及铆钉承受的剪切作用连接起来。

（3）受力分析主要对象为：以风管抗拉强度、铆钉剪切强度、螺栓拉伸强度和法兰变形屈服强度作为受力分析的重点。

3.2.3　材质选型

采用《通风与空调工程施工规范》（GB 50738—2011）中规定的风管制造工艺进行制作，并根据现行标准确定的铆钉间距和螺栓间距，增强风管系统的联结性能。

3.2.4　模型构建

（1）为了准确地对风管的受力进行仿真，利用Solid works对风管进行了实物建模，根据风管的生产过程和大小，将风管、角钢、螺栓、铆钉等构件在该软件中画出来，并将其组装起来。

（2）为了避免第一节风管在法兰上产生受力变化，在两根风管的衔接处上画上两个翼缘，以降低变形程度，从而提高模拟精度。

3.2.5　有限元仿真计算

（1）在建模完成之后，利用Solid works的仿真函数，对该系统进行了有限元仿真。

（2）为了使数值模拟简单，在两段风管建模之后，不考虑风管本身的自重，而是将管线的自重作为一个作用力施加到该模型上。

（3）例如，在一支1250mm×800mm×500mm的风管上，要对其各个零件进行对应的材料与属性设置，并对其上部的角钢进行一定的固定，在底部的法兰螺杆上施加垂直向下荷载。

（4）经过计算得知单个风管的质量为262N，60节风管的荷载为15720N，需要对其受力进行计算。

3.2.6　有限元仿真计算结果

经过分析，这个800mm×500mm风管的位移为0.51mm，它的变形是可以控制的，而且它的总体受力分布比各个组件的屈服极限要小，具体情况如图9所示。

为了保证Solid works有限元仿真结果是精准的，使用Abaqus程序，对此800mm×500mm的风管受力程度进行模拟、计算和检验，得到的结论与Solid works的计算结论一致，通过对该风管承载力的分析，得出该风管承载力为3t。

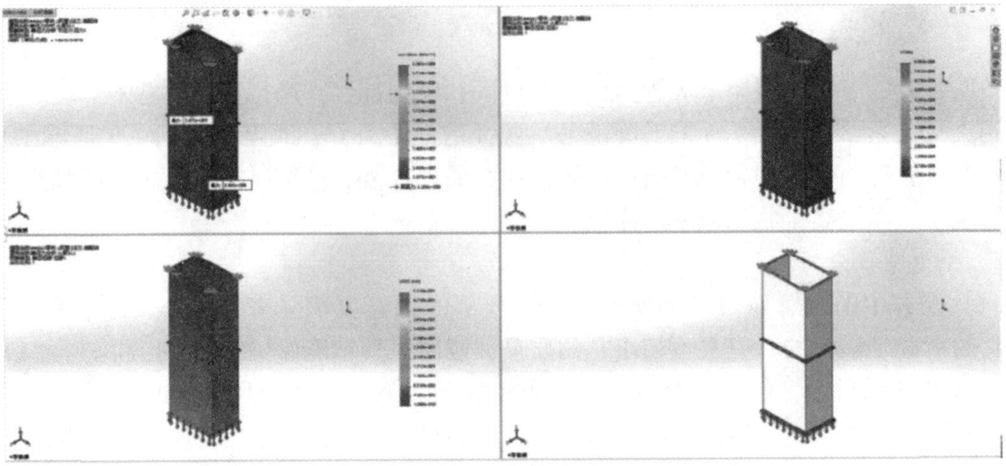

图 9　有限元仿真分析结果

3.2.7　风管倒装受力试验

为了确保其在施工过程中的安全性，通过受力仿真模拟对其进行试验验证。在实地使用已经制作好的 800mm×500mm 风管，将其垂直吊在梁底，在最下方的一节风管的顶部，在托栏中加入了 DN70 钢管，每一根钢管都是 50kg，一共添加了 33 根钢管，总质量为 1.65t，比实际 1.572t 的风管总质量要大。放置 1 个多小时后检验，风管、角钢及铆钉没有明显的扭曲现象。拆下水管，仔细观察风管的内部情况，在螺栓接头上没有明显的变形。

通过试验，证明了风管倒装施工这一方法的有效性和安全性。

3.2.8　安装质量情况调查对比

根据《通风与空调工程施工质量验收规范》(GB 50243—2016）对倒装方式下的风管井口进行了检测，结果见表 1。

表 1　“倒装法”风管井安装质量检查表

检查部位	检查点数	垂直度偏差	支架固定歪斜	风管连接密封不严	其他	不合格点数	合格率（%）
恒昌医药集团总部 15-16/C-D 轴风管井	40	0	1	1	0	2	95

通过对通风管线的倒装施工，解决了“通风管线竖直性不正”“支座倾斜”等问题。

3.2.9　经济效益分析

与正装法进行比较，倒装法的安装尺寸为 800mm×500mm，角钢法兰风管的每节长度为 1.25m，节约人工 $(T_1T_2)/T_1=14.6\%$，根据预算限额进行了分析，与业主方签订的协议中，对应规格风管安装的总单价中，人力费用为 14.132 元/m^2。采用倒装法，通风管线的通过率从常规方法的 85%提高到 95%以上。

3.3　CFD 气流组织模拟

3.3.1　房间内气流模拟

经过对装备型号的选择，对风盘和空调器的参数进行了详细确定，并利用 CFD，对本工程的标准层电梯前室和样板层办公区域的风盘进行了空气流动及温度场的仿真，具体见图 10。

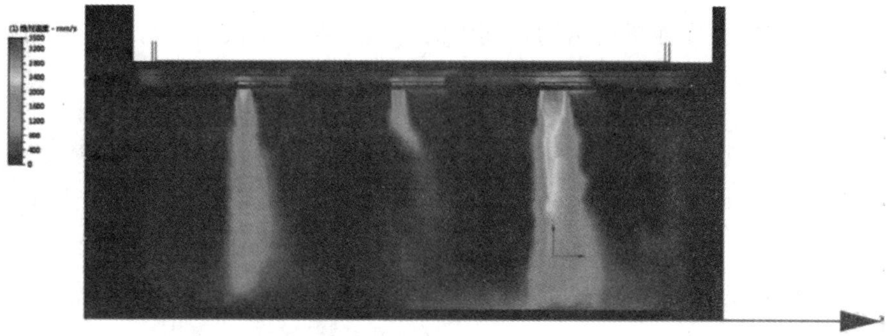

图 10　前室送风温度场

3.3.2　CFD 风管内部风平衡模拟

在空调风系统装设完成后，需要对整个空气调节装置的空气流量进行调节，以确保每个出气口能够达到设计的位置。常规的调整方法是先调整最糟糕的支路，然后再调整风管阀，一边调整一边测试，缺点是调整后的风管阀会改变原调整过的风管阀，需要重复调整，且调整效果很差。

该项目利用 Solid Works Flow 模拟函数，对关键的风道管线进行了风量的模拟，对空气流动、压力降、风速等同样进行了仿真。运用 Revit，Solid works 软件，并将其与计算机软件相联系，实现了室内空气流动的仿真。在空气中，空气的流速以箭头直线表示，空气中各点的空气压力以彩色表示。仿真计算表明，在主管线入口附近，有 161Pa 的最大压力。利用流迹功能，可以看到各个位置的空气状况，可以利用表面参数的显示设定，看到各个位置的静压、速度、相对压力和温度等状况，具体如图 11 所示。

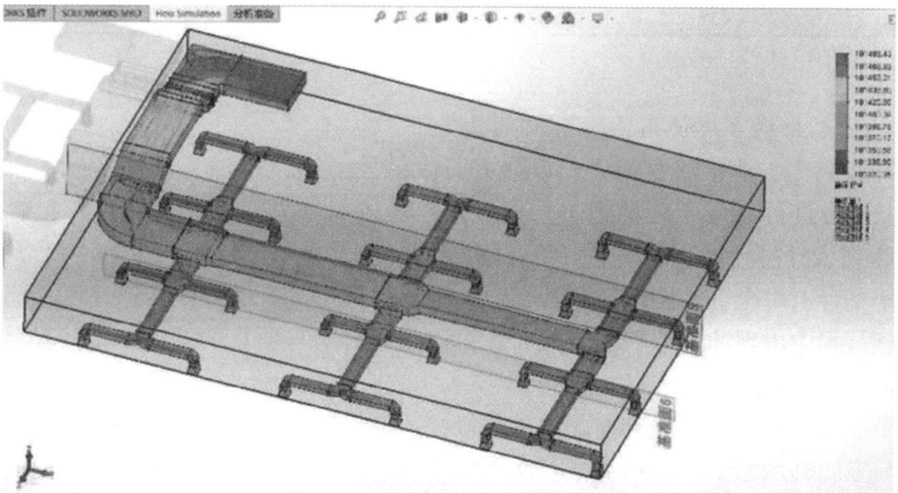

图 11　风管内气流模拟

在完成了对气流模拟的仿真后，将得到这一系统的结果报表。在利用 Solid Works Flow 仿真功能对风管线系统进行了空气流量仿真后，通过对该仿真数据就可以对该风阀的电阻进行判定。为本项目在 Solid works 软件中实现对整个技术的调试带来有效支撑。

3.4 “离散式”机房预制加工

在机电施工过程中，冷冻机房可谓是其中的一大难点，不仅需要对其进行吊装，还要进行大口径管线焊接，从而达到减振降噪、保温隔热等效果。采用“离散式”的工艺，进行合理的工艺布置，可以有效地提升其建设速度，利用工序动画向工作人员进行技术指导，可以让工作人员对工程的内容有一个更加直观的认识，具体如图12所示。

图 12　制冷机房交底模型

4 BIM 应用总结

4.1 经济效益分析

通过运用 BIM 技术，已经在 1100 多个方面完成了协调消除，从而有效地解决了机电专业内部碰撞的问题，同时，对超过 800 多个方面的电气与主体结构、二次结构精装、幕墙各专业之间的冲突问题进行解决，提出了最优的处理方法。此外，还可以利用 BIM 技术，对这些冲突进行施工、工序、运输、吊装等一系列模拟推演，对现场施工进行了有效的引导，从而获得了十分显著的经济效益，具体内容见表 2。

表 2　BIM 实施经济效益分析

项目	效益	与传统作业方式对比（%）
BIM 技术节约各方协调联络时间	80 天	50
材料节约	110 万	15
缩短工期	90 天	20
建造费用节省总额	150 万	10

4.2 技术总结

4.2.1 平台与软件的合理使用

在 BIM 项目中，业主获益最大，设计方贡献最大，建设单位是推动者。本项目采用广联达协建云平台进行 BIM 工程的数据协同处理，通过对各方权利和义务进行科学配置，实现 BIM 工程在云计算环境下的信息资源共享。

在协作平台上对全部的图纸进行管理，这样不仅可以提升图纸的传递速度，还可以降低在图纸分享过程中出现的误差概率，同时还可以强化公司与项目的结合性，减轻项目的技术压力。

采用专业的软件进行组合支撑的设计与校核，使管线较多地区的净高最大化，从而提升吊顶美感与空间利用水平。运用 Magicad 支架及 BIM 有关的技术，使项目吊架的设计、选择类型、加工效率大大提升。

对 BIM 360 Glue、3D PDF 等软件进行运用，实现移动终端的实时观看，对现场的安装进行监督，同时还可以提升管理人员在项目当中的参与性，让项目的关键部分得到控制，从而提升了管理的效能。

4.2.2 精细化建模

将模型细化到各个部分，特别是在重要的走廊地区，根据现实的建设情况，对管线的位置、保温厚度、电气穿线难度、阀门检修难易程度、支吊架安装等方面进行详细的分析，尽量降低误差概率，确保模型能够做到和现场工程一致，从而准确地引导项目的建设。

4.2.3　BIM指导现场施工

运用BIM技术实现了对工程过程的仿真，从而可以有效地降低工程人员的拆卸和更换工作的工作量。

运用BIM技术，对该工程中的制冷机房展开了进一步的深化，将其内部的全部管线精确化分段、预制化拼装，从而提升了建设效率和安装的准确性，同时还减少了对材料的消耗。

4.2.4　BIM创新应用

在本项目中所探讨的风管倒装的方法，对风管铆钉、角钢、风管的受力和变形进行了细致的分析，并进行了现场测试，对大高差风管的吊装进行了检验，为公司提供了有价值的工作经验。在此过程中，对本工程的整个通风体系进行了风流仿真，并根据阀门特性的变化，进行了与其内部压差的配比，从而实现了阀门的开启，从而为“CFD+调试”技术的进一步开发打下了坚实的理论和实践的依据。

5　结语

基于BIM技术在建筑行业应用的飞速发展，本项目使用BIM技术在实际应用中进行了积极的探讨，总结出项目试点应用推进方法或BIM应用项目推广方法，将有效指导后续工作的持续开展，为解决工程中存在的一系列问题做出非常大的贡献。

参考文献

[1]　吉久茂．BIM规则检查技术在雄安新区项目中的应用研究［J］．建筑经济，2022，43（S01）：5.

[2]　张靖宇．基于BIM技术的大直径公铁合建盾构隧道项目管理应用研究［J］．工程管理学报，2021，35（2）：5.

[3]　翟凝．BIM技术在建筑项目设计中的应用研究［J］．建材发展导向，2022，20（6）：3.

[4]　朱丽．BIM技术在项目全过程管理中的应用分析［J］．四川水泥，2022（006）：000.

[5]　占罗龙，李军军，刘文．BIM技术在建筑工程项目施工中的应用分析［J］．建筑·建材·装饰，2022，29（1）：79-80.

[6]　费中强，韩强，郭春艳．BIM技术在工程项目管理上的应用［J］．现代工业经济和信息化，2021.

[7]　邓金涛，尹仕友，饶平平．基于模糊数学-SWOT的工程项目BIM应用战略分析［J］．土木建筑工程信息技术，2021，13（4）：7.

[8]　李爱军，李云舒．浅析BIM技术与智慧项目技术应用的探索［J］．工程技术研究，2021，3（1）：94-95.

[9]　刘训梅，王柳燕．BIM技术在项目管理体系中的应用研究［J］．建筑经济，2021，42（S01）：232-235.

[10]　仝美娜，惠志伟，聂晓帅，等．特大型剧院工程的机电深化设计BIM应用实践［J］．建筑技术，2022（008）：053.

[11]　殷保国，马耕，江乾．BIM5D技术在超大型施工项目管理中的应用［J］．建筑经济，2021（012）：042.

浅谈老旧小区提质改造与更新

郭 蛟 李柯可

湖南长大建设集团股份有限公司 长沙 410015

摘 要：城镇老旧小区改造的目标就是解决城镇居民居住现代化的问题，也是满足人们生活的现代化需求。在推进城镇老旧小区改造过程中，要从方便居民现代生活要求入手，使老旧小区变成信息化、智能化、便利化、环境优美的现代社区，使老旧小区居民有更大的获得感和幸福感。老旧小区改造主要有基础类、完善类、提升类3类，包含屋面、楼梯、外墙、给排水、强弱电、道路、绿化照明、公共卫生服务设施、文化宣传设施、配套休闲及娱乐设施等。在老旧小区改造施工过程中，坚持以人文本，制定科学合理的施工方案及措施，做好施工与居民日常生活正常化的有机结合，不出现相互冲突的情况。改造施工实行先内部后外部、先主体后市政的顺序，严格按照施工组织实施，明确工作时间，并提前对施工范围内的居民做好施工告知，加强质量及安全管理措施及完善管理程序，确保改造施工按照要求完成。通过已完成的老旧小区改造施工过程管控及经验总结，老旧小区改造施工主要重难点是居民生活与施工的交叉管理、对原建筑的结构安全性管控。通过实行施工封闭、人员分流及施工时间控制，能有效地解决施工过程与居民生活相互影响的难题，严格按照设计及施工方案落实材料堆载及改造工艺，可确保原结构的安全性。

关键词：老旧小区；提质改造；更新；幸福感

1 工程概况

本项目主要涉及相关小区建筑面积2.8万m^2的公共区域改造。道路改造3000m^2、给水系统1700m、排水系统雨污分流改造1700m、燃气1700m、弱电综合1500m、绿化5项、消防设施改造1200m、电力线路改造2000m、公共照明50盏、停车场改造新建2座、场地铺装1500m^2、充电桩7座、化粪池16座、垃圾收集点9个、环卫配套设施5套、挡土墙200m^2、健身器材16套、安防监控10套、门禁系统33个、文化宣传9处、广场1座、社会服务设施121栋、智慧管理平台建设1套、环境综合整治15处等。

2 一般现状分析

本项目建筑大多建于20世纪90年代，以砖混结构、钢筋混凝土结构为主，建筑结构基本保持完好，但建筑屋顶漏水严重，建筑外立面老旧，内墙脏，楼梯、栏杆、门窗等设施破旧。

（1）片区肌理。片区结构规整，改造建筑基本分布在杏花园巷与四村街两侧；建筑疏密有致，人口密集，房屋多为低中层建筑，楼梯陈旧破损，基础设施配套缺乏；街区、社区微循环不畅，停车困难，绿化和公共空间不足。

（2）人口结构。片区人口聚集，人流量大，秩序混乱；老年人口比例≥50%，适老化设施缺失；租住人口多，管理难度大。

（3）居住环境。社区建筑房龄长，邻里关系氛围浓厚，人车交通不畅，停车混乱；小区内建筑公共部分破损严重，水电管网、消防等问题严峻；整体居住环境品质中低，小区缺乏统一管理。

（4）物业管理。片区内小区无红线，社区街区边界不明显，98%以上无物业管理；社区治理负担重，居民居住体验差。

2.1　典型问题

典型问题如图1~图4所示。

图1　内部空间均存在变色、发霉、墙皮脱落等现象，部分踏步局部存在破损，楼梯栏杆锈蚀严重，部分楼梯间杂物堆积、灯具损坏，难以满足使用功能且存在安全隐患

图2　大部分建筑年久失修，存在屋面及外墙渗水、墙皮脱落、落水管锈损等现象，存在较大的安全隐患，居民日常生活深受其困扰

图3　强弱电线现状混乱，立面飞线，私搭乱接现象严重，严重影响立面美观和安全

图4　屋面破旧老化开裂，杂乱无章，排水系统不畅，渗水情况较多，严重影响居民居住

2.2　改造需求

（1）建筑修整。维修楼顶屋面防水，修缮房屋外墙及整修粉刷房屋公共部位内墙与顶棚，修复屋檐、单元入口坡道、台阶、扶手、公共部位窗户，完善无障碍设施，对楼道内部进行修补整治，完善楼道照明系统，修复楼道扶手。规范整治老旧小区立面，整治不规范的防盗网、空调机位和防护设施，清理违章建筑。

（2）完善公共基础设施。安装小区内的照明设施。对于小区公共“三管”陈旧、淤积堵塞的问题，更换小区的供排水管网。对于小区公共“三线”敷设混乱的问题，结合小区路面改造的需求，将架空敷设的线路进行整治，把各种线缆统一埋入综合管沟中；对于建筑内部的“三线”进行整治，全部埋入线槽内；敷设天然气管道，安装安全阀，具备条件的接入管道天然气。实施“一户一表”。

（3）交通整治。重新修建内部道路和维修楼间破损甬路，实行人车分流，有条件的小区配套建设人行步道及活动广场，完善人行安全设施，规范停车位。

（4）增加服务设施。规范垃圾收运点及垃圾收运系统，保持小区内的整洁。维修改造小区内既有公厕。维修改造小区入口门卫室及监控中心。建设小区公共空间，布置室外家具及康体娱乐设施，丰富居民生活，设置快递服务点。具备条件的老旧小区楼房加装电梯，安装充电桩、智能道闸，规范停车。

（5）安全整治。修缮存在安全隐患或老化的围墙、大门。对小区内的消防设施进行检查维修，加装室外消防栓。小区视频监控系统维修，增加摄像点，全方位对小区进行安全监控，保证居民的安全。

（6）景观美化。结合道路及停车区域，重新规划小区内绿化布置，迁移更新部分树木，增设景观廊架及小区入口标识，提升小区形象。

（7）小区外相关基础设施。结合城市总体规划，改造与小区直接相关的道路和公共交通、通信、供电、供排水、供气、停车库（场）、污水与垃圾处理等基础设施。

3 老旧小区提质改造施工重难点

（1）周边环境复杂，文明施工要求高，一般老旧改造工程周边居民、学校、事业单位及商业（商铺）密集，人流量大，如何做到文明施工，减少对周边环境的干扰是重难点。

①一般项目部成立防扰民和保护周边环境工作小组，设立居民来访接待办公室，公布现场联系电话，专人负责接待居民来访，做好解释工作，对合理要求及时采取措施。

②合理安排施工工序，22:00 至次日 6:00 不从事产生噪声扰民的施工生产活动。现场全部采用低噪声设备，并且在项目周边布置噪声监测点，根据监测结果，及时降噪。

（2）保障工期履约是小区提质改造工程的重点，老旧小区改造内容多且杂，地上地下情况错综复杂。

①综合考虑平面布置，各区域视自身情况进一步化整为零，明确责任。化解作业空间的矛盾，见缝插针创造工作面，及时插入各分部分项工程施工。

②结合工期节点要求，进度计划细化到日，成立督导小组，严格实行“日督导、周汇报、月总结”制度。各区域每天召开碰头会，及时解决施工现场存在的劳动力、材料、机械设备、交叉施工、接口等问题。

③贯彻集体荣誉感，并制定奖罚机制，优胜劣汰，促进工作水平提升。与各分包单位主要管理人员及劳务队伍签订责任义务承诺书，对各分包单位从工期、质量、安全三个方面进行考核评比。

④科技创效，技术先行，提前规划最佳施工方案，并通过创新技术的运用，达到加快施工工期的目的。

（3）施工场地封闭与人员分流。在改造施工期间，如何对施工范围进行分区改造，小区内施工期间人员分流及进出管控是重难点。

①特针对分区及人员分流编制专项工程施工方案，根据改造施工工艺特点分轻重缓急，

对不耽误人员生活起居的施工工艺可以适当地调整施工时间为延后或提前。

②充分考虑各部位施工的作业面，协调材料进场及堆码，加快劳动调配，强调合理的工序穿插，善于利用各有利条件，减少季节性天气的影响，加快施工进度。

（4）老旧小区因年久，部分建筑已无法满足建筑安全稳定性要求，需要进行拆改施工，改造拆除的安全性保护措施是施工过程中的重点。

①对于检测之后需要加固的部分，严格按照加固方案要求进行加固后，方可进行相关改造施工。

②在施工过程中，必须将需拆除的原有建筑部分施工完毕后，才能在结构上施加新的荷载，确保原有结构的安全稳定性。

③施工过程中做好原建筑及附近的安全防护，严格管控，避免出现高空坠物、原结构因拆除工艺而受损的情况发生。

4　结语

对老旧小区的提质改造，国家及地方已发布有相关文件，坚持以人为本，落实统筹管理机制，加强质量及安全管控，制定科学可行的施工组织设计，提高施工效率及居民的满意度，以便民为根本，实行民众监督的管理机制。本项目设置投诉及访问对接部门，对施工过程中造成的扰民、环境污染等现象最快速地处理解决，通过老旧小区提质改造施工，从基础类、提升类、完善类三个方面积累了宝贵的经验，能够根据现场实际情况，因地制宜地提出优化措施，对以后的改造项目奠定了坚实的基础。

参考文献

[1]　国务院办公厅关于全面推进城镇老旧小区改造工作的指导意见：国办发〔2020〕23 号.

[2]　湖南省住房和城乡建设厅关于开展全省城镇老旧小区改造计划项目实施方案审核工作的通知：湘建城函〔2020〕74 号.

[3]　曹玉山．城市老旧建筑改造回顾与展望［C］北京：中国建筑学会建筑施工分会，2017.

SPCS 体系在施工中的应用

岳文海　谢全兵　彭亚洲　李鸿基

湖南北山建设集团股份有限公司　长沙　410000

摘　要：针对传统装配式建筑，三一筑工设计开发了 SPCS 体系。研究了 SPCS 结构体系对传统装配式建筑的影响。结果表明，其具有施工速度更快、成本更低、安全性更高的优点。

关键词：SPCS；空腔；装配式建筑

近年，国家大力推广装配式建筑的应用，装配式建筑与现浇式建筑相比具有明显的优势，有着外观质量好、节约工期、经济性好、环保等优点。随着国家“双碳”战略的提出，装配式建筑有了更好的发展基础和发展空间。

三一筑工提出的 SPCS 系统解决方案，是一种基于装配式建筑的新型技术，它采用“空腔墙柱+工模整板+模定节点+搭接后浇+面内作业”的结构技术体系，实现“墙柱梁板全预制、地上地下全装配”，有效地解决了建筑结构安全、漏水、外墙保温、劳工不足、效率低、造价高等问题，大大减少了钢筋模板脚手架的现场作业，其造价也比铝模现浇更加经济实惠，符合建筑节能和高质量发展的要求，而且受到政府的高度认可，拥有很强的竞争优势。

1　工程概况

汨罗 PC 装备产业园项目坐落于湖南省汨罗市，位于万家鹏路东侧、孙家路南侧和殿堂路西侧，占地面积约 20 万平方米，建成后将为当地经济发展提供强有力的支撑。SPCS 结构体系主要应用于综合楼及 1 号倒班楼，其中综合楼 3 层，建筑面积为 7043.71m^2，采用预制柱+现浇梁板结构体系；1 号倒班楼 6 层，建筑面积为 8343.36m^2，采用预制内外墙+预制楼梯+现浇梁板结构体系。

2　技术特点

SPCS 结构体系不仅保持了传统的现浇技术，而且具有良好的整体安全性、防水性能和优异的品质，同时采用工业化生产方式，大大提高了生产效率，并降低了建设成本。

3　工艺原理

在装配式建筑的基础上，三一筑工提出了“空腔+搭接+现浇”的结构体系。通过空腔预制墙和空腔预制柱将叠合柱、墙、梁、楼板组合到一起，与传统现浇结构体系不同，也与装配式结构体系的灌浆套筒连接方式不同。

SPCS 结构的空腔墙采用叶板+钢筋笼+叶板构成，在外叶内侧可以选择增加一层保温层，组成保温空腔墙。

空腔墙、空腔柱内置与现浇结构一致的钢筋笼，在工厂内预制完成。

空腔墙之间的竖向连接通过在楼板处预埋的竖向环状连接钢筋实现，连接钢筋伸入上下层空腔内，在空腔内浇筑混凝土形成受力整体（图 1）。

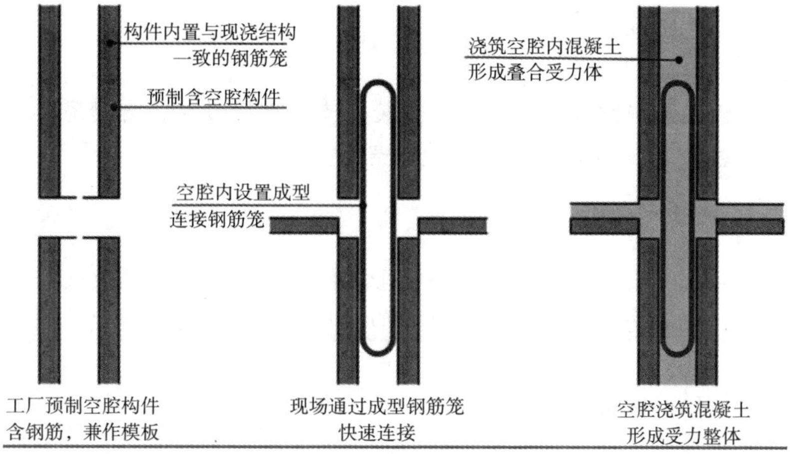

图1　空腔墙的竖向连接

空腔墙之间的水平连接通过在水平节点处预埋的水平环状连接钢筋实现，连接钢筋一端连接暗柱，一端连接空腔墙，在空腔内浇筑混凝土形成受力整体（图2）。

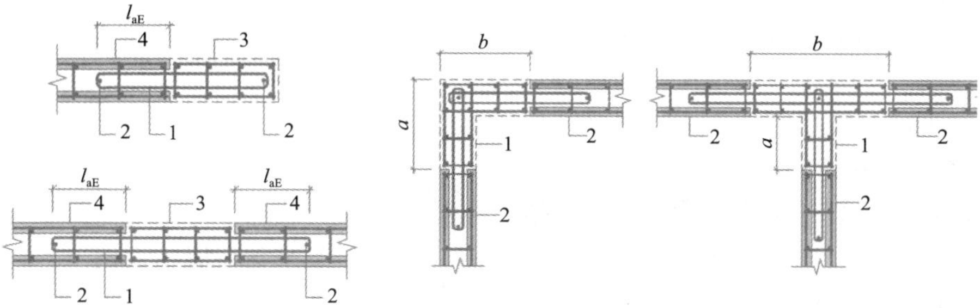

（a）一字形节点连接　（b）L形节点连接　（c）T形节点连接

1—环状连接筋；2—竖向插筋；
3—后浇混凝土墙段；4—叠合构件

1—后浇混凝土；2—叠合构件；
a、b—边缘构件阴影区域长度

图2　空腔墙的水平连接

空腔柱之间通过机械连接接头连接伸出柱外的竖向钢筋，再在空腔内浇筑混凝土形成受力整体（图3）。

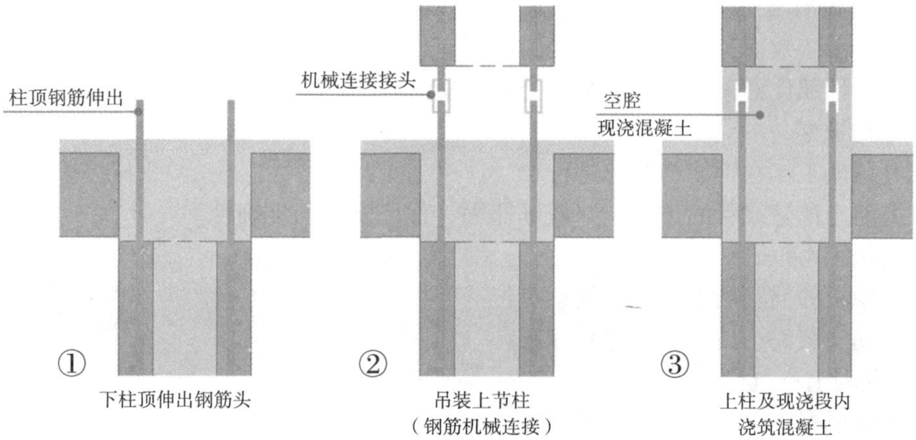

图3　空腔柱的连接

4 空腔墙工艺流程及操作要点

4.1 工艺流程

测量放线→墙板吊装→钢筋安装→模板安装→支撑架搭设→叠合梁吊装→楼面支模→叠合板吊装→水电安装→楼面钢筋安装→混凝土浇筑。

4.2 操作要点

（1）测量放线

测量放线阶段与现浇工艺相同，定位好各个构件的标高及位置。放线完成后，需对各个构件位置进行复核，以免构件错位。垫片宜用塑料胶带提前缠绕，避免碰撞、散开。

（2）墙板吊装

①吊装前，复核插筋位置。

②吊装时使墙板保持竖直，且其重心和吊点应处于同一竖直线上，避免歪斜。

③与普通的装配式建筑相同，墙板吊装完毕后，可通过长、短斜撑调节墙板的垂直度和水平位置。

（3）钢筋安装

①墙板内预先放置水平及竖向环状连接筋。

②通过塔式起重机将成品钢筋笼吊装就位（或绑扎节点钢筋）。

③需提前处理叠合梁梁口位置的箍筋。

④节点钢筋如现场绑扎，则同现浇结构。

（4）竖向模板安装

①墙体端部预留有对拉螺栓孔，对照螺栓孔进行模板安装。

②为避免混凝土浇筑时漏浆，在模板安装前，将海绵条粘贴在墙体表面。

③墙体模板可提前加工，吊装就位。

（5）支撑架搭设

搭设前应编制专项施工方案，现场定位确定好立杆位置。

（6）叠合梁吊装

为确保预制梁可顺利下落拼接，吊运前应复核梁底标高及各部位尺寸大小。

（7）楼面支模

在模板安装前，将海绵条粘贴在叠合板边缘，交接处的模板应固定好。

（8）叠合板吊装

①为提高吊装效率，可将叠合板提前排序。

②边缘构件部位的箍筋应在吊装前处理完毕。

（9）水电安装

①水电预埋工作在钢筋绑扎前进行。

②应提前定位好线管的位置，并做好加固，保证安装的准确性。

（10）楼面钢筋安装

①空腔墙板的插筋居中放置，复核定位。

②在钢筋安装完毕后，放置好斜撑锚环。

（11）混凝土浇筑

①在浇筑混凝土前需对构件浇水润湿。

②混凝土分层浇筑，振捣密实。

③空腔宜采用坍落度为（220±20mm）的混凝土，粗骨料最大粒径不超过空腔尺寸的1/4，即25mm（规范）。

④混凝土浇筑完成后，进行不少于7d的养护。

5　空腔柱工艺流程及操作要点

5.1　工艺流程

测量放线→吊装准备→空腔柱起吊→空腔柱吊装就位→位置校正→空腔柱后浇筑节点钢筋连接→空腔柱连接部位浇筑混凝土。

5.2　操作要点

（1）测量放线

与现浇工艺相同，空腔柱的边线和控制线需测量准确，以便能严丝合缝地安装。

（2）吊装准备

首先，去除下层空腔柱预留钢筋上的保护层，清洁预留钢筋，并对空腔柱水平投影尺寸范围内的混凝土基层进行凿毛处理，清理干净。同时，使用专用钢筋卡具，检查预留钢筋的位置与尺寸，对超过允许偏差的钢筋进行校正处理。外露预留钢筋的位置、尺寸允许偏差应符合相应规范要求。

然后，安装下层预留钢筋顶部的单侧球形套筒。为保证套筒安装质量，单侧球形套筒应在预留钢筋顶部旋紧。

最后，检查空腔柱底部钢筋的垂直度情况，如有轻微弯曲应及时调整处理；检查空腔柱底部外露钢筋的误差范围，确保满足规范要求。

将空腔柱底部套筒安装到位，使钢筋端头均露在外面。

（3）空腔柱起吊

①施工管理及操作人员在吊装前应认真熟悉施工图纸，按照图纸及吊装流程对各个构件进行核对并注明吊装顺序，在柱体上弹出标高控制线，同时将箍筋放置到位，严格按照顺序吊装。

②空腔柱吊装应采用专用吊装工装，吊装工装通常有空腔柱底部工装、专用吊梁、空腔柱顶部工装。

③工装安装就位。空腔柱起吊前，需先安装各类工装。

工装安装就位、检查无误后，将空腔柱顶部吊带挂到起重设备吊钩上，吊装应平稳，避免歪斜。起吊前，应慢起吊钩，吊带吃力前呈竖直状态时，应保证其位置处于柱顶主筋之间的空隙内，避免吊带受力过程中紧附在主筋上，导致主筋压弯变形。起吊过程中，注意对空腔柱进行保护，防止磕碰。

④用塔式起重机缓缓将空腔柱吊起，待空腔柱的底边升至距地面500~1000mm时略停顿，再次检查吊挂是否牢固，板面有无污染破损，若有问题需立即处理，不得继续吊装作业。确认无误后，继续提升使之慢慢靠近安装作业面。

（4）空腔柱吊装就位

空腔柱缓慢下降，待距离预留钢筋顶部50mm处时，将空腔柱对准地面上的框架柱外边线，同时，空腔柱外露钢筋对准预留钢筋，将柱体缓缓下降，平稳就位（下部套筒与空腔柱钢筋接触）。

（5）位置校正

预制空腔柱校正包括平面位置校正、垂直度校正两方面，具体如下：

①水平位置校正。采用空腔柱专用定位工装设备或利用短斜撑调节杆，通过对柱体根部进行微调来控制柱体的水平位置。

②垂直度校正。待空腔柱水平就位调节完毕后，利用长斜撑调节杆，通过调整柱体顶部的水平位移来控制柱体的垂直度。

（6）空腔柱后浇筑节点钢筋连接

待柱体垂直度、平面位置均调整到位后，进行柱纵筋连接，空腔柱的外露钢筋通过直螺纹套筒与下部预留钢筋连接。

连接时，将首先顶紧的连接接头先安装到位，其次安装四个角筋的连接接头。待四个角筋连接接头安装到位后，从两个垂直方向再次检查柱身垂直度，如有垂直度偏差，应通过松紧上部套筒调节，待垂直度满足要求后，再次拧紧四个角部接头。此时可拆除吊带，同时将剩余接头安装到位。

（7）空腔柱连接部位浇筑混凝土

空腔柱下部与楼板面之间的后浇节点及空腔柱柱体空腔部分需现场浇筑混凝土，模板安装前，需对节点钢筋安装、连接及基层处理情况进行隐蔽工程验收，验收合格后方可进行合模。混凝土浇筑前，需对空腔柱空腔及底部基层进行洒水润湿处理。

6 效益分析

（1）施工进度快，平均可达到4d/层的速度，节约了工期成本。

（2）材料成本及人工成本均低于传统预制装配式结构。非套筒连接，省去灌浆工序；现浇段少，支模减少，降低模板人工费；吊装难度低，降低吊装人工费；省去套筒和桁架筋，用钢量减少；构件轻，塔式起重机性能要求低，塔式起重机租赁费低；构件轻，单次构件运输数量增大，总体运费降低；构件不出筋，智能化生产效率高，设备与模具摊销少；空腔使用普通混凝土即可，不要求自密实混凝土，降低材料成本。

（3）在经济性的基础上，单方预制构件钢筋含量比现浇结构增加约25～30kg/m^3，安全性更有保障。

7 结语

SPCS体系从2016年至今，随着技术的进步不断完善，现在已经具备了“空腔搭接+后浇、等效异构好快省”的整体优势，在未来的建筑施工中一定大放异彩，得到更广泛应用。

参考文献

中国建设报．让技术创新成为装配式建筑高质量发展引擎——三一装配式建筑结构技术应用现状及优化方案论证会［EB/OL］．https：//www.sanygroup.com/activity/11419.html.

BIM 技术助力海南“最大组屋”装配式绿色宜居项目创优提质

王依寒　卢　山　苏霁康　杨　鹏　盛　卓

湖南省第二工程有限公司　长沙　410036

摘　要： 工程项目创优质工程，是建筑企业打造标杆项目、培养优秀管理团队、提升企业质量管理水平、树立企业品牌形象的重要手段，然而工程创优贯穿项目策划、实施、后期提质的整个周期，按照传统的方式往往难以达到预期效果。BIM 技术的介入可以大幅减少项目创优时间及资金成本，有效提升项目创优的成效，保障创优成果。本文阐述了某具体项目利用 BIM 技术提升工程质量、辅助项目创优的具体措施，总结 BIM 技术辅助项目创优的技术成果。结果表明，BIM 技术的应用，帮助项目实现了一次创优的目标，可以为项目创优提供巨大助力。

关键词： BIM；创优策划；深化设计；绿色施工

1　工程概况

洋浦产城融合安居工程及配套设施项目位于洋浦经济开发区，是海南省重点民生工程，引进新加坡“组屋”理念，建成后将极大地改善周边居民的居住环境，大幅度提升周边经济活力，为居民提供更智慧、和谐、宜居的生活条件。项目占地面积 10. 58 万 m^2，总建筑面积 32. 5 万 m^2，投资 14. 1 亿。利用 BIM 技术渲染的工程整体效果图如图 1 所示。

图 1　BIM 渲染效果

2　工程重难点

（1）本项目采用 EPC 总承包模式，专业分包多，协同管理难度大。

BIM 应对策略。运用轻量化移动协同平台，基于模型和现场，实现对质量、安全、进度的多维协同管理。

（2）本工程建筑单体多样，工艺复杂，涉及旋挖桩、筏板基础、基坑支护工程，主体装配式结构、钢结构、钢筋混凝土结构、机电安装、设备基础，附属挡墙、市政道路、园林绿化、精装修工程等多个专业，专业协同复杂。

BIM 应用对策。在建模过程中提前发现重难点部位，并对主要施工工艺进行模拟，做好策划，合理安排工作面和工序衔接，有效解决专业间的交叉碰撞问题。

（3）本项目占地面积大，涉及多单体平行施工，18 个月精装交房，且项目沿海要经历雨季、夏季及台风季节，工期紧张，总平面布置复杂。

BIM 应对策略。运用 BIM 进行三维场地策划优化运输设备布设方案、构件存放规则及构件运输路线，有效避免构件的二次倒运、施工进度延长等问题。

（4）本项目创优目标为海南省“结构优质奖”“绿岛杯”“全国建设工程项目施工安全生产标准化工地”，目标高，难度大。

BIM 应对策略。运用 BIM 技术助力项目创优策划，为项目创优观摩打造项目亮点。

3 BIM 创优应用

3.1 BIM 创优策划交底

充分利用 BIM 技术的可视化表达和数字化承载特性，通过优化、深化设计，坚持“四化”原则（细化、优化、强化、美化）。对细节反复推敲，实现创优策划的先进性和可操作性。创优策划后的结果经确认后，对项目管理人员及操作人员进行分层交底，以确保每个分项工程内在质量和外部观感的一致性和准确性。

3.2 BIM 三维场地策划

在项目施工过程中，由于现场实际情况复杂，场地布置往往思考不够周密，后期的更改造成成本的提高和工期的延误，运用 BIM 技术能有效解决场地布置问题。

本项目占地面积大，建筑单体多，各楼栋间距并不宽裕，需要在项目策划阶段做好场地布置规划，建立项目不同阶段的场地模型，如图 2～图 4 所示。提前对塔式起重机、升降机等施工机械，钢筋加工棚、砌体加工棚等临建设施，钢筋堆场、砌体堆场、管架堆场等材料堆放区进行合理布置。在 BIM 技术三维展示的基础上，现场管理团队群策群力，最终确定了项目各阶段的场地方案。BIM 技术的三维可视性减少了利用平面图纸进行场地布置所造成的不可预见的浪费：（1）结合施工计划 4D 模拟建筑生长，规划塔式起重机、升降机的位置与进场时间，既保证了安全也降低了项目措施成本。（2）场内交通采用永临结合道路，最大限度地利用了既有土地，降低了建设成本，符合绿色施工的原则。

图 2　开挖阶段场地布置

图 3　主体阶段场地布置

图4　装修阶段场地布置

3.3　BIM细部策划

在本工程创优工作中，对于一些施工要求严格的工艺流程和有创优要求的细部节点，运用BIM技术进行数字建模，模拟实际施工工艺流程，使标准操作流程清晰直观地表达出来，加强了标准工艺在三级交底中的准确性和有效性。创优策划较专业深化设计更为注重细节，重点策划部位主要有屋面、卫生间、楼梯间、过道、电梯前室、大堂等公共区域（图5）。

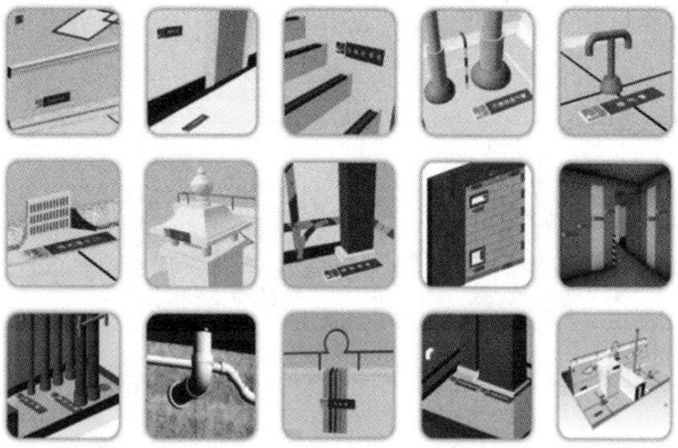

图5　BIM细部策划节点

3.4　BIM+VR样板先行

VR虚拟现实技术作为近年来较为火热的新兴技术，在各个领域都有广泛应用。本项目在实施阶段，将BIM、VR与施工技术有机结合，创新性地提出BIM+VR样板（图6）。针对施工方案中难度大、容易出错的部位及节点进行模拟施工，相较于传统的实体施工样板具有以下优点：

（1）虚拟样板可以在电子媒介上进行传播浏览，不需要占用实体空间。

（2）搭设实体样板成本高且耗时、费力，当一个项目完工后往往无法直接应用到其他项目，周转率低，且拆除过程中将产生大量建筑垃圾。而虚拟样板具有一定的通用性，可迭代升级，企业其他项目可以共享，节约了大量人力、物力，且符合绿色施工的理念。

（3）对比实体样板，虚拟施工样板可以在查阅模型、浏览动画时，各类信息都能全面展示，且能反复查阅，有效提高了人员创优意识和技术水平，快速准确地达到了施工现场操作规范的目的。

（4）区别于市场上所购买的同类 VR 软件系统，系统 UI 设计、场景 LOGO、工程项目信息以及重难点工艺等内容富含企业元素，将 BIM 技术与 VR 虚拟现实技术恰到好处地融合（图 7），可自由更新和拓展内容，核心技术掌握在手中，节约成本。本项目虚拟样板代替实体样板节约成本约 50 万元。

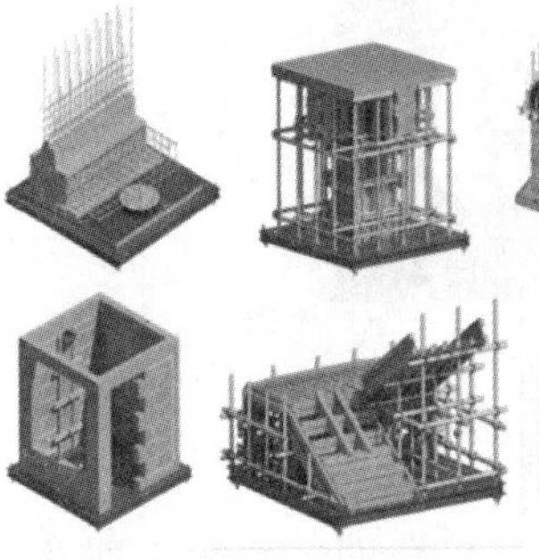

图 6　虚拟施工质量样板

图 7　施工现场 BIM+VR 应用实例

3.5　BIM 装修深化

本工程为精装交房，装饰装修施工质量要求高，施工任务繁重，施工配合关系复杂。装饰材料的选择与建筑风格的匹配决定了装饰装修的整体效果，边角收口、拼砖对缝等细部做法往往决定了装饰装修的最终质量，这些细部也是创优检查的重点部位。因此项目运用 BIM 技术对墙、地、顶面各装修做法及节点收口建立模型族，为细部创优提供可视化方案（图 8）。

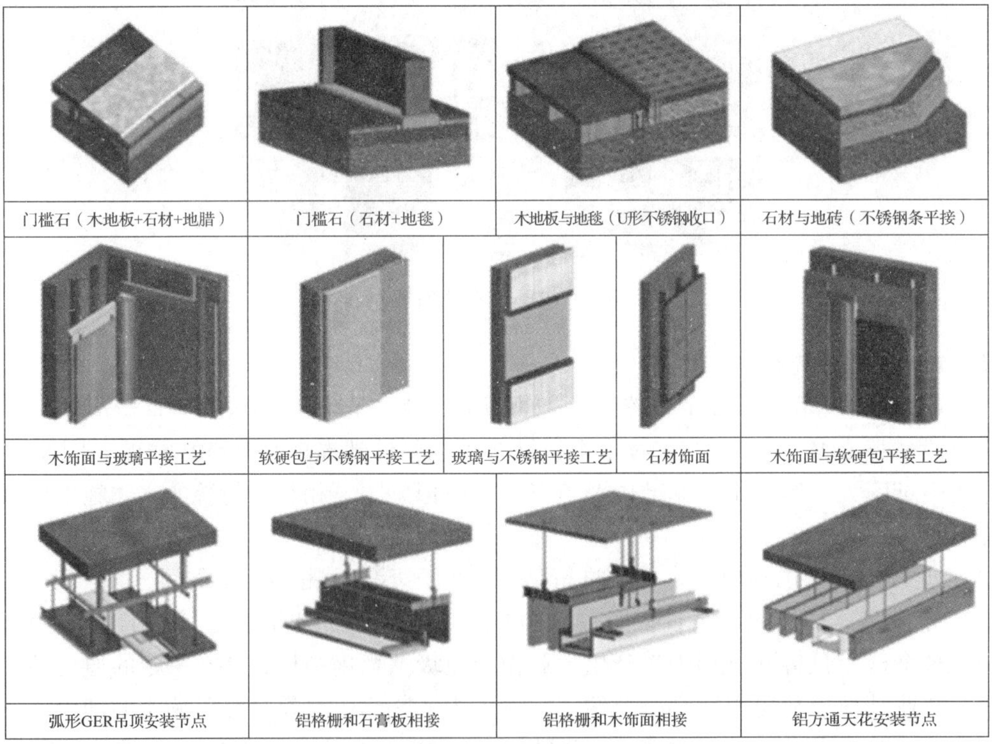

图 8　装修 BIM 节点

项目精装设计提前介入，与建筑、结构、机电及深化单位各专业协同紧密配合，预制构件按精装点位要求进行预埋。同时各户型的装饰装修风格均相同，采用标准化设计，大比例构件、部品部件于工厂预制好，直接到现场进行安装，实现了装修设计标准化、施工标准化。

对项目的精装修进行精细的 BIM 建模，配合渲染实时浏览等方式（图 9），让设计方、实施方及体验方有不同的感知交互体验，通过形象、直观、生动的图文声像方式为各方提供更清晰的可视化信息交流，真正实现了 BIM 的可视化、信息化、协同化。

图 9　样板房装修效果

3.6　BIM 管综优化设计

本项目地下室建筑面积约 3 万 m^2，设备管线错综复杂且系统繁多，重点协调走道、泵房和管道井等管线集中区域的矛盾，合理安排机电管线的空间位置及综合排布，制作管线综合平面图、剖面图、节点三维示意图、轻量化三维模型等交付施工现场指导施工，使现场管线排布整齐有序且合理、共架间距一致、整体美观，极大地提升了机电工程达到创优标准的能力。

机电深化重、难点部位如下：

（1）机房

建筑工程机械设备用房往往是创优的重点检查部位，它涉及专业复杂，房内空间较小，设备、管线规格大且数量多，如何合理安排各专业管线，在保障安全性、适用性、耐久性的基础上做到工整美观，十分考验项目团队的专业水平与管理能力。本项目通过应用 BIM 技术，在设计阶段便对机房部位进行深化，如图 10 所示。通过模型导出设备基础、排水沟等细部做法示意图，确定管线空间位置，最终各类管线成排成线，机房整体布局清晰，简洁大方，达到了预设的创优目标。

（2）竖井

竖井处的管道较为集中，本项目提前运用 BIM 技术进行管综排布设计（图 11）。在不更改管径、连接方式、目标走向的基础上，综合考虑管道外形尺寸、保温层厚度、支架规格尺寸、相关规范中关于管道间距的规定、施工操作空间、检修维护空间等因素，运用 BIM 技术将管线按照整齐有序、间距合理、便于施工的原则进行深化。

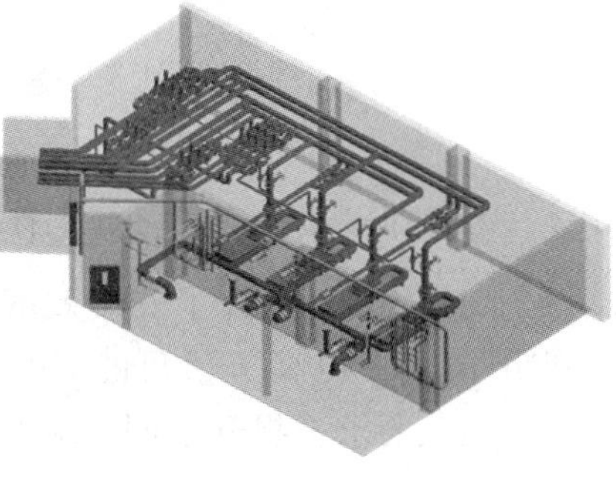

图 10　消防水泵房 BIM 模型

图 11　管井 BIM 排布模型

（3）公共走道

公共走道内管道种类繁多，易产生管道纠结状况。本项目运用 BIM 进行深化设计，有效地避免了这类问题。在甲方提出的净高要求基础上，综合考虑各专业管线、成品综合支吊架与吊顶，利用 BIM 软件进行净高分析，最终项目走道净高全部满足甲方需求，走道内灯具、喷淋头等设施设备间距合理、成排成线（图 12），达到了创优标准。

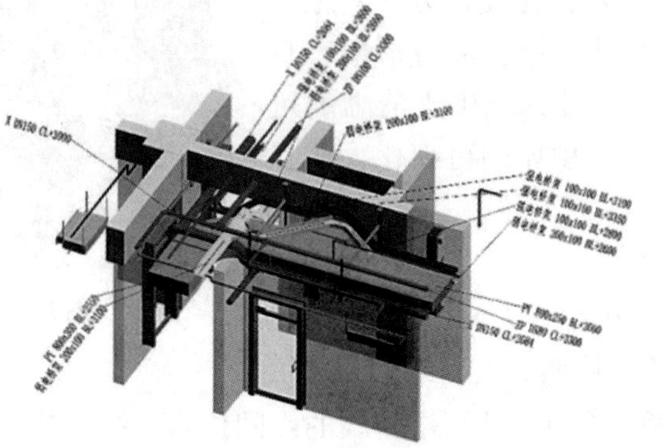

图 12　走道 BIM 排布模型

3.7　BIM+绿色施工

本项目在实施过程中注重科技创新，运用 BIM 技术，结合国家“双碳”目标和集团公司“三个 100%”碳排放管理目标，设计了一种 3D 打印模块化可重复利用的被动式自降温围护挡板。

以现场临建的单层食堂为例（图 13），食堂就餐区域的尺寸为 30m×18m×3. 5m，外围采用自动降温围护挡板。围护挡板以 3D 打印拼接单元为最小单元，拼接单元带有榫头与榫眼（图 14），榫接后组成拼接板，采用自攻螺丝将拼接板固定在方钢骨架上形成围护结构。拼接单元与方钢骨架的具体尺寸可以根据拟建物的大小进行调节，选择最优模数以减少非标构件。

图 13　自动降温围护挡板的单层食堂 BIM 模型

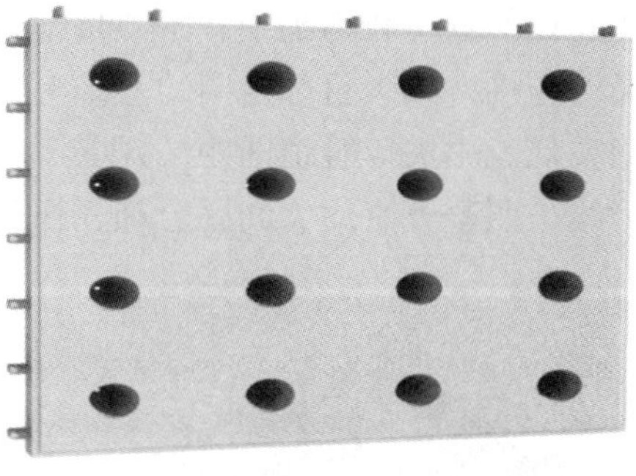

图 14　围护挡板拼接单元（含榫头与榫眼）

该围挡采用 BIM 进行集成设计，单元制作完成后可直接安装，提高了安装效率；挡板统一采用 3D 打印，工业化、标准化、可循环的生产使用模式，提高了项目的安全文明形象，也降低了建造过程的能耗和碳排放水平，体现了绿色施工要求，提升了创优水平，为工程建设行业实现“双碳”目标贡献了力量。

4　结语

工程创优贯穿项目策划、实施、后期提质的整个周期，是建筑企业打造标杆项目、培养优秀管理团队、提升企业质量管理水平、树立企业品牌形象的重要手段。BIM 技术和施工质量、工程创优创新的深度融合应用对提升施工质量和施工管理的促进作用逐渐凸显，有效促进了企业品牌建设、延伸和壮大，有力推动了企业精细化、数字化和智能化方面的发展，为企业的发展注入了新动能。

参考文献

[1] 林小明，何申忠，何心耐．基于 BIM 应用技术创建优质工程［J］．轻工科技．2019，35（04）：36-37.

[2] 赵才魁．鲁班奖视角下的建筑工程数字化质量管理研究及应用［J］．建筑科学与工程，2022（03）：11.

[3] 倪杨．浅谈 BIM 技术在施工创优策划中的应用［J］．福建建设科技．2021，（06）：20-22.

[4] 杨毅鸥，陈洁，李雅倩，等．BIM 技术在机电安装工程创优中的应用［J］．信息科技，2022，（11）：13-14.

[5] 马欣艺．创优创奖在提升项目管理水平中的应用研究［J］．建筑技术开发．2018，45（08）：47-48.

装配式结构纵向钢筋连接套筒灌浆饱满度对结构影响研究

李　杰　张国宝

湖南建工五建建筑工业化有限公司　株洲　412000

摘　要： 装配式建筑行业竖向结构钢筋连接主要采用干式连接和湿式浆锚连接两种形式，要实现“等同现浇”的装配整体式混凝土结构，其钢筋连接的可靠性成为关键技术。装配式混凝土结构采用符合相关规程规定的套筒灌浆连接接头时，全部构件纵向受力钢筋可在同一截面上连接，钢筋套筒灌浆质量是纵向钢筋连接质量的控制关键，尤其灌浆饱满度成为施工过程中钢筋连接套筒质量的控制重点。若灌浆饱满度达不到要求时，就无法将纵向钢筋牢固连接，预制柱则不能抵抗弯曲和张拉变形，因而受到破坏。使用便于观测的塑料套管在灌浆套筒灌浆时插入出浆口，灌浆过程实时监控钢筋连接套筒的浆液饱满度情况，以此来提高灌浆饱满度。

关键词： 装配式结构；灌浆连接灌浆套筒；灌浆饱满度；钢筋连接接头；饱满度塑料检测管

1　装配式结构钢筋套筒连接形式

1.1　纵向钢筋连接形式分类

目前，装配式建筑行业竖向结构钢筋连接主要采用干式连接和湿式浆锚连接两种形式。干式连接主要有双螺套钢筋连接和焊接两种形式；湿式浆锚连接主要分为半灌浆套筒连接和全灌浆套筒连接，半灌浆套筒上部内侧车丝，连接钢筋套丝，钢筋与套筒通过丝扣连接，下部套筒插入钢筋采用灌浆进行浆锚连接。全灌浆套筒上、下两端都将采用浆锚连接。

装配式混凝土结构是将结构拆分预制，形成的拼缝处混凝土不连续和钢筋截断，要实现“等同现浇”的装配整体式混凝土结构，其钢筋连接的可靠性成为关键技术问题。

1.2　竖向结构钢筋连接形式的优缺点

装配式结构竖向钢筋干式连接优点为钢筋连接方便快捷，竖向钢筋连续，螺纹套筒钢筋连接技术成熟，钢筋连接质量检验直观，构件钢筋定位精度要求低。缺点为：钢筋连接处需二次浇筑混凝土，结构整体性差，上部预制构件支撑体系要求高，施工进度慢（图 1）。

竖向钢筋湿式灌浆连接优点为结构整体性好，施工快捷，支撑体系简单，无二次混凝土浇筑工序，施工进度快。缺点为：灌浆饱满度检测困难，钢筋连接质量检测难度大，竖向钢筋截断不连续，构件钢筋定位精度要求高（图 2）。

2　纵向钢筋连接套筒与传统建筑钢筋连接对比

本文主要研究装配式结构竖向钢筋湿法浆锚连接形式。

图 1　干法连接——双螺纹套筒

图 2　湿法连接——全灌浆套筒浆锚

2.1　传统建筑纵向钢筋连接技术要求

传统建筑施工结构竖向钢筋连接多采用螺纹套筒连接、电渣压力焊接、搭接焊、板扎搭接等形式。依据《混凝土结构设计规范》(GB 50010—2010)：纵向受力钢筋的机械连接接头宜相互错开，钢筋机械连接区段的长度为 35d，位于同一连接区段内的纵向受拉钢筋接头面积百分率不宜大于 50%；纵向受力钢筋的焊接接头应相互错开，钢筋焊接接头连接区段的长度为 35d，且不小于 500mm；电渣压力焊接头抗拉强度不得小于该级别钢筋规定的抗拉强度，同一截面焊接接头不得大于 50%。

2.2　装配式建筑纵向钢筋灌浆套筒连接技术要求

依据规范《钢筋套筒灌浆连接应用技术规程》(JGJ 355—2015）要求，当装配式混凝土结构采用符合规程规定的套筒灌浆连接接头时，全部构件纵向受力钢筋可在同一截面上连接。混凝土结构中全截面受拉构件同一截面不宜全部采用钢筋套筒灌浆连接。

2.3　装配式纵向钢筋连接与传统建筑钢筋连接对比

传统建筑纵向钢筋连接无论采用何种方式，在同一水平截面或连接区段内钢筋连接接头都不得超过 50%。装配式纵向钢筋采用灌浆套筒连接时，可在统一截面上连接，即钢筋灌浆套筒连接等同于传统建筑在同一截面钢筋、混凝土不间断。

综上对比分析，装配式建筑纵向钢筋灌浆套筒连接质量将决定工程结构质量，所以钢筋套筒灌浆质量是纵向钢筋连接质量的控制关键，尤其灌浆饱满度成为施工过程中钢筋连接套筒质量控制重点。

3　纵向钢筋连接套筒饱满度对结构影响

3.1　灌浆套筒灌浆饱满度抗拉试验

（1）本文依据《钢筋连接用灌浆套筒》(JG/T 398—2012)，选用全灌浆套筒进行分析和研究，对全灌浆套筒不同灌浆饱满度试件进行抗拉对比试验，本试验选用纵向结构常用钢筋：强度等级为 400，直径为 20mm，全灌浆连接套筒代号为 GTZQ 400 20。

（2）本次试验制作 3 组试件，全灌浆套筒灌浆饱满度分别为 60%、70%、80%，全灌浆套筒两端灌浆饱满度基本一致，每组试件 3 个，分别编号为 1、2、3。依据《钢筋连接用套筒灌浆料》(JG/T 408—2019)，选择西卡 SikaGrout214 CN 型 C80 灌浆料。

（3）试件制作完成后模拟施工现场进行同条件养护 28d 后分别进行抗拉强度试验，结果见表 1。

表 1　全灌浆套管灌浆饱满度抗拉强度试验结果记录表

灌浆饱满度	样品编号	上端		下端	
		钢筋拉断破坏	灌浆料破坏钢筋拉出	钢筋拉断破坏	灌浆料破坏钢筋拉出
65%	1				√
	2		√		
	3				√
75%	1	√			
	2	√			
	3				√
85%	1	√			
	2			√	
	3	√			

（4）试验结论。根据上述试验结果，全灌浆套筒两端灌浆饱满度在 65%时，灌浆料被破坏，钢筋拉出；两端灌浆饱满度在 75%时，有灌浆料破坏，钢筋拉出的，也有灌浆料未破坏，钢筋被拉断的；两端灌浆饱满度在 85%时，灌浆料未破坏，钢筋全部拉断破坏。

3.2　纵向钢筋连接套筒灌浆饱满度对结构的影响分析

混凝土结构中的纵向钢筋主要起到增加柱的抗弯强度和抗拉强度的作用。例如，装配式预制柱结构在遭受荷载时，会发生弯曲和张拉两种形式的变形。由于混凝土本身的抗拉强度差，因此需要借助纵向钢筋来增强其抗拉强度。同时，纵向钢筋还能增强装配式预制柱的抗弯强度，防止柱在承受风荷载等侧向荷载时产生弯曲变形或破坏。除了增强抗弯强度和抗拉强度外，装配式预制柱中的纵向钢筋也扮演着连接柱头和柱底节点的作用。

除了以上作用，装配式预制柱中的纵向钢筋还能起到控制柱变形的作用。柱在承受荷载时会发生一定的变形，其中柱身的伸缩变形是主要的变形形式。

装配式预制柱结构中钢筋连接套筒为纵向钢筋连接的薄弱点，套筒灌浆饱满度将直接影响柱结构的稳定性，若灌浆饱满度达不到要求时，就无法将纵向钢筋牢固连接，预制柱则不能抵抗弯曲和张拉变形，因此受到破坏。

4　装配式纵向钢筋连接套筒饱满度控制

4.1　纵向钢筋连接套筒灌浆技术改进

钢筋连接套筒灌浆技术在装配式行业中仍不成熟，目前行业内灌浆套筒灌浆施工时，普遍采用底部灌浆口灌浆，上部出浆口出浆后人工用橡皮塞堵塞工艺，易发生漏浆、回浆等情况，无法直观判断和观测，是造成灌浆套筒灌浆不饱满的主要原因。

可使用便于观测的塑料套管在灌浆套筒灌浆时插入出浆口，在灌浆过程实时监控钢筋连接套筒的浆液饱满度情况，以此来提高灌浆饱满度，并可以充当出浆口堵塞（图 3、图 4）。

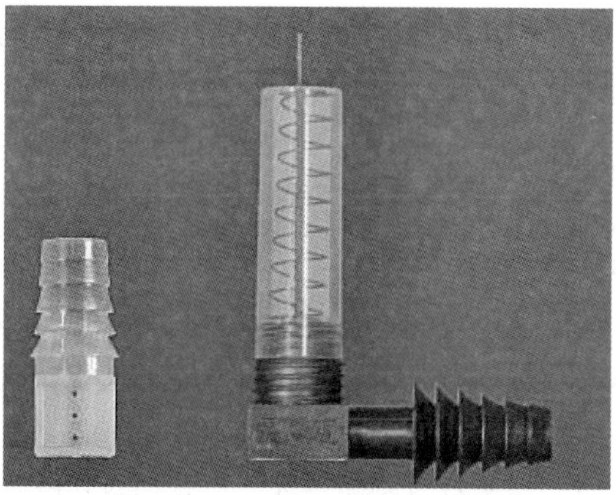

图 3　灌浆饱满度塑料检测管

图 4　塑料检测管应用

4.2　纵向钢筋套筒灌浆过程中饱满度控制

灌浆过程中发现灌浆套筒被杂物堵塞时，用细钢丝从灌浆套筒出浆口伸入进行通孔，直至浆液冒出。若因钢筋偏移将灌浆套筒中隔板通浆孔封堵时，可用钢筋从出浆口或灌浆口插入，轻轻敲击灌浆套筒中的钢筋，使钢筋轻微移动，留出灌浆料通过的缺口，因灌浆料速干的特性，上述处理措施必须迅速完成，并开始再次灌浆，直至所有灌浆套筒灌满灌浆料，所有塑料检测管中都进入浆液并顶起塑料活塞。

灌浆过程中或灌完浆观察期间发现灌浆饱满度检测塑料套管中活塞下落且塑料套管中浆液下降，有可能为预制柱连接处漏浆或灌浆套筒进浆口封堵件脱落，应及时处理漏浆处，并及时补灌。若无漏浆情况，可能是套筒中空气排出后导致浆液下降，同样需要补灌。

5　结论

套筒灌浆连接是装配式竖向构件钢筋连接的主要方式，其连接质量的好坏直接决定了整栋建筑的整体性和抗震性。本文通过对灌浆套筒灌浆饱满度抗拉强度试验分析，发现灌浆饱满度越高，钢筋接头质量越好，表明套筒灌浆饱满度是钢筋连接的关键质量控制点。为了便于对灌浆套筒饱满度的检测和保证灌浆质量，本文推荐使用灌浆饱满度塑料检测管，能够实时监控钢筋连接套筒的浆液饱满度情况，做到及时补浆，且成本较低，具备极大的工程应用价值。

参考文献

[1]　中华人民共和国住房和城乡建设部．混凝土结构设计规范：GB 50010—2010 [S]．北京：中国建筑工业出版社，2015.

[2]　中华人民共和国住房和城乡建设部．钢筋套筒灌浆连接应用技术规程：JG/J 355—2015 [S]．北京：中国建筑工业出版社，2015.

[3]　中华人民共和国住房和城乡建设部．钢筋连接用灌浆套筒：JG/T 398—2012 [S]．北京：中国标准出版社，2012.

[4]　中华人民共和国住房和城乡建设部．钢筋连接用套筒灌浆料：JG/T 408—2019 [S]．北京：中国标准出版社，2019.

装配式预制楼梯减重技术可行性分析

李　杰

湖南建工五建建筑工业化有限公司　株洲　412000

摘　要：本文针对传统装配式预制楼梯因构件自重大导致吊装施工需要配备大型施工设备，且吊装过程存在施工难度大、施工速度慢、安全风险高等实际问题，从材料减重、设计构造减重和设计结构减重等角度考虑，提出预制楼梯可行的减重技术方案。本文对四种装配式预制楼梯减重技术方案进行理论分析，判断技术方案的减重效益和经济性，为预制楼梯轻量化设计提供理论依据。

关键词：装配式建筑；预制楼梯；减重技术

1　引言

预制楼梯是广泛应用于装配式建筑项目的一类构件，与传统混凝土楼梯施工相比，预制楼梯省去了现场支模、钢筋绑扎、混凝土浇筑、养护成型等湿作业环节，大幅度缩短施工工期，规避安全风险，减少现浇湿作业造成的环境污染和建筑垃圾的同时，大大提高了楼梯的成型质量。但目前预制楼梯往往采用传统施工设计方式，未考虑轻量化设计，导致楼梯构件自重较大，后期施工吊装需要配备大型起重设备，增加了施工环节的成本、施工难度及安全风险。因此，对预制楼梯进行标准化、轻量化的设计就显得尤为重要，以期突破预制楼梯施工领域的技术难题。

本文针对预制楼梯减重的迫切需求，从三个维度提出多种减重技术方案。一是材料减重（受力部位与非受力部分材质调整）；二是设计构造减重（对非受力部位进行空心减重设计）；三是设计结构减重（受力部位结构改进，如楼梯梯段板增设预应力钢筋，减少预制梯段板厚，从而达到减重目的或将大型预制楼梯一分为二）。

2　装配式预制楼梯减重技术方案

2.1　方案一：轻质混凝土踏步+预应力钢筋混凝土梯板

这种楼梯主要包括轻质混凝土标准踏步部件及预应力钢筋混凝土斜梯板，根据常用踏步规格，先定制踏步部件模具，在工厂使用轻质混凝土生产出踏步长条，并在踏步底面预埋锚固钢筋（图 1）。根据用户实际需要，投入楼梯生产前将其切割为所需长度，亦可制作常用长度，存放于工厂，即取即用。由于预应力钢筋混凝土具有抗裂性好、刚度大、耐疲劳性能佳等特点，使用预应力钢筋混凝土制作楼梯斜梯板，可有效减少梯板厚度，达到减重目的，同时踏步预留锚固钢筋直接浇筑于预应力混凝凝土内，一次成型，简化了以往钢板锚固踏步的生产工序。如图 2 所示。

2.2　方案二：高强钢筋+陶粒混凝土 LC30

这种楼梯原尺寸不变，材料采用高强钢筋+陶粒混凝土 LC30。使用密度 1800kg/m^3 混凝土代替 2400kg/m^3 普通混凝土，强度等级仍为 30MPa，在保证原构件使用性能上，最大限度地减少混凝土自重。陶粒混凝土是使用密度小、质量轻、内部多孔的高强陶粒替代普通碎石骨料（图 3），具有良好的保温隔热性和耐火性能，对相同的耐火周期，陶粒混凝土的板材厚度比普通混凝土薄 20%（图 4）。由于质量轻、弹性模量低、抗变形性能好，故具有较好的抗震性能。耐酸、碱腐蚀、抗渗、抗冻性能优于普通混凝土。

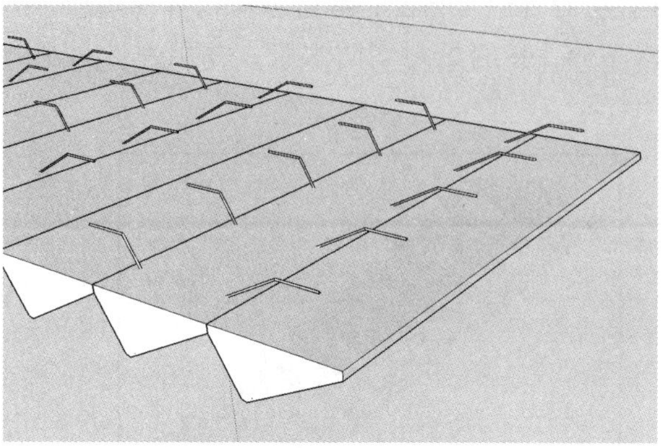

图 1　轻质混凝土踏步

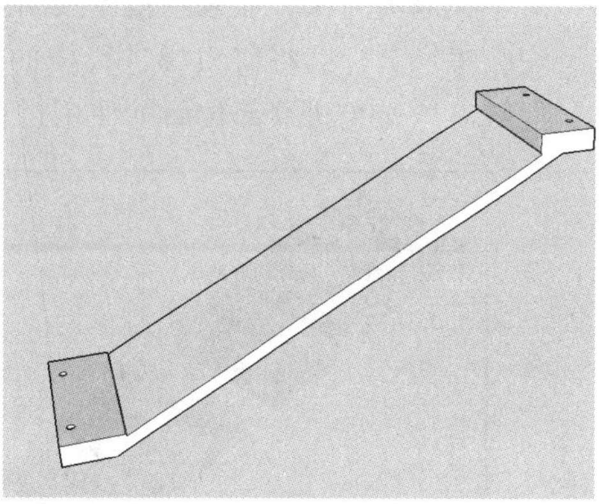

图 2　预应力钢筋混凝土梯板

图 3　陶粒颗粒材料

图 4　陶粒混凝土

2.3　方案三：UHPC 超高性能混凝土+挤塑聚苯板

楼梯踏步处做成厚度为 30mm 的中空结构（图 5），可填充挤塑聚苯板，降低自重，踏步处不用钢筋。楼梯梯板钢筋依照原设计不变，使用普通钢筋（HRB400），梯板厚度为 5cm，使用超高性能混凝土（UHPC 材料）。UHPC 超高性能混凝土是一种水泥基复合材料，结合各种骨料、外加剂等而形成的水硬性胶凝材料。不使用粗骨料，必须使用硅灰和纤维（钢纤维或复合有机纤维），水泥用量较大，水胶比很低。UHPC 强度高，抗冲击性能好，高抗拉强度、高耐腐蚀性。其具有高密实性与良好的工作性能，使其与模板相接触的表面具有很高的

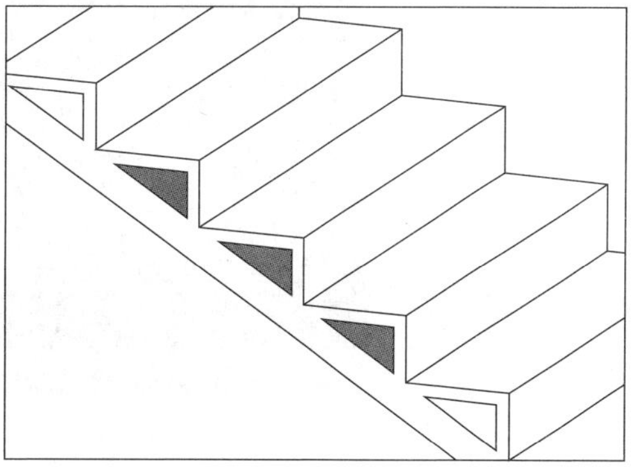

图 5　楼梯踏步中空结构示意图

光洁度。UHPC具有超高强度，抗压强度120MPa以上，抗折强度达25MPa，可在满足原荷载下减少构件截面尺寸，减少混凝土用量，从而达到减重目的。

2.4 方案四：楼梯横向或纵向切分，一分为二

对于预制剪刀梯，如采用整体预制方式往往会存在超重情况，综合考虑构件的生产、运输、安装等环节，会将剪刀梯进行横向或纵向切分，接缝处封堵防水胶，并用弹性材料封堵，能够有效避免拼缝部位后期使用过程开裂。

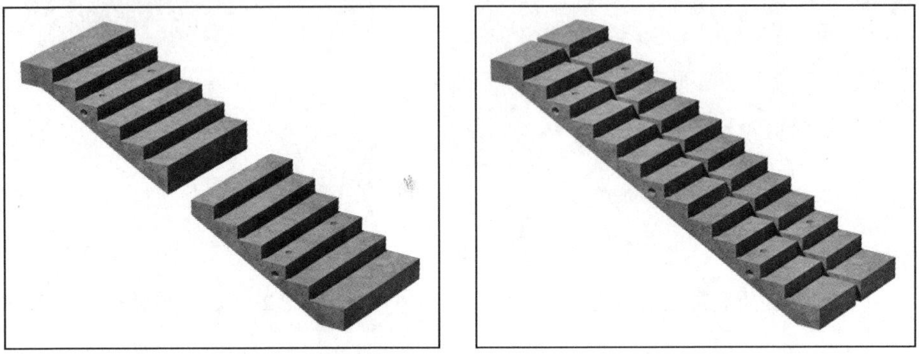

图6 预制楼梯横向和纵向切分示意图

3 装配式预制楼梯减重技术理论分析

以设计尺寸为4440mm×1280mm×120mm的预制楼梯为例（图7），按普通C30混凝土核算其构件质量为3.2t，针对以上四种技术方案分别计算分析预制楼梯减重率和生产成本增长情况，见表1和表2。

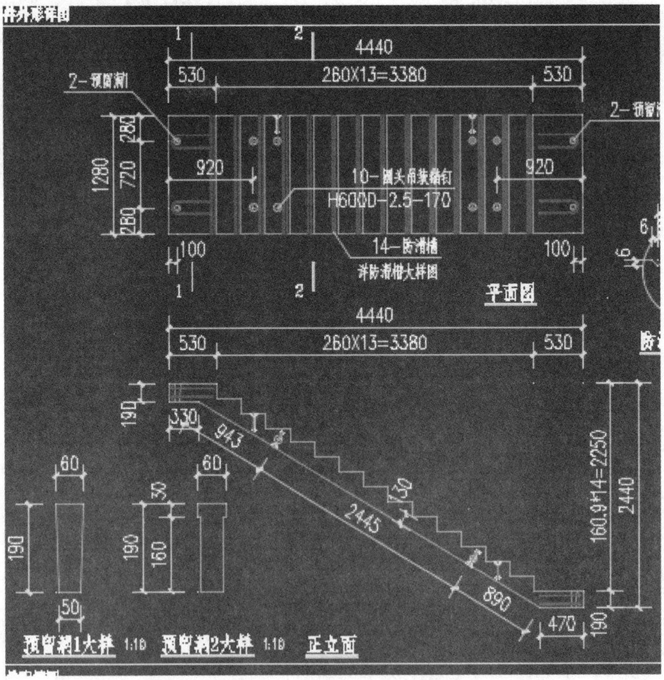

图7 预制楼梯构件图纸

表 1　四种减重技术方案的减重率

方案类型	截面面积（m^2）	宽度（m）	体积（m^3）	混凝土密度（kg/m^3）	混凝土质量（kg）	配筋率	钢筋质量（kg）	构件质量（kg）	减重率
原方案	1.001	1.28	1.28	2400	3072	0.15	192	3264	—
方案一	0.854	1.28	1.09	2000	2180	0.1	109	2289	30%
方案二	1.001	1.28	1.28	1800	2304	0.15	192	2496	34%
方案三	0.463	1.28	0.59	2500	1475	0.12	71	1546	69%
方案四	1.001	0.64	0.64	2400	1536	0.15	96	1632	50%

表 2　四种减重技术方案的生产成本增长情况

方案类型	材料成本（元/m）	人工成本（元/m^3）	管理成本（元/m^3）	模具成本（元/m^3）	能耗成本（元/m^3）	辅材成本（元/m^3）	折旧摊销（元/m^3）	生产成本（元/m^3）
原方案	880	310	40	100	40	50	150	1570
方案一	850	400	40	80	40	50	150	1610
方案二	900	350	40	100	40	50	150	1630
方案三	1000	450	40	150	40	50	150	1880
方案四	880	310	40	130	40	50	150	1600

从表 1 可以看出，本文所提的四种预制楼梯减重技术方案均实现了减重的效果，减重率都超过 30%，减重率最大的为方案三（UHPC 超高性能混凝土+挤塑聚苯板），主要原因是梯板使用 UHPC，在不降低楼梯自身结构性能和承载力的情况下，梯板的厚度缩减为 5cm，大大降低了楼梯的自重，另外楼梯横向或纵向切分也是剪刀梯减重的常规处理方式，减重率达到 50%。

从表 2 可以看出，本文所提的四种预制楼梯减重技术方案都造成生产成本的增长，主要是因为减重技术的使用，构件生产复杂性增加，或需要采用一些特殊的材料，或需要采用特殊工艺增加模具的投入，导致生产成本增加。生产成本增加最大的是方案三：UHPC 超高性能混凝土+挤塑聚苯板，因为 UHPC 造价高，是普通混凝土的 3～10 倍，过高的材料成本也是阻碍 UHPC 推广应用的主要原因。目前，UHPC 主要应用于耐高温、耐腐蚀、耐撞击、耐磨等特殊性能要求的工业建筑领域。方案一、方案二和方案四，相对生产成本增加不大，可以作为减重技术进行应用，再结合减重率来看，方案四的综合效益最佳，应进行大力推广。

4　结论

本文从材料减重、设计构造减重和设计结构减重着手，提出了装配式预制楼梯的四种减重技术方案，并对四种技术方案进行了理论分析比较，得出结论如下：

（1）根据减重率分析表明，四种减重技术方案均为可行性方案，达到预期的减重效果，为预制楼梯减重技术研究奠定了坚实基础，为装配式建筑全面推广应用预制楼梯提供了技术支撑。

（2）综合四种减重技术的减重率和生产成本增长情况分析表明，楼梯横向或纵向切分是预制楼梯减重最佳实施方案，在生产成本增加不大的情况下，实现了 50%的减重率，对于现场吊装施工来讲，可降低吊装设备的选项要求，大大降低了施工成本。

（3）使用 UHPC 的减重率最高，但材料成本过高不利于该材料推广应用。如何降低

UHPC 材料成本或研究开发与 UHPC 性能相似的新型混凝土材料用于预制构件减重技术应该是未来重点研究方向。

参考文献

[1] 马超，邢飞．装配式建筑中预制楼梯的施工技术［J］．建筑技术，2018，49（z1）：121-122.

[2] 修明慧．预制装配式楼梯的研究与应用［J］．低温建筑技术，2019（1）：73-75.

[3] 李超．装配式楼梯的安装施工技术研究［J］．建筑工程技术与设计，2018（020）：126.

[4] 刘敬敏，王新建，秦康，等．装配式预制楼梯纵向分段技术的研究与应用［J］．建筑施工，2020，(007)：1160-1162.

[5] 游锐涵．轻型预制装配式楼梯体系应用［J］．四川建筑，2020，42（5）：73-75.

[6] 孙晓伟，韩贵平，宋禹函，等．大型装配式预制楼梯构件优化设计［J］．江苏建材，2019（S2）：117-119，126.

[7] 吴基因，张再华，胡国兴．全轻骨料预制钢筋混凝土楼梯结构性能检验［J］．土木工程，2022，11(2)：184-191.

第 4 篇

建筑经济与工程项目管理

Y国有建筑施工企业绩效薪酬管理优化研究

方 莹

湖南省第一工程有限公司 长沙 410011

摘 要:

本文首先从人力资源管理的相关理论研究出发，采取集中访谈、一对一访谈等方式对Y企业绩效薪酬管理现状进行具体的分析，在此基础上，结合了价值分配理论、目标管理法、360评估考核法，从调整人力资源结构、优化薪酬机构、完善绩效考核几个方面探讨绩效薪酬体系优化路径。

绩效薪酬管理作为企业人力资源管理中的核心环节，是激活企业活力和创新力、提高企业生产效率的重要手段。构建良好的薪酬管理体系，制定行之有效的绩效管理办法，可以将员工个人发展目标与企业战略目标匹配起来，促使组织及个人业绩得到有效提升，从而在市场竞争中占据有利地位。同时，有利于加强国有资产经营管理的适用性和实效性，准确把握人力资源管理的发展方向，增强企业活力，促使企业不断提质增效。

关键词: 绩效薪酬管理；人力资源开发与管理；国企改革

国企改革一直是国有企业面临的重要课题，历经多年，国有企业三项制度的改革已初见成效，但在公司内部用人机制、工资总额限制及激励机制等方面仍未取得实质突破，一定程度上抑制了公司员工工作的积极性，从而影响了国有企业的发展。国企三项制度改革的最终目标是建立一个公开、公平、可竞争的科学现代人力资源管理制度体系，以体现个人及组织的贡献。

本文研究对象Y企业为中型地方国有建筑施工企业，隶属于省国资委，近年公司的业务规模不断拓展，市场地位与公司品牌实力进一步提升。经过一系列的改革，公司的管理水平大幅提升，服务理念、责任感和危机意识也得到了显著增强。但企业从高速成长阶段步入稳定成长阶段通常会遇到如下管理瓶颈：业务和人员规模快速扩张、人才队伍和管理水平跟不上；职能部门和价值链上的各业务板块之间的责权划分还需要进一步清晰；薪酬激励和绩效考核体系不完善，员工缺乏职业发展空间。其面临的现状具有一定的代表性和研究价值，通过研究对象现存问题，剖析问题存在的原因及可能的解决措施，为企业多元化发展转型过程提供强大的助推力。

1 Y公司绩效薪酬管理体系运行状况

1.1 Y公司薪酬管理体系存在的主要问题

1.1.1 薪酬体制不完善

薪酬总体水平与公司经营业绩关联度不高，员工关注自身薪酬而忽视企业发展；薪酬晋升通道单一，薪酬价值主张不明确，员工缺乏自我主动提升意识；薪酬水平与劳动效率挂钩不紧密，收入分配存在平均主义思想，未能形成“竞争、激励、淘汰”的市场机制。

1.1.2　薪酬结构不合理

薪酬结构难以明确区分薪酬项目的激励作用、薪酬结构与部门特征不匹配、薪酬结构与岗位脱钩，在控制总额前提下，加强关键岗位薪酬竞争力是薪酬改革的核心问题；薪酬分配不公平，存在同工不同酬的情况。

1.1.3　市场关联不紧密

薪酬体系缺乏推动系统改善的激励作用，薪酬竞争能力明显不足，不足以推动公司新增效益的提升；薪酬的激励作用不大，做多做少、做好做坏，对薪酬水平的影响不够显著。一方面，现有的薪酬体系不能够准确地反映员工的劳动价值和业绩贡献；另一方面，公司尚未制定出与发展战略相匹配的、清晰明确的绩效管理策略和原则，导致对新市场开发的激励性不足。

1.2　公司绩效管理体系存在的主要问题

1.2.1　绩效管理体系中组织绩效与岗位绩效脱钩

公司原有的组织结构设计基本上是精简高效的，但往下的岗位设置不清晰。员工的职级规范性较高，但岗位职责不够明确，岗位的核心职能也不够清晰。岗位管理存在按人定级、级随人走、对人不对岗的情况。公司的员工绩效目标未量化，考核内容与范围模糊；对于员工绩效表现的评价，主要是以部门负责人及以上领导对于员工工作的主观评价为主，并未与组织绩效目标（即部门、公司级的绩效目标）联系，故员工很难从自身的绩效目标了解到组织绩效目标，更难了解到员工绩效与组织绩效之间的关系，致使员工的工作仅仅是各司其职，并不知道自身在组织绩效目标达成过程中的作用。

1.2.2　绩效管理体系的设计未紧密与业务联系

在进行员工访谈中，业务端口的受访员工均提到了现行的绩效管理体系设计与业务关联度不大。受访者在回答“对公司的绩效管理体系改进有何意见与建议？”时表示：绩效管理体系的设计应加强与业务的相关性，各部门的考核内容应与主营业务挂钩；存在指标设置不合理、指标分级定义模糊、没有考核重点，导致考核的导向性不清晰的问题。

大部分业务部门人员表示激励措施与工作成果不匹配。公司业务指标逐年攀升，但业务人员积极性却无法提高，这是绩效管理和评价结果失去促进作用的表现。之所以一些业务人员选择不主动的方式进行应付，主要在于投入精力太大，没有给自己带来什么收获，有的为了实现自己的价值可能会选择离职，还有一些则会选择得过且过。因此，纠正投入与回报不匹配的情况，是公司目前绩效管理制度急需完善的。

1.2.3　绩效考核制度设计不科学、流程不合理

一是Y公司现行的绩效管理体系并未明确员工的考核标准。考核的方式为每个季度由部门负责人、分管领导、考核小组对员工的工作业绩表现打分，考核目标和评分标准不明确，人为平衡考核结果导致出现“大锅饭”现象。所以大部分受访者不认可考核的科学性与合理性。

二是考核方式单一、考核过程流于形式，存在过分追求标准化的倾向。考核方式简单，主要体现在考核仅停留在上级对下级之间，人员考核不够全面，进而导致所收集到的考核信息及材料比较匮乏，所得出的评价意见受考核人的主观意识影响较大，造成评价结果不够客观，不足以让人信服。考核过程形式化，打分、签名，考核就算结束了。考核结果不具备成为人事决策依据的条件。绩效考核本来的目的是通过考核结果的运用和反馈，让员工得到激

励的同时可以找到不足，及时改善自己的工作态度和行为，进而达到增强企业的市场竞争力、提高企业整体运营效益的作用。但效果失真的考核结果，既不能对员工起到激励作用，并协助他们找到真正的缺点，提高工作绩效水平，也不利于企业的整体良性发展。

三是绩效考核过程不规范、结果反馈不及时。公司员工不了解绩效考核的实施细则，对绩效考核结果也不关注。考核体系的反馈机制和辅导工具形同虚设，且绩效辅导未有效开展，员工无法认识到工作中存在的问题，更谈不上进行绩效改进和提升。

2　绩效薪酬管理体系优化思路

2.1　优化目标

（1）明确管理导向，提升组织效能。企业应当建立一个明确的战略目标和长期发展规划，以便在激烈的市场竞争中取得持续发展。同时，企业的战略目标与个人的目标也应该保持一致，这对于国有企业的长期发展至关重要。因此，建立一个以战略为导向、体现企业文化价值的科学绩效管理体系，是国有企业三项制度改革过程中必不可少的一环。建立科学的绩效薪酬管理体系首先要将企业的战略目标细化、量化到绩效薪酬管理体系中，依靠组织、个人在绩效管理过程中的反复沟通、提升，为企业的发展提供方向，为企业的重大决策提供依据，使企业的战略目标更加清晰。以组织目标达成为价值导向，提高组织内部人效水平，进而达到提高组织整体效能的目标。

（2）优化人力资源结构，打造人才竞争优势。引进高层次人才、提高员工素质是实现 Y 企业人力资源要素升级的关键所在，是打造公司竞争优势的关键所在。因此，建立更具市场竞争力的薪酬标准就成为薪酬体系设计的重要目标之一。

（3）健全绩效考核体系，完善沟通渠道。基于科学、公正的绩效评估标准，我们对每个职位进行了详细的职责划分，编制了相应的职责清单，并制定了相应的薪资标准、考核机制，使得企业的薪资管理与绩效评估有机结合，从而达到公平、公正、透明的目的。加强公司内部公平性建设，加大对普通员工的关注力度，让员工参与公司的绩效管理体系设计与实施，感受公司以人为本的治理理念，营造公司和谐、平等的氛围。

（4）完善公司激励制度，建立新的职位价值体系。合理调整薪酬结构中的绩效工资比例，对绩效考核制度进行科学合理的调整，只有让员工切实体会到高绩效与高收入的因果关联，才能引导和激励员工为组织的战略目标贡献力量，最终实现个人和组织的共同成长。让员工充分了解到为实现组织目标，每一个岗位的具体要求，从组织目标分解到员工绩效的过程，充分了解个体与岗位之间的差距，自发地调节自身，改善自身的绩效表现。合理拉开收入差距，建立新的岗位价值体系，厘清分配关系。

2.2　优化原则

（1）合法合规原则。在进行薪酬管理时，我们应该确保遵守相关法律法规和政策，并确保所有的薪酬都是合法的。我们的薪酬制度应该遵循最低工资标准、保险福利和薪酬指导的相关规定。

（2）公平公正原则。公司在制定人事决策和奖励措施时，应当确保公平公正，以确保公司的利益得到充分保障；在做出奖惩决定时，应当确保决策标准和方法符合公正性原则，并且程序公平、标准明确、过程公开，以确保决策的公正性和公平性；公司应该给予所有员工平等的发展机会，并且在做出决策之前与员工进行充分沟通，以便更好地考虑员工的意见，同时建立一个有效的员工申诉机制，以确保公平的发展环境。

（3）战略导向原则。从公司战略发展的高度和角度思考薪酬改革方案，将员工薪酬水平与公司长远发展密切联系起来，让员工在关注个人绩效和薪酬的同时更加关注企业的发展。

（4）全局统筹原则。薪酬改革既是一项重要的结构性调整，也是一个重要的过程，它将影响到公司的各个层面，包括职位的设定、评价，员工的能力提升、绩效考核，组织架构的优化以及公司的长远发展。

（5）总量可控原则。实施全面的薪酬管理制度，既要管理人员薪酬，也要管理人员编制。

2.3 优化方向

（1）与公司经营业绩相适应的薪酬分配总体水平。以市场价值因素为导向，将公司薪酬总额水平与公司经营业绩相结合，实现员工收益与公司发展相结合，鼓励员工长期为企业服务，共同致力于企业的不断成长和可持续发展，并共享企业发展所带来的成果。

（2）与岗位职责及价值相适应的岗位薪酬水平。在公司转型发展初期，薪酬结构重心向核心管理岗位、专业技术岗位和关键业务岗位倾斜，同时亦对上述类型岗位员工的工作能力、责任和绩效提出更高的要求。随着公司发展水平不断提升，对各岗位薪酬逐步调整，实现总体平衡。

（3）与人力资源类型相适应的薪酬结构管理。基层员工固定收入和短期薪酬占总收入比例最高；中级管理人员固定工资和短期薪酬占比相对有所降低，但仍是薪酬中的主要组成部分；高级管理人员固定工资比例最低，短期薪酬比例进一步下降，甚至可能会低于长期薪酬所占的比例。

（4）与员工的知识、经验和能力相适应的员工薪酬水平。为了体现公司的发展历史和员工的知识和业务能力，我们建议设立年功工资来衡量员工在公司工作时间和经验的价值。此外，我们还建议根据不同岗位设置不同的职级范围，以便更好地反映个人的知识和能力水平。

（5）与员工工作业绩和相对重要性相关的绩效奖金分配制度。前线业务人员设立保障性基本底薪，主要收入来源于绩效奖金，通过绩效考核确定相应的实际发放绩效薪酬；后勤服务人员采取预算制，实行相对固定的职能工资制，年度奖金、特殊奖金的发放根据为企业创造业绩的多少和相对重要性进行。

3 绩效薪酬管理体系优化操作路径

3.1 岗位设置及薪酬管理标准优化

一套科学有效的绩效薪酬管理体系必须建立在清晰的组织架构和岗位职责、合理的薪酬结构之上。笔者通过岗位管理模型来建立完整的岗位管理体系，系统解决岗位管理问题。根据 Y 企业的业务流程和管理归口的情况，进行了部门职责的划分和梳理后，根据修正后的人员编制对岗位说明书进行了完善，为绩效薪酬管理体系优化做好准备工作。

（1）完善岗位说明书。一方面是对组织内部的成员进行合理分工，对员工的工作内容进行有效划分，对应解决同职级或同岗位人员责权不清晰的问题，使得员工了解各自关键工作职能；另一方面，也是对员工的工作成果进行合理评估的重要依据，岗位说明书的完善也是提取员工关键考核指标的重要前期工作。

（2）优化薪酬结构。Y 企业薪酬总额由岗位工资和绩效工资组成，岗位工资占薪酬总额的 40%，绩效工资占薪酬总额的 60%，但是公司所有的员工都按照相同的比例进行考核发放，从而导致业务部门缺乏创造价值的意愿，薪酬分配合理。笔者建议设定部门类别系数，按市场规则来调配系数，业务部门与管理部门分开，建议业务部门按 4：6；管理部门按 6：4。

（3）分档设置岗位工资。岗位工作是公司按月发放的基于员工完成岗位工作应获得的报酬，是建立在岗位的责权、劳动强度、劳动条件、劳动技能、重要性、安全系数等价值因素综合评定的基础上，根据员工的岗位性质，采取岗位分类、岗内分档的方式确定各员工的岗位工资等级，并通过对员工完成整体工作目标的评价进行确定。

3.2　工资结构及绩效指标体系优化

3.2.1　绩效工资结构优化

公司薪酬总额=岗位工资+绩效工资；岗位工资为薪酬总额的 40%，绩效工资为薪酬总额的 60%；公司所有员工都按同样的比例来考核发放，导致业务部门创造价值的意愿强，分配合理。经讨论，建议设定部门类别系数，其按市场规则来调配系数，业务部门与管理部门分开。建议业务部门按 4：6，管理部门按 6：4。

3.2.2　增加公司业绩完成系数

绩效管理体系设计的重点是将组织绩效和员工绩效相结合，把公司战略目标和经营计划有效地向下传递，确保不出现缺失和断层。组织绩效目标应逐级分解到分管领导、部门负责人、员工。向每一个层级传达组织目标，把个人目标、部门目标和组织目标相对应，将员工的行动和公司战略目标链接起来。

将组织绩效与岗位绩效的关联性直观地反映出来的系数相乘的形式是体现公司绩效对团队绩效、个人绩效的影响作用，可通过以下方法实现：

（1）现有绩效工资的计算方法：

部门负责人绩效工资=部门负责人绩效工资基数×部门考核等级系数

员工绩效工资=员工绩效工资基数×部室绩效考核薪酬系数×员工绩效考核薪酬系数

（2）绩效工资计算方法的优化建议：

部门负责人绩效工资=部门负责人绩效工资基数×公司业绩完成系数×部门绩效考核薪酬系数

员工绩效工资=员工绩效工资基数×部门绩效考核薪酬系数×员工绩效考核薪酬系数

其中：公司业绩完成系数=考核期公司完成的营业收入/上年同期完成的营业收入

笔者增加了公司业绩完成系数，促使岗位绩效与公司业绩正相关。同时建议考核期按年度计算，平时季度考核时按系数 1.0 计算，年终计算出结果时实行多退少补。

3.2.3　优化绩效管理体系的考评内容

公司对每个部门都有业绩要求，但绩效未跟业务挂钩，只是部门的任务分解，完成公司对部门下达的规定动作，无法量化被考核内容，所以绩效考核流于形式。绩效管理体系设计、考核指标的评分细则尚不科学、合理。考核内容均为部门基础性工作，与公司业务关联性不大；考核内容和指标选择及权重设计上，没有考虑相应增加工作重点和工作任务等因素的权重，考核没有遵循具体化、可度量的原则。基于此，对部门负责人考核内容进行了调整优化，岗位不同，关键绩效指标（KPI）和工作目标（GS）的比重设置不同。

（1）业务部门（业务部、客户服务部、运营部）以量化业绩指标为主，建议占比 70%，特别是业绩指标和费用使用情况由财务复核和裁定，其他的事件由综合部、运营部或业务部复核，主管领导裁定。

（2）管理部门（财务部、综合部、纪检审计法务部）以管理指标为主，量化业绩指标建议占比 30%。另外，可以增加业务部门对其协调和服务能力及结果的考核。

员工绩效考评标准区别于上述部门绩效考核指标，以事务和岗位职责完成情况考核为主。衡量绩效的总原则只有两个：是否使工作成果最大化，对组织效率的提高有没有帮助。分解到主要细项，对各项考核标准进行了明确的限制。同时增加部门负责人对员工的考评权重，取消分管领导的权重，增加部门内员工协作互评环节，采用 360 度绩效考核法对员工进行较为全面、立体的绩效考核，最大限度地保证考核结果的客观性和有效性。

3.2.4　完善绩效考核流程

（1）注重考核过程，关注“中庸”情况的处理。采用 360 度绩效考核法，考核结果容易出现“中庸”现象，即难以区分评估结果。可以从以下方面进行改进，对考核结果实行强制分布。例如，考核工作小组可以明确要求，参与考核人员对被考核人员的打分结果为 90 分以上的比例上限是 10%，70 分的比例至少超过 10%。若考核结果出现“中庸”现象，考核工作小组需要分析原因，并对原因进行分析。

（2）考核结束后，做好沟通与总结工作。绩效考核后的绩效反馈及时有效，在绩效管理中也是十分重要的一环，是提高员工绩效的重要途径。及时有效的绩效反馈，可以让员工及各部门了解自己工作的成果与问题。沟通前要做好准备工作。第一，总结其做好的方面，进行必要的鼓励；第二，听取参与考核人员的综合意见，了解绩效考核出现问题的原因；第三，听取被考核人员的申诉，了解自我分析与考核人员的分析是否一致。要客观分析原因，提出切实可行的整改措施。通过反复沟通，提出改进措施，根据问题对症下药。

（3）重视绩效改进。对绩效评价系统进行深入的挖掘与剖析，并对其进行有效的绩效改进，是公司绩效评价系统不断完善的重要环节。在部门级，由各部门负责人依据部门业绩考核和人员考核的结果，制订提高组织绩效的方案。在员工方面，在参加了工作回馈访谈之后，可以自行制订个人的业绩改善方案。在完成业绩评价面谈后，根据双方的讨论结果，制订相应的绩效改善方案，形成业绩改善报告，上报给绩效考核小组进行审议。

3.3　加强考核结果的应用

绩效考核结果是为了促进绩效考核持续推进，发挥绩效考核的正向激励作用，但如果绩效考核结果应用方式不正确，反而会造成绩效考核的负面作用，影响被考核人员的工作积极性，这是严重背离绩效考核初衷的。为了使员工真正地被激发和挖掘自身潜能，达到物质和心理不同层面的满足。根据波特和劳勒提出的综合激励模式，必须有效运用绩效考核结果，逐步认识到公司的价值，通过参加绩效管理的过程提升自身能力和工作效率，实现个人与企业的“双赢”。

公司绩效评价结果运用主要考虑以下几方面：

（1）计发绩效工资。绩效结果为个人绩效奖金和部门奖金的发放提供了客观依据，起到了激励作用，要按照优化的绩效工资核算办法发放到位。

（2）员工薪酬变动。绩效考核与薪酬定级挂钩。员工内因岗位职级变化而发生的薪酬定级，按新的岗位进行定级，其薪酬水平按新的岗位确定。对出于激励或培养目的，而出现员工的任职条件低于拟任岗位任职条件的，可采取“高职低挂”的方式进行薪资定级。即担任该岗位工作，但薪资按该岗位低1个职级的薪资区间档定级，一年后综合绩效考核结果为“合格”等级以上，确实可以胜任岗位工作的，转为相应薪级薪资区间的较低档。

（3）晋升、淘汰及培训发展。绩效评估能反映出员工的能力。建立公司核心人才库，将业绩、能力均超标、达到晋升标准的职工列入库内，成为公司重点挽留对象；业绩优秀、能力尚待开发的员工，加强专业能力方面培训；绩效或能力不足的员工，在经过一定时间的观察后仍未有明显改进的，采用末位淘汰或诫勉谈话，或更换工作岗位。

Y公司处于成长期，可以根据员工与岗位、公司的适配度来具体制订考核结果应用方案。不同年龄区间的人员需求并不相同，根据公司的员工年龄层次，可以划分为四个阶段。第一个阶段：25岁以下的员工，思维比较活跃，对新事物的接受能力比较强，为了提高其综合能力，可以给一些培训的机会，促进其能力提升。第二阶段：25~35周岁阶段的员工，家庭开支比较大，绩效考核结果应用方面可以推行“薪酬福利+休闲时间”机制，薪酬福利可以解决其经济负担，休闲时间可以让其多照顾小孩。第三阶段：35~45岁的员工，工作经验丰富、思想成熟稳定，需要在事业上干出成绩，为此，绩效考核结果应用方面可以推行“职称评定+职务晋升+培训”机制，对于专业技术能力强的员工，可以提升其职称，对于有些管理能力和沟通能力的员工，可以打开其职务晋升通道。第四阶段：45岁以上的员工，处在这一年龄阶段的员工，一般都能总结其经验，需要推广经验的平台，可以推行“非职务领导+休闲时间”机制，非职务领导既可以对其成绩进行认可，还可以为其做好经验推广提供用武之地。

4　预期效果

4.1　各级管理者阶段性情绪和行为转变

各级管理者和员工在绩效薪酬管理优化工作不同阶段的情绪和行为取决于其思想观念的变化。预计会有以下情况：优化的前期出现的排斥心理来自他们对新事物的自然排斥；推行过程中出现的附和行为则是把体系优化视为人力资源提升的工具；实施阶段或因为切身利益的影响、管理时间花费和管理习惯的改变存在抵触与反感；随着对优化理念的理解加深、绩效压力的增大和管理人员定位的变化，从感性到理性，管理者对先进管理理念的认知正在逐步提升；最后，当绩效薪酬管理融入到日常工作、传递压力和收到激励的切身体验中，逐渐由被动接受转变为主动实施。

4.2　关键少数员工满意度明显提升

随着近几年市场份额的不断扩大，公司对人员要求和劳动生产率要求水平的提高，但是工资水平并未出现上升趋势，这使得广大员工，特别是关键岗位人员，很难感受到公司发展与自身薪酬水平提升之间的相关性。通过本次绩效薪酬体系优化，调整薪酬结构，打通岗位晋升渠道，将绩效考核结果列为企业选人用人的依据，给予优秀的员工敢闯敢拼的动力，明显提升了员工的满意度。

4.3　价值创造自生动力显著增强

Y企业现行的绩效考评更多的是与工作内容挂钩，而未与业绩指标挂钩，对内部员工尤其是业务部门员工缺乏吸引力，很多时候存在“躺平”、被动工作或者推卸工作情况。通过绩效管理优化，调整了绩效考核要点，将组织绩效和员工绩效相结合，把公司战略目标和经营计划有效地向下传递，确保不出现缺失和断层；鼓励多劳者多得，将直接刺激业务部门等员工积极进取、主动作为，为企业价值创造的自生动力明显提升。

4.4　实现责任、透明、分享企业文化

企业文化可以激发员工的内在动力，作为公司的灵魂和核心价值。绩效考核经过对不同层级、不同职能、不同人员进行绩效文化深入贯彻，将组织内的各个职能、各成员的组织使命连接在一起、分担责任，共同为实现组织目标而努力。组织绩效文化不再是被员工边缘化的“冷门文化”，而是能被基层员工在主观意识上接受并认可追随的“接地气文化”。

总体来说，国有企业在发展过程中，应当充分认识到不断优化绩效薪酬激励体系的重要价值。通过完善人员管理架构、职权范围、职责内容，制定与公司发展相适应的人力资源规划和变革设计；优化内部绩效考核管理，确保绩效考核质量和政策贯彻的执行；聚焦薪酬分配机制改革，科学设置薪酬结构，建立工资、效益和效率联动机制；发挥其对企业员工工作激励导向作用，有效发挥其对企业经营发展的全面评价和对标引导作用；为企业创造更加丰富的经济价值，从而促进国有企业的长期稳定发展。

参考文献

[1]　耿德惠．如何建立高效人力资源绩效薪酬体系［J］．全国流通经济，2001（4）：85-87.
[2]　张日新．国有企业薪酬绩效体系的改革与完善［J］．河北企业，2018（8）：45-46.
[3]　倪海燕．简述国有企业绩效薪酬激励体系的改革及完善［J］．商场现代化，019（9）：86-87.
[4]　任林，王红，刘太明，等．集团企业主公司管控能力评价研究——基于平衡计分卡的体系设计［J］．商业经济研究，2015（6）：100-101.
[5]　杨光亚．国有企业绩效薪酬激励体制的改革及完善思考［J］．中国集体经济，2001（18）：110-111.
[6]　李颖．浅谈企业运营和绩效薪酬分配管理方案［J］．时代金融，2018（6）：106-107.
[7]　张蕊，于海燕．企业经营业绩评价综述：理论、方法与展望［J］．当代财经，2016（11）：106-116.
[8]　秦晓燕．激励理论的对比分析及应用浅探［J］．经济师，2014，（06）：35-36.
[9]　陈红梅．三项制度改革背景下国企绩效管理体系的构建——以大型国有企业G集团为例［J］．企业改革与管理，2000（09）：7-76.
[10]　姚玲灵．基于三项制度改革的国企员工激励方式研究［J］．企业改革与管理，2000（04）：101-10.
[11]　张悦．“三项制度”改革背景下国有企业“分配制度”改革问题研究［D］．郑州大学，2001.
[12]　池国华．内部管理业绩评价系统设计框架［J］．预测，2006（03）：1-16，37.

基于线性规划模型的建筑工程绿色施工效益研究

肖　非　潘　栋

湖南省第四工程有限公司　长沙　410119

摘　要：针对我国建筑业的迅速发展给社会带来了不容忽视的环境负面影响，传统建筑施工模式已不适应新时代的要求，因此建筑业必须积极推进绿色发展的转型之路，而盲目进行绿色施工会造成成本大幅增加。本文以实现建筑工程效益最大化为目标，构建了建筑工程绿色施工效益最大化的线性规划模型，研究了绿色施工对于施工成本的影响。结果表明，通过实例分析，展现了该模型的实际运用价值，也为建筑施工企业绿色施工决策提供了科学、合理的意见，进一步推动了建筑行业的可持续发展。

关键词：线性规划；绿色施工；效益

随着我国公众对资源环境保护意识的逐步增强，建筑业领域的节能可持续环保发展模式也正日益受到社会各界关注。然而传统建筑施工方法会给环境带来很多负面影响，包括生态污染、温室气体排放等。我国目前作为已经拥有全球最大的建筑市场规模的国家，建筑工业全社会过程能耗将占全国总量能源的 46%，碳源排放率甚至可占全国总量排放的一半。为此中国政府出台了一些法律和政策以确保建筑企业进行绿色施工。其中一些法律和政策包括：2021 年《“十四五”节能减排综合工作方案》，2022 年《科技支撑碳达峰碳中和实施方案（2022—2030 年）》，2022 年《建材行业碳达峰实施方案》。因此，如何在环境规制下实现建筑工程效益最大化，绿色施工成为关键一环。

绿色施工原则是指尽量在实际施工作业过程中合理减少对资源环境污染和降低能源的消耗，减少污染对生活环境健康的负面影响，提高工人在施工过程中的健康和安全，通过高效的工作系统、管理系统和技术措施以满足施工的质量、安全和其他基本的项目要求。同传统建筑的区别在于所控制要素不同，一般来说，传统施工的管理目标涉及质量、安全、工期和成本，而在绿色施工中除了上述要素外，环保也是一个关键的管理目标。此外，绿色施工应遵循优化和改进的原则。优化是指在现有施工技术和建筑设计的基础上进行优化和改进，以达到减少能源损失的目的。改进是指为保证绿色建筑的有效实施，对施工人员、施工技术、能源损耗和其他改进的方面仔细考虑。许多学者也对绿色施工进行了研究。Ilhan 和 Yaman 提出了一个绿色建筑评估工具，通过从 BIM 模型中提取必要的数据来计算项目的绿色评级，并为进一步评估提供反馈。季晓刚、董翔等学者通过构建绿色施工评价指标体系，运用组合赋权对绿色施工效果进行评价。陈鑫磊、张学民等学者引入碳排放评价，通过构建碳排放模型，找出了影响施工碳排放的直接、间接影响因素，通过对其改进来对绿色施工进行优化。范敏超分析了绿色施工技术的筛选条件，在此基础上通过性能表现、经济效益、舒适满意三个维度来评价绿色施工技术的适用性并对其进行选择。贾克洋通过构建高速公路绿色施工指标评价体系，引入模糊综合评价法和因子分析法，对各指标进行量化，以此对绿色施工进行评价。胡庆国、田学泽等学者从人员、管理、材料与技术、设备、环境方面总结绿色建筑的安全系数，构建绿色建筑施工的安全风险评估模型，并采用“五因素法”评估绿色建筑施工的安全。王乾坤、亢显卫等学者从资源节约、绿色管理、生态环境、施工技术、效益协调五个方面出发构建绿色施工评价指标体系，通过结合实际案例对绿色施工等级进行计算，以此进行绿色施工评价。郭肖肖从可持续发展角度出发对房建工程的绿色施工进行评价。曾华俊在总结国内外绿色施工评价体系的基础上，从实际出发结合国情，构建了一套适合我国的绿色施工评价体系，以此对绿色施工进行评价。

可以看出，多数学者对绿色施工的研究多从评价出发，对绿色施工效果本身进行评价，较少有学者将绿色施工同原有传统施工进行比较。这也是目前研究所欠缺的。基于此，本文研究在环境规制下，以实现建筑工程效益最大化为目标，构建建筑工程绿色施工效益最大化线性规划模型，并通过实例分析，展现了该模型的实际运用价值，也为建筑施工企业绿色施工决策提供了科学、合理的意见，进一步推动建筑行业的可持续发展。

1 模型构建

1.1 目标函数

为使绿色施工效益最大化，不仅需要从项目本身出发，还需综合考虑业主、社会、环境的效益。因此，绿色施工效益目标函数见式（1）：

$$\max W_1 = Q_1 - C_1 \tag{1}$$

式中，W_1 为绿色施工带来的效益；Q_1 为带来的收入；C_1 为产生的成本。

（1）绿色项目施工的效益

绿色建设项目施工过程所获经济效益一般是指整个施工过程中产生的包括项目单位本身取得的各项经济收入、社会性收入、环境收入和用户收入，其计算式见式（2）：

$$Q_1 = Q_x + Q_s + Q_h + Q_y \tag{2}$$

式中，Q_x 为项目施工本身带来的经济收入，由项目施工的承包服务价格支出及劳务索赔的收入共同组成；Q_s 为建筑社会性收入，是用于减少对传统的建筑产品在对其产品生命周期范围内可能造成的环境污染损失和社会环境破坏风险，采用社会支付意愿来对建筑社会性收入项目进行度量；Q_h 为环境收入，指拆除建筑的回收阶段和使用后的材料回收带来的环境收入；Q_y 为用户收入，为使用绿色施工技术所获经济效益同其他传统绿色施工管理方式进行对比给业主带来的间接收益，可考虑利用机会成本法的度量方法。

（2）绿色设计施工中的各种成本

绿色施工所花成本主要是指建筑施工服务单位在进行绿色施工设计与施工组织设计过程中实际需要消耗掉的几乎所有的一切可能的合理支出，主要内容还应包括各种的生产性成本、环境成本、用户成本等以及建筑废料处理回收使用过程中产生的成本。

$$C_1 = C_x + C_h + C_y + C_{hs} \tag{3}$$

式中，C_x 指企业生产成本，包括增加了企业直接经营生产成本、间接增加营业支出成本、利润变动损失费用和企业应缴各项税收成本；C_h 是环境成本，包括污染预防成本、末端环境处理成本以及与建筑和环境保护相关的其他成本（如废水、污水处理）；C_y 是用户成本，是指用户在使用建筑过程中产生的运营和维护成本；C_{hs} 是回收成本，即旧建筑的拆除、收集、运输和处理成本。

1.2 约束条件

本文按照建设项目绿色施工模型，以效益最大化为目标构建目标规划模型，该模型应满足以下三个约束条件：

（1）进行绿色环保施工时所能够获得最大的施工效益利润不应明显小于通过传统方式施工时所可获得最大的经济效益，否则会选择采用传统方式施工的模式。

$$W_1 \geqslant W_2 \tag{4}$$

式中，W_1 为绿色施工带来的效益；W_2 为传统施工所带来的效益，由项目经济收入减去项目生产成本所得。

（2）按照绿色施工进行建造的建筑所具有的效用应不低于按照传统施工进行建设的建筑所具有的效用。

$$U_1(T_1,Z_1,C_1,A_1,R_1,E_1) \geqslant U_2(T_2,Z_2,C_2,A_2,R_2,E_2) \tag{5}$$

式中，U 为效用函数；T 为工期；Z 为质量；C 为费用；A 为安全；R 为资源；E 为环境；U_1 代表绿色施工；U_2 代表传统施工。

（3）市场需求与成本需求达到平衡。

$$MQ_1 = MC_1$$

式中，MQ_1 代表市场需求，通过对需求函数求导所得；MC_1 代表单位成本。

（4）社会需为施工企业进行绿色施工创造有利条件，即社会收入 Q_s 应为正，其计算式见式（6）：

$$Q_s = P_1 S_1 (WR_{w2}/WR_{s2})(1+\alpha)(1-\beta) \tag{6}$$

式中，P_1 是每 $1m^2$ 建筑的建筑单位成本；S_1 是单位建筑总建设投资面积；WR_{w2} 是我国传统绿色建筑业中的污染投资总值；WR_{s2} 是我国传统绿色建筑业中的污染生产投资总产值；α 是我国建筑企业生产的零污染程度高于整个行业国家平均发展水平时的一个百分比；β 是我国绿色建筑与国家零污染投入相比的零污染程度。

1.3　建筑工程绿色施工效益最大化线性规划模型

综上所述，建筑工程绿色施工效益最大化线性规划模型为：

$$\max W_1 = Q_1 - C_1$$

$$\begin{cases} W_1 \geqslant W_2 \\ MQ_1 = MC_1 \\ U(T_1,Z_1,C_1,A_1,R_1,E_1) \geqslant U(T_2,Z_2,C_2,A_2,R_2,E_2) \\ Q_s \geqslant 0 \end{cases} \tag{7}$$

该模型适用于相关部门和建筑公司做出关于绿色建筑施工的决策，借助相关数据进行绿色建筑施工的效益计算，并使用 Excel 进行求解。

2　案例分析

某建筑公司为响应国家绿色施工的要求，将原来的传统建筑施工方案 a 改为绿色建筑方案 b。其中绿色建筑方案 b 方案有 450 万元的固定成本，每 $1m^2$ 的建筑成本 2800 元，业主的成本为 1300 元/m^2，采纳绿色建筑方案 b，建筑产品使用后可以报废并回收，预计最后的回收收益为 120 元/m^2。通过研究，对绿色建筑方案 b 有需求函数 $P=-7S_1^2+25000$，考虑业主需求，业主的效用函数为 $U=-6P-6C_y$，进而得出方案 b 的效用函数 $U_1=-6P_1-6C_{y1}$，方案 a 的效用函数 $U_2=-6P_2-6C_{y2}$。a 方案的固定建筑成本为 350 万元，建筑成本为 1800 元/m^2，业主成本为 2400 元/m^2。a 方案的建筑产品销售价格为 6500 元/m^2，开发建筑面积为 $1000m^2$，最终建筑产品处理后的收入可以忽略不计。b 方案和 a 方案的相关废物排放量见表 1，请尝试方案选择。

表 1　相关数据对比

序号	项目	a 方案	b 方案	三废处理费用	行业排放总计	企业平均排放量
1	废水排放量（t）	65	15	20	412388531	78439
2	粉尘排放量（m^3）	45	0.5	412	26278400	5276
3	固体废弃物（t）	16	0	75	49866400	10984

将所得数据代入式（7）得到 b 方案效益最大化线性规划模型为：

（1）目标函数

$$\max W_1 = Q_1 - C_1$$

约束条件

$$\begin{cases} W_1 \geqslant W_2 \\ P = -7S_1^2 + 25000 \\ U_1 \geqslant U_2 \\ Q_s \geqslant 0 \end{cases}$$

（2）计算社会效益

$W_R = 24605083000$ 元

$\alpha = -0.513$，$\beta = 0.0158$

$QS_1 = 0.1123P_1S_1$

（3）计算 MQ_1 及 MC_1

$MQ_1 = -14S + \alpha + 25000$

$MC_1 = 3000$

（4）计算 W_1 及 W_2

$W_1 = (P_1 + \alpha - 3000)S_1 - 4500000$

$W_2 = P_2S_2 - C = 1300000$

（5）综上 b 方案效益最大化线性规划模型为

$\max W_1 = (1.1123P_1 + \alpha - 3000)S_1 - 4500000$

$$\begin{cases} (P_1 + \alpha - 3000)S_1 - 4500000 \geqslant 1300000 \\ -14S_1 + \alpha + 25000 = 3000 \\ -6P_1 - 6\times1300 \geqslant -6\times2400 \\ 0.1123P_1S_1 - \alpha S_1 \geqslant 0 \end{cases}$$

该模型存在最优解为

$$\begin{cases} W_1 = 24653617.32 \\ S_1 = 1703 \\ \alpha = 1845 \end{cases}$$

在保证企业、业主、社会三方需求都得到满足的情况下选择方案 b，建筑施工企业的最佳开发面积为 1703m^2，可获得的最大经济效益为 2465 万元，政府应对其进行绿色施工进行的补贴税收金额为1845元/m^2。线性规划模型可作为研究绿色施工效益的分析工具，是一种数学优化方法，通过建立数学模型，解决最优化问题。在本案例中，我们采用了线性规划模型，通过对各项绿色施工指标进行量化和权衡，得出了最优的施工方案。这些指标包括固定建筑成本、业主成本、建筑面积、建筑产品销售价格等，通过优化这些指标，我们可以有效估算建筑工程施工效益。对于建筑公司来说，该模型可以直接用于绿色建筑的决策，而对于政府来说，它可以用来评估绿色建筑是否应该获得税收补贴，并计算出这些补贴的比率。该模型通过科学分析和优化，可以有效提升建筑工程的绿色化水平，实现经济效益与环境效益的双赢。

3　结语

科学合理地构建绿色建筑施工线性规划模型，为实现经济效益和社会效益的统一提供了基础。运用实例展现了绿色施工效益最大化线性规划模型的求解过程，体现了建筑工程绿色施工效益最大化线性规划模型实际价值。绿色施工的量化对提高建筑企业的可持续竞争力，促进建筑企业自身又好又快发展，具有着重要现实意义。

参考文献

[1] LI X J, WANG C, CHEN W, et al. Green building performance assessment in China using a cloud model [J]. Environment, Development and Sustainability, 2022, 24 (10): 11626-11650.

[2] ASSAD M, HOSNY O, ELHAKEEM A, et al. Green building design in egypt from cost and energy perspectives [J]. Architectural Engineering and Design Management, 2015, 11 (1): 21-40.

[3] HUISINGH D, ZHANG Z, MOORE J C, et al. Recent advances in carbon emissions reduction: policies, technologies, monitoring, assessment and modeling [J]. Journal of Cleaner Production, 2015, 103: 1-12.

[4] 崔成龙．绿色施工在建筑工程项目中的应用研究——以广州国际金融城起步区为例［J］．建筑经济，2021，42（12）：59-66. DOI：10. 14181/j. cnki. 1002-851x. 202112059.

[5] 肖绪文，冯大阔．建筑工程绿色施工现状分析及推进建议［J］．施工技术，2013，42（01）：12-15.

[6] 曹学志．建筑工程施工中绿色施工技术的应用浅探［J］．中国住宅设施，2022（08）：1-3.

[7] 黄传宝．绿色施工技术在项目施工现场中的应用探析［J］．建设科技，2021（20）：108-111. DOI：10. 16116/j. cnki. jskj. 2021. 20. 025.

[8] ILHAN B, YAMAN H. Green building assessment tool (GbaT) for integrated BIM-based designdecisions [J]. Automation in Construction, 2016, 70: 26-37.

[9] 季晓刚，董翔，谢桥漾，等．基于区间数综合赋权法的装配式超高层建筑绿色施工评价［J］．建筑经济，2022，43（S1）：860-863. DOI：10. 14181/j. cnki. 1002-851x. 2022S10860.

[10] 陈鑫磊，张学民，陈进，等．基于碳排放评价的超小净距隧道绿色施工优化研究［J］．中国公路学报，2022，35（01）：59-70. DOI：10. 19721/j. cnki. 1001-7372. 2022. 01. 006.

[11] 范敏超．绿色建筑节能技术多层级多维度适宜性评价体系研究［D］．天津大学，2019. DOI：10. 27356/d. cnki. gtjdu. 2019. 003067.

[12] 贾克洋．高速公路绿色施工评价体系及模型的构建研究［J］．科学技术创新，2022（24）：113-116.

[13] 胡庆国，田学泽，何忠明．基于五元联系数集对分析模型的绿色建筑施工安全风险评价［J］．安全与环境学报，2021，21（05）：1880-1888. DOI：10. 13637/j. issn. 1009-6094. 2020. 0319.

[14] 王乾坤，亢显卫，年春光．基于灰色聚类的装配式建筑绿色施工评价研究［J/OL］．武汉大学学报（工学版）：1-9［2022-12-22］．http://kns. cnki. net/kcms/detail/42. 1675. T. 20210722. 1502. 002. html

[15] 郭肖肖．可持续发展视角下房屋建筑工程绿色施工评价研究［D］．河北经贸大学，2022. DOI：10. 27106/d. cnki. ghbju. 2022. 000381.

[16] 曾华俊．基于改进遗传算法的绿色施工评价体系研究［D］．中南林业科技大学，2021. DOI：10. 27662/d. cnki. gznlc. 2021. 000437.

[17] 周一虹，乔岳．环境污染治理成本与收益计量的理论研究［J］．环境保护，2004（07）：52-55.

[18] 李小冬，王帅，张智慧等．施工阶段环境影响的定量评价［J］．清华大学学报（自然科学版），2009，49（09）：1484-1487. DOI：10. 16511/j. cnki. qhdxxb. 2009. 09. 021.

[19] 张青山，乔芳丽，马军，等．制造业绿色产品评价研究［J］．沈阳工业大学学报（社会科学版），2008（01）：64-70，82.

PDCA 循环在工程建设项目质量管理改进中的应用

蒋　放　周　伟　兰宏烈

中国建筑第五工程局有限公司　长沙　410008

摘　要：PDCA 循环诞生于美国，发扬于日本，自从 20 世纪 70 年代末传入我国后，逐步成为我国现代化管理内容的一部分，广泛应用于各个行业领域的项目管理之中。就工程建设项目质量管理改进而言，PDCA 可以作用于两个方面。一方面是工程建设项目质量体系管理，从管理层面出发对工程建设项目质量体系进行建设与完善；另一方面是工程建设项目现场质量管理，从现场实施层面出发对各个环节的质量进行管理。本文对工程建设项目质量管理体系与现场质量管理在 PDCA 循环中应用以及应采取的改进措施，分别进行叙述，提出工程建设项目，严格按照 PDCA 循环的"计划–实施–检查–处置"程序开展相关工作，达到改进工程建设项目质量管理的目的。

关键词：PDCA 循环；质量管理改进；质量体系管理；现场质量管理

1　引言

PDCA（Plan-Do-Check-Act）循环又叫"戴明循环"，简称"戴明环"，最早出现在美国，由著名统计学家沃特·阿曼德·休哈特（Walter A. Shewhart）在 20 世纪 30 年代提出"计划–执行–检查（Plan-Do-See）"的概念，并由美国质量管理专家戴明（W Edwards Deming）博士加以采纳和改进，将 PDS 循环进一步发展成为计划–实施–检查–处置（Plan-Do-Check-Act）。PDCA 循环在 20 世纪 50 年代初引入日本，帮助日本在战后迅速建立起企业质量管理体系标准，70 年代末传入我国，并逐步用于全面质量管理，成为我国现代化管理内容的一部分。PDCA 循环虽然来自质量管理，但却跳出了质量管理的范畴，广泛应用于各个行业领域的项目管理之中。企业管理、项目管理，甚至个人行为等均可使用 PDCA 循环进行管理，充分体现了 PDCA 循环的正确性与普适性。就工程建设项目质量管理而言，PDCA 循环同样可以作用于两个方面。一是工程建设项目质量体系管理，即从管理层面出发，进行工程建设项目质量体系的建设与完善；二是工程建设项目现场质量管理，即从实施层面出发，针对工程建设项目的设计、施工等各个环节的质量进行管理。因此，当我们对工程建设项目质量管理进行改进时，需要从两方面进行考虑，以达到质量管理思路与具体工作实施相统一的效果。

2　PDCA 循环的定义

2.1　原理

PDCA 循环的核心内容在于：计划（P）、实施（D）、检查（C）和处置（A）。在此基础上，构成了同一工作的下一轮次循环与下一项工作的新循环两个方向。前者主要是对于同一工作的进一步改进，而后者主要是通过 PDCA 循环的发展方向，开启下一项工作的循环或开启更高层次工作的循环。通过这两个方向不断循环与螺旋上升，最终达到预期制定的项目质量管理目标。

2.2 计划（P）

计划阶段需要明确工作方向与工作目标，并根据工作方向与工作目标确定相关规划措施。具体活动流程包括：调查分析现状，找出问题的症结，并针对问题进行原因分析，剖析问题产生的根本原因，并拟定解决问题症结的对策。

计划阶段我们所要解决的问题包括：质量管理现状的调查、质量管理工作目标的确定、质量问题的原因分析以及根据目标制定的相应对策。

2.3 实施（D）

实施阶段即为了实现计划阶段明确的质量管理工作目标，采取根据目标制定的相应对策开展工作，并最终实现质量管理工作目标的过程。

执行阶段最重要的任务，是坚决贯彻执行落实计划阶段制定的相应对策，将计划内容变成实践操作，并详细记录实践过程。

2.4 检查（C）

检查阶段即针对实施阶段所采取的相应措施，检查其是否完成既定的质量管理工作目标。

在检查阶段，应注意区分对策目标与质量管理工作目标。前者仅为实施阶段检查所采取的措施是否达到计划要求，而后者才是考核实施措施是否对质量管理工作产生影响的标尺。

2.5 处置（A）

处置阶段需根据检查结果进行判断，明确下一步应采取的措施。

处置阶段一般有三种处置措施：一是未达成质量管理工作目标，返回计划阶段重新开始PDCA循环；二是达成质量管理工作目标后，就已制定的质量管理工作目标进行进一步要求，精进计划阶段制定的质量管理工作目标；三是达成质量管理工作目标后，改变质量管理工作目标，投入另外的领域。

从PDCA循环的运行逻辑来看，循环中各阶段工作是相辅相成、环环相扣的，表明了PDCA的连续性。从另一方面看，PDCA循环贯穿整个质量管理工作，表明了PDCA循环的持续性。那么，不管是在工程建设项目质量管理体系改进中，还是在工程建设项目现场质量管理改进中，都要遵循上述原则开展工作。

3 PDCA循环在工程建设项目质量体系管理改进中的应用

工程建设项目质量管理体系改进，本质上是对工程建设项目的组织机构、组织形式、工作开展流程、执行流程、反馈机制等内容进行改进。按照PDCA循环的基本原理，可以从以下方面进行实践应用：

3.1 计划阶段的改进措施

3.1.1 重新分析质量管理目标

在工程建设项目前期，即项目的前期策划、招投标与设计阶段，虽然有较为明确的质量管理目标，但在工程建设项目进入施工阶段后，由于复杂的内外部环境，导致前期制定的质量管理目标存在一定偏差。因此，需要重新进行质量管理目标分析。此时，可以借助项目前期策划文件、投标文件等相关资料，重新召开项目策划会与项目实施策划会，重新分析质量管理目标。

3.1.2　充分调研质量管理需求

根据复杂多变的内外部环境，开展充分的质量管理需求调研，找准质量管理需求。对于内部环境，应做好现场施工条件、参建各方目标等内容的调研。对于外部环境，应综合考虑政策、自然条件、外部单位等内容的调研。充分调研后，确定最终的质量管理需求。

3.1.3　分析存在问题及产生原因

充分调研质量管理需求后，针对现有质量管理体系展开分析，找出现有质量管理体系存在的问题，分析其产生的原因。就工程建设项目质量管理体系而言，受上级机构或企业总部影响较大，问题产生的原因可能是多层次的，这就需要我们深入分析，剖析问题产生的根本原因。

3.1.4　制定质量管理体系改进对策

找出问题的根本原因后，我们应针对质量管理体系制定相应的改进对策。此时，与现场质量管理存在一定区别的是，问题的根本原因很可能涉及上级机构或企业总部的相关制度与政策。这就要求工程建设项目尽量在不涉及改变上级机构或企业总部质量方针的基础上，争取上级机构或企业总部的支持，将对上级机构或企业总部的管理纳入改进对策中。

3.2　实施阶段的改进措施

针对计划阶段已经制定的改进对策，工程建设项目应立即开展相应工作推进，包括组织机构调整、组织形式的改变、工作流程的优化与完善、反馈机制的建立等工作。

不同于现场质量管理工作的直观体现，质量管理体系的改进，更多地需要内外部单位及人员的反馈与评价。这就要求我们在计划阶段制定好相应评价标准，方便在实施阶段中检查对策是否达到预期效果。

3.3　检查阶段的改进措施

实施对策完成后，应对是否达到质量管理需求进行判断。此时，不应再将对策的评价是否达到预期效果作为检查的内容，应该将质量管理需求是否得到满足作为检查的内容。这就意味着，实施阶段的检查仅考核对策效果，而检查阶段的检查作为对此次质量管理体系改进工作的全面评价。这就要求针对质量管理需求进行充分调研，判断此次质量管理体系改进工作是否完成既定目标。

3.4　处置阶段的改进措施

对质量管理需求的检查完成后，工程建设项目针对产生的结果进行下一步的处置考虑。就工程建设项目而言，质量管理体系的改进完善即达到了预期目标，故不存在投入另一领域的情况。因此，我们仅需要考虑质量管理需求是否得到满足的情况。满足质量管理需求，可完成本次PDCA循环。不满足质量管理需求，则需要重新回到计划阶段，重新开展相应工作，直至质量管理需求得到满足。

总而言之，针对工程建设项目的质量管理体系改进，由于其受上级机构或企业总部影响较大，且不可直观检测，因此在PDCA循环中，应着重考虑上述两个因素的影响，提前做好应对措施。

4　PDCA循环在工程建设项目现场质量管理改进中的应用

工程建设项目现场质量管理改进，则是针对工程建设项目过程中存在的具体质量问题进行改进。相较于质量管理体系改进而言，现场质量管理体系更多聚焦于质量问题本身，从技术、工艺等层面考虑质量改进，改进结果直观可检测。工程建设项目现场质量管理改进工作一般以“质量控制小组（QC 小组）”形式开展。QC 小组是指在生产、服务及管理等工作岗位上从事各种劳动的员工自愿结合，围绕企业的经营战略、方针目标和现场存在的问题，以改进质量、降低消耗、改善环境、提高人的素质和经济效益为目的而组织起来，运用质量管理的理论和方法开展活动的小组。以 QC 小组活动开展流程为例，按照 PDCA 循环的基本原理，可以从以下方面进行实践应用：

4.1 计划阶段的改进措施

4.1.1 确定工程建设项目现场质量管理现状

对于工程建设项目现场质量管理改进的目标来源，一般分为公司强制性指令与 QC 小组活动自定两种途径。无论何种目标来源，其目标设定均建立在解决项目现场质量管理存在的问题之上。因此，首要任务是确定工程建设项目现场质量管理现状。可以通过现场调查、测量、数据收集等方式，明确工程建设项目现场质量管理现阶段存在的问题，通过运用适当的统计工具，找出目前需要解决的关键少数问题。

4.1.2 分析并确定关键少数问题产生的主要原因

针对已经发现的需要解决的关键少数问题，应从“人、机、料、法、环、测”六个方面进行深入剖析，层层分析，找到问题产生的末端因素，即问题产生的根本原因。通过现场测量、试验、调查分析等手段，逐项判断末端因素对关键少数问题产生的影响程度大小，最终确定 2~3 项对问题影响最大的主要原因，也称“要因”。

4.1.3 根据主要原因制定相应对策

确定“要因”后，按照“5W1H”（时间、地点、人物、对策、措施、原因）原则，制定相应对策，明确对策目标，为下一步实施阶段做好准备。

4.2 实施阶段的改进措施

计划阶段完成对策制定后，即进入实施阶段。与工程建设项目质量体系管理改进不同的是，现场质量管理改进是针对现场质量问题采取的对策，实施效果是直接作用于工程实体的。因此，不需要提前明确相应评价标准，可参考工程建设标准规范等相关文件对照检查即可。需要注意的是，在实施阶段过程中，应及时做好相关记录，并检查对策目标是否完成。

4.3 检查阶段的改进措施

实施对策完成后，应对工程建设项目现场质量管理现状是否发生好转，是否达到预期目标进行检查。由于现场质量管理改进效果的直观性，可以通过检测数据、调查分析等手段直接进行判断。经过数据对比分析，判断现场质量管理改进是否达到预期目标。

4.4 处置阶段的改进措施

对预期目标的检查完成后，我们应该重新判断现场质量管理的现状。如果现状得到明显改善，可以考虑针对其他问题改进 PDCA 循环。若该现状的改善，将原本次要多数问题变成了关键少数问题，或现场质量管理出现其他问题，则需要我们进行进一步的 PDCA 循环。前者属于同一工作的下一轮次循环，而后者则属于下一项工作的新循环。

5 结论

PDCA 循环作为一种与时俱进的管理方法，其作用不仅限于工程建设项目现场质量管理，亦可针对工程建设项目质量管理体系进行改进。从时间的维度来看，PDCA 循环贯穿工程项目建设质量管理体系改进与现场改进的始终，直到项目生命期的结束。同时，由于 PDCA 循环的特性，导致在具体工作开展过程中，可能存在大循环套小循环、小循环重复运行等特殊情况。因此，在工程建设项目质量管理过程中，应该注意区分 PDCA 循环的层次与过程，严格按照 PDCA 循环的流程开展相关工作，从质量体系改进与现场改进两方面出发，达到统筹兼顾的效果。前者侧重解决组织运行中存在的问题，后者侧重解决工程实践质量问题，二者结合可以有效提高质量管理改进效果。在 PDCA 循环作用于工程建设项目质量管理体系中时，应着重注意改进效果评价机制和标准的建立。而在 PDCA 循环作用于工程建设项目现场质量改进工作时，应侧重实施效果的检查与监督。

参考文献

[1] 郑圣龙．营口港仙人岛港区原油储库五期工程项目 PDCA 质量管理方法的应用研究，[D]．沈阳：辽宁工程技术大学．2019.

[2] 许大国，等．推行 PDCA 循环的做法与体会 [J]．中国卫生质量管理，2022，29（08）：52-56.

[3] 周碧雯．PDCA 循环在质量管理体系内审工作中的运用 [J]．上海医药，2021，42（13）：55-58.

[4] 王孟钧，等．重大工程项目质量控制体系改革与创新 [J]．标准科学，2009（08）：34-37.

[5] 马卫东．PDCA 循环在房建工程质量管理中的应用 [J]．建筑技术开发，2021.48（13）：52-53.

[6] 张静．PDCA 循环管理方法在项目后评价中应用探析-全面腐蚀控制 [J]．2022，36（08）：41-42.

[7] 张国斌，祁福花．质量动态 PDCA 方法在建筑工程项目管理中的应用 [J]．价值工程，2013.32（03）：87-88.

[8] 刘毅．工程建设项目质量管理对策分析 [J]．建筑技术开发，2022.49（22）：159-161.

[9] 闫荣宇．QC 小组质量改进的应用研究 [D]．长春：吉林大学，2019.

[10] 马慧．QC 小组在工程项目管理实践中的应用研究 [D]．西安：西安建筑科技大学，2018.

[11] 李含笑．燃气管道工程施工现场 PDCA 管理模式应用 [J]．上海煤气，2022（05）：35-38.

基于快速建造要求下的EPC项目网络进度计划工期优化

蒋 放 谭 超 华志强

中国建筑第五工程局有限公司 长沙 410008

摘 要：针对快速建造要求下的EPC项目网络进度计划管理，通过设置试验组与对比组，探究在快速建造要求下，通过前置分包单位招标与图纸深化设计，评价其对网络进度计划的影响，优化项目网络进度计划。结果表明：从构建模型来看，通过试验组与对比组的数据分析，相较于正常施工网络进度计划，引入分包单位招标与图纸深化设计时间节点，通过工序穿插可以完成工期优化，工期合理压缩率达15%。从现场实际施工情况来看，分包单位招标与图纸深化设计滞后均会影响试验组与对比组的工期，但由于试验组在原有网络进度计划基础上已进行了工期优化，故受到的影响较对比组小，试验组相较于对比组工期合理压缩率达11.4%。最后本文就网络进度计划模型提出进一步改进建议。

关键词：快速建造；网络进度计划；分包单位招标；图纸深化设计；工序穿插

1 引言

随着时代和科技的发展，快速建造从满足临时性需要的以应急建造为主的技术，逐渐成为建筑施工企业提高生产效率、合理缩短施工时间的技术。作为广泛应用于工程项目管理的管理学工具，网络计划具有直观、逻辑清晰的优点，方便对项目快速建造进度进行管控。设计、采购、施工总承包项目（Engineering Procurement Construction），简称“EPC项目”，对于大多数施工单位而言，EPC模式下的项目管理，需要统筹的领域和模块增多，全面计划管理的重要性凸显。为保证永丰雅苑设计、采购、施工总承包项目全面计划管理，加强其在进度计划管理领域的控制，在满足快速建造的要求下，需要对其现有网络进度计划进行合理优化。

2 问题分析

永丰雅苑设计、采购、施工总承包项目，位于江西省赣江新区，总建筑面积256484.28m²，总工期1080d。如果该项目按照正常流程流水施工，会造成塔式起重机、施工电梯等工程机械设备的租赁时间大幅延长，造成施工成本的浪费。为提高项目生产效率，合理缩短施工时间，提前塔式起重机、施工电梯等机械设备的拆除时间，节省施工成本。参考碧桂园集团提出的SSGF体系，即以安全共享（Safe&Share）、科技创新（Sci-tech）、绿色可持续（Green）和优质高效（Fine）四大核心理念为基础的快速建造体系，将其中的全穿插的核心理念作为该项目网络进度计划优化的指导思想。设置该项目9号楼作为试验组，10号楼为对照组，研究单栋建筑在快速建造要求下的网络进度计划的优化。9号楼与10号楼均位于项目中部区域，结构形式为框架-剪力墙结构，建筑总高度72.7m，标准层单层建筑面积474.13m²，所有设计性能指标、现场施工条件均一致，符合试验对比要求。

3　优化模型构建

3.1　构建思想

该项目网络进度计划的优化是指在满足一切必要和合理条件的情况下，不考虑资源或成本的额外投入或减少，仅单纯考虑调整工作的组织关系、逻辑关系达到优化目的。

3.2　模型构建

以优化 EPC 项目工期为目标，构建 EPC 项目网络进度计划优化模型，假设条件如下：

（1）本次对照试验，仅考虑本栋楼范围内的所有施工工作，不考虑其他整体性的施工工作，如室外园林绿化、机电安装整体调试、验收等工作。

（2）9 号楼作为对照组不考虑工序前期的设计、招标、采购、人员及设备进出场等环节的时间，以正常施工时间作为单个工作持续时间，并绘制出相应网络图。

（3）10 号楼作为试验组，在 9 号楼网络图绘制条件的前提下，将部分具备条件的工序由单纯的正常施工时间，优化为设计、招标、采购、施工等多个环节工作，且纳入网络图，细化单个工作时间节点的同时，也给出了优化的空间。

4　模型求解

4.1　9 号楼进度计划分解

通过对 9 号楼主要施工工作任务进行分解，确定各工作持续时间及自由时差，明确各工作任务之间的逻辑关系，形成 9 号楼网络进度计划分解表见表 1。9 号楼网络进度计划图如图 1 所示。

表 1　9 号楼网络进度计划分解表

工作任务	开始节点	结束节点	持续时间（d）	自由时差（d）	是否为关键线路
桩基施工	1	2	15	0	是
底板施工	2	3	20	0	是
机电预留预埋	2	7	230	0	否
顶板施工	3	4	25	0	是
主体结构施工	4	5	150	0	是
屋面构架施工	5	6	30	0	否
砌体施工	5	9	110	0	是
门窗栏杆安装	5	10	120	0	否
内墙抹灰、保温施工	5	12	92	48	否
顶棚涂料施工	5	15	84	96	否
屋面工程	6	8	30	0	否
电梯安装调试	6	11	90	0	否
公区精装修	6	13	90	30	否
机电安装调试	7	14	120	0	否

续表

工作任务	开始节点	结束节点	持续时间（d）	自由时差（d）	是否为关键线路
外墙装饰施工	9	18	120	0	是
入户门、防火门安装	10	17	90	0	否
地面施工	12	16	70	0	否
虚工作 1	8	18	—	—	否
虚工作 2	11	18	—	—	否
虚工作 3	13	18	—	—	否
虚工作 4	14	18	—	—	否
虚工作 5	15	18	—	—	否
虚工作 6	16	18	—	—	否
虚工作 7	17	18	—	—	否

通过对 9 号楼进度计划的分解，可以得知，9 号楼的总工期为：

$D_1 = 15+20+25+150+110+120 = 440$（d）。

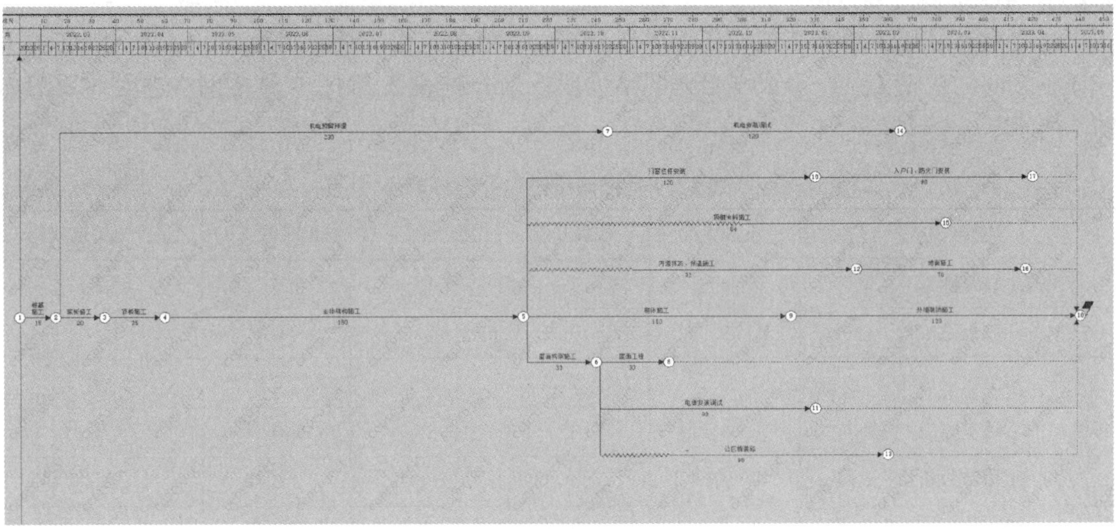

图 1　9 号楼网络进度计划图

4.2　10 号楼进度计划优化

由表 1 分析可知，施工总承包单位关键线路一般集中在底板施工、主体结构施工、外墙装饰等传统意义上的土建工程，对于如门窗栏杆、保温、室内电梯、精装修等工程一般会通过分包形式的分部分项工程疏于管理，导致项目施工现场施工进度到装饰装修阶段以后，与原本的网络进度计划偏差较大，造成工期的延误。通过分析 EPC 项目管理特点，提前做好各分部分项工程深化设计，前置分包单位招标流程，贯彻快速建造理念，进行全过程工序穿插，达到工期优化的目的。可进行流程优化的分部分项工程见表 2。

表 2　分部分项工程流程优化表

分部分项工程名称	优化流程		
主体结构	装配式单位招标	装配式图纸深化设计	—
	铝模单位招标	铝模图纸深化设计	—
门窗栏杆	门窗单位招标	门窗图纸深化设计	门窗样板施工
	栏杆单位招标	栏杆图纸深化设计	栏杆样板施工
	入户门、防火门单位招标	入户门、防火门图纸深化设计	入户门、防火门样板施工
保温	保温单位招标	保温图纸深化设计	保温样板施工
室内电梯	室内电梯单位招标	室内电梯图纸深化设计	—
精装修	精装修单位招标	精装修图纸深化设计	精装修样板施工

通过表 2 与表 1 对比，发现仅主体结构分部分项工程位于网络进度计划关键线路，其他分部分项工程位于非关键线路。故确定优化思路如下：

（1）通过分包单位招标前置与图纸深化设计提前，可以压缩位于关键线路上工作任务的持续时间。

（2）通过样板施工确定分部分项工程做法，避免返工导致的进度滞后，再通过工序穿插的形式，改变关键线路与非关键线路的逻辑关系，在缩短工作任务持续时间的同时，将部分非关键线路变成关键线路，达到工期优化的目的。优化后形成 10 号楼网络进度计划分解表见表 3。10 号楼网络进度计划如图 2 所示。

表 3　10 号楼网络进度计划分解表

工作任务	开始节点	结束节点	持续时间（h）	自由时差	是否为关键线路
桩基施工	1	2	15	0	是
底板施工	2	3	20	0	是
装配式单位招标与图纸深化；铝模单位招标与图纸深化	2	4	30	10	否
机电预留预埋	2	21	230	0	否
顶板施工	3	5	24	0	是
栏杆单位招标与图纸深化；门窗单位招标与图纸深化	3	6	40	0	否
1~3 层结构施工	5	7	24	0	是
门窗栏杆样板施工	7	8	15	0	否
4~8 层结构施工	7	9	30	0	是
保温单位招标与图纸深化	7	10	40	0	否
门窗栏杆安装	8	23	160	0	否
1~8 层砌体结构施工	9	11	32	0	是
室内电梯招标与图纸深化	9	12	45	0	否
9~26 层结构施工	9	16	96	0	否
内墙抹灰、保温样板施工	10	11	20	0	否

续表

工作任务	开始节点	结束节点	持续时间（h）	自由时差	是否为关键线路
1～8层内墙抹灰、保温施工	11	13	24	0	否
9～26层砌体结构施工	11	18	78	0	是
精装修单位招标与图纸深化	12	15	45	0	否
入户门、防火门单位招标	13	14	30	0	否
1～8层顶棚涂料施工	13	17	24	20	否
9～26层内墙抹灰、保温施工	13	19	68	0	否
入户门、防火门样板施工	14	17	14	0	否
精装修样板施工	15	20	36	0	否
屋面构架施工	16	20	30	0	否
9～26层顶棚涂料施工	17	26	60	0	否
地面施工	17	27	90	0	否
入户门、防火门安装	17	28	90	25	否
屋面砌体施工	18	22	30	0	是
屋面抹灰施工	19	24	30	0	否
屋面工程施工	20	25	30	0	否
电梯安装、调试	20	29	90	0	否
“公区”精装修	20	30	90	30	否
机电安装调试	21	31	120	0	否
外墙装饰施工	22	32	120	0	是
虚工作1	4	5	—	—	—
虚工作2	6	7	—	—	—
虚工作3	12	16	—	—	—
虚工作4	23	32	—	—	—
虚工作5	24	32	—	—	—
虚工作6	25	32	—	—	—
虚工作7	26	32	—	—	—
虚工作8	27	32	—	—	—
虚工作9	28	32	—	—	—
虚工作10	29	30	—	—	—
虚工作11	30	32	—	—	—
虚工作12	31	32	—	—	—

通过对10号楼进度计划的分解，可以得知，10号楼的总工期为：

$D_2=15+20+25+24+30+32+78+30+120=374$（d）。

通过工期优化，10 号楼相比于 9 号楼节省工期：440−374＝66（d）。

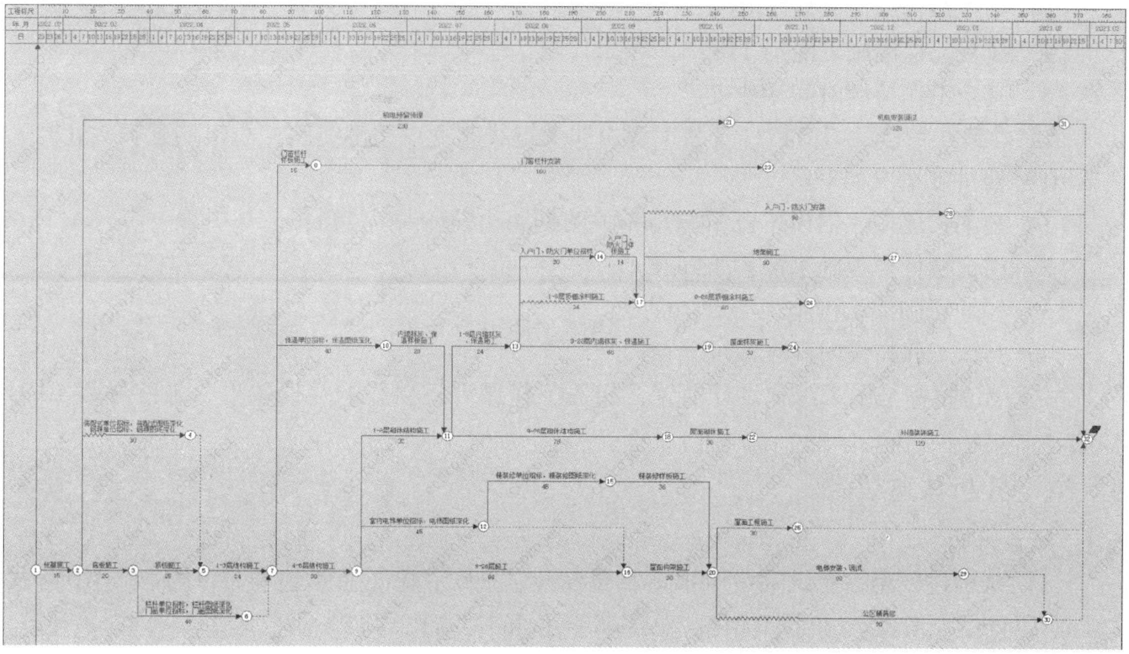

图 2　10 号栋网络进度计划图

4.3　9 号楼与 10 号楼网络进度计划对比分析

通过对 9 号楼与 10 号楼网络进度计划分解表的对比分析可以发现如下特点：

（1）在桩基施工完成后，即开始装配式构件单位与铝模单位的招标及相关图纸深化设计，虽然并未压缩主体结构施工的持续时间，但为后续与相关分包单位的作业面移交、接驳口确定等需协调解决事项做好了准备。

（2）在底板施工完成后，通过引入门窗栏杆单位招标与图纸深化，解决分包单位招标问题，在主体结构 1~3 层施工完成后，即可顺利施工门窗栏杆样板，并准备开始进行门窗栏杆安装，加快了室内门窗栏杆安装效率。

（3）在主体结构 1~3 层施工完成后，插入保温单位招标与图纸深化，并在后续 1~8 层砌体结构施工时，方便内墙抹灰与保温的样板施工，通过穿插作业缩短砌体工程与抹灰、保温工程的施工间隔。

（4）在主体结构 4~8 层施工完成后，插入室内电梯单位招标与图纸深化，并在之后完成精装修单位招标与图纸深化，待抹灰工程完工后，可以直接开始“公区”精装与电梯安装调试工作，加快了施工进度。

（5）由于工序衔接穿插更加紧凑，因作业面移交、分包单位招标等导致的工期滞后问题通过前置工作得以解决，关键线路从原来的等待主体结构完成后开始各装饰阶段分部分项工程，转移到砌体结构施工上，总工期得以合理缩短。

4.4　现场实际进度调查

永丰雅苑项目 9 号楼与 10 号楼分别按照各自所排列的进度计划图安排施工作业。通过调查统计，发现 9 号楼进度情况如下：

（1）门窗栏杆单位招标滞后 42d；

（2）顶棚涂料单位招标滞后 18d；

（3）砌体结构施工滞后 13d；

（4）抹灰、保温施工滞后 11d；

（5）其余工作持续时间未改变。

最终导致 9 号楼的门窗栏杆安装工程由非关键线路变成关键线路，总工期延长 22d。

10 号楼进度情况如下：

（1）装配式单位、铝模单位招标与相关图纸深化设计滞后 24d；

（2）门窗栏杆样板施工滞后 12d；

（3）1~8 层砌体结构施工滞后 7d；

（4）其余工作持续时间未改变。

由于单位招标与图纸深化设计前置，相关工作滞后将会影响穿插效果，最终导致 10 号楼的总工期延长 16d。

5 结论分析与建议

5.1 结论分析

（1）从构建模型来看，通过对永丰雅苑设计、采购、施工总承包项目 9 号楼与 10 号楼进行对照分析，发现经过工期优化，总工期缩短 66d，占比达 15%。

（2）从现场实际应用来看，9 号楼由于分部分项工程单位招标滞后导致非关键线路变成关键线路，延长总工期达 22d；10 号楼通过工序穿插缩短工期 66d，由于单位招标与图纸深化设计滞后、关键线路工作滞后等因素影响，延长总工期 16d，仍提前工期总计 50d，占比达 11.4%，效果较为明显。

5.2 存在问题与不足

（1）该模型未考虑项目整体运行情况下，整体性分部分项工程如园林绿化、配电房安装等对工期的影响。

（2）该模型未考虑分部分项工程单位招标进场后可能存在的窝工情况。

（3）该模型未考虑塔式起重机、施工电梯等关键设备的安拆时间可能对工期的影响。

5.3 建议

（1）EPC 项目可参考本模型，将分包单位招标与图纸深化设计作为工作任务引入网络进度计划中，通过合理的工序穿插，达到工期优化的效果。

（2）在本模型的基础上，将塔式起重机、施工电梯等关键设备的安拆时间作为工作任务引入网络进度计划中，进一步对工期进行优化。

（3）考虑可能存在的窝工情况，应做好统筹安排，优化插入时间点，减少自由时差。

参考文献

[1] 陈翔，方婷．快速建造［J］．建筑与文化，2010（02）：98-99.

[2] 张亚东．住宅工程快速建造研究［J］．城市建筑空间，2022.29（10）：246-247.

[3] 杨凯．运用管理学工具进行工程进度管理的研究［J］．中国工程咨询，2022（10）：50-55.

[4] 刘强，郑建国．网络计划技术在施工进度计划管理中的应用分析［J］．工程建设与设计，2020（4）：228-229.

[5] 陈雷，等．新型网络计划技术在 EPC 总承包项目中的应用［A］．2021 年全国工程建设行业施工技术

交流会［C］2021.
［6］ 叶秀玲 . 房地产住宅项目 SSGF 建造体系的方案优选研究［D］. 广州：华南理工大学，2020.
［7］ 郑如炎，张昆 . 网络计划图优化方法研究［J］. 中国修船，2020. 33（3）：52-55.
［8］ 乐大威 . 建筑工程项目施工进度优化研究［D］：唐山：华北理工大学，2020.
［9］ 胡广跃 . 精细化管理在 SSGF 高质量建造体系中的应用［C］. 2021 年全国工程建设行业施工技术交流会［C］. 2021.
［10］ 杨垒，张小景 . 以全过程 EPC 管理融合实现高品质快速建造［J］. 施工企业管理，2021（11）：48-51.
［11］ 林思宇，等 . 浅谈工序穿插模型的应用［J］. 居业，2021（06）：113-114.
［12］ 许凯元 . 基于网络计划技术的建筑施工管理方法［J］. 散装水泥，2022（3）：51-53.
［13］ 王磊 . 群体住宅工程通过工序合理穿插有效保障工期履约［J］. 住宅与房地产，2019（21）：145，183.

人才公寓楼 EPC 项目精装修之探讨

李智讳　陈博矜　肖有力

湖南六建装饰设计工程有限责任公司　长沙　410015

摘　要： 中国经济增长方式由传统粗放式发展模式到以创新为驱动的今天，青年人才在当地经济建设中的作用不言而喻。能否引进和留住更多的青年人才为当地经济建设服务成为各级政府的重要工作。人才公寓楼 EPC 项目精装修工程在这种背景下应运而生，它是政府一张靓丽的名片。这类项目涉及专业多、工序复杂，要求实施单位具备全专业设计及设计服务能力，并拥有批量公寓精装修施工的综合管理能力。

关键词： 人才公寓楼；EPC 项目；精装修；设计控制；施工控制

1　引言

人才公寓楼由于其功能齐全，面积小，拎包入住，与商品房相比，投资额不大，投资回收期短，很受投资者和政府相关部门热捧。我国经济发展从传统粗放模式转变到以创新驱动发展的今天，青年人才在当地经济发展中发挥了不可替代的作用。公寓楼在解决城市创业年轻人住房难、安置各级政府引进的青年人才的过程中扮演着不可替代的作用，所以人才公寓楼的投资、建设在全国各地如火如荼地进行着。人才公寓楼“麻雀虽小，五脏俱全”，涉及装饰装修、强弱电、智能化、给排水、空调、通风、采暖诸专业，设计简洁明快、做工精致考究，是政府一张靓丽的名片，其建设质量应以高标准要求。有关人才公寓楼 EPC 项目精装修的论文很少，或虽有未论及要旨，笔者有幸参与了江苏省张家港人才公寓楼 EPC 项目的建设，整理以下拙见以期读者斧正。

2　人才公寓楼 EPC 项目设计、施工的特点

张家港大厦提升改造项目（图 1）为张家港大厦 2 号楼 1~26 层区域，总设计面积为 26359. 31m^2，使用层数为 26 层，其中 1 层为入口及公寓的相应生活配套用房，如接待室、多功能室、健身房、便利店等。2~26 层为公寓用房，包含高层人才公寓、白领公寓、专家公寓。建筑内部大部分现为毛坯结构，因建成时间较早的原因，部分区域需维修及复原。少部分房间有人居住，部分公共空间也已装修，需进行拆除整改。本项目定位为精英公寓，包含高层人才、白领精英、专家等高端人才，系精英人群的过渡用房。

图 1　张家港大厦提升改造项目

室内设计以人性化、经济性、可持续性为主旨，以整体性、协调性、生态性、实用性、创新性、体验性及灵活性为原则，拟建成一个功能齐全、充满时代气息的创新型居住及生活的综合楼，力求设计成简洁、

明亮、轻松的风格，从而为使用者提供一个高效、安全、全面的现代居住及生活空间。

为了拓展室内空间而利用室外部分露台，部分外墙需拆除。二、三单元中间户型分隔为两个独立的 G、F 户型。一楼健身房、多功能厅平面布局有调整。

本大楼施工特点：前期墙体拆除、垃圾清运工程量较大，应加强安全管理；顶棚内强弱电、空调、给排水、消防、智能化均需布线或布管，应有序安排确保室内净高；涉及专业多、工序复杂，任务重、工期紧，应合理安排各专业、工序施工，科学组织各区平行施工、区内流水作业。

3　人才公寓 EPC 项目设计控制

设计质量控制主要体现在两方面：一是要求设计单位具备建筑各专业的设计能力，出具的设计图纸充分体现业主的意图，满足，适用、经济、美观要求；二是出图速度满足项目进度需求，现场设计变更、跟踪处理及时高效。

人才公寓楼 EPC 项目的设计对象是一个单位工程，具备独立施工条件并能形成独立使用功能的建筑物。由于大楼主体已完工交验，设计师需要具有除地基与基础、主体结构、屋面工程、电梯 4 个分部工程外的类似设计能力。设计师必须确保大楼交付使用后的各项功能满足设计任务书各项要求。室内净高有限，需合理安排各专业布线，综合考虑各专业末端装置在装饰面的布置。如空调侧送风口布置在吊顶跌级侧面（图 2），开关、插座面板安装高度应考虑墙砖规格避免其骑在砖缝上（图 3）等。EPC 项目设计师的能力高低直接决定了项目的成败。

（a）吊顶前

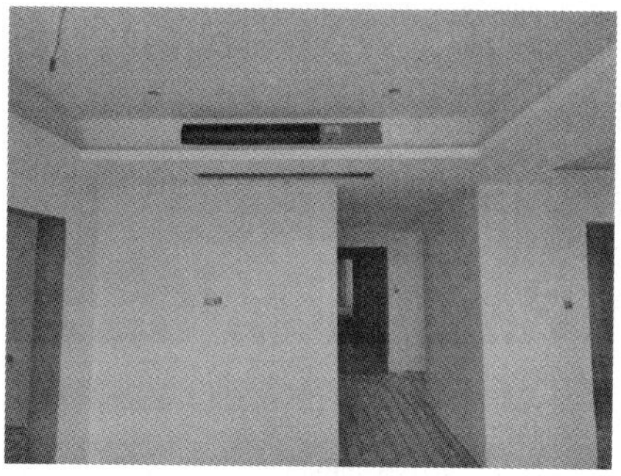
（b）吊顶后

图 2　空调送风口布置在吊顶跌级侧面

4　人才公寓 EPC 项目施工控制

4.1　样板房实施的要点

4.1.1　严抓图纸会审

工程各参建单位在收到施工图审查结构审查合格的施工图设计文件后，应在建设单位的主持下，进行全面细致的熟悉和审查施工图，形成会审问题清单，由建设单位在设计交底前提交设计单位。图纸会审由施工单位整理会议纪要，与会各方会签。

图 3　开关、插座面板不得骑在砖缝上

BIM 技术具有协同性、可视性、出图性，是图纸会审的重要抓手。各专业工程师应用 BIM 技术协同建模，将各专业模型整合在一个大模型内（图 4），各专业末端设备在吊顶面层应成排见线、满足相关标准规范的规定，然后进行碰撞等检查，输出问题清单，提交各专业修改，使设计日臻完善。

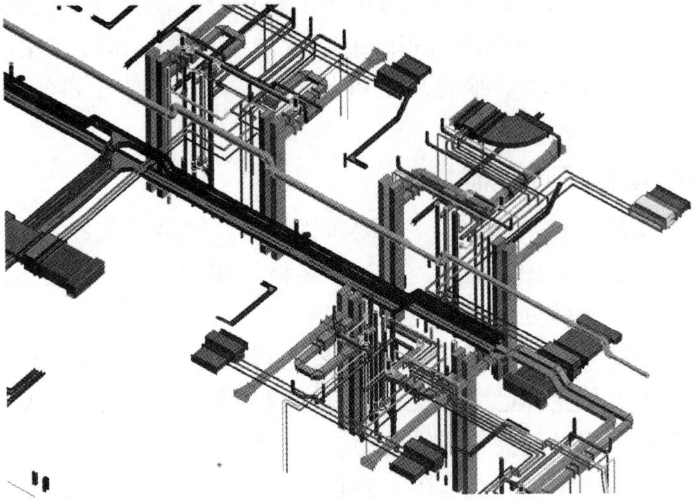

图 4　各专业模型整合在一个大模型内

4.1.2　理解设计交底

施工图完成并经审查合格后，设计单位在设计文件交付施工时，按法律规定的义务就施工图设计文件向施工单位和监理单位做出详细的说明。其目的是使施工单位和监理单位正确贯彻设计意图，加深对设计文件特点、难点、疑点的理解，掌握关键部位的质量要求，确保工程质量。

充分理解原设计的宗旨和意图，对施工单位的深化设计有着重要的意义。深化设计师在空间处理、造型、色彩、用材等方面必须遵循原设计思路和原则，设计元素的使用要统一而有变化。

4.1.3　做好分项工程技术交底

在标后施工组织设计的基础上，根据施工图、工艺、材料、现场实际情况等做好各分项工程技术交底，是项目质量控制的重要环节。卧室内铺设实木地板，厚度 12mm、15mm、18mm 可选，若选用 15mm 厚实木地板，考虑木地板下垫 3mm 厚薄膜，则房间内水泥砂浆找平后地面标高比客厅地砖低 17mm（图 5）；找平前，在房间内地面中间打一个灰饼，其他灰饼按间距小于 2m（不超过刮杠长度）环形打饼，灰饼上部均用废弃的白色瓷砖控制找平标高。客餐厅吊顶采用轻钢龙骨双层石膏板，宜在转折处用九夹板做 7 字角或十字角固定在龙骨上，可有效防止石膏板开裂。施工前均应按要求做好分项工程技术交底，双方履行签字手续。

图 5　房间内地面找平

4. 1. 4　合理安排工序

按给排水施工图、电气施工图、智能化施工图等在墙面画线标出开关、插座、水龙头、线管敷设等位置。

在墙、梁侧（在梁中间钻孔，孔洞直径不能超过梁高度的 1/4）用专用设备钻孔，用于各专业管道、线管穿墙。孔洞的直径必须考虑各专业穿墙的线管类型和数量，在允许的情况下各专业线管应集中在一个孔洞穿墙，孔洞底部标高应在吊顶标高以上，用于空调冷凝水管穿墙的孔洞必须有一定的坡度。所开的孔洞需根据吊顶造型、各专业穿管技术参数等来确定孔洞的直径、位置、标高。

首先，用马克笔等有色笔在墙面标出开关、插座、线槽的外轮廓，外轮廓应比底盒、PVC 电线管、PPR 管等宽 5 ~ 10mm。然后，用切割机比线切割。切割深度应比底盒、PVC 电线管、PPR 管深 5 ~ 10mm，如埋设ϕ 20mmPVC 线管，切割深度宜为 25 ~ 30mm。墙面允许剔竖向槽，应避免剔水平槽。其次，用电锤、铁錾子等工具剔出孔洞、线槽。最后，用水泥砂浆固定开关、插座的底盒，用专用固定卡将 PVC 电线管、PPR 管固定于槽内，抹水泥砂浆固定线槽。底盒应与墙面平齐，嵌填砂浆略低于墙面（图 6）。

管内穿线。在楼板底固定接线盒，然后用线管连接接线盒，线管内穿线。吊顶内照明的零线并联进配电箱，用开关控制各照明回路（图 7）。智能化开关按开关类型配线，有的需要 220V 电源，有的需要 36V 电源，有的需要网线。插座左零右火，上为 PE 保护线，用ϕ 20mmPVC 线管布线。按电气施工图在入户配电箱按规范设置总开关、分开关，并标明每个回路名称，并设置接地装置（图 8）。

图 6　完工后的面板、插座、线槽

图 7　吊顶内布管、穿线

给水管的敷设。按施工图，从给水接入处进行安装。首先安装ϕ 25mm 球阀，球阀进水端连接ϕ 25mm 管进水管，出水端安装变径头（ϕ 25mm 变ϕ 20mm），依水路图依次安装。冷水进热水器后出热水，将热水引至洗手盆、淋浴等处。用热熔机将给水管与配件连接。冷、热水管分别用蓝色、红色保温材料包覆，不得漏包，吊架间距应满足规范要求（图 9）。安装完毕需要试压、稳压，检查连接处是否有渗漏水现象。卫生间敷设的线管需要设置等电位连接，避免出现雷击事故。

卫生间、厨房排污水管按图纸要求进行安装。排水管坡度 3‰~5‰，所留管孔位置应与图纸相符（图 10）。连接牢固不漏水，完工后应做浮球试验。

图 8　施工中的配电箱、弱电箱

图 9　给水管敷设

图 10　卫生间排水管

卫生间沉箱施工工序：基层清理→防水施工→蓄水试验→自流平（发泡水泥 20~25mm 厚）→水泥砂浆找平→防水施工→第二次蓄水试验。第一次蓄水试验合格后，沉箱内应做二次排水（ϕ50mmPVC 排水管上口安装反地漏，标高紧贴沉箱底），用于沉箱内积水的排放。

空调安装。在墙上钻两个孔，上孔ϕ83mm，下孔ϕ50mm。ϕ83mm 孔穿空调高压管、低压管，ϕ50mm 孔穿冷凝水管。①，安装室内分机。室内分机按图纸位置进行安装。②，安装高压管、低压管。高压管 10.0mm×0.8mm（气态），回路，温度高。低压管 15.88mm×1.0mm（液态），供路，温度低。高压管、低压管接头处用氧气焊连接。间隔 2000~3000mm 安装固定支架。③，高压管、低压管用保温棉包覆，高压管安装保温棉后直径 40mm，低压管安装保温棉后直径 50mm，不应漏包。④，充氮检漏。早晨 3.8MPa，中午 4.0MPa；48h 不应有压降。⑤，安装ϕ25mm 冷凝水管（图 11）。ϕ25mmPVC 管作冷凝水管，每隔 3~4m 留一个通气孔，坡度 1‰~10‰。最后，室外主机安装。主机安装在通风开阔处。主机、分机均需安装火线、零线、PE 保护线。三芯线为内外机连接控制线，主机与每台分级用三芯线连接，主机通过内外机连接控制线控制分机工作。两芯线外带金属网屏蔽为线控线，每台分机通过线控线连接到房间内控制面板，该控制面板控制对应分机工作。三芯线、两芯线电压为 12V 或 24V。

图 11　空调分机安装

轻钢龙骨双层石膏板吊顶。主龙骨一般沿房间长向布置；吊杆间距 900~1100mm；副龙骨间距 400mm；石膏板接缝应落在龙骨上，两层石膏板错缝安装；设置在底部的回风口不应影响衣柜的安装。

地暖安装。居室内分集水器宜应放在橱柜下方，最好在洗菜盆处，该处空间大（图 12）。施工完毕按要求进行打压试验，压力一直保持到工程竣工交验。

瓦工施工流程。房间内水泥砂浆找平→卫生间贴地砖、墙砖→大厅、过道贴 800mm×800mm 地砖→厨房、阳台贴 300mm×600mm 墙砖。地砖铺贴应注意：标高控制线、整块铺贴位置、窄条砖留置在非显眼处。卫生间、厨房贴砖前应画出排板图，墙地砖模数相同应考虑墙地对缝，开关插座不能骑在砖缝上，破砖避免出现窄条，窗台处墙砖横缝最好压在窗台上（避免该处出现 7 字砖），贴前可在墙面喷“墙固”。墙砖贴前浸水时间不少于 2h，然后取出晾至手按砖背无水迹方可贴砖。卫生间地面干区放坡 3‰、湿区放坡 5‰，以淋浴基石为分界，坡向地漏（图 13）。

图 12　分集水器安装

图 13　卫生间干湿区

油漆施工流程。嵌缝、阴阳角贴角线→喷“墙固”→刮第一遍腻子→刮第二遍腻子→打磨→喷墙漆（图 14）。

图 14　嵌缝、喷“墙固”、刷腻子

4. 1. 5　抓好关键检测

施工过程中需要做好各项检测：空调高压管、低压管、氮气检漏，卫生间排水管浮球试验，卫生间蓄水试验，给水管打压试验，消防打压试验，地暖管打压试验，厨房墙面砖拉拔试验，室内空气质量检测。

4.1.6 分析样板问题清单

样板的作用是打样，为后续大面积施工提供样板和依据，这是批量公寓装修质量控制点。

样板问题来自两方面：一是现场产生的质量问题；二是暂未发生但如果不加以预测和控制将带来较大影响的事件。如，厨房安装吊门，需要在门洞中部地砖打孔安装吊门的导向装置，螺钉有可能钻穿 PPR 给水管，给水管道安装时应要求给水管安装在门洞两侧。

根据以上两方面可能产生的质量缺陷，分析产生的原因，从设计、工艺、材料、管理等方面制定对应的预防、纠正措施，形成标准的书面文件，上报公司技术部门存档。

项目经理应将该书面文件组织全体项目管理人员、作业人员进行详细的交底。

4.2 平行施工流水作业对工期的贡献

该工程任务重、工期紧，拟将大楼分为四个区（一单元、二单元、三单元、一楼公共区），四区平行施工。在一单元、二单元、三单元按 2~5 层、6~10 层、11~15 层、16~20 层、21~26 层，分成 5 个施工段。区内按施工段从上往下，将水电安装、吊顶、铝窗、瓦作、油漆、墙布、木地板、成品木制作、五金安装等相继投入施工现场，组织连续、均衡、有节奏的流水作业。木工完成 1 单元 21-26 层吊顶后进入 1 单元 16-20 层继续吊顶，瓦工随即进入 1 单元 21-26 层进行湿作业。后续工序类此。

4.3 精干高效的项目管理团队

应根据项目规模、项目特点配备项目管理人员。项目经理、生产经理、技术负责人、施工员、质量员、材料员、安全员、资料员、商务人员、深化设计师等按各自岗位职责开展工作。每个单元设立一个栋号长，质量安全实行栋号长负责制，栋号长上设项目总负责人。项目部定期对项目管理人员进行考核。

4.4 反应迅速的供应链系统

“巧妇难为无米之炊”，按施工进度计划及时供应各种材料，是项目管理的核心能力。这涉及施工合同的工程款支付条款、公司资金实力，也涉及项目经理对项目特点、施工程序以及工序的把握。材料采购超前，易造成现场没有足够的堆放区域、占用建设资金的现象；采购滞后，则造成停工待料的窝工现象。

运到工地现场的材料应按施工平面布置图堆码，堆放区域应靠近垂直运输设备。分项工程施工完毕后，作业面垃圾应及时清运，并根据下项施工内容，提前组织材料有序进场。

以楼层为单位统计出各材料用量。根据施工顺序，有组织、科学地安排材料上楼。户内空间有限，避免材料上多了影响施工而不得不反复腾挪的现象。材料运输组要为施工班组做好服务，根据其次日施工任务进材料，材料按其要求堆放。

4.5 极致执行的劳务

劳务供方坚持先评价后使用的原则，坚决杜绝不合格的劳务队伍进入施工现场。应避免只使用一支劳务队伍的现象，否则项目部易被劳务方挟持，使成本、进度失去控制。劳务合同应囊括承包范围内的主要工作，不能有大的遗漏，否则会造成劳务合同外签证，增加项目成本管理难度。劳务合同按施工进度计划工作内容的前后顺序进行签订。劳务价格不能低于市场平均水平太多，较低的劳务价格，往往造成找不到劳务人员或已招劳务人员干不了多久就辞职现象。

每天工完场清，现场垃圾及时清运，完工后的材料堆放有序，可用小料及时回收至仓库，是大项目劳务管理的难点。有经验的做法是项目部成立一个小组，专门做这件事，费用从各班组中扣。

兵马未动，粮草先行。大项目最好专门成立一个材料二次搬运班组。将材料从现场堆放区运至施工楼层所在工作面。中国人口红利期已过，从事建筑施工的娴熟技术工人越来越少，人等材料会造成窝工现象，也将影响工程进度。施工班组长应至少提前一天将次日工作面所需材料报给二次搬运班组，同时应确保道路通畅有运输条件。材料运输班组往往需要加班，在不占用白天垂直运输设备的条件下，千方百计安排好次日作业面工人所需的材料。

5　结语

本文从设计施工特点、设计控制、施工控制三方面，论述了人才公寓楼 EPC 项目精装修质量控制的方法，旨在抛砖引玉，不尽之处期待读者进行更深入的研究。

参考文献

[1]　黄观兴．加强建筑装饰工程施工管理探讨［J］．科技风，2010（03）：61-62.

[2]　韩一彬，薛姗．建筑装饰工程施工技术管理探讨［J］．企业导报，2011（9）：81-83.

[3]　袁大华．建筑装饰工程施工技术管理探讨［J］．城市建筑，2013（04）：48.

建筑工程预结算与施工成本管理的关系探究

肖金培

湖南六建装饰设计工程有限责任公司　长沙　410015

摘　要：建筑工程施工会消耗大量材料、劳动力，转换为资金就是建筑工程的成本，而成本高低会直接影响建筑工程的经济效益。因此想要保障建筑工程顺利开展，必须重视工程预结算与施工成本管理，其实两者存在较为密切的关联，建筑工程预结算代表着对施工中所需要的材料、设备、人工消耗进行资金核算，而成本管理能够确保资金使用处在预结算的范围内，两者结合可以为建筑工程获取更高的经济效益。对建筑工程预结算与施工成本管理的关系进行深入探究，以发挥出预结算在施工成本管理中的作用，为建筑行业发展奠定良好基础。

关键词：建筑工程；预结算；施工成本管理

对于建筑工程来说缺少科学合理的预决算与成本管理，必然会造成施工资金分配不足，或超出预算等问题，最终造成建筑工程进度受阻。因此建筑单位必须重视预结算与施工成本管理，通过探究两者之间的关系，提高建筑工程经济效益。工程预结算代表对施工过程中的成本、利润展开规划，而施工成本管理代表监督、控制，确保资金使用的合理性，并将成本控制在预期的范围内。总体来看两者本质上目标相同，都是为了保障建筑工程资金的合理使用，促进建筑工程顺利开展。

1　建筑工程预结算与施工成本管理概述

1.1　建筑工程预结算

预结算在建筑工程中扮演着重要角色，也是国家基本建设投资过程中的关键环节，预结算能够为成本管理提供有效依据，因此会作为保障建筑工程经济效益的支撑。目前来看预结算在多个行业、领域中应用，在建筑工程中主要针对施工收入、成本、利润展开详细估算和结算，以此来明确各方的交易价格，加强施工过程中的资金管控，并作为各项支出的主要依据。另外预结算需要工作人员深入市场、现场展开调查，明确各项费用的具体支出，结合定额展开工程量清单标底的核算，再确定材料定额、人工定额、机械设备定额后，对数量与价格进行把控。

1.2　施工成本管理

成本管理是建筑单位获取经济效益的重要手段，主要针对成本和利润进行规划、管理的行为，通过监督、评价、控制等形式，减少施工中的成本消耗。简单来说成本管理就是将总额控制在可接受的范围内，这会关乎建筑工程的利润，所以成本管理会贯穿在整个工程始末，并且采取不同方法、不同手段进行管理。成本管理主要集中在材料、设备、人力三个方面，这也是建筑工程资源管理要点，必须通过科学合理的控制手段，减少不必要的成本消耗，从而转化为经济效益，由此可见成本管理超出财务管理范畴，属于相对综合性的管理手段。

2　建筑工程预结算与施工成本管理的关系分析

2.1　优化成本管理

成本管理对于建筑工程效益的影响显而易见，不过建筑工程涉及的项目较多，消耗成本资金的环节复杂，所以施工成本管理工作难度非常大，若管理不到位就会影响建筑工程总体利润。适当开展预结算审核工作，能够大幅提高建筑施工成本管理水平，通过厘清思路、清除障碍，增强成本管理效率和质量。由此可见预结算与施工管理存在密切联系，能够保障施工成本始终处在可接受的范围内，不过在预结算审核过程中，必须明确工程承包价格与工程固定资产管理的关键作用，避免施工过程中存在资金浪费等问题，对建筑施工成本造成负面影响，总体来说预结算能够起到优化成本管理的作用，为成本管理工作开展提供相应的参考依据。

2.2　强化监督力度

建筑工程必须合理把控资金使用，这样才能避免受到资金不足等因素影响，减少施工进度陷入停滞的状况，预结算审核能够明确建筑施工成本资金使用情况，通过有效的监督管理了解每一笔资金投入，有利于后期对账，为成本管理奠定良好基础。以往建筑工程对于成本的监督管理不到位，导致施工中存在资源浪费、引发成本压力上升的现象，而预结算审核增强了监督管理力度，及时发现施工中的不合理环节，尤其是施工单位滥用资金，通过结算制度即可减少资金使用风险，达到控制建筑施工成本的目标。

2.3　提高资金利用率

在建筑工程中开展预结算审核工作，有利于提高资金使用效率，增强投资与决策的科学合理性，尤其是市场风险与投资风险，为建筑工程创造可观的利润。另外在预结算制度的积极影响下，建筑单位对工程量、定额套项以及具体施工项目的建设费用展开有效审核，切实保证资金分配的合理性。预结算还会充分考虑建筑单位的资金运转情况，增强预算报表编制的真实可靠性，经过多部门严格审核，有利于强化施工成本管理，促使建筑工程的经济效益与社会效益得到提高。

3　建筑工程预结算与施工成本管理的协调策略

3.1　明确预结算与施工成本管理流程

建筑单位应明确预决算与施工成本管理的具体流程，首先在造价预结算方面，必须借助多方渠道收集建筑工程信息，同时亲身前往施工场地验证数据的真实性，同时注意招标文件、合同内容、设计图纸的控制，能够减少预算超标的问题出现。成本管理必须遵循严格谨慎的原则，加强人工、材料、设备等方面的资金管理，材料尽量减少中间环节，直接从厂家进货能够降低预算成本，获得更多的经济效益。另外要注意材料市场价格波动，确保前期成本控制方案与预结算内容保持一致，施工过程中注意图纸与关键项目控制，避免成本与预结算之间存在较大偏差，通过两者之间协调配合，达到最佳的成本控制效果（图1）。

3.2　完善建筑工程资源管理协调机制

虽然在建筑工程中预结算和施工成本管理在目标上一致，但两者具有不同的工作内容，肩负着不同的管理领域，所以想要彼此配合建筑单位应完善协调机制，以确保工程资金得到有效的管理。当前建筑单位可以通过完善资源管理协调机制，加快预结算与施工成本管理的

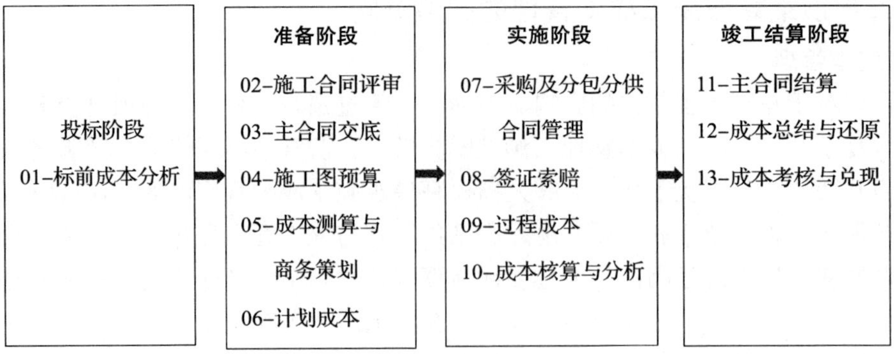

图 1

协同运作，因此资源管理会成为两者之间的纽带。比如在建筑工程中将材料与设备等消耗作为成本控制核心，并将该目标体现在预结算与成本管理中，这样就能树立一致的目标；其次做好协调配合中的沟通交流，切实增强建筑单位资金管理能效。在实践过程中必须按照预算编制来实施监督管理，根据施工组织方案进度分阶段发放材料，同时将定额指标控制数据作为监督管理依据。机械设备需要提前做好分类处理，包括购买或租赁等方式，首先对购买费用的使用进行合理分析，加上场外运输费、人工费以及维护费用等，从而得到科学合理的使用成本，然后与租赁费用进行对比，选择更具性价比的设备配置方案，切实降低建筑施工成本（图 2）。

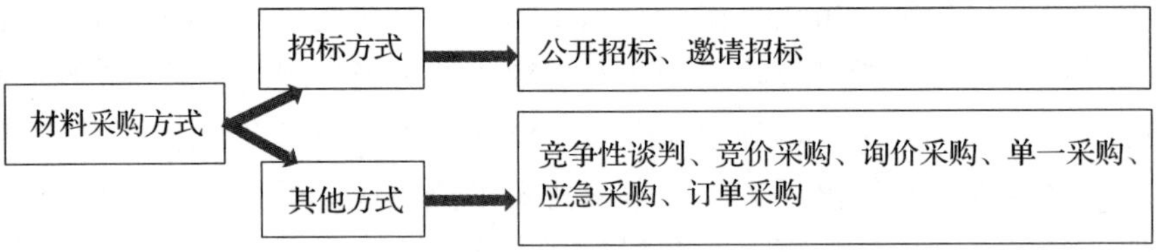

图 2

3.3　强化建筑工程预结算的审查力度

预结算对于建筑施工成本管理水平有着直接影响，大多数情况下会体现在锚定管理标准等方面，而标准执行必须要借助强而有力的审查机制来实现。因此建设单位必须适当强化预结算审查能力水平，并且发挥出相应的作用，同时要注意在预算与结算之间，适当加入施工成本的静态控制与动态调整，以此来协调配合。建筑工程预结算审查需要从三个方面入手，包括价格、内容、工程量，这样才能真正实现基于源头展开成本控制。首先建设单位必须深入市场做好调查，通过加强市场价格认知水平提高预算编制科学合理性，在造价机构提供的价格基础上，从第三方角度进行市场考察，明确材料或设备价格的波动，切实增强自身的施工成本管理效果。另外应将定额套项作为预结算的关键审查环节，由于建筑工程具有套项较多、材料设备应用复杂的特点，在审查过程中需要基于工程量出发，兼顾对材料与设备的应用审查，以此来减少反复套用的可能性。必要的情况下对定额单价展开二次审查，反复核对避免存在疏漏、错误。总而言之加强审查力度，即可减少重复计算、漏算，为施工成本管理奠定良好基础。

3.4　强化工程预结算人员专业节能

建筑工程预结算与成本管理，必须交由专业的人员负责。若管理人员专业能力、综合素质不高，或缺少预结算与成本管理认知，会导致相关工作实效大大降低，尤其是工作中存在责任意识不足、表面形式等问题，最终影响建筑工程经济效益。因此建设单位必须适当强化预结算人员专业技能，借助教育培训的方式来彻底了解建筑工程预结算与成本管理，增强自身的职业操守，避免存在谎报工程预算、私自挪用资金等严重问题。另外在当前的时代背景下，预结算人员应该具备信息技术应用能力，可以定期开展专项学习活动，不断提高预结算人员个人能力水平，同时强化自身的责任意识，在日常工作中发挥出最大价值，有利于促进预结算与成本管理的协调配合，为建筑工程开展创造有利条件。

3.5　完善建筑工程预结算责任制度

预结算与施工成本管理的全面融合，能够增强建设单位成本管理水平，同时为规范化的成本管理工作奠定良好基础。为了增强员工成本控制责任意识，可以通过完善预结算责任制度的形式，加强各项工作有效落实，为建筑工程带来更多经济效益。在建筑市场处于不断变化的态势下，对成本管理提出诸多考验，为了减少市场因素带来的影响，应结合市场情况采取动态化预结算；另外将建筑工程中预结算责任制度作为成本管理的有效依据，根据实际情况构建科学合理的预结算责任制度，将具体责任落实到各个部门与岗位。比如通过公开会议的形式，由项目负责人对预结算责任制度进行明确，各个部门的工作人员积极参与讨论，集思广益提出问题并进行完善，从而制定较为规范化的预结算责任制度。在制度中项目经理为第一责任人，全面负责该项目的施工；每个施工项目、环节都要采取单独核算方法，增强建筑工程预结算的准确性。在落实责任制度后各岗位人员共同监督、配合，出现违反制度条例的情况应予以惩罚，提高预结算责任制度的权威性。

3.6　开展行之有效的成本控制手段

成本控制是建筑工程中不可或缺的环节，合理的成本控制手段能够为建筑工程带来更多的经济效益，同时为预结算审核创造有利条件。在成本控制过程中需要相关人员能够立足于工程实际，基于多方面入手严格控制成本，比如施工过程中避免出现耗费材料的现象，通过套定额的方法来计算各类材料的消耗量，材料管理人员则会根据施工进度节点，发放节点内提前计划好的施工材料。另外机械设备的使用也会占用大量成本，在管理过程中需要重视修理费用、折旧费用、人工费用等，制定更为科学合理的配置方案。在必要的情况下配置维护管理人员，这也会消耗一定的人工费用，不过能够发挥出机械设备的最大价值，从而有效降低成本消耗。

3.7　细化预结算与施工成本管理内容

为了促进预结算与施工成本管理的协调配合，建设单位应细化两者的工作内容（表1），确保在建筑工程各个阶段贯彻落实，合理配置资金科学，提高建筑工程的经济效益。首先要针对施工成本管理进行设计。例如深入分析土地审查，重视建筑设计方案细节，减少施工中的变更。其次对招投标进行严格把控，通过优化招投标过程中的各项内容，以此来降低成本资金的投入。施工过程中应加强材料使用记录分析，保证数据信息的准确性，为成本管理提供支撑，同时注意把控施工成本中的关键内容，尤其是消耗占比较大的部分，必须保证资金分配科学合理，以此来保障建筑施工进度与质量。

表 1　项目施工过程两算对比表

序号	项目内容	单位	预算单价（元）	预算合价（元）	成本单价（元）	成本合价（元）	备注
1							
2							
3							
小计							

4　结语

在建筑工程中资金是影响施工进度的重要条件，在资金不充足的情况下，容易造成建设时间超过预期、无法顺利竣工等问题，所以需要采取有效的方法，对施工成本进行控制，避免出现资金不充足的现象。建设单位必须明确工程预结算与施工成本管理之间的关系，以此来加强资金的使用和分配，通过精细化管理分析，确保建筑工程造价得到有效控制，最终保持在预结算的范围内。其次注意加强成本监督管理力度，为建筑工程开展创造有利条件，通过严格的工程量、费用计取审核，充分保障建筑工程经济效益与社会效益，推动我国建筑工程良好发展。

参考文献

[1]　付红莉．建筑工程造价预结算与施工成本管理的关系［J］．房地产世界，2021（15）：56-58.
[2]　刘毅．建筑工程造价预结算与建筑施工成本管理的关系浅析［J］．中华建设，2021（05）：32-33.
[3]　王婷．分析建筑工程造价预结算与建筑施工成本管理的关系［J］．散装水泥，2020（04）：43-44.
[4]　万可．分析建筑工程造价预结算与建筑施工成本管理的关系［J］．建材与装饰，2019（21）：169-170.
[5]　高含贻．试论建筑工程造价预结算与建筑施工成本管理的关系［J］．四川水泥，2019（07）：199.

建筑工程装修装饰施工的质量管理方法研究

张晶晶

湖南六建装饰设计工程有限责任公司　长沙　410015

摘　要：装修装饰施工的发展，意味着社会公众对建筑工程的要求逐步提升。在装修装饰施工中秉承质量管理理念，把握施工中的质量因素，为建筑工程提供更多的支撑。本文首先分析了装修装饰施工质量管理的重要性，随后总结质量管理的诸多问题，并为解决质量管理问题指明具体策略。

关键词：装修装饰施工；质量管理；方法

在建筑工程需求多元化的背景下，装修装饰施工扮演着重要角色。由于装修装饰施工涉及多项具体施工任务，不仅考虑到美观性需求，还要保证建筑工程的质量。因此要认识到装修装饰施工质量管理的关键意义和问题，总结质量管理的有效思路。

1　质量管理重要性

1.1　保证建筑室内质量

在装修装饰施工阶段落实质量管理的要求，方可保证建筑室内环境的稳定性，室内各类元素搭配得当。在质量管理导向下，装修装饰企业综合考虑影响施工工程的全部因素，避免施工行为过于偏向某一项要求，保证建筑室内质量。

1.2　强化标准意识

装修装饰施工必须合理有序，意味着在施工过程中始终秉承标准意识，在标准的指导下，逐步落实装修装饰质量管理的各项要求。在明确装修装饰施工各项任务的前提下，从质量管理的角度出发，总结每一部分施工任务的具体标准，为开展施工工作指明方向，真正实现装修装饰工程与质量管理的融合，体现装修装饰工程的价值。

2　质量管理问题

2.1　技术工艺选择问题

装修装饰工程对技术的要求较高，施工企业应站在更高的层次看待技术工艺的作用。不可否认的是，施工企业已经认识到技术工艺的重要性，但是技术培训体系比较单薄，仅仅涉及理论层面，缺乏技术实际操作的相关内容，导致施工人员对各类技术的理解停留在原地，“知其然不知其所以然”，在装修装饰施工中仍然是毫无头绪，降低装修装饰施工工作的专业性，还会降低工程的美观性。建筑装修装饰工艺处于快速发展阶段，可供选择的装修装饰工艺类型较多，这间接提高了技术选择的难度。如果施工企业不能按照工程要求选择相应技术，意味着装修装饰工程实际效果偏离预想目标，降低工程的实用价值，还会导致装修装饰工程的质量问题。

2.2　人员素养问题

施工人员自身能力优劣对于工程最终质量影响明显。当前装修装饰施工队伍处于逐步壮大的状态，但是人员组成参差不齐，大量素质不高的劳动力加入到装修装饰施工队伍中，降低了施工质量。施工企业在招聘施工人员、组建施工队伍时，通常将降低劳动力成本摆在非常重要的位置，对于施工人员的技能素质考虑较少，意味着装修装饰队伍素质不高。这种做法尽管降低了劳动力成本，但是无法控制装修装饰施工质量。以农民工为主的装修装饰施工队伍，无法准确理解装修装饰工程的各项要求，也没有掌握各类技术工艺。另一方面，此类人员对建筑工程没有系统性了解，施工行为短视性较强，实际操作中有很多不规范的行为，直接降低了施工过程的标准性，最终会降低建筑工程质量。其根本原因在于施工企业的人员准入机制不够成熟，即便构建了准入机制，但是实际操作空间不大，导致人员准入机制流于形式。另一方面，人员准入机制的标准偏离装修装饰工程要求，降低了人员准入机制的实际价值。

人员素养问题不仅体现在施工人员的招聘准入层面，企业人员培训机制的问题同样不容忽视。施工企业招聘人员后，基于缩短工期的目的，直接将新招聘的人员投入到装修装饰工程中，忽略了非常重要的岗前培训环节。这一现象说明了装修装饰施工企业的短视行为。由于人员素质参差不齐，未经岗前培训直接上岗，工程环节出现违反标准的施工行为，间接延长了装修装饰工程周期，则会降低装修装饰工程质量。施工人员在正式上岗前，缺乏宝贵的培训机会，自身的技能素质与经验停留在较低层次，同样不符合装修装饰工程的要求。另一方面，装修装饰施工人员流动性较大，“打一枪换一个地方”的现象极为常见，自身责任感不强，也不会自觉落实装修装饰施工工艺，影响了施工进度和质量。

2.3 施工材料问题

在装修装饰工程逐步复杂的背景下，对施工材料的选择也提出更高的要求，装修装饰工程不仅要考虑质量要求，在材料选择层面也要多加斟酌。装修装饰施工企业必须兼顾美观与质量的双重要求，妥善选择工程材料。但是很多施工企业在装修装饰施工阶段过于偏向美观导向，忽视了工程施工的质量要求，直接影响了装修装饰施工材料选择。例如，在建筑工程设计中大量采用玻璃幕墙，尽管提升了建筑工程美观度，但是对于建筑工程的环保性能和质量有消极影响。一方面，玻璃幕墙的大量应用，间接提升了建筑的承重负担，降低了建筑工程的稳定度，一旦遭受大风或者地震，发生垮塌的概率更大，导致严重的建筑工程安全问题。另一方面，装修装饰施工使用玻璃幕墙，还会促成建筑的光反射效应，违背建筑工程的绿色原则。部分企业基于控制材料成本的目的，在装修装饰施工中选择价格低廉的材料，并没有考虑装修装饰材料的环保性能。例如在室内装修过程中，直接采用低价的化纤材料。由于化纤材料具有易燃性，如果将化纤材料应用在开关插座等敏感位置附近，则会降低室内环境的安全性，容易导致室内火灾。部分化纤材料含有较多的化学物质并不断挥发，导致室内环境空气污染，严重损害人们的身心健康。这种情况带来的负面效应是双向的，装修装饰施工企业的信誉和口碑也会随之降低，对参与建筑工程市场竞争有消极影响，最终影响了施工企业的经济效益。

2.4 施工结构问题

建筑装修装饰的作用在于提升建筑美观度，为建筑赋予更多的“颜值”。在建筑装修装饰过程，服务于装修装饰过程的材料类型越来越多，间接导致忽视装修装饰结构的问题。很多建筑企业设计装修装饰方案时，过于偏重装修装饰方案的展示效果，对于建筑室内外结构的合理性考虑不到位。如果建筑结构不合理，则会降低建筑工程的使用寿命；部分装修装饰结构不合理，还会破坏建筑工程的整体性。部分建筑企业在装修装饰施工中，基于美观性目的，直接拆除承重墙，不仅破坏建筑室内的原有结构，还会降低建筑稳定性，导致装修装饰后结构完全偏离原有设计要求。降低了建筑结构的安全性。还有的装修装饰方案中过多使用附加设施，同样破坏建筑的原有结构，直接降低建筑的承载能力，同样诱发建筑物的安全问题。

3　质量管理对策

3.1　强调技术的作用

装修装饰施工技术的选择直接影响建筑工程的最终质量。在装修装饰施工阶段，需要结合建筑工程的实际情况，选择合适的装修装饰技术手段，构建装修装饰施工技术路径。围绕装修装饰施工要求拟定施工方案，在敲定建筑工程基本风格的基础上，确定相关的技术方案，保证装修装饰施工工艺的合理性，不仅保证了建筑工程的基本质量，同时也提升了建筑工程的“气质”，为居住使用人员带来愉悦的心情。装修装饰施工历经多个阶段，针对每个装修装饰施工阶段选择对应的技术，促进施工技术的整合，为构建装修装饰技术制度奠定基础，也为建筑工程提供整体性的技术支撑。装修装饰施工并非一蹴而就，会随时随地出现各种问题。在装修装饰施工阶段要注意吸收经验，总结应对装修装饰施工任务的路径，不断优化装修装饰技术模式，多角度提升建筑工程质量，保证建筑施工企业的经济效益。

3.2　提升人员素质

装修装饰施工与人员队伍素养关系密切，构建优质的装修装饰施工人员队伍，方可从根本上保证装修装饰施工质量。施工企业要将人员因素摆在非常重要的位置，在日常工作中注重打造装修装饰施工队伍，为施工任务提供人员支撑。

3.2.1　提升准入标准

施工企业要提升装修装饰施工人员准入门槛，施工人员必须具备过硬的专业技术和认证，方可进行装修装饰施工。参与装修装饰施工的人员，必须对建筑工程有全面认识，更好地理解装修装饰施工的要求，为稳妥落实装修装饰任务奠定基础。装修装饰施工人员必须具备丰富的专业经验，快速适应复杂的施工现场，从容处理施工过程中的各类问题。

3.2.2　加强培训力度

每个建筑工程的情况各有不同，施工人员获得装修装饰施工资格后，还需要经过企业的现场培训，方可参与到装修装饰施工中。施工企业要认识到岗前培训的重要性，在人员上岗之前加大装修装饰施工人员培训力度，帮助施工人员快速适应装修装饰工程现场的要求。岗前培训内容要完善系统，不仅涵盖装修装饰施工的概念，还要注重工艺技术内容的渗透，帮助培训人员掌握技术工艺，对装修装饰施工建立全面的认识，强化装修装饰施工标准意识，作为施工操作的重要基础。培训工作不仅仅局限于岗前层面，在装修装饰施工期间，同样不能忽视培训工作的作用。借助培训方式，为施工人员接触优质的建筑工程经验和技术提供更多的机会，并在装修装饰施工中灵活运用学习成果。施工企业建立定期培训制度，或者举办技术导向的专业讲座，强化装修装饰施工人员的专业意识，为构建施工团队提供支撑。

3.2.3　强化施工人员责任意识

建筑工程质量关系到每一位施工人员，强化施工人员的责任意识很有必要。装修装饰施工人员在从事本职工作时必须要有责任心，认识到个人工作对于建筑工程的重要意义，严格执行施工标准，为高质量建设工程贡献自己的力量。基于调动施工人员主观能动性的目的，在装修装饰施工阶段严格落实个人任务。施工企业将奖惩制度与施工人员管理制度融合，发挥激励制度对施工人员的管理作用。对于在装修装饰施工中表现突出、行为规范的人员，在企业范围内给予表彰和奖励，巩固装修装饰施工队伍。培训考核也是人员管理的关键环节，针对培训考核成绩突出的人员同样给予奖励，要求装修装饰施工人员以正确的态度面对岗位培训，为提升个人综合素养铺平道路。与此同时，要注重发掘施工人员的潜力，鼓励施工人员针对建筑工程的情况提出意见和建议，在施工队伍内部形成踊跃发言的气氛，施工人员的责任意识会不断提升。施工人员的建议和意见若被采纳，则为该类人员发放特殊奖励，并作为职称评定的重要参考依据。另一方面，要发挥人员管理制度的震慑作用，对于在装修装饰施工频繁出错或者态度不认真的人员，适当给予惩罚，起到督促作用。强化人员责任意识的落脚点在于强化利益关联认识，让施工人员意识到个人利益与建筑工程利益、施工企业利益关系密切，将责任意识融合在每一类施工行为中，发挥责任意识的正面作用。

3.3 装修装饰材料管理

装修装饰工程的细节性、美观度要求较高，相比于其他建筑工程，需要在材料选择方面投入更多精力。在装修装饰工程开始之前，需要整体掌握工程的情况，拟定材料选择的基本方向。在敲定材料类型后获取材料样品，通过材料样品检验材料质量，帮助施工单位整体判断材料的质量和性能。在工程施工正式开始之前，全面验证装修装饰材料的质量，确定质量检查合格后，方可将材料应用在装修装饰工程中，为工程质量添砖加瓦。外观施工在装修装饰施工中占据重要地位，由于施工阶段需要使用化学材料，如果没有做好材料检测工作，不仅产生有害物质，还会破坏建筑工程环境，对施工人员造成严重的身心伤害。在装修装饰施工前，需要严格检测化学材料的质量，确保使用的化学材料契合绿色环保理念，保证建筑工程的环保“气质”。

3.4 注重结构设计

装修装饰施工质量与工程结构关系密切，在装修装饰施工前，必须围绕建筑工程的特征，设计装修装饰结构方案，并通过图纸方式展示设计方案内容。随后进入到装修装饰设计图纸的研讨评价环节，尽早发现装修装饰图纸中的不当之处，探索解决问题的对策与方案，确保投入到装修装饰施工的方案符合实际要求，避免装修装饰施工中出现返工现象。与此同时，将质量管理的各项要求融合在装修装饰设计工作中，保证设计方案的质量和美观性，装修装饰工程最终成果真正反映实际需求。

4 结语

装修装饰工程的健康发展，不能脱离质量管理的支撑。在落实装修装饰施工任务、推动装修装饰工程发展的过程中，始终要将质量管理摆在突出位置，通过选择合适的装修装饰技术手段、提升施工队伍素养、加强装修装饰材料管理和设计合理的装修装饰方案来提升装饰装修工程的施工质量，确保装修装饰工程真正契合质量与美观双重要求。

参考文献

[1] 陈侃侃. 建筑工程装修装饰施工的质量管理方法分析 [J]. 住宅与房地产，2019（25）：100.
[2] 李阳一. 房屋建筑装修装饰施工技术及管理分析 [J]. 建材与装饰，2019（22）：176-177.
[3] 吴健荣. 建筑装饰装修施工质量管理要点研究 [J]. 南方农机，2018，49（12）：154-156.
[4] 刘凤仙. 分析建筑装修装饰施工工程的质量管理方法 [J]. 四川水泥，2016（06）：122.

70 年薪火相传，湖南省土木建筑学会施工专业学术委员会 70 周年学术交流会胜利召开

11 月 26 日，湖南省土木建筑学会施工专业学术委员会（以下简称施工专业委员会）70 周年学术交流会在湖南长沙召开。近 50 家成员单位的总工程师、行业专家及工程技术骨干 130 余人到会，交流行业创新成果，分享工程建设经验，以技术创新为全省建筑业高质量发展赋能。湖南建设投资集团作为施工专业学术委员会主任委员单位承办了此次会议。

湖南省住房和城乡建设厅党组成员、总工程师易继红，湖南省土木建筑学会秘书长袁佳驰，施工专业学术委员会主任委员、湖南建设投资集团党委委员、副总经理陈浩出席并致辞。湖南建设投资集团总工程师蔡长等参加。

天津大学卓越教授、马寅初经济学院创院院长、国家能源、环境和产业经济研究院院长张中祥，湖南建设投资集团所属中湘智能建造有限公司党总支书记、董事长石拓，湖南大学教授、施工专业学术委员会副主任委员陈大川，湖南建设投资集团所属五建集团副总经理、总工程师龙新乐，湖南省建筑设计院集团股份有限公司智能建造研究中心主任刘捷超分别作

学术报告。施工专业学术委员会秘书长、湖南建设投资集团工程技术部部长张明亮代表施工专业学术委员会做了 2023 年度工作报告。

易继红代表湖南省住房和城乡建设厅对施工专业学术委员会成立 70 周年表示诚挚的祝贺，希望施工专业学术委员会继续把握行业趋势，弘扬工匠精神，不断凝聚土木工程界施工技术力量，创新工程技术进步，引领工程科技发展，为社会、行业和企业提供优质服务，培养建筑施工技术领军人才，发挥行业协会桥梁作用，提高工程技术创新水平，为我省建造模式转型升级、为工程技术革新换代，为行业高质量发展贡献智慧力量、树立成功典范。

袁佳驰代表湖南省土木建筑学会向施工专业学术委员会成立 70 周年表示热烈祝贺，希望施工专业学术委员会通过更广泛的技术合作、更深度的科技研究，不断为湖南土木建筑学会和整个施工领域的繁荣发展贡献更多力量。

陈浩在致辞中介绍了湖南省土木建筑学会施工专业学术委员会 70 年历程和湖南建设投资集团的改革发展情况以及工程技术成果，并表示将以此次大会为契机，加强与各界的交流合作，"加快推进发展方式绿色转型"理念融入我省建筑业高质量发展，为实现"三高四新"美好蓝图、建设现代化新湖南做出更大贡献。

张明亮代表施工专业学术委员会做 2023 年度工作报告，70 年来施工专业学术委员会以"绿色、低碳、智能"为主旋律，以"文不按古，匠心独妙"的初心推动工程技术创新发展，在开展学术交流和学会自身建设等方面做了较多工作，全面履行了行业协会职能，充分发挥了协会桥梁纽带作用。2024 年施工专业学术委员会将继续积极探索、求实创新，进一步加强会员单位间的联系与沟通，提升和发展会员单位施工技术在行业上的地位。

大咖开讲

本次大会报告由湖南省第六工程有限公司总工程师王江营和湖南望新建设集团股份有限

公司原总工程师宋松树共同主持。

天津大学卓越教授、马寅初经济学院创院院长，国家能源、环境和产业经济研究院院长**张中祥**基于《碳达峰碳中和、碳市场与碳关税》主题就双碳背景、全国碳交易市场、欧盟碳交易市场、碳关税等内容进行分享，并与现场专家研讨碳交易全国大市场、建筑业碳交易等相关议题。

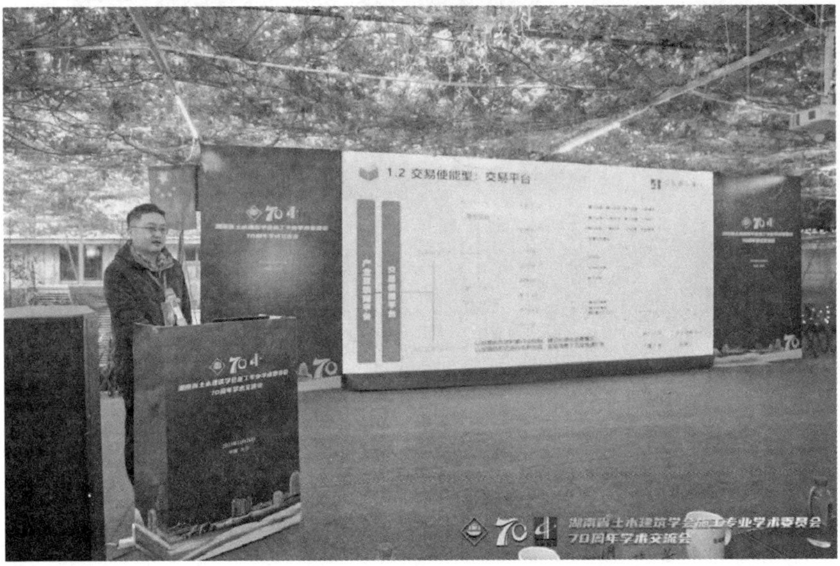

中湘智能建造有限公司董事长**石拓**基于《在建筑行业新方向上的探索小结》从中湘智建对建筑产业新方向的思考出发，介绍建筑行业走向产业互联网的技术路径，又结合自身的产品体系，从建筑产业互联网、建筑工业化和绿色智能三个板块详细介绍了中湘智建在新方向上的探索与成果。

施工专业学术委员会副主任委员、湖南大学教授**陈大川**基于《某商住综合体结构受地下水位变化的影响及处理措施》结合实践案例就商住综合体受地下水位标高变化影响导致地下室底板局部不均匀上浮的设计预防、在线监测、数值分析、应急处置、抗浮加固、构件修缮等内容进行分享。

湖南省第五工程有限公司副总经理、总工程师**龙新乐**做了《建投·五福景苑绿色建造试点项目创建经验分享》的报告。建投·五福景苑项目由湖南省第五工程有限公司投资、设计与施工，是湖南省第一批绿色建造试点项目，住房城乡建设部绿色建造科技示范项目。项目从立项初始便全方位深入开展绿色建造策划，旨在打造株洲最高品质绿色宜居住宅小区。项目采用基于建筑师负责制的工程总承包管理模式，全过程全专业践行绿色建造理念。项目立项以人为本，采用了庭院式住宅与花园式小区设计，设有康养中心、教育成长基地、业主食堂、生活会馆等配套设施；项目设计先进环保，突出应用了 BIM 正向设计、装配式一体化设计、高性能钢筋、高强度混凝土、光伏发电等绿色技术；项目施工绿色低碳，永临结合、装配式、雨水回收利用、建筑垃圾减量、施工减碳、智慧工地、建筑机器人等技术应用成效显著。

湖南省建筑设计院集团股份有限公司智能建造研究中心主任**刘捷超**基于《智能建造赋能建筑工业化发展新模式》主题，就“新质生产力”、“智能建造”的内涵与外延、关键实施路径、赋能发展新模式等内容进行了阐述，探讨了智能建造对工程建设的要素条件、组合方式、配置机制、发展模式发生的变化。呼吁牢牢把握智能建造为建筑业带来的发展新机遇，提前谋划、着眼未来，共同推进新型建筑工业化实现高质量发展。

现场观摩

2023 年 11 月 26 日下午，施工专业学术委员会组织与会人员参观了由湖南建设投资集团旗下湖南路桥建设集团有限责任公司作为牵头人与中交第二航务工程局有限公司联合承建的暮坪湘江特大桥。湖南路桥建设集团有限责任公司承建大桥全部主桥工程。主桥采用(70+180+180+70)m 四跨连续中承飞燕式钢桁拱桥，为国内公路系统首座全焊接结构的双飞燕式钢桁架拱桥，桥梁总长 500m，主跨 2×180m，主桥共有ϕ2m 水中桩基 76 根，特大型深水嵌岩承台基础 10 个，上部构造钢结构 1.6 万吨。本项目为湖南省重点工程、长沙市十大重点工程，长株潭融城重点工程，系湖南路桥继湘江北大桥、南大桥和福元路大桥后再次承建的长沙市标志性过江通道建筑。

会前与会人员共同观看了施工专业学术委员会 70 周年纪念视频。